책장을 넘기며 느껴지는
몰입의 기쁨

노력한 만큼 빛이 나는
내일의 반짝임

새로운 **배움**, 더 큰 **즐거움**

미래엔이 응원합니다

N기출에서 제공하는
디지털 스터디 플래너+오답노트
를 다운로드 받아 태블릿 PC에서 사용하세요.

※ 실행 환경에 따라 하이퍼링크가 작동하지 않을 수도 있습니다.

스터디 플래너

월 단위로 복제해서 계속 사용할 수 있는 만년 스터디 플래너입니다.

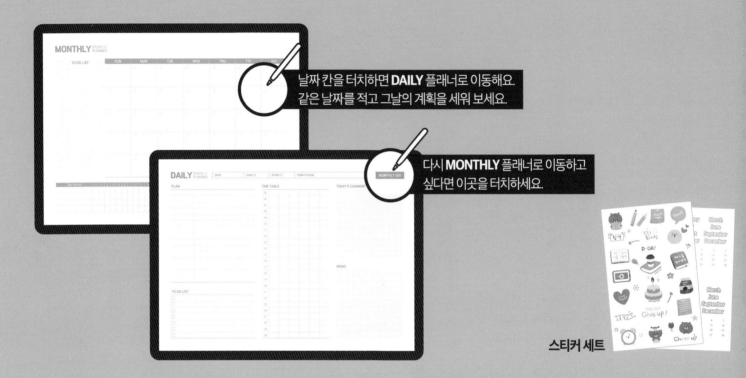

날짜 칸을 터치하면 **DAILY** 플래너로 이동해요.
같은 날짜를 적고 그날의 계획을 세워 보세요.

다시 **MONTHLY** 플래너로 이동하고
싶다면 이곳을 터치하세요.

스티커 세트

오답노트

줄 노트와 모눈 노트를 필요한 만큼 복제해서 계속 사용할 수 있는 오답노트입니다.

• 문제를 직접 적거나 사진으로 붙여 보세요.
• 복습할 때는 정리한 페이지를 반복하여 읽거나 문제만
  복사하여 새로운 페이지에 붙여 넣어 다시 풀어 보세요.

2026 수능기출 문제집

수능대비

해설편

New
Navigator
Number 1

N 기출

수학영역 / 선택과목

기하

3점/4점 집중

Mirae **N** 에듀

해설편

Part

1

해설편

Ⅰ. 이차곡선

01 정답 ① 정답률 91%

포물선 $y^2=-12(x-1)$의 준선을 $x=k$라 할 때, 상수 k의 값은? → 포물선 $y^2=-12x$를 평행이동한 것이니까 포물선 $y^2=-12x$의 준선의 방정식을 구해 봐.

✓① 4   ② 7   ③ 10
④ 13   ⑤ 16

☑ 연관 개념 check
(1) 포물선 $y^2=4px\,(p\neq0)$에서 초점의 좌표는 $(p,\,0)$, 준선의 방정식은 $x=-p$
(2) 포물선 $y^2=4px$를 x축의 방향으로 m만큼, y축의 방향으로 n만큼 평행이동한 포물선의 방정식은 $(y-n)^2=4p(x-m)$

알찬 풀이

포물선 $y^2=-12(x-1)$은 포물선 $y^2=-12x$를 x축의 방향으로 1만큼 평행이동한 것이다. → $y^2=-12x=4\times(-3x)$이기 때문이야.
이때 포물선 $y^2=-12x$의 준선의 방정식은 $x=3$이므로
포물선 $y^2=-12(x-1)$의 준선의 방정식은 $x=4$이다.
∴ $k=4$ → 포물선 $y^2=-12x$를 x축의 방향으로 1만큼 평행이동한 것이니까 준선도 x축의 방향으로 1만큼 평행이동하면 돼.

02 정답 ⑤ 정답률 65%

그림과 같이 원점을 중심으로 하는 타원의 한 초점을 F라 하고, 이 타원이 y축과 만나는 한 점을 A라고 하자. 직선 AF의 방정식이 $y=\frac{1}{2}x-1$일 때, 이 타원의 장축의 길이는? → 타원의 초점 F와 꼭짓점 A는 각각 직선 $y=\frac{1}{2}x-1$의 x절편, y절편이구나.

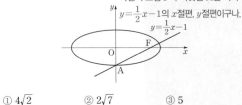

① $4\sqrt{2}$ ② $2\sqrt{7}$ ③ 5
④ $2\sqrt{6}$ ✓⑤ $2\sqrt{5}$

☑ 연관 개념 check
타원 $\frac{x^2}{a^2}+\frac{y^2}{b^2}=1\,(a>b>0)$에서
(1) 초점의 좌표: $(\sqrt{a^2-b^2},\,0)$, $(-\sqrt{a^2-b^2},\,0)$
(2) 장축의 길이: $2a$
(3) 단축의 길이: $2b$

알찬 풀이

직선 $y=\frac{1}{2}x-1$이 x축, y축과 만나는 점이 각각 $F(2,\,0)$, $A(0,\,-1)$이므로 타원의 방정식을
$\frac{x^2}{a^2}+\frac{y^2}{1}=1\,(a>1)$
로 놓으면 $a^2-1=2^2$에서
$a^2=5$ ∴ $a=\sqrt{5}\,(\because a>1)$
따라서 타원의 장축의 길이는
$2a=2\sqrt{5}$

> **타원의 방정식**
> 타원 $\frac{x^2}{a^2}+\frac{y^2}{b^2}=1\,(a>b>0)$에서 두 초점의 좌표가 $(c,\,0)$, $(-c,\,0)$이면 $a^2-b^2=c^2$이다.

빠른 풀이

이 타원의 다른 한 초점을 F′이라 하면 타원의 정의에 의하여 $\overline{AF}+\overline{AF'}=2a$로 일정하다.
이때 $\overline{AF}=\overline{AF'}$이므로 $\overline{AF}=a$
∴ $a=\overline{AF}=\sqrt{\overline{OA}^2+\overline{OF}^2}$ → 삼각형 OAF가 직각삼각형이니까 피타고라스 정리를 이용했어.
$=\sqrt{1^2+2^2}=\sqrt{5}$
따라서 타원의 장축의 길이는
$2a=2\sqrt{5}$

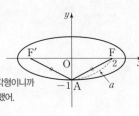

| 문제 해결 **TIP**

유재석 | 서울대학교 우주항공공학부 | 양서고등학교 졸업
타원의 방정식을 알고 있으면 쉽게 해결할 수 있는 문제야.
직선이 x축과 만나는 점이 타원의 초점이므로 이것이 문제 해결의 실마리야.
또, 점 A의 좌표로 단축의 길이를 구할 수 있으므로 이 두 가지 조건을 이용하면 타원의 장축의 길이는 바로 구할 수 있어.

03 정답 ④   정답률 88%

꼭짓점의 좌표가 $(1, 0)$이고, 준선이 $x=-1$인 포물선이 **①**
점 $(3, a)$를 지날 때, 양수 a의 값은? **②**

① 1   ② 2   ③ 3

✔④ 4   ⑤ 5

☑ 연관 개념 check

(1) 포물선 $y^2=4px$ $(p\neq0)$에서

　초점의 좌표는 $(p, 0)$, 준선의 방정식은 $x=-p$

(2) 포물선 $y^2=4px$를 x축의 방향으로 m만큼, y축의 방향으로 n만큼 평행이동한 포물선의 방정식은

　$(y-n)^2=4p(x-m)$

수능 핵심 개념 **포물선**

평면 위의 한 점 F와 이 점을 지나지 않는 한 직선 l이 주어질 때, 점 F와 직선 l에 이르는 거리가 같은 점들의 집합을 포물선이라 한다.

해결 흐름

① 꼭짓점의 좌표와 준선의 방정식이 주어졌으니까 초점의 좌표를 구할 수 있겠군.

② 포물선의 정의를 이용해서 a의 값을 구해야겠네.

알찬 풀이

┌→ 포물선 위의 임의의 점에서 초점까지의 거리와 준선까지의 거리는 같아.

꼭짓점의 좌표가 $(1, 0)$이고, 준선이 $x=-1$이므로 초점의 좌표는 $(3, 0)$이다.

이때 포물선 위의 점 $(3, a)$에서 포물선의 초점까지의 거리와 준선까지의 거리가 같으므로

$$\sqrt{0^2+a^2}=|3-(-1)|,\ a^2=16$$

$$\therefore a=4\ (\because a>0)$$

다른 풀이

주어진 포물선을 x축의 방향으로 -1만큼 평행이동하면 꼭짓점의 좌표가 $(0, 0)$, 준선의 방정식이 $x=-2$이다.

즉, 주어진 포물선은 포물선 $y^2=4\times2x=8x$를 x축의 방향으로 1만큼 이동한 것이므로 포물선의 방정식은

$$y^2=8(x-1)$$

이 포물선이 점 $(3, a)$를 지나므로

$$a^2=8\times(3-1),\ a^2=16 \qquad \therefore a=4\ (\because a>0)$$

└→ $y^2=8(x-1)$에 $x=3, y=a$를 대입했어.

04 정답 ③   정답률 48%

┌→ 주어진 도형을 좌표평면 위에 나타내야겠어.

초점이 F인 포물선 $y^2=8x$ 위의 한 점 A에서 포물선의 준선에 내린 수선의 발을 B라 하고, 직선 BF와 포물선이 만나는 두 점을 각각 C, D라 하자. $\overline{BC}=\overline{CD}$일 때, 삼각형 ABD의 넓이는? (단, $\overline{CF}<\overline{DF}$이고, 점 A는 원점이 아니다.) **①②**

① $100\sqrt{2}$ ② $104\sqrt{2}$ ✔③ $108\sqrt{2}$

④ $112\sqrt{2}$ ⑤ $116\sqrt{2}$

☑ 연관 개념 check

포물선 $y^2=4px$ $(p\neq0)$에서

초점의 좌표는 $(p, 0)$, 준선의 방정식은 $x=-p$

문제에 주어졌어. →

해결 흐름

① 포물선의 정의와 주어진 조건을 이용하여 두 점 A, B의 좌표를 구해야겠네.

② **①**에서 구한 두 점 A, B의 좌표를 이용하면 삼각형 ABD의 넓이를 구할 수 있겠다.

알찬 풀이

┌→ $y^2=8x=4\times2x$이기 때문이야.

포물선 $y^2=8x$의 초점 F의 좌표는 $(2, 0)$이고, 준선의 방정식은 $x=-2$이다.

오른쪽 그림과 같이 준선이 x축과 만나는 점을 E라 하고, 두 점 C, D에서 준선에 내린 수선의 발을 각각 C', D'이라 하면 포물선의 정의에 의하여

$$\overline{CF}=\overline{CC'},\ \overline{DF}=\overline{DD'}$$

두 삼각형 BC'C와 BD'D는 닮음이고

$\overline{BC}=\overline{CD}$이므로

→ $\angle BC'C=\angle BD'D=90°$, $\angle$B는 공통이므로 $\triangle BC'C\backsim\triangle BD'D$ (AA 닮음)

$$\overline{CC'}:\overline{DD'}=\overline{BC}:\overline{BD}=\overline{BC}:2\overline{BC}=1:2$$

$$\therefore \overline{CC'}=\frac{1}{2}\overline{DD'}$$

$\overline{CC'}=k$ $(k>0)$라 하면 $\overline{DD'}=2k$이고

$$\overline{BC}=\overline{CD}=\overline{CF}+\overline{DF}=\overline{CC'}+\overline{DD'}=k+2k=3k$$

$$\overline{BF}=\overline{BC}+\overline{CF}=\overline{BC}+\overline{CC'}=3k+k=4k$$

두 삼각형 BC'C와 BEF는 닮음이므로

$$\overline{BC}:\overline{BF}=\overline{CC'}:\overline{FE}$$

→ $\angle BC'C=\angle BEF=90°$, $\angle$B는 공통이므로 $\triangle BC'C\backsim\triangle BEF$ (AA 닮음)

이때 $\overline{EF}=4$이므로

→ $\overline{EF}=\overline{OE}+\overline{OF}=2+2=4$

$$3k:4k=k:4$$

$$4k^2=12k,\ 4k(k-3)=0 \qquad \therefore k=3\ (\because k>0)$$

삼각형 BD'D에서
$\overline{BD}=6k=18$, $\overline{DD'}=2k=6$이므로 $\quad\longrightarrow \overline{BD}=\overline{BC}+\overline{CD}=3k+3k=6k$
$\overline{BD'}=\sqrt{18^2-6^2}=12\sqrt{2}$
삼각형 BEF에서

피타고라스 정리를 이용했어. ◂

$\overline{BF}=4k=12$, $\overline{EF}=4$이므로 $\quad\longrightarrow \overline{BF}=\overline{BC}+\overline{CF}=\overline{BC}+\overline{CC'}=3k+k=4k$
$\overline{BE}=\sqrt{12^2-4^2}=8\sqrt{2}$
$\therefore \mathrm{B}(-2,\,8\sqrt{2})$
점 A는 포물선 $y^2=8x$ 위의 점이므로
$\underline{(8\sqrt{2})^2=8x} \qquad \therefore x=16$

$\quad\longrightarrow$ 점 A의 y좌표도 $8\sqrt{2}$이므로 $y^2=8x$에 $y=8\sqrt{2}$를 대입했어.

$\therefore \mathrm{A}(16,\,8\sqrt{2})$
$\therefore \overline{AB}=|16-(-2)|=18$
따라서 삼각형 ABD의 넓이는
$$\frac{1}{2}\times\overline{AB}\times\overline{BD'}=\frac{1}{2}\times18\times12\sqrt{2}=108\sqrt{2}$$

05 정답 ③   정답률 89%

세 점 P_1, P_2, P_3의 x좌표가 각각 p, $2p$, $3p$야. ◂ **1**
양수 p에 대하여 좌표평면 위에 초점이 F인 포물선 $y^2=4px$
가 있다. 이 포물선이 세 직선 $x=p$, $x=2p$, $x=3p$와 만나
는 제1사분면 위의 점을 각각 P_1, P_2, P_3이라 하자.
$\overline{FP_1}+\overline{FP_2}+\overline{FP_3}=27$일 때, p의 값은?
     2
         3
① 2   ② $\dfrac{5}{2}$ ✔③ 3
④ $\dfrac{7}{2}$ ⑤ 4

☑ 연관 개념 check
포물선 $y^2=4px$ $(p\neq0)$에서
초점의 좌표는 $(p,\,0)$, 준선의 방정식은 $x=-p$

해결 흐름

1 포물선 $y^2=4px$의 초점의 좌표와 준선의 방정식을 구해야겠네.
2 포물선 위의 임의의 점에서 초점까지의 거리와 준선까지의 거리가 같음을 이용해서 세 선분 $\overline{FP_1}$, $\overline{FP_2}$, $\overline{FP_3}$의 길이를 구할 수 있겠군.
3 **2**에서 구한 값을 $\overline{FP_1}+\overline{FP_2}+\overline{FP_3}=27$에 대입하여 p의 값을 구해야겠다.

알찬 풀이

$\quad\longrightarrow y^2=4px=4\times px$이기 때문이야.

포물선 $y^2=4px$의 초점 F의 좌표는 $(p,\,0)$이고, 준선의 방정식은 $x=-p$이다.
오른쪽 그림과 같이 포물선 위의 세 점 P_1, P_2, P_3
에서 준선 $x=-p$에 내린 수선의 발을 각각 H_1,
H_2, H_3이라 하면 세 점 P_1, P_2, P_3의 x좌표가 각
각 p, $2p$, $3p$이므로 포물선의 정의에 의하여

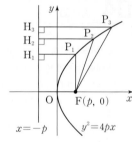

$\overline{FP_1}=\overline{H_1P_1}=p+p=2p$
$\quad\longrightarrow$ 세 점 P_1, P_2, P_3은 포물
$\overline{FP_2}=\overline{H_2P_2}=2p+p=3p$ 선 $y^2=4px$와 세 직선
$\overline{FP_3}=\overline{H_3P_3}=3p+p=4p$ $x=p$, $x=2p$, $x=3p$의
     교점이야.
이때 $\overline{FP_1}+\overline{FP_2}+\overline{FP_3}=27$이므로
$2p+3p+4p=27$, $9p=27 \qquad \therefore p=3$

06 정답 ③   정답률 91%

         1
초점이 $\mathrm{F}\left(\dfrac{1}{3},\,0\right)$이고 준선이 $x=-\dfrac{1}{3}$인 포물선이 점 $(a,\,2)$
를 지날 때, a의 값은?
     2
① 1   ② 2   ✔③ 3
④ 4   ⑤ 5

☑ 연관 개념 check
포물선 $y^2=4px$ $(p\neq0)$에서
초점의 좌표는 $(p,\,0)$, 준선의 방정식은 $x=-p$

해결 흐름

1 초점의 좌표와 준선의 방정식이 주어졌으니까 포물선의 방정식을 구할 수 있겠군.
2 **1**에서 구한 포물선이 점 $(a,\,2)$를 지남을 이용해서 a의 값을 구해야겠네.

알찬 풀이

초점이 $\mathrm{F}\left(\dfrac{1}{3},\,0\right)$이고 준선이 $x=-\dfrac{1}{3}$인 포물선의 방정식은
$$y^2=4\times\frac{1}{3}x \qquad \therefore y^2=\frac{4}{3}x$$
이 포물선이 점 $(a,\,2)$를 지나므로
$\underline{2^2=\dfrac{4}{3}\times a} \qquad \therefore a=3$

$\quad\longrightarrow y^2=\dfrac{4}{3}x$에 $x=a$, $y=2$를 대입했어.

4 해설편

07 정답 ③ 　　　　　　정답률 81%

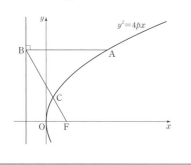

→ 포물선의 정의에 의하여 $\overline{AF}=\overline{AB}$가 성립해.

초점이 F인 포물선 $y^2=4px$ 위의 한 점 A에서 포물선의 준선에 내린 수선의 발을 B라 하고, 선분 BF와 포물선이 만나는 점을 C라 하자. $\overline{AB}=\overline{BF}$❶이고 $\overline{BC}+3\overline{CF}=6$❷일 때, 양수 p의 값은?❸

① $\dfrac{7}{8}$ 　　② $\dfrac{8}{9}$ 　　✓③ $\dfrac{9}{10}$

④ $\dfrac{10}{11}$ 　　⑤ $\dfrac{11}{12}$

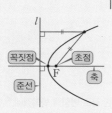

☑ 연관 개념 check

포물선 $y^2=4px$ $(p\neq0)$에서
초점의 좌표는 $(p,\,0)$, 준선의 방정식은 $x=-p$

수능 핵심 개념 ｜ 포물선

평면 위의 한 점 F와 이 점을 지나지 않는 한 직선 l이 주어질 때, 점 F와 직선 l에 이르는 거리가 같은 점들의 집합을 포물선이라 한다.

（꼭짓점, 초점, 축, 준선, l 표시된 그림）

해결 흐름

❶ 포물선의 정의와 $\overline{AB}=\overline{BF}$임을 이용하여 삼각형 ABF의 모양을 파악해야겠네.

❷ $\overline{BC}+3\overline{CF}=6$임을 이용하여 선분 CF의 길이를 구해 봐야겠다.

❸ ❶, ❷에서 구한 선분 CF의 길이와 포물선의 정의를 이용해서 양수 p의 값을 구해야겠다.

알찬 풀이

주어진 조건에서 $\overline{AB}=\overline{BF}$이고 포물선의 정의에 의하여 $\overline{AF}=\overline{AB}$이므로 삼각형 ABF는 정삼각형이다.

→ 포물선 위의 점 A에서 초점까지의 거리와 준선까지의 거리는 같아.

$\therefore \angle OFB=\angle ABF=\dfrac{\pi}{3}$ → $\overline{AB}/\!/\overline{OF}$이므로 엇각의 크기가 같아.

또, 점 C에서 준선에 내린 수선의 발을 H라 하면 포물선의 정의에 의하여

$\overline{CF}=\overline{CH}$

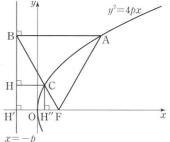

이때 $\angle HCB=\angle OFB=\dfrac{\pi}{3}$이므로

$\overline{BC}=\dfrac{\overline{CH}}{\cos\dfrac{\pi}{3}}=\dfrac{\overline{CH}}{\dfrac{1}{2}}=2\overline{CH}$

→ $\overline{HC}/\!/\overline{OF}$이므로 동위각의 크기가 같아.

$\overline{BC}+3\overline{CF}=6$에서

$2\overline{CH}+3\overline{CH}=6,\ 5\overline{CH}=6$

→ $\overline{CF}=\overline{CH}$이니까.

$\therefore \overline{CH}=\dfrac{6}{5}$

즉, $\overline{CF}=\overline{CH}=\dfrac{6}{5}$

초점 F에서 준선에 내린 수선의 발을 H′, 점 C에서 x축에 내린 수선의 발을 H″이라 하면

$\overline{FH'}=\overline{OF}+\overline{OH'}=p+p=2p$,

$\overline{H'H''}=\overline{CH}=\dfrac{6}{5}$,

→ 포물선 $y^2=4px$의 준선의 방정식은 $x=-p$, 초점 F의 좌표는 $(p,\,0)$이기 때문이야.

$\overline{H''F}=\overline{CF}\cos\dfrac{\pi}{3}=\dfrac{6}{5}\times\dfrac{1}{2}=\dfrac{3}{5}$

이므로 $\overline{FH'}=\overline{H'H''}+\overline{H''F}$에서

$2p=\dfrac{6}{5}+\dfrac{3}{5},\ 2p=\dfrac{9}{5}$ 　　$\therefore p=\dfrac{9}{10}$

다른 풀이

포물선 $y^2=4px$의 준선의 방정식은 $x=-p$이다.

즉, 점 B의 x좌표가 $-p$이므로 점 A의 x좌표를 x_1이라 하면

$x_1-(-p)=x_1+p$ ←

$\overline{AB}=\boxed{x_1+p}$

이때 $\overline{AB}=\overline{BF}$이므로

$\overline{BF}=x_1+p$ 　　　　　 …… ㉠

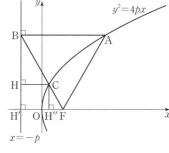

또, 점 C의 x좌표를 x_2라 하고 점 C에서 준선에 내린 수선의 발을 H라 하면 포물선의 정의에 의하여

$x_2-(-p)=x_2+p$ ←

$\overline{CF}=\overline{CH}=\boxed{x_2+p}$ 　　　　 …… ㉡

$\therefore \overline{BC}+3\overline{CF}=(\overline{BC}+\overline{CF})+2\overline{CF}=\overline{BF}+2\overline{CF}$

$\qquad\qquad = (x_1+p)+2(x_2+p)\ (\because ㉠,\ ㉡)$

$\qquad\qquad = x_1+2x_2+3p$

즉, $x_1+2x_2+3p=6$ 　　　　　 …… ㉢

한편, $\overline{AB}=\overline{BF}$이고 포물선의 정의에 의하여 $\overline{AF}=\overline{AB}$이므로 삼각형 ABF는 정삼각형이다.

$$\therefore \angle OFB = \angle ABF = \frac{\pi}{3} \quad \rightarrow \overline{AB}\,/\!/\,\overline{OF}\text{이므로 엇각의 크기가 같아.}$$

이때 초점 F에서 준선에 내린 수선의 발을 H′, 점 C에서 x축에 내린 수선의 발을 H″이라 하면

$\overline{H'F} = \overline{BF}\cos\dfrac{\pi}{3}$ 이므로

$$2p = \underbrace{(x_1+p)}_{\text{㉠}} \times \frac{1}{2}, \ 4p = x_1 + p \qquad \therefore x_1 = 3p \qquad \cdots\cdots\text{㉣}$$

$\overline{H''F} = \overline{CF}\cos\dfrac{\pi}{3}$ 이므로

$$p - x_2 = \underbrace{(x_2+p)}_{\text{㉡}} \times \frac{1}{2}, \ 2p - 2x_2 = x_2 + p \qquad \therefore x_2 = \frac{1}{3}p \qquad \cdots\cdots\text{㉤}$$

㉣, ㉤을 ㉢에 대입하면 $3p + \dfrac{2}{3}p + 3p = 6$, $\dfrac{20}{3}p = 6$ $\qquad \therefore p = \dfrac{9}{10}$

문제 해결 **TIP**

김홍현 | 서울대학교 전기정보공학과 | 시흥고등학교 졸업

문제에서 $\overline{AB} = \overline{BF}$ 이고 포물선의 정의에 의해서 $\overline{AF} = \overline{AB}$ 이니까 삼각형 ABF가 정삼각형인 것을 알 수 있었지? 이렇게 포물선의 정의가 풀이의 실마리가 되는 경우가 많으니까 정의를 이용하는 데 필요한 선분들을 먼저 그어 보면 문제를 쉽게 해결할 수 있을 거야.

---

08 정답 ②

정답률 91%

> → 완전제곱식을 포함한 꼴로 변형해 봐.
>
> 포물선 $y^2 - 4y - ax + 4 = 0$의 초점의 좌표가 $(3,\ b)$일 때, **①②**
>
> $a+b$의 값은? (단, a, b는 양수이다.) **③**
>
> ① 13 ✓② 14 ③ 15
> ④ 16 ⑤ 17

☑ **연관 개념 check**

포물선 $y^2 = 4px$를 x축의 방향으로 m만큼, y축의 방향으로 n만큼 평행이동한 포물선의 방정식은

$(y-n)^2 = 4p(x-m)$

해결 흐름

① 주어진 식을 완전제곱식을 포함한 꼴로 변형해 봐야겠네.

② 주어진 포물선은 포물선 $y^2 = ax$를 평행이동한 것이니까 포물선 $y^2 = ax$의 초점의 좌표를 구하면 주어진 포물선의 초점의 좌표를 구할 수 있겠군.

③ ②에서 구한 초점의 좌표와 주어진 초점의 좌표가 같음을 이용하면 a, b의 값을 구할 수 있어.

알찬 풀이

$y^2 - 4y - ax + 4 = 0$에서 $y^2 - 4y + 4 = ax$ $\quad\therefore (y-2)^2 = ax$

즉, 주어진 포물선은 포물선 $y^2 = ax$를 y축의 방향으로 2만큼 평행이동한 것이다.

이때 포물선 $y^2 = ax$의 초점의 좌표가 $\left(\dfrac{a}{4},\ 0\right)$이므로 $\rightarrow$ $y^2 = ax = 4 \times \dfrac{a}{4}x\,(a>0)$ 이기 때문이야.

포물선 $y^2 - 4y - ax + 4 = 0$의 초점의 좌표는 $\left(\dfrac{a}{4},\ 2\right)$이다.

따라서 $\dfrac{a}{4} = 3$, $b = 2$에서 $a = 12$, $b = 2$

$\therefore a + b = 12 + 2 = 14$

$\rightarrow$ 포물선 $y^2 = ax$를 y축의 방향으로 2만큼 평행이동한 것이니까 초점도 y축의 방향으로 2만큼 평행이동하면 돼.

기출 유형 POINT

포물선의 방정식의 일반형

(1) 축이 x축에 평행한 포물선의 방정식

$\quad y^2 + Ax + By + C = 0$ (단, A, B, C는 상수, $A \neq 0$)

$\quad \Rightarrow (y-n)^2 = 4p(x-m)$ 꼴로 정리한다.

$\qquad$ ① 초점의 좌표: $(p+m,\ n)$ ② 준선의 방정식: $x = -p+m$ ③ 축의 방정식: $y = n$

(2) 축이 y축에 평행한 포물선의 방정식

$\quad x^2 + Ax + By + C = 0$ (단, A, B, C는 상수, $B \neq 0$)

$\quad \Rightarrow (x-m)^2 = 4p(y-n)$ 꼴로 정리한다.

$\qquad$ ① 초점의 좌표: $(m,\ p+n)$ ② 준선의 방정식: $y = -p+n$ ③ 축의 방정식: $x = m$

09 정답 ①   정답률 97%

┌→ 초점이 x축 위에 있어.
초점이 F인 포물선 $y^2=12x$ 위의 점 P에 대하여 $\overline{PF}=9$일 **1**
때, 점 P의 x좌표는? **2**

✓① 6   ② $\dfrac{13}{2}$ ③ 7

④ $\dfrac{15}{2}$ ⑤ 8

☑ 연관 개념 check

포물선 $y^2=4px$ $(p\neq0)$에서
초점의 좌표는 $(p,\,0)$, 준선의 방정식은 $x=-p$

포물선 위의 점 P에서 초점까지의 거리와 →
준선까지의 거리는 같아.

해결 흐름

1 포물선의 초점의 좌표와 준선의 방정식을 구해야겠네.
2 포물선 위의 임의의 점에서 초점까지의 거리와 준선까지의 거리가 같음을 이용해서 점 P의 x좌표를 구해야겠네.

알찬 풀이

┌→ $y^2=12x=4\times3x$이기 때문이야.
포물선 $y^2=12x$의 초점 F의 좌표는 $(3,\,0)$이고,
준선의 방정식은 $x=-3$이다.
오른쪽 그림과 같이 점 P의 x좌표를 a라 하고,
점 P에서 준선 $x=-3$에 내린 수선의 발을 H라 하면
$$\overline{PH}=\overline{PF}=9$$
이므로 $a+3=9$ ∴ $a=6$

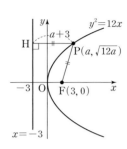

10 정답 ④   정답률 95%

┌→ 초점이 x축 위에 있어. **1**
초점이 F인 포물선 $y^2=8x$ 위의 점 P$(a,\,b)$에 대하여
$\overline{PF}=4$일 때, $a+b$의 값은? (단, $b>0$)
 2

① 3   ② 4   ③ 5

✓④ 6   ⑤ 7

☑ 연관 개념 check

포물선 $y^2=4px$ $(p\neq0)$에서
초점의 좌표는 $(p,\,0)$, 준선의 방정식은 $x=-p$

해결 흐름

1 포물선의 초점의 좌표와 준선의 방정식을 구해야겠네.
2 포물선 위의 임의의 점에서 초점까지의 거리와 준선까지의 거리가 같음을 이용해서 점 P의 좌표를 구해야겠다.

알찬 풀이

┌→ $y^2=8x=4\times2x$이기 때문이야.
포물선 $y^2=8x$의 초점 F의 좌표는 $(2,\,0)$이고, 준선의 방정식은 $x=-2$이다.
점 P에서 준선 $x=-2$에 내린 수선의 발을 H라 하면
$$\overline{PH}=\overline{PF}=4$$ ┌→ 포물선 위의 점 P에서 초점까지의 거리와 준선까지의 거리는 같아.
이므로 점 P의 x좌표는 2이다.
∴ $a=2$
이때 점 P$(a,\,b)$, 즉 P$(2,\,b)$는 포물선 $y^2=8x$ 위의 점이므로
$$b^2=8\times2=16 \quad ∴ b=4 \ (∵ b>0)$$ →문제에 주어졌어.
$y^2=8x$에 $x=2$, $y=b$를 대입했어. ←
∴ $a+b=2+4=6$

11 정답 136   정답률 80%

좌표평면에서 초점이 F인 포물선 $x^2=4y$ 위의 점 A가
 2   **1**
$\overline{AF}=10$을 만족시킨다. 점 B$(0,\,-1)$에 대하여 $\overline{AB}=a$일
                                3
때, a^2의 값을 구하시오. 136
└→ 초점이 y축 위에 있어.

☑ 연관 개념 check

포물선 $x^2=4py$ $(p\neq0)$에서
초점의 좌표는 $(0,\,p)$, 준선의 방정식은 $y=-p$

해결 흐름

1 포물선의 초점의 좌표와 준선의 방정식을 구해야겠네.
2 포물선 위의 임의의 점에서 초점까지의 거리와 준선까지의 거리가 같음을 이용해서 점 A의 좌표를 구해야겠다.
3 두 점 사이의 거리를 이용하면 선분 AB의 길이를 구할 수 있겠네.

알찬 풀이

┌→ $x^2=4y=4\times1\times y$이기 때문이야.
포물선 $x^2=4y$의 초점 F의 좌표는 $(0,\,1)$이고,
준선의 방정식은 $y=-1$이다.
오른쪽 그림과 같이 점 A에서 준선 $y=-1$에 내린 수선의 발을 H라 하면
$$\overline{AH}=\overline{AF}=10$$ ┌→ 포물선 위의 점 A에서 초점까지의 거리와 준선까지의 거리는 같아.
이므로 점 A의 y좌표는 9이다.

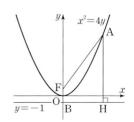

이때 점 A는 포물선 $x^2=4y$ 위의 점이므로 점 A의 x좌표를 구하면
$x^2=4\times9=36$ → $x^2=4y$에 $y=9$를 대입했어.
$\therefore x=-6$ 또는 $x=6$
즉, A$(-6, 9)$ 또는 A$(6, 9)$이므로 점 B$(0, -1)$에 대하여
$\overline{AB}=\sqrt{6^2+\{9-(-1)\}^2}=\sqrt{136}$
따라서 $a=\sqrt{136}$이므로
$a^2=136$

두 점 사이의 거리 ☆★
두 점 A(x_1, y_1), B(x_2, y_2) 사이의 거리는
$\overline{AB}=\sqrt{(x_2-x_1)^2+(y_2-y_1)^2}$

12 정답 ④   정답률 90%

1 → 초점이 x축 위에 있어.
타원 $\dfrac{x^2}{4^2}+\dfrac{y^2}{b^2}=1$의 두 초점 사이의 거리가 6일 때, b^2의 값 **2**
은? (단, $0<b<4$)

① 4   ② 5   ③ 6
✓④ 7   ⑤ 8

☑ 연관 개념 check
타원 $\dfrac{x^2}{a^2}+\dfrac{y^2}{b^2}=1\,(a>b>0)$에서
두 초점의 좌표가 $(c, 0)$, $(-c, 0)$이면
$a^2-b^2=c^2$

해결 흐름

1 타원의 두 초점의 좌표를 구해야겠네.
2 두 초점 사이의 거리가 6임을 이용하면 b^2의 값을 구할 수 있겠네.

알찬 풀이

타원 $\dfrac{x^2}{4^2}+\dfrac{y^2}{b^2}=1$의 두 초점의 좌표는
$(\sqrt{4^2-b^2}, 0)$, $(-\sqrt{4^2-b^2}, 0)$
이때 두 초점 사이의 거리가 6이므로

타원의 초점의 좌표 ☆★
타원 $\dfrac{x^2}{a^2}+\dfrac{y^2}{b^2}=1\,(a>b>0)$에서
초점의 좌표는 $(\pm\sqrt{a^2-b^2}, 0)$이다.

$\sqrt{4^2-b^2}-(-\sqrt{4^2-b^2})=2\sqrt{4^2-b^2}=6$
$\sqrt{4^2-b^2}=3$
$4^2-b^2=9$
$\therefore b^2=4^2-9=7$

다른 풀이

타원 $\dfrac{x^2}{4^2}+\dfrac{y^2}{b^2}=1$의 중심은 원점이고 $0<b<4$이므로 두 초점은 x축 위에 있다.
이때 두 초점 사이의 거리가 6이므로 두 초점의 좌표는
$(3, 0)$, $(-3, 0)$
따라서 $4^2-b^2=3^2$이므로
$b^2=4^2-3^2=7$

생생 수험 Talk

기출 문제를 많이 풀다 보니까 어떤 문제를 보면 어떻게 풀어야 하는지 바로 딱 감이 오더라. 하지만 기출 문제를 너무 일찍 보는 건 독이 된다고 생각해. 개념이 확실히 정립된 후에 보는 게 좋아. 어느 정도 개념이 확실한 상태에서 자신이 부족한 부분을 알게 해 주는 게 기출 문제를 푸는 장점이 되니까. 그리고 내 생각엔 일찍부터 봐서 기출 문제가 너무 빨리 각인이 되면 나중에 감을 살릴 때나 고난도 문제를 풀 때 신선함이 줄어드는 것 같아.

13 정답 ④   정답률 70%

두 초점이 $F(12, 0)$, $F'(-4, 0)$이고, 장축의 길이가 24인 타원 C가 있다. $\overline{FF}=\overline{F'P}$인 타원 C 위의 점 P에 대하여 선분 $F'P$의 중점을 Q라 하자. 한 초점이 F'인 타원 $\dfrac{x^2}{a^2}+\dfrac{y^2}{b^2}=1$이 점 Q를 지날 때, $\overline{PF}+a^2+b^2$의 값은?

        (단, a와 b는 양수이다.)

① 46   ② 52   ③ 58

✓④ 64   ⑤ 70

☑ **연관 개념 check**

타원 $\dfrac{x^2}{a^2}+\dfrac{y^2}{b^2}=1\,(a>b>0)$에서

(1) 초점의 좌표: $(\sqrt{a^2-b^2},\ 0)$, $(-\sqrt{a^2-b^2},\ 0)$

(2) 장축의 길이: $2a$

수능 핵심 개념   **삼각형의 닮음 조건**

(1) 세 쌍의 대응하는 변의 길이의 비가 같을 때 (SSS 닮음)

(2) 두 쌍의 대응하는 변의 길이의 비가 같고 그 끼인각의 크기가 같을 때 (SAS 닮음)

(3) 두 쌍의 대응하는 각의 크기가 각각 같을 때 (AA 닮음)

해결 흐름

1 $\overline{F'F}=\overline{F'P}$와 타원의 정의를 이용하여 선분 PF의 길이를 구해야겠다.

2 타원 $\dfrac{x^2}{a^2}+\dfrac{y^2}{b^2}=1$의 다른 한 초점의 좌표를 구하고, 삼각형의 닮음을 이용하면 이 타원의 장축의 길이를 구할 수 있겠어.

3 초점의 좌표와 **2**에서 구한 타원의 장축의 길이를 이용해서 a^2, b^2의 값을 구해야겠다.

알찬 풀이

$\overline{F'P}=\overline{F'F}=12-(-4)=16$

타원 C의 장축의 길이가 24이므로

타원의 정의에 의하여

$\overline{PF}+\overline{PF'}=24$

$\overline{PF}+16=24$

∴ $\overline{PF}=8$

> **타원의 정의**
> 타원 위의 한 점에서 두 초점까지의 거리의 합은 타원의 장축의 길이와 같다.

타원 $\dfrac{x^2}{a^2}+\dfrac{y^2}{b^2}=1$의 한 초점이 $F'(-4, 0)$

이므로 다른 한 초점을 R라 하면

$R(4, 0)$이고 $\overline{F'R}=8$이다.

또, 점 Q는 선분 $F'P$의 중점이므로

$\overline{F'Q}=\dfrac{1}{2}\overline{F'P}=\dfrac{1}{2}\times16=8$

$\triangle QF'R \backsim \triangle PF'F$이고 닮음비가

$\overline{F'R}:\overline{F'F}=8:16=1:2$이므로

> 두 삼각형 $QF'R$, $PF'F$에서
> $\angle PF'F$는 공통, $\overline{F'R}:\overline{F'F}=\overline{F'Q}:\overline{F'P}=1:2$
> 이므로 $\triangle QF'R \backsim \triangle PF'F$ (SAS 닮음)

$\overline{QR}:\overline{PF}=1:2$

$\overline{QR}:8=1:2$

∴ $\overline{QR}=4$

∴ $\overline{F'Q}+\overline{QR}=8+4=12$

따라서 타원 $\dfrac{x^2}{a^2}+\dfrac{y^2}{b^2}=1$의 장축의 길이가 12이므로

$2a=12$ ∴ $a=6$

또, $a^2-b^2=4^2$이므로

$36-b^2=16$

> 타원 $\dfrac{x^2}{a^2}+\dfrac{y^2}{b^2}=1\,(a>b>0)$에서 두 초점의 좌표가 $(c, 0)$, $(-c, 0)$이면 $a^2-b^2=c^2$이야.

∴ $b^2=20$

∴ $\overline{PF}+a^2+b^2=8+36+20=64$

생생 수험 Talk

수학에서 기출 문제를 가장 잘 활용하는 방법은 뭘까?

기출 문제도 개념서처럼 한 번만 풀 것이 아니라 여러 번 풀어 보는 것이 중요해. 수능은 과거의 기출 문제에서 점점 발전되어 출제되는 경우가 많고, 수능에서 자주 나오는 유형이 있기 때문에 기출 문제를 통해서 문제에 접근하는 방법을 익힐 수 있어. 기출 문제를 그냥 풀고 채점하고 넘어가지 말고, 자신의 풀이가 출제 의도에 적합한 풀이인지, 해설에서는 문제를 어떻게 풀고 있는지 확인해 보는 것이 학습에 효율적이겠지!

14 정답 ⑤ 정답률 89%

타원 $\dfrac{x^2}{a^2}+\dfrac{y^2}{5}=1$의 두 초점을 F, F$'$이라 하자. 점 F를 지나고 x축에 수직인 직선 위의 점 A가 $\overline{\text{AF}'}=5$, $\overline{\text{AF}}=3$을 만족시킨다. 선분 AF$'$과 타원이 만나는 점을 P라 할 때, 삼각형 PF$'$F의 둘레의 길이는? (단, a는 $a>\sqrt{5}$인 상수이다.)

① 8   ② $\dfrac{17}{2}$ ③ 9

④ $\dfrac{19}{2}$ ✔ ⑤ 10

→ 타원의 정의에서 $\overline{\text{PF}}+\overline{\text{PF}'}=2a$임을 알 수 있어.

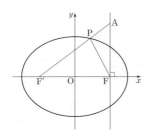

해결 흐름

1 피타고라스 정리를 이용해서 초점의 좌표를 구할 수 있겠군.
2 **1**에서 구한 초점의 좌표를 이용하면 a의 값을 구할 수 있겠다.
3 점 P가 타원 위의 점이니까 타원의 정의를 이용하여 삼각형의 둘레의 길이를 구할 수 있겠어.

알찬 풀이

직각삼각형 AF$'$F에서

$$\overline{\text{FF}'}=\sqrt{\overline{\text{AF}'}^2-\overline{\text{AF}}^2}$$
→ 피타고라스 정리를 이용했어.
$$=\sqrt{5^2-3^2}=4$$

즉, F$(2, 0)$, F$'(-2, 0)$이므로

$a^2-5=2^2$ → 타원 $\dfrac{x^2}{a^2}+\dfrac{y^2}{b^2}=1\,(a>b>0)$에서 두 초점의 좌표가 $(c, 0)$, $(-c, 0)$이면 $a^2-b^2=c^2$이야.

$a^2=9$ ∴ $a=3$ ($\because a>\sqrt{5}$)

따라서 점 P는 타원 $\dfrac{x^2}{9}+\dfrac{y^2}{5}=1$ 위의 점이고, 타원의 정의에 의하여

$\overline{\text{PF}}+\overline{\text{PF}'}=2\times 3=6$이므로 삼각형 PF$'$F의 둘레의 길이는

$$\overline{\text{PF}'}+\overline{\text{FF}'}+\overline{\text{PF}}=\overline{\text{FF}'}+\overline{\text{PF}}+\overline{\text{PF}'}$$
$$=4+6=10$$

> **타원의 정의**
> 타원 위의 한 점에서 두 초점까지의 거리의 합은 타원의 장축의 길이와 같다.

☑ 연관 개념 check

타원 $\dfrac{x^2}{a^2}+\dfrac{y^2}{b^2}=1\,(a>b>0)$에서

(1) 초점의 좌표: $(\sqrt{a^2-b^2}, 0)$, $(-\sqrt{a^2-b^2}, 0)$
(2) 장축의 길이: $2a$

---

15 정답 ② 정답률 46%

두 초점이 F, F$'$인 타원 $\dfrac{x^2}{64}+\dfrac{y^2}{16}=1$ 위의 점 중 제1사분면에 있는 점 A가 있다. 두 직선 AF, AF$'$에 동시에 접하고 중심이 y축 위에 있는 원 중 중심의 y좌표가 음수인 것을 C라 하자. 원 C의 중심을 B라 할 때 사각형 AFBF$'$의 넓이가 72이다. 원 C의 반지름의 길이는?

→ 타원의 정의에서 $\overline{\text{AF}}+\overline{\text{AF}'}=16$임을 알 수 있어.

① $\dfrac{17}{2}$ ✔ ② 9   ③ $\dfrac{19}{2}$

④ 10   ⑤ $\dfrac{21}{2}$

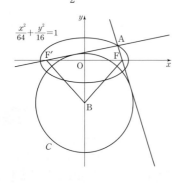

해결 흐름

1 점 B와 두 접선 AF, AF$'$ 사이의 거리는 원 C의 반지름의 길이와 같네.
2 **1**과 사각형 AFBF$'$의 넓이를 이용하면 원 C의 반지름의 길이를 구할 수 있겠다.

알찬 풀이

오른쪽 그림에서 원 C와 두 접선 AF, AF$'$의 접점을 각각 P, Q라 하고, 원 C의 반지름의 길이를 r라 하면

$$\overline{\text{BP}}=\overline{\text{BQ}}=r$$

이때 선분 AB를 그으면

(사각형 AFBF$'$의 넓이)
= (삼각형 AFB의 넓이)
    + (삼각형 AF$'$B의 넓이)
$$=\dfrac{1}{2}\times\overline{\text{AF}}\times r+\dfrac{1}{2}\times\overline{\text{AF}'}\times r$$
→ 원의 접선과 접점을 지나는 원의 반지름은 서로 수직이니까 원의 반지름의 길이가 높이가 돼.
$$=\dfrac{1}{2}\times r\times(\overline{\text{AF}}+\overline{\text{AF}'})$$

이때 타원의 정의에 의하여 $\overline{\text{AF}}+\overline{\text{AF}'}=16$이므로

$$(\text{사각형 AFBF}'\text{의 넓이})=\dfrac{1}{2}\times r\times 16=8r$$

즉, $8r=72$이므로 $r=9$

☑ 연관 개념 check

타원 위의 한 점에서 두 초점까지의 거리의 합은 타원의 장축의 길이와 같다.

16 정답 ① 　　　　　　　　　　　　 정답률 73%

→ 타원의 정의에서 $\overline{PF'}+\overline{PF}=10$임을 알 수 있어.

그림과 같이 두 점 F(0, c), F'(0, -c)를 초점으로 하는
타원 $\dfrac{x^2}{a^2}+\dfrac{y^2}{25}=1$이 x축과 만나는 점 중에서 x좌표가 양
수인 점을 A라 하자. 직선 $y=c$가 직선 AF'과 만나는 점을
B, 직선 $y=c$가 타원과 만나는 점 중 x좌표가 양수인 점을
P라 하자. 삼각형 BPF'의 둘레의 길이와 삼각형 BFA의
둘레의 길이의 차가 4일 때, 삼각형 AFF'의 넓이는?
　　　　　　　　　　　　　　　（단, $0<a<5$, $c>0$)

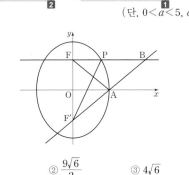

① $5\sqrt{6}$ 　　 ② $\dfrac{9\sqrt{6}}{2}$ 　　 ③ $4\sqrt{6}$

④ $\dfrac{7\sqrt{6}}{2}$ 　　 ⑤ $3\sqrt{6}$

☑ 연관 개념 check

타원 $\dfrac{x^2}{a^2}+\dfrac{y^2}{b^2}=1\,(b>a>0)$에서

(1) 초점의 좌표: $(0, \sqrt{b^2-a^2})$, $(0, -\sqrt{b^2-a^2})$

(2) 장축의 길이: $2b$

(3) 단축의 길이: $2a$

해결 흐름

1 삼각형 AFF'의 넓이를 구하려면 두 선분 FF', OA의 길이를 알아야겠군.

2 타원의 정의와 두 삼각형 BPF'과 BFA의 둘레의 길이의 차가 4임을 이용하면 두 선분 PF, PF'의 길이를 구할 수 있겠네.

3 선분 FF'의 길이를 구하면 c의 값을 구할 수 있고, c의 값을 이용해서 a의 값을 구하면 삼각형 AFF'의 넓이를 구할 수 있겠다.

알찬 풀이

삼각형 BPF'의 둘레의 길이를 l_1, 삼각형 BFA의 둘레의 길이를 l_2라 하면

$l_1=\overline{BP}+\overline{PF'}+\overline{F'B}=\overline{BP}+\overline{PF'}+\overline{F'A}+\overline{AB}$

$l_2=\overline{BF}+\overline{FA}+\overline{AB}=\overline{BP}+\overline{PF}+\overline{FA}+\overline{AB}$

이므로 $l_1-l_2=4$에서

$\overline{PF'}-\overline{PF}+\overline{F'A}-\overline{FA}=4$

이때 $\overline{FA}=\overline{F'A}$이므로
→ 두 삼각형 OAF, OAF'에서
$\overline{OA}$는 공통, $\angle AOF = \angle AOF' = 90°$, $\overline{OF}=\overline{OF'}$
이므로 $\triangle OAF \equiv \triangle OAF'$ (SAS 합동)　…… ㉠

$\overline{PF'}-\overline{PF}=4$

한편, 점 P는 타원 $\dfrac{x^2}{a^2}+\dfrac{y^2}{25}=1$ 위의 점이므로

타원의 정의에 의하여

$\overline{PF'}+\overline{PF}=10$ 　…… ㉡

> **타원의 정의** ☆
> 타원 위의 한 점에서 두 초점까지의 거리의 합은 타원의 장축의 길이와 같다.

㉠, ㉡을 연립하여 풀면

$\overline{PF}=3$, $\overline{PF'}=7$

이때 삼각형 PFF'이 $\angle PFF'=90°$인 직각삼각형이므로
→ 점 P가 직선 $y=c$ 위에 있으니까 $\overline{PF}\perp\overline{FO}$야.

$\overline{FF'}=\sqrt{7^2-3^2}$
　$=2\sqrt{10}$ → 피타고라스 정리를 이용했어.

$\therefore c=\overline{OF}=\dfrac{1}{2}\overline{FF'}=\dfrac{1}{2}\times 2\sqrt{10}=\sqrt{10}$

한편, A(a, 0)이고, $c^2=25-a^2=10$에서 $a^2=15$

$\therefore a=\overline{OA}=\sqrt{15}$

따라서 삼각형 AFF'의 넓이는

$\dfrac{1}{2}\times\overline{FF'}\times\overline{OA}=\dfrac{1}{2}\times 2\sqrt{10}\times\sqrt{15}=5\sqrt{6}$

---

17 정답 ① 　　　　　　　　　　　　 정답률 95%

→ 타원을 평행이동하면 두 초점도 그만큼 평행이동됨을 이용해.

타원 $\dfrac{(x-2)^2}{a}+\dfrac{(y-2)^2}{4}=1$의 두 초점의 좌표가 $(6, b)$,
$(-2, b)$일 때, ab의 값은? (단, a는 양수이다.)

① 40 　　 ② 42 　　 ③ 44

④ 46 　　 ⑤ 48

☑ 연관 개념 check

타원 $\dfrac{x^2}{a^2}+\dfrac{y^2}{b^2}=1\,(a>b>0)$을 x축의 방향으로 m만큼,
y축의 방향으로 n만큼 평행이동한 타원의 방정식은

$\dfrac{(x-m)^2}{a^2}+\dfrac{(y-n)^2}{b^2}=1$

주어진 타원의 두 초점의 y좌표가 b로 같으니까 타원
$\dfrac{x^2}{a}+\dfrac{y^2}{4}=1$의 두 초점은 x축 위에 있음을 알 수 있어.

해결 흐름

1 주어진 타원은 타원 $\dfrac{x^2}{a}+\dfrac{y^2}{4}=1$을 평행이동한 것이니까 초점도 그만큼 평행이동되겠네.

2 타원 $\dfrac{x^2}{a}+\dfrac{y^2}{4}=1$의 초점의 좌표를 구하면 주어진 타원의 초점의 좌표를 구할 수 있겠군.

3 **2**에서 구한 초점의 좌표와 주어진 초점의 좌표가 같음을 이용하면 a, b의 값을 구할 수 있어.

알찬 풀이

타원 $\dfrac{(x-2)^2}{a}+\dfrac{(y-2)^2}{4}=1$은 타원 $\dfrac{x^2}{a}+\dfrac{y^2}{4}=1$을 x축의 방향으로 2만큼,
y축의 방향으로 2만큼 평행이동한 것이다.

타원 $\dfrac{x^2}{a}+\dfrac{y^2}{4}=1$의 두 초점의 좌표를
$F(\sqrt{a-4}, 0)$, $F'(-\sqrt{a-4}, 0)$
이라 하면 타원 $\dfrac{(x-2)^2}{a}+\dfrac{(y-2)^2}{4}=1$의 두 초점의 좌표는

> **타원의 초점의 좌표** ☆
> 타원 $\dfrac{x^2}{a^2}+\dfrac{y^2}{b^2}=1\,(a>b>0)$에서
> 초점의 좌표는 $(\pm\sqrt{a^2-b^2}, 0)$이다.

$(\sqrt{a-4}+2, 2)$, $(-\sqrt{a-4}+2, 2)$이고
두 점 $(6, b)$, $(-2, b)$와 일치해야 하므로 → 초점도 x축의 방향으로 2만큼, y축의
$\sqrt{a-4}+2=6$, $-\sqrt{a-4}+2=-2$, $b=2$ 방향으로 2만큼 평행이동하면 돼.
$\sqrt{a-4}+2=6$에서
$\sqrt{a-4}=4$
$a-4=16$
$\therefore a=20$ → $-\sqrt{a-4}+2=-2$에 $a=20$을 대입해도 성립해.
따라서 $a=20$, $b=2$이므로
$ab=20\times 2=40$

18 정답 ④ 정답률 87%

그림과 같이 두 점 $F(c, 0)$, $F'(-c, 0)$ $(c>0)$을 초점으로 하고 장축의 길이가 4인 타원이 있다. 점 F를 중심으로 하고 반지름의 길이가 c인 원이 타원과 점 P에서 만난다. 점 P에서 원에 접하는 직선이 점 F'을 지날 때, c의 값은?
└→ 타원의 정의에서 $\overline{PF'}+\overline{PF}=$(장축의 길이)임을 알 수 있어.

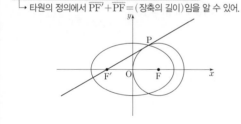

① $\sqrt{2}$　　　② $\sqrt{10}-\sqrt{3}$　　　③ $\sqrt{6}-1$
✓④ $2\sqrt{3}-2$　　　⑤ $\sqrt{14}-\sqrt{5}$

☑ 연관 개념 check
타원 위의 한 점에서 두 초점까지의 거리의 합은 타원의 장축의 길이와 같다.

해결 흐름

1 원의 접선의 성질과 타원의 정의를 이용하면 $\overline{PF'}$을 c에 대한 식으로 나타낼 수 있겠네.
2 타원의 장축의 길이를 이용하면 c의 값을 구할 수 있어.

알찬 풀이

→ 두 점 O, P는 모두 중심이 $F(c, 0)$인 원 위의 점이기 때문이야.
$\overline{FO}=\overline{FP}=c$이고 $\overline{FF'}=2c$ → 직선 $F'P$가 중심이 F인 원의 접선이므로 $\overline{F'P}\perp\overline{FP}$야.
이때 삼각형 FPF'은 $\angle FPF'=90°$인 직각삼각형이므로
$\overline{PF'}=\sqrt{(2c)^2-c^2}=\sqrt{3}c$ → 피타고라스 정리를 이용했어.
타원의 장축의 길이가 4이므로 $\overline{PF'}+\overline{PF}=4$에서
$\sqrt{3}c+c=4$
$(\sqrt{3}+1)c=4$
$\therefore c=\dfrac{4}{\sqrt{3}+1}=\dfrac{4(\sqrt{3}-1)}{2}$
$=2\sqrt{3}-2$

기출 유형 POINT

타원의 정의와 그래프

타원 $\dfrac{x^2}{a^2}+\dfrac{y^2}{b^2}=1$ $(a>b>0)$에서
(1) 타원 위의 임의의 점 P와 두 초점 F, F'에 대하여
　　$\overline{PF}+\overline{PF'}=$(장축의 길이)$=2a$
(2) 두 초점의 좌표가 $(c, 0)$, $(-c, 0)$이다. ➡ $a^2-b^2=c^2$
(3) 타원 위의 임의의 점 P에 대하여 $\overline{AP}+\overline{BP}=k$ (k는 상수)
　　➡ 두 점 A, B는 타원의 초점이다.
　　➡ $k=2a$
(4) 장축의 길이가 m, 단축의 길이가 n이다. ➡ $m=2a$, $n=2b$

19 정답 ④　　　정답률 90%

타원 $\dfrac{x^2}{a^2}+\dfrac{y^2}{b^2}=1$의 한 초점을 F$(c, 0)$ $(c>0)$, 이 타원이 x축과 만나는 점 중에서 x좌표가 음수인 점을 A, y축과 만나는 점 중에서 y좌표가 양수인 점을 B라 하자.

$\angle\text{AFB}=\dfrac{\pi}{3}$이고 삼각형 AFB의 넓이는 $6\sqrt{3}$일 때, a^2+b^2의 값은? (단, a, b는 상수이다.)

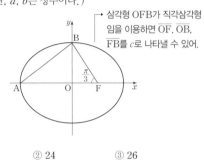

① 22　　　② 24　　　③ 26
✓④ 28　　　⑤ 30

☑ 연관 개념 check

타원 $\dfrac{x^2}{a^2}+\dfrac{y^2}{b^2}=1$ $(a>b>0)$에서
두 초점의 좌표가 $(c, 0)$, $(-c, 0)$이면
$a^2-b^2=c^2$

☑ 실전 적용 key

삼각형 AFB의 넓이는 다음과 같은 방법으로도 구할 수 있다.
$\triangle\text{AFB}=\triangle\text{AOB}+\triangle\text{BOF}$
$\quad=\dfrac{1}{2}\times\overline{\text{OA}}\times\overline{\text{OB}}+\dfrac{1}{2}\times\overline{\text{OF}}\times\overline{\text{OB}}$
$\quad=\dfrac{1}{2}\times 2c\times\sqrt{3}c+\dfrac{1}{2}\times c\times\sqrt{3}c$
$\quad=\sqrt{3}c^2+\dfrac{\sqrt{3}}{2}c^2=\dfrac{3\sqrt{3}}{2}c^2$

해결 흐름

1 a, b를 타원의 초점의 x좌표인 c로 나타내 봐야겠군.

2 삼각형 AFB의 넓이를 이용하여 c^2의 값을 구한다면 a^2+b^2의 값도 계산할 수 있어.

알찬 풀이

$\overline{\text{FB}}:\overline{\text{OF}}:\overline{\text{OB}}=2:1:\sqrt{3}$
직각삼각형 BOF에서 $\overline{\text{OF}}=c$, $\angle\text{OFB}=\dfrac{\pi}{3}$이므로
$\overline{\text{OB}}=\sqrt{3}c$, $\overline{\text{FB}}=2c$
타원 $\dfrac{x^2}{a^2}+\dfrac{y^2}{b^2}=1$ $(a>b>0)$에서 $\overline{\text{OB}}=b$이므로
$b=\sqrt{3}c$
따라서 $a^2=b^2+c^2=(\sqrt{3}c)^2+c^2=4c^2$이므로
$a=2c$ $(\because a>0)$
$\therefore\triangle\text{AFB}=\dfrac{1}{2}\times\overline{\text{AF}}\times\overline{\text{OB}}$

$\triangle\text{AFB}=\triangle\text{AOB}+\triangle\text{BOF}$로 계산할 수도 있어.

$\quad=\dfrac{1}{2}\times(\overline{\text{OA}}+\overline{\text{OF}})\times\overline{\text{OB}}$
$\quad=\dfrac{1}{2}\times(2c+c)\times\sqrt{3}c=\dfrac{3\sqrt{3}}{2}c^2$

이때 삼각형 AFB의 넓이가 $6\sqrt{3}$이므로
$\dfrac{3\sqrt{3}}{2}c^2=6\sqrt{3}$　　$\therefore c^2=4$
$\therefore a^2+b^2=(2c)^2+(\sqrt{3}c)^2=7c^2=7\times 4=28$

다른 풀이

$a>0$, $b>0$이라 하면
직각삼각형 BOF에서 $\overline{\text{BF}}=a$, $\overline{\text{OF}}=c$이므로 $c=a\cos\dfrac{\pi}{3}=\dfrac{a}{2}$

직각삼각형 BOF에서 $\overline{\text{OF}}=\overline{\text{BF}}\cos\dfrac{\pi}{3}$야.

따라서 $b^2=a^2-c^2=a^2-\left(\dfrac{a}{2}\right)^2=\dfrac{3}{4}a^2$이므로

피타고라스 정리를 이용했어.

$b=\dfrac{\sqrt{3}}{2}a$ $(\because a>0,\ b>0)$
$\therefore\triangle\text{AFB}=\dfrac{1}{2}\times\overline{\text{AF}}\times\overline{\text{OB}}$
$\quad=\dfrac{1}{2}\times(\overline{\text{OA}}+\overline{\text{OF}})\times\overline{\text{OB}}$
$\quad=\dfrac{1}{2}\times\left(a+\dfrac{a}{2}\right)\times\dfrac{\sqrt{3}}{2}a=\dfrac{3\sqrt{3}}{8}a^2$

이때 삼각형 AFB의 넓이가 $6\sqrt{3}$이므로
$\dfrac{3\sqrt{3}}{8}a^2=6\sqrt{3}$, $a^2=16$　　$\therefore b^2=\dfrac{3}{4}a^2=\dfrac{3}{4}\times 16=12$
$\therefore a^2+b^2=16+12=28$

생생 수험 Talk

수학 공부를 할 때, 어려운 문제를 얼마나 푸느냐에 따라 공부 시간이 조금씩 차이가 있기에 하루에 몇 시간씩 공부하라고 단정지어 말할 수는 없지만 쉬운 문제, 중간 수준의 문제, 어려운 문제를 매일 골고루 푸는 게 좋아. 어렵지 않게 바로 풀 수 있는 문제들도 매일 풀면서 계산 실수를 줄이고, 시간도 단축시키는 거지. 그리고 어려운 문제는 하루에 한 문제라도 푸는 게 좋아. 문제랑 씨름하는 연습을 함으로써 실제 수능에 어려운 문제가 나와도 풀 수 있는 실력을 준비하는 거지. 그런 시간들이 쌓여서 진정한 나의 수학 실력이 되는 거라고 생각해!

한 변의 길이가 10인 마름모 ABCD에 대하여 대각선 BD를 장축으로 하고, 대각선 AC를 단축으로 하는 타원의 두 초점 사이의 거리가 $10\sqrt{2}$이다. 마름모 ABCD의 넓이는?

↳ 두 초점이 x축 위에 있는 타원의 방정식을 세워 봐.

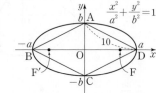

① $55\sqrt{3}$ ② $65\sqrt{2}$ ✔③ $50\sqrt{3}$
④ $45\sqrt{3}$ ⑤ $45\sqrt{2}$

☑ 연관 개념 check

타원 $\dfrac{x^2}{a^2}+\dfrac{y^2}{b^2}=1\,(a>b>0)$에서
두 초점의 좌표가 $(c,\,0),\,(-c,\,0)$이면
$a^2-b^2=c^2$

해결 흐름

1️⃣ 마름모를 좌표평면 위에 놓으면 타원의 방정식을 세울 수 있겠네.

2️⃣ 타원의 정의와 마름모 ABCD의 한 변의 길이가 10임을 이용하여 a, b 사이의 관계식을 세울 수 있겠네.

3️⃣ 2️⃣의 관계식을 연립하여 풀어 a, b의 값을 구하면 마름모 ABCD의 넓이를 계산할 수 있어.

알찬 풀이

마름모 ABCD에 대하여 대각선 BD의 길이를 $2a$, 대각선 AC의 길이를 $2b$라 하자.
↳ 타원의 장축의 길이가 $2a$이고, 단축의 길이가 $2b$가 되겠네.

오른쪽 그림과 같이 마름모 ABCD의 두 대각선의 교점을 원점으로 하고, 선분 BD를 x축 위의 선분이 되도록 타원을 좌표평면 위에 놓으면 타원의 방정식은

$$\frac{x^2}{a^2}+\frac{y^2}{b^2}=1\,(a>b>0)$$

이때 두 초점의 좌표를 $\mathrm{F}(c,\,0),\,\mathrm{F'}(-c,\,0)\,(c>0)$이라 하면
두 초점 사이의 거리가 $10\sqrt{2}$이므로
↳ x축 위에 장축을 놓으면 $a>b>0$이니까 $a^2-b^2=c^2$이야.

$$\overline{\mathrm{FF'}}=2c=10\sqrt{2}$$
$$\therefore c=5\sqrt{2}$$
$$\therefore a^2-b^2=(5\sqrt{2})^2=50 \qquad\cdots\cdots ㉠$$

또, 마름모 ABCD의 한 변의 길이가 10이므로
직각삼각형 AOD에서

$$a^2+b^2=10^2=100 \qquad\cdots\cdots ㉡$$
↳ 피타고라스 정리를 이용했어.

㉠+㉡을 하면 $2a^2=150$, $a^2=75$
$$\therefore a=5\sqrt{3}\,(\because a>0)$$
$a=5\sqrt{3}$을 ㉡에 대입하면
$$(5\sqrt{3})^2+b^2=100,\ b^2=25$$
$$\therefore b=5\,(\because b>0)$$

따라서 마름모 ABCD의 넓이는

↳ $4\triangle \mathrm{AOD}$로 계산할 수도 있어. 즉,
$\square \mathrm{ABCD}=4\triangle \mathrm{AOD}$
$=4\times\left(\dfrac{1}{2}\times a\times b\right)$
$=2ab=50\sqrt{3}$

$$\frac{1}{2}\times\overline{\mathrm{BD}}\times\overline{\mathrm{AC}}=\frac{1}{2}\times 2a\times 2b$$
$$=\frac{1}{2}\times 10\sqrt{3}\times 10=50\sqrt{3}$$

마름모의 넓이 ☆★

(마름모의 넓이)
$=\dfrac{1}{2}\times\{($한 대각선의 길이$)$
　　　　　$\times ($다른 대각선의 길이$)\}$

다른 풀이

타원의 두 초점 사이의 거리가 $10\sqrt{2}$이므로

$$2\sqrt{\left(\frac{\overline{\mathrm{BD}}}{2}\right)^2-\left(\frac{\overline{\mathrm{AC}}}{2}\right)^2}=10\sqrt{2}$$
$$\therefore \overline{\mathrm{BD}}^2-\overline{\mathrm{AC}}^2=200 \qquad\cdots\cdots ㉢$$

마름모 ABCD의 두 대각선 AC, BD는 서로 수직이고, $\overline{\mathrm{AB}}=10$이므로
직각삼각형 ABO에서

타원의 초점의 좌표 ☆★

타원 $\dfrac{x^2}{a^2}+\dfrac{y^2}{b^2}=1\,(a>b>0)$에서
초점의 좌표는 $(\pm\sqrt{a^2-b^2},\,0)$이다.

$$\overline{\mathrm{AB}}^2=\left(\frac{\overline{\mathrm{AC}}}{2}\right)^2+\left(\frac{\overline{\mathrm{BD}}}{2}\right)^2=100$$
$$\therefore \overline{\mathrm{AC}}^2+\overline{\mathrm{BD}}^2=400 \qquad\cdots\cdots ㉣$$
↳ 피타고라스 정리를 이용했어.

㉢, ㉣을 연립하여 풀면

$$\overline{\mathrm{AC}}^2=100,\ \overline{\mathrm{BD}}^2=300$$
↳ ㉣-㉢을 하면 $2\overline{\mathrm{AC}}^2=200$, 즉 $\overline{\mathrm{AC}}^2=100$
↳ ㉢+㉣을 하면 $2\overline{\mathrm{BD}}^2=600$, 즉 $\overline{\mathrm{BD}}^2=300$

$$\therefore \overline{\mathrm{AC}}=10,\ \overline{\mathrm{BD}}=10\sqrt{3}$$

따라서 마름모 ABCD의 넓이는

$$\frac{1}{2}\times\overline{\mathrm{AC}}\times\overline{\mathrm{BD}}=\frac{1}{2}\times 10\times 10\sqrt{3}=50\sqrt{3}$$

21 [정답] ④ 정답률 85%

두 초점이 F, F'이고, 장축의 길이가 10, 단축의 길이가 6인 타원이 있다. 중심이 F이고 점 F'을 지나는 원과 이 타원의 두 교점 중 한 점을 P라 하자. 삼각형 PFF'의 넓이는?

① $2\sqrt{10}$ ② $3\sqrt{5}$ ③ $3\sqrt{6}$

✓④ $3\sqrt{7}$ ⑤ $\sqrt{70}$

두 초점이 x축 위에 있는 타원의 방정식을 세워 봐.

☑ 연관 개념 check

타원 $\dfrac{x^2}{a^2}+\dfrac{y^2}{b^2}=1\ (a>b>0)$에서

(1) 초점의 좌표: $(\sqrt{a^2-b^2},\,0),\ (-\sqrt{a^2-b^2},\,0)$

(2) 장축의 길이: $2a$

(3) 단축의 길이: $2b$

☑ 실전 적용 key

삼각비를 이용하여 삼각형의 넓이를 구할 수도 있다.
삼각형 PFF'의 꼭짓점 F에서 변 PF'에 내린 수선의 발을 H라 하면 삼각형 PFF'이 이등변삼각형이므로
$\triangle PFF'=2\triangle HFF'=\overline{FF'}\times\overline{FH}\times\sin(\angle HFF')$
으로 삼각형 PFF'의 넓이를 구하면 된다.

타원의 정의
타원 위의 한 점에서 두 초점까지의 거리의 합은 타원의 장축의 길이와 같다.

$\triangle PFH\equiv\triangle F'FH$ (RHS 합동)
이므로 $\overline{PH}=\overline{F'H}$

해결 흐름

1 타원의 방정식을 $\dfrac{x^2}{a^2}+\dfrac{y^2}{b^2}=1\ (a>b>0)$로 놓고 주어진 조건을 이용하면 a, b의 값과 두 초점 F, F'의 좌표를 구할 수 있어.

2 원의 반지름의 길이와 타원의 정의를 이용하면 삼각형 PFF'의 세 변의 길이를 구할 수 있겠군.

3 2에서 구한 세 변의 길이를 이용하면 삼각형 PFF'의 넓이를 계산할 수 있어.

알찬 풀이

주어진 타원의 장축이 x축, 단축이 y축 위에 오도록 타원을 좌표평면 위에 놓고 타원의 방정식을

$$\dfrac{x^2}{a^2}+\dfrac{y^2}{b^2}=1\ (a>b>0)$$

이라 하면 장축의 길이가 10, 단축의 길이가 6이므로

$2a=10,\ 2b=6$

∴ $a=5,\ b=3$ → 타원의 방정식은 $\dfrac{x^2}{25}+\dfrac{y^2}{9}=1$이겠네.

이 타원의 두 초점의 좌표를 F$(c,0)$, F'$(-c,0)$ $(c>0)$이라 하면

$c=\sqrt{a^2-b^2}=\sqrt{5^2-3^2}=4$ → 타원 $\dfrac{x^2}{a^2}+\dfrac{y^2}{b^2}=1\ (a>b>0)$에서 두 초점의 좌표가

∴ F$(4,0)$, F'$(-4,0)$ $(c,0),(-c,0)$이면 $a^2-b^2=c^2$이야.

오른쪽 그림에서 중심이 F이고 점 F'을 지나는 원의 반지름의 길이는

$\overline{FF'}=2\times4=8$ → 선분 PF도 원의 반지름이니까 길이가 8이야.

이 원과 타원의 교점 P가 원 위의 점이므로

$\overline{PF}=8$

타원의 정의에 의하여 $\overline{PF}+\overline{PF'}=10$이므로

$8+\overline{PF'}=10$

∴ $\overline{PF'}=2$ → $\overline{FP},\overline{FF'}$은 중심이 F인 원의 반지름이야.

삼각형 PFF'은 $\overline{FP}=\overline{FF'}$인 이등변삼각형이므로 점 F에서 선분 PF'에 내린 수선의 발을 H라 하면

$\overline{PH}=\overline{F'H}=1$

직각삼각형 FPH에서

$\overline{FH}=\sqrt{8^2-1^2}=3\sqrt{7}$ → 피타고라스 정리에 의하여 $\overline{FH}=\sqrt{\overline{FP}^2-\overline{PH}^2}$이야.

따라서 삼각형 PFF'의 넓이는

$\dfrac{1}{2}\times\overline{PF'}\times\overline{FH}=\dfrac{1}{2}\times2\times3\sqrt{7}$
$=3\sqrt{7}$

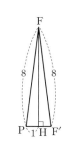

생생 수험 Talk

나는 수험생일 때도 친구들과의 관계는 똑같았어. 수험생이라고 친구들과의 관계를 끊고 혼자 공부에 매진하는 것은 좋은 생각이 아닌 거 같거든. 오히려 친구들과 어려운 수험 생활을 같이 하면서 어려움을 나누고 공부를 하면 더욱더 좋은 효과를 본다고 생각해. 친구들을 경쟁자라고 생각하지 말고 동반자라고 생각하면서 서로서로 도우면 좋은 결과가 나올 거야.

22 정답 ③　　정답률 82%

☑ 연관 개념 check

쌍곡선 $\dfrac{x^2}{a^2}-\dfrac{y^2}{b^2}=1\,(a>0,\,b>0)$에서

(1) 주축의 길이: $2a$

(2) 초점의 좌표: $(\sqrt{a^2+b^2},\,0),\,(-\sqrt{a^2+b^2},\,0)$

(3) 점근선의 방정식: $y=\pm\dfrac{b}{a}x$

해결 흐름

1 쌍곡선 $\dfrac{x^2}{a^2}-\dfrac{y^2}{b^2}=1$의 점근선의 방정식을 이용하여 $a,\,b$ 사이의 관계식을 세울 수 있겠네.

2 쌍곡선 $\dfrac{x^2}{a^2}-\dfrac{y^2}{b^2}=1$의 한 초점의 x좌표인 c를 $a,\,b$에 대한 식으로 나타내 봐야겠군.

3 **1**, **2**에서 구한 관계식과 $\overline{PQ}=8$임을 이용하여 $a^2+b^2+c^2$의 값을 구해야겠다.

알찬 풀이

쌍곡선 $\dfrac{x^2}{a^2}-\dfrac{y^2}{b^2}=1\,(a>0,\,b>0)$의 점근선의 방정식은 $y=\pm\dfrac{b}{a}x$이므로

$\dfrac{b}{a}=1$　$\therefore a=b$　→ $a>0,\,b>0$이니까 $\dfrac{b}{a}>0$이야.

쌍곡선 $\dfrac{x^2}{a^2}-\dfrac{y^2}{a^2}=1\,(a>0)$의 한 초점의 좌표가 $F(c,\,0)\,(c>0)$이므로

$c=\sqrt{a^2+a^2}=\sqrt{2}\,a$

즉, 두 점 P, Q의 x좌표가 모두 $\sqrt{2}\,a$이므로 $\dfrac{x^2}{a^2}-\dfrac{y^2}{a^2}=1$에 $x=\sqrt{2}\,a$를 대입하면

$\dfrac{(\sqrt{2}\,a)^2}{a^2}-\dfrac{y^2}{a^2}=1,\,\dfrac{y^2}{a^2}=1$

$\therefore y=a$ 또는 $y=-a$

이때 $\overline{PQ}=8$이므로　→ $a>0$이므로 $\overline{PQ}=a-(-a)=2a$야.

$2a=8$에서 $a=4$

$\therefore a^2+b^2+c^2=a^2+a^2+(\sqrt{2}\,a)^2=4a^2$
$=4\times4^2=64$

23 정답 ②　　정답률 88%

☑ 연관 개념 check

쌍곡선 $\dfrac{x^2}{a^2}-\dfrac{y^2}{b^2}=1\,(a>0,\,b>0)$에서

(1) 주축의 길이: $2a$

(2) 초점의 좌표: $(\sqrt{a^2+b^2},\,0),\,(-\sqrt{a^2+b^2},\,0)$

(3) 점근선의 방정식: $y=\pm\dfrac{b}{a}x$

☑ 오답 clear

쌍곡선 $\dfrac{x^2}{a^2}-\dfrac{y^2}{b^2}=1$의 주축은 x축 위에 있으므로 $2|b|\neq6$임에 유의한다.

해결 흐름

1 쌍곡선 $\dfrac{x^2}{a^2}-\dfrac{y^2}{b^2}=1$의 주축의 길이를 이용하면 a의 값을 구할 수 있겠네.

2 쌍곡선 $\dfrac{x^2}{a^2}-\dfrac{y^2}{b^2}=1$의 점근선의 방정식을 이용하면 b의 값도 구할 수 있겠군.

3 **1**, **2**에서 구한 $a,\,b$의 값을 이용해서 두 초점의 좌표를 구하면 되겠다.

알찬 풀이

쌍곡선 $\dfrac{x^2}{a^2}-\dfrac{y^2}{b^2}=1\,(a>0,\,b>0)$의 주축의 길이는 $2a$이므로
→ 주축의 길이가 6임을 이용해서 a의 값을 구하면 돼.

$2a=6$에서 $a=3$

또, 쌍곡선 $\dfrac{x^2}{a^2}-\dfrac{y^2}{b^2}=1$의 점근선의 방정식은 $y=\pm\dfrac{b}{a}x$이므로

$\dfrac{b}{a}=2$에서 $\dfrac{b}{3}=2$

$\therefore b=6$　→ $a>0,\,b>0$이니까 $\dfrac{b}{a}>0$이야.

따라서 쌍곡선 $\dfrac{x^2}{9}-\dfrac{y^2}{36}=1$의 두 초점의 좌표는

$(\sqrt{9+36},\,0),\,(-\sqrt{9+36},\,0)$, 즉 $(3\sqrt{5},\,0),\,(-3\sqrt{5},\,0)$이므로

두 초점 사이의 거리는

$3\sqrt{5}-(-3\sqrt{5})=6\sqrt{5}$

24 [정답] ③   정답률 93%

한 초점의 좌표가 $(3\sqrt{2},\,0)$인 쌍곡선 $\dfrac{x^2}{a^2}-\dfrac{y^2}{6}=1$의 <u>주축의 길이</u>는? (단, a는 양수이다.)
1

               2

① $3\sqrt{3}$ ② $\dfrac{7\sqrt{3}}{2}$ ✔③ $4\sqrt{3}$

④ $\dfrac{9\sqrt{3}}{2}$ ⑤ $5\sqrt{3}$

해결 흐름

1 쌍곡선의 한 초점의 좌표를 이용하면 a의 값을 구할 수 있겠네.

2 **1**에서 구한 a의 값을 이용하면 주축의 길이 $2a$의 값도 구할 수 있겠군.

☑ 연관 개념 check

쌍곡선 $\dfrac{x^2}{a^2}-\dfrac{y^2}{b^2}=1\,(a>0,\,b>0)$에서

(1) 초점의 좌표: $(\sqrt{a^2+b^2},\,0),\,(-\sqrt{a^2+b^2},\,0)$

(2) 꼭짓점의 좌표: $(a,\,0),\,(-a,\,0)$

(3) 주축의 길이: $2a$

☑ 실전 적용 key

주어진 쌍곡선의 한 초점을 이용하여 양수 a의 값을 먼저 구한다.

알찬 풀이

쌍곡선 $\dfrac{x^2}{a^2}-\dfrac{y^2}{6}=1$의 한 초점의 좌표가 $(3\sqrt{2},\,0)$이므로   ☆☆

$a^2+6=(3\sqrt{2})^2$

$a^2+6=18,\ a^2=12$

$\therefore a=2\sqrt{3}\ (\because a>0)$

따라서 쌍곡선의 주축의 길이는

$2a=2\times 2\sqrt{3}=4\sqrt{3}$

> **쌍곡선의 방정식**
> 쌍곡선 $\dfrac{x^2}{a^2}-\dfrac{y^2}{b^2}=1\,(a>0,\,b>0)$에서 두 초점의 좌표가 $(c,\,0),\,(-c,\,0)$이면 $a^2+b^2=c^2$이다.

→ a는 양수로 조건에 주어졌어.

25 [정답] ④

그림과 같이 두 점 $\mathrm{F}(c,\,0)$, $\mathrm{F}'(-c,\,0)\,(c>0)$을 초점으로 하는 쌍곡선 $\dfrac{x^2}{4}-\dfrac{y^2}{b^2}=1$이 있다. 점 F를 지나고 x축에 수직인 직선이 쌍곡선과 제1사분면에서 만나는 점을 P라 하고, 직선 PF 위에 $\overline{\mathrm{QP}}:\overline{\mathrm{PF}}=5:3$이 되도록 점 Q를 잡는다. 직선 F'Q가 y축과 만나는 점을 R라 할 때, $\overline{\mathrm{QP}}=\overline{\mathrm{QR}}$이다. b^2의 값은?
    → $4+b^2=c^2$이네.
3
           2
      2
   1

(단, b는 상수이고, 점 Q는 제1사분면 위의 점이다.)

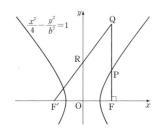

① $\dfrac{1}{2}+2\sqrt{5}$ ② $1+2\sqrt{5}$ ③ $\dfrac{3}{2}+2\sqrt{5}$

✔④ $2+2\sqrt{5}$ ⑤ $\dfrac{5}{2}+2\sqrt{5}$

해결 흐름

1 b^2의 값을 구하려면 먼저 c^2의 값을 구해야겠네.

2 $\overline{\mathrm{QP}}=5k,\ \overline{\mathrm{PF}}=3k\,(k>0)$로 놓고, 주어진 조건을 이용하여 선분 PF'의 길이를 구해야겠군.

3 쌍곡선의 정의를 이용해서 c의 값을 구할 수 있고, b^2의 값도 구할 수 있겠네.

☑ 연관 개념 check

쌍곡선 위의 한 점에서 두 초점까지의 거리의 차는 쌍곡선의 주축의 길이와 같다.

알찬 풀이

$\overline{\mathrm{QP}}:\overline{\mathrm{PF}}=5:3$이므로   ☆☆

$\overline{\mathrm{QP}}=5k,\ \overline{\mathrm{PF}}=3k\,(k>0)$라 하면

$\overline{\mathrm{QR}}=\overline{\mathrm{QP}}=5k,\ \overline{\mathrm{QF}}=8k$

한편, $\overline{\mathrm{F'O}}=\overline{\mathrm{OF}},\ \overline{\mathrm{RO}}\,/\!/\,\overline{\mathrm{QF}}$이므로

$\overline{\mathrm{F'R}}=\overline{\mathrm{RQ}}=5k$

직각삼각형 $\mathrm{QF'F}$에서

$\overline{\mathrm{F'F}}=\sqrt{(10k)^2-(8k)^2}=6k$

즉, $2c=6k$에서 $c=3k$
  → 피타고라스 정리를 이용했어.

직각삼각형 $\mathrm{PF'F}$에서

$\overline{\mathrm{PF'}}=\sqrt{(6k)^2+(3k)^2}=3\sqrt{5}\,k$

쌍곡선의 정의에 의하여
  → 피타고라스 정리를 이용했어.

$\overline{\mathrm{PF'}}-\overline{\mathrm{PF}}=3\sqrt{5}\,k-3k=4$
  → 쌍곡선의 주축의 길이야.

$3k(\sqrt{5}-1)=4,\ 3k=\dfrac{4}{\sqrt{5}-1}=\sqrt{5}+1$

$\therefore c=3k=\sqrt{5}+1$

$\therefore b^2=c^2-4$

$\quad\quad=(\sqrt{5}+1)^2-4=2+2\sqrt{5}$

> **삼각형의 두 변의 중점을 연결한 선분의 정리**
> 삼각형 ABC에서 $\overline{\mathrm{AM}}=\overline{\mathrm{MB}},\ \overline{\mathrm{MN}}\,/\!/\,\overline{\mathrm{BC}}$이면 $\overline{\mathrm{AN}}=\overline{\mathrm{NC}}$

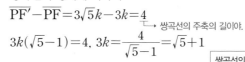

$\overline{\mathrm{F'F}}=\overline{\mathrm{OF}}+\overline{\mathrm{OF'}}=c+c=2c$

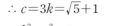

> **쌍곡선의 방정식**   ☆☆
> 쌍곡선 $\dfrac{x^2}{a^2}-\dfrac{y^2}{b^2}=1\,(a>0,\,b>0)$에서 두 초점의 좌표가 $(c,\,0),\,(-c,\,0)$이면 $a^2+b^2=c^2$이다.

26 정답 ③   정답률 87%

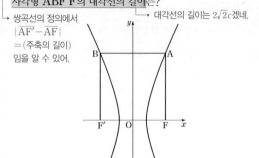

→ $\overline{F'F}=2c$네.

그림과 같이 두 초점이 $F(c,\ 0)$, $F'(-c,\ 0)\ (c>0)$이고 주축의 길이가 2인 쌍곡선이 있다. 점 F를 지나고 x축에 수직인 직선이 쌍곡선과 제1사분면에서 만나는 점을 A, 점 F'을 지나고 x축에 수직인 직선이 쌍곡선과 제2사분면에서 만나는 점을 B라 하자. 사각형 ABF'F가 정사각형일 때, 정사각형 ABF'F의 대각선의 길이는?

→ 쌍곡선의 정의에서
$|\overline{AF'}-\overline{AF}|$
=(주축의 길이)
임을 알 수 있어.

→ 대각선의 길이는 $2\sqrt{2}$겠네.

① $3+2\sqrt{2}$ ② $5+\sqrt{2}$ ✔③ $4+2\sqrt{2}$
④ $6+\sqrt{2}$ ⑤ $5+2\sqrt{2}$

☑ 연관 개념 check
쌍곡선 위의 한 점에서 두 초점까지의 거리의 차는 쌍곡선의 주축의 길이와 같다.

해결 흐름
1 정사각형 ABF'F의 대각선의 길이를 c에 대한 식으로 나타내 봐야겠군.
2 쌍곡선의 정의와 주축의 길이가 2임을 이용해서 c의 값을 구하면 정사각형 ABF'F의 대각선의 길이를 구할 수 있겠네.

알찬 풀이

$\overline{F'F}=\overline{OF'}+\overline{OF}=c+c=2c$
이므로 정사각형 ABF'F의 대각선의 길이는
$\overline{AF'}=\sqrt{(2c)^2+(2c)^2}$ → 피타고라스 정리를 이용했어.
$\quad=2\sqrt{2}c$ ······ ㉠
한편, 주어진 쌍곡선의 주축의 길이가 2이므로
쌍곡선의 정의에 의하여
$\overline{AF'}-\overline{AF}=2$에서
$2\sqrt{2}c-2c=2,\ (\sqrt{2}-1)c=1$
$\therefore c=\dfrac{1}{\sqrt{2}-1}=\sqrt{2}+1$
이것을 ㉠에 대입하면 정사각형 ABF'F의 대각선의 길이는
$\overline{AF'}=2\sqrt{2}c$
$\qquad=2\sqrt{2}(\sqrt{2}+1)$
$\qquad=4+2\sqrt{2}$

---

27 정답 ③   정답률 90%

→ 초점이 x축 위에 있어.

쌍곡선 $\dfrac{x^2}{a^2}-\dfrac{y^2}{36}=1$의 두 초점 사이의 거리가 $6\sqrt{6}$일 때, a^2의 값은? (단, a는 상수이다.)

① 14   ② 16   ✔③ 18
④ 20   ⑤ 22

☑ 연관 개념 check
쌍곡선 $\dfrac{x^2}{a^2}-\dfrac{y^2}{b^2}=1\ (a>0,\ b>0)$에서
두 초점의 좌표가 $(c,\ 0)$, $(-c,\ 0)$이면
$a^2+b^2=c^2$

해결 흐름
1 쌍곡선의 두 초점의 좌표를 구해야겠네.
2 두 초점 사이의 거리가 $6\sqrt{6}$임을 이용하면 a^2의 값을 구할 수 있겠네.

알찬 풀이

쌍곡선 $\dfrac{x^2}{a^2}-\dfrac{y^2}{36}=1$의 두 초점의 좌표는
$(\sqrt{a^2+36},\ 0),\ (-\sqrt{a^2+36},\ 0)$
이때 두 초점 사이의 거리가 $6\sqrt{6}$이므로
$\sqrt{a^2+36}-(-\sqrt{a^2+36})=2\sqrt{a^2+36}=6\sqrt{6}$
$\sqrt{a^2+36}=3\sqrt{6},\ a^2+36=54$
$\therefore a^2=18$

> **쌍곡선의 초점의 좌표**
> 쌍곡선 $\dfrac{x^2}{a^2}-\dfrac{y^2}{b^2}=1\ (a>0,\ b>0)$에서
> 초점의 좌표는 $(\pm\sqrt{a^2+b^2},\ 0)$이다.

다른 풀이

쌍곡선 $\dfrac{x^2}{a^2}-\dfrac{y^2}{36}=1$의 두 초점 사이의 거리가 $6\sqrt{6}$이므로 두 초점의 좌표는
$(3\sqrt{6},\ 0),\ (-3\sqrt{6},\ 0)$이다.
따라서 $a^2+36=(3\sqrt{6})^2=54$이므로
$a^2=18$

28 정답 ④ 정답률 93%

다음 조건을 만족시키는 **쌍곡선의 주축의 길이**는? ▣
↳ 두 초점이 x축 위에 있는 쌍곡선의 방정식을 세워 봐.

(가) **두 초점의 좌표는 $(5, 0)$, $(-5, 0)$이다.** ③

(나) **두 점근선이 서로 수직이다.** → 두 점근선의 기울기의 곱이 -1이야. ②

① $2\sqrt{2}$ ② $3\sqrt{2}$ ③ $4\sqrt{2}$

✔④ $5\sqrt{2}$ ⑤ $6\sqrt{2}$

☑ 연관 개념 check

쌍곡선 $\dfrac{x^2}{a^2}-\dfrac{y^2}{b^2}=1\,(a>0,\,b>0)$에서

(1) 주축의 길이: $2a$

(2) 점근선의 방정식: $y=\pm\dfrac{b}{a}x$

쌍곡선의 방정식 ☆★

쌍곡선 $\dfrac{x^2}{a^2}-\dfrac{y^2}{b^2}=1\,(a>0,\,b>0)$에서 두 초점의 좌표가 $(c, 0)$, $(-c, 0)$이면 $a^2+b^2=c^2$이다.

해결 흐름

▣ 쌍곡선의 방정식을 $\dfrac{x^2}{a^2}-\dfrac{y^2}{b^2}=1\,(a>0,\,b>0)$로 놓으면 주축의 길이는 $2a$이므로 a의 값을 구해야겠네.

② 조건 (나)를 이용하여 a, b 사이의 관계식을 세울 수 있겠네.

③ ②의 식을 이용하여 구한 초점의 좌표와 조건 (가)에서 주어진 초점의 좌표가 같음을 이용하면 a의 값을 구하고, 주축의 길이 $2a$의 값도 구할 수 있겠네.

알찬 풀이

초점이 x축 위에 있고, 중심이 원점이므로 쌍곡선의 방정식을
↳ 쌍곡선의 중심은 두 초점을 이은 선분의 중점이야.

$$\dfrac{x^2}{a^2}-\dfrac{y^2}{b^2}=1\,(a>0,\,b>0)$$

즉, $\left(\dfrac{5+(-5)}{2},\,0\right)$에서 $(0, 0)$이야.

이라 하면 점근선의 방정식은 $y=\pm\dfrac{b}{a}x$

이때 조건 (나)에서 두 점근선이 서로 수직이므로
→ 두 점근선의 기울기의 곱이 -1이야.

$$\dfrac{b}{a}\times\left(-\dfrac{b}{a}\right)=-1,\ a^2=b^2 \qquad \therefore a=b\,(\because a>0,\,b>0)$$

즉, 쌍곡선의 방정식은 $\dfrac{x^2}{a^2}-\dfrac{y^2}{a^2}=1\,(a>0)$

조건 (가)에서 쌍곡선의 두 초점의 좌표는 $(5, 0)$, $(-5, 0)$이므로

$$a^2+a^2=25,\ a^2=\dfrac{25}{2} \qquad \therefore a=\dfrac{5\sqrt{2}}{2}\,(\because a>0)$$

따라서 쌍곡선의 주축의 길이는

$$2a=2\times\dfrac{5\sqrt{2}}{2}=5\sqrt{2}$$

29 정답 ① 정답률 81%

그림과 같이 **쌍곡선 $\dfrac{4x^2}{9}-\dfrac{y^2}{40}=1$**의 두 초점은 F, F′이고, ▣
점 F를 중심으로 하는 **원 C는 쌍곡선과 한 점에서 만난다.** ②
제 2 사분면에 있는 쌍곡선 위의 점 P에서 원 C에 접선을 그었을 때 접점을 Q라 하자. $\overline{PQ}=12$일 때, **선분 PF′의 길이**는? ③
↳ $\overline{PQ}\perp\overline{QF}$

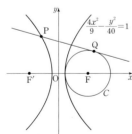

✔① 10 ② $\dfrac{21}{2}$ ③ 11

④ $\dfrac{23}{2}$ ⑤ 12

☑ 연관 개념 check

쌍곡선 $\dfrac{x^2}{a^2}-\dfrac{y^2}{b^2}=1\,(a>0,\,b>0)$에서

(1) 꼭짓점의 좌표: $(a, 0)$, $(-a, 0)$

(2) 초점의 좌표: $(\sqrt{a^2+b^2}, 0)$, $(-\sqrt{a^2+b^2}, 0)$

해결 흐름

▣ 쌍곡선의 꼭짓점과 초점의 좌표를 구할 수 있어.

② 원 C와 쌍곡선이 한 점에서 만남을 이용하여 원 C의 반지름의 길이를 구하면 되겠네.

③ 원의 접선의 성질과 쌍곡선의 정의를 이용하여 선분 PF′의 길이를 구해 보자.

알찬 풀이
↳ $\dfrac{x^2}{a^2}-\dfrac{y^2}{b^2}=1$ 꼴이 되도록 식을 변형해.

$x>0$에서 쌍곡선 $\dfrac{4x^2}{9}-\dfrac{y^2}{40}=1$, 즉 $\dfrac{x^2}{\frac{9}{4}}-\dfrac{y^2}{40}=1$

의 꼭짓점과 초점의 좌표를 각각 $(a, 0)$, $(c, 0)$이라
하면
↳ $x>0$이므로 $a>0$, $c>0$이지.

$$a=\sqrt{\dfrac{9}{4}}=\dfrac{3}{2}$$

$$c=\sqrt{\dfrac{9}{4}+40}=\sqrt{\dfrac{169}{4}}=\dfrac{13}{2}$$

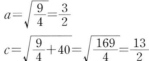

이때 원 C는 쌍곡선과 한 점에서 만나므로 선분 QF의 길이는 원 C의 반지름의 길이와 같다.

$$\therefore \overline{QF}=c-a=\dfrac{13}{2}-\dfrac{3}{2}=5$$

또, $\overline{PQ}=12$이므로 직각삼각형 PQF에서
→ 원의 접선과 접점을 지나는 원의 반지름은 서로 수직이니까 $\angle PQF=\dfrac{\pi}{2}$야.

$$\overline{PF}=\sqrt{\overline{PQ}^2+\overline{QF}^2}=\sqrt{12^2+5^2}=13$$

따라서 쌍곡선의 정의에 의하여 ☆★

$$\overline{PF}-\overline{PF'}=2a=3$$이므로

$$\overline{PF'}=\overline{PF}-3=13-3=10$$

쌍곡선의 정의

쌍곡선은 평면 위의 서로 다른 두 점 F, F′에서의 거리의 차가 일정한 점들의 집합이다.

30 정답 ⑤ 정답률 90%

주축의 길이가 4인 쌍곡선 $\dfrac{x^2}{a^2}-\dfrac{y^2}{b^2}=1$의 점근선의 방정식

이 $y=\pm\dfrac{5}{2}x$일 때, a^2+b^2의 값은? (단, a와 b는 상수이다.)

① 21   ② 23   ③ 25

④ 27   ✓⑤ 29

$\to\ \pm\dfrac{b}{a}x=\pm\dfrac{5}{2}x$

☑ 연관 개념 check

쌍곡선 $\dfrac{x^2}{a^2}-\dfrac{y^2}{b^2}=1\,(a>0,\,b>0)$에서

(1) 주축의 길이: $2a$

(2) 점근선의 방정식: $y=\pm\dfrac{b}{a}x$

해결 흐름

■ 쌍곡선 $\dfrac{x^2}{a^2}-\dfrac{y^2}{b^2}=1$의 주축의 길이를 이용하면 a의 값을 구할 수 있겠네.

■ 쌍곡선 $\dfrac{x^2}{a^2}-\dfrac{y^2}{b^2}=1$의 점근선의 방정식을 이용하면 b의 값도 구할 수 있겠군.

알찬 풀이

쌍곡선 $\dfrac{x^2}{a^2}-\dfrac{y^2}{b^2}=1\,(a>0,\,b>0)$의 주축의 길이는 $2a$이므로

$\to$ 주축의 길이가 4임을 이용해서 a의 값을 구하면 돼.

$2a=4$에서 $a=2$

또, 쌍곡선 $\dfrac{x^2}{a^2}-\dfrac{y^2}{b^2}=1$의 점근선의 방정식은 $y=\pm\dfrac{b}{a}x$이므로

$\dfrac{b}{a}=\dfrac{5}{2}$에서 $\dfrac{b}{2}=\dfrac{5}{2}$

$\therefore b=5$ $\to\ a>0,\,b>0$이기 때문이야.

$\therefore a^2+b^2=2^2+5^2=29$

---

31 정답 ② 정답률 75%

원 $(x-4)^2+y^2=r^2$과 쌍곡선 $x^2-2y^2=1$이 서로 다른 세 점에서 만나기 위한 양수 r의 최댓값은?

$\to$ 원과 쌍곡선의 그림을 그려 봐.

① 4   ✓② 5   ③ 6

④ 7   ⑤ 8

☑ 연관 개념 check

쌍곡선 $\dfrac{x^2}{a^2}-\dfrac{y^2}{b^2}=1\,(a>0,\,b>0)$에서

(1) 꼭짓점의 좌표: $(a,\,0)$, $(-a,\,0)$

(2) 초점의 좌표: $(\sqrt{a^2+b^2},\,0)$, $(-\sqrt{a^2+b^2},\,0)$

☑ 실전 적용 key

$x^2-2y^2=1$에 $y=0$을 대입하면 $x^2=1$이므로

$x=-1$ 또는 $x=1$

즉, 꼭짓점이 점 $(-1,\,0)$, 점 $(1,\,0)$의 2개이므로 각 경우의 r의 값을 구하여 그 최댓값을 구한다.

해결 흐름

■ 원과 쌍곡선이 서로 다른 세 점에서 만나기 위해서는 원이 쌍곡선의 꼭짓점을 지나야겠네.

■ 쌍곡선의 두 꼭짓점의 좌표를 이용하여 양수 r의 최댓값을 구하면 되겠네.

알찬 풀이

$\to$ 표준형으로 나타내면 $x^2-\dfrac{y^2}{\frac{1}{2}}=1$이야.

원 $(x-4)^2+y^2=r^2$과 쌍곡선 $x^2-2y^2=1$이 서로 다른 세 점에서 만나기 위해서는 오른쪽 그림과 같이 원이 쌍곡선의 꼭짓점을 지나야 한다.

이때 쌍곡선의 두 꼭짓점의 좌표는

$(1,\,0)$, $(-1,\,0)$이므로

$\to\ x^2-2y^2=1$에 $y=0$을 대입하면 구할 수 있어.

(i) 원이 점 $(1,\,0)$을 지날 때,

$r^2=(1-4)^2=9$ $\therefore r=3$

(ii) 원이 점 $(-1,\,0)$을 지날 때,

$r^2=(-1-4)^2=25$ $\therefore r=5$

$\to$ 각 점의 좌표를 원의 방정식 $(x-4)^2+y^2=r^2$에 대입해서 r의 값을 구해야 해.

(i), (ii)에서 양수 r의 최댓값은 5이다.

32 정답 ② 정답률 71%

그림과 같이 직사각형 ABCD의 네 변의 중점 P, Q, R, S 를 꼭짓점으로 하는 타원의 두 초점을 F, F'이라 하자. 점 F 를 초점, 직선 AB를 준선으로 하는 포물선이 세 점 F', Q, S를 지난다. 직사각형 ABCD의 넓이가 $32\sqrt{2}$일 때, 선분 FF'의 길이는?

→ 타원의 두 초점과 포물선의 초점이 x축 위에 있는 타원의 방정식과 포물선의 방정식을 세워 봐.

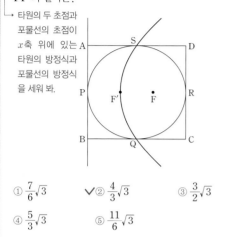

① $\dfrac{7}{6}\sqrt{3}$ ✓② $\dfrac{4}{3}\sqrt{3}$ ③ $\dfrac{3}{2}\sqrt{3}$

④ $\dfrac{5}{3}\sqrt{3}$ ⑤ $\dfrac{11}{6}\sqrt{3}$

☑ 연관 개념 check
(1) 포물선 $y^2=4px\ (p\neq0)$에서
초점의 좌표는 $(p, 0)$, 준선의 방정식은 $x=-p$
(2) 포물선 $y^2=4px$를 x축의 방향으로 m만큼, y축의 방향으로 n만큼 평행이동한 포물선의 방정식은
$(y-n)^2=4p(x-m)$

☑ 실전 적용 key
주어진 조건을 이용하여 두 직선 PR, QS의 교점이 원점이 되도록 직사각형 ABCD를 좌표평면 위에 놓으면, 타원의 방정식과 포물선의 방정식을 구할 수 있다.

해결 흐름

1 직사각형 ABCD를 좌표평면 위에 놓으면 타원의 방정식과 포물선의 방정식을 세울 수 있겠네.
2 **1**에서 구한 관계식과 직사각형 ABCD의 넓이가 $32\sqrt{2}$임을 이용하여 선분 FF'의 길이를 구해야겠다.

알찬 풀이

오른쪽 그림과 같이 직사각형 ABCD 를 두 직선 PR, QS가 각각 x축, y축 위에 오도록 좌표평면 위에 놓고, 점 R의 좌표를 $(a, 0)\ (a>0)$, 점 S의 좌표를 $(0, b)\ (b>0)$, 초점 F의 좌표를 $(p, 0)\ (p>0)$ 이라 하면 타원의 방정식은

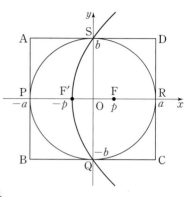

$$\dfrac{x^2}{a^2}+\dfrac{y^2}{b^2}=1$$

포물선의 정의에 의하여 $\overline{PF'}=\overline{FF'}$이므로
$$-p-(-a)=p-(-p)$$ → $\overline{FF'}=p-(-p)=2p$야.
$$\therefore a=3p$$

포물선의 방정식은 꼭짓점이 원점이고 초점이 $(2p, 0)$인 포물선 $y^2=8px$를 x축의 방향으로 $-p$만큼 평행이동한 식이므로 → $y^2=8px=4\times2px$이기 때문이야.
$$y^2=8p(x+p)$$
이 포물선이 점 $S(0, b)$를 지나므로
$$b^2=8p^2$$
$$\therefore b=2\sqrt{2}p$$

한편, 직사각형 ABCD의 넓이가 $32\sqrt{2}$이므로
$$2a\times2b=32\sqrt{2}$$에서
$$6p\times4\sqrt{2}p=32\sqrt{2}$$
$$24\sqrt{2}p^2=32\sqrt{2}$$
$$p^2=\dfrac{4}{3} \quad \therefore p=\dfrac{2}{3}\sqrt{3}$$
$$\therefore \overline{FF'}=2p=\dfrac{4}{3}\sqrt{3}$$

다른 풀이

오른쪽 그림과 같이 직사각형 ABCD를 두 직선 PR, QS가 각각 x축, y축 위에 오도록 좌표평면 위에 놓고, 점 R의 좌표를 $(a, 0)\ (a>0)$, 점 S의 좌표를 $(0, b)\ (b>0)$ 라 하면 타원의 방정식은

$$\dfrac{x^2}{a^2}+\dfrac{y^2}{b^2}=1$$

포물선의 정의에 의하여
$$\overline{SF}=\overline{SA}=a$$

← 포물선 위의 점 S에서 초점까지의 거리와 준선까지의 거리는 같아.

이므로 직각삼각형 SFO에서
$$\overline{OF}=\sqrt{a^2-b^2}$$ → 피타고라스 정리를 이용했어.
이때 포물선의 정의에 의하여 $\overline{PF'}=\overline{F'F}$이므로
$$\overline{FP}=2\overline{FF'}=2\times2\overline{OF}=4\overline{OF}$$에서
$$\overline{OP}=\overline{FP}-\overline{OF}=4\overline{OF}-\overline{OF}=3\overline{OF}$$

즉, $\overline{OP}=a$, $\overline{OF}=\sqrt{a^2-b^2}$ 이므로
$$a=3\sqrt{a^2-b^2},\ a^2=9(a^2-b^2),\ 9b^2=8a^2$$
$$\therefore b=\frac{2\sqrt{2}}{3}a$$

한편, 직사각형 ABCD의 넓이가 $32\sqrt{2}$ 이므로
$2a\times2b=32\sqrt{2}$ 에서
$$2a\times\frac{4\sqrt{2}}{3}a=\frac{8\sqrt{2}}{3}a^2=32\sqrt{2}$$
$$a^2=12$$
$$\therefore a=2\sqrt{3}$$
$$\therefore \overline{FF'}=2\overline{OF}$$
$$=2\times\frac{1}{3}a=2\times\frac{2\sqrt{3}}{3}=\frac{4}{3}\sqrt{3}$$

33 정답 ③   정답률 57%

포물선 $(y-2)^2=8(x+2)$ 위의 점 P와 점 A$(0, 2)$에 대하여 $\overline{OP}+\overline{PA}$의 값이 최소가 되도록 하는 점 P를 P_0이라 하자. $\overline{OQ}+\overline{QA}=\overline{OP_0}+\overline{P_0A}$를 만족시키는 점 Q에 대하여 점 Q의 y좌표의 최댓값과 최솟값을 각각 M, m이라 할 때, M^2+m^2의 값은? (단, O는 원점이다.)

① 8   ② 9   ✔ ③ 10
④ 11   ⑤ 12

→ 포물선 $y^2=8x$를 x축의 방향으로 -2만큼, y축의 방향으로 2만큼 평행이동했어.

☑ 연관 개념 check
(1) 포물선 $y^2=4px$ $(p\neq0)$에서
    초점의 좌표는 $(p, 0)$, 준선의 방정식은 $x=-p$
(2) 포물선 $y^2=4px$를 x축의 방향으로 m만큼, y축의 방향으로 n만큼 평행이동한 포물선의 방정식은
    $(y-n)^2=4p(x-m)$

☑ 실전 적용 key
주어진 포물선을 좌표평면 위에 그리고 포물선의 성질을 이용하여 $\overline{OP}+\overline{PA}$의 값이 최소가 되도록 하는 점 P를 찾는다.

타원의 정의 ☆★
타원 위의 한 점에서 두 초점까지의 거리의 합은 타원의 장축의 길이와 같다.

해결 흐름

1 주어진 포물선은 포물선 $y^2=8x$를 평행이동한 것이니까 주어진 포물선의 초점의 좌표와 준선의 방정식을 구할 수 있겠군.

2 포물선 위의 임의의 점에서 초점까지의 거리와 준선까지의 거리가 같음을 이용하여 점 P_0을 구해야겠네.

3 **2**에서 구한 점 P_0을 이용하여 $\overline{OQ}+\overline{QA}$의 값과 점 Q가 나타내는 도형을 구하면 점 Q의 y좌표의 최댓값과 최솟값을 구할 수 있겠다.

알찬 풀이

포물선 $(y-2)^2=8(x+2)$는 포물선 $y^2=8x$를 x축의 방향으로 -2만큼, y축의 방향으로 2만큼 평행이동한 것이다.   → $y^2=8x=4\times2x$이기 때문이야.
포물선 $y^2=8x$의 초점의 좌표는 $(2, 0)$, 준선의 방정식은 $x=-2$이므로
포물선 $(y-2)^2=8(x+2)$의 초점의 좌표는 A$(0, 2)$, 준선의 방정식은 $x=-4$이다.

오른쪽 그림과 같이 점 P에서 준선 $x=-4$에 내린 수선의 발을 H, 준선이 x축과 만나는 점을 B라 하면
$$\overline{OP}+\overline{PA}=\overline{OP}+\overline{PH}$$
$$\geq\overline{OB}$$
포물선 위의 점 P에서 초점까지의 거리와 준선까지의 거리는 같아.

즉, $\overline{OP}+\overline{PA}$의 값이 최소가 되도록 하는 점 P_0은 포물선 $(y-2)^2=8(x+2)$와 x축이 만나는 점이다.

$\overline{OQ}+\overline{QA}=\overline{OP_0}+\overline{P_0A}$에서
$$\overline{OP_0}+\overline{P_0A}=\overline{OP_0}+\overline{P_0B}=\overline{OB}=4$$이므로
$$\overline{OQ}+\overline{QA}=4$$
포물선 위의 점 P_0에서 초점까지의 거리와 준선까지의 거리는 같아.

타원의 정의에 의하여 점 Q는 두 점 O, A를 초점으로 하고 장축의 길이가 4인 타원 위의 점이다.

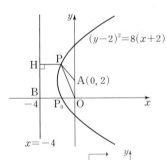

이 타원의 중심의 좌표가 $(0, 1)$이므로 점 Q의 y좌표의 최댓값은 3, 최솟값은
└→ 타원의 중심의 좌표는 두 초점을 이은 선분의 중점의 좌표와 같아.
-1이다.

따라서 $M=3$, $m=-1$이므로

$M^2+m^2=3^2+(-1)^2=10$

---

34 [정답] 19 정답률 80%

└→ $a>1$이므로 두 초점이 y축 위에 있는 타원이야.

1보다 큰 실수 a에 대하여 타원 $x^2+\dfrac{y^2}{a^2}=1$의 두 초점과 쌍
곡선 $x^2-y^2=1$의 두 초점을 꼭짓점으로 하는 사각형의 넓
1
이가 12일 때, a^2의 값을 구하시오. 19
2

해결 흐름

1 타원과 쌍곡선의 초점의 좌표를 각각 구해 보자.

2 **1**에서 구한 네 점을 꼭짓점으로 하는 사각형의 넓이가 12임을 이용하면 되겠네.

알찬 풀이

☑ **연관 개념 check**

(1) 타원 $\dfrac{x^2}{a^2}+\dfrac{y^2}{b^2}=1\,(b>a>0)$에서 초점의 좌표는

  $(0, \sqrt{b^2-a^2}), (0, -\sqrt{b^2-a^2})$

(2) 쌍곡선 $\dfrac{x^2}{a^2}-\dfrac{y^2}{b^2}=1\,(a>0, b>0)$에서 초점의 좌표는

  $(\sqrt{a^2+b^2}, 0), (-\sqrt{a^2+b^2}, 0)$

┌──────────────────────┐
│ **마름모의 넓이**   ☆★│
│ (마름모의 넓이)   │
│ $=\dfrac{1}{2}\times$ (한 대각선의 길이) │
│ $\times$ (다른 대각선의 길이) │
└──────────────────────┘

타원 $x^2+\dfrac{y^2}{a^2}=1$의 두 초점의 좌표는

$(0, \sqrt{a^2-1}), (0, -\sqrt{a^2-1})$

쌍곡선 $x^2-y^2=1$의 두 초점의 좌표는

$(\sqrt{2}, 0), (-\sqrt{2}, 0)$ └→ 두 초점의 좌표는 $(\sqrt{1^2+1^2}, 0)$, $(-\sqrt{1^2+1^2}, 0)$이야.

이 네 점을 꼭짓점으로 하는 사각형은 오른쪽 그림과 같고,
그 넓이가 12이므로 └→ 네 변의 길이가 모두 같으니까 마름모야.

$\dfrac{1}{2}\times 2\sqrt{2}\times 2\sqrt{a^2-1}=12$

$\sqrt{a^2-1}=3\sqrt{2}$

$a^2-1=18$

$\therefore a^2=19$

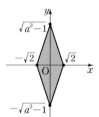

---

35 [정답] ④ 정답률 90%

쌍곡선 $\dfrac{x^2}{a^2}-\dfrac{y^2}{9}=1$의 두 꼭짓점은 타원 $\dfrac{x^2}{13}+\dfrac{y^2}{b^2}=1$의 두 **1**
2
초점이다. a^2+b^2의 값은? └→ 쌍곡선의 꼭짓점이 x축 위에 있으니까
타원의 초점도 x축 위에 있겠네.

① 10   ② 11   ③ 12

✓④ 13   ⑤ 14

해결 흐름

1 쌍곡선의 두 꼭짓점의 좌표와 타원의 두 초점의 좌표를 각각 구해 보자.

2 **1**에서 구한 두 점의 좌표가 같음을 이용하여 a^2+b^2의 값을 구하면 되겠네.

알찬 풀이

☑ **연관 개념 check**

(1) 쌍곡선 $\dfrac{x^2}{a^2}-\dfrac{y^2}{b^2}=1\,(a>0, b>0)$에서 두 꼭짓점의 좌표는

  $(a, 0), (-a, 0)$

(2) 타원 $\dfrac{x^2}{a^2}+\dfrac{y^2}{b^2}=1$에서 초점의 좌표는

  ① $a>b>0$이면 $(\sqrt{a^2-b^2}, 0), (-\sqrt{a^2-b^2}, 0)$

  ② $b>a>0$이면 $(0, \sqrt{b^2-a^2}), (0, -\sqrt{b^2-a^2})$

┌→ 쌍곡선의 꼭짓점이 x축 위에 있음을 알 수 있어.
쌍곡선 $\dfrac{x^2}{a^2}-\dfrac{y^2}{9}=1$의 두 꼭짓점의 좌표는

$(a, 0), (-a, 0)$

타원 $\dfrac{x^2}{13}+\dfrac{y^2}{b^2}=1$의 두 초점의 좌표는 ─→ 쌍곡선의 꼭짓점이 x축 위에 있고, 쌍곡선의 꼭짓점
과 타원의 초점이 일치하므로 타원의 초점이 x축
$(\sqrt{13-b^2}, 0), (-\sqrt{13-b^2}, 0)$ 위에 있음을 알 수 있지.

쌍곡선의 꼭짓점과 타원의 초점이 일치하므로

$|a|=\sqrt{13-b^2}$ ─→ a가 양수인지 음수인지 알 수 없으니까 $|a|$로 나타냈어.

$a^2=13-b^2$

$\therefore a^2+b^2=13$

36 정답 103 정답률 53%

좌표평면에서 두 점 A(5, 0), B(−5, 0)에 대하여 장축이 선분 AB인 타원의 두 초점을 F, F′이라 하자. 초점이 F이고 꼭짓점이 원점인 포물선이 타원과 만나는 두 점을 각각 P, Q라 하자. $\overline{PQ}=2\sqrt{10}$일 때, 두 선분 PF와 PF′의 길이의 곱 $\overline{PF}\times\overline{PF'}$의 값은 $\dfrac{q}{p}$이다. $p+q$의 값을 구하시오.

→ 두 점 P, Q에서 x축까지의 거리는 서로 같아.

(단, p와 q는 서로소인 자연수이다.)

103

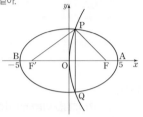

☑ 연관 개념 check

(1) 포물선: 평면 위의 한 점 F와 이 점을 지나지 않는 한 직선 l이 주어질 때, 점 F와 직선 l에 이르는 거리가 같은 점들의 집합
(2) 타원: 평면 위의 서로 다른 두 점 F, F′에서의 거리의 합이 일정한 점들의 집합

해결 흐름

1 점 F′을 지나는 포물선의 준선에 대하여 포물선의 정의와 타원의 정의를 이용하면 $\overline{PF}$와 $\overline{PF'}$ 사이의 관계식을 세울 수 있겠군.

2 **1**에서 세운 관계식을 연립하여 풀어서 두 선분 PF, PF′의 길이를 구한다면 $\overline{PF}\times\overline{PF'}$의 값을 계산할 수 있어.

알찬 풀이

타원의 장축의 길이가 10이므로 $\overline{PF}=a$, $\overline{PF'}=b$라 하면 타원의 정의에 의하여

$$a+b=10 \quad\cdots\cdots\ \text{㉠}$$

선분 PQ와 x축의 교점을 R라 하면 → 점 R는 선분 PQ의 중점이야.

$$\overline{PR}=\frac{1}{2}\overline{PQ}=\frac{1}{2}\times2\sqrt{10}=\sqrt{10}$$

점 F′을 지나고 x축에 수직인 직선을 l이라 하면 직선 l은 포물선의 준선이고, 점 P에서 직선 l에 내린 수선의 발을 H라 하면 포물선의 정의에 의하여 $\overline{PH}=\overline{PF}=a$

$$\therefore\ \overline{RF'}=\overline{PH}=a$$

→ 포물선 위의 점 P에서 초점까지의 거리와 준선까지의 거리는 같아.

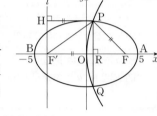

이때 직각삼각형 PF′R에서 $b^2=a^2+(\sqrt{10})^2$ $\therefore\ b^2=a^2+10 \quad\cdots\cdots\ \text{㉡}$

㉠에서 $b=10-a$이므로 이것을 ㉡에 대입하면

$$(10-a)^2=a^2+10,\ 20a=90\quad\therefore\ a=\frac{9}{2}$$

$a=\dfrac{9}{2}$를 ㉠에 대입하면 $b=\dfrac{11}{2}$ $\therefore\ ab=\dfrac{9}{2}\times\dfrac{11}{2}=\dfrac{99}{4}$

따라서 $p=4$, $q=99$이므로 $p+q=4+99=103$

---

37 정답 ③ 정답률 66%

좌표평면에서 점 $(1, 0)$을 → 공식을 이용해 봐. 중심으로 하고 반지름의 길이가 6인 원을 C라 하자. 포물선 $y^2=4x$ 위의 점 $(n^2, 2n)$에서의 접선이 원 C와 만나도록 하는 자연수 n의 개수는?

1

① 1   ② 3   ✓③ 5
④ 7   ⑤ 9

→ 서로 다른 두 점에서 만나거나 접해야 해.

☑ 연관 개념 check

포물선 $y^2=4px$ 위의 점 (x_1, y_1)에서의 접선의 방정식은
$y_1y=2p(x+x_1)$

수능 핵심 개념 / 원과 직선의 위치 관계

반지름의 길이가 r인 원의 중심과 직선 사이의 거리를 d라 하면
① $d<r \Longleftrightarrow$ 서로 다른 두 점에서 만난다.
② $d=r \Longleftrightarrow$ 한 점에서 만난다(접한다).
③ $d>r \Longleftrightarrow$ 만나지 않는다.

해결 흐름

1 포물선 $y^2=4x$ 위의 점 $(n^2, 2n)$에서의 접선의 방정식을 구해야겠군.

2 원과 직선의 위치 관계를 이용하여 원 C와 **1**에서 구한 접선이 만나도록 하는 n의 개수를 구하면 되겠다.

알찬 풀이

포물선 $y^2=4x$ 위의 점 $(n^2, 2n)$에서의 접선의 방정식은

$$2ny=2(x+n^2)$$

$$\therefore\ x-ny+n^2=0$$ → 한 점에서 만나거나 서로 다른 두 점에서 만나는 경우를 말해.

이 직선이 주어진 원과 만나려면 이 직선과 점 $(1, 0)$ 사이의 거리가 6 이하이어야 한다.

즉, $\dfrac{|1+n^2|}{\sqrt{1+n^2}}\le6$

$$\sqrt{1+n^2}\le6$$

$$\therefore\ n^2\le35$$

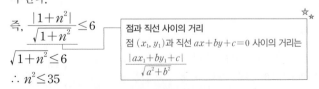

점과 직선 사이의 거리
점 (x_1, y_1)과 직선 $ax+by+c=0$ 사이의 거리는
$\dfrac{|ax_1+by_1+c|}{\sqrt{a^2+b^2}}$

따라서 자연수 n은 1, 2, 3, 4, 5의 5개이다.

38 정답 ③   정답률 96%

포물선 $y^2=4x$ 위의 점 A$(4, 4)$에서의 접선을 l이라 하자. 직선 l과 포물선의 준선이 만나는 점을 B, 직선 l과 x축이 ²⃞ 만나는 점을 C, 포물선의 준선과 x축이 만나는 점을 D라 하자. 삼각형 BCD의 넓이는?
└→ 직각삼각형이니까 두 선분 CD, BD의 길이를 구하면 되겠어.

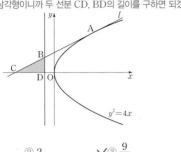

① $\dfrac{7}{4}$ ② 2   ✓③ $\dfrac{9}{4}$

④ $\dfrac{5}{2}$ ⑤ $\dfrac{11}{4}$

해결 흐름

1⃞ 포물선 $y^2=4x$ 위의 점 A에서의 접선의 방정식을 세워야겠다.

2⃞ 1⃞에서 구한 접선의 방정식과 포물선 $y^2=4x$의 준선의 방정식을 이용하면 세 점 B, C, D의 좌표를 구할 수 있겠네.

알찬 풀이

포물선 $y^2=4x$ 위의 점 A$(4, 4)$에서의 접선 l의 방정식은
$4y=2(x+4)$ → $y^2=4x=4\times1\times x$에서 $p=1$이므로 $2p=2$야.
$\therefore y=\dfrac{1}{2}x+2$ ┄┄┄ ㉠

이때 포물선의 준선의 방정식은 $x=-1$이므로
D$(-1, 0)$ → $y^2=4x=4\times1\times x$이기 때문이야.

㉠에 $x=-1$을 대입하면
$y=-\dfrac{1}{2}+2=\dfrac{3}{2}$ $\therefore$ B$\left(-1, \dfrac{3}{2}\right)$

㉠에 $y=0$을 대입하면
$0=\dfrac{1}{2}x+2$에서 $x=-4$ $\therefore$ C$(-4, 0)$

따라서 삼각형 BCD의 넓이는
$\dfrac{1}{2}\times\overline{\text{CD}}\times\overline{\text{BD}}=\dfrac{1}{2}\times3\times\dfrac{3}{2}=\dfrac{9}{4}$
└→ $|-1-(-4)|=3$이지.

☑ 연관 개념 check
포물선 $y^2=4px$ 위의 점 (x_1, y_1)에서의 접선의 방정식은
$y_1y=2p(x+x_1)$

☑ 실전 적용 key
포물선 $y^2=4px$ 위의 점 (x_1, y_1)에서의 접선의 방정식은 $y^2=4px$에 y^2 대신 y_1y, x 대신 $\dfrac{1}{2}(x+x_1)$을 대입한 것이다.

39 정답 ②   정답률 91%

그림과 같이 초점이 F인 포물선 $y^2=4x$ 위의 한 점 P에서의 접선이 x축과 만나는 점의 x좌표가 -2이다. └→ F$(1, 0)$
$\cos(\angle\text{PFO})$의 값은? (단, O는 원점이다.)
1⃞ ²⃞

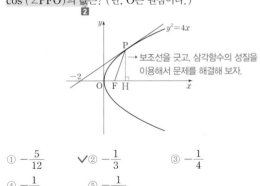
→ 보조선을 긋고, 삼각함수의 성질을 이용해서 문제를 해결해 보자.

① $-\dfrac{5}{12}$ ✓② $-\dfrac{1}{3}$ ③ $-\dfrac{1}{4}$

④ $-\dfrac{1}{6}$ ⑤ $-\dfrac{1}{12}$

☑ 연관 개념 check
포물선 $y^2=4px$ 위의 점 (x_1, y_1)에서의 접선의 방정식은
$y_1y=2p(x+x_1)$

해결 흐름

1⃞ 점 P에서의 접선의 방정식을 세운다면 접선이 점 $(-2, 0)$을 지남을 이용하여 점 P의 좌표를 구할 수 있겠군.

2⃞ 점 P에서 x축에 내린 수선의 발을 H라 하면 직각삼각형 PFH에서 $\cos(\angle\text{PFH})$의 값을 구할 수 있으니까 $\cos(\angle\text{PFO})$의 값도 계산할 수 있어.

알찬 풀이

P(x_1, y_1)이라 하면 포물선 $y^2=4x$ 위의 점 P에서의 접선의 방정식은
$y_1y=2(x+x_1)$
이 접선이 점 $(-2, 0)$을 지나므로
$0=2(-2+x_1)$에서 $x_1=2$
이때 점 P$(2, y_1)$은 포물선 $y^2=4x$ 위의 점이므로
$y_1{}^2=4\times2=8$ $\therefore y_1=\pm2\sqrt{2}$
점 P에서 x축에 내린 수선의 발을 H라 하면 점 H의 좌표는 $(2, 0)$이고 점 F는 포물선의 초점이므로 F$(1, 0)$이다.
직각삼각형 PFH에서
$\overline{\text{FH}}=2-1=1$, $\overline{\text{PH}}=2\sqrt{2}$
이므로 $\overline{\text{PF}}=\sqrt{1^2+(2\sqrt{2})^2}=3$ → 피타고라스 정리를 이용했어.

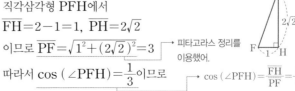

따라서 $\cos(\angle\text{PFH})=\dfrac{1}{3}$이므로   → $\cos(\angle\text{PFH})=\dfrac{\overline{\text{FH}}}{\overline{\text{PF}}}=\dfrac{1}{3}$

$\cos(\angle\text{PFO})=\cos(\pi-\angle\text{PFH})$ → $\cos(\pi-\theta)=-\cos\theta$이고,
$\qquad\qquad\quad=-\cos(\angle\text{PFH})$ $\cos(\angle\text{PFH})$의 값을 알고 있으니까
$\qquad\qquad\quad=-\dfrac{1}{3}$ $\angle\text{PFO}$의 크기를 직접 구하지 않아도 $\cos(\angle\text{PFO})$의 값을 구할 수 있어.

40 정답 10 정답률 86%

포물선 $y^2=20x$에 접하고 기울기가 $\dfrac{1}{2}$인 직선의 y절편을 구
하시오. **10**

☑ **연관 개념 check**

포물선 $y^2=4px$에 접하고 기울기가 $m\ (m\neq 0)$인 직선의 방
정식은

$$y=mx+\dfrac{p}{m}$$

해결 흐름

1 접선의 기울기가 주어졌으니까 공식을 이용하여 접선의 방정식을 구해야지.

알찬 풀이

포물선 $y^2=20x$에 접하고 기울기가 $\dfrac{1}{2}$인 직선의 방정식은

$$y=\dfrac{1}{2}x+\dfrac{\boxed{5}}{\dfrac{1}{2}}\ \rightarrow\ y^2=20x=4\times 5x\text{에서 }p=5\text{야.}$$

$$\therefore y=\dfrac{1}{2}x+10$$

따라서 구하는 y절편은 10이다.

---

41 정답 ① 정답률 90%

자연수 n에 대하여 직선 $y=nx+(n+1)$ **2** 이 꼭짓점의 좌표
가 $(0,\,0)$이고 초점이 $(a_n,\,0)$인 포물선에 접할 때, $\displaystyle\sum_{n=1}^{5} a_n$의
값은? **3** └→ 포물선의 방정식은 $y^2=4a_nx$야.

✓① 70   ② 72   ③ 74
④ 76   ⑤ 78

☑ **연관 개념 check**

포물선 $y^2=4px$에 접하고 기울기가 $m\ (m\neq 0)$인 직선의 방
정식은

$$y=mx+\dfrac{p}{m}$$

수능 핵심 개념 | **자연수의 거듭제곱의 합**

(1) $\displaystyle\sum_{k=1}^{n} k=\dfrac{n(n+1)}{2}$

(2) $\displaystyle\sum_{k=1}^{n} k^2=\dfrac{n(n+1)(2n+1)}{6}$

(3) $\displaystyle\sum_{k=1}^{n} k^3=\left\{\dfrac{n(n+1)}{2}\right\}^2=\left(\displaystyle\sum_{k=1}^{n} k\right)^2$

해결 흐름

1 꼭짓점의 좌표가 $(0,\,0)$이고 초점이 $(a_n,\,0)$인 포물선의 방정식을 세울 수 있겠군.

2 포물선에 접하고 기울기가 n인 직선이 직선 $y=nx+(n+1)$과 일치함을 이용하면 a_n을 n에 대한 식으로 나타낼 수 있어.

3 자연수의 거듭제곱의 합 공식을 이용하면 $\displaystyle\sum_{n=1}^{5} a_n$의 값을 계산할 수 있어.

알찬 풀이

꼭짓점의 좌표가 $(0,\,0)$이고 초점이 $(a_n,\,0)$인 포물선의 방정식은
$$y^2=4a_nx$$
이 포물선에 접하고 기울기가 n인 직선의 방정식은
$$y=nx+\dfrac{a_n}{n}$$
이 접선이 직선 $y=nx+(n+1)$과 일치하므로
$$\underline{\dfrac{a_n}{n}=n+1\text{에서 }a_n=n(n+1)=n^2+n}$$
└────→ 두 직선이 일치하므로 기울기와 y절편이 모두 같아.

$$\therefore \sum_{n=1}^{5} a_n=\sum_{n=1}^{5}(n^2+n)$$
$$=\sum_{n=1}^{5} n^2+\sum_{n=1}^{5} n$$
$$=\dfrac{5\times 6\times 11}{6}+\dfrac{5\times 6}{2}$$
$$=55+15=70$$

> **∑의 성질**
> ① $\displaystyle\sum_{k=1}^{n}(a_k\pm b_k)=\sum_{k=1}^{n} a_k\pm\sum_{k=1}^{n} b_k$ (복부호 동순)
> ② $\displaystyle\sum_{k=1}^{n} ca_k=c\sum_{k=1}^{n} a_k$ (단, c는 상수)
> ③ $\displaystyle\sum_{k=1}^{n} c=cn$ (단, c는 상수)

생생 수험 Talk

수험 생활 동안 제일 중요한 건 스트레스 자체를 받지 않는 거야! 어차피
해야 할 공부라고 생각하고 재미를 붙이면 크게 스트레스를 받지 않을 수
있는데, 사람이라면 그래도 어쩔 수 없이 스트레스를 받을 때가 있을 거
야. 그럴 땐 자신을 너무 괴롭히지 말고 조금 놓아 주는 것도 좋아. 나는
친구들이랑 가끔 맛있는 점심이나 과자를 먹기도 하고, 놀면서 스트레스
를 풀었어. 슈퍼문이 뜬다고 했던 날, 자율학습 시간에 아무도 없는 교실
에 내려와서 저녁 내내 달 구경했던 게 생각이 나네. 이렇게 일상에서 소소한 재미를 찾으면서
스트레스를 푸는 게 제일 좋은 것 같아.

42 정답 ④　　　정답률 87%

좌표평면에서 포물선 $y^2=8x$에 접하는 두 직선 l_1, l_2의 기울기가 각각 m_1, m_2이다. m_1, m_2가 방정식 $2x^2-3x+1=0$의 서로 다른 두 근일 때, l_1과 l_2의 교점의 x좌표는?

① 1　　② 2　　③ 3
④ 4　　⑤ 5

$(2x-1)(x-1)=0$
에서 해를 구해.

해결 흐름

1 이차방정식 $2x^2-3x+1=0$의 해를 구하면 두 직선 l_1, l_2의 기울기를 알 수 있어.
2 **1**에서 두 직선의 기울기를 구했으니 포물선의 접선의 방정식을 세워 봐야지.
3 **2**에서 구한 두 직선의 방정식을 연립하여 풀면 두 직선의 교점의 x좌표를 찾을 수 있겠네.

알찬 풀이

$2x^2-3x+1=0$에서 $(2x-1)(x-1)=0$

$\therefore x=\dfrac{1}{2}$ 또는 $x=1$ → 주어진 이차방정식의 두 근이 m_1, m_2야.

즉, 두 직선 l_1, l_2의 기울기는 $\dfrac{1}{2}$, 1이다.

포물선 $y^2=8x$에 접하고 기울기가 $\dfrac{1}{2}$인 직선의 방정식은

$y=\dfrac{1}{2}x+\dfrac{2}{\dfrac{1}{2}}$　　$\therefore y=\dfrac{1}{2}x+4$

또, 포물선 $y^2=8x$에 접하고 기울기가 1인 직선의 방정식은
$y=x+2$
따라서 두 직선 l_1, l_2의 교점의 x좌표는

$\dfrac{1}{2}x+4=x+2$에서 $-\dfrac{1}{2}x=-2$

$\therefore x=4$

☑ 연관 개념 check

포물선 $y^2=4px$에 접하고 기울기가 m $(m\neq0)$인 직선의 방정식은

$y=mx+\dfrac{p}{m}$

$y^2=8x=4\times2x$에서 $p=2$야.

43 정답 ①　　　정답률 63%

자연수 n $(n\geq2)$에 대하여 직선 $x=\dfrac{1}{n}$이 두 타원

$C_1:\dfrac{x^2}{2}+y^2=1$,　$C_2:2x^2+\dfrac{y^2}{2}=1$

과 만나는 제1사분면 위의 점을 각각 P, Q라 하자. 타원 C_1 위의 점 P에서의 접선의 x절편을 α, 타원 C_2 위의 점 Q에서의 접선의 x절편을 β라 할 때, $6\leq\alpha-\beta\leq15$가 되도록 하는 모든 n의 개수는?

① 7　　② 9　　③ 11
④ 13　　⑤ 15

해결 흐름

1 두 점 P, Q의 좌표를 나타내 봐야겠군.
2 **1**에서 나타낸 좌표를 이용하여 점 P에서의 접선의 방정식과 점 Q에서의 접선의 방정식을 각각 구하여 α, β를 n에 대한 식으로 나타낼 수 있겠네.
3 **2**에서 구한 α, β를 주어진 부등식에 대입하여 자연수 n의 개수를 구해야겠네.

알찬 풀이

직선 $x=\dfrac{1}{n}$이 타원 C_1, C_2와 만나는 점이 각각 P, Q이므로 $P\left(\dfrac{1}{n},\,y_1\right)$,

$Q\left(\dfrac{1}{n},\,y_2\right)$ $(y_1>0,\,y_2>0)$라 하자. → 점 P, Q는 직선 $x=\dfrac{1}{n}$ 위의 점이니까 두 점의 x좌표는 $\dfrac{1}{n}$로 같아.

타원 C_1 위의 점 $P\left(\dfrac{1}{n},\,y_1\right)$에서의 접선의 방정식은

$\dfrac{\dfrac{1}{n}x}{2}+y_1y=1$　　$\therefore \dfrac{x}{2n}+y_1y=1$

위의 식에 $y=0$을 대입하면 → x절편은 $y=0$일 때 x좌표야.

$\dfrac{x}{2n}=1$　　$\therefore x=2n$

즉, $\alpha=2n$

또, 타원 C_2 위의 점 $Q\left(\dfrac{1}{n},\,y_2\right)$에서의 접선의 방정식은

$2\times\dfrac{1}{n}x+\dfrac{y_2y}{2}=1$　　$\therefore \dfrac{2x}{n}+\dfrac{y_2y}{2}=1$

위의 식에 $y=0$을 대입하면 → x절편은 $y=0$일 때 x좌표야.

$\dfrac{2x}{n}=1$　　$\therefore x=\dfrac{1}{2}n$

즉, $\beta=\dfrac{1}{2}n$

☑ 연관 개념 check

타원 $\dfrac{x^2}{a^2}+\dfrac{y^2}{b^2}=1$ 위의 점 $(x_1,\,y_1)$에서의 접선의 방정식은

$\dfrac{x_1x}{a^2}+\dfrac{y_1y}{b^2}=1$

☑ 실전 적용 key

타원 $\dfrac{x^2}{a^2}+\dfrac{y^2}{b^2}=1$ 위의 점 $(x_1,\,y_1)$에서의 접선의 방정식은

$\dfrac{x^2}{a^2}+\dfrac{y^2}{b^2}=1$에 x^2 대신 x_1x, y^2 대신 y_1y를 대입한 것이다.

이때 $6 \leq \alpha - \beta \leq 15$이므로

$$6 \leq 2n - \frac{1}{2}n \leq 15, \quad 6 \leq \frac{3}{2}n \leq 15$$

$$\therefore 4 \leq n \leq 10$$

따라서 구하는 자연수 n은 $4, 5, 6, \cdots, 10$의 7개이다.

---

44 정답 ②   정답률 86%

┌→ 공식을 이용하여 접선의 방정식을 구해 봐. **1 2**

타원 $\dfrac{x^2}{18} + \dfrac{y^2}{b^2} = 1$ 위의 점 $(3, \sqrt{5})$에서의 접선의 y절편은? (단, b는 양수이다.)

① $\dfrac{3}{2}\sqrt{5}$ ✔② $2\sqrt{5}$ ③ $\dfrac{5}{2}\sqrt{5}$

④ $3\sqrt{5}$ ⑤ $\dfrac{7}{2}\sqrt{5}$

☑ 연관 개념 check

타원 $\dfrac{x^2}{a^2} + \dfrac{y^2}{b^2} = 1$ 위의 점 (x_1, y_1)에서의 접선의 방정식은

$$\frac{x_1 x}{a^2} + \frac{y_1 y}{b^2} = 1$$

☑ 실전 적용 key

타원 $\dfrac{x^2}{a^2} + \dfrac{y^2}{b^2} = 1$ 위의 점 (x_1, y_1)에서의 접선의 방정식은

$\dfrac{x^2}{a^2} + \dfrac{y^2}{b^2} = 1$에 x^2 대신 $x_1 x$, y^2 대신 $y_1 y$를 대입한 것이다.

해결 흐름

1 점 $(3, \sqrt{5})$가 타원 위의 점이므로 $\dfrac{x^2}{18} + \dfrac{y^2}{b^2} = 1$에 $x=3$, $y=\sqrt{5}$를 대입해 봐야겠네.

2 공식을 이용하여 타원 위의 점 $(3, \sqrt{5})$에서의 접선의 방정식을 구한 후, $x=0$을 대입하면 접선의 y절편을 알 수 있겠다.

알찬 풀이

점 $(3, \sqrt{5})$가 타원 $\dfrac{x^2}{18} + \dfrac{y^2}{b^2} = 1$ 위의 점이므로
→ $x=3$, $y=\sqrt{5}$를 타원의 방정식에 대입했어.

$$\frac{3^2}{18} + \frac{(\sqrt{5})^2}{b^2} = 1, \quad \frac{5}{b^2} = \frac{1}{2}$$

$\therefore b^2 = 10$ → $b>0$이므로 $b=\sqrt{10}$임을 알 수 있지만 이 문제에서 b의 값을 구할 필요는 없어.

타원 $\dfrac{x^2}{18} + \dfrac{y^2}{10} = 1$ 위의 점 $(3, \sqrt{5})$에서의 접선의 방정식은

$$\frac{3x}{18} + \frac{\sqrt{5}y}{10} = 1$$

위의 식에 $x=0$을 대입하면

$$\frac{\sqrt{5}y}{10} = 1 \text{에서 } y = 2\sqrt{5}$$

따라서 구하는 y절편은 $2\sqrt{5}$이다.

---

45 정답 ③   정답률 87%

타원 $\dfrac{x^2}{a^2} + \dfrac{y^2}{6} = 1$ 위의 점 $(\sqrt{3}, -2)$에서의 접선의 기울기는? (단, a는 양수이다.) **1 2**
┌→ 공식을 이용하여 접선의 방정식을 세워 봐.

① $\sqrt{3}$ ② $\dfrac{\sqrt{3}}{2}$ ✔③ $\dfrac{\sqrt{3}}{3}$

④ $\dfrac{\sqrt{3}}{4}$ ⑤ $\dfrac{\sqrt{3}}{5}$

☑ 연관 개념 check

타원 $\dfrac{x^2}{a^2} + \dfrac{y^2}{b^2} = 1$ 위의 점 (x_1, y_1)에서의 접선의 방정식은

$$\frac{x_1 x}{a^2} + \frac{y_1 y}{b^2} = 1$$

☑ 실전 적용 key

타원 $\dfrac{x^2}{a^2} + \dfrac{y^2}{b^2} = 1$ 위의 점 (x_1, y_1)에서의 접선의 방정식은

$\dfrac{x^2}{a^2} + \dfrac{y^2}{b^2} = 1$에 x^2 대신 $x_1 x$, y^2 대신 $y_1 y$를 대입한 것이다.

해결 흐름

1 점 $(\sqrt{3}, -2)$가 타원 위의 점이므로 $\dfrac{x^2}{a^2} + \dfrac{y^2}{6} = 1$에 $x=\sqrt{3}$, $y=-2$를 대입해 봐야겠네.

2 공식을 이용하여 타원 위의 점 $(\sqrt{3}, -2)$에서의 접선의 방정식을 구하면 접선의 기울기를 알 수 있겠다.

알찬 풀이

점 $(\sqrt{3}, -2)$는 타원 $\dfrac{x^2}{a^2} + \dfrac{y^2}{6} = 1$ 위의 점이므로
→ $x=\sqrt{3}$, $y=-2$를 타원의 방정식에 대입했어.

$$\frac{(\sqrt{3})^2}{a^2} + \frac{(-2)^2}{6} = 1, \quad \frac{3}{a^2} = \frac{1}{3}$$

$\therefore a^2 = 9$ → $a>0$이므로 $a=3$임을 알 수 있지만 이 문제에서 a의 값을 구할 필요는 없어.

타원 $\dfrac{x^2}{9} + \dfrac{y^2}{6} = 1$ 위의 점 $(\sqrt{3}, -2)$에서의 접선의 방정식은

$$\frac{\sqrt{3}x}{9} + \frac{-2y}{6} = 1 \qquad \therefore y = \frac{\sqrt{3}}{3}x - 3$$

따라서 구하는 접선의 기울기는 $\dfrac{\sqrt{3}}{3}$이다.

46 정답 ④ 　　　　　　　　　　　　 정답률 80%

타원 $\dfrac{x^2}{a^2}+\dfrac{y^2}{b^2}=1$ 위의 점 $(2, 1)$에서의 접선의 기울기가

$-\dfrac{1}{2}$일 때, 이 타원의 두 초점 사이의 거리는?

　　　　　　　　　　　　　　　　 (단, a, b는 양수이다.)

① $2\sqrt{3}$　　　　② 4　　　　③ $2\sqrt{5}$

✓④ $2\sqrt{6}$　　　　⑤ $2\sqrt{7}$

해결 흐름

1 점 $(2, 1)$이 타원 위의 점이므로 $\dfrac{x^2}{a^2}+\dfrac{y^2}{b^2}=1$에 $x=2$, $y=1$을 대입해 봐야겠네.

2 점 $(2, 1)$에서의 접선의 방정식을 구하고, 이 접선의 기울기가 $-\dfrac{1}{2}$임을 이용하면 타원의 방정식을 구할 수 있겠다.

3 타원의 두 초점의 좌표를 구하여 두 초점 사이의 거리를 구해야겠군.

☑ 연관 개념 check

타원 $\dfrac{x^2}{a^2}+\dfrac{y^2}{b^2}=1$ 위의 점 (x_1, y_1)에서의 접선의 방정식은

$\dfrac{x_1 x}{a^2}+\dfrac{y_1 y}{b^2}=1$

☑ 실전 적용 key

타원 $\dfrac{x^2}{a^2}+\dfrac{y^2}{b^2}=1$ 위의 점 (x_1, y_1)에서의 접선의 방정식은

$\dfrac{x^2}{a^2}+\dfrac{y^2}{b^2}=1$에 x^2 대신 $x_1 x$, y^2 대신 $y_1 y$를 대입한 것이다.

알찬 풀이

점 $(2, 1)$은 타원 $\dfrac{x^2}{a^2}+\dfrac{y^2}{b^2}=1$ 위의 점이므로

$\dfrac{4}{a^2}+\dfrac{1}{b^2}=1$ ⟶ $x=2$, $y=1$을 타원의 방정식에 대입했어. 　　　…… ㉠

또, 타원 $\dfrac{x^2}{a^2}+\dfrac{y^2}{b^2}=1$ 위의 점 $(2, 1)$에서의 접선의 방정식은

$\dfrac{2x}{a^2}+\dfrac{y}{b^2}=1$　　∴ $y=-\dfrac{2b^2}{a^2}x+b^2$ ⟶ 기울기를 이용하기 위해 $y=ax+b$ 꼴로 변형했어.

이 접선의 기울기가 $-\dfrac{1}{2}$이므로

$-\dfrac{2b^2}{a^2}=-\dfrac{1}{2}$　　∴ $a^2=4b^2$ 　　　…… ㉡

㉡을 ㉠에 대입하면

$\dfrac{4}{4b^2}+\dfrac{1}{b^2}=1$, $\dfrac{2}{b^2}=1$　　∴ $b^2=2$

$b^2=2$를 ㉡에 대입하면 $a^2=8$

따라서 타원 $\dfrac{x^2}{8}+\dfrac{y^2}{2}=1$의 두 초점의 좌표는

$(\sqrt{8-2}, 0)$, $(-\sqrt{8-2}, 0)$, 즉 $(\sqrt{6}, 0)$, $(-\sqrt{6}, 0)$이므로

두 초점 사이의 거리는

$\sqrt{6}-(-\sqrt{6})=2\sqrt{6}$

타원의 초점의 좌표

타원 $\dfrac{x^2}{a^2}+\dfrac{y^2}{b^2}=1$ $(a>b>0)$에서 초점의 좌표는 $(\pm\sqrt{a^2-b^2}, 0)$이다.

다른 풀이

기울기가 $-\dfrac{1}{2}$이고 점 $(2, 1)$을 지나는 직선의 방정식은

$y-1=-\dfrac{1}{2}(x-2)$　　∴ $y=-\dfrac{1}{2}x+2$ 　　　…… ㉠

또, 타원 $\dfrac{x^2}{a^2}+\dfrac{y^2}{b^2}=1$ 위의 점 $(2, 1)$에서의 접선의 방정식은

$\dfrac{2x}{a^2}+\dfrac{y}{b^2}=1$　　∴ $y=-\dfrac{2b^2}{a^2}x+b^2$

이 접선이 직선 ㉠과 일치해야 하므로

$-\dfrac{2b^2}{a^2}=-\dfrac{1}{2}$, $b^2=2$　　∴ $a^2=8$, $b^2=2$ ⟶ $-\dfrac{2b^2}{a^2}=-\dfrac{1}{2}$에 $b^2=2$를 대입해서 구했어.

따라서 타원 $\dfrac{x^2}{8}+\dfrac{y^2}{2}=1$의 두 초점의 좌표는

$(\sqrt{8-2}, 0)$, $(-\sqrt{8-2}, 0)$, 즉 $(\sqrt{6}, 0)$, $(-\sqrt{6}, 0)$이므로

두 초점 사이의 거리는 $\sqrt{6}-(-\sqrt{6})=2\sqrt{6}$

기울기와 한 점이 주어진 직선의 방정식

기울기가 m이고 점 (x_1, y_1)을 지나는 직선의 방정식은

$y-y_1=m(x-x_1)$

문제 해결 **TIP**

홍정우 | 서울대학교 건축학과 | 영진고등학교 졸업

이차곡선의 접선의 방정식 문제는 많이 풀어 봤을 거야. 접점이 주어지면 이차곡선의 방정식에 그 점의 좌표를 대입하고, 접선의 방정식을 구하는 공식을 이용하면 어렵지 않게 해결할 수 있어. 접선의 방정식 문제를 빠르게 풀려면 접선의 방정식을 구하는 공식을 잘 기억해 두도록 하자.

47 정답 ⑤　　정답률 63%

좌표평면에서 타원 $\dfrac{x^2}{3}+y^2=1$과 직선 $y=x-1$이 만나는 두 점을 A, C라 하자. 선분 AC가 사각형 ABCD의 대각선이 되도록 타원 위에 두 점 B, D를 잡을 때, 사각형 ABCD의 넓이의 최댓값은? □ABCD=△ABC+△ADC ←

① 2　　　　② $\dfrac{9}{4}$　　　　③ $\dfrac{5}{2}$

④ $\dfrac{11}{4}$　　　✔⑤ 3

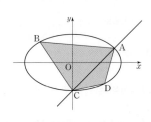

☑ 연관 개념 check

타원 $\dfrac{x^2}{a^2}+\dfrac{y^2}{b^2}=1$에 접하고 기울기가 m인 직선의 방정식은
$$y=mx\pm\sqrt{a^2m^2+b^2}$$

사각형 ABCD의 넓이가 최대가 될 때는 두 점 ← B, D가 각각 두 점 B′, D′과 일치할 때야.

점과 직선 사이의 거리 ☆
점 (x_1, y_1)과 직선 $ax+by+c=0$
사이의 거리는
$$\dfrac{|ax_1+by_1+c|}{\sqrt{a^2+b^2}}$$

해결 흐름

1 사각형 ABCD의 넓이는 두 삼각형 ABC, ADC의 넓이의 합과 같으니까 두 삼각형의 넓이가 최대일 때 사각형의 넓이도 최대가 되겠다.

2 두 삼각형 ABC, ADC의 밑변을 $\overline{AC}$라 하면 $\overline{AC}$의 길이는 일정하니까 높이가 최대가 되도록 하는 두 점 B, D의 위치를 찾아봐야겠다.

3 타원의 방정식과 직선의 방정식을 연립하여 풀면 두 점 A, C의 좌표를 구할 수 있겠어.

알찬 풀이

사각형 ABCD의 넓이는 두 삼각형 ABC와 ADC의 넓이의 합과 같으므로 두 삼각형 ABC, ADC의 넓이가 최대일 때 사각형 ABCD의 넓이도 최대가 된다. 두 삼각형 ABC, ADC의 밑변을 $\overline{AC}$라 하면 $\overline{AC}$의 길이는 일정하므로 높이가 최대일 때는 두 점 B, D에서의 접선이 직선 $y=x-1$과 평행할 때이다.

오른쪽 그림과 같이 타원 $\dfrac{x^2}{3}+y^2=1$에 접하고 직선 $y=x-1$과 평행한 직선을 각각 l_1, l_2, 접점을 각각 B′, D′이라 하고 두 삼각형 AB′C, AD′C의 높이를 각각 h_1, h_2라 하면 h_1, h_2는 각각 두 직선 l_1, l_2와 직선 $y=x-1$ 사이의 거리와 같다.

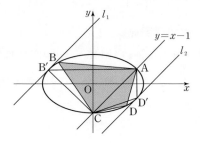

타원 $\dfrac{x^2}{3}+y^2=1$에 접하고 기울기가 1인 두 직선 l_1, l_2의 방정식은
$$l_1: y=x+\sqrt{3\times1^2+1}=x+2$$
$$l_2: y=x-\sqrt{3\times1^2+1}=x-2$$

h_1은 직선 l_1 위의 한 점 $(-2, 0)$과 직선 $y=x-1$ 사이의 거리와 같으므로
$$h_1=\dfrac{|-2-1|}{\sqrt{1^2+(-1)^2}}=\dfrac{3\sqrt{2}}{2}$$

→ 평행한 두 직선 사이의 거리는 한 직선 위의 점과 다른 직선 사이의 거리로 구할 수 있어.

h_2는 직선 l_2 위의 한 점 $(2, 0)$과 직선 $y=x-1$ 사이의 거리와 같으므로
$$h_2=\dfrac{|2-1|}{\sqrt{1^2+(-1)^2}}=\dfrac{\sqrt{2}}{2}$$

한편, 타원 $\dfrac{x^2}{3}+y^2=1$과 직선 $y=x-1$의 교점의 x좌표는
$$\dfrac{x^2}{3}+(x-1)^2=1, \quad 4x^2-6x=0$$
$$2x(2x-3)=0 \quad \therefore x=0 \text{ 또는 } x=\dfrac{3}{2}$$

$x=0$, $x=\dfrac{3}{2}$을 $y=x-1$에 각각 대입하면
$$y=0-1=-1, \quad y=\dfrac{3}{2}-1=\dfrac{1}{2}$$

즉, $A\left(\dfrac{3}{2}, \dfrac{1}{2}\right)$, $C(0, -1)$이므로

→ 점 A는 제1사분면 위에 있고 점 C는 y축 위에 있기 때문이야.

$$\overline{AC}=\sqrt{\left(0-\dfrac{3}{2}\right)^2+\left(-1-\dfrac{1}{2}\right)^2}=\dfrac{3\sqrt{2}}{2}$$

따라서 사각형 ABCD의 넓이의 최댓값은
$$\square ABCD=\triangle AB′C+\triangle AD′C$$
$$=\dfrac{1}{2}\times\overline{AC}\times h_1+\dfrac{1}{2}\times\overline{AC}\times h_2$$
$$=\dfrac{1}{2}\times\dfrac{3\sqrt{2}}{2}\times\dfrac{3\sqrt{2}}{2}+\dfrac{1}{2}\times\dfrac{3\sqrt{2}}{2}\times\dfrac{\sqrt{2}}{2}$$
$$=\dfrac{9}{4}+\dfrac{3}{4}=3$$

3점 집중

48 정답 ⑤ 정답률 88%

타원 $\dfrac{x^2}{8}+\dfrac{y^2}{4}=1$ 위의 점 $(2,\sqrt{2})$에서의 접선의 x절편은?

① 3 ② $\dfrac{13}{4}$ ③ $\dfrac{7}{2}$

④ $\dfrac{15}{4}$ ✔⑤ 4

☑ 연관 개념 check

타원 $\dfrac{x^2}{a^2}+\dfrac{y^2}{b^2}=1$ 위의 점 (x_1,y_1)에서의 접선의 방정식은

$\dfrac{x_1x}{a^2}+\dfrac{y_1y}{b^2}=1$

해결 흐름

1 공식을 이용하여 타원 위의 점 $(2,\sqrt{2})$에서의 접선의 방정식을 구해야지.

2 **1**에서 구한 접선의 방정식에 $y=0$을 대입하면 x절편을 구할 수 있어.

알찬 풀이

타원 $\dfrac{x^2}{8}+\dfrac{y^2}{4}=1$ 위의 점 $(2,\sqrt{2})$에서의 접선의 방정식은

$\dfrac{2x}{8}+\dfrac{\sqrt{2}y}{4}=1$

위의 식에 $y=0$을 대입하면

$\dfrac{2x}{8}=1$에서 $x=4$

따라서 구하는 x절편은 4이다.

49 정답 ⑤

좌표평면에서 타원 $x^2+3y^2=19$와 직선 l은 제1사분면 위의 한 점에서 접하고, 원점과 직선 l 사이의 거리는 $\dfrac{19}{5}$이다. 직선 l의 기울기는? → 접점의 좌표를 (x_1,y_1)이라 하고, 접선의 방정식을 세워 봐.

① $-\dfrac{2}{3}$ ② $-\dfrac{5}{6}$ ③ -1

④ $-\dfrac{7}{6}$ ✔⑤ $-\dfrac{4}{3}$

☑ 연관 개념 check

(1) 타원 $\dfrac{x^2}{a^2}+\dfrac{y^2}{b^2}=1$ 위의 점 (x_1,y_1)에서의 접선의 방정식은

$\dfrac{x_1x}{a^2}+\dfrac{y_1y}{b^2}=1$

(2) 타원 $\dfrac{x^2}{a^2}+\dfrac{y^2}{b^2}=1$에 접하고 기울기가 m인 직선의 방정식은

$y=mx\pm\sqrt{a^2m^2+b^2}$

원점과 직선 사이의 거리 ☆★

원점 $(0,0)$과 직선 $ax+by+c=0$ 사이의 거리는

$\dfrac{|c|}{\sqrt{a^2+b^2}}$

해결 흐름

1 접점의 좌표를 (x_1,y_1)이라 하고 타원에 접하는 직선 l의 방정식을 구해야겠네.

2 원점과 직선 l 사이의 거리가 $\dfrac{19}{5}$임과 접점 (x_1,y_1)이 타원 위의 점임을 이용하여 x_1,y_1 사이의 관계식을 세울 수 있겠네.

3 직선 l의 방정식을 구한 후 $y=ax+b$ 꼴로 변형하면 직선 l의 기울기를 구할 수 있겠군.

알찬 풀이

접점의 좌표를 (x_1,y_1)이라 하면 접선의 방정식은

$x_1x+3y_1y=19$

이므로 직선 l의 방정식은

$x_1x+3y_1y=19$

$\therefore x_1x+3y_1y-19=0$

원점과 직선 l 사이의 거리가 $\dfrac{19}{5}$이므로

$\dfrac{|-19|}{\sqrt{x_1^2+(3y_1)^2}}=\dfrac{19}{5}$

$\therefore x_1^2+9y_1^2=25$ ······ ㉠

또, 점 (x_1,y_1)은 타원 $x^2+3y^2=19$ 위의 점이므로

$x_1^2+3y_1^2=19$ ······ ㉡

㉠, ㉡을 연립하여 풀면

$x_1^2=16,\ y_1^2=1$

이때 타원과 직선 l은 제1사분면 위의 한 점에서 접하므로

$x_1>0,\ y_1>0$

$\therefore x_1=4,\ y_1=1$

따라서 직선 l의 방정식이 $4x+3y=19$, 즉 $y=-\dfrac{4}{3}x+\dfrac{19}{3}$이므로

직선 l의 기울기는 $-\dfrac{4}{3}$이다.

50 정답 ① 정답률 90%

┌→ 공식을 이용해 봐.
쌍곡선 $\dfrac{x^2}{7} - \dfrac{y^2}{6} = 1$ 위의 점 $(7, 6)$에서의 접선의 x절편은?

✓① 1   ② 2   ③ 3

④ 4   ⑤ 5

해결 흐름

1 공식을 이용하여 쌍곡선 $\dfrac{x^2}{7} - \dfrac{y^2}{6} = 1$ 위의 점 $(7, 6)$에서의 접선의 방정식을 구할 수 있겠다.

2 **1**에서 구한 접선의 방정식에 $y=0$을 대입하면 x절편을 구할 수 있겠네.

☑ **연관 개념 check**

쌍곡선 $\dfrac{x^2}{a^2} - \dfrac{y^2}{b^2} = 1$ 위의 점 (x_1, y_1)에서의 접선의 방정식은

$\dfrac{x_1 x}{a^2} - \dfrac{y_1 y}{b^2} = 1$

☑ **실전 적용 key**

쌍곡선 $\dfrac{x^2}{a^2} - \dfrac{y^2}{b^2} = 1$ 위의 점 (x_1, y_1)에서의 접선의 방정식은

$\dfrac{x^2}{a^2} - \dfrac{y^2}{b^2} = 1$에 x^2 대신 $x_1 x$, y^2 대신 $y_1 y$를 대입한 것이다.

알찬 풀이

쌍곡선 $\dfrac{x^2}{7} - \dfrac{y^2}{6} = 1$ 위의 점 $(7, 6)$에서의 접선의 방정식은

$\dfrac{7x}{7} - \dfrac{6y}{6} = 1$

$\therefore x - y = 1$

위의 식에 $y=0$을 대입하면 $x=1$

따라서 구하는 x절편은 1이다.
$\quad\quad\quad\quad\quad\quad$ └→ $y=0$일 때의 x좌표야.

---

51 정답 ② 정답률 86%

┌→ 공식을 이용해 봐.
쌍곡선 $\dfrac{x^2}{a^2} - y^2 = 1$ 위의 점 $(2a, \sqrt{3})$에서의 접선이 직선

$y = -\sqrt{3}x + 1$과 수직일 때, 상수 a의 값은?

① 1   ✓② 2   ③ 3

④ 4   ⑤ 5

해결 흐름

1 공식을 이용하여 쌍곡선 $\dfrac{x^2}{a^2} - y^2 = 1$ 위의 점 $(2a, \sqrt{3})$에서의 접선의 방정식을 세울 수 있겠다.

2 **1**에서 구한 접선이 직선 $y = -\sqrt{3}x + 1$과 수직임을 이용하면 a의 값을 구할 수 있겠네.

☑ **연관 개념 check**

쌍곡선 $\dfrac{x^2}{a^2} - \dfrac{y^2}{b^2} = 1$ 위의 점 (x_1, y_1)에서의 접선의 방정식은

$\dfrac{x_1 x}{a^2} - \dfrac{y_1 y}{b^2} = 1$

알찬 풀이

쌍곡선 $\dfrac{x^2}{a^2} - y^2 = 1$ 위의 점 $(2a, \sqrt{3})$에서의 접선의 방정식은

$\dfrac{2ax}{a^2} - \sqrt{3}y = 1$

$\therefore y = \dfrac{2\sqrt{3}}{3a}x - \dfrac{\sqrt{3}}{3}$

이 직선이 직선 $y = -\sqrt{3}x + 1$과 수직이므로

$\dfrac{2\sqrt{3}}{3a} \times (-\sqrt{3}) = -1$ ┤ 두 직선 $y=mx+n$, $y=m'x+n'$이 서로 수직이면 $mm'=-1$

$\therefore a = 2$

생생 수험 Talk

나는 수학은 매일 꾸준히 공부했어. 개념은 일주일 동안 날짜를 정해서 공부하고 문제는 매일 꾸준히 풀었어. 수학은 생각을 많이 해야 하는 과목이야. 그렇기 때문에 개념이 잘 잡혀 있어야 하고 그 후에는 개념을 응용하는 능력이 필요하지. 하지만 응용하는 능력은 하루 아침에 생기는 것이 아니기 때문에 안 풀리는 문제를 여러 방면으로 생각하면서 혼자 고민해 보는 시간이 필요해. 그렇게 여러 번 고민하다 보면 그 유형뿐만 아니라 새로운 유형이 나와도 당황하지 않고 해결 방법을 찾을 수 있는 내공이 생겨. 그래서 수학은 매일 꾸준히 문제를 풀면서 훈련을 하는 게 중요한 것 같아.

52 정답 ③   정답률 58%

→ 공식을 이용해 봐.

그림과 같이 쌍곡선 $\dfrac{x^2}{a^2}-\dfrac{y^2}{b^2}=1$ 위의 점 P(4, k) ($k>0$)

2 에서의 접선이 x축과 만나는 점을 Q, y축과 만나는 점을 R 라 하자. 점 S(4, 0)에 대하여 삼각형 QOR의 넓이를 A_1, 삼각형 PRS의 넓이를 A_2라 하자. **3** $A_1 : A_2=9 : 4$일 때, 이 쌍곡선의 주축의 길이는? **1**

(단, O는 원점이고, a와 b는 상수이다.)

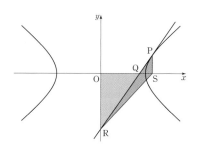

① $2\sqrt{10}$ ② $2\sqrt{11}$ ✓③ $4\sqrt{3}$
④ $2\sqrt{13}$ ⑤ $2\sqrt{14}$

☑ **연관 개념 check**

쌍곡선 $\dfrac{x^2}{a^2}-\dfrac{y^2}{b^2}=1$ 위의 점 (x_1, y_1)에서의 접선의 방정식은

$\dfrac{x_1 x}{a^2}-\dfrac{y_1 y}{b^2}=1$

☑ **실전 적용 key**

두 삼각형 QOR, PRS의 넓이를 구해야 하므로 주어진 그래프에서 각 삼각형의 밑변과 높이를 먼저 찾고, 길이를 구하기 위해 필요한 점의 좌표를 구한다.

선분 PS를 밑변으로 생각하면
높이는 선분 OS의 길이와 같아.

쌍곡선의 주축의 길이 ☆☆

쌍곡선 $\dfrac{x^2}{a^2}-\dfrac{y^2}{b^2}=1$ ($a>0$, $b>0$)에서
주축의 길이는 $2a$이다.

해결 흐름

1 쌍곡선 $\dfrac{x^2}{a^2}-\dfrac{y^2}{b^2}=1$의 주축의 길이를 구하려면 a의 값을 알아야겠군.

2 공식을 이용하여 쌍곡선 위의 점 P(4, k)에서의 접선의 방정식을 구할 수 있겠네.

3 $A_1 : A_2=9 : 4$임을 이용할 수 있도록 A_1, A_2를 각각 a, b, k에 대한 식으로 나타내야겠어.

알찬 풀이

점 P(4, k)는 쌍곡선 $\dfrac{x^2}{a^2}-\dfrac{y^2}{b^2}=1$ 위의 점이므로

$\dfrac{16}{a^2}-\dfrac{k^2}{b^2}=1$ ...... ㉠

쌍곡선 $\dfrac{x^2}{a^2}-\dfrac{y^2}{b^2}=1$ 위의 점 P(4, k)에서의 접선의 방정식은

$\dfrac{4x}{a^2}-\dfrac{ky}{b^2}=1$ ...... ㉡

→ 점 Q는 접선 ㉡이 x축과 만나는 점이기 때문이야.

㉡에 $y=0$을 대입하면

$\dfrac{4x}{a^2}=1$에서 $x=\dfrac{a^2}{4}$

$\therefore$ Q$\left(\dfrac{a^2}{4}, 0\right)$

→ 점 R는 접선 ㉡이 y축과 만나는 점이기 때문이야.

㉡에 $x=0$을 대입하면

$-\dfrac{ky}{b^2}=1$에서 $y=-\dfrac{b^2}{k}$

$\therefore$ R$\left(0, -\dfrac{b^2}{k}\right)$

따라서 삼각형 QOR의 넓이 A_1은

$A_1=\dfrac{1}{2}\times\overline{\text{OQ}}\times\overline{\text{OR}}=\dfrac{1}{2}\times\dfrac{a^2}{4}\times\left|-\dfrac{b^2}{k}\right|=\dfrac{a^2 b^2}{8k}$

삼각형 PRS의 넓이 A_2는

→ $\overline{\text{OQ}}=$ (점 Q의 x좌표), $\overline{\text{OR}}=$ (점 R의 y좌표의 절댓값)이야.

$A_2=\dfrac{1}{2}\times\overline{\text{PS}}\times\overline{\text{OS}}=\dfrac{1}{2}\times k\times4=2k$

이때 $A_1 : A_2=9 : 4$이므로

$\dfrac{a^2 b^2}{8k} : 2k=9 : 4$, $18k=\dfrac{a^2 b^2}{2k}$

$36k^2=a^2 b^2$

$\therefore b^2=\dfrac{36k^2}{a^2}$ ...... ㉢

㉢을 ㉠에 대입하면

$\dfrac{16}{a^2}-\dfrac{k^2}{\dfrac{36k^2}{a^2}}=1$

$\dfrac{16}{a^2}-\dfrac{a^2}{36}=1$

양변에 $36a^2$을 곱하면

$576-a^4=36a^2$

$a^4+36a^2-576=0$

$(a^2+48)(a^2-12)=0$

$a^2=12 \ (\because a^2>0)$

$\therefore |a|=2\sqrt{3}$

따라서 주어진 쌍곡선의 주축의 길이는

$2|a|=2\times2\sqrt{3}=4\sqrt{3}$

53 정답 ② 정답률 90%

쌍곡선 $\dfrac{x^2}{8}-y^2=1$ 위의 점 A(4, 1)에서의 접선이 $\underline{x축과}$ ■

만나는 점을 B라 하자. 이 쌍곡선의 두 초점 중 x좌표가 양

수인 점을 F라 할 때, 삼각형 FAB의 넓이는? ②
→ 점 B의 y좌표는 0이야.

① $\dfrac{5}{12}$ ✓② $\dfrac{1}{2}$ ③ $\dfrac{7}{12}$

④ $\dfrac{2}{3}$ ⑤ $\dfrac{3}{4}$

☑ 연관 개념 check

쌍곡선 $\dfrac{x^2}{a^2}-\dfrac{y^2}{b^2}=1$ 위의 점 (x_1, y_1)에서의 접선의 방정식은

$\dfrac{x_1 x}{a^2}-\dfrac{y_1 y}{b^2}=1$

☑ 실전 적용 key

쌍곡선 $\dfrac{x^2}{a^2}-\dfrac{y^2}{b^2}=1$ 위의 점 (x_1, y_1)에서의 접선의 방정식은

$\dfrac{x^2}{a^2}-\dfrac{y^2}{b^2}=1$에 x^2 대신 $x_1 x$, y^2 대신 $y_1 y$를 대입한 것이다.

해결 흐름

■ 공식을 이용하여 쌍곡선 $\dfrac{x^2}{8}-y^2=1$ 위의 점 A에서의 접선의 방정식을 세울 수 있겠네.

② 두 점 B, F의 좌표를 구하면 삼각형 FAB의 넓이를 계산할 수 있겠어.

알찬 풀이

쌍곡선 $\dfrac{x^2}{8}-y^2=1$ 위의 점 A(4, 1)에서의 접선의 방정식은

$\dfrac{4x}{8}-y=1$ ∴ $y=\dfrac{1}{2}x-1$

이 접선이 x축과 만나는 점 B의 x좌표는

$0=\dfrac{1}{2}x-1$에서 $x=2$ ∴ B(2, 0)

→ 쌍곡선 $\dfrac{x^2}{a^2}-\dfrac{y^2}{b^2}=1$의 초점의 좌표는 $(\pm\sqrt{a^2+b^2}, 0)$이야.

쌍곡선 $\dfrac{x^2}{8}-y^2=1$의 두 초점의 좌표는 (3, 0), (−3, 0)이므로

F(3, 0)

삼각형 FAB에서 선분 BF를 밑변으로 하면

$\overline{BF}=1$이고, 점 A의 y좌표는 1이므로 높이는

1이다. 따라서 삼각형 FAB의 넓이는

$\dfrac{1}{2}\times 1\times 1=\dfrac{1}{2}$

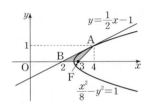

---

54 정답 ① 정답률 88%

→ 표준형으로 나타내 봐.
쌍곡선 $x^2-4y^2=a$ 위의 점 $(b, 1)$에서의 접선이 쌍곡선의 ■

한 점근선과 수직이다. $a+b$의 값은? (단, a, b는 양수이다.) ②

✓① 68 ② 77 ③ 86

④ 95 ⑤ 104

☑ 연관 개념 check

(1) 쌍곡선 $\dfrac{x^2}{a^2}-\dfrac{y^2}{b^2}=1$ 위의 점 (x_1, y_1)에서의 접선의 방정식은

$\dfrac{x_1 x}{a^2}-\dfrac{y_1 y}{b^2}=1$

(2) 쌍곡선 $\dfrac{x^2}{a^2}-\dfrac{y^2}{b^2}=1$ $(a>0, b>0)$에서 점근선의 방정식은

$y=\pm\dfrac{b}{a}x$

수능 핵심 개념 | 두 직선의 위치 관계

위치 관계	$ax+by+c=0$, $a'x+b'y+c'=0$	$y=mx+n$, $y=m'x+n'$
평행	$\dfrac{a}{a'}=\dfrac{b}{b'}\neq\dfrac{c}{c'}$	$m=m', n\neq n'$
일치	$\dfrac{a}{a'}=\dfrac{b}{b'}=\dfrac{c}{c'}$	$m=m', n=n'$
수직	$aa'+bb'=0$	$mm'=-1$
만남	$\dfrac{a}{a'}\neq\dfrac{b}{b'}$	$m\neq m'$

해결 흐름

■ 공식을 이용하여 쌍곡선 $x^2-4y^2=a$ 위의 점 $(b, 1)$에서의 접선의 방정식을 세울 수 있겠네.

② 쌍곡선의 점근선의 방정식을 구하고, 접선과 점근선이 수직임을 이용하여 a, b의 값을 구할 수 있어.

알찬 풀이

$a>0$이므로 $x^2-4y^2=a$의 양변을 a로 나누면

$\dfrac{x^2}{a}-\dfrac{4y^2}{a}=1$ ∴ $\dfrac{x^2}{a}-\dfrac{y^2}{\dfrac{a}{4}}=1$ → $\dfrac{x^2}{(\sqrt{a})^2}-\dfrac{y^2}{\left(\dfrac{\sqrt{a}}{2}\right)^2}=1$이지. ······ ㉠

쌍곡선 ㉠ 위의 점 $(b, 1)$에서의 접선의 방정식은

$\dfrac{bx}{a}-\dfrac{y}{\dfrac{a}{4}}=1$ ∴ $y=\dfrac{b}{4}x-\dfrac{a}{4}$

또, 쌍곡선 ㉠의 점근선의 방정식은

$y=\pm\dfrac{\sqrt{\dfrac{a}{4}}}{\sqrt{a}}x$ ∴ $y=\pm\dfrac{1}{2}x$

이때 $b>0$이고 접선과 점근선이 서로 수직이고, 점근선의 기울기는 $-\dfrac{1}{2}$이므로

→ (접선의 기울기)×(점근선의 기울기)=−1이야.

$\dfrac{b}{4}\times\left(-\dfrac{1}{2}\right)=-1$ ∴ $b=8$

따라서 점 $(8, 1)$이 쌍곡선 $x^2-4y^2=a$ 위의 점이므로

→ $x^2-4y^2=a$에 $x=8$, $y=1$을 대입하면 되지.

$a=8^2-4\times 1^2=60$

∴ $a+b=60+8=68$

55 정답 ④   정답률 87%

좌표평면 위의 점 $(-1, 0)$에서 쌍곡선 $x^2-y^2=2$에 그은
접선의 방정식을 $y=mx+n$이라 할 때, m^2+n^2의 값은?

└→ 접점의 좌표를 (x_1, y_1)로 놓자.   (단, m, n은 상수이다.)

① $\dfrac{5}{2}$ ② 3 ③ $\dfrac{7}{2}$

✓④ 4 ⑤ $\dfrac{9}{2}$

☑ 연관 개념 check

쌍곡선 $\dfrac{x^2}{a^2}-\dfrac{y^2}{b^2}=1$ 위의 점 (x_1, y_1)에서의 접선의 방정식은

$\dfrac{x_1x}{a^2}-\dfrac{y_1y}{b^2}=1$

수능 핵심 개념   이차곡선과 직선의 위치 관계

이차곡선의 방정식과 직선의 방정식을 연립하여 얻은 이차
방정식의 판별식을 D라 하면

(1) $D>0$일 때, 서로 다른 두 점에서 만난다.

(2) $D=0$일 때, 한 점에서 만난다. (접한다.)

(3) $D<0$일 때, 만나지 않는다.

이차방정식의 판별식

이차방정식 $ax^2+bx+c=0$의 근을 b^2-4ac의
값의 부호에 따라 판별할 수 있으므로 b^2-4ac
를 이차방정식의 판별식이라 한다.

해결 흐름

1 접점의 좌표를 (x_1, y_1)로 놓고, 이 점에서의 접선의 방정식을 세울 수 있어.

2 **1**에서 구한 접선이 점 $(-1, 0)$을 지나고, 점 (x_1, y_1)이 주어진 포물선 위의 점임을 이용해서 점 (x_1, y_1)의 좌표를 구해야겠군.

3 **2**에서 구한 접점의 좌표를 **1**에서 세운 접선의 방정식에 대입하면 되겠네.

알찬 풀이

접점의 좌표를 (x_1, y_1)이라 하면 접선의 방정식은

$x_1x-y_1y=2$ …… (*)

이때 접선이 점 $(-1, 0)$을 지나므로

$-x_1=2$ $\therefore x_1=-2$ └→ (*)에 $x=-1$, $y=0$을 대입해.

또, 점 $(-2, y_1)$이 쌍곡선 $x^2-y^2=2$ 위의 점이므로

$4-y_1^2=2$, $y_1^2=2$ $\therefore y_1=\pm\sqrt{2}$

즉, 접점의 좌표는 $(-2, \sqrt{2})$, $(-2, -\sqrt{2})$이므로 접선의 방정식은

$-2x-\sqrt{2}y=2$ 또는 $-2x+\sqrt{2}y=2$ └→ (*)에 $x_1=-2$, $y_1=\pm\sqrt{2}$를 대입해.

$\therefore y=-\sqrt{2}x-\sqrt{2}$ 또는 $y=\sqrt{2}x+\sqrt{2}$

따라서 $m=-\sqrt{2}$, $n=-\sqrt{2}$ 또는 $m=\sqrt{2}$, $n=\sqrt{2}$이므로

$m^2+n^2=2+2=4$

다른 풀이

접선 $y=mx+n$이 점 $(-1, 0)$을 지나므로

$0=-m+n$에서 $m=n$

직선 $y=mx+m$과 쌍곡선 $x^2-y^2=2$가 한 점에서 만나므로 두 식을 연립하여
얻은 이차방정식은 중근을 갖는다. ──→ 이 이차방정식의 판별식을 D라 하면

$y=mx+m$을 $x^2-y^2=2$에 대입하면 $D=0$이야.

$x^2-(mx+m)^2=2$

$\therefore (1-m^2)x^2-2m^2x-m^2-2=0$

이 이차방정식의 판별식을 D라 하면

$$\dfrac{D}{4}=m^4+(1-m^2)(m^2+2)=0$$

$\therefore m^2=2$

$\therefore m^2+n^2=m^2+m^2=2+2=4$

---

56 정답 32   정답률 69%

쌍곡선 $x^2-y^2=32$ 위의 점 $P(-6, 2)$에서의 접선 l에 대하여 원점 O에서 l에 내린 수선의 발을 H, 직선 OH와 이 쌍곡선이 제1사분면에서 만나는 점을 Q라 하자. 두 선분 OH와 OQ의 길이의 곱 $\overline{OH}\times\overline{OQ}$를 구하시오.   32

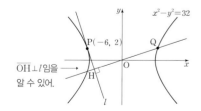

$\overline{OH}\perp l$임을
알 수 있어.

해결 흐름

1 공식을 이용하여 쌍곡선 $x^2-y^2=32$ 위의 점 P에서의 접선 l의 방정식을 세울 수 있겠네.

2 접선 l에 수직이고 원점을 지나는 직선의 방정식을 세우면 이 식을 이용하여 두 점 H, Q의 좌표를 구할 수 있어.

3 두 점 사이의 거리 공식을 이용하여 두 선분 OH, OQ의 길이를 구해 봐야겠군.

알찬 풀이

쌍곡선 $x^2-y^2=32$ 위의 점 $P(-6, 2)$에서의 접선 l의 방정식은

$-6x-2y=32$ $\therefore y=-3x-16$

이때 직선 l에 수직이고 원점을 지나는 직선 OH의 방정식은 $y=\dfrac{1}{3}x$이므로

이 직선과 직선 l의 교점 H의 x좌표를 구하면   └→ 직선 l의 기울기가 -3이므로 직선 OH의

기울기는 $\dfrac{1}{3}$이야.

쌍곡선 $\dfrac{x^2}{a^2}-\dfrac{y^2}{b^2}=1$ 위의 점 (x_1, y_1)에서의 접선의 방정식은

$$\dfrac{x_1 x}{a^2}-\dfrac{y_1 y}{b^2}=1$$

수능 핵심 개념 **두 점 사이의 거리**

원점 $O(0, 0)$과 점 $A(x_1, y_1)$ 사이의 거리는

$$\overline{OA}=\sqrt{x_1{}^2+y_1{}^2}$$

직선 OH와 쌍곡선이 ←
제1사분면에서 만나는
점이 Q이므로 $x>0$이지.

$-3x-16=\dfrac{1}{3}x$에서

$\dfrac{10}{3}x=-16 \qquad \therefore x=-\dfrac{24}{5}$

$\therefore H\left(-\dfrac{24}{5}, -\dfrac{8}{5}\right)$

또, 직선 $y=\dfrac{1}{3}x$와 쌍곡선이 제1사분면에서 만나는 점 Q의 x좌표는

$x^2-\dfrac{1}{9}x^2=32$에서 $\longrightarrow$ $x^2-y^2=32$에 $y=\dfrac{1}{3}x$를 대입해서 정리했어.

$\dfrac{8}{9}x^2=32,\ x^2=36$

이때 $x>0$이므로 $x=6$

$\therefore Q(6, 2)$

$\therefore \overline{OH}\times\overline{OQ}=\sqrt{\left(-\dfrac{24}{5}\right)^2+\left(-\dfrac{8}{5}\right)^2}\times\sqrt{6^2+2^2}$

$=\dfrac{8\sqrt{10}}{5}\times 2\sqrt{10}=32$

---

57 정답 ③   정답률 45%

쌍곡선 $x^2-y^2=1$에 대한 옳은 설명을 **보기**에서 모두 고른 것은?
$\longrightarrow$ 쌍곡선 $\dfrac{x^2}{a^2}-\dfrac{y^2}{b^2}=1$의 두 점근선의 방정식은 $y=\pm\dfrac{b}{a}x$야.

보기

ㄱ. 점근선의 방정식은 $y=x,\ y=-x$이다.
ㄴ. 쌍곡선 위의 점에서 그은 접선 중 점근선과 평행한 접선이 존재한다. $\longrightarrow$ 접점의 좌표를 (x_1, y_1)로 놓자.
ㄷ. 포물선 $y^2=4px\ (p\ne 0)$는 쌍곡선과 항상 두 점에서 만난다.

① ㄱ   ② ㄴ   ✔③ ㄱ, ㄷ
④ ㄴ, ㄷ   ⑤ ㄱ, ㄴ, ㄷ

☑ 연관 개념 check

쌍곡선 $\dfrac{x^2}{a^2}-\dfrac{y^2}{b^2}=1$ 위의 점 (x_1, y_1)에서의 접선의 방정식은

$$\dfrac{x_1 x}{a^2}-\dfrac{y_1 y}{b^2}=1$$

수능 핵심 개념 **이차곡선과 직선의 위치 관계**

이차곡선의 방정식과 직선의 방정식을 연립하여 얻은 이차방정식의 판별식을 D라 하면
(1) $D>0$일 때, 서로 다른 두 점에서 만난다.
(2) $D=0$일 때, 한 점에서 만난다. (접한다.)
(3) $D<0$일 때, 만나지 않는다.

해결 흐름

1️⃣ 쌍곡선 $x^2-y^2=1$의 점근선의 방정식을 구해야겠네.
2️⃣ 접점의 좌표를 (x_1, y_1)로 놓고 이 점에서의 접선의 방정식을 구해야겠다.
3️⃣ 쌍곡선의 방정식과 포물선의 방정식을 연립하여 나온 이차방정식의 판별식을 이용해야겠군.

알찬 풀이

$\longrightarrow y=\pm\dfrac{1}{1}x=\pm x$
ㄱ. 쌍곡선 $x^2-y^2=1$의 점근선의 방정식은 $y=\pm x$이다. (참)

ㄴ. 접점의 좌표를 (x_1, y_1)이라 하면 접선의 방정식은

$x_1 x-y_1 y=1$

$\therefore y=\dfrac{x_1}{y_1}x-\dfrac{1}{y_1}$

이 접선이 점근선과 평행하려면

$\dfrac{x_1}{y_1}=\pm 1$ $\longrightarrow$ 평행한 두 직선은 기울기가 같기 때문이야.

$\therefore x_1=\pm y_1$

그런데 두 점 $(x_1, x_1),\ (x_1, -x_1)$은 쌍곡선 위의 점이 아니므로 점근선과 평행한 접선이 존재하지 않는다. (거짓) $\longrightarrow$ 두 점의 좌표를 쌍곡선 $x^2-y^2=1$에 대입하면 성립하지 않기 때문이야.

ㄷ. $x^2-y^2=1$에 $y^2=4px$를 대입하면

$x^2-4px=1$에서

$x^2-4px-1=0$

이 이차방정식의 판별식을 D라 하면

$\dfrac{D}{4}=4p^2+1>0$

이므로 이 이차방정식은 0이 아닌 실수 p에 대하여 서로 다른 두 실근을 갖는다.

> **이차방정식의 판별식** ☆
> x의 계수가 짝수인 이차방정식
> $ax^2+2b'x+c=0$에서는 판별식 D 대신
> $\dfrac{D}{4}=b'^2-ac$를 이용하면 편리하다.

따라서 포물선 $y^2=4px\ (p\ne 0)$는 쌍곡선과 항상 두 점에서 만난다. (참)

이상에서 옳은 것은 ㄱ, ㄷ이다.

조성욱 | 연세대학교 치의예과 | 서라벌고등학교 졸업

이차곡선에 대한 성질을 종합적으로 묻는 문제야. 이런 문제는 매년 출제되지.
이 문제의 경우, 쌍곡선의 성질도 알아야 하고, 쌍곡선과 포물선의 관계도 알고 있어야 해결이 가
능해. 이차곡선 각각의 정의와 그 성질을 다시 한번 익혀 두도록 해.

58 정답 ④　　　　　정답률 88%

> 기울기가 3인 접선의 방정식이야.　**1 2**
>
> 직선 $y=3x+5$가 쌍곡선 $\dfrac{x^2}{a}-\dfrac{y^2}{2}=1$에 접할 때, 쌍곡선
> 의 두 초점 사이의 거리는? **3**
>
> ① $\sqrt{7}$　　　② $2\sqrt{3}$　　　③ 4
>
> ✔④ $2\sqrt{5}$　　　⑤ $4\sqrt{3}$

☑ **연관 개념 check**

쌍곡선 $\dfrac{x^2}{a^2}-\dfrac{y^2}{b^2}=1$에 접하고 기울기가 m인 직선의 방정식은
$y=mx\pm\sqrt{a^2m^2-b^2}$ (단, $a^2m^2-b^2>0$)

수능 핵심 개념 | **이차곡선과 직선의 위치 관계**

이차곡선의 방정식과 직선의 방정식을 연립하여 얻은 이차
방정식의 판별식을 D라 하면
(1) $D>0$일 때, 서로 다른 두 점에서 만난다.
(2) $D=0$일 때, 한 점에서 만난다. (접한다.)
(3) $D<0$일 때, 만나지 않는다.

이 이차방정식의 판별식을 D라 하면
$D=0$이야.

해결 흐름

1 쌍곡선 $\dfrac{x^2}{a}-\dfrac{y^2}{2}=1$에 접하고 기울기가 3인 직선의 방정식을 구해야겠네.

2 **1**에서 구한 접선이 직선 $y=3x+5$와 일치함을 이용하여 a의 값을 구해야겠다.

3 쌍곡선의 두 초점을 구하면 두 초점 사이의 거리를 구할 수 있겠군.

알찬 풀이

직선 $y=3x+5$가 쌍곡선 $\dfrac{x^2}{a}-\dfrac{y^2}{2}=1$의 접선이므로 쌍곡선에 접하고 기울기가

3인 직선의 방정식은
$y=3x\pm\sqrt{9a-2}$　→ $y=3x\pm\sqrt{a\times3^2-2}$

직선 $y=3x\pm\sqrt{9a-2}$가 직선 $y=3x+5$와 일치하므로
$\sqrt{9a-2}=5$ → 직선 $y=3x+5$와 일치하려면 y절편이 양수이어야 해.

$9a-2=25$

$\therefore a=3$

즉, 주어진 쌍곡선의 방정식은 $\dfrac{x^2}{3}-\dfrac{y^2}{2}=1$이므로 쌍곡선의 두 초점의 좌표는
$(\sqrt{5},\,0),\,(-\sqrt{5},\,0)$

따라서 두 초점 사이의 거리는
$\sqrt{5}-(-\sqrt{5})=2\sqrt{5}$

> ☆ **쌍곡선의 초점의 좌표**
> 쌍곡선 $\dfrac{x^2}{a^2}-\dfrac{y^2}{b^2}=1$ $(a>0,\,b>0)$에
> 서 초점의 좌표는 $(\pm\sqrt{a^2+b^2},\,0)$이다.

다른 풀이

직선 $y=3x+5$가 쌍곡선 $\dfrac{x^2}{a}-\dfrac{y^2}{2}=1$에 접하므로 두 식을 연립하여 얻은 이차

방정식은 중근을 갖는다.
$\dfrac{x^2}{a}-\dfrac{y^2}{2}=1$에 $y=3x+5$를 대입하면
$2x^2-a(3x+5)^2=2a$
$(2-9a)x^2-30ax-27a=0$
이 이차방정식의 판별식을 D라 하면
$\dfrac{D}{4}=225a^2+27a(2-9a)=0$
$18a(a-3)=0$
$\therefore a=3\ (\because a\ne0)$
즉, 주어진 쌍곡선의 방정식은 $\dfrac{x^2}{3}-\dfrac{y^2}{2}=1$이므로 쌍곡선의 두 초점의 좌표는
$(\sqrt{5},\,0),\,(-\sqrt{5},\,0)$
따라서 두 초점 사이의 거리는
$\sqrt{5}-(-\sqrt{5})=2\sqrt{5}$

59 정답률 88%

점 $(0, 3)$을 지나고 기울기가 m인 직선이 쌍곡선 $3x^2-y^2+6y=0$과 만나지 않는 m의 범위는?
→ 표준형으로 나타내 봐.

① $m \leq -3$ 또는 $m \geq 3$

② $m \leq -3$ 또는 $m \geq \sqrt{3}$

③ $m \leq -\sqrt{3}$ 또는 $m \geq \sqrt{3}$

✓④ $-\sqrt{3} \leq m \leq \sqrt{3}$

⑤ $-3 \leq m \leq 3$

☑ 연관 개념 check

쌍곡선 $\dfrac{x^2}{a^2}-\dfrac{y^2}{b^2}=1\,(a>0, b>0)$의 점근선의 방정식은

$y = \pm \dfrac{b}{a}x$

☑ 실전 적용 key

쌍곡선을 x축의 방향으로 m만큼, y축의 방향으로 n만큼 평행이 동하면 쌍곡선의 점근선도 x축의 방향으로 m만큼, y축의 방향으로 n만큼 평행이동한다.

해결 흐름

1 주어진 쌍곡선의 점근선의 방정식을 구해서 그래프를 좌표평면 위에 그려 봐야겠네.

2 쌍곡선과 직선이 만나지 않도록 하는 m의 값을 찾아봐야겠군.

알찬 풀이

$3x^2-y^2+6y=0$에서

$3x^2-(y-3)^2=-9$

$\therefore \dfrac{x^2}{3}-\dfrac{(y-3)^2}{9}=-1$

즉, 주어진 쌍곡선은 쌍곡선 $\dfrac{x^2}{3}-\dfrac{y^2}{9}=-1$을 y축의 방향으로 3만큼 평행이동한 것이므로 점근선의 방정식은

$y-3 = \pm \dfrac{3}{\sqrt{3}}x$ → 쌍곡선 $\dfrac{x^2}{3}-\dfrac{y^2}{9}=-1$의 점근선의 방정식은 $y=\pm\dfrac{3}{\sqrt{3}}x$이고 이것을 y축의 방향으로 3만큼 평행이동한 것이야.

$\therefore y = \pm\sqrt{3}x+3$

즉, 점 $(0, 3)$은 두 점근선의 교점이므로 이 점을 지나고 기울기가 m인 직선이 쌍곡선과 만나지 않기 위해서는 오른쪽 그림과 같아야 한다.

따라서 구하는 m의 값의 범위는

$-\sqrt{3} \leq m \leq \sqrt{3}$
└→ 직선이 두 점근선 사이에 있어야 하기 때문이야.

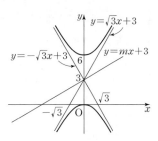

---

60 정답률 87%

쌍곡선 $\dfrac{x^2}{2}-y^2=1$ 위의 점 $(2, 1)$에서의 접선이 y축과 만나는 점의 y좌표는? → 공식을 이용해 봐.

① -2 ✓② -1 ③ 0

④ 2 ⑤ 3

☑ 연관 개념 check

쌍곡선 $\dfrac{x^2}{a^2}-\dfrac{y^2}{b^2}=1$ 위의 점 (x_1, y_1)에서의 접선의 방정식은

$\dfrac{x_1 x}{a^2}-\dfrac{y_1 y}{b^2}=1$

해결 흐름

1 공식을 이용하여 쌍곡선 $\dfrac{x^2}{2}-y^2=1$ 위의 점 $(2, 1)$에서의 접선의 방정식을 구해야겠군.

2 1에서 구한 접선이 y축과 만나는 점의 y좌표를 구해야겠네.

알찬 풀이

쌍곡선 $\dfrac{x^2}{2}-y^2=1$ 위의 점 $(2, 1)$에서의 접선의 방정식은

$\dfrac{2x}{2}-y=1$ └→ $\dfrac{2 \times x}{2}-1 \times y=1$

$\therefore y=x-1$

따라서 이 접선이 y축과 만나는 점의 y좌표는 -1이다.
└→ $x=0$일 때의 y좌표야.

61 정답 ①   정답률 54%

실수 p $(p \geq 1)$과 함수 $f(x)=(x+a)^2$에 대하여 두 포물선
$$C_1: y^2=4x, \quad C_2: (y-3)^2=4p\{x-f(p)\}$$
가 제1사분면에서 만나는 점을 A라 하자. 두 포물선 C_1, C_2
의 초점을 각각 F_1, F_2라 할 때, $\overline{AF_1}=\overline{AF_2}$를 만족시키는
p가 오직 하나가 되도록 하는 상수 a의 값은?

✓ ① $-\dfrac{3}{4}$ ② $-\dfrac{5}{8}$ ③ $-\dfrac{1}{2}$

④ $-\dfrac{3}{8}$ ⑤ $-\dfrac{1}{4}$

→ 포물선 위의 점과 초점 사이
의 거리에 대한 식이 주어졌
으니까 준선의 방정식이 필
요하겠지.

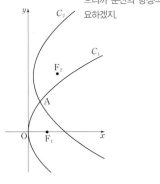

☑ **연관 개념 check**

(1) 포물선 $y^2=4px$ $(p \neq 0)$에서
초점의 좌표는 $(p, 0)$, 준선의 방정식은 $x=-p$

(2) 포물선 위의 점 P에서 초점까지의 거리와 준선까지의 거
리는 같다.

☑ **오답 clear**

조건을 만족시키는 p가 1개라고 해서 이차방정식이 중근을 갖는
경우만 생각하면 안 된다. $p \geq 1$이므로 이차방정식이 두 실근을 갖
고 한 근이 1 이상, 다른 한 근이 1 미만인 경우도 생각해야 한다.

이차함수 $y=ax^2+bx+c$의 그래프의 축의 ←
방정식은 $x=-\dfrac{b}{2a}$임을 이용했어.

해결 흐름

1 두 포물선 C_1, C_2의 준선의 방정식을 구해야겠다.

2 포물선의 정의와 $\overline{AF_1}=\overline{AF_2}$를 이용하면 p에 대한 이차방정식을 세울 수 있겠어.

3 **2**의 이차방정식의 실근 중에서 $p \geq 1$인 근이 1개가 되도록 하는 a의 값을 구하면 되겠다.

알찬 풀이

→ 포물선 $y^2=4px$의 준선 $x=-p$를 x축의
방향으로 $f(p)$만큼 평행이동한 것이야.

포물선 $y^2=4x$의 준선의 방정식은 $x=-1$이고, 포물선 $(y-3)^2=4p\{x-f(p)\}$
의 준선의 방정식은 $x=-p+f(p)$이다.

점 A의 x좌표를 k라 하고, 점 A에서 포물선 C_1의 준선 $x=-1$에 내린 수선의
발을 H_1, 포물선 C_2의 준선 $x=-p+f(p)$에 내린 수선의 발을 H_2라 하면 포물
선의 정의에 의하여

> **포물선의 정의**
> 포물선은 평면 위의 한 점 F와 이 점을 지나
> 지 않는 한 직선 l이 주어질 때, 점 F와 직선
> l에 이르는 거리가 같은 점들의 집합이다.

$$\overline{AF_1}=\overline{AH_1}=k+1$$
$$\overline{AF_2}=\overline{AH_2}=k+p-f(p)$$
이때 $\overline{AF_1}=\overline{AF_2}$이므로
$$k+1=k+p-f(p)$$

→ $\overline{AH_1}=\overline{AH_2}$이니까 점 H_1과 점 H_2는
같은 점인 거야.

$$\therefore f(p)=p-1$$
$f(x)=(x+a)^2$이므로
$$(p+a)^2=p-1$$
$$\therefore p^2+(2a-1)p+a^2+1=0 \qquad \cdots\cdots \bigcirc$$
따라서 $\overline{AF_1}=\overline{AF_2}$를 만족시키는 p $(p \geq 1)$가 오직 하나가 되려면 이차방정식
$\bigcirc$을 만족시키는 p $(p \geq 1)$가 1개이어야 한다.

(i) 이차방정식 $\bigcirc$이 중근을 갖는 경우
이차방정식 $\bigcirc$의 판별식을 D라 하면
$$D=(2a-1)^2-4(a^2+1)=0$$
$$-4a-3=0$$
$$\therefore a=-\dfrac{3}{4}$$
이를 $\bigcirc$에 대입하면
$$p^2-\dfrac{5}{2}p+\dfrac{25}{16}=0$$
$$\left(p-\dfrac{5}{4}\right)^2=0$$
$$\therefore p=\dfrac{5}{4} \quad \longrightarrow p \geq 1을 만족해.$$

(ii) 이차방정식 $\bigcirc$이 서로 다른 두 실근을 갖는 경우
이차방정식 $\bigcirc$의 한 근은 1보다 크거나 같고 다른 한 근은 1보다 작아야 한다.
$$g(p)=p^2+(2a-1)p+a^2+1$$
이라 하면 이차함수 $y=g(p)$의 그래프가 오른쪽
그림과 같아야 하므로

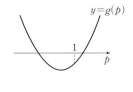

$$-\dfrac{2a-1}{2}<1$$
$$\therefore a>-\dfrac{1}{2} \qquad \cdots\cdots \bigcirc\!\bigcirc$$
또, $g(1) \leq 0$이어야 하므로
$$1+(2a-1)+a^2+1 \leq 0$$
$$a^2+2a+1 \leq 0$$
$$(a+1)^2 \leq 0$$
$$\therefore a=-1 \qquad \cdots\cdots \boxdot$$
그런데 $\bigcirc\!\bigcirc$, $\boxdot$을 동시에 만족시키는 a의 값은 존재하지 않는다.

(i), (ii)에서 $a=-\dfrac{3}{4}$

초점이 F인 포물선 $y^2=8x$ 위의 점 중 제1사분면에 있는 점 P를 지나고 x축과 평행한 직선이 포물선 $y^2=8x$의 준선과 만나는 점을 F′이라 하자. 점 F′을 초점, 점 P를 꼭짓점으로 하는 포물선이 포물선 $y^2=8x$와 만나는 점 중 P가 아닌 점을 Q라 하자. 사각형 PF′QF의 둘레의 길이가 12일 때, 삼각형 PF′Q의 넓이는 $\dfrac{q}{p}\sqrt{2}$이다. $p+q$의 값을 구하시오. **23**
(단, 점 P의 x좌표는 2보다 크고, p와 q는 서로소인 자연수이다.)

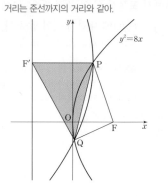

☑ 연관 개념 check

(1) 포물선 $y^2=4px$ $(p\ne0)$에서
   초점의 좌표는 $(p, 0)$, 준선의 방정식은 $x=-p$
(2) 포물선 $y^2=4px$를 x축의 방향으로 m만큼, y축의 방향으로 n만큼 평행이동한 포물선의 방정식은
   $(y-n)^2=4p(x-m)$

☑ 실전 적용 key

점 P를 꼭짓점으로 하는 포물선의 방정식은 원점을 꼭짓점으로 하는 포물선을 평행이동한 것으로 생각하여 구한다. 이때 포물선을 평행이동하여도 초점과 꼭짓점 사이의 거리, 즉 $\overline{PF'}$의 길이는 변하지 않으므로 포물선의 방정식을 구할 수 있다.

해결 흐름

1 포물선의 정의를 이용해서 사각형 PF′QF의 둘레의 길이에 대한 식을 세워 풀면 나머지 포물선의 방정식을 구할 수 있겠어.
2 점 Q가 두 포물선의 교점임을 이용하면 점 Q의 y좌표를 구할 수 있겠네.
3 $\overline{PF'}$의 길이와 두 점 P, Q의 y좌표의 차를 구하면 삼각형 PF′Q의 넓이를 구할 수 있겠어.

알찬 풀이

포물선 $y^2=8x$ 위의 점 P의 x좌표를 a $(a>0)$라 하면
$P(a, 2\sqrt{2a})$
또, 준선의 방정식이 $x=-2$이므로
$F'(-2, 2\sqrt{2a})$
포물선의 정의에 의하여
$\overline{PF}=\overline{PF'}=a+2$

두 점 P, Q가 포물선 위의 점이니까 초점 F, F′까지의 거리는 준선까지의 거리와 같아.

> **포물선의 정의** ☆
> 포물선은 평면 위의 한 점 F와 이 점을 지나지 않는 한 직선 l이 주어질 때, 점 F와 직선 l에 이르는 거리가 같은 점들의 집합이다.

한편, 점 F′을 초점, 점 P를 꼭짓점으로 하는 포물선의 방정식은
$(y-2\sqrt{2a})^2=-4(a+2)(x-a)$ → 포물선 $y^2=-4(a+2)x$를 x축의 방향으로 a만큼, y축의 방향으로 $2\sqrt{2a}$만큼 평행이동한 것이야.
이 포물선의 준선의 방정식은
$x=2a+2$ → 포물선 $y^2=-4(a+2)x$의 준선 $x=a+2$를 x축의 방향으로 a만큼 평행이동한 것이야.

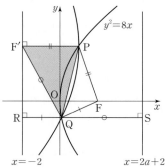

위의 그림과 같이 점 Q에서 두 준선 $x=-2$, $x=2a+2$에 내린 수선의 발을 각각 R, S라 하면 포물선의 정의에 의하여 $\overline{QF}=\overline{QR}$, $\overline{F'Q}=\overline{QS}$
이때 사각형 PF′QF의 둘레의 길이는
$$\overline{PF'}+\overline{F'Q}+\overline{QF}+\overline{FP}=\overline{PF'}+\overline{FP}+\overline{F'Q}+\overline{QF}$$
$$=2\overline{PF'}+\overline{QS}+\overline{QR}$$
$$=2\overline{PF'}+\overline{RS}$$
$$=2(a+2)+\{(2a+2)-(-2)\}$$
$$=4a+8$$
즉, $4a+8=12$이므로 $4a=4$ ∴ $a=1$
따라서 점 Q는 두 포물선 $y^2=8x$, $(y-2\sqrt{2})^2=-12(x-1)$의 교점이므로
$x=\dfrac{y^2}{8}$을 $(y-2\sqrt{2})^2=-12(x-1)$에 대입하면
$(y-2\sqrt{2})^2=-12\Big(\dfrac{y^2}{8}-1\Big)$, $5y^2-8\sqrt{2}y-8=0$
$(5y+2\sqrt{2})(y-2\sqrt{2})=0$ ∴ $y=-\dfrac{2\sqrt{2}}{5}$ 또는 $y=2\sqrt{2}$

점 Q가 제4사분면 위에 있으니까 점 Q의 y좌표는 음수야.

점 Q의 y좌표는 $-\dfrac{2\sqrt{2}}{5}$이고, 점 Q에서 $\overline{PF'}$에 내린 수선의 발을 H라 하면
$\overline{QH}=2\sqrt{2}-\Big(-\dfrac{2\sqrt{2}}{5}\Big)=\dfrac{12\sqrt{2}}{5}$

→ 점 H의 y좌표는 점 P의 y좌표와 같으므로 $2\sqrt{2}$야.

따라서 삼각형 PF′Q의 넓이는
$\dfrac{1}{2}\times\overline{PF'}\times\overline{QH}=\dfrac{1}{2}\times3\times\dfrac{12\sqrt{2}}{5}=\dfrac{18}{5}\sqrt{2}$

$2-(-1)=3$

즉, $p=5$, $q=18$이므로 $p+q=5+18=23$

두 양수 a, p에 대하여 포물선 $(y-a)^2=4px$의 초점을 F_1 이라 하고, 포물선 $y^2=-4x$의 초점을 F_2라 하자. 선분 F_1F_2가 두 포물선과 만나는 점을 각각 P, Q라 할 때, $\overline{F_1F_2}=3$, $\overline{PQ}=1$이다. a^2+p^2의 값은?

② ← 두 점 P, Q에서 포물선의 준선에 수선의 발을 각각 내려 봐.

① 6   ② $\dfrac{25}{4}$ ③ $\dfrac{13}{2}$

④ $\dfrac{27}{4}$ ✓⑤ 7

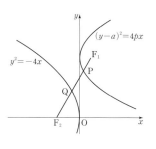

☑ 연관 개념 check

포물선 $y^2=4px$ $(p\ne0)$에서
초점의 좌표는 $(p, 0)$, 준선의 방정식은 $x=-p$

☑ 실전 적용 key

포물선을 x축의 방향으로 m만큼, y축의 방향으로 n만큼 평행이동하면 초점도 x축의 방향으로 m만큼, y축의 방향으로 n만큼 평행이동한다.

수능 핵심 개념   삼각형의 닮음 조건

(1) 세 쌍의 대응하는 변의 길이의 비가 같을 때 (SSS 닮음)
(2) 두 쌍의 대응하는 변의 길이의 비가 같고 그 끼인각의 크기가 같을 때 (SAS 닮음)
(3) 두 쌍의 대응하는 각의 크기가 각각 같을 때 (AA 닮음)

해결 흐름

1 두 포물선 $(y-a)^2=4px$, $y^2=-4x$의 초점의 좌표와 준선의 방정식을 구해야겠네.

2 주어진 선분의 길이와 포물선 위의 한 점에서 초점까지의 거리와 준선까지의 거리는 같음을 이용하여 식을 세워 봐야겠군.

알찬 풀이

포물선 $(y-a)^2=4px$의 초점 F_1의 좌표는 (p, a)이고, 준선의 방정식은 $x=-p$이다.

또, 포물선 $y^2=-4x$의 초점 F_2의 좌표는 $(-1, 0)$이고, 준선의 방정식은 $x=1$이다.

따라서 $\overline{F_1F_2}=\sqrt{(-1-p)^2+(0-a)^2}$이므로

$\sqrt{(p+1)^2+a^2}=3$

$\therefore (p+1)^2+a^2=9$ ...... ㉠

오른쪽 그림과 같이 두 점 P, Q의 좌표를 각각 (x_1, y_1), (x_2, y_2)라 하고, 점 P에서 준선 $x=-p$에 내린 수선의 발을 H_1, 점 Q에서 준선 $x=1$에 내린 수선의 발을 H_2라 하면

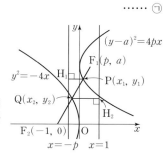

$\overline{PF_1}=\overline{PH_1}=p+x_1$
$\overline{QF_2}=\overline{QH_2}=1-x_2$

→ 포물선 위의 한 점에서 초점까지의 거리와 준선까지의 거리는 같아.

이때 $\overline{F_1F_2}=3$, $\overline{PQ}=1$이므로

$\overline{PF_1}+\overline{QF_2}=2$, 즉 $p+x_1+1-x_2=2$에서

$x_1-x_2=1-p$ ...... ㉡

한편, 오른쪽 그림과 같이 점 P를 지나고 x축에 수직인 직선과 점 Q를 지나고 y축에 수직인 직선이 만나는 점을 R라 하고, 점 F_1에서 x축에 내린 수선의 발을 H_3이라 하자.

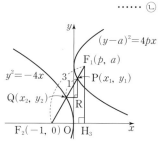

이때 두 삼각형 PQR, $F_1F_2H_3$에서

$\angle PRQ=\angle F_1H_3F_2=\dfrac{\pi}{2}$,

$\angle PQR=\angle F_1F_2H_3$ (동위각)

→ 두 삼각형 PQR, $F_1F_2H_3$은 직각삼각형이야.

이므로 $\triangle PQR \backsim \triangle F_1F_2H_3$ (AA 닮음)

$\therefore \overline{QR}:\overline{F_2H_3}=\overline{PQ}:\overline{F_1F_2}$

즉, $\overline{QR}:\overline{F_2H_3}=1:3$이므로

$\overline{F_2H_3}=3\overline{QR}$에서

$1+p=3(x_1-x_2)$

위의 식에 ㉡을 대입하면

$1+p=3(1-p)$

$1+p=3-3p$

$4p=2$ $\therefore p=\dfrac{1}{2}$

㉠에 $p=\dfrac{1}{2}$을 대입하면

$\left(\dfrac{1}{2}+1\right)^2+a^2=9$

$\dfrac{9}{4}+a^2=9$

$\therefore a^2=\dfrac{27}{4}$

$\therefore a^2+p^2=\dfrac{27}{4}+\dfrac{1}{4}=7$

64 정답 80 정답률 28%

포물선 $y^2=8x$와 직선 $y=2x-4$가 만나는 점 중 제1사분면 위에 있는 점을 A라 하자. 양수 a에 대하여 포물선 $(y-2a)^2=8(x-a)$가 점 A를 지날 때, 직선 $y=2x-4$와 포물선 $(y-2a)^2=8(x-a)$가 만나는 점 중 A가 아닌 점을 B라 하자. 두 점 A, B에서 직선 $x=-2$에 내린 수선의 발을 각각 C, D라 할 때, $\overline{AC}+\overline{BD}-\overline{AB}=k$이다. k^2의 값을 구하시오. **80**

포물선 $y^2=8x$를 x축의 방향으로 a만큼, y축의 방향으로 $2a$만큼 평행이동했어.

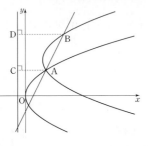

☑ 연관 개념 check
포물선 $y^2=4px$ $(p\neq 0)$에서
초점의 좌표는 $(p,\,0)$, 준선의 방정식은 $x=-p$

☑ 실전 적용 key
포물선을 x축의 방향으로 m만큼, y축의 방향으로 n만큼 평행이동하면 포물선 위의 점도 x축의 방향으로 m만큼, y축의 방향으로 n만큼 평행이동하므로 $\overline{AB}=\overline{AE}$이다.

포물선의 방정식과 직선의 방정식을 연립하여 구한 해와 같아.

해결 흐름

1 먼저 포물선 $y^2=8x$와 직선 $y=2x-4$가 만나는 두 점의 x좌표를 구해야겠어.

2 포물선 $(y-2a)^2=8(x-a)$는 포물선 $y^2=8x$를 x축의 방향으로 a만큼, y축의 방향으로 $2a$만큼 평행이동한 것이니까 직선 $y=2x-4$와 만나는 점도 그만큼 평행이동했겠네.

3 포물선의 정의를 이용하면 k의 값을 구할 수 있겠다.

알찬 풀이

오른쪽 그림과 같이 직선 $y=2x-4$가 포물선 $y^2=8x$와 만나는 점 중 A가 아닌 점을 E, x축과 만나는 점을 F라 하고, 점 E에서 직선 $x=-2$에 내린 수선의 발을 H라 하자.
또, 세 점 A, B, E에서 x축에 내린 수선의 발을 각각 I, J, K라 하자.
이때 점 F의 좌표는 $(2,\,0)$이므로 포물선 $y^2=8x$의 초점과 일치하고,
> 직선 $y=2x-4$의 x절편이 2야.

직선 $x=-2$는 포물선 $y^2=8x$의 준선이다.
> $y^2=8x=4\times 2\times x$이므로 초점의 좌표는 $(2,\,0)$이야.

포물선 $y^2=8x$와 직선 $y=2x-4$의 교점의 x좌표는 $(2x-4)^2=8x$에서 $x^2-6x+4=0$
$\therefore x=3\pm\sqrt{5}$
> 근의 공식을 이용하면 $x=-(-3)\pm\sqrt{(-3)^2-1\times 4}$ $=3\pm\sqrt{5}$

즉, 점 A의 x좌표는 $3+\sqrt{5}$, 점 E의 x좌표는 $3-\sqrt{5}$이다.
한편, 포물선 $(y-2a)^2=8(x-a)$는 포물선 $y^2=8x$를 x축의 방향으로 a만큼, y축의 방향으로 $2a$만큼 평행이동한 것이므로 점 A는 점 E를, 점 B는 점 A를 x축의 방향으로 a만큼, y축의 방향으로 $2a$만큼 평행이동한 것이다.
즉, $\overline{AB}=\overline{AE}$이고, 포물선의 정의에 의하여

$$\begin{aligned}
\overline{AC}+\overline{BD}-\overline{AB} &=\overline{AC}+\overline{BD}-\overline{AE}\\
&=\overline{AC}+\overline{BD}-(\overline{AF}+\overline{EF})\\
&=\overline{AC}+\overline{BD}-(\overline{AC}+\overline{EH})\\
&=\overline{BD}-\overline{EH}\\
&=\overline{KJ}=2\overline{KI}\\
&=2\times\{(3+\sqrt{5})-(3-\sqrt{5})\}\\
&=4\sqrt{5}
\end{aligned}$$
> $\overline{KI}=$(점 A의 x좌표)$-$(점 E의 x좌표) 이기 때문이야.

따라서 $k=4\sqrt{5}$이므로 $k^2=80$

다른 풀이 1

두 점 A, B의 좌표를 직접 구해서 $\overline{AC}+\overline{BD}-\overline{AB}$의 값을 구할 수도 있다.
포물선 $y^2=8x$와 직선 $y=2x-4$의 교점의 x좌표는
$(2x-4)^2=8x$에서 $x=3\pm\sqrt{5}$
이므로 두 교점 A, E의 좌표는 각각 다음과 같다.
$A(3+\sqrt{5},\,2+2\sqrt{5})$, $E(3-\sqrt{5},\,2-2\sqrt{5})$
> $y=2x-4$에 $x=3-\sqrt{5}$를 대입한 거야.

> $y=2x-4$에 $x=3+\sqrt{5}$를 대입한 거야.

한편, 포물선 $(y-2a)^2=8(x-a)$는 포물선 $y^2=8x$를 x축의 방향으로 a만큼, y축의 방향으로 $2a$만큼 평행이동한 것이므로 기울기가 $\dfrac{2a}{a}=2$인 직선을 따라 이동한 것이다. 즉, 포물선 $y^2=8x$가 직선 $y=2x-4$를 따라 평행이동하여 점 E가 점 A로, 점 A가 점 B로 평행이동하였다.
이때 점 $E(3-\sqrt{5},\,2-2\sqrt{5})$가 점 $A(3+\sqrt{5},\,2+2\sqrt{5})$로 평행이동하였으므로
$a=3+\sqrt{5}-(3-\sqrt{5})=2\sqrt{5}$
$\therefore B(3+3\sqrt{5},\,2+6\sqrt{5})$
> a는 두 점 E, A의 x좌표의 차야.

> (점 B의 x좌표)$=$(점 A의 x좌표)$+a=3+\sqrt{5}+2\sqrt{5}$
> (점 B의 y좌표)$=$(점 A의 y좌표)$+2a=2+2\sqrt{5}+4\sqrt{5}$

직선 $y=mx+n$이 x축의 양의 방향과 이루는 각의 크기를 θ라 하면
$$m=\tan\theta$$

$$\therefore \overline{AC}+\overline{BD}-\overline{AB}=(3+\sqrt{5}+2)+(3+3\sqrt{5}+2)-\sqrt{(2\sqrt{5})^2+(4\sqrt{5})^2}$$
$$=10+4\sqrt{5}-10=4\sqrt{5}$$

따라서 $k=4\sqrt{5}$이므로 $k^2=80$ ← $\sqrt{\{3+3\sqrt{5}-(3+\sqrt{5})\}^2+\{2+6\sqrt{5}-(2+2\sqrt{5})\}^2}$

다른 풀이 2

오른쪽 그림과 같이 직선 $y=2x-4$가 포물선 $y^2=8x$와 만나는 점 중 A가 아닌 점을 E, x축과 만나는 점을 F라 하고, 점 E에서 직선 $x=-2$에 내린 수선의 발을 H라 하자.

또, 세 점 A, B, E에서 x축에 내린 수선의 발을 각각 I, J, K라 하자.

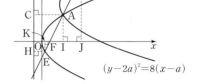

점 F의 좌표는 $(2,\ 0)$이므로 포물선 ── 직선 $y=2x-4$의 x절편이 2야.
$y^2=8x$의 초점과 일치한다. ── $y^2=8x=4\times2\times x$이므로 초점의 좌표는 $(2,\ 0)$이야.

이때 포물선 $y^2=8x$의 준선의 방정식이 $x=-2$이므로

$\overline{AF}=p$, $\overline{EF}=q$라 하면 포물선의 정의에 의하여
$\overline{AC}=\overline{AF}=p$, $\overline{EH}=\overline{EF}=q$ → 점 F와 준선 사이의 거리
$\therefore \overline{FI}=\overline{AC}-\boxed{2}-2=p-4$, $\overline{FK}=\boxed{4}-\overline{EH}=4-q$
↑ $\overline{OF}$ → 원점과 준선 사이의 거리
직각삼각형 AFI에서 $\tan(\angle AFI)=2$이므로
→ 직선 $y=2x-4$의 기울기와 같아.
$$\cos(\angle AFI)=\frac{1}{\sqrt{5}}$$

θ가 예각일 때 $\tan\theta=2$이면 오른쪽 그림과 같은 직각삼각형을 생각할 수 있기 때문이야.

즉, $\cos(\angle AFI)=\dfrac{\overline{FI}}{\overline{AF}}=\dfrac{p-4}{p}=\dfrac{1}{\sqrt{5}}$이므로

$p=\sqrt{5}(p-4)$, $(\sqrt{5}-1)p=4\sqrt{5}$

$$\therefore p=\frac{4\sqrt{5}}{\sqrt{5}-1}=\sqrt{5}(\sqrt{5}+1)=5+\sqrt{5}$$

또, 직각삼각형 EFK에서 $\tan(\angle EFK)=2$이므로
→ 직선 $y=2x-4$의 기울기와 같아.
$$\cos(\angle EFK)=\frac{1}{\sqrt{5}}$$

즉, $\cos(\angle EFK)=\dfrac{\overline{FK}}{\overline{EF}}=\dfrac{4-q}{q}=\dfrac{1}{\sqrt{5}}$이므로

$q=\sqrt{5}(4-q)$, $(\sqrt{5}+1)q=4\sqrt{5}$

$$\therefore q=\frac{4\sqrt{5}}{\sqrt{5}+1}=\sqrt{5}(\sqrt{5}-1)=5-\sqrt{5}$$

한편, 포물선 $(y-2a)^2=8(x-a)$는 포물선 $y^2=8x$를 x축의 방향으로 a만큼, y축의 방향으로 $2a$만큼 평행이동한 것이므로 점 A는 점 E를, 점 B는 점 A를 x축의 방향으로 a만큼, y축의 방향으로 $2a$만큼 평행이동한 것이다.

즉, $\overline{AB}=\overline{AE}$이고, 포물선의 정의에 의하여
$$\overline{AC}+\overline{BD}-\overline{AB}=\overline{AC}+\overline{BD}-\overline{AE}$$
$$=\overline{AC}+\overline{BD}-(\overline{AF}+\overline{EF})$$
$$=\overline{AC}+\overline{BD}-(\overline{AC}+\overline{EH})$$
$$=\overline{BD}-\overline{EH}$$
$$=\overline{KJ}=2\overline{KI}$$ → 점 E가 x축의 방향으로 이동한 거리와 점 A가 x축의 방향으로 이동한 거리가 같기 때문이야.
$$=2(\overline{AC}-\overline{EH})$$
$$=2(p-q)$$
$$=2\times\{(5+\sqrt{5})-(5-\sqrt{5})\}$$
$$=4\sqrt{5}$$

따라서 $k=4\sqrt{5}$이므로
$k^2=80$

65 정답 6

그림과 같이 꼭짓점이 원점 O이고 초점이 F(p, 0) ($p>0$)인 포물선이 있다. 포물선 위의 점 P, x축 위의 점 Q, 직선 $x=p$ 위의 점 R에 대하여 삼각형 PQR는 정삼각형이고 직선 PR는 x축과 평행하다. 직선 PQ가 점 S($-p$, $\sqrt{21}$)을 ▣ ▣ 지날 때, $\overline{\mathrm{QF}}=\dfrac{a+b\sqrt{7}}{6}$이다. $a+b$의 값을 구하시오. **6**
(단, a와 b는 정수이고, 점 P는 제1사분면 위의 점이다.)
└→ $\overline{\mathrm{QF}}=t$로 놓으면 정삼각형 PQR의 한 변의 길이는 $2t$네.

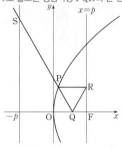

☑ 연관 개념 check
포물선 위의 점 P와 초점 F 사이의 거리 $\overline{\mathrm{PF}}$와 점 P와 준선까지의 거리는 같다.

해결 흐름

1 $\overline{\mathrm{QF}}=t$, 점 P에서 직선 $x=-p$에 내린 수선의 발을 H라 하고 두 선분 RF, PF의 길이를 구하면 포물선의 정의를 이용하여 선분 PH의 길이를 구할 수 있겠네.

2 주어진 점 S의 좌표를 이용하여 선분 SH의 길이를 구하면 직각삼각형 SHP에서 삼각함수의 정의를 이용하여 t에 대한 식을 세울 수 있겠어.

알찬 풀이

오른쪽 그림과 같이 $\overline{\mathrm{QF}}=t$라 하고 점 P에서 직선 $x=-p$에 내린 수선의 발을 H라 하자.
삼각형 PQR는 정삼각형이고, 직선 PR가 x축과 평행하므로
$\angle \mathrm{PRQ}=\angle \mathrm{RQF}=60°$ (엇각)
삼각형 RQF에서 $\overline{\mathrm{QF}}=t$이므로
$\overline{\mathrm{PR}}=2t \rightarrow \frac{1}{2}\overline{\mathrm{PR}}=\overline{\mathrm{QF}}$
정삼각형 PQR의 한 변의 길이가 $2t$이므로
$\overline{\mathrm{RF}}=\dfrac{\sqrt{3}}{2}\times 2t=\sqrt{3}t$ → $\overline{\mathrm{RF}}$는 정삼각형 PQR의 높이와 같아.
$\overline{\mathrm{PF}}=\sqrt{(2t)^2+(\sqrt{3}t)^2}=\sqrt{7}t$
이때 포물선의 정의에 의하여 → 직각삼각형 PFR에서 피타고라스 정리를 이용했어.
$\overline{\mathrm{PH}}=\overline{\mathrm{PF}}=\sqrt{7}t$
한편, S($-p$, $\sqrt{21}$)이므로 직각삼각형 SHP에서
$\dfrac{\overline{\mathrm{SH}}}{\overline{\mathrm{PH}}}=\dfrac{\sqrt{21}-\sqrt{3}t}{\sqrt{7}t}=\tan 60°$ → (점 S의 y좌표)$-\overline{\mathrm{RF}}$
   └→ $\angle \mathrm{SPH}=\angle \mathrm{QPR}=60°$ (맞꼭지각)
즉, $\dfrac{\sqrt{21}-\sqrt{3}t}{\sqrt{7}t}=\sqrt{3}$이므로
$\sqrt{7}-t=\sqrt{7}t$, $(\sqrt{7}+1)t=\sqrt{7}$
$\therefore t=\dfrac{\sqrt{7}}{\sqrt{7}+1}=\dfrac{7-\sqrt{7}}{6}$
따라서 $a=7$, $b=-1$이므로
$a+b=7+(-1)=6$

---

66 정답 90 정답률 65%

초점이 F인 포물선 $y^2=4x$ ▣ 위에 서로 다른 두 점 A, B가 있다. 두 점 A, B의 x좌표는 1보다 큰 자연수이고 삼각형 ▣ AFB의 무게중심의 x좌표가 6일 때, $\overline{\mathrm{AF}}\times\overline{\mathrm{BF}}$의 최댓값을 ▣ 구하시오. **90** └→ 두 점 A, B의 x좌표를 각각 a, b로 놓고 삼각형 AFB의 무게중심의 x좌표를 구해 봐.

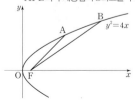

해결 흐름

1 포물선 $y^2=4x$의 초점의 좌표와 준선의 방정식을 구해야겠네.

2 두 점 A, B의 x좌표를 각각 a, b라 하고 무게중심의 x좌표를 이용하면 a, b 사이의 관계식을 구할 수 있겠어.

3 포물선의 정의를 이용하여 $\overline{\mathrm{AF}}\times\overline{\mathrm{BF}}$의 최댓값을 구해야겠다.

알찬 풀이

→ $y^2=4x=4\times 1\times x$이기 때문이야.
포물선 $y^2=4x$의 초점 F의 좌표는 (1, 0)이고, 준선의 방정식은 $x=-1$이다.
삼각형 AFB의 무게중심의 x좌표가 6이므로 두 점 A, B의 x좌표를 각각 a, b ($a>1$, $b>1$인 자연수)라 하면

> **삼각형의 무게중심** ☆★
> 세 점 (x_1, y_1), (x_2, y_2), (x_3, y_3)을 꼭짓점으로 하는 삼각형의 무게중심의 좌표는
> $\left(\dfrac{x_1+x_2+x_3}{3}, \dfrac{y_1+y_2+y_3}{3}\right)$

$$\frac{a+b+1}{3}=6\text{에서}$$

$$a+b=17 \qquad\qquad \cdots\cdots ㉠$$

포물선의 정의에 의하여

$$\overline{\mathrm{AF}}=a+1,\ \overline{\mathrm{BF}}=b+1$$

$$\therefore\ \overline{\mathrm{AF}}\times\overline{\mathrm{BF}}=(a+1)(b+1)$$

→ 포물선 위의 점 A, B에서 초점까지의 거리와 준선까지의 거리는 같아.

$$=ab+a+b+1$$

$$=ab+18\ (\because ㉠)$$

a, b는 1보다 큰 자연수이므로 ㉠에서 $a=8$, $b=9$ 또는 $a=9$, $b=8$일 때 ab의 최댓값은 72이다.

따라서 $\overline{\mathrm{AF}}\times\overline{\mathrm{BF}}$의 최댓값은

$$ab+18=72+18=90$$

---

67 정답 13 정답률 25%

포물선 $y^2=4px\ (p>0)$의 초점을 F, 포물선의 준선이 x축과 만나는 점을 A라 하자. 포물선 위의 점 B에 대하여 $\overline{\mathrm{AB}}=7$이고 $\overline{\mathrm{BF}}=5$가 되도록 하는 p의 값이 a 또는 b일 때, a^2+b^2의 값을 구하시오. (단, $a\neq b$) **13**

해결 흐름

1 포물선 $y^2=4px$의 초점의 좌표와 준선의 방정식을 구해야겠네.

2 포물선 위의 임의의 점에서 초점까지의 거리와 준선까지의 거리가 같음을 이용하여 p에 대한 식을 세울 수 있어.

알찬 풀이

포물선 $y^2=4px$의 초점 F의 좌표는 $(p,\,0)$, 준선의 방정식은 $x=-p$이다.

오른쪽 그림과 같이 점 B에서 준선에 내린 수선의 발을 H라 하면 포물선의 정의에 의하여

$$\overline{\mathrm{BH}}=\overline{\mathrm{BF}}=5$$

→ 포물선 위의 점 B에서 초점까지의 거리와 준선까지의 거리는 같아.

직각삼각형 ABH에서

$$\overline{\mathrm{AH}}=\sqrt{7^2-5^2}=2\sqrt{6}$$

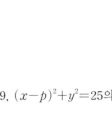

이므로 점 B의 x좌표를 t라 하면

$$\mathrm{B}(t,\,-2\sqrt{6})\ \text{또는}\ \mathrm{B}(t,\,2\sqrt{6})$$

→ 점 B는 제1사분면 또는 제4사분면 위에 있어.

즉, $(2\sqrt{6})^2=4pt$이므로 $t=\dfrac{6}{p}$

이때 $\overline{\mathrm{BH}}=5$에서

→ y축과 준선 $x=-p$ 사이의 거리야.

$$p+t=p+\frac{6}{p}=5$$

$$p^2-5p+6=0,\ (p-2)(p-3)=0$$

$$\therefore\ p=2\ \text{또는}\ p=3$$

$$\therefore\ a^2+b^2=2^2+3^2=13$$

다른 풀이

포물선 $y^2=4px$에서

$$\mathrm{A}(-p,\,0),\ \mathrm{F}(p,\,0)$$

$\overline{\mathrm{AB}}=7$, $\overline{\mathrm{BF}}=5$이므로 점 B는 두 원 $(x+p)^2+y^2=49$, $(x-p)^2+y^2=25$의 교점이다.

두 원의 방정식을 변끼리 빼면

$$4px=24 \qquad \therefore\ x=\frac{6}{p}$$

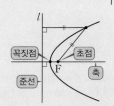

평면 위의 한 점 F와 이 점을 지나지 않는 한 직선 l이 주어질 때, 점 F와 직선 l에 이르는 거리가 같은 점들의 집합을 포물선이라 한다.

즉, 점 B의 x좌표는 $\dfrac{6}{p}$이고,

포물선의 정의에 의하여 $\overline{BH}=\overline{BF}=5$이므로

$p+\dfrac{6}{p}=5$

$p^2-5p+6=0$, $(p-2)(p-3)=0$

$\therefore p=2$ 또는 $p=3$

$\therefore a^2+b^2=2^2+3^2=13$

문제 해결 TIP

배지민 | 서울대학교 건축학과 | 화성고등학교 졸업

이 문제는 그림이 주어지지 않았으니까 직접 그림을 그려 봐야 해. 포물선 위에 한 점을 잡고 그 점에서 수선의 발을 내려서 직각삼각형을 만든 후 문제에서 주어진 길이를 모두 표시해 봐. 선분 BF의 길이가 주어졌으니 정의를 이용하면 다른 길이도 알 수 있겠지? 피타고라스 정리를 이용하면 점 B의 y좌표를 구할 수 있어. 게다가 점 B는 포물선 위의 점임을 이용하면 x좌표도 쉽게 구할 수 있어. 이렇게 하나씩 필요한 정보를 찾아나가면 답을 구하는 것이 어렵지는 않을 거야.

---

68 정답 5　　　　　정답률 52%

좌표평면에서 포물선 $C_1 : x^2=4y$의 초점을 F_1, 포물선 $C_2 : y^2=8x$의 초점을 F_2라 하자. 점 P는 다음 조건을 만족시킨다.

> (가) 중심이 C_1 위에 있고 점 F_1을 지나는 원과 중심이 C_2 위에 있고 점 F_2를 지나는 원의 교점이다.
> (나) 제3사분면에 있는 점이다.→ 점 P의 x좌표, y좌표는 모두 음수야.

원점 O에 대하여 $\overline{OP}^2$의 최댓값을 구하시오.　5

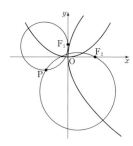

☑ 연관 개념 check

(1) 포물선 $y^2=4px\ (p\neq0)$에서
　초점의 좌표는 $(p,\ 0)$, 준선의 방정식은 $x=-p$

(2) 포물선 $x^2=4py\ (p\neq0)$에서
　초점의 좌표는 $(0,\ p)$, 준선의 방정식은 $y=-p$

해결 흐름

1 두 포물선의 초점의 좌표와 준선의 방정식을 각각 구해야겠어.

2 포물선의 정의를 이용하여 포물선 위의 점을 중심으로 하는 원이 접하는 직선의 방정식을 구할 수 있겠네.

3 **2**에서 구한 직선의 방정식을 이용해서 점 P가 존재하는 영역을 구할 수 있겠군.

알찬 풀이

포물선 $C_1 : x^2=4y$의 초점은 $F_1(0,\ 1)$, 준선의 방정식은 $y=-1$이고,　→ $x^2=4\times1\times y$이기 때문이야.

포물선 $C_2 : y^2=8x$의 초점은 $F_2(2,\ 0)$, 준선의 방정식은 $x=-2$이다.　→ $y^2=4\times2\times x$이기 때문이야.

중심이 포물선 C_1 위에 있고 C_1의 초점 $F_1(0,\ 1)$을 지나는 원의 중심을 A_1이라 하자.　→ 점 A_1이 포물선 C_1 위에 있으니까 포물선의 정의를 이용했어.

점 A_1에서 점 F_1까지의 거리와 C_1의 준선 $y=-1$까지의 거리가 같고, 이 거리가 원 A_1의 반지름의 길이이므로 원 A_1은 준선 $y=-1$에 접한다.

따라서 원 A_1은 $y\geq-1$인 영역에 존재한다.

마찬가지로 중심이 포물선 C_2 위에 있고 C_2의 초점 $F_2(2,\ 0)$을 지나는 원의 중심을 A_2라 하면 원 A_2는 준선 $x=-2$에 접한다.

따라서 원 A_2는 $x\geq-2$인 영역에 존재한다.　→ 점 P는 두 원이 존재하는 영역을 모두 만족시켜야 해.

즉, 두 원 A_1, A_2의 교점 P는 $y\geq-1$이고 $x\geq-2$인 영역에 존재한다.

이때 점 P는 제3사분면에 있는 점이므로 점 P가 존재하는 영역은 오른쪽 그림의 경계를 포함하는 어두운 부분이다.　→ $x<0,\ y<0$

$\rightarrow -2\leq x<0,\ -1\leq y<0$　（단, 좌표축 위의 점은 제외）

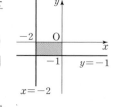

따라서 점 P의 좌표가 $(-2,\ -1)$일 때, $\overline{OP}^2$의 값이 최대가 되므로 구하는 최댓값은

$(-2)^2+(-1)^2=5$

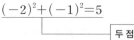

> **두 점 사이의 거리**
> 원점 $O(0,\ 0)$과 점 $A(x_1,\ y_1)$ 사이의 거리는
> $\overline{OA}=\sqrt{{x_1}^2+{y_1}^2}$

69

69 정답 ① 　　　　　　　　　　　　　　　　정답률 51%

자연수 n에 대하여 **포물선 $y^2=\dfrac{x}{n}$의 초점 F를 지나는 직선**
이 포물선과 만나는 두 점을 각각 P, Q라 하자. $\overline{\text{PF}}=1$이고
$\overline{\text{FQ}}=a_n$이라 할 때, $\displaystyle\sum_{n=1}^{10}\dfrac{1}{a_n}$의 값은? → 두 점 P, Q에서 포물선의 준선
에 수선의 발을 각각 내려 봐.

✓① 210　　　　② 205　　　　③ 200
④ 195　　　　⑤ 190

☑ **연관 개념 check**

포물선 $y^2=4px\,(p\neq0)$에서
초점의 좌표는 $(p,\,0)$, 준선의 방정식은 $x=-p$

수능 핵심 개념 **삼각형의 닮음 조건**

(1) 세 쌍의 대응하는 변의 길이의 비가 같을 때 (SSS 닮음)
(2) 두 쌍의 대응하는 변의 길이의 비가 같고 그 끼인각의
　　크기가 같을 때 (SAS 닮음)
(3) 두 쌍의 대응하는 각의 크기가 각각 같을 때 (AA 닮음)

자연수의 거듭제곱의 합 ☆★
$\displaystyle\sum_{k=1}^{n}k=\dfrac{n(n+1)}{2}$

해결 흐름

1 포물선 $y^2=\dfrac{x}{n}$의 초점의 좌표와 준선의 방정식을 구해야겠네.

2 서로 닮음인 삼각형을 찾아서 닮음비를 이용하면 a_n을 구할 수 있겠구나.

알찬 풀이 → $y^2=\dfrac{x}{n}=4\times\dfrac{1}{4n}x$이기 때문이야.

포물선 $y^2=\dfrac{x}{n}$의 초점 F의 좌표는 $\left(\dfrac{1}{4n},\,0\right)$, 준선의 방정식은 $x=-\dfrac{1}{4n}$이다.

오른쪽 그림과 같이 세 점 P, Q, F에서 준선에 내린
수선의 발을 각각 P′, Q′, F′이라 하고, 점 F에서 선
분 PP′에 내린 수선의 발을 H, 점 Q에서 선분 FF′에
내린 수선의 발을 R라 하자.
두 삼각형 PHF, FRQ에서
$\angle\text{PHF}=\angle\text{FRQ}=\dfrac{\pi}{2}$,
$\angle\text{FPH}=\angle\text{QFR}$ (동위각) → 두 삼각형 PHF, FRQ는
직각삼각형이야.
이므로 $\triangle\text{PHF}\backsim\triangle\text{FRQ}$ (AA 닮음)
$\therefore\ \overline{\text{PH}}:\overline{\text{FR}}=\overline{\text{PF}}:\overline{\text{FQ}}$ 　　　　…… ㉠
이때 $\overline{\text{FF}'}=\dfrac{1}{4n}-\left(-\dfrac{1}{4n}\right)=\dfrac{1}{2n}$이고, 포물선의 정의에 의하여
$\overline{\text{PP}'}=\overline{\text{PF}}=1$, $\overline{\text{QQ}'}=\overline{\text{FQ}}=a_n$이므로
$\overline{\text{PH}}=\overline{\text{PP}'}-\overline{\text{HP}'}=\overline{\text{PF}}-\overline{\text{FF}'}=1-\dfrac{1}{2n}$ → 포물선 위의 점 P, Q에서 초점까지의 거리와
준선까지의 거리는 같아.
$\overline{\text{FR}}=\overline{\text{FF}'}-\overline{\text{RF}'}=\overline{\text{FF}'}-\overline{\text{QQ}'}=\overline{\text{FF}'}-\overline{\text{FQ}}=\dfrac{1}{2n}-a_n$
이것을 ㉠에 대입하면
$\left(1-\dfrac{1}{2n}\right):\left(\dfrac{1}{2n}-a_n\right)=1:a_n$
$\left(1-\dfrac{1}{2n}\right)a_n=\dfrac{1}{2n}-a_n,\ \left(2-\dfrac{1}{2n}\right)a_n=\dfrac{1}{2n}$
$\therefore\ a_n=\dfrac{1}{4n-1}$ → $a_n=\dfrac{1}{4n-1}$이니까 $\dfrac{1}{a_n}=4n-1$이야.
$\therefore\ \displaystyle\sum_{n=1}^{10}\dfrac{1}{a_n}=\sum_{n=1}^{10}(4n-1)$ → $\displaystyle\sum_{n=1}^{10}(4n-1)=4\sum_{n=1}^{10}n-\sum_{n=1}^{10}1$
$\displaystyle=4\times\dfrac{10\times11}{2}-10=210$

70 정답 128　　　　　　　　　　　　　　　정답률 38%

그림과 같이 좌표평면에서 꼭짓점이 원점 O이고 **초점이 F인**
포물선과 점 F를 지나고 기울기가 1인 직선이 만나는 두 점
을 각각 A, B라 하자. 선분 AF를 대각선으로 하는 정사각
형의 한 변의 길이가 2일 때, **선분 AB의 길이는 $a+b\sqrt{2}$이**
다. a^2+b^2의 값을 구하시오. (단, a, b는 정수이다.) 128

→ 정사각형의 한 변의
길이를 이용하면 선
분 AF의 길이를 구
할 수 있어.

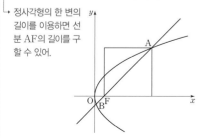

해결 흐름

1 $\overline{\text{AB}}=\overline{\text{AF}}+\overline{\text{BF}}$이니까 선분 AB의 길이를 구하려면 두 선분 AF, BF의 길이를 구해야겠네.

2 포물선 위의 임의의 점에서 초점까지의 거리와 준선까지의 거리가 같음을 이용하여 두 선분 AF, BF와 길이가 같은 선분을 각각 찾을 수 있어.

알찬 풀이

오른쪽 그림과 같이 주어진 포물선의 준선을 l이라
하고, 두 점 A, B에서 준선 l에 내린 수선의 발을
각각 A′, B′, x축에 내린 수선의 발을 각각 M, N
이라 하자.
두 점 A, B를 지나는 직선의 기울기가 1이므로
$\angle\text{NFB}=\dfrac{\pi}{4}$ → $\tan\dfrac{\pi}{4}=1$

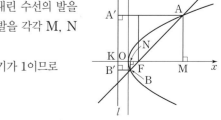

I. 이차곡선 ┃ 4점 집중

수능 핵심 개념 | 직선의 기울기

직선 $y=mx+n$이 x축의 양의 방향과 이루는 각의 크기
를 θ라 하면
$$m=\tan\theta$$

기울기와 한 점이 주어진 직선의 방정식 ☆
기울기가 m이고 점 (x_1, y_1)을 지나는
직선의 방정식은
$$y-y_1=m(x-x_1)$$

포물선의 방정식과 직선의 방정식을
연립하여 구한 해와 같아.

직각삼각형의 세 변의 길이의 비 ☆
(1) 직각이등변삼각형의 세 변의 길이의 비는
$1:1:\sqrt{2}$
(2) 세 각의 크기가 $30°$, $60°$, $90°$인 직각삼각
형의 세 변의 길이의 비는 $1:\sqrt{3}:2$

즉, 삼각형 FNB는 직각이등변삼각형이므로 $\overline{\text{BF}}=c$라 하면
$$\overline{\text{NF}}=\frac{c}{\sqrt{2}} \longrightarrow \overline{\text{NF}}=\overline{\text{BF}}\cos(\angle\text{NFB})=\overline{\text{BF}}\cos\frac{\pi}{4}=c\times\frac{1}{\sqrt{2}}$$

이때 $\overline{\text{AA}'}=\overline{\text{B}'\text{B}}+\overline{\text{NF}}+\overline{\text{FM}}$이고 포물선의 정의에 의하여
$\overline{\text{AA}'}=\overline{\text{AF}}=2\sqrt{2}$, $\overline{\text{BB}'}=\overline{\text{BF}}=c$이므로 $\longrightarrow$ 한 변의 길이가 2인 정사각형의 대각선의 길이가 $2\sqrt{2}$이니까

$$2\sqrt{2}=c+\frac{c}{\sqrt{2}}+2 \qquad \overline{\text{AF}}=2\sqrt{2}$야.$$

$$(\sqrt{2}+1)c=4-2\sqrt{2}$$

$$\therefore c=\frac{4-2\sqrt{2}}{\sqrt{2}+1}$$ 곱셈 공식 $(a+b)(a-b)=a^2-b^2$을 이용해서 분모를 유리화 해.

$$=\frac{(4-2\sqrt{2})(\sqrt{2}-1)}{(\sqrt{2}+1)(\sqrt{2}-1)}$$

$$=-8+6\sqrt{2}$$

$$\therefore \overline{\text{AB}}=\overline{\text{AF}}+\overline{\text{BF}}$$

$$=2\sqrt{2}+(-8+6\sqrt{2})$$

$$=-8+8\sqrt{2}$$

따라서 $a=-8$, $b=8$이므로
$$a^2+b^2=(-8)^2+8^2=128$$

다른 풀이

초점 F의 좌표를 $(p, 0)$ $(p>0)$이라 하면 포물선의 방정식은
$$y^2=4px$$
직선 AF는 기울기가 1이고 점 $(p, 0)$을 지나므로 직선의 방정식은
$$y=x-p$$
포물선과 직선의 교점의 x좌표는
$$(x-p)^2=4px$$에서 $x^2-6px+p^2=0 \longrightarrow x$에 대한 이차방정식이야.
$$\therefore x=(3\pm2\sqrt{2})p$$
즉, 점 A의 x좌표는 $(3+2\sqrt{2})p$, 점 B의 x좌표는 $(3-2\sqrt{2})p$이다.
이때 점 A의 x좌표는 $p+2$이므로
$$(3+2\sqrt{2})p=p+2, \ (2+2\sqrt{2})p=2$$
$$\therefore p=\frac{2}{2+2\sqrt{2}}=\frac{1}{1+\sqrt{2}}$$
$$=\frac{1-\sqrt{2}}{(1+\sqrt{2})(1-\sqrt{2})}$$
$$=\sqrt{2}-1$$
따라서 점 B의 x좌표는
$$(3-2\sqrt{2})p=(3-2\sqrt{2})(\sqrt{2}-1)=5\sqrt{2}-7$$
오른쪽 그림과 같이 점 B에서 x축에 내린 수선의
발을 N이라 하면

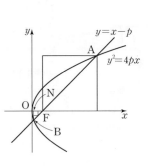

$$\overline{\text{NF}}=\overline{\text{OF}}-\overline{\text{ON}}$$
$$=(\sqrt{2}-1)-(5\sqrt{2}-7)$$
$$=6-4\sqrt{2}$$
두 점 A, B를 지나는 직선의 기울기가 1이므로
$$\angle\text{NFB}=\frac{\pi}{4} \longrightarrow \tan\frac{\pi}{4}=1$$
즉, 삼각형 FNB는 직각이등변삼각형이므로
$$\overline{\text{BF}}=\sqrt{2}\,\overline{\text{NF}}=6\sqrt{2}-8$$
$$\therefore \overline{\text{AB}}=\overline{\text{AF}}+\overline{\text{BF}}$$
$$=2\sqrt{2}+(6\sqrt{2}-8)$$
$$=-8+8\sqrt{2}$$
따라서 $a=-8$, $b=8$이므로
$$a^2+b^2=(-8)^2+8^2=128$$

71 정답 ⑤　　　　　　　　　　　　정답률 73%

①
포물선 $y^2=4x$의 초점을 F, 준선이 x축과 만나는 점을 P,
점 P를 지나고 기울기가 양수인 직선 l이 포물선과 만나는
두 점을 각각 A, B라 하자. $\overline{FA}:\overline{FB}=1:2$일 때, 직선 l
의 기울기는?
　　　　　　　└→ 포물선의 정의에 의하여 두 점 A, B
　　　　　　　　　에서 준선까지의 거리의 비도 1 : 2야.

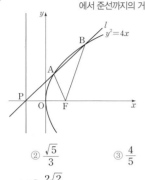

① $\dfrac{2\sqrt{6}}{7}$　　　② $\dfrac{\sqrt{5}}{3}$　　　③ $\dfrac{4}{5}$

④ $\dfrac{\sqrt{3}}{2}$　　✓⑤ $\dfrac{2\sqrt{2}}{3}$

☑ **연관 개념 check**

포물선 $y^2=4px\ (p\neq0)$에서
초점의 좌표는 $(p,0)$, 준선의 방정식은 $x=-p$

수능 핵심 개념 ▸ 세 점이 한 직선 위에 있을 조건

세 점 $A(x_1,y_1)$, $B(x_2,y_2)$, $C(x_3,y_3)$이 한 직선 위에
있다.
$\Longleftrightarrow$ (직선 AB의 기울기)=(직선 BC의 기울기)
　　　　　　　　　　　　=(직선 CA의 기울기)
$\Longleftrightarrow \dfrac{y_2-y_1}{x_2-x_1}=\dfrac{y_3-y_2}{x_3-x_2}=\dfrac{y_1-y_3}{x_1-x_3}$

해결 흐름

① 포물선 $y^2=4x$의 초점의 좌표와 준선의 방정식을 구해야겠네.
② 포물선 위의 임의의 점에서 초점까지의 거리와 준선까지의 거리가 같음을 이용하여 두 점 A,
B의 좌표를 한 문자에 대한 식으로 나타낼 수 있어.
③ 세 점 P, A, B가 한 직선 l 위에 있음을 이용하여 직선 l의 기울기를 구해야겠다.

알찬 풀이

　　　　　　　┌→ $y^2=4x=4\times1\times x$이기 때문이야.
포물선 $y^2=4x$의 초점 F의 좌표는 $(1,0)$, 준선의 방정식은 $x=-1$이므로
$P(-1,0)$

오른쪽 그림과 같이 두 점 A, B에서 준선에 내린
수선의 발을 각각 A′, B′이라 하면 포물선의 정의
에 의하여
$\overline{AA'}=\overline{FA}, \overline{BB'}=\overline{FB}$

이때 $\overline{FA}:\overline{FB}=1:2$에서 $\overline{FB}=2\overline{FA}$이므로
$\overline{BB'}=2\overline{AA'}$
즉, $\overline{AA'}=k$라 하면 $\overline{BB'}=2k$

이때 점 A의 x좌표는 $k-1$이므로 y좌표는
　　　　　　　　　　　　　　　　　　　┌
$y^2=4(k-1)$에서 $y=2\sqrt{k-1}\ (\because y>0)$
$\therefore A(k-1,2\sqrt{k-1})$

또, 점 B의 x좌표는 $2k-1$이므로 y좌표는
$y^2=4(2k-1)$에서 $y=2\sqrt{2k-1}\ (\because y>0)$
$\therefore B(2k-1,2\sqrt{2k-1})$

세 점 P, A, B는 한 직선 l 위에 있으므로 → 직선 AP와 직선 BP의 기울기는 서로 같아.

$\dfrac{2\sqrt{k-1}-0}{(k-1)-(-1)}=\dfrac{2\sqrt{2k-1}-0}{(2k-1)-(-1)}$ → 식을 정리하면 $\dfrac{2\sqrt{k-1}}{k}=\dfrac{2\sqrt{2k-1}}{2k}$
　　　　　　　　　　　　　　　　　　　　　양변에 k를 곱하면 $2\sqrt{k-1}=\sqrt{2k-1}$
$2\sqrt{k-1}=\sqrt{2k-1}, 4(k-1)=2k-1$

$2k=3\quad \therefore k=\dfrac{3}{2}$

따라서 직선 l의 기울기는

$\dfrac{2\sqrt{k-1}}{k}=\dfrac{2\sqrt{\dfrac{3}{2}-1}}{\dfrac{3}{2}}=\dfrac{2\sqrt{2}}{3}$

→ $\overline{AA'}=k$이고 $P(-1,0)$이니까 점
A′의 x좌표는 -1이야. 따라서 점
A의 x좌표는 $k-1$이 되지.

→ $\overline{BB'}=2k$이고 $P(-1,0)$이니까
점 B′의 x좌표는 -1이야. 따라서
점 B의 x좌표는 $2k-1$이 되지.

---

72 정답 8　　　　　　　　　　　　정답률 66%

그림과 같이 한 변의 길이가 $2\sqrt{3}$인 **①** 정삼각형 OAB의 무게
중심 G가 x축 위에 있다. 꼭짓점이 O이고 초점이 G인 포물 **②**
선과 직선 GB가 제1사분면에서 만나는 점을 P라 할 때, 선 **③**
분 GP의 길이를 구하시오. (단, O는 원점이다.) 8
└→ 정삼각형의 한 변의
　　길이가 주어지면 이
　　정삼각형의 높이와
　　넓이를 구할 수 있어.

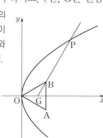

해결 흐름

① 점 G가 정삼각형 OAB의 무게중심임을 이용하여 선분 OG의 길이를 구할 수 있어.
② 초점 G의 좌표를 이용하여 포물선의 방정식을 구할 수 있겠네.
③ 포물선 위의 임의의 점에서 초점까지의 거리와 준선까지의 거리가 같음을 이용하여 선분 GP
에 대한 식을 세울 수 있어.

알찬 풀이

오른쪽 그림과 같이 선분 AB의 중점을 M이라 하면
삼각형 OAB가 정삼각형이고 $\overline{AB}=2\sqrt{3}$이므로

$\overline{OM}=\dfrac{\sqrt{3}}{2}\times2\sqrt{3}=3$ ┌ $\overline{OM}$은 정삼각형 OAB의 높이야.

점 G는 삼각형 OAB의 무게중심이므로
$\overline{OG}=\dfrac{2}{3}\times3=2$ └→ $\overline{OG}:\overline{GM}=2:1$이야.

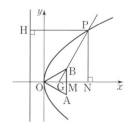

(1) 포물선 $y^2=4px \ (p \neq 0)$에서
  초점의 좌표는 $(p, 0)$, 준선의 방정식은 $x=-p$
(2) 포물선 위의 점 P에서 초점까지의 거리와 준선까지의 거리는 같다.

수능 핵심 개념 삼각형의 무게중심

(1) 삼각형의 무게중심은 세 중선의 교점으로, 각 중선을 꼭짓점으로부터 2 : 1로 내분한다.
(2) 세 점 $A(x_1, y_1)$, $B(x_2, y_2)$, $C(x_3, y_3)$을 꼭짓점으로 하는 삼각형 ABC의 무게중심을 G라 하면
$$G\left(\frac{x_1+x_2+x_3}{3}, \frac{y_1+y_2+y_3}{3}\right)$$

두 점을 지나는 직선의 방정식
두 점 (x_1, y_1), (x_2, y_2)를 지나는 직선의 방정식은
$$y-y_1=\frac{y_2-y_1}{x_2-x_1}(x-x_1) \ (단, x_1 \neq x_2)$$

두 점 사이의 거리
두 점 $A(x_1, y_1)$, $B(x_2, y_2)$ 사이의 거리는
$$\overline{AB}=\sqrt{(x_2-x_1)^2+(y_2-y_1)^2}$$

따라서 꼭짓점이 O이고 초점이 G(2, 0)인 포물선의 방정식은
$$y^2=4\times 2x=8x$$
→ $\overline{OG}=2$이니까 G(2, 0)이지.

한편, 점 P에서 x축에 내린 수선의 발을 N이라 하면
$$\angle PGN = \angle BGM$$
$$=\frac{\pi}{2}-\frac{1}{2}\angle OBM$$
→ 정삼각형의 한 내각의 크기는 $\frac{\pi}{3}$야.
$$=\frac{\pi}{2}-\frac{1}{2}\times\frac{\pi}{3}=\frac{\pi}{3}$$
$$\therefore \overline{GN}=\overline{GP}\cos\frac{\pi}{3}=\frac{1}{2}\overline{GP}$$
→ 직각삼각형 GNP에서 $\cos(\angle PGN)=\dfrac{\overline{GN}}{\overline{GP}}$이야.

또, 점 P에서 준선 $x=-2$에 내린 수선의 발을 H라 하면 포물선의 정의에 의하여
$$\overline{GP}=\overline{PH}$$
$$=2+\overline{OG}+\overline{GN}$$
$$=2+2+\frac{1}{2}\overline{GP}$$
$$\frac{1}{2}\overline{GP}=4 \quad \therefore \overline{GP}=8$$

다른 풀이

정삼각형 OAB의 한 변의 길이가 $2\sqrt{3}$이므로 높이는
$$\frac{\sqrt{3}}{2}\times 2\sqrt{3}=3 \quad \therefore B(3, \sqrt{3})$$

점 G는 삼각형 OAB의 무게중심이므로
$$\overline{OG}=\frac{2}{3}\times 3=2 \quad \therefore G(2, 0)$$

따라서 꼭짓점이 O이고 초점이 G(2, 0)인 포물선의 방정식은
$$y^2=4\times 2x=8x$$

두 점 G(2, 0), B(3, $\sqrt{3}$)을 지나는 직선의 방정식은
$$y=\frac{\sqrt{3}-0}{3-2}(x-2)$$
$$\therefore y=\sqrt{3}(x-2)$$

따라서 점 P의 x좌표는
$$3(x-2)^2=8x, \ (3x-2)(x-6)=0$$
$$\therefore x=\frac{2}{3} \ \text{또는} \ x=6$$

이때 점 P의 x좌표는 점 B의 x좌표보다 커야 하므로 $x>3$이어야 한다.
$$\therefore x=6$$

또, 점 P의 y좌표는
$$y=\sqrt{3}(6-2)=4\sqrt{3}$$
→ $y=\sqrt{3}(x-2)$에 $x=6$을 대입했어.

즉, P(6, $4\sqrt{3}$)이므로
$$\overline{GP}=\sqrt{(6-2)^2+(4\sqrt{3}-0)^2}=8$$

생생 수험 Talk

수학 개념은 기본서를 통해서 하는 게 제일 좋은 것 같아! 개념들을 익혀 놓고 개념에 관련된 예제들을 직접 풀어 보면서 개념이 문제에 어떻게 적용돼서 나올 수 있는지 익혀 두는 게 좋아. 개념만 익히고 그 개념을 문제에 적용할 줄 모르면 결국 아무 소용이 없는 거니까! 수학 공부에서 문제를 많이 푸는 것만큼 중요한 게 기본 개념을 탄탄하게 쌓는 거야! 개념서는 일회용이 아니라 계속해서 반복해 주는 것이 중요해! 말 그대로 기본 중에 기본인 것이니까 여러 번 반복해서 기본서에 있는 개념과 기본 예제들은 모두 마스터 하도록 해.

73 정답 ③ 　　　　　　　　　　　　　　　　정답률 61%

그림과 같이 좌표평면에서 x축 위의 두 점 A, B에 대하여 꼭짓점이 A인 포물선 p_1과 꼭짓점이 B인 포물선 p_2가 다음 조건을 만족시킨다. 이때 삼각형 ABC의 넓이는?

(가) p_1의 초점은 B이고, p_2의 초점은 원점 O이다. ── ❷❸
(나) p_1과 p_2는 y축 위의 두 점 C, D에서 만난다.
(다) $\overline{AB}=2$ → 두 점 C, D는 두 포물선 p_1, p_2 위의 점이니까 포물선의 정의를 이용해 봐.

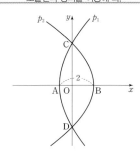

① $4(\sqrt{2}-1)$　　② $3(\sqrt{3}-1)$　　✓③ $2(\sqrt{5}-1)$
④ $\sqrt{3}+1$　　⑤ $\sqrt{5}+1$

☑ 연관 개념 check
포물선 위의 점 P에서 초점까지의 거리와 준선까지의 거리는 같다.

☑ 실전 적용 key
포물선의 꼭짓점과 준선 사이의 거리는 꼭짓점과 초점 사이의 거리와 같다.

해결 흐름

❶ 삼각형 ABC의 넓이를 구하려면 선분 CO의 길이를 알아야 하니까 직각삼각형 OBC를 이용해야겠어.
❷ 포물선의 준선을 그림으로 나타낸 후, 포물선의 정의를 이용하면 두 선분 CO, CB의 길이를 선분 OB에 대한 식으로 나타낼 수 있겠네.
❸ 직각삼각형 OBC에서 피타고라스 정리를 이용하면 선분 OB의 길이를 구할 수 있어.

알찬 풀이

오른쪽 그림과 같이 두 포물선 p_1, p_2의 준선을 각각 l_1, l_2라 하고, 점 C에서 준선 l_1, l_2에 내린 수선의 발을 각각 H_1, H_2, 준선 l_1, l_2가 x축과 만나는 점을 각각 E, F라 하자.

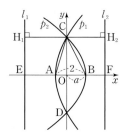

포물선의 정의에 의하여
$\overline{CB}=\overline{CH_1}$ → 점 C는 포물선 p_1 위의 점이기 때문이야.
$\overline{CO}=\overline{CH_2}$ → 점 C는 포물선 p_2 위의 점이기 때문이야.
이때 $\overline{OB}=a$라 하면 $\overline{FB}=\overline{OB}=a$이므로 $\overline{OF}=2a$
∴ $\overline{CO}=\overline{CH_2}=\overline{OF}=2a$
또, $\overline{EA}=\overline{AB}=2$이고 $\overline{OB}=a$이므로
$\overline{OE}=\overline{EB}-\overline{OB}=4-a$ ∴ $\overline{CB}=\overline{CH_1}=\overline{OE}=4-a$
직각삼각형 OBC에서
$a^2+(2a)^2=(4-a)^2$, $a^2+2a-4=0$ → 피타고라스 정리를 이용했어.
∴ $a=-1+\sqrt{5}$ ($\because a>0$)
따라서 삼각형 ABC의 넓이는
$\dfrac{1}{2}\times\overline{AB}\times\overline{CO}=\dfrac{1}{2}\times 2\times 2(-1+\sqrt{5})=2(\sqrt{5}-1)$

74 정답 ③ 　　　　　　　　　　　　　　　　정답률 69%

두 초점이 F, F′이고 장축의 길이가 $2a$인 타원이 있다.
이 타원의 한 꼭짓점을 중심으로 하고 반지름의 길이가 1인 원이 이 타원의 서로 다른 두 꼭짓점과 한 초점을 지날 때,
상수 a의 값은? → 원의 중심으로부터 원이 지나는 타원의 서로 다른 두 꼭짓점까지의 거리는 1이야.

① $\dfrac{\sqrt{2}}{2}$　　② $\dfrac{\sqrt{6}-1}{2}$　　✓③ $\sqrt{3}-1$
④ $2\sqrt{2}-2$　　⑤ $\dfrac{\sqrt{3}}{2}$

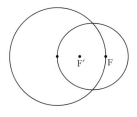

☑ 연관 개념 check
타원 $\dfrac{x^2}{a^2}+\dfrac{y^2}{b^2}=1$ $(a>b>0)$에서
(1) 초점의 좌표: $(\sqrt{a^2-b^2}, 0)$, $(-\sqrt{a^2-b^2}, 0)$
(2) 장축의 길이: $2a$, 단축의 길이: $2b$

☑ 실전 적용 key
주어진 조건을 이용하여 중심이 원점이 되도록 타원을 좌표평면 위에 그려 본다.

해결 흐름

❶ 타원을 좌표평면 위에 놓고 타원의 방정식을 세운 다음 두 초점 F, F′의 좌표를 구해야겠어.
❷ 원의 반지름의 길이를 이용하여 a의 값을 구할 수 있겠다.

알찬 풀이

오른쪽 그림과 같이 타원의 중심을 원점으로 하고 장축이 x축 위의 선분이 되도록 타원과 원을 좌표평면 위에 놓자.

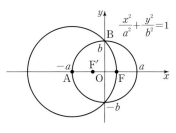

타원의 장축의 길이가 $2a$이므로 타원의 방정식을 $\dfrac{x^2}{a^2}+\dfrac{y^2}{b^2}=1$ $(a>b>0)$이라 하면
두 초점의 좌표는
$F'(-\sqrt{a^2-b^2}, 0)$, $F(\sqrt{a^2-b^2}, 0)$
이고, 타원이 x축의 음의 부분과 만나는 점을 A, y축의 양의 부분과 만나는 점을 B라 하면 $A(-a, 0)$, $B(0, b)$이다.
이때 점 A를 중심으로 하고 두 점 B와 F를 지나는 원의 반지름의 길이는 1이므로 $\overline{AB}=1$에서

$\sqrt{\{0-(-a)\}^2+(b-0)^2}=\sqrt{a^2+b^2}=1$
$a^2+b^2=1$ ∴ $b^2=1-a^2$
또, $\overline{AF}=1$에서
$a+\sqrt{a^2-b^2}=1$ → $\overline{AF}=\overline{AO}+\overline{OF}=1$

> ☆★
> **두 점 사이의 거리**
> 두 점 $A(x_1, y_1)$, $B(x_2, y_2)$ 사이의 거리는
> $\overline{AB}=\sqrt{(x_2-x_1)^2+(y_2-y_1)^2}$

$a+\sqrt{a^2-b^2}=1$에 $b^2=1-a^2$을 대입하면

$a+\sqrt{a^2-(1-a^2)}=1$

$\sqrt{2a^2-1}=1-a$

위의 식의 양변을 제곱하면

$2a^2-1=1-2a+a^2$

$a^2+2a-2=0$　　$\therefore a=\sqrt{3}-1\ (\because a>0)$

근의 공식을 이용하면 ◀
$a=-1\pm\sqrt{1^2-1\times(-2)}$
　　$=-1\pm\sqrt{3}$

다른 풀이

오른쪽 그림과 같이 원과 타원의 두 교점을 각각 P, Q, 원의 중심을 O, $\overline{PQ}$와 $\overline{OF'}$의 교점을 H라 하자.

원의 반지름의 길이가 1이므로

$\overline{OP}=\overline{OF'}=1$

점 H는 타원의 중심이고, 타원의 장축의 길이가 $2a$이

므로　　→ 장축과 단축의 교점이야.

$\overline{OH}=\dfrac{1}{2}\times 2a=a,\ \overline{FH}=\overline{F'H}=1-a$

점 P는 타원의 꼭짓점이므로 $\overline{PF}=\overline{PF'}$이고 타원의 정의에 의하여

$\overline{PF}+\overline{PF'}=2a,\ 2\overline{PF}=2a$　　$\therefore \overline{PF}=a$

직각삼각형 POH에서

$\overline{PH}^2=\overline{OP}^2-\overline{OH}^2=1-a^2$　　……㉠

또, 직각삼각형 PFH에서　　피타고라스 정리를 이용했어.

$\overline{PH}^2=\overline{PF}^2-\overline{FH}^2=a^2-(1-a)^2=2a-1$　　……㉡

㉠, ㉡에서

$1-a^2=2a-1,\ a^2+2a-2=0$

$\therefore a=\sqrt{3}-1\ (\because a>0)$

75　정답 11　　정답률 81%

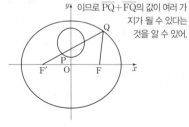

두 초점이 F, F'인 타원 $\dfrac{x^2}{49}+\dfrac{y^2}{33}=1$이 있다. **①**

원 $x^2+(y-3)^2=4$ 위의 점 P에 대하여 직선 F'P가 이 타원 **②** 과 만나는 점 중 y좌표가 양수인 점을 Q라 하자. $\overline{PQ}+\overline{FQ}$ **③** 의 최댓값을 구하시오. **11**

$\overline{PQ}+\overline{FQ}$의 값을 구하는 문제가 아니라 최댓값을 구하는 문제이므로 $\overline{PQ}+\overline{FQ}$의 값이 여러 가지가 될 수 있다는 것을 알 수 있어.

해결 흐름

① 타원 $\dfrac{x^2}{49}+\dfrac{y^2}{33}=1$의 두 초점의 좌표를 구해야겠어.

② 점 Q가 타원 위의 점이므로 타원의 정의에 의하여 $\overline{FQ}+\overline{F'Q}$의 값을 구할 수 있어.

③ 원 위의 점 P와 타원 위의 점 Q는 움직이는 점이고 한 초점 F는 고정된 점이므로 두 점 P, Q의 위치에 따라 $\overline{PQ}+\overline{FQ}$의 값이 달라지겠네. 즉, 선분 PQ의 길이가 최대일 때의 두 점 P, Q의 위치를 생각해 봐.

알찬 풀이

타원 $\dfrac{x^2}{49}+\dfrac{y^2}{33}=1$의 두 초점의 좌표를

$F(k, 0),\ F'(-k, 0)\ (k>0)$

이라 하면

$k=\sqrt{49-33}=4$

이므로 $F(4, 0),\ F'(-4, 0)$

> **타원의 초점의 좌표** ☆☆
> 타원 $\dfrac{x^2}{a^2}+\dfrac{y^2}{b^2}=1\ (a>b>0)$에서
> 초점의 좌표는 $(\pm\sqrt{a^2-b^2},\ 0)$이다.

타원의 정의에 의하여

$\overline{FQ}+\overline{F'Q}=2\times 7=14$

세 점 P, Q, F 중에서 한 초점 F는 고정된 점이므로 원 위의 한 점 P에서 원 밖의 한 점 Q까지의 거리가 최대인 경우를 생각하면 돼.

$\overline{FQ}+\overline{F'Q}$의 값이 14로 정해져 있으므로 $\overline{PQ}+\overline{FQ}$의 값이 최대이려면 선분 PQ 가 원의 중심을 지나야 한다.

☑ 연관 개념 check

두 초점 $F(c, 0),\ F'(-c, 0)$에서의 거리의 합이 $2a$인 타원의 방정식은

$\dfrac{x^2}{a^2}+\dfrac{y^2}{b^2}=1\ (a>c>0,\ b^2=a^2-c^2)$

실전 적용 key

원 밖의 한 점 F'과 원 위의 점 P 사이의 거리가 최대 또는 최소가 되려면 다음 그림과 같이 점 P가 점 F'과 원의 중심을 지나는 직선 위에 있어야 한다.

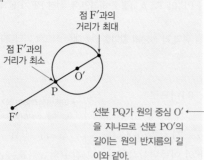

한편, 원 $x^2+(y-3)^2=4$의 중심을 O'이라 하면 O'의 좌표는 $(0, 3)$이고 원의 반지름의 길이는 2이다.

즉, 오른쪽 그림에서 선분 $\overline{F'O'}$의 길이는 두 점 $F'(-4, 0)$, $O'(0, 3)$ 사이의 거리이므로

$$\overline{F'O'}=\sqrt{\{0-(-4)\}^2+(3-0)^2}=5$$

이고 $\overline{PO'}=2$이므로

$$\overline{F'P}=\overline{F'O'}-\overline{PO'}=5-2=3$$

따라서 $\overline{PQ}+\overline{FQ}$의 최댓값은

$$(\overline{F'Q}-\overline{F'P})+\overline{FQ}=(\overline{FQ}+\overline{F'Q})-\overline{F'P}$$
$$=14-3=11 \quad \text{← 앞에서 이용한 타원의 정의에 의하여 14야.}$$

선분 PQ가 원의 중심 O'을 지나므로 선분 $\overline{PO'}$의 길이는 원의 반지름의 길이와 같아.

─────────────────────────── 문제 해결 **TIP**

강연희 | 서울대학교 재료공학부 | 양서고등학교 졸업

타원의 정의를 생각해 보면 쉽게 해결할 수 있어. $\overline{FQ}+\overline{F'Q}=14$임을 이용하여 다음과 같이 생각할 수도 있어.

$\overline{PQ}+\overline{FQ}=\overline{FQ}+\overline{F'Q}-\overline{F'P}=14-\overline{F'P}$이지.

이 식의 최댓값을 구하려고 하는 것은 선분 F'P의 길이의 최솟값을 구하려는 것과 같아. 그러므로 선분 F'P의 길이가 최소가 되려면 점 P가 점 F'과 원의 중심을 잇는 선분 위에 존재해야겠지? 그러면 점 F'과 원의 중심 사이 거리가 5이므로 선분 F'P의 길이의 최솟값이 3임을 구할 수 있어.

---

76 정답 14   정답률 80%

두 초점 F, F'의 좌표를 구해 봐.

좌표평면에서 두 점 A(0, 3), B(0, -3)에 대하여 **두 초점** 이 F, F'인 타원 $\dfrac{x^2}{16}+\dfrac{y^2}{7}=1$ 위의 점 P가 $\overline{AP}=\overline{PF}$를 만족시킨다. **사각형 AF'BP의 둘레의 길이**가 $a+b\sqrt{2}$일 때, $a+b$의 값을 구하시오. **14**

(단, $\overline{PF}<\overline{PF'}$이고 a, b는 자연수이다.)

$\overline{AF'}+\overline{F'B}+\overline{BP}+\overline{PA}$의 값을 구하는 거야.

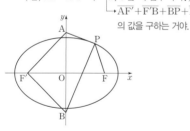

☑ 연관 개념 check

타원 $\dfrac{x^2}{a^2}+\dfrac{y^2}{b^2}=1\,(a>b>0)$에서

(1) 초점의 좌표: $(\sqrt{a^2-b^2}, 0)$, $(-\sqrt{a^2-b^2}, 0)$
(2) 장축의 길이: $2a$
(3) 단축의 길이: $2b$

☑ 실전 적용 key

보조선 $\overline{PF'}$을 그으면 풀이의 방향을 더 쉽게 찾을 수 있다. 타원 위의 점이 주어지면 두 초점과 그 점을 잇는 보조선을 그어 본다.

수능 핵심 개념   직선의 기울기

직선 $y=mx+n$이 x축의 양의 방향과 이루는 각의 크기를 θ라 하면

$$m=\tan\theta$$

해결 흐름

1 타원 $\dfrac{x^2}{16}+\dfrac{y^2}{7}=1$의 두 초점 F, F'의 좌표를 구해야겠네.

2 $\overline{AP}=\overline{PF}$임을 이용하여 점 P의 위치를 확인해야겠다.

3 타원의 정의를 이용하여 $\overline{PF'}+\overline{PF}$의 값을 구하면 사각형 AF'BF의 둘레의 길이를 구할 수 있겠네.

알찬 풀이

타원 $\dfrac{x^2}{16}+\dfrac{y^2}{7}=1$의 두 초점의 좌표는

$F(3, 0)$, $F'(-3, 0)$ → $(\pm\sqrt{16-7}, 0)$을 계산했어.

이때 $A(0, 3)$이므로 $\overline{OA}=\overline{OF}$

또, $\overline{AP}=\overline{PF}$이고, 선분 PO는 공통이므로

$\triangle PAO \equiv \triangle PFO$ (SSS 합동)

따라서 $\angle POA=\angle POF=\dfrac{\pi}{4}$이므로 점 P는 직선 $y=x$ 위에 있다.

이때 $B(0, -3)$, $F'(-3, 0)$이므로 $\overline{PF'}=\overline{PB}$

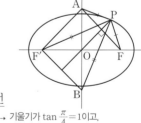

기울기가 $\tan\dfrac{\pi}{4}=1$이고, 원점을 지나는 직선이야.

한편,

$$\overline{AF'}=\sqrt{(-3-0)^2+(0-3)^2}=3\sqrt{2},$$
$$\overline{F'B}=\sqrt{(0+3)^2+(-3-0)^2}=3\sqrt{2}$$

이고, 타원의 정의에 의하여

$$\overline{PF'}+\overline{PF}=2\times 4=8$$이므로 사각형 AF'BP의 둘레의 길이는

$$\overline{AF'}+\overline{F'B}+\overline{BP}+\overline{PA}=3\sqrt{2}+3\sqrt{2}+\overline{PF'}+\overline{PF}$$
$$=8+6\sqrt{2}$$

타원의 정의
타원 위의 한 점에서 두 초점까지의 거리의 합은 타원의 장축의 길이와 같다.

따라서 $a=8$, $b=6$이므로

$$a+b=8+6=14$$

77 정답 29 정답률 61%

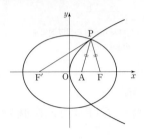

연관 개념 check

(1) 포물선 위의 점 P와 초점 F 사이의 거리 $\overline{\text{PF}}$와 점 P와 준선까지의 거리는 같다.

(2) 타원 위의 한 점에서 두 초점까지의 거리의 합은 타원의 장축의 길이와 같다.

해결 흐름

1 타원의 장축의 길이는 $\overline{\text{PF}}+\overline{\text{PF}'}$이니까 p, q를 구하려면 두 선분 PF, PF'의 길이를 구해야겠네.

2 주어진 조건을 이용하여 그림 위의 각 선분의 길이를 a에 대한 식으로 나타내야겠네.

알찬 풀이

$\overline{\text{AF}}=2$, A$(a, 0)$, F$(c, 0)$이므로
$c=a+2$
$\therefore \overline{\text{PF}'}=\overline{\text{FF}'}=2c=2(a+2)=2a+4$
삼각형 PAF가 $\overline{\text{PA}}=\overline{\text{PF}}$인 이등변삼각형이므로 점 P의 x좌표는 $a+1$이다.

→ 이등변삼각형의 꼭지각의 이등분선은 밑변을 수직이등분하므로 $\overline{\text{AI}}=\overline{\text{FI}}=\frac{1}{2}\overline{\text{AF}}=1$이야.

오른쪽 그림과 같이 점 P에서 포물선의 준선 $x=-a$에 내린 수선의 발을 H라 하면 포물선의 정의에 의하여
$\overline{\text{PA}}=\overline{\text{PH}}=(a+1)-(-a)=2a+1$

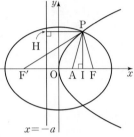

이등변삼각형 PAF의 꼭짓점 P에서 x축에 내린 수선의 발을 I라 하면 두 직각삼각형 PF'I, PFI에서
$\overline{\text{PF}'}^2-\overline{\text{F'I}}^2=\overline{\text{PF}}^2-\overline{\text{FI}}^2$ → 피타고라스 정리에 의하여 $\overline{\text{PI}}^2$으로 같아.
$(2a+4)^2-(2a+3)^2=(2a+1)^2-1$
$4a^2=7$ $\therefore a=\frac{\sqrt{7}}{2}$ $(\because a>0)$

타원의 장축의 길이는 타원의 정의에 의하여
$\overline{\text{PF}'}+\overline{\text{PF}}=(2a+4)+(2a+1)=4a+5$
$\qquad =4\times\frac{\sqrt{7}}{2}+5=5+2\sqrt{7}$

따라서 $p=5$, $q=2$이므로
$p^2+q^2=5^2+2^2=29$

78 정답 22 정답률 80%

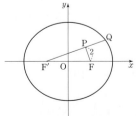

해결 흐름

1 선분 PF의 길이는 주어졌으니까 타원의 정의와 성질을 이용해서 필요한 나머지 길이들을 구하면 되겠네.

2 타원의 방정식에서 두 초점의 좌표를 구해야겠어.

3 타원의 정의를 이용해서 $\overline{\text{QF}}+\overline{\text{QF}'}$의 값을 구하면 삼각형 PFQ의 둘레의 길이와 삼각형 PF'F의 둘레의 길이의 합을 구할 수 있겠다.

알찬 풀이

타원 $\frac{x^2}{36}+\frac{y^2}{27}=1$의 두 초점의 좌표를
F$(k, 0)$, F$'(-k, 0)$ $(k>0)$
이라 하면 $k=\sqrt{36-27}=3$이므로
F$(3, 0)$, F$'(-3, 0)$
$\therefore \overline{\text{FF}'}=6$

타원 $\dfrac{x^2}{a^2}+\dfrac{y^2}{b^2}=1 \ (a>b>0)$에서 초점의 좌표는

$(\sqrt{a^2-b^2},\ 0),\ (-\sqrt{a^2-b^2},\ 0)$

보조선 QF를 그으면 풀이의 방향을 더 쉽게 찾을 수 있다. 타원 위의 점이 주어지면 두 초점과 그 점을 잇는 보조선을 그어 본다.

오른쪽 그림에서 $\overline{\text{PF}'}=a,\ \overline{\text{PQ}}=b,\ \overline{\text{QF}}=c$라 하면 타원의 정의에 의하여

$\overline{\text{QF}}+\overline{\text{QF}'}=2\times 6=12$ ← 타원 위의 한 점에서 두 초점까지의 거리의 합은 타원의 장축의 길이와 같아.

이므로

$a+b+c=12$ ······ ㉠

따라서 삼각형 PFQ의 둘레의 길이와 삼각형 PF'F의 둘레의 길이의 합은

$\underbrace{(\overline{\text{PF}}+\overline{\text{FQ}}+\overline{\text{QP}})}_{\text{삼각형 PFQ의 둘레의 길이야.}}+\underbrace{(\overline{\text{PF}'}+\overline{\text{F'F}}+\overline{\text{FP}})}_{\text{삼각형 PF'F의 둘레의 길이야.}}=(2+c+b)+(a+6+2)$

$=a+b+c+10$

$=12+10 \ (\because ㉠)$

$=22$

빠른 풀이

타원 $\dfrac{x^2}{36}+\dfrac{y^2}{27}=1$의 두 초점의 좌표를 $\text{F}(k,\ 0),\ \text{F}'(-k,\ 0)\ (k>0)$이라 하면

$k=\sqrt{36-27}=3$이므로

$\text{F}(3,\ 0),\ \text{F}'(-3,\ 0)$ ∴ $\overline{\text{FF}'}=6$

타원의 정의에 의하여

$\overline{\text{QF}}+\overline{\text{QF}'}=2\times 6=12$

따라서 삼각형 PFQ의 둘레의 길이와 삼각형 PF'F의 둘레의 길이의 합은

$(\overline{\text{QF}}+\overline{\text{QF}'})+\overline{\text{F'F}}+2\overline{\text{PF}}=12+6+2\times 2=22$

$(\overline{\text{PF}}+\overline{\text{FQ}}+\overline{\text{QP}})+(\overline{\text{PF}'}+\overline{\text{F'F}}+\overline{\text{FP}})$ ←
$=\overline{\text{QF}}+(\overline{\text{QP}}+\overline{\text{PF}'})+\overline{\text{F'F}}+(\overline{\text{PF}}+\overline{\text{FP}})$
$=\overline{\text{QF}}+\overline{\text{QF}'}+\overline{\text{F'F}}+2\overline{\text{PF}}$

---

79 정답 ⑥   정답률 73%

타원 $4x^2+9y^2-18y-27=0$ㅤ①의 한 초점의 좌표가 $(p,\ q)$ㅤ②일 때, p^2+q^2의 값을 구하시오. **6**
→ 완전제곱식을 포함한 꼴로 변형해.

타원 $\dfrac{x^2}{a^2}+\dfrac{y^2}{b^2}=1 \ (a>b>0)$을 x축의 방향으로 m만큼, y축의 방향으로 n만큼 평행이동한 타원의 방정식은

$\dfrac{(x-m)^2}{a^2}+\dfrac{(y-n)^2}{b^2}=1$

(1) 초점의 좌표: $(\sqrt{a^2-b^2}+m,\ n),\ (-\sqrt{a^2-b^2}+m,\ n)$

(2) 장축의 길이: $2a$

(3) 단축의 길이: $2b$

해결 흐름

① 주어진 타원의 방정식을 $\dfrac{(x-m)^2}{a^2}+\dfrac{(y-n)^2}{b^2}=1$ 꼴로 나타내야겠네.

② ①에서 변형한 방정식이 나타내는 타원은 타원 $\dfrac{x^2}{a^2}+\dfrac{y^2}{b^2}=1$을 x축의 방향으로 m만큼, y축의 방향으로 n만큼 평행이동한 것이니까 초점도 그만큼 평행이동했겠네.

알찬 풀이

$4x^2+9y^2-18y-27=0$에서 ← 문제에서 타원이라고 주어졌으니까 타원의 방정식 꼴로 정리해서 나타내 봐.

$4x^2+9(y-1)^2=36$

$\therefore \dfrac{x^2}{9}+\dfrac{(y-1)^2}{4}=1$ ······ ㉠

즉, 타원 ㉠은 타원 $\dfrac{x^2}{9}+\dfrac{y^2}{4}=1$을 y축의 방향으로 1만큼 평행이동한 것이므로 타원 ㉠의 초점도 타원 $\dfrac{x^2}{9}+\dfrac{y^2}{4}=1$의 초점을 y축의 방향으로 1만큼 평행이동한 것과 같다.

타원 $\dfrac{x^2}{9}+\dfrac{y^2}{4}=1$의 두 초점의 좌표를

$\text{F}(k,\ 0),\ \text{F}'(-k,\ 0)\ (k>0)$이라 하면

$k=\sqrt{9-4}=\sqrt{5}$이므로

$\text{F}(\sqrt{5},\ 0),\ \text{F}'(-\sqrt{5},\ 0)$

> **타원의 초점의 좌표**
> 타원 $\dfrac{x^2}{a^2}+\dfrac{y^2}{b^2}=1 \ (a>b>0)$에서 초점의 좌표는 $(\pm\sqrt{a^2-b^2},\ 0)$이다.

따라서 타원 ㉠의 두 초점의 좌표는 ← 두 점 F, F'을 y축의 방향으로 1만큼 평행이동한 것이 구하는 초점의 좌표야.

$(\sqrt{5},\ 1),\ (-\sqrt{5},\ 1)$

$\therefore p^2+q^2=5+1=6$

최윤서 | 고려대학교 생명공학과 | 연수여자고등학교 졸업

$4x^2+9y^2-18y-27=0$에서 타원의 평행이동을 이용하여 문제를 해결할 수도 있지만 다음과 같이 공식을 이용하여 답을 구할 수도 있어.

타원 $\dfrac{(x-m)^2}{a^2}+\dfrac{(y-n)^2}{b^2}=1$의 초점의 좌표는 $(\sqrt{a^2-b^2}+m, n)$, $(-\sqrt{a^2-b^2}+m, n)$이므로 타원 $\dfrac{x^2}{9}+\dfrac{(y-1)^2}{4}=1$의 초점의 좌표는 $(\sqrt{9-4}, 1)$, $(-\sqrt{9-4}, 1)$, 즉 $(\sqrt{5}, 1)$, $(-\sqrt{5}, 1)$이야. 하지만 공식은 당황하면 생각나지 않을 수도 있으니까 되도록이면 평행이동을 이해해서 해결하도록 해.

80 정답 104   정답률 69%

그림과 같이 두 초점이 F$(c, 0)$, F$'(-c, 0)$인 타원 ①
$\dfrac{x^2}{a^2}+\dfrac{y^2}{b^2}=1$이 있다. 타원 위에 있고 제2사분면에 있는
점 P에 대하여 선분 PF'의 중점을 Q, 선분 PF를 $1:3$으로
내분하는 점을 R라 하자. $\angle PQR=\dfrac{\pi}{2}$, $\overline{QR}=\sqrt{5}$, $\overline{RF}=9$
일 때, a^2+b^2의 값을 구하시오. (단, a, b, c는 양수이다.) **104**
② → 삼각형 PQR는 직각삼각형이야.

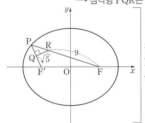

점 F'에서 선분 PF에 수선의 발을 내려 보자.

☑ 연관 개념 check
타원 위의 한 점에서 두 초점까지의 거리의 합은 타원의 장축의 길이와 같다.

수능 핵심 개념 삼각비를 이용한 변의 길이

오른쪽 직각삼각형 ABC에서
$\angle A$의 크기와 c의 값을 알 때,

(1) $\sin A=\dfrac{\overline{BC}}{c}$이므로
$\overline{BC}=c\sin A$

(2) $\cos A=\dfrac{\overline{AC}}{c}$이므로
$\overline{AC}=c\cos A$

피타고라스 정리를 이용했어. ←

해결 흐름

① 타원의 정의에 의하여 $\overline{PF'}+\overline{PF}=2a$이니까 두 선분 PF', PF의 길이를 알면 a의 값을 구할 수 있겠네.

② 점 F'에서 선분 PF에 수선의 발을 내려서 선분 F'F의 길이를 구하면 c의 값도 구할 수 있구나. 또, a, c의 값을 이용해서 b^2의 값을 구할 수 있겠다.

알찬 풀이

점 R는 선분 PF를 $1:3$으로 내분하는 점이므로
→ $\overline{PR}:\overline{RF}=1:3$이야.
$\overline{PR}=\dfrac{1}{3}\overline{RF}=\dfrac{1}{3}\times 9=3$
→ 문제에 주어졌어.
직각삼각형 PQR에서
$\overline{PQ}=\sqrt{\overline{PR}^2-\overline{QR}^2}$ → 피타고라스 정리를 이용했어.
$=\sqrt{3^2-(\sqrt{5})^2}=2$
이때 점 Q는 선분 PF'의 중점이므로
$\overline{PF'}=2\overline{PQ}=4$
$\therefore \overline{PF}+\overline{PF'}=(3+9)+4=16$
즉, $2a=16$이므로 → $\overline{PF}=\overline{PR}+\overline{RF}=3+9=12$
$a=8$ → 타원 위의 한 점에서 두 초점까지의 거리의 합은 타원의 장축의 길이와 같아.
한편, 직각삼각형 PQR에서 $\angle RPQ=\theta$라 하면
$\sin\theta=\dfrac{\sqrt{5}}{3}$, $\cos\theta=\dfrac{2}{3}$

오른쪽 그림과 같이 삼각형 PF'F의 꼭짓점 F'에서 선분 PF에 내린 수선의 발을 H라 하면 → 선분 F'F의 길이를 구하기 위해서 직각삼각형을 만드는 거야.

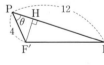

$\overline{HF'}=4\sin\theta=4\times\dfrac{\sqrt{5}}{3}=\dfrac{4\sqrt{5}}{3}$,

$\overline{PH}=4\cos\theta=4\times\dfrac{2}{3}=\dfrac{8}{3}$,

$\overline{HF}=\overline{PF}-\overline{PH}=12-\dfrac{8}{3}=\dfrac{28}{3}$

이므로 직각삼각형 HF'F에서
$\overline{F'F}=\sqrt{\left(\dfrac{4\sqrt{5}}{3}\right)^2+\left(\dfrac{28}{3}\right)^2}=4\sqrt{6}$

$\therefore c=\dfrac{1}{2}\overline{F'F}=2\sqrt{6}$ → 선분 F'F의 중점이 원점이니까 c의 값은 $\dfrac{1}{2}\overline{F'F}$로 구할 수 있지.

$a^2-b^2=c^2$이므로
$8^2-b^2=(2\sqrt{6})^2$ $\therefore b^2=40$
$\therefore a^2+b^2=64+40=104$

81 정답률 87%

→ 두 초점의 좌표는 $(\pm\sqrt{9-4},\,0)$이야.

타원 $\dfrac{x^2}{9}+\dfrac{y^2}{4}=1$의 두 초점 중 x좌표가 양수인 점을 F, 음수인 점을 F′이라 하자. 이 타원 위의 점 P를 $\angle FPF'=\dfrac{\pi}{2}$

가 되도록 제1사분면에서 잡고, 선분 FP의 연장선 위에 y좌표가 양수인 점 Q를 $\overline{FQ}=6$이 되도록 잡는다. 삼각형 QF′F 의 넓이를 구하시오. **12**

→ 선분 FQ를 밑변, 선분 F′P를 높이로 생각할 수 있어.

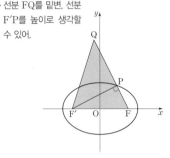

☑ 연관 개념 check

타원 $\dfrac{x^2}{a^2}+\dfrac{y^2}{b^2}=1\,(a>b>0)$에서 초점의 좌표는 $(\sqrt{a^2-b^2},\,0),\,(-\sqrt{a^2-b^2},\,0)$

해결 흐름

1 $\overline{FQ}=6$이니까 삼각형 QFF′의 넓이를 구하려면 선분 F′P의 길이를 알아야겠군.

2 타원 위의 임의의 점에서 두 초점으로부터의 거리의 합은 일정함을 이용하여 $\overline{F'P}$, $\overline{FP}$ 사이의 관계식을 구해야겠다.

알찬 풀이

타원 $\dfrac{x^2}{9}+\dfrac{y^2}{4}=1$의 두 초점의 좌표를 F$(c,\,0)$, F′$(-c,\,0)\,(c>0)$이라 하면

$c=\sqrt{3^2-2^2}=\sqrt{5}$

∴ F$(\sqrt{5},\,0)$, F′$(-\sqrt{5},\,0)$

> **타원의 정의**
> 타원 위의 한 점에서 두 초점까지의 거리의 합은 타원의 장축의 길이와 같다.

$\overline{F'P}=a$, $\overline{FP}=b\,(a>b)$라 하면 타원의 정의에 의하여

$a+b=2\times3=6$ → $\overline{F'P}+\overline{FP}=$(장축의 길이)$=2\times3=6$ ····· ㉠

오른쪽 그림의 직각삼각형 PF′F에서

$\overline{F'P}^2+\overline{FP}^2=\overline{F'F}^2$이므로

$a^2+b^2=(2\sqrt{5})^2$ → 피타고라스 정리를 이용했어.

→ 두 초점 사이의 거리는 $|\sqrt{5}-(-\sqrt{5})|=2\sqrt{5}$야.

㉠에서 $b=6-a$이므로 위의 식에 대입하면

$a^2+(6-a)^2=20$

$a^2-6a+8=0$, $(a-2)(a-4)=0$

∴ $a=2$ 또는 $a=4$ → 점 P는 제1사분면 위의 점이야.

그런데 $a>b$이므로 $a=4$, $b=2$

따라서 $\overline{F'P}=4$, $\overline{FQ}=6$이므로 삼각형 QF′F의 넓이는

$\dfrac{1}{2}\times\overline{FQ}\times\overline{F'P}=\dfrac{1}{2}\times6\times4=12$

→ 선분 FQ는 밑변, 선분 F′P는 높이야.

다른 풀이

오른쪽 그림에서 삼각형 PF′F는 직각삼각형이므로 점 P는 선분 F′F를 지름으로 하는 원 위에 있다.

타원 $\dfrac{x^2}{9}+\dfrac{y^2}{4}=1$의 두 초점의 좌표는 → $(\pm\sqrt{9-4},\,0)$

F$(\sqrt{5},\,0)$, F′$(-\sqrt{5},\,0)$이므로 세 점 P, F′, F를 지나는 원의 방정식은

$x^2+y^2=5$ → 중심이 $(0,\,0)$, 반지름의 길이가 $\sqrt{5}$인 원이야.

반원에 대한 원주각의 크기는 $\dfrac{\pi}{2}$이니까 세 점 P, F′, F는 한 원에 있음을 알 수 있어.

점 P는 타원과 원이 제1사분면에서 만나는 점이므로 $y^2=5-x^2$을

$\dfrac{x^2}{9}+\dfrac{y^2}{4}=1$에 대입하면 $\dfrac{x^2}{9}+\dfrac{5-x^2}{4}=1$

$4x^2+9(5-x^2)=36$, $5x^2=9$

∴ $x=\dfrac{3\sqrt{5}}{5}$ $(\because x>0)$

$x^2=\dfrac{9}{5}$를 $y^2=5-x^2$에 대입하면

$y^2=5-\dfrac{9}{5}=\dfrac{16}{5}$

→ 점 P는 제1사분면 위의 점이니까 x좌표와 y좌표가 모두 양수야.

∴ $y=\dfrac{4\sqrt{5}}{5}$ $(\because y>0)$

즉, P$\left(\dfrac{3\sqrt{5}}{5},\,\dfrac{4\sqrt{5}}{5}\right)$이므로

> **두 점 사이의 거리**
> 두 점 A$(x_1,\,y_1)$, B$(x_2,\,y_2)$ 사이의 거리는
> $\overline{AB}=\sqrt{(x_2-x_1)^2+(y_2-y_1)^2}$

$\overline{F'P}=\sqrt{\left(\dfrac{3\sqrt{5}}{5}+\sqrt{5}\right)^2+\left(\dfrac{4\sqrt{5}}{5}\right)^2}=4$

따라서 삼각형 QF′F의 넓이는

$\dfrac{1}{2}\times\overline{FQ}\times\overline{F'P}=\dfrac{1}{2}\times6\times4=12$

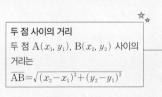

82

그림과 같이 두 초점 F, F'이 x축 위에 있는 타원 **1**
$\dfrac{x^2}{49}+\dfrac{y^2}{a}=1$ 위의 점 P가 $\overline{FP}=9$를 만족시킨다. 점 F에서 선분 PF'에 내린 수선의 발 H에 대하여 $\overline{FH}=6\sqrt{2}$일 때, **2 3** 상수 a의 값은?
→ $\overline{FP}+\overline{F'P}=$(장축의 길이)이므로
$\overline{F'P}=$(장축의 길이)−9네.

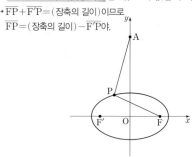

① 29 ✔② 30 ③ 31
④ 32 ⑤ 33

☑ **연관 개념 check**
타원 위의 한 점에서 두 초점까지의 거리의 합은 타원의 장축의 길이와 같다.

해결 흐름

1 타원 위의 임의의 점에서 두 초점으로부터의 거리의 합은 일정함을 이용하여 선분 F'P의 길이를 구할 수 있겠네.

2 직각삼각형 PHF에서 피타고라스 정리를 이용하여 선분 PH의 길이를 구할 수 있어.

3 직각삼각형 HF'F에서 피타고라스 정리를 이용하여 선분 FF'의 길이를 구해야겠다.

알찬 풀이

타원의 정의에 의하여
$\overline{FP}+\overline{F'P}=2\times7=14$
이때 $\overline{FP}=9$이므로
$\overline{F'P}=14-\overline{FP}=5$ ──→ 문제에 주어졌어.
직각삼각형 PHF에서 $\overline{FH}=6\sqrt{2}$이므로
$\overline{PH}=\sqrt{9^2-(6\sqrt{2})^2}=3$ → 피타고라스 정리를 이용했어.
또, 직각삼각형 HF'F에서
$\overline{HF'}=\overline{F'P}-\overline{PH}=5-3=2$이므로
$\overline{FF'}=\sqrt{(6\sqrt{2})^2+2^2}=2\sqrt{19}$ → 피타고라스 정리를 이용했어.
따라서 $\overline{OF}=\sqrt{19}$이므로
$49-a=19$
$\therefore a=30$

☆
타원의 방정식
타원 $\dfrac{x^2}{a^2}+\dfrac{y^2}{b^2}=1\,(a>b>0)$의 두 초점의 좌표가 $(c,0),(-c,0)$이면 $a^2-b^2=c^2$이다.

83

그림과 같이 y축 위의 점 A$(0, a)$와 두 점 F, F'을 초점으 **1**
로 하는 타원 $\dfrac{x^2}{25}+\dfrac{y^2}{9}=1$ 위를 움직이는 점 P가 있다. **2**
$\overline{AP}-\overline{FP}$의 최솟값이 1일 때, a^2의 값을 구하시오. **105**
→ $\overline{FP}+\overline{F'P}=$(장축의 길이)이므로
$\overline{FP}=$(장축의 길이)−$\overline{F'P}$야.

☑ **연관 개념 check**
타원 $\dfrac{x^2}{a^2}+\dfrac{y^2}{b^2}=1\,(a>b>0)$에서 초점의 좌표는
$(\sqrt{a^2-b^2},0),(-\sqrt{a^2-b^2},0)$

해결 흐름

1 타원 $\dfrac{x^2}{25}+\dfrac{y^2}{9}=1$의 두 초점의 좌표를 구해야겠다.

2 타원 위의 임의의 점에서 두 초점까지의 거리의 합은 일정함을 이용하면 $\overline{AP}-\overline{FP}$의 값이 최소인 경우를 알 수 있어.

알찬 풀이

타원 $\dfrac{x^2}{25}+\dfrac{y^2}{9}=1$의 두 초점의 좌표를 F$(k,0)$, F'$(-k,0)$ $(k>0)$이라 하면
$k=\sqrt{25-9}=4$이므로
F$(4,0)$, F'$(-4,0)$
타원의 정의에 의하여
$\overline{FP}+\overline{F'P}=2\times5=10$이므로 ──→ 타원 위의 한 점에서 두 초점까지의 거리의 합은 장축의 길이와 같아.
$\overline{FP}=10-\overline{F'P}$
$\therefore \overline{AP}-\overline{FP}=\overline{AP}-(10-\overline{F'P})$
$\qquad\qquad\quad=\overline{AP}+\overline{F'P}-10$
이때 $\overline{AP}-\overline{FP}$의 값이 최소이려면 $\overline{AP}+\overline{F'P}$의 값이 최소이어야 하고,
세 점 A, P, F'이 한 직선 위에 있을 때 $\overline{AP}+\overline{F'P}$의 값이 최소가 되므로
$\overline{AP}-\overline{FP}\geq\overline{AF'}-10$ → 이때 $\overline{AP}+\overline{F'P}=\overline{AF'}$이 되겠지.
$\overline{AP}-\overline{FP}$의 최솟값이 1이므로 → 문제에 주어졌어.
$\overline{AF'}-10=1$ $\therefore \overline{AF'}=11$
따라서 직각삼각형 AF'O에서
$4^2+a^2=11^2$ → $\overline{OA}=a$이니까 피타고라스 정리를 이용했어.
$\therefore a^2=105$

두 점 F(5, 0), F'(−5, 0)을 초점으로 하는 타원 위의 서로 다른 두 점 P, Q에 대하여 원점 O에서 선분 PF와 선분 QF'에 내린 수선의 발을 각각 H와 I라 하자. 점 H와 점 I가 각각 선분 PF와 선분 QF'의 중점이고, $\overline{OH} \times \overline{OI} = 10$일 때, 이 타원의 장축의 길이를 l이라 하자. l^2의 값을 구하시오.

$\rightarrow \overline{PH} = \overline{HF}, \overline{F'I} = \overline{IQ}$

180 (단, $\overline{OH} \neq \overline{OI}$)

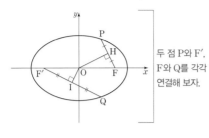

두 점 P와 F', F와 Q를 각각 연결해 보자.

☑ 연관 개념 check

타원 위의 한 점에서 두 초점까지의 거리의 합은 타원의 장축의 길이와 같다.

수능 핵심 개념 삼각형의 두 변의 중점을 연결한 선분의 정리

삼각형 ABC에서
$\overline{AM} = \overline{MB}, \overline{AN} = \overline{NC}$
이면
$\overline{MN} /\!/ \overline{BC}, \overline{MN} = \frac{1}{2}\overline{BC}$

해결 흐름

1 삼각형의 두 변의 중점을 연결한 선분의 성질을 이용해서 네 점 F, P, F', Q가 한 원 위의 점임을 알 수 있어.

2 두 점 P, Q가 타원과 원의 교점이므로 서로 x축 또는 y축 또는 원점에 대하여 대칭임을 이용하여 선분 PF와 길이가 같은 선분을 찾아야겠군.

3 타원 위의 임의의 점에서 두 초점까지의 거리의 합은 일정함을 이용하여 l^2의 값을 구해야겠다.

알찬 풀이

오른쪽 그림의 삼각형 FPF'에서 두 점 O, H는 각각 두 선분 FF', PF의 중점이므로
$\overline{PF'} /\!/ \overline{OH}$

∴ $\angle FPF' = \angle FHO = \frac{\pi}{2}$ (동위각)

마찬가지 방법으로 삼각형 F'QF에서

$\angle F'QF = \angle F'IO = \frac{\pi}{2}$

F(5, 0)이니까 반지름의 길이는 5야.

즉, 네 점 F, P, F', Q는 원점을 중심으로 하고 반지름의 길이가 $\overline{OF}$인 원 위의 점이다. 이때 원과 타원의 교점들은 서로 x축 또는 y축 또는 원점에 대하여 대칭이므로 두 점 P, Q도 서로 x축 또는 y축 또는 원점에 대하여 대칭이다.

두 점 P, Q가 원점 또는 y축에 대하여 대칭이라 하면 $\overline{PF} = \overline{QF'}$이므로
$\overline{PF'} = \overline{QF}$가 되어 $\overline{OH} \neq \overline{OI}$임에 모순이다.

원의 중심이 원점이기 때문이야.

따라서 두 점 P, Q는 x축에 대하여 대칭이므로
$\overline{PF} = \overline{QF}$

직각삼각형 PF'F에서
$\overline{PF'}^2 + \overline{PF}^2 = 10^2$

피타고라스 정리를 이용했어.

∴ $\overline{PF'}^2 + \overline{QF}^2 = 100$

한편, 삼각형 FPF'에서

$\overline{OH} = \frac{1}{2}\overline{PF'}$

삼각형 FQF'에서

$\overline{OI} = \frac{1}{2}\overline{QF}$

삼각형의 두 변의 중점을 연결한 선분의 정리를 이용했어.

즉, $\overline{OH} \times \overline{OI} = \frac{1}{2}\overline{PF'} \times \frac{1}{2}\overline{QF} = 10$이므로

$\overline{PF'} \times \overline{QF} = 40$

문제에 $\overline{OH} \times \overline{OI} = 10$이라고 주어졌어.

∴ $l^2 = (\overline{PF'} + \overline{PF})^2$
$= (\overline{PF'} + \overline{QF})^2$
$= \overline{PF'}^2 + \overline{QF}^2 + 2 \times \overline{PF'} \times \overline{QF}$
$= 100 + 2 \times 40$
$= 180$

생생 수험 Talk

나의 학습 방법은 크게 두 가지로 나눌 수 있는데 바로 개념 이해와 반복이야. 먼저 나한테 맞는 개념 문제집을 사고 공부하면서 개념을 이해하려고 노력했어. 문제를 풀 때에도 단순히 답을 맞히는 것에 집중하기보다는 어떤 개념을 사용했고 어떠한 풀이 방식으로 문제를 풀었는지에 중점을 두고 문제를 풀었던 것 같아. 개념 문제집을 두세 번 공책에 푼 다음 개념을 완벽히 숙지하였을 때 문제 수가 많은 기출 문제집을 풀었지.

$\overline{\mathrm{FF'}}=2c$네.

두 초점이 $\mathrm{F}(c, 0)$, $\mathrm{F'}(-c, 0)$ $(c>0)$인 쌍곡선

$x^2-\dfrac{y^2}{35}=1$이 있다. 이 쌍곡선 위에 있는 제1사분면 위의

1

점 P에 대하여 직선 $\mathrm{PF'}$ 위에 $\overline{\mathrm{PQ}}=\overline{\mathrm{PF}}$인 점 Q를 잡자.

삼각형 $\mathrm{QF'F}$와 삼각형 $\mathrm{FF'P}$가 서로 닮음일 때, 삼각형

2

PFQ의 넓이는 $\dfrac{q}{p}\sqrt5$이다. $p+q$의 값을 구하시오. **107**

3

(단, $\overline{\mathrm{PF'}}<\overline{\mathrm{QF'}}$이고, p와 q는 서로소인 자연수이다.)

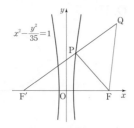

☑ 연관 개념 check

쌍곡선 $\dfrac{x^2}{a^2}-\dfrac{y^2}{b^2}=1$ 위의 임의의 점 P와 두 초점 F, $\mathrm{F'}$에

대하여

(1) $|\overline{\mathrm{PF}}-\overline{\mathrm{PF'}}|=$ (주축의 길이) $=2a$ $(a>0)$

(2) 초점의 좌표: $(\sqrt{a^2+b^2}, 0)$, $(-\sqrt{a^2+b^2}, 0)$

해결 흐름

1 쌍곡선의 방정식이 주어졌으니까 주축의 길이와 초점의 좌표를 구할 수 있겠어.

2 주어진 조건과 쌍곡선의 정의를 이용하여 $\overline{\mathrm{PQ}}$, $\overline{\mathrm{PF}}$, $\overline{\mathrm{PF'}}$, $\overline{\mathrm{QF'}}$의 길이를 구해 봐야겠군.

3 **2**에서 구한 선분의 길이를 이용하여 삼각형 PFQ의 넓이를 구할 수 있겠다.

알찬 풀이

→ 연관 개념 check를 확인해 봐.

쌍곡선 $x^2-\dfrac{y^2}{35}=1$의 두 초점의 좌표는 $\mathrm{F}(6, 0)$, $\mathrm{F'}(-6, 0)$이므로

$\overline{\mathrm{FF'}}=12$

또, 쌍곡선 $x^2-\dfrac{y^2}{35}=1$의 주축의 길이는 2이므로 쌍곡선의 정의에 의하여

→ 연관 개념 check를 확인해 봐.

$\overline{\mathrm{PF'}}-\overline{\mathrm{PF}}=2$

→ 점 P가 제1사분면 위의 점이므로 $\overline{\mathrm{PF'}}>\overline{\mathrm{PF}}$야.
따라서 $|\overline{\mathrm{PF'}}-\overline{\mathrm{PF}}|=\overline{\mathrm{PF'}}-\overline{\mathrm{PF}}=2$이지.

$\overline{\mathrm{PQ}}=\overline{\mathrm{PF}}=k$ $(k>0)$라 하면

$\overline{\mathrm{PF'}}=\overline{\mathrm{PF}}+2=k+2$

$\overline{\mathrm{QF'}}=\overline{\mathrm{PQ}}+\overline{\mathrm{PF'}}=k+(k+2)=2(k+1)$

$\triangle\mathrm{QF'F}$와 $\triangle\mathrm{FF'P}$가 서로 닮음이므로

$\overline{\mathrm{QF'}}:\overline{\mathrm{FF'}}=\overline{\mathrm{FF'}}:\overline{\mathrm{PF'}}$에서

> **닮음의 성질** ☆
> 서로 닮은 두 평면도형에서 대응변의 길이의 비는 일정하다.

$2(k+1):12=12:(k+2)$

$2(k+1)(k+2)=144$

$k^2+3k-70=0$

$(k+10)(k-7)=0$

$\therefore k=7$ $(\because k>0)$

또, $\overline{\mathrm{QF'}}:\overline{\mathrm{FF'}}=\overline{\mathrm{QF}}:\overline{\mathrm{FP}}$에서

$16:12=\overline{\mathrm{QF}}:7$

$\therefore \overline{\mathrm{QF}}=\dfrac{28}{3}$

→ $\triangle\mathrm{PFQ}$는 $\overline{\mathrm{PQ}}=\overline{\mathrm{PF}}$인 이등변삼각형이기 때문이야.

점 P에서 $\overline{\mathrm{QF}}$에 내린 수선의 발을 H라 하면 점 H는 $\overline{\mathrm{QF}}$의 중점이다.

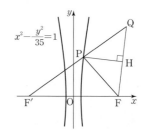

$\therefore \overline{\mathrm{FH}}=\dfrac{1}{2}\overline{\mathrm{QF}}=\dfrac{1}{2}\times\dfrac{28}{3}$

$\qquad=\dfrac{14}{3}$

직각삼각형 PFH에서

$\overline{\mathrm{PH}}=\sqrt{\overline{\mathrm{PF}}^2-\overline{\mathrm{FH}}^2}$ → 피타고라스 정리를 이용했어.

$\qquad=\sqrt{7^2-\left(\dfrac{14}{3}\right)^2}=\dfrac{7\sqrt5}{3}$

$\therefore \triangle\mathrm{PFQ}=\dfrac{1}{2}\times\overline{\mathrm{QF}}\times\overline{\mathrm{PH}}$

$\qquad=\dfrac{1}{2}\times\dfrac{28}{3}\times\dfrac{7\sqrt5}{3}$

$\qquad=\dfrac{98\sqrt5}{9}$

따라서 $p=9$, $q=98$이므로

$p+q=9+98=107$

→ $a^2 + b^2 = 4^2$이네.

그림과 같이 두 점 $F(4, 0)$, $F'(-4, 0)$을 초점으로 하는

쌍곡선 $C : \dfrac{x^2}{a^2} - \dfrac{y^2}{b^2} = 1$이 있다. 점 F를 초점으로 하고 y축을

준선으로 하는 포물선이 쌍곡선 C와 만나는 점 중 제1사분면

위의 점을 P라 하자. 점 P에서 y축에 내린 수선의 발을 H라

할 때, $\overline{PH} : \overline{HF} = 3 : 2\sqrt{2}$이다. $a^2 \times b^2$의 값을 구하시오.

                      63 (단, $a > b > 0$)

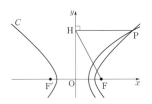

☑ 연관 개념 check

쌍곡선 위의 한 점에서 두 초점까지의 거리의 차는 쌍곡선의
주축의 길이와 같다.

수능 핵심 개념 / **포물선**

평면 위의 한 점 F와 이 점을
지나지 않는 한 직선 l이 주어
질 때, 점 F와 직선 l에 이르는
거리가 같은 점들의 집합을 포
물선이라 한다.

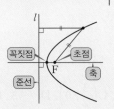

꼭짓점   초점

준선   축

쌍곡선의 방정식   ☆☆

쌍곡선 $\dfrac{x^2}{a^2} - \dfrac{y^2}{b^2} = 1$ $(a > 0,\ b > 0)$에서
두 초점의 좌표가 $(c, 0)$, $(-c, 0)$이면
$a^2 + b^2 = c^2$이다.

해결 흐름

1 선분 PF를 긋고, $\overline{PH} : \overline{HF} = 3 : 2\sqrt{2}$임을 이용하여 선분 PF의 길이를 구해야겠다.

2 **1**에서 구한 선분 PF의 길이와 쌍곡선의 정의를 이용하여 a의 값을 구한 후, 초점의 좌표를
이용하여 b의 값을 구할 수 있겠어.

알찬 풀이

$\overline{PH} : \overline{HF} = 3 : 2\sqrt{2}$이므로

$\overline{PH} = 3k$, $\overline{HF} = 2\sqrt{2}k$ $(k > 0)$

라 하자.

포물선의 정의에 의하여 → 포물선 위의 점 P에서
초점까지의 거리와 준
선까지의 거리는 같아.

$\overline{PF} = \overline{PH} = 3k$

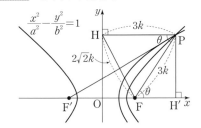

$\angle HPF = \theta$라 하면 삼각형 HPF에서 코사인법칙에 의하여

$$\cos \theta = \frac{\overline{PH}^2 + \overline{PF}^2 - \overline{HF}^2}{2 \times \overline{PH} \times \overline{PF}}$$

$$= \frac{9k^2 + 9k^2 - 8k^2}{2 \times 3k \times 3k} = \frac{5}{9} \qquad \cdots\cdots \text{㉠}$$

점 P에서 x축에 내린 수선의 발을 H'이라 하면 $\overline{HP} /\!/ \overline{FH'}$이므로

$\angle PFH' = \angle HPF = \theta$

$\overline{FH'} = \overline{OH'} - \overline{OF} = 3k - 4$

직각삼각형 PFH'에서

$$\cos \theta = \frac{\overline{FH'}}{\overline{PF}} = \frac{3k - 4}{3k} \qquad \cdots\cdots \text{㉡}$$

㉠, ㉡에서 $\dfrac{5}{9} = \dfrac{3k - 4}{3k}$이므로

$k = 3$

$\therefore \overline{PF} = 3k = 9$

$\overline{PH} = \overline{PF} = 9$이므로

$\overline{FH'} = 9 - 4 = 5$

직각삼각형 PFH'에서

$$\overline{PH'} = \sqrt{\overline{PF}^2 - \overline{FH'}^2}$$

$$= \sqrt{9^2 - 5^2} = \sqrt{56}$$

이때 $\overline{F'H'} = \overline{FF'} + \overline{FH'} = 8 + 5 = 13$이므로 직각삼각형 $PF'H'$에서

$$\overline{PF'} = \sqrt{\overline{F'H'}^2 + \overline{PH'}^2}$$

$$= \sqrt{13^2 + (\sqrt{56})^2} = 15$$

점 P는 쌍곡선 위의 점이므로 쌍곡선의 정의에 의하여

$\overline{PF'} - \overline{PF} = 15 - 9 = 2a \qquad \therefore a = 3$

쌍곡선 $\dfrac{x^2}{a^2} - \dfrac{y^2}{b^2} = 1$의 한 초점이 $F(4, 0)$이므로

$b^2 = 16 - 9 = 7$

$\therefore a^2 \times b^2 = 9 \times 7 = 63$

87

정답 25   정답률 22%

→ $|y| \leq 1$일 때와 $|y| > 1$일 때로 나누어 풀어 봐.

좌표평면에 곡선 $|y^2-1| = \dfrac{x^2}{a^2}$과 네 점 A$(0, c+1)$,

B$(0, -c-1)$, C$(c, 0)$, D$(-c, 0)$이 있다. 곡선 위의 점

중 y좌표의 절댓값이 1보다 작거나 같은 **모든 점 P**에 대하여

$\overline{PC} + \overline{PD} = \sqrt{5}$이다. 곡선 위의 점 Q가 제1사분면에 있고

$\overline{AQ} = 10$일 때, 삼각형 ABQ의 둘레의 길이를 구하시오.

25 (단, a와 c는 양수이다.)

→ 점 P는 두 점 C, D를 초점으로 하는 타원 위에 있어.

해결 흐름

1 $|y| \leq 1$일 때와 $|y| > 1$일 때로 나누어 곡선 $|y^2-1| = \dfrac{x^2}{a^2}$을 알아봐야겠네.

2 모든 점 P에 대하여 $\overline{PC} + \overline{PD} = \sqrt{5}$이므로 두 점 C, D를 초점으로 하는 타원의 방정식임을 이용할 수 있겠어.

3 $\overline{AQ} = 10$일 때의 점 Q의 위치를 파악하면 삼각형 ABQ의 둘레의 길이를 구할 수 있겠군.

연관 개념 check

(1) 두 초점 F$(c, 0)$, F$(-c, 0)$에서의 거리의 합이 $2a$인 타원의 방정식은

$$\dfrac{x^2}{a^2} + \dfrac{y^2}{b^2} = 1 \ (단, \ a > c > 0, \ b^2 = a^2 - c^2)$$

(2) 두 초점 F$(0, c)$, F$(0, -c)$에서의 거리의 차가 $2b$인 쌍곡선의 방정식은

$$\dfrac{x^2}{a^2} - \dfrac{y^2}{b^2} = -1 \ (단, \ c > b > 0, \ a^2 = c^2 - b^2)$$

→ 타원 위의 한 점에서 두 초점까지의 거리의 합은 장축의 길이와 같아.

알찬 풀이

$|y^2-1| = \dfrac{x^2}{a^2}$에서

$|y| \leq 1$일 때, $\dfrac{x^2}{a^2} + y^2 = 1$ → $y^2 - 1 \leq 0$이므로 $-(y^2-1) = \dfrac{x^2}{a^2}$

$|y| > 1$일 때, $\dfrac{x^2}{a^2} - y^2 = -1$ → $y^2 - 1 > 0$이므로 $y^2 - 1 = \dfrac{x^2}{a^2}$

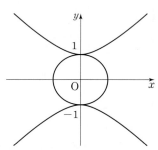

이때 곡선 위의 점 중 y좌표의 절댓값이 1보다 작거나 같은 모든 점 P에 대하여

$\overline{PC} + \overline{PD} = \sqrt{5}$이므로 타원 $\dfrac{x^2}{a^2} + y^2 = 1$의 두 초점은 C$(c, 0)$, D$(-c, 0)$이고, 장축의 길이는 $\sqrt{5}$이다.

따라서 $2a = \sqrt{5}$에서 $a = \dfrac{\sqrt{5}}{2}$

또, $c^2 = a^2 - 1 = \dfrac{5}{4} - 1 = \dfrac{1}{4}$에서 $c = \dfrac{1}{2}$

$\therefore$ A$\left(0, \dfrac{3}{2}\right)$, B$\left(0, -\dfrac{3}{2}\right)$, C$\left(\dfrac{1}{2}, 0\right)$, D$\left(-\dfrac{1}{2}, 0\right)$

따라서 $|y| \leq 1$일 때 $\dfrac{4x^2}{5} + y^2 = 1$이고,

$|y| > 1$일 때 $\dfrac{4x^2}{5} - y^2 = -1$이다.

이때 $\sqrt{\left(\dfrac{5}{4}\right)^2 + 1^2} = \dfrac{3}{2}$이므로 쌍곡선 $\dfrac{4x^2}{5} - y^2 = -1$의 두 초점은

A$\left(0, \dfrac{3}{2}\right)$, B$\left(0, -\dfrac{3}{2}\right)$이다.

점 Q가 타원 $\dfrac{4x^2}{5} + y^2 = 1$ 위의 점이라 하자.

$\overline{AQ}$가 최대일 때는 오른쪽 그림과 같으므로

$$\overline{AQ} \leq \sqrt{\left(\dfrac{\sqrt{5}}{2}\right)^2 + \left(\dfrac{3}{2}\right)^2}$$

$$= \sqrt{\dfrac{7}{2}}$$

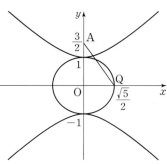

따라서 $\overline{AQ} = 10$이려면 점 Q는 오른쪽 그림과 같이 쌍곡선 $\dfrac{4x^2}{5} - y^2 = -1$ 위의 점이어야 한다.

쌍곡선 $\dfrac{4x^2}{5} - y^2 = -1$의 주축의 길이가 2이므로

$\overline{BQ} - \overline{AQ} = \overline{BQ} - 10 = 2$

$\therefore \overline{BQ} = 12$

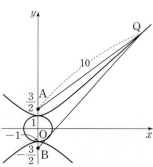

따라서 삼각형 ABQ의 둘레의 길이는

$$\overline{AB}+\overline{BQ}+\overline{QA}=3+12+10=25$$

88 [정답] 11 　　　　　　　　　　　　　 정답률 28%

$$\overrightarrow{\ } \ |\overline{PF}-\overline{PF'}|=|\overline{QF}-\overline{QF'}|=6$$

양수 c에 대하여 두 점 $F(c, 0)$, $F'(-c, 0)$을 초점으로 하고, 주축의 길이가 6인 쌍곡선이 있다. 이 쌍곡선 위에 다음 조건을 만족시키는 서로 다른 두 점 P, Q가 존재하도록 하는 모든 c의 값의 합을 구하시오. **11**

(가) 점 P는 제1사분면 위에 있고 **1**
　　점 Q는 직선 PF′ 위에 있다. **3**
(나) 삼각형 PF′F는 이등변삼각형이다. **2**
(다) 삼각형 PQF의 둘레의 길이는 28이다.

☑ 연관 개념 check

쌍곡선 $\dfrac{x^2}{a^2}-\dfrac{y^2}{b^2}=1$ 위의 임의의 점 P와 두 초점 F, F′에 대하여

$$|\overline{PF}-\overline{PF'}|=(주축의\ 길이)=2a\ (a>0)$$

해결 흐름

1 쌍곡선의 정의와 조건 (가)를 이용하면 $\overline{PF'}-\overline{PF}$, $\overline{QF}-\overline{QF'}$의 값을 구할 수 있겠어.
2 **1**과 조건 (다)를 이용하면 $\overline{PF}+\overline{PF'}$의 값을 구할 수 있어.
3 조건 (나)에 의하여 $\overline{PF'}=\overline{FF'}$ 또는 $\overline{PF}=\overline{FF'}$인 경우로 나누어 c의 값을 구하면 되겠다.

알찬 풀이

두 점 P, Q는 모두 쌍곡선 위의 점이므로 쌍곡선의 정의에 의하여

$|\overline{PF}-\overline{PF'}|=\overline{PF'}-\overline{PF}=6$ → 점 P는 제1사분면 위의 점이므로 $\overline{PF'}>\overline{PF}$야. ⋯⋯ ㉠

$|\overline{QF}-\overline{QF'}|=\overline{QF}-\overline{QF'}=6$ → 점 Q는 직선 PF′ 위에 있으므로 $\overline{QF}>\overline{QF'}$이야. ⋯⋯ ㉡

조건 (다)에서 삼각형 PQF의 둘레의 길이가 28이므로

$$\overline{PF}+\overline{PQ}+\boxed{\overline{QF}}=\overline{PF}+\overline{PQ}+\boxed{\overline{QF'}+6}$$
$$=\overline{PF}+\overline{PF'}+6 \qquad \overline{PQ}+\overline{QF'}=\overline{PF'}$$
$$=28$$

$$\therefore \overline{PF}+\overline{PF'}=22 \qquad\qquad ⋯⋯ ㉢$$

조건 (나)에서 삼각형 PF′F가 이등변삼각형이고 ㉠에서 $\overline{PF'}\neq\overline{PF}$이므로

$$\overline{PF'}=\overline{FF'} \ 또는 \ \overline{PF}=\overline{FF'}$$

(i) $\overline{PF'}=\overline{FF'}$일 때,

$\overline{PF'}=\overline{FF'}=2c$이므로 ㉠에서
→ c가 양수이므로 두 초점 사이의 거리는 $2c$야.
$$\overline{PF}=\overline{PF'}-6=2c-6$$

㉢에서 $\overline{PF}+\overline{PF'}=22$이므로
$$(2c-6)+2c=22$$
$$4c=28$$
$$\therefore c=7$$

(ii) $\overline{PF}=\overline{FF'}$일 때,

$\overline{PF}=\overline{FF'}=2c$이므로 ㉠에서
$$\overline{PF'}=\overline{PF}+6=2c+6$$

㉢에서 $\overline{PF}+\overline{PF'}=22$이므로
$$2c+(2c+6)=22$$
$$4c=16$$
$$\therefore c=4$$

(i), (ii)에서 구하는 모든 c의 값의 합은
$$7+4=11$$

두 점 $F(c, 0)$, $F'(-c, 0)$ $(c>0)$을 초점으로 하는 두 쌍곡선
└→ $\overline{FF'}=2c$이네.

1

$$C_1 : x^2 - \frac{y^2}{24} = 1, \quad C_2 : \frac{x^2}{4} - \frac{y^2}{21} = 1$$

점 P는 쌍곡선 C_1 위에, 점 Q는 쌍곡선 C_2 위에 있어.

이 있다. 쌍곡선 C_1 위에 있는 제2사분면 위의 점 P에 대하여 선분 $\overline{PF'}$이 쌍곡선 C_2와 만나는 점을 Q라 하자.

2

$\overline{PQ}+\overline{QF}$, $2\overline{PF'}$, $\overline{PF}+\overline{PF'}$이 이 순서대로 등차수열을 이룰 때, 직선 PQ의 기울기는 m이다. $60m$의 값을 구하시오.   **80**
└→ 직선 PF'의 기울기와 같아.

3

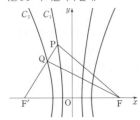

✅ **연관 개념 check**

쌍곡선 $\dfrac{x^2}{a^2} - \dfrac{y^2}{b^2} = 1$ 위의 임의의 점 P와 두 초점 F, F'에 대하여

(1) $|\overline{PF} - \overline{PF'}| =$ (주축의 길이)$= 2a$ $(a>0)$
(2) 초점의 좌표: $(\sqrt{a^2+b^2}, 0)$, $(-\sqrt{a^2+b^2}, 0)$

수능 핵심 개념 | **직선의 기울기**

기울기가 m인 직선이 x축의 양의 부분과 이루는 각의 크기가 θ일 때, $m = \tan\theta$이다.

해결 흐름

1️⃣ 두 쌍곡선 C_1, C_2의 방정식이 주어졌으니까 주축의 길이와 초점의 좌표를 구할 수 있겠어.

2️⃣ 쌍곡선의 정의를 이용하여 $\overline{PF}-\overline{PF'}$, $\overline{QF}-\overline{QF'}$의 값을 구해 봐야겠군.

3️⃣ 2️⃣에서 구한 값과 $\overline{PQ}+\overline{QF}$, $2\overline{PF'}$, $\overline{PF}+\overline{PF'}$이 이 순서대로 등차수열을 이룸을 이용하여 $\overline{PF}$, $\overline{PF'}$의 길이를 구하면 직선 PQ의 기울기를 구할 수 있겠다.   ☆★

알찬 풀이

┌──────────────────────────┐
│ **쌍곡선의 주축의 길이** │
│ 쌍곡선 $\dfrac{x^2}{a^2}-\dfrac{y^2}{b^2}=1$ $(a>0, b>0)$에서 주축의 길이는 $2a$이다. │
└──────────────────────────┘

쌍곡선 $C_1 : x^2 - \dfrac{y^2}{24} = 1$의 주축의 길이는 ②.
└→ $2 \times 1 = 2$

쌍곡선 $C_2 : \dfrac{x^2}{4} - \dfrac{y^2}{21} = 1$의 주축의 길이는 ④.
└→ $2 \times 2 = 4$

두 쌍곡선 C_1, C_2의 초점은 모두 $F(5, 0)$, $F'(-5, 0)$이다.

$\therefore \overline{FF'} = 10$

점 P는 쌍곡선 C_1 위에 있는 제2사분면 위의 점이므로

$\overline{PF} - \overline{PF'} = 2$
└→ $\overline{PF} > \overline{PF'}$이기 때문이야.

$\therefore \overline{PF} = \overline{PF'} + 2$

점 Q는 쌍곡선 C_2 위에 있는 제2사분면 위의 점이므로

$\overline{QF} - \overline{QF'} = 4$
└→ $\overline{QF} > \overline{QF'}$이기 때문이야.

$\therefore \overline{QF} = \overline{QF'} + 4$

$\overline{PQ}+\overline{QF}$, $2\overline{PF'}$, $\overline{PF}+\overline{PF'}$이 이 순서대로 등차수열을 이루므로

$2 \times 2\overline{PF'} = (\overline{PQ}+\overline{QF}) + (\overline{PF}+\overline{PF'})$

┌─────────────┐
│ **등차중항** │
│ 세 수 a, b, c가 이 순서대로 등차수열을 이루면 $2b = a+c$ │
└─────────────┘ ☆★

$\qquad = \overline{PQ} + (\overline{QF'}+4) + (\overline{PF'}+2) + \overline{PF'}$

$\qquad = \overline{PF'} + 4 + \overline{PF'} + 2 + \overline{PF'}$
└→ $\overline{PQ}+\overline{QF'}=\overline{PF'}$

$\qquad = 3\overline{PF'} + 6$

$\therefore \overline{PF'} = 6$
└→ 두 초점 사이의 거리야.

이때 $\overline{FF'} = 10$, $\overline{PF} = 8$이고, $\overline{PF'} = 6$이므로
└→ $\overline{PF}=\overline{PF'}+2=6+2=8$

삼각형 $PF'F$는 $\angle FPF' = \dfrac{\pi}{2}$인 직각삼각형이다.

직각삼각형 $PF'F$에서
└→ $\overline{PF'}^2 + \overline{PF}^2 = \overline{FF'}^2$이기 때문이야.

$\tan(\angle PF'F) = \dfrac{\overline{PF}}{\overline{PF'}} = \dfrac{8}{6} = \dfrac{4}{3}$이므로

$m = \dfrac{4}{3}$
└→ 직선 PF'의 기울기이고 직선 PQ의 기울기와 같아.

$\therefore 60m = 60 \times \dfrac{4}{3} = 80$

생생 수험 Talk

수험생에게 무엇보다 중요한 것이 건강관리야. 개인마다 차이는 있겠지만 나는 몸에 좋은 음식을 따로 챙겨 먹기 보다는 먹고 싶은 음식이 생기면 먹었어. 그렇게 하면 기분도 좋아지고 스트레스도 풀 수 있으니까. 근데 웬만하면 딱 포만감이 느껴질 때까지만 먹으려고 했어. 너무 배부르면 공부할 때 잠이 오기도 하고 집중력도 평소보다 떨어지더라고. 그리고 겨울부터 5월까지는 매일 한 시간 정도씩 운동을 꼭 했어. 너무 힘들지 않게 기분 딱 좋을 정도로만 했는데 스트레스도 풀리고, 운동하고 나면 집중도 더 잘 돼서 상기석으로 노움이 됐던 것 같아.

90

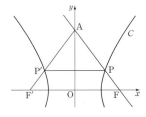

두 초점이 x축 위에 있어.

두 초점이 F$(c, 0)$, F$'(-c, 0)$ $(c>0)$인 쌍곡선 C와 y축 위의 점 A가 있다. 쌍곡선 C가 선분 AF와 만나는 점을 P, 선분 AF$'$과 만나는 점을 P$'$이라 하자.

직선 AF는 쌍곡선 C의 한 점근선과 평행하고 $\overline{AP} : \overline{PP'}=5 : 6$, $\overline{PF}=1$
1

일 때, 쌍곡선 C의 주축의 길이는?
3

① $\dfrac{13}{6}$　　✓② $\dfrac{9}{4}$　　③ $\dfrac{7}{3}$

④ $\dfrac{29}{12}$　　⑤ $\dfrac{5}{2}$

☑ 연관 개념 check

쌍곡선 $\dfrac{x^2}{a^2}-\dfrac{y^2}{b^2}=1$ 위의 임의의 점 P와 두 초점 F, F$'$에 대하여

(1) $|\overline{PF}-\overline{PF'}|=$ (주축의 길이) $=2a$ $(a>0)$

(2) 초점의 좌표: $(\sqrt{a^2+b^2}, 0)$, $(-\sqrt{a^2+b^2}, 0)$

(3) 점근선의 방정식: $y=\pm\dfrac{b}{a}x$

수능 핵심 개념 ▸ 삼각형의 닮음 조건

(1) 세 쌍의 대응하는 변의 길이의 비가 같을 때 (SSS 닮음)

(2) 두 쌍의 대응하는 변의 길이의 비가 같고 그 끼인각의 크기가 같을 때 (SAS 닮음)

(3) 두 쌍의 대응하는 각의 크기가 각각 같을 때 (AA 닮음)

$\angle$AMP$=\angle$PHF$=90°$,
$\angle$APM$=\angle$PFH (동위각)이므로
$\triangle$AMP $\backsim$ $\triangle$PHF (AA 닮음)

쌍곡선의 초점의 좌표

쌍곡선 $\dfrac{x^2}{a^2}-\dfrac{y^2}{b^2}=1$ $(a>0, b>0)$ 에서 초점의 좌표는 $(\pm\sqrt{a^2+b^2}, 0)$ 이다.

해결 흐름

1 주어진 조건을 이용하면 쌍곡선 C의 두 점근선의 기울기를 구할 수 있겠어.

2 두 초점이 x축 위에 있으니까 쌍곡선의 방정식을 $\dfrac{x^2}{a^2}-\dfrac{y^2}{b^2}=1$ $(a>0, b>0)$로 놓고, **1**에서 구한 두 점근선의 기울기를 이용하면 a, b에 대한 관계식을 구할 수 있겠네.

3 주어진 조건을 이용하여 a의 값을 구하면 쌍곡선 C의 주축의 길이를 구할 수 있겠어.

알찬 풀이

오른쪽 그림과 같이 점 P에서 x축에 내린 수선의 발을 H, 선분 PP$'$이 y축과 만나는 점을 M이라 하자.

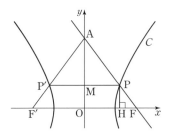

$\overline{AP} : \overline{PP'}=5 : 6$이고 점 M은 선분 PP$'$의 중점이므로

$\overline{AP} : \overline{MP}=5 : 3$

$\overline{AP}=5k$, $\overline{MP}=3k$ (k는 실수)라 하면

직각삼각형 AMP에서

$\overline{AM}=\sqrt{\overline{AP}^2-\overline{MP}^2}=\sqrt{(5k)^2-(3k)^2}=4k$ → 피타고라스 정리를 이용했어.

$\therefore \dfrac{\overline{AM}}{\overline{MP}}=\dfrac{4k}{3k}=\dfrac{4}{3}$

즉, 직선 AF의 기울기는 $-\dfrac{4}{3}$이고 직선 AF$'$의 기울기는 $\dfrac{4}{3}$이다.

이때 직선 AF는 쌍곡선 C의 한 점근선과 평행하므로 쌍곡선 C의 두 점근선의 기울기는 $\pm\dfrac{4}{3}$이다. → 직선 AF$'$은 쌍곡선 C의 다른 점근선과 평행하겠지.

쌍곡선 C의 방정식을 $\dfrac{x^2}{a^2}-\dfrac{y^2}{b^2}=1$ $(a>0, b>0)$이라 하면 점근선의 방정식은 $y=\pm\dfrac{b}{a}x$이므로 → 두 초점이 x축 위에 있기 때문이야.

$\dfrac{b}{a}=\dfrac{4}{3}$에서 $b=\dfrac{4}{3}a$

$\dfrac{x^2}{a^2}-\dfrac{y^2}{b^2}=1$에 $b=\dfrac{4}{3}a$를 대입하면

$\dfrac{x^2}{a^2}-\dfrac{y^2}{\left(\frac{4}{3}a\right)^2}=1$　　$\therefore \dfrac{x^2}{a^2}-\dfrac{y^2}{\frac{16}{9}a^2}=1$　　$\cdots\cdots$ ㉠

$\triangle$AMP $\backsim$ $\triangle$PHF (AA 닮음)이므로

$\overline{AP} : \overline{PF}=\overline{AM} : \overline{PH}$, $5k : 1=4k : \overline{PH}$　　$\therefore \overline{PH}=\dfrac{4}{5}$

$\overline{AP} : \overline{PF}=\overline{MP} : \overline{HF}$, $5k : 1=3k : \overline{HF}$　　$\therefore \overline{HF}=\dfrac{3}{5}$

점 F의 x좌표는 $\sqrt{a^2+\dfrac{16}{9}a^2}=\dfrac{5}{3}a$이므로 점 P의 좌표는 $\left(\dfrac{5}{3}a-\dfrac{3}{5}, \dfrac{4}{5}\right)$이고, 이 점이 쌍곡선 C 위의 점이므로 ㉠에 대입하면 $\overline{OF}-\overline{HF}$ ← → $\overline{PH}$

$\dfrac{\left(\frac{5}{3}a-\frac{3}{5}\right)^2}{a^2}-\dfrac{\left(\frac{4}{5}\right)^2}{\frac{16}{9}a^2}=1$, $\dfrac{25}{9}a^2-2a+\dfrac{9}{25}-\dfrac{9}{25}=a^2$

$16a^2-18a=0$, $2a(8a-9)=0$

$\therefore a=\dfrac{9}{8}$ $(\because a>0)$

따라서 쌍곡선 C의 주축의 길이는

$2a=2\times\dfrac{9}{8}=\dfrac{9}{4}$

91 정답 ⑤   정답률 55%

→ 점 P는 두 점 B, C를 초점으로 하는 쌍곡선 위에 있어.
평면에 한 변의 길이가 10인 정삼각형 ABC가 있다.
$\overline{PB}-\overline{PC}=2$를 만족시키는 점 P에 대하여 선분 PA의 길
이가 최소일 때, 삼각형 PBC의 넓이는?

① $20\sqrt{3}$ ② $21\sqrt{3}$ ③ $22\sqrt{3}$
④ $23\sqrt{3}$ ✓⑤ $24\sqrt{3}$

☑ 연관 개념 check

쌍곡선 $\dfrac{x^2}{a^2}-\dfrac{y^2}{b^2}=1$ 위의 임의의 점 P와 두 초점 F, F′에
대하여
$|\overline{PF}-\overline{PF'}|=($주축의 길이$)=2a\ (a>0)$

점 A의 y좌표는 정삼각형 ABC의 높
이와 같으므로 $\dfrac{\sqrt{3}}{2}\times 10=5\sqrt{3}$이야.

이차함수의 최대·최소 ☆☆
이차함수 $y=a(x-p)^2+q$에 대하여
① $a>0$이면 $x=p$에서 최솟값 q를 갖고,
최댓값은 없다.
② $a<0$이면 $x=p$에서 최댓값 q를 갖고,
최솟값은 없다.

해결 흐름

1 주어진 정삼각형 ABC를 좌표평면에 나타내 봐야겠네.
2 쌍곡선의 정의를 이용하여 두 점 B, C를 초점으로 하는 쌍곡선의 방정식을 구할 수 있겠어.
3 선분 PA의 길이가 최소일 때의 점 P의 y좌표를 구하면 삼각형 PBC의 넓이를 구할 수 있겠군.

알찬 풀이

오른쪽 그림과 같이 한 변의 길이가 10인 정삼각
형 ABC를 점 A는 y축, 두 점 B, C는 x축 위에
오도록 좌표평면 위에 놓고, 점 P를 지나고 두 점
B, C를 초점으로 하는 쌍곡선의 방정식을
$\dfrac{x^2}{a^2}-\dfrac{y^2}{b^2}=1\ (a>0,\ b>0)$이라 하자.
└→ 두 초점이 x축 위에 있기 때문이야.
$\overline{PB}-\overline{PC}=2$이므로
$2a=2$ ∴ $a=1$
또, B$(-5, 0)$, C$(5, 0)$이므로
$1+b^2=5^2$에서 $b^2=24$

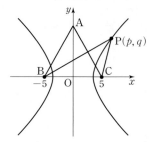

쌍곡선의 방정식 ☆☆
쌍곡선 $\dfrac{x^2}{a^2}-\dfrac{y^2}{b^2}=1\ (a>0,\ b>0)$의
두 초점의 좌표가 $(c, 0)$, $(-c, 0)$이
면 $a^2+b^2=c^2$이다.

따라서 구하는 쌍곡선의 방정식은 $x^2-\dfrac{y^2}{24}=1$

점 P의 좌표를 (p, q)라 하면 점 P는 쌍곡선 $x^2-\dfrac{y^2}{24}=1$ 위의 점이므로

$p^2-\dfrac{q^2}{24}=1$이고, 점 A의 좌표는 $(0, \boxed{5\sqrt{3}})$이다.

∴ $\overline{PA}^2=(p-0)^2+(q-5\sqrt{3})^2$
$\quad=\dfrac{25}{24}q^2-10\sqrt{3}q+76$ ←
$\quad=\dfrac{25}{24}\left(q-\dfrac{24\sqrt{3}}{5}\right)^2+4$

$p^2+q^2-10\sqrt{3}q+75$
$=\left(1+\dfrac{q^2}{24}\right)+q^2-10\sqrt{3}q+75$
$=\dfrac{25}{24}q^2-10\sqrt{3}q+76$

즉, $\overline{PA}^2$의 값은 $q=\dfrac{24\sqrt{3}}{5}$일 때 최소이고, 선분 PA의 길이도 최소가 되므로

이때의 점 P의 y좌표는 $\dfrac{24\sqrt{3}}{5}$이다.

따라서 삼각형 PBC의 넓이는

$\dfrac{1}{2}\times 10\times\dfrac{24\sqrt{3}}{5}=24\sqrt{3}$

92 정답 116   정답률 59%

그림과 같이 두 초점이 F, F′인 쌍곡선 $\dfrac{x^2}{8}-\dfrac{y^2}{17}=1$ 위의
점 P에 대하여 직선 FP와 직선 F′P에 동시에 접하고 중심
이 y축 위에 있는 원 C가 있다. 직선 F′P와 원 C의 접점 Q
에 대하여 $\overline{F'Q}=5\sqrt{2}$일 때, $\overline{FP}^2+\overline{F'P}^2$의 값을 구하시오.
116 (단, $\overline{F'P}<\overline{FP}$)

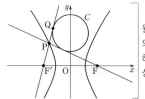

원 C와 직선 FP
의 접점을 Q′이라
하고, 원의 접선의
성질을 이용해 봐.

해결 흐름

1 $\overline{FP}^2+\overline{F'P}^2$의 값을 구하려면 두 선분 FP, F′P의 길이를 구해야겠네.
2 $\overline{FP}=a$, $\overline{F'P}=b$, $\overline{PQ}=c$로 놓고, 쌍곡선의 정의와 주어진 조건을 이용하여 a, b, c에 대한 식을 세워야겠군.

알찬 풀이

원의 중심을 C, 원과 직선 FP의 접점을 Q′이
라 하고, $\overline{FP}=a$, $\overline{F'P}=b$, $\overline{PQ}=c$라 하자.
쌍곡선 $\dfrac{x^2}{8}-\dfrac{y^2}{17}=1$의 주축의 길이는
$2\times 2\sqrt{2}=4\sqrt{2}$

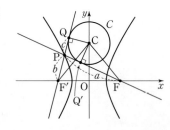

☑ **연관 개념 check**

쌍곡선 $\dfrac{x^2}{a^2}-\dfrac{y^2}{b^2}=1$ 위의 임의의 점 P와 두 초점 F, F′에

대하여

$|\overline{PF}-\overline{PF'}|=$ (주축의 길이)$=2a\,(a>0)$

수능 핵심 개념 | **원의 접선의 성질**

오른쪽 그림과 같이 원 O 밖
의 한 점 P에서 원에 그은 두
접선의 접점을 각각 A, B라
할 때,
(1) $\overline{PA}=\overline{PB}$
(2) $\overline{PA}\perp\overline{OA}$, $\overline{PB}\perp\overline{OB}$
(3) $\overline{PO}\perp\overline{AB}$

이때 $\overline{FP}>\overline{F'P}$이므로 쌍곡선의 정의에 의하여

$\overline{FP}-\overline{F'P}=a-b=4\sqrt{2}$ → $\overline{FP}-\overline{F'P}=$ (주축의 길이)임을 알 수 있어.   ····· ㉠

또, $\overline{F'Q}=5\sqrt{2}$에서

$\overline{F'Q}=\overline{F'P}+\overline{PQ}=b+c=5\sqrt{2}$ ····· ㉡

한편,

$\overline{CF'}=\overline{CF}$ → y축이 선분 FF′의 수직이등분선이고 점 C는 y축 위의 점이니까 $\overline{CF}=\overline{CF'}$이 성립해.

이고, 원의 접선의 성질에 의하여

$\overline{QC}=\overline{Q'C}$,

$\angle CQF'=\angle CQ'F=90°$ → 원의 접선은 그 접점을 지나는 반지름에 수직이기 때문이야.

즉, $\triangle CQF'\equiv\triangle CQ'F$ (RHS 합동)이므로

$\overline{QF'}=\overline{Q'F}$에서 $b+c=a-c$ → $\overline{PQ'}=\overline{PQ}=c$이므로 $\overline{Q'F}=\overline{PF}-\overline{PQ'}=a-c$

$2c=a-b=4\sqrt{2}$ (∵ ㉠)   ∴ $c=2\sqrt{2}$

㉡에 $c=2\sqrt{2}$를 대입하면

$b+2\sqrt{2}=5\sqrt{2}$ ∴ $b=3\sqrt{2}$

㉠에 $b=3\sqrt{2}$를 대입하면

$a-3\sqrt{2}=4\sqrt{2}$ ∴ $a=7\sqrt{2}$

∴ $\overline{FP}^2+\overline{F'P}^2=a^2+b^2=98+18=116$

---

93   정답 ①   정답률 44%

좌표평면에서 <u>직선 $y=2x-3$ 위를 움직이는 점 P</u>가 있다. 두 점 A$(c,0)$, B$(-c,0)$ $(c>0)$에 대하여 <u>$\overline{PB}-\overline{PA}$의 값이 최대가 되도록 하는 점 P의 좌표가 $(3,3)$</u>일 때, 상수 c의 값은?

    점 P에서 두 점 A, B까지의 거리의 차이니까 쌍곡선을 떠올려야 해.

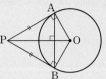

✓① $\dfrac{3\sqrt{6}}{2}$ ② $\dfrac{3\sqrt{7}}{2}$ ③ $3\sqrt{2}$

④ $\dfrac{9}{2}$ ⑤ $\dfrac{3\sqrt{10}}{2}$

☑ **연관 개념 check**

(1) 쌍곡선 $\dfrac{x^2}{a^2}-\dfrac{y^2}{b^2}=1\,(a>0,\,b>0)$ 위의 임의의 점 P와

두 초점 F, F′에 대하여

$|\overline{PF}-\overline{PF'}|=$ (주축의 길이)$=2a$

(2) 쌍곡선 $\dfrac{x^2}{a^2}-\dfrac{y^2}{b^2}=1$ 위의 점 (x_1,y_1)에서의 접선의 방정

식은

$\dfrac{x_1x}{a^2}-\dfrac{y_1y}{b^2}=1$

☑ **실전 적용 key**

쌍곡선 $\dfrac{x^2}{a^2}-\dfrac{y^2}{b^2}=1$ 위의 점 (x_1,y_1)에서의 접선의 방정식은

$\dfrac{x^2}{a^2}-\dfrac{y^2}{b^2}=1$에 x^2 대신 x_1x, y^2 대신 y_1y를 대입한 것이다.

쌍곡선의 방정식 ☆★

쌍곡선 $\dfrac{x^2}{a^2}-\dfrac{y^2}{b^2}=1\,(a>0,\,b>0)$에서
두 초점의 좌표가 $(c,0)$, $(-c,0)$이면
$a^2+b^2=c^2$이다.

해결 흐름

1 점 P를 지나고 두 점 A, B를 초점으로 하는 쌍곡선의 방정식을 생각하면 $\overline{PB}-\overline{PA}$의 값이 쌍곡선의 주축의 길이임을 알 수 있겠군.

2 **1**에서 쌍곡선 위의 점 P$(3,3)$에서의 접선이 직선 $y=2x-3$과 일치하면 $\overline{PA}-\overline{PB}$의 값이 최대가 되겠군.

3 c가 쌍곡선의 초점의 x좌표임을 이용하면 c의 값을 구할 수 있겠어.

알찬 풀이

점 P를 지나고 두 점 A, B를 초점으로 하는 쌍곡선의 방정식을

$\dfrac{x^2}{a^2}-\dfrac{y^2}{b^2}=1\,(a>0,\,b>0)$이라 하자.

$\overline{PB}-\overline{PA}$의 값은 이 쌍곡선의 주축의 길이
이므로 주축의 길이가 최대가 되려면 오른쪽
그림과 같이 점 P$(3,3)$에서 쌍곡선이 직선
$y=2x-3$과 접해야 한다.

이때 쌍곡선 $\dfrac{x^2}{a^2}-\dfrac{y^2}{b^2}=1$ 위의 점 P$(3,3)$

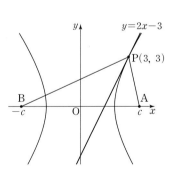

에서의 접선의 방정식은

$\dfrac{3x}{a^2}-\dfrac{3y}{b^2}=1$ ∴ $y=\dfrac{b^2}{a^2}x-\dfrac{b^2}{3}$

이 직선이 $y=2x-3$과 일치하므로   → 두 직선이 일치하면 기울기와 y절편이 각각 같아.

$\dfrac{b^2}{a^2}=2$, $-\dfrac{b^2}{3}=-3$ ∴ $a^2=\dfrac{9}{2}$, $b^2=9$

따라서 쌍곡선 $\dfrac{x^2}{\frac{9}{2}}-\dfrac{y^2}{9}=1$의 두 초점은 A$(c,0)$, B$(-c,0)$이므로

$\dfrac{9}{2}+9=c^2$ ∴ $c^2=\dfrac{27}{2}$

∴ $c=\sqrt{\dfrac{27}{2}}=\dfrac{3\sqrt{6}}{2}$ (∵ $c>0$)

94 정답 ① 정답률 64%

그림과 같이 두 점 F$(c, 0)$, F$'(-c, 0)$ $(c>0)$을 초점으로 하는 타원 $\dfrac{x^2}{16}+\dfrac{y^2}{12}=1$ 위의 점 P$(2, 3)$에서 타원에 접하는 직선을 l이라 하자. 점 F를 지나고 l과 평행한 직선이 타원과 만나는 점 중 제2사분면 위에 있는 점을 Q라 하자. 두 직선 F$'$Q와 l이 만나는 점을 R, l과 x축이 만나는 점을 S라 할 때, 삼각형 SRF$'$의 둘레의 길이는? $l /\!/ \overline{QF}$야.

> 공식을 이용해 봐. ②
> ①
> ③

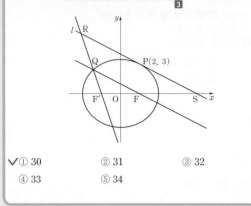

✓ ① 30   ② 31   ③ 32
④ 33   ⑤ 34

☑ 연관 개념 check

(1) 타원 위의 한 점에서 두 초점까지의 거리의 합은 타원의 장축의 길이와 같다.

(2) 타원 $\dfrac{x^2}{a^2}+\dfrac{y^2}{b^2}=1$ 위의 점 (x_1, y_1)에서의 접선의 방정식은
$$\dfrac{x_1 x}{a^2}+\dfrac{y_1 y}{b^2}=1$$

수능 핵심 개념 | 삼각형의 닮음 조건

(1) 세 쌍의 대응하는 변의 길이의 비가 같을 때 (SSS 닮음)
(2) 두 쌍의 대응하는 변의 길이의 비가 같고 그 끼인각의 크기가 같을 때 (SAS 닮음)
(3) 두 쌍의 대응하는 각의 크기가 각각 같을 때 (AA 닮음)

해결 흐름

1 공식을 이용하여 타원 위의 점 P$(2, 3)$에서의 접선의 방정식을 구해야겠다.

2 타원의 두 초점 F, F$'$의 좌표를 구하고, 타원의 정의를 이용하면 삼각형 FQF$'$의 둘레의 길이를 구할 수 있겠네.

3 두 삼각형 FQF$'$, SRF$'$이 서로 닮음임을 이용하여 삼각형 SRF$'$의 둘레의 길이를 구해야겠다.

알찬 풀이

타원 $\dfrac{x^2}{16}+\dfrac{y^2}{12}=1$ 위의 점 P$(2, 3)$에서의 접선 l의 방정식은

$$\dfrac{2x}{16}+\dfrac{3y}{12}=1 \qquad \therefore \dfrac{x}{8}+\dfrac{y}{4}=1$$

> $\dfrac{x}{8}+\dfrac{y}{4}=1$에 $y=0$을 대입해서 구했어.

직선 l과 x축이 만나는 점이 S이므로 점 S의 좌표는 $(8, 0)$이다.

또, 타원 $\dfrac{x^2}{16}+\dfrac{y^2}{12}=1$의 두 초점의 좌표는

$$\text{F}(2, 0), \text{F}'(-2, 0)$$

> ☆★ 타원의 초점의 좌표
> 타원 $\dfrac{x^2}{a^2}+\dfrac{y^2}{b^2}=1$ $(a>b>0)$에서 초점의 좌표는 $(\pm\sqrt{a^2-b^2}, 0)$이다.

이때 두 삼각형 FQF$'$, SRF$'$에서
∠QF$'$F는 공통, ∠QFF$'$=∠RSF$'$이므로
△FQF$'$∽△SRF$'$ (AA 닮음)

> $\overline{QF} /\!/ \overline{RS}$이므로 동위각의 크기가 같아.

이고, 닮음비가

> $\overline{F'S}=8-(-2)=10$

$$\overline{F'F} : \overline{F'S}=4 : \boxed{10}=2 : 5$$

이므로 둘레의 길이의 비는

> 닮음비가 $m : n$인 두 닮은 도형의 둘레의 길이의 비는 $m : n$이다. ☆★

$$2 : 5$$

한편, 타원의 정의에 의하여

> 타원 $\dfrac{x^2}{a^2}+\dfrac{y^2}{b^2}=1$ 위의 한 점에서 두 초점까지의 거리의 합은 $2a$ $(a>0)$야.

$$\overline{FQ}+\overline{F'Q}=2\times4=8$$

이므로 삼각형 FQF$'$의 둘레의 길이는

$$\overline{FQ}+\overline{F'Q}+\overline{F'F}=8+4=12$$

따라서 12 : (삼각형 SRF$'$의 둘레의 길이)$=2 : 5$이므로 삼각형 SRF$'$의 둘레의 길이는

$$60\times\dfrac{1}{2}=30$$

95 정답 ① 정답률 70%

두 양수 k, p에 대하여 점 A$(-k, 0)$에서 포물선 $y^2=4px$에 그은 두 접선이 y축과 만나는 두 점을 각각 F, F$'$, 포물선과 만나는 두 점을 각각 P, Q라 할 때, ∠PAQ$=\dfrac{\pi}{3}$이다. 두 점 F, F$'$을 초점으로 하고 두 점 P, Q를 지나는 타원의 장축의 길이가 $4\sqrt{3}+12$일 때, $k+p$의 값은?

> 두 초점 F, F$'$은 y축 위의 점이야.

✓ ① 8   ② 10   ③ 12
④ 14   ⑤ 16

☑ 연관 개념 check

포물선 $y^2=4px$ 위의 점 (x_1, y_1)에서의 접선의 방정식은
$$y_1 y=2p(x+x_1)$$

해결 흐름

1 점 P의 좌표를 (x_1, y_1)이라 하고, 먼저 포물선 $y^2=4px$ 위의 점 P에서의 접선의 방정식을 구해야겠군.

2 타원 위의 임의의 점에서 두 초점까지의 거리의 합이 장축의 길이와 같으니까 $\overline{PF}+\overline{PF'}$이 장축의 길이이겠네.

3 ∠PAQ$=\dfrac{\pi}{3}$이니까 삼각함수의 정의를 이용해서 필요한 선분의 길이를 구해 봐야겠다.

알찬 풀이

점 P의 좌표를 (x_1, y_1)이라 하고 점 P에서 x축에 내린 수선의 발을 H라 하자.

> H$(x_1, 0)$이겠지.

포물선 $y^2=4px$ 위의 점 P에서의 접선의 방정식은
$$y_1 y=2p(x+x_1)$$
이 접선이 점 A$(-k, 0)$을 지나므로
$$0=2p(-k+x_1), \ -k+x_1=0$$
$$\therefore x_1=k \qquad \therefore \text{H}(k, 0)$$

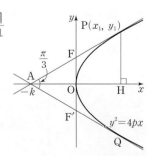

$\angle\text{PAQ}=\dfrac{\pi}{3}$에서 $\angle\text{PAH}=\dfrac{\pi}{6}$이므로

$\overline{\text{FO}}=\overline{\text{AO}}\tan\dfrac{\pi}{6}=\dfrac{k}{\sqrt{3}}$ → 삼각형 PAQ는 $\overline{\text{AP}}=\overline{\text{AQ}}$이고, $\angle\text{PAQ}=\dfrac{\pi}{3}$이니까 정삼각형이야. 따라서 x축이 $\angle$A를 이등분하겠네.

$\overline{\text{PH}}=\overline{\text{AH}}\tan\dfrac{\pi}{6}=\dfrac{2k}{\sqrt{3}}$ ⋯⋯ ㉠

삼각형의 두 변의 중점을 연결한 선분의 정리 ★★
삼각형 ABC에서
$\overline{\text{AM}}=\overline{\text{MB}}$, $\overline{\text{MN}}\,\#\,\overline{\text{BC}}$
이면
$\overline{\text{AN}}=\overline{\text{NC}}$

$\overline{\text{PF}}=\overline{\text{AF}}=\dfrac{\overline{\text{AO}}}{\cos\dfrac{\pi}{6}}=\dfrac{2k}{\sqrt{3}}$

$\overline{\text{PF}'}=\sqrt{k^2+(\sqrt{3}k)^2}=2k$ → $\overline{\text{PH}}+\overline{\text{OF}'}=\overline{\text{PH}}+\overline{\text{FO}}=\dfrac{2k}{\sqrt{3}}+\dfrac{k}{\sqrt{3}}=\dfrac{3k}{\sqrt{3}}=\sqrt{3}k$

이때 타원의 장축의 길이는 $4\sqrt{3}+12$이므로

$\overline{\text{PF}}+\overline{\text{PF}'}=4\sqrt{3}+12$

$\dfrac{2k}{\sqrt{3}}+2k=4\sqrt{3}+12$, $\dfrac{2+2\sqrt{3}}{\sqrt{3}}k=4\sqrt{3}+12$

$\therefore k=\dfrac{\sqrt{3}(4\sqrt{3}+12)}{2+2\sqrt{3}}=\dfrac{12(1+\sqrt{3})}{2(1+\sqrt{3})}=6$

㉠에서 $\overline{\text{PH}}=\dfrac{2\times6}{\sqrt{3}}=4\sqrt{3}$이므로

$y_1=4\sqrt{3}$

점 $\text{P}(6,\,4\sqrt{3})$이 포물선 $y^2=4px$ 위의 점이므로

$(4\sqrt{3})^2=4p\times6$, $48=24p$ $\therefore p=2$

$\therefore k+p=6+2=8$

---

96 정답 15   정답률 79%

→ 초점의 좌표가 주어졌으므로 $a,\,b$에 대한 식을 구할 수 있어.
그림과 같이 두 초점이 $\text{F}(3,\,0)$, $\text{F}'(-3,\,0)$인 쌍곡선

$\dfrac{x^2}{a^2}-\dfrac{y^2}{b^2}=1$ ① 위의 점 $\text{P}(4,\,k)$에서의 접선과 x축과의 교점

이 선분 $\text{F}'\text{F}$를 $2:1$로 내분할 때, k^2의 값을 구하시오. ② ③ 15
(단, $a,\,b$는 상수이다.)

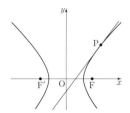

☑ 연관 개념 check

쌍곡선 $\dfrac{x^2}{a^2}-\dfrac{y^2}{b^2}=1$ 위의 점 $(x_1,\,y_1)$에서의 접선의 방정식은

$\dfrac{x_1x}{a^2}-\dfrac{y_1y}{b^2}=1$

수능 핵심 개념 | **선분의 내분점**

좌표평면 위의 두 점 $\text{A}(x_1,\,y_1)$, $\text{B}(x_2,\,y_2)$에 대하여 선분 AB를 $m:n$ $(m>0,\,n>0)$으로 내분하는 점을 P라 하면

$\text{P}\left(\dfrac{mx_2+nx_1}{m+n},\ \dfrac{my_2+ny_1}{m+n}\right)$

해결 흐름

① 쌍곡선 $\dfrac{x^2}{a^2}-\dfrac{y^2}{b^2}=1$의 두 초점의 좌표를 이용하여 $a,\,b$ 사이의 관계식을 구할 수 있겠네.

② 쌍곡선 위의 점 $\text{P}(4,\,k)$에서의 접선의 방정식을 구해야겠다.

③ 접선과 x축의 교점이 선분 $\text{F}'\text{F}$를 $2:1$로 내분함을 이용하여 a^2, b^2의 값을 구할 수 있겠군.

알찬 풀이

쌍곡선 $\dfrac{x^2}{a^2}-\dfrac{y^2}{b^2}=1$의 두 초점이 $\text{F}(3,\,0)$, $\text{F}'(-3,\,0)$이므로

$a^2+b^2=3^2=9$ ⋯⋯ ㉠

한편, 쌍곡선 $\dfrac{x^2}{a^2}-\dfrac{y^2}{b^2}=1$ 위의

점 $\text{P}(4,\,k)$에서의 접선의 방정식은

$\dfrac{4x}{a^2}-\dfrac{ky}{b^2}=1$

이 접선이 x축과 만나는 점의 x좌표는

$\dfrac{4x}{a^2}=1$, $4x=a^2$ $\therefore x=\dfrac{a^2}{4}$

이때 점 $\left(\dfrac{a^2}{4},\,0\right)$이 선분 $\text{F}'\text{F}$를 $2:1$로 내분하므로

$\dfrac{2\times3+1\times(-3)}{2+1}=\dfrac{a^2}{4}$, $1=\dfrac{a^2}{4}$

$\therefore a^2=4$

$a^2=4$를 ㉠에 대입하면 $b^2=5$이므로 쌍곡선의 방정식은

$\dfrac{x^2}{4}-\dfrac{y^2}{5}=1$

쌍곡선의 초점의 좌표 ★★
쌍곡선 $\dfrac{x^2}{a^2}-\dfrac{y^2}{b^2}=1$ $(a>0,\,b>0)$
에서 초점의 좌표는 $(\pm\sqrt{a^2+b^2},\,0)$
이다.

✓ 오답 clear

선분의 내분점, 외분점을 공식을 이용하여 구할 때는 선분의 점의 좌표가 헷갈리지 않도록 그림을 그려서 공식을 적용해야 실수를 방지할 수 있다.

이때 쌍곡선이 점 P(4, k)를 지나므로

$$\frac{16}{4} - \frac{k^2}{5} = 1, \quad \frac{k^2}{5} = 3$$

→ 점 P(4, k)는 쌍곡선 위의 점이므로 쌍곡선의 방정식에 x=4, y=k를 대입해.

$$\therefore k^2 = 15$$

문제 해결 TIP

정성주 | 서울대학교 건축학과 | 대광고등학교 졸업

선분의 내분점을 구할 때 공식을 이용하는 것도 좋지만 눈으로 풀 수 있는 것을 빨리 구하면 시간을 절약할 수 있겠지? 선분 F'F의 길이가 6이니까 선분 F'F를 2 : 1로 내분하는 점은 점 F'에서 4만큼 오른쪽으로 이동하면 되겠네. 또, k^2의 값을 구하는 문제이니까 문제를 풀면서 k의 값을 구해서 제곱해야겠다고 생각하지 말고 k^2의 값을 바로 구할 수는 없는지 생각해 보는 것도 필요해.

97 정답 ②   정답률 66%

→ 타원의 접선이 점 P를 지나. **1 2**

직선 $y=2$ 위의 점 P에서 타원 $x^2 + \frac{y^2}{2} = 1$에 그은 두 접선의 기울기의 곱이 $\frac{1}{3}$ **3** 이다. 점 P의 x좌표를 k라 할 때, k^2의 값은?

→ P(k, 2)네.

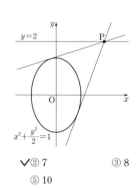

$$x^2 + \frac{y^2}{2} = 1$$

① 6   ✓② 7   ③ 8
④ 9   ⑤ 10

해결 흐름

1 점 P에서 타원에 그은 접선의 기울기를 m으로 놓고 접선의 방정식을 구해야겠군.

2 **1**에서 구한 접선이 점 P를 지남을 이용하면 m에 대한 이차방정식이 나오겠네.

3 두 접선의 기울기의 곱이 $\frac{1}{3}$이므로 이차방정식의 근과 계수의 관계를 이용하면 k의 값을 구할 수 있겠네.

알찬 풀이

타원 $x^2 + \frac{y^2}{2} = 1$에 접하고 기울기가 m인 접선의 방정식은 $y = mx \pm \sqrt{m^2 + 2}$

이고, 두 접선이 모두 점 P(k, 2)를 지나므로

→ 점 P는 직선 $y=2$ 위의 점이고, x좌표가 k이기 때문이야.

$2 = mk \pm \sqrt{m^2 + 2}$에서

$2 - mk = \pm\sqrt{m^2 + 2}$

위의 식의 양변을 제곱하면

$(2 - mk)^2 = m^2 + 2$

$\therefore (k^2 - 1)m^2 - 4km + 2 = 0$ → 이 이차방정식의 서로 다른 두 실근이 접선의 기울기야.

이때 점 P에서 타원에 그은 두 접선의 기울기의 곱이 $\frac{1}{3}$이므로 위의 이차방정식에서 근과 계수의 관계에 의하여

$$\frac{2}{k^2 - 1} = \frac{1}{3}, \quad 6 = k^2 - 1$$

$$\therefore k^2 = 7$$

> **이차방정식의 근과 계수의 관계**
> 이차방정식 $ax^2 + bx + c = 0$ (a, b, c는 실수)의 두 근을 α, β라 하면
> $\alpha + \beta = -\frac{b}{a}$, $\alpha\beta = \frac{c}{a}$

다른 풀이

기울기가 m이고 점 P(k, 2)를 지나는 직선의 방정식은

$$y = m(x - k) + 2$$

이때 이 직선이 타원 $x^2 + \frac{y^2}{2} = 1$과 접하므로 두 식을 연립하여 얻은 이차방정식은 중근을 갖는다. → 이 이차방정식의 판별식을 D라 하면 $D=0$이야.

$y = m(x - k) + 2$를 $x^2 + \frac{y^2}{2} = 1$에 대입하면

$$x^2 + \frac{\{m(x-k) + 2\}^2}{2} = 1$$

$$\therefore (m^2 + 2)x^2 + 2(2m - km^2)x + m^2k^2 - 4mk + 2 = 0$$

이 이차방정식의 판별식을 D라 하면

$$\frac{D}{4} = (2m - km^2)^2 - (m^2 + 2)(m^2k^2 - 4mk + 2) = 0$$

$$\therefore (k^2 - 1)m^2 - 4km + 2 = 0$$

✓ 연관 개념 check

타원 $\frac{x^2}{a^2} + \frac{y^2}{b^2} = 1$에 접하고 기울기가 m인 직선의 방정식은

$$y = mx \pm \sqrt{a^2 m^2 + b^2}$$

수능 핵심 개념 이차곡선과 직선의 위치 관계

이차곡선의 방정식과 직선의 방정식을 연립하여 얻은 이차방정식의 판별식을 D라 하면
(1) $D > 0$일 때, 서로 다른 두 점에서 만난다.
(2) $D = 0$일 때, 한 점에서 만난다. (접한다.)
(3) $D < 0$일 때, 만나지 않는다.

기울기와 한 점이 주어진 직선의 방정식
기울기가 m이고 점 (x_1, y_1)을 지나는 직선의 방정식은
$y - y_1 = m(x - x_1)$

이때 점 P에서 타원에 그은 두 접선의 기울기의 곱이 $\dfrac{1}{3}$이므로 앞의 이차방정식
에서 근과 계수의 관계에 의하여   → m에 대한 이차방정식의 두 근의
곱이 $\dfrac{1}{3}$임을 의미해.

$$\dfrac{2}{k^2-1}=\dfrac{1}{3},\ 6=k^2-1$$
$$\therefore k^2=7$$

98 정답 14   정답률 44%

좌표평면에서 포물선 $y^2=16x$ 위의 점 A¹에 대하여 점 B는 다음 조건을 만족시킨다.

(가) 점 A가 원점이면 점 B도 원점이다.
(나) 점 A가 원점이 아니면 점 B는 점 A, 원점 그리고 점 A 에서의 접선이 y축과 만나는 점을 세 꼭짓점으로 하는 삼각형의 무게중심이다.²

곡선 C의 식을 구해 봐.

점 A가 포물선 $y^2=16x$ 를 움직일 때 점 B가 나타내는 곡선을 C라 하자. 점 $(3,\ 0)$을 지나는 직선이 곡선 C와 두 점 P, Q에서 만나고 $\overline{PQ}=20$일 때, 두 점 P, Q의 x좌표의 값의 합을 구하시오. **14**

☑ 연관 개념 check

포물선 $y^2=4px$ 위의 점 $(x_1,\ y_1)$에서의 접선의 방정식은
$$y_1y=2p(x+x_1)$$

수능 핵심 개념 │ 삼각형의 무게중심

세 점 $A(x_1,\ y_1)$, $B(x_2,\ y_2)$, $C(x_3,\ y_3)$을 꼭짓점으로 하는 삼각형 ABC의 무게중심을 G라 하면
$$G\left(\dfrac{x_1+x_2+x_3}{3},\ \dfrac{y_1+y_2+y_3}{3}\right)$$

해결 흐름

1 점 A의 좌표를 $(a,\ b)$라 하고 포물선 $y^2=16x$ 위의 점 A에서의 접선의 방정식을 구해야겠군.

2 **1**의 접선이 y축과 만나는 점의 좌표를 구하면 조건 (나)를 만족시키는 삼각형의 무게중심의 좌표를 구할 수 있어.

3 **2**에서 구한 무게중심의 좌표를 이용하여 점 B가 나타내는 곡선의 방정식을 구해야겠다.

알찬 풀이

점 A의 좌표를 $(a,\ b)\ (b\neq0)$라 하면 점 A에서의 접선의 방정식은
$$by=2\times4(x+a)$$
$$by=8x+8a$$
$$\therefore y=\dfrac{8}{b}x+\dfrac{8a}{b}\qquad\qquad\cdots\cdots\ \text{㉠}$$
이때 점 A는 포물선 위의 점이므로
$$b^2=16a\qquad\qquad\cdots\cdots\ \text{㉡}$$
$b^2=16a$에서 $8a=\dfrac{b^2}{2}$이므로 ㉠에 대입하면
$$y=\dfrac{8}{b}x+\dfrac{b}{2}$$
이 접선이 y축과 만나는 점을 C라 하면 $C\left(0,\ \dfrac{b}{2}\right)$이므로 세 점 $O(0,\ 0)$,

$A(a,\ b)$, $C\left(0,\ \dfrac{b}{2}\right)$를 꼭짓점으로 하는 삼각형 OAC의 무게중심 B는

$$B\left(\dfrac{0+a+0}{3},\ \dfrac{0+b+\dfrac{b}{2}}{3}\right),\ \text{즉}\ B\left(\dfrac{a}{3},\ \dfrac{b}{2}\right)$$

이때 $\dfrac{a}{3}=X$, $\dfrac{b}{2}=Y$로 놓으면 $a=3X$, $b=2Y$

이것을 ㉡에 대입하면   → 점 $A(a,b)$가 포물선 위의 점임을 이용하려는 거야.
$$(2Y)^2=16\times3X$$
$$\therefore Y^2=12X$$

따라서 곡선 C는 포물선 $y^2=12x$이고 포물선의 초점은 $F(3,\ 0)$, 준선의 방정식은 $x=-3$이므로 오른쪽 그림과 같다.   → $y^2=4\times3x$이기 때문이야.

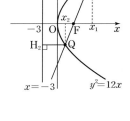
$y^2=12x$

두 점 P, Q에서 준선 $x=-3$에 내린 수선의 발을 각각 H_1, H_2라 하면 포물선의 정의에 의하여

포물선 위의 점 P, Q에서 초점까지의 거리와 준선까지의 거리는 같아.

$$\overline{PF}=\overline{PH_1},\ \overline{QF}=\overline{QH_2}$$
두 점 P, Q의 x좌표를 각각 x_1, x_2라 하면
$$\overline{PQ}=\overline{PF}+\overline{QF}$$
$$=\overline{PH_1}+\overline{QH_2}$$
$$=(x_1+3)+(x_2+3)$$
$$=20\quad\to\text{문제에}\ \overline{PQ}=20\text{이 주어졌어.}$$
$$\therefore x_1+x_2=14$$

99 정답 12 정답률 52%

해결 흐름

1 포물선 $y^2=nx$의 초점과 포물선 위의 점 (n, n)에서의 접선 사이의 거리 d를 구해야 하는구나.

2 포물선 $y^2=nx$의 초점의 좌표와 포물선 위의 점 (n, n)에서의 접선의 방정식을 구해야겠다.

☑ **연관 개념 check**

포물선 $y^2=4px$ 위의 점 (x_1, y_1)에서의 접선의 방정식은
$y_1 y=2p(x+x_1)$

수능 핵심 개념 점과 직선 사이의 거리

점 $P(x_1, y_1)$과 직선 $ax+by+c=0$ 사이의 거리는
$$\frac{|ax_1+by_1+c|}{\sqrt{a^2+b^2}}$$

알찬 풀이

포물선 $y^2=nx$의 초점의 좌표는 $\left(\dfrac{n}{4}, 0\right)$
$\quad\overset{\displaystyle\frown}{} \ y^2=nx=4\times\dfrac{n}{4}x$이기 때문이야.

포물선 $y^2=nx$ 위의 점 (n, n)에서의 접선의 방정식은
$$ny=2\times\frac{n}{4}(x+n), \ y=\frac{1}{2}(x+n)$$
$$\therefore x-2y+n=0$$

포물선의 초점 $\left(\dfrac{n}{4}, 0\right)$과 접선 $x-2y+n=0$ 사이의 거리 d는
$$d=\frac{\left|\dfrac{n}{4}+n\right|}{\sqrt{5}}=\frac{\sqrt{5}}{4}n$$

$d^2 \geq 40$에서 $\left(\dfrac{\sqrt{5}}{4}n\right)^2 \geq 40$

$$\frac{5}{16}n^2 \geq 40 \qquad \therefore n^2 \geq 128$$

이때 $11^2=121$, $12^2=144$이므로 자연수 n의 최솟값은 12이다.

---

100 정답 52 정답률 79%

해결 흐름

1 접선이 타원의 넓이를 이등분하려면 접선이 타원의 중심을 지나야 하는구나.

2 쌍곡선 $\dfrac{x^2}{12}-\dfrac{y^2}{8}=1$ 위의 점 (a, b)에서의 접선의 방정식을 구해야겠다.

☑ **연관 개념 check**

쌍곡선 $\dfrac{x^2}{a^2}-\dfrac{y^2}{b^2}=1$ 위의 점 (x_1, y_1)에서의 접선의 방정식은
$$\frac{x_1 x}{a^2}-\frac{y_1 y}{b^2}=1$$

수능 핵심 개념 도형의 넓이를 이등분하는 직선

(1) 삼각형 ABC의 꼭짓점 A를 지나면서 그 넓이를 이등분하는 직선
➡ 선분 BC의 중점을 지난다.
(2) 직사각형의 넓이를 이등분하는 직선
➡ 두 대각선의 교점을 지난다.
(3) 원 또는 타원의 넓이를 이등분하는 직선
➡ 원 또는 타원의 중심을 지난다.

알찬 풀이

쌍곡선 $\dfrac{x^2}{12}-\dfrac{y^2}{8}=1$ 위의 점 (a, b) $(b\neq0)$에서의 접선의 방정식은
$$\frac{ax}{12}-\frac{by}{8}=1$$
이때 점 (a, b)는 쌍곡선 위의 점이므로
$$\frac{a^2}{12}-\frac{b^2}{8}=1 \qquad \overset{\displaystyle\frown}{}\ \dfrac{ax}{12}-\dfrac{by}{8}=1\text{에 }x=a, y=b\text{를 대입해.} \quad\cdots\cdots\ \text{㉠}$$

이 접선이 타원 $\dfrac{(x-2)^2}{4}+y^2=1$의 넓이를 이등분하므로 접선은 타원의 중심인 점 $(2, 0)$을 지난다.
$\quad$ 타원 $\dfrac{(x-x_1)^2}{a^2}+\dfrac{(y-y_1)^2}{b^2}=1$의 중심의 좌표는 (x_1, y_1)이야.

즉, $\dfrac{a}{6}=1$이므로 $a=6$
$\quad\overset{\displaystyle\frown}{}\ \dfrac{ax}{12}-\dfrac{by}{8}=1$에 $x=2, y=0$을 대입한 거야.

$a=6$을 ㉠에 대입하면
$$3-\frac{b^2}{8}=1 \qquad \therefore b^2=16$$
$$\therefore a^2+b^2=36+16=52$$

김홍현 | 서울대학교 전기정보공학과 | 시흥고등학교 졸업

직선이 타원의 넓이를 이등분하려면 직선이 타원의 어디를 지나야 할까? 직관적으로 생각해 봐도 직선이 타원의 중심을 지나면 될 거 같지? 접선의 방정식을 구해서 이 접선이 점 $(2, 0)$을 지나고 점 (a, b)는 쌍곡선 위의 점임을 이용하여 나온 식을 연립해 보면 되겠네. 무작정 문제를 풀기 보다는 어떻게 접근해야 할지 생각한 후 풀면 시간을 절약할 수 있어.

101 [정답] 32 정답률 61%

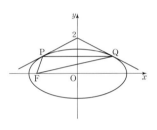

┌→ 두 점 P, Q는 y축에 대하여 대칭이겠네.

점 $(0, 2)$에서 타원 $\dfrac{x^2}{8}+\dfrac{y^2}{2}=1$에 그은 두 접선의 접점을 각각 P, Q라 하고, 타원의 두 초점 중 하나를 F라 할 때, 삼각형 PFQ의 둘레의 길이는 $a\sqrt{2}+b$이다. a^2+b^2의 값을 구하시오. (단, a, b는 유리수이다.) 32

해결 흐름

1 타원 $\dfrac{x^2}{8}+\dfrac{y^2}{2}=1$ 위의 점 Q에서의 접선의 방정식을 이용하여 점 Q의 좌표를 구해야겠네.

2 두 점 P, Q가 y축에 대하여 대칭이니까 점 P의 좌표도 구할 수 있어.

3 타원 위의 임의의 점에서 두 초점까지의 거리의 합은 일정함을 이용하여 삼각형 PFQ의 둘레의 길이를 구해야겠다.

알찬 풀이

제1사분면에 있는 타원 $\dfrac{x^2}{8}+\dfrac{y^2}{2}=1$ 위의 점 Q의 좌표를 (p, q) $(p>0)$라 하면

점 Q에서의 접선의 방정식은

$$\dfrac{px}{8}+\dfrac{qy}{2}=1$$

이 접선이 점 $(0, 2)$를 지나므로 $q=1$

이때 점 Q는 타원 위의 점이므로 ┌→ $\dfrac{px}{8}+\dfrac{qy}{2}=1$에 $x=0$, $y=2$를 대입해서 구했어.

$$\dfrac{p^2}{8}+\dfrac{q^2}{2}=1$$

위의 식에 $q=1$을 대입하면 $\dfrac{p^2}{8}+\dfrac{1}{2}=1$

$p^2=4$ ∴ $p=2$ $(∵ p>0)$ ┌→ 주어진 타원이 y축에 대하여 대칭이기 때문이야.

즉, Q$(2, 1)$이고, 두 점 P, Q는 y축에 대하여 대칭이므로

P$(-2, 1)$ ∴ $\overline{PQ}=4$ → $|2-(-2)|=4$야.

오른쪽 그림과 같이 타원의 두 초점 중 F가 아닌 점을 F′이라 하면 $\overline{FQ}=\overline{F'P}$이므로 타원의 정의에 의하여 └→ 두 점 P, Q가 y축에 대하여 대칭이기 때문이야.

$$\overline{FP}+\overline{FQ}=\overline{FP}+\overline{F'P}=2\sqrt{8}=4\sqrt{2}$$

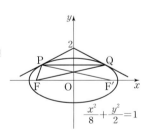

따라서 삼각형 PFQ의 둘레의 길이는

$$\overline{FP}+\overline{FQ}+\overline{PQ}=4\sqrt{2}+4$$

즉, $a=4$, $b=4$이므로

$$a^2+b^2=16+16=32$$

☑ 연관 개념 check

(1) 타원 위의 한 점에서 두 초점까지의 거리의 합은 타원의 장축의 길이와 같다.

(2) 타원 $\dfrac{x^2}{a^2}+\dfrac{y^2}{b^2}=1$ 위의 점 (x_1, y_1)에서의 접선의 방정식은

$$\dfrac{x_1 x}{a^2}+\dfrac{y_1 y}{b^2}=1$$

생생 수험 Talk

나는 정말 잠이 많은 편이야. 그래서 잠을 적게 자고 공부를 하면 다음 날 피곤해서 공부가 잘 안 되더라구. 그래서 억지로 잠을 줄이면서 공부하지는 않았어. 정말 졸릴 때는 잠을 이겨내려는 것보다 20분 정도 낮잠을 자고 시작하는 게 더 효율적이었어. 수능은 마라톤처럼 오랫동안 공부해야 하는 만큼 컨디션 조절이 그만큼 중요하고 나만의 생활 리듬에 맞게 최대한 효율적으로 공부하는 것이 좋은 것 같아. 무조건 잠을 줄인다고 좋은 게 아니야!

102 정답 17 정답률 19%

$$\overset{\overset{\displaystyle c^2=9-5=4}{}}{\text{한 초점이 } F(c,\ 0)\ (c>0)\text{인 타원 } \frac{x^2}{9}+\frac{y^2}{5}=1\text{과 중심의}}\quad \boxed{1}$$

좌표가 $(2,\ 3)$이고 반지름의 길이가 r인 원이 있다. 타원 위의 점 P와 원 위의 점 Q에 대하여 $\overline{PQ}-\overline{PF}$의 최솟값이 6 $\boxed{2}$

일 때, r의 값을 구하시오. **17** $\boxed{3}$

☑ **연관 개념 check**

타원 $\frac{x^2}{a^2}+\frac{y^2}{b^2}=1\ (a>b>0)$에서

(1) 초점의 좌표: $(\sqrt{a^2-b^2},\ 0),\ (-\sqrt{a^2-b^2},\ 0)$

(2) 장축의 길이: $2a$

☑ **오답 clear**

알찬 풀이 에서 $\overline{PQ}+\overline{PF'}$의 값이 최소이려면 세 점 F', P, Q가 한 직선 위에 있어야 하고, 점 Q가 중심이 A인 원 위의 점이므로 $\overline{AQ}$의 길이가 일정하다. 즉, 원의 중심 A도 세 점 F', P, Q와 한 직선 위에 있어야 함에 주의한다.

수능 핵심 개념 ▶ **두 점 사이의 거리**

두 점 $A(x_1,\ y_1)$, $B(x_2,\ y_2)$ 사이의 거리는
$$\overline{AB}=\sqrt{(x_2-x_1)^2+(y_2-y_1)^2}$$

해결 흐름

$\boxed{1}$ 타원 $\frac{x^2}{9}+\frac{y^2}{5}=1$의 다른 한 초점을 F'이라 하고, 두 점 F, F'의 좌표를 구해야겠네.

$\boxed{2}$ 타원의 정의와 $\overline{PQ}-\overline{PF}$의 최솟값이 6임을 이용하면 $\overline{PQ}$와 $\overline{PF'}$ 사이의 관계식을 세울 수 있겠군.

$\boxed{3}$ $\boxed{2}$에서 구한 관계식을 이용하여 $\overline{PQ}-\overline{PF}$가 최소일 때의 r의 값을 구해야겠다.

알찬 풀이

타원 $\frac{x^2}{9}+\frac{y^2}{5}=1$의 한 초점이 $F(c,\ 0)\ (c>0)$이므로

$c=\sqrt{9-5}=2$ → 타원 $\frac{x^2}{a^2}+\frac{y^2}{b^2}=1\ (a>b>0)$에서 두 초점의 좌표가 $(c,0),\ (-c,0)$이면 $a^2-b^2=c^2$이야.

타원 $\frac{x^2}{9}+\frac{y^2}{5}=1$의 다른 한 초점을 F'이라 하면 $F'(-2,\ 0)$

점 P가 타원 $\frac{x^2}{9}+\frac{y^2}{5}=1$ 위의 점이므로 타원의 정의에 의하여

$\overline{PF}+\overline{PF'}=2\times3=6$ → 타원의 장축의 길이야.

이때 $\overline{PQ}-\overline{PF}$의 최솟값이 6이므로

$\overline{PQ}-\overline{PF}\ge6$

$\overline{PQ}-(6-\overline{PF'})\ge6$ → $\overline{PF}+\overline{PF'}=6$이므로 $\overline{PF}=6-\overline{PF'}$이야.

$\therefore\ \overline{PQ}+\overline{PF'}\ge12$

> **타원의 정의** ☆★
> 타원 위의 한 점에서 두 초점까지의 거리의 합은 타원의 장축의 길이와 같다.

한편, 원의 중심을 A라 하면 $A(2,\ 3)$이므로 $\overline{PQ}+\overline{PF'}$의 값이 최소이려면 오른쪽 그림과 같이 네 점 A, F', P, Q가 한 직선 위에 있어야 한다.

$F'(-2,\ 0)$이므로 → 오답 clear를 확인해 봐.

$\overline{AF'}=\sqrt{(-2-2)^2+(0-3)^2}=5$

따라서 $\overline{PQ}+\overline{PF'}$의 값이 최소일 때 원의 반지름의 길이 r의 값은

$r=\overline{AF'}+\overline{F'P}+\overline{PQ}=5+12=17$

---

103 정답 ⑤ 정답률 34%

좌표평면에서 두 점 $A(-2,\ 0)$, $B(2,\ 0)$에 대하여 다음 조건을 만족시키는 직사각형의 넓이의 최댓값은? $\boxed{2}\boxed{3}$

→ 점 P는 두 점 A, B를 초점으로 하는 타원 위에 있어.

직사각형 위를 움직이는 점 P에 대하여 $\overline{PA}+\overline{PB}$의 값은 점 P의 좌표가 $(0,\ 6)$일 때 최대이고 $\left(\frac{5}{2},\ \frac{3}{2}\right)$일 때 최소이다. → $\overline{PA}+\overline{PB}$의 값이 최대일 때와 최소일 때의 타원의 방정식을 각각 구해 봐. $\boxed{1}$

① $\frac{200}{19}$ ② $\frac{210}{19}$ ③ $\frac{220}{19}$

④ $\frac{230}{19}$ ✔⑤ $\frac{240}{19}$

☑ **연관 개념 check**

(1) 평면 위의 서로 다른 두 점 F, F'에서의 거리의 합이 일정한 점들의 집합을 타원이라 한다.

(2) 타원 위의 한 점에서 두 초점까지의 거리의 합은 타원의 장축의 길이와 같다.

해결 흐름

$\boxed{1}$ $\overline{PA}+\overline{PB}$의 값이 최대, 최소일 때의 타원의 방정식을 각각 구해야겠네.

$\boxed{2}$ $\boxed{1}$에서 구한 두 타원의 방정식을 만족시키면서 넓이가 최대인 직사각형의 모양을 찾아야겠군.

$\boxed{3}$ $\boxed{2}$에서 구한 직사각형의 이웃하는 두 변의 길이를 각각 구하면 그 넓이를 구할 수 있겠네.

알찬 풀이

두 점 $A(-2,\ 0)$, $B(2,\ 0)$을 초점으로 하고 점 $P(0,\ 6)$을 지나는 타원의 방정식을 $\frac{x^2}{a^2}+\frac{y^2}{b^2}=1\ (a>b>0)$이라 하면

$\frac{36}{b^2}=1$ $\therefore\ b^2=36$ → 초점이 x축 위에 있기 때문이야.

이때

$\overline{PA}+\overline{PB}=\sqrt{(-2-0)^2+(0-6)^2}+\sqrt{(2-0)^2+(0-6)^2}$
$\qquad\qquad=2\sqrt{10}+2\sqrt{10}=4\sqrt{10}$

이므로 타원의 정의에 의하여

$2a=4\sqrt{10}$ → 타원의 정의에 의하여 점 $P(0,\ 6)$에서 두 점 A, B까지의 거리의 합은 $2a$로 일정해.

(3) 타원 $\dfrac{x^2}{a^2}+\dfrac{y^2}{b^2}=1$ 위의 점 (x_1, y_1)에서의 접선의 방정식은

$$\dfrac{x_1 x}{a^2}+\dfrac{y_1 y}{b^2}=1$$

수능 핵심 개념 **두 점 사이의 거리**

두 점 $A(x_1, y_1)$, $B(x_2, y_2)$ 사이의 거리는

$$\overline{AB}=\sqrt{(x_2-x_1)^2+(y_2-y_1)^2}$$

타원의 정의에 의하여 점 $P\left(\dfrac{5}{2}, \dfrac{3}{2}\right)$에서 두 점 A, B까지의 거리의 합은 $2c$로 일정해.

점과 직선 사이의 거리
점 (x_1, y_1)과 직선 $ax+by+c=0$ 사이의 거리는
$$\dfrac{|ax_1+by_1+c|}{\sqrt{a^2+b^2}}$$

기울기가 -1이고 점 $(0, 6)$을 지나는 직선의 방정식은 $y=-x+6$
$\therefore x+y-6=0$

$a=2\sqrt{10}$ $\therefore a^2=40$

즉, $\overline{PA}+\overline{PB}$의 값이 최대일 때의 타원의 방정식은

$$\dfrac{x^2}{40}+\dfrac{y^2}{36}=1$$

또, 두 점 $A(-2, 0)$, $B(2, 0)$을 초점으로 하고 점 $P\left(\dfrac{5}{2}, \dfrac{3}{2}\right)$을 지나는 타원의 방정식을 $\dfrac{x^2}{c^2}+\dfrac{y^2}{d^2}=1\ (c>d>0)$이라 하면

$$\dfrac{25}{4c^2}+\dfrac{9}{4d^2}=1 \qquad\cdots\cdots\ \text{㉠}$$

이때

$$\overline{PA}+\overline{PB}=\sqrt{\left(\dfrac{5}{2}+2\right)^2+\left(\dfrac{3}{2}-0\right)^2}+\sqrt{\left(\dfrac{5}{2}-2\right)^2+\left(\dfrac{3}{2}-0\right)^2}$$
$$=\dfrac{3\sqrt{10}}{2}+\dfrac{\sqrt{10}}{2}=2\sqrt{10}$$

이므로 타원의 정의에 의하여

$$2c=2\sqrt{10}$$
$$c=\sqrt{10} \qquad \therefore c^2=10$$

이것을 ㉠에 대입하면

$$\dfrac{25}{40}+\dfrac{9}{4d^2}=1 \qquad \therefore d^2=6$$

즉, $\overline{PA}+\overline{PB}$의 값이 최소일 때의 타원의 방정식은

$$\dfrac{x^2}{10}+\dfrac{y^2}{6}=1$$

따라서 조건을 만족시키는 직사각형은 두 점 $(0, 6)$, $\left(\dfrac{5}{2}, \dfrac{3}{2}\right)$을 지나고, 타원 $\dfrac{x^2}{40}+\dfrac{y^2}{36}=1$의 내부와 그 둘레, 타원 $\dfrac{x^2}{10}+\dfrac{y^2}{6}=1$의 외부와 그 둘레의 공통부분에 존재해야 한다.

즉, 넓이가 최대인 직사각형은 오른쪽 그림과 같다.

타원 $\dfrac{x^2}{10}+\dfrac{y^2}{6}=1$ 위의 점 $\left(\dfrac{5}{2}, \dfrac{3}{2}\right)$에서의 접선을 l_1이라 하면 직선 l_1의 방정식은

$$\dfrac{\frac{5}{2}x}{10}+\dfrac{\frac{3}{2}y}{6}=1 \qquad \therefore x+y-4=0$$

$y=-x+4$이므로 직선 l_1의 기울기는 -1이다.

점 $(0, 6)$과 직선 l_1 사이의 거리는

$$\dfrac{|0+6-4|}{\sqrt{1^2+1^2}}=\sqrt{2}$$

이므로 넓이가 최대인 직사각형의 한 변의 길이는 $\sqrt{2}$이다.

또, 점 $(0, 6)$을 지나고 직선 l_1과 평행한 직선을 l_2라 하면 직선 l_2의 방정식은

$$x+y-6=0 \qquad\cdots\cdots\ \text{㉡}$$

직사각형의 마주 보는 두 변은 평행하므로 두 직선 l_1과 l_2의 기울기는 서로 같아.

직선 l_2와 타원 $\dfrac{x^2}{40}+\dfrac{y^2}{36}=1$이 만나는 점 중 점 $(0, 6)$이 아닌 점의 x좌표는

$$\dfrac{x^2}{40}+\dfrac{(-x+6)^2}{36}=1\text{에서}$$
$$9x^2+10(-x+6)^2=360$$
$$19x^2-120x=0,\ x(19x-120)=0 \qquad \therefore x=\dfrac{120}{19}\ (\because x\neq 0)$$

이것을 ㉡에 대입하면

$$\dfrac{120}{19}+y-6=0 \qquad \therefore y=-\dfrac{6}{19}$$

즉, 직선 l_2와 타원 $\dfrac{x^2}{40}+\dfrac{y^2}{36}=1$이 만나는 점 중 점 $(0, 6)$이 아닌 점의 좌표는 $\left(\dfrac{120}{19}, -\dfrac{6}{19}\right)$이다.

두 점 $(0, 6)$, $\left(\dfrac{120}{19}, -\dfrac{6}{19}\right)$ 사이의 거리는

$$\sqrt{\left(\dfrac{120}{19}-0\right)^2+\left(-\dfrac{6}{19}-6\right)^2}=\dfrac{120\sqrt{2}}{19}$$

이므로 넓이가 최대인 직사각형의 다른 한 변의 길이는 $\dfrac{120\sqrt{2}}{19}$이다.

따라서 조건을 만족시키는 직사각형의 넓이의 최댓값은

$$\sqrt{2}\times\dfrac{120\sqrt{2}}{19}=\dfrac{240}{19}$$

104 정답 ③   정답률 36%

$y^2=4px$의 그래프를 y축의 방향으로 $-\dfrac{1}{2}$만큼 평행이동한 거야.

0이 아닌 실수 p에 대하여 좌표평면 위의 두 포물선 $x^2=2y$ **1** **2**
와 $\left(y+\dfrac{1}{2}\right)^2=4px$에 동시에 접하는 직선의 개수를 $f(p)$라
하자. $\lim\limits_{p\to k+} f(p) > f(k)$를 만족시키는 실수 k의 값은?

$f(p)$는 $x=k$에서 불연속이야.

① $-\dfrac{\sqrt{3}}{3}$ ② $-\dfrac{2\sqrt{3}}{9}$ ✓③ $-\dfrac{\sqrt{3}}{9}$

④ $\dfrac{2\sqrt{3}}{9}$ ⑤ $\dfrac{\sqrt{3}}{3}$

☑ 연관 개념 check

포물선 $(y+b)^2=4px$ 위의 점 (x_1, y_1)에서의 접선의 방정식은

$$(y_1+b)(y+b)=2p(x+x_1)$$

☑ 실전 적용 key

두 곡선 $y=f(x)$, $y=g(x)$가 $x=a$인 점에서 공통인 접선을 가지면

(1) $x=a$인 점에서 두 곡선이 만나므로
   ➡ $f(a)=g(a)$

(2) $x=a$인 점에서의 두 곡선의 접선의 기울기가 같으므로
   ➡ $f'(a)=g'(a)$

☑ 오답 clear

p는 0이 아닌 실수이므로 $p<0$인 경우와 $p>0$인 경우로 나누어 두 포물선의 위치 관계에 따라 그 개형을 그려서 직접 확인해야 한다.

해결 흐름

1 $p<0$인 경우와 $p>0$인 경우로 나누어 두 포물선의 개형을 그리고, 두 포물선에 동시에 접하는 직선의 개수를 세어 보면 함수 $f(p)$를 알 수 있겠네.

2 두 포물선이 한 점에서 만날 때의 교점의 좌표를 (a, b)로 놓고, 이 점에서의 두 포물선의 접선의 기울기가 같음을 이용해야겠다.

알찬 풀이

(i) $p<0$일 때,

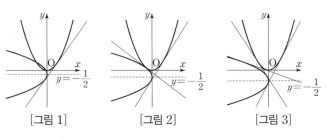

[그림 1]   [그림 2]   [그림 3]

두 포물선이 서로 다른 두 점에서 만나면 [그림 1]과 같이 두 포물선에 동시에 접하는 직선의 개수는 1, 한 점에서 만나면 [그림 2]와 같이 두 포물선에 동시에 접하는 직선의 개수는 2, 만나지 않으면 [그림 3]과 같이 두 포물선에 동시에 접하는 직선의 개수는 3이다.

즉, $p<0$이면 p의 값이 커짐에 따라 두 포물선에 동시에 접하는 직선의 개수는 1, 2, 3으로 변한다.

(ii) $p>0$일 때,

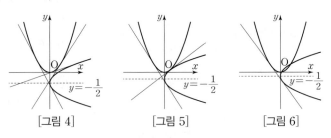

[그림 4]   [그림 5]   [그림 6]

두 포물선이 만나지 않으면 [그림 4]와 같이 두 포물선에 동시에 접하는 직선의 개수는 3, 한 점에서 만나면 [그림 5]와 같이 두 포물선에 동시에 접하는 직선의 개수는 2, 서로 다른 두 점에서 만나면 [그림 6]과 같이 두 포물선에 동시에 접하는 직선의 개수는 1이다.

즉, $p>0$이면 p의 값이 커짐에 따라 두 포물선에 동시에 접하는 직선의 개수는 3, 2, 1로 변한다.

(i), (ii)에서 양수 k에 대하여 두 포물선이 접할 때의 p의 값을 k 또는 $-k$라 하면

$$f(p)=\begin{cases} 1 & (p<-k \text{ 또는 } p>k) \\ 2 & (p=-k \text{ 또는 } p=k) \\ 3 & (-k<p<k) \end{cases} (\text{단, } p\neq 0)$$

두 포물선의 접점의 좌표를 (a, b)라 하면 점 (a, b)는 두 포물선 위의 점이므로

$$a^2=2b \qquad\qquad \cdots\cdots\; \text{㉠}$$

$$\left(b+\frac{1}{2}\right)^2=4pa \qquad\qquad \cdots\cdots\; \text{㉡}$$

또, 포물선 $x^2=2y$ 위의 점 (a, b)에서의 접선의 방정식은

$$ax=y+b$$

$ax=2\times\frac{1}{2}\times(y+b)$

이므로 기울기는 a이고, 포물선 $\left(y+\frac{1}{2}\right)^2=4px$ 위의 점 (a, b)에서의 접선의

방정식은

$$\left(b+\frac{1}{2}\right)\left(y+\frac{1}{2}\right)=2p(x+a)$$

이므로 기울기는 $\dfrac{2p}{b+\frac{1}{2}}$이다.

이때 두 포물선 위의 점 (a, b)에서의 접선의 기울기가 서로 같으므로

$$a=\frac{2p}{b+\frac{1}{2}}\text{에서 } 2p=a\left(b+\frac{1}{2}\right) \qquad\qquad \cdots\cdots\; \text{㉢}$$

㉢을 ㉡에 대입하면

$$\left(b+\frac{1}{2}\right)^2=2a^2\left(b+\frac{1}{2}\right)$$

$$\left(b+\frac{1}{2}\right)\left(b+\frac{1}{2}-2a^2\right)=0$$

점 (a, b)는 포물선 $x^2=2y$ 위의
점이므로 $b>0$이야.

이때 $b>0$이므로

$$b+\frac{1}{2}-2a^2=0$$

$$\therefore b=2a^2-\frac{1}{2} \qquad\qquad \cdots\cdots\; \text{㉣}$$

㉣을 ㉠에 대입하면

$$a^2=4a^2-1,\; 3a^2=1$$

$$\therefore a=\pm\frac{\sqrt{3}}{3}$$

$$\therefore a=\frac{\sqrt{3}}{3},\; b=\frac{1}{6}\text{일 때 } p=\frac{\sqrt{3}}{9}$$

$$a=-\frac{\sqrt{3}}{3},\; b=\frac{1}{6}\text{일 때 } p=-\frac{\sqrt{3}}{9}$$

㉢에 a, b의 값을 각각 대입하여
p의 값을 구한 거야.

즉, 두 포물선은 $p=\dfrac{\sqrt{3}}{9}$ 또는 $p=-\dfrac{\sqrt{3}}{9}$일 때 접하므로

$$f(p)=\begin{cases} 1 & \left(p<-\dfrac{\sqrt{3}}{9} \text{ 또는 } p>\dfrac{\sqrt{3}}{9}\right) \\ 2 & \left(p=-\dfrac{\sqrt{3}}{9} \text{ 또는 } p=\dfrac{\sqrt{3}}{9}\right) \\ 3 & \left(-\dfrac{\sqrt{3}}{9}<p<\dfrac{\sqrt{3}}{9}\right) \text{(단, } p\neq 0) \end{cases}$$

따라서 함수 $y=f(p)$의 그래프는 오른쪽 그림과
같다.

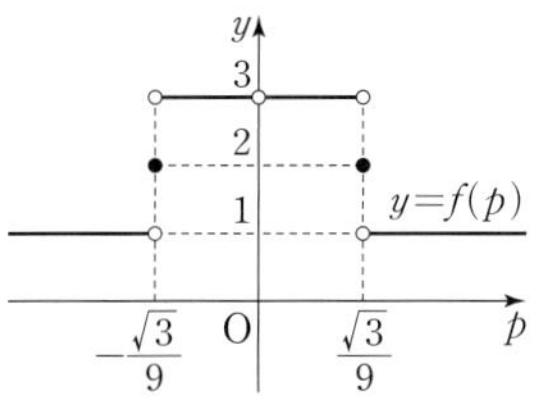

한편, $\displaystyle\lim_{p\to k+}f(p)>f(k)$이려면 함수 $f(p)$는

$p=k$에서 불연속이어야 하므로 가능한 k의 값은

$$k=-\frac{\sqrt{3}}{9} \text{ 또는 } k=\frac{\sqrt{3}}{9}$$

그런데

$$\lim_{p\to -\frac{\sqrt{3}}{9}+}f(p)=3,\; f\left(-\frac{\sqrt{3}}{9}\right)=2\text{이고}$$

$$\lim_{p\to \frac{\sqrt{3}}{9}+}f(p)=1,\; f\left(\frac{\sqrt{3}}{9}\right)=2\text{이므로}$$

주어진 조건을 만족시키는 실수 k의 값은 $-\dfrac{\sqrt{3}}{9}$이다.

★★
함수의 불연속
함수 $f(x)$가 실수 a에 대하여
(i) $x=a$에서 정의되어 있지 않거나
(ii) 극한값 $\displaystyle\lim_{x\to a}f(x)$가 존재하지 않거나
(iii) $\displaystyle\lim_{x\to a}f(x)\neq f(a)$
이면 함수 $f(x)$는 $x=a$에서 불연속이다.

Ⅱ. 평면벡터

01 정답 ④ 정답률 92%

두 벡터 $\vec{a}$와 $\vec{b}$에 대하여 ┌→ 괄호를 풀어 봐.
$$\vec{a}+3(\vec{a}-\vec{b})=k\vec{a}-3\vec{b}$$
이다. 실수 k의 값은? (단, $\vec{a}\neq\vec{0}$, $\vec{b}\neq\vec{0}$)

① 1 ② 2 ③ 3
✔④ 4 ⑤ 5

알찬 풀이

$\vec{a}+3(\vec{a}-\vec{b})=k\vec{a}-3\vec{b}$에서 ┐
$\vec{a}+3\vec{a}-3\vec{b}=k\vec{a}-3\vec{b}$ ┘ → 분배법칙을 이용해서 괄호를 풀었어.
$4\vec{a}=k\vec{a}$
$\therefore k=4$

☑ **연관 개념 check**

두 실수 k, l과 두 평면벡터 $\vec{a}$, $\vec{b}$에 대하여
(1) 결합법칙: $k(l\vec{a})=(kl)\vec{a}$
(2) 분배법칙: $(k+l)\vec{a}=k\vec{a}+l\vec{a}$, $k(\vec{a}+\vec{b})=k\vec{a}+k\vec{b}$

02 정답 ③ 정답률 93%

서로 평행하지 않은 두 벡터 $\vec{a}$, $\vec{b}$에 대하여 두 벡터
$$\vec{a}+2\vec{b}, \quad 3\vec{a}+k\vec{b}$$
가 서로 평행하도록 하는 실수 k의 값은? (단, $\vec{a}\neq\vec{0}$, $\vec{b}\neq\vec{0}$)

① 2 ② 4 ✔③ 6
④ 8 ⑤ 10
└→ 두 벡터가 서로 평행하면 한 벡터가 다른 벡터의 실수배야.

알찬 풀이

두 벡터 $\vec{a}+2\vec{b}$, $3\vec{a}+k\vec{b}$가 서로 평행하려면
$$3\vec{a}+k\vec{b}=l(\vec{a}+2\vec{b})$$
를 만족시키는 0이 아닌 실수 l이 존재해야 한다.
즉, $3\vec{a}+k\vec{b}=l\vec{a}+2l\vec{b}$이므로 ┐ → 두 벡터가 서로 같을 조건을 이용한 거야.
$3=l$, $k=2l$ ┘
$\therefore k=6$

☑ **연관 개념 check**

영벡터가 아닌 두 평면벡터 $\vec{a}$, $\vec{b}$에 대하여
$\vec{a}/\!/\vec{b} \iff \vec{b}=k\vec{a}$ (단, k는 0이 아닌 실수)

03 정답 ③ 정답률 94%

두 벡터 $\vec{a}=(k, 3)$, $\vec{b}=(1, 2)$에 대하여 $\vec{a}+3\vec{b}=(6, 9)$
일 때, k의 값은? → $\vec{b}$의 각 성분에 3을 곱한 후 두 벡터
$\vec{a}$, $3\vec{b}$의 x성분끼리, y성분끼리 더해야 해.

① 1 ② 2 ✔③ 3
④ 4 ⑤ 5

알찬 풀이

$\vec{a}+3\vec{b}=(k, 3)+3(1, 2)$
$\qquad\quad =(k, 3)+(3, 6)$ ┐
$\qquad\quad =(k+3, 9)$ ← ┘ $(k+3, 3+6)$
$\qquad\quad =(6, 9)$
이므로
$k+3=6 \qquad \therefore k=3$

☑ **연관 개념 check**

두 평면벡터 $\vec{a}=(a_1, a_2)$, $\vec{b}=(b_1, b_2)$에 대하여
(1) $\vec{a}+\vec{b}=(a_1+b_1, a_2+b_2)$
(2) $k\vec{a}=(ka_1, ka_2)$ (단, k는 실수)

04 정답 ③   정답률 96%

두 벡터 $\vec{a}=(4, 0)$, $\vec{b}=(1, 3)$에 대하여 $2\vec{a}+\vec{b}=(9, k)$
일 때, k의 값은?   → $\vec{a}$의 각 성분에 2를 곱한 후 두 벡터 $2\vec{a}, \vec{b}$의
           x성분끼리, y성분끼리 더해야 해.
① 1   ② 2   ✔③ 3
④ 4   ⑤ 5

알찬 풀이

$\vec{a}=(4, 0)$, $\vec{b}=(1, 3)$이므로
$$2\vec{a}+\vec{b}=2(4, 0)+(1, 3)$$
$$=(8, 0)+(1, 3)$$
$$=(9, 3)$$
$$=(9, k)$$ → 두 벡터가 서로 같을 조건을 이용한 거야.
$$\therefore k=3$$

☑ **연관 개념 check**
두 평면벡터 $\vec{a}=(a_1, a_2)$, $\vec{b}=(b_1, b_2)$에 대하여
(1) $\vec{a}+\vec{b}=(a_1+b_1, a_2+b_2)$
(2) $k\vec{a}=(ka_1, ka_2)$ (단, k는 실수)

05 정답 ⑤   정답률 96%

두 벡터 $\vec{a}=(3, 1)$, $\vec{b}=(-2, 4)$에 대하여 벡터 $\vec{a}+\dfrac{1}{2}\vec{b}$
의 모든 성분의 합은?
① 1   ② 2   ③ 3
④ 4   ✔⑤ 5 $\vec{b}$의 각 성분에 $\dfrac{1}{2}$을 곱한 후 두 벡터
               $\vec{a}, \dfrac{1}{2}\vec{b}$의 x성분끼리, y성분끼리 더해야 해.

알찬 풀이

$$\vec{a}+\dfrac{1}{2}\vec{b}=(3, 1)+\dfrac{1}{2}(-2, 4)$$
$$=(3, 1)+(-1, 2)$$
$$=(2, 3)$$ $(3+(-1), 1+2)$

따라서 벡터 $\vec{a}+\dfrac{1}{2}\vec{b}$의 모든 성분의 합은
$$2+3=5$$ → x성분은 2, y성분은 3이야.

☑ **연관 개념 check**
두 평면벡터 $\vec{a}=(a_1, a_2)$, $\vec{b}=(b_1, b_2)$에 대하여
(1) $\vec{a}+\vec{b}=(a_1+b_1, a_2+b_2)$
(2) $k\vec{a}=(ka_1, ka_2)$ (단, k는 실수)

문제 해결 TIP

조성욱 | 연세대학교 치의예과 | 서라벌고등학교 졸업

두 평면벡터의 성분을 이용하여 벡터의 덧셈과 뺄셈, 벡터의 실수배를 계산하는 문제는 2점 문제
로 자주 출제돼. 당연히 맞춰야 하는 문제인거 알지?
공식만 정확히 알고 있으면 쉽게 풀 수 있을 거야.

06 정답 ②   정답률 93%

두 벡터 $\vec{a}=(k+3, 3k-1)$과 $\vec{b}=(1, 1)$이 서로 평행할
때, 실수 k의 값은? → 두 벡터가 서로 평행할 조건은 $\vec{a}=m\vec{b}$야.
① 1   ✔② 2   ③ 3
④ 4   ⑤ 5

알찬 풀이

두 벡터 $\vec{a}$, $\vec{b}$가 서로 평행하므로
$$\vec{a}=m\vec{b} \ (m\neq 0)$$
로 놓을 수 있다.
$(k+3, 3k-1)=m(1, 1)=(m, m)$에서 → 두 벡터가 서로 같을
$k+3=m$, $3k-1=m$ 조건을 이용한 거야.
즉, $k+3=3k-1$이므로
$$-2k=-4 \quad \therefore k=2$$

☑ **연관 개념 check**
영벡터가 아닌 두 평면벡터 $\vec{a}=(a_1, a_2)$, $\vec{b}=(b_1, b_2)$에 대
하여
$$\vec{a}/\!/\vec{b} \iff \vec{a}=k\vec{b}$$
$$\iff a_1=kb_1, a_2=kb_2 \ (단, k\neq 0)$$

07 정답 ④　　　　　　　정답률 67%

한 직선 위에 있지 않은 서로 다른 세 점 A, B, C에 대하여
$$2\overrightarrow{AB}+p\overrightarrow{BC}=q\overrightarrow{CA}$$
일 때, $p-q$의 값은? (단, p와 q는 실수이다.)

① 1　　　　　② 2　　　　　③ 3
✓④ 4　　　　　⑤ 5

해결 흐름

1 두 벡터 $\overrightarrow{BC}$, $\overrightarrow{CA}$의 시점이 벡터 $\overrightarrow{AB}$와 일치하지 않으니까 $\overrightarrow{BC}$, $\overrightarrow{CA}$를 시점이 A인 벡터로 나타내고 벡터의 연산을 이용하여 식을 간단히 해야겠네.

2 서로 다른 세 점 A, B, C가 한 직선 위에 있지 않음을 이용하면 p, q의 값을 구할 수 있겠다.

☑ 연관 개념 check

영벡터가 아닌 두 벡터 $\vec{a}$, $\vec{b}$가 서로 평행하지 않을 때, 네 실수 m, n, m', n'에 대하여
(1) $m\vec{a}+n\vec{b}=\vec{0} \iff m=0, n=0$
(2) $m\vec{a}+n\vec{b}=m'\vec{a}+n'\vec{b} \iff m=m', n=n'$

알찬 풀이

$2\overrightarrow{AB}+p\overrightarrow{BC}=q\overrightarrow{CA}$에서

$\overrightarrow{BC}=\overrightarrow{AC}-\overrightarrow{AB}$, $\overrightarrow{CA}=-\overrightarrow{AC}$이므로

$2\overrightarrow{AB}+p(\overrightarrow{AC}-\overrightarrow{AB})=-q\overrightarrow{AC}$

> **벡터의 뺄셈** ☆★
> $\overrightarrow{AB}-\overrightarrow{AC}=\overrightarrow{CB}$

$\therefore (2-p)\overrightarrow{AB}+(p+q)\overrightarrow{AC}=\vec{0}$

이때 서로 다른 세 점 A, B, C가 한 직선 위에 있지 않으므로 두 벡터 $\overrightarrow{AB}$와 $\overrightarrow{AC}$는 서로 평행하지 않다. └→ $\overrightarrow{AB}\neq\vec{0}$, $\overrightarrow{AC}\neq\vec{0}$

따라서 $2-p=0$, $p+q=0$이므로

$p=2$, $q=-2$

$\therefore p-q=2-(-2)=4$

---

08 정답 ②　　　　　　　정답률 79%

그림과 같이 한 변의 길이가 1인 정육각형 ABCDEF에서
$|\overrightarrow{AE}+\overrightarrow{BC}|$의 값은?

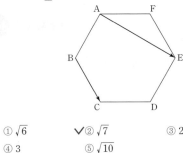

① $\sqrt{6}$　　　✓② $\sqrt{7}$　　　③ $2\sqrt{2}$
④ 3　　　　　⑤ $\sqrt{10}$

☑ 연관 개념 check

두 벡터 $\vec{a}$, $\vec{b}$의 크기와 방향이 각각 같을 때, '$\vec{a}$와 $\vec{b}$는 서로 같다'고 하며 $\vec{a}=\vec{b}$로 나타낸다.

> **수능 핵심 개념** 코사인법칙
> 삼각형 ABC에서
> $a^2=b^2+c^2-2bc\cos A$
> $b^2=c^2+a^2-2ca\cos B$
> $c^2=a^2+b^2-2ab\cos C$
>

해결 흐름

1 주어진 정육각형의 세 대각선의 교점을 O라 하면 벡터 $\overrightarrow{BC}$의 시점을 A로 나타내어 $\overrightarrow{AE}+\overrightarrow{BC}$를 하나의 벡터로 나타낼 수 있겠다.

알찬 풀이

오른쪽 그림과 같이 주어진 정육각형의 세 대각선의 교점을 O라 하면
$\overrightarrow{BC}=\overrightarrow{AO}$

선분 OE의 중점을 M이라 하면
$\overrightarrow{AE}+\overrightarrow{BC}=\overrightarrow{AE}+\overrightarrow{AO}=2\overrightarrow{AM}$

삼각형 AOM에서 코사인법칙에 의하여

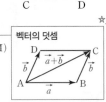

$\overrightarrow{AM}^2=\overrightarrow{AO}^2+\overrightarrow{OM}^2-2\times\overrightarrow{AO}\times\overrightarrow{OM}\times\cos 120°$

$=1^2+\left(\dfrac{1}{2}\right)^2-2\times1\times\dfrac{1}{2}\times\left(-\dfrac{1}{2}\right)$　└→ $\cos(\angle AOM)$

$=\dfrac{7}{4}$

> **벡터의 덧셈** ☆★
>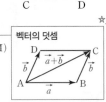

따라서 $\overline{AM}=\dfrac{\sqrt{7}}{2}$이므로

$|\overrightarrow{AE}+\overrightarrow{BC}|=2\overline{AM}=2\times\dfrac{\sqrt{7}}{2}=\sqrt{7}$
└→ $|\overrightarrow{AM}|=\overline{AM}$이기 때문이야.

다른 풀이

오른쪽 그림과 같이 주어진 정육각형의 세 대각선의 교점을 O라 하면
$\overrightarrow{BC}=\overrightarrow{AO}$이므로
$\overrightarrow{AE}+\overrightarrow{BC}=\overrightarrow{AE}+\overrightarrow{AO}$

이때 두 선분 OF, AE의 교점을 H라 하면 $\overline{AH}$는 정삼각형 AOF의 높이이므로

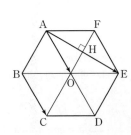

사각형 AOEF가 마름모이므로 ←
$\overline{OF}\perp\overline{AE}$, $\overline{AH}=\overline{HE}$,
$\overline{OH}=\overline{HF}$

$$|\overrightarrow{AE}| = \overline{AE} = 2\overline{AH}$$

$$= 2 \times \frac{\sqrt{3}}{2} = \sqrt{3}$$ → 한 변의 길이가 1인 정삼각형의 높이야.

또, 두 벡터 $\overrightarrow{AE}$, $\overrightarrow{AO}$가 이루는 각의 크기는 $30°$이므로

$$|\overrightarrow{AE} + \overrightarrow{BC}|^2 = |\overrightarrow{AE} + \overrightarrow{AO}|^2$$

$$= |\overrightarrow{AE}|^2 + 2\overrightarrow{AE} \cdot \overrightarrow{AO} + |\overrightarrow{AO}|^2$$

$$= |\overrightarrow{AE}|^2 + 2|\overrightarrow{AE}||\overrightarrow{AO}| \cos 30° + |\overrightarrow{AO}|^2$$

$$= (\sqrt{3})^2 + 2 \times \sqrt{3} \times 1 \times \frac{\sqrt{3}}{2} + 1^2$$

$$= 7$$

$$\therefore |\overrightarrow{AE} + \overrightarrow{BC}| = \sqrt{7}$$

> ☆★ 평면벡터의 내적의 성질
> 두 평면벡터 $\vec{a}, \vec{b}$에 대하여
> $|\vec{a} + \vec{b}|^2 = |\vec{a}|^2 + 2\vec{a} \cdot \vec{b} + |\vec{b}|^2$

09 정답 ③   정답률 89%

삼각형 ABC에서
$\overline{AB} = 2$, $\angle B = 90°$, $\angle C = 30°$
이다. 점 P가 $\overrightarrow{PB} + \overrightarrow{PC} = \vec{0}$를 만족시킬 때, $|\overrightarrow{PA}|^2$의 값은?

① 5   ② 6   ✔③ 7
④ 8   ⑤ 9 → 점 A를 시점으로 하는 벡터로 나타내 봐.

☑ 연관 개념 check
벡터 $\overrightarrow{AB}$의 크기는 선분 AB의 길이와 같다.
➡ $|\overrightarrow{AB}| = \overline{AB}$

해결 흐름

1 $|\overrightarrow{PA}|$의 값은 $\overline{PA}$의 길이와 같겠군.
2 $\overrightarrow{PB} + \overrightarrow{PC} = \vec{0}$에서 점 P의 위치를 찾으면 되겠다.

알찬 풀이

$\overrightarrow{PB} + \overrightarrow{PC} = \vec{0}$에서 $\overrightarrow{PB}$, $\overrightarrow{PC}$를 모두 시점이 A인 벡터로 바꾸면

$$(\overrightarrow{AB} - \overrightarrow{AP}) + (\overrightarrow{AC} - \overrightarrow{AP}) = \vec{0}$$

$$2\overrightarrow{AP} = \overrightarrow{AB} + \overrightarrow{AC}$$

> ☆★ 벡터의 뺄셈
> $\overrightarrow{AB} - \overrightarrow{AC} = \overrightarrow{CB}$

$$\therefore \overrightarrow{AP} = \frac{1}{2}(\overrightarrow{AB} + \overrightarrow{AC})$$

즉, 점 P는 선분 BC의 중점이다.

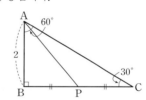

따라서 삼각형 ABC는 위의 그림과 같고, $\overline{AB} = 2$, $\angle A = 60°$이므로

$$\overline{BC} = 2 \tan 60° = 2\sqrt{3}$$

$\overline{AB} : \overline{BC} : \overline{CA} = 1 : \sqrt{3} : 2$ ◄ 임을 이용해서 $\overline{BC} = 2\sqrt{3}$임을 알 수도 있어.

이때 $\overline{BP} = \frac{1}{2}\overline{BC} = \sqrt{3}$이므로 직각삼각형 ABP에서

$$\overline{PA} = \sqrt{2^2 + (\sqrt{3})^2} = \sqrt{7}$$ → 피타고라스 정리를 이용했어.

$$\therefore |\overrightarrow{PA}|^2 = \overline{PA}^2 = 7$$

생생 수험 Talk

고3 학생이라면 하루라도 수학을 놓으면 안 돼. 어려운 문제를 얼마나 푸느냐에 따라 공부 시간은 조금씩 차이가 있기에 하루에 몇 시간씩 하라고 단정지어 말할 수는 없지만 매일 쉬운 문제, 중간 수준의 문제, 어려운 문제를 골고루 푸는 게 좋아. 어렵지 않게 바로 풀수 있는 문제들도 매일 풀면서 계산 실수도 줄이고, 시간도 단축시키는 거지. 그리고 어려운 문제는 하루에 한 문제라도 푸는 게 좋아.
문제랑 씨름하는 연습을 함으로써 실제 수능에 어려운 문제가 나와도 풀 수 있는 실력을 준비하는 거지. 그런 시간들이 쌓여서 진정한 나의 수학 실력이 되는 거라고 생각해!

10 [정답] 15   정답률 24%

타원 $\dfrac{x^2}{4}+y^2=1$의 두 초점을 F, F′이라 하자. 이 타원 위의 점 P가 $|\overrightarrow{OP}+\overrightarrow{OF}|=1$을 만족시킬 때, 선분 PF의 길이는 k이다. $5k$의 값을 구하시오. (단, O는 원점이다.) **15**
$\rightarrow \overline{PF}+\overline{PF'}=2\times2=4$가 성립해.

☑ **연관 개념 check**

타원 $\dfrac{x^2}{a^2}+\dfrac{y^2}{b^2}=1\ (a>b>0)$의 두 초점을 F, F′이라 하면

타원 위의 임의의 점 P에 대하여

$\overline{PF}+\overline{PF'}=($장축의 길이$)=2a$

해결 흐름

1 타원은 평면 위의 두 정점으로부터 거리의 합이 일정한 점들의 집합임을 이용해야겠어.

알찬 풀이

$\overrightarrow{OP}=\overrightarrow{OF'}+\overrightarrow{F'P}$이므로

$\overrightarrow{OP}+\overrightarrow{OF}=(\overrightarrow{OF'}+\overrightarrow{F'P})+\overrightarrow{OF}$ 두 벡터 $\overrightarrow{OF}$, $\overrightarrow{OF'}$은 크기가 같고 방향이 서로 반대야.
       $=\overrightarrow{F'P}\ (\because\ \overrightarrow{OF}+\overrightarrow{OF'}=\vec{0})$

이때 $|\overrightarrow{OP}+\overrightarrow{OF}|=1$이므로 $|\overrightarrow{F'P}|=1$에서 $\overline{F'P}=1$

또, 점 P가 타원 위의 점이므로 타원의 정의에 의하여

$\overline{F'P}+\overline{PF}=\boxed{4}$ → 장축의 길이야.

∴ $\overline{PF}=4-\overline{F'P}=4-1=3$

따라서 $k=3$이므로 $5k=15$

> ☆★ **타원의 정의**
> 타원은 평면 위의 서로 다른 두 점에서의 거리의 합이 일정한 점들의 집합이다.

다른 풀이

$|\overrightarrow{OP}+\overrightarrow{OF}|=1$에서 선분 FP의 중점을 Q라 하면

$\left|\dfrac{\overrightarrow{OP}+\overrightarrow{OF}}{2}\right|=|\overrightarrow{OQ}|=\dfrac{1}{2}$

이때 $\overrightarrow{F'P}\ /\!/\ \overrightarrow{OQ}$이므로 → 삼각형 F′FP에서 두 점 O, Q가 각각 $\overline{F'F}$, $\overline{PF}$의 중점이기 때문이야.

$|\overrightarrow{F'P}|=\overline{PF'}=2\overline{OQ}=1$

두 삼각형 F′FP와 OFQ의 닮음비가 2 : 1이기 때문이야. ←

타원의 정의에 의하여 $\overline{PF'}+\overline{PF}=4$이므로 $\overline{PF}=3$

따라서 $k=3$이므로 $5k=15$

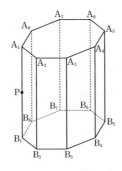

---

11 [정답] 48   정답률 21%

다음 그림은 밑면이 정팔각형인 팔각기둥이다.

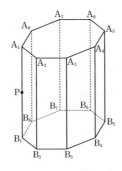

$\overline{A_1A_3}=3\sqrt{2}$이고, 점 P가 모서리 A_1B_1의 중점일 때, 벡터

$\displaystyle\sum_{i=1}^{8}(\overrightarrow{PA_i}+\overrightarrow{PB_i})$의 크기를 구하시오. **48**

12 $\overrightarrow{PA_1}=-\overrightarrow{PB_1}$이겠네.

☑ **연관 개념 check**

수열 $\{a_n\}$에 대하여

$\displaystyle\sum_{k=1}^{n}a_k=a_1+a_2+a_3+\cdots+a_n$

해결 흐름

1 먼저 $\overrightarrow{PA_i}+\overrightarrow{PB_i}$를 간단히 나타내야겠네.

2 선분 A_iB_i의 중점을 P_i로 잡으면 $\overrightarrow{PA_i}+\overrightarrow{PB_i}$를 하나의 벡터로 나타낼 수 있겠다.

알찬 풀이

선분 $A_iB_i\ (i=1, 2, 3, \cdots, 8)$의 중점을 P_i라 하면

$\overrightarrow{PA_i}+\overrightarrow{PB_i}=2\overrightarrow{PP_i}$

이때 벡터 $\overrightarrow{PP_1}$은 시점과 종점이 일치하므로

$\overrightarrow{PP_1}=\vec{0}$

∴ $\overrightarrow{PA_1}+\overrightarrow{PB_1}=\vec{0}$ → 두 벡터 $\overrightarrow{PA_1}$, $\overrightarrow{PB_1}$은 크기가 같고, 방향이 반대야.

$i=1, 2, 3, \cdots, 8$일 때, $\overrightarrow{PP_i}=\overrightarrow{A_1A_i}$이므로

$\displaystyle\sum_{i=1}^{8}(\overrightarrow{PA_i}+\overrightarrow{PB_i})=\sum_{i=2}^{8}(\overrightarrow{PA_i}+\overrightarrow{PB_i})$

$\displaystyle\qquad=2\sum_{i=2}^{8}\overrightarrow{PP_i}$ → 크기와 방향이 서로 같아.

$\displaystyle\qquad=2\sum_{i=2}^{8}\overrightarrow{A_1A_i}$

$\qquad=2(\overrightarrow{A_1A_2}+\overrightarrow{A_1A_3}+\cdots+\overrightarrow{A_1A_8})$

주어진 팔각기둥의 밑면이 오른쪽 그림과 같으므로

$\overrightarrow{A_1A_2}+\overrightarrow{A_1A_6}=\overrightarrow{A_1A_5}$
$\overrightarrow{A_1A_3}+\overrightarrow{A_1A_7}=\overrightarrow{A_1A_5}$ → 두 벡터의 합을 다른 한 벡터로 나타낸 거야.
$\overrightarrow{A_1A_4}+\overrightarrow{A_1A_8}=\overrightarrow{A_1A_5}$

> ☆★ **영벡터**
> 시점과 종점이 일치하는 벡터를 영벡터라 하고, $\vec{0}$로 나타낸다.

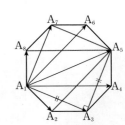

(1) $\sum\limits_{k=1}^{n} a_k = a_1 + a_2 + a_3 + \cdots + a_n$

(2) $\sum\limits_{k=m}^{n} a_k = \sum\limits_{k=1}^{n} a_k - \sum\limits_{k=1}^{m-1} a_k$ (단, $2 \le m \le n$)

(3) $\sum\limits_{k=1}^{n} (a_{2k-1} + a_{2k}) = a_1 + a_2 + a_3 + a_4 + \cdots + a_{2n-1} + a_{2n}$
$= \sum\limits_{k=1}^{2n} a_k$

삼각형 $A_1 A_3 A_5$는
직각이등변삼각형이야.

$\therefore \sum\limits_{i=1}^{8} (\overrightarrow{PA_i} + \overrightarrow{PB_i})$
$= 2(\overrightarrow{A_1 A_2} + \overrightarrow{A_1 A_3} + \cdots + \overrightarrow{A_1 A_8})$
$= 2\{(\overrightarrow{A_1 A_2} + \overrightarrow{A_1 A_6}) + (\overrightarrow{A_1 A_3} + \overrightarrow{A_1 A_7}) + (\overrightarrow{A_1 A_4} + \overrightarrow{A_1 A_8}) + \overrightarrow{A_1 A_5}\}$
$= 2 \times 4 \overrightarrow{A_1 A_5}$
$= 8 \overrightarrow{A_1 A_5}$

이때 $\overline{A_1 A_3} = \overline{A_3 A_5} = 3\sqrt{2}$이고
삼각형 $A_1 A_3 A_5$는 $\angle A_1 A_3 A_5 = 90°$인 직각삼각형이므로
$\overline{A_1 A_5} = \sqrt{(3\sqrt{2})^2 + (3\sqrt{2})^2} = 6$ → 피타고라스 정리를 이용했어.
$\therefore \left| \sum\limits_{i=1}^{8} (\overrightarrow{PA_i} + \overrightarrow{PB_i}) \right| = 8 |\overrightarrow{A_1 A_5}|$
$= 8 \overline{A_1 A_5}$
$= 8 \times 6 = 48$

문제 해결 **TIP**

홍정우 | 서울대학교 건축학과 | 영진고등학교 졸업

이 문제는 일단 제시된 도형의 성질을 잘 파악해야 해.
점 P는 모서리 $A_1 B_1$의 중점이고 $\overrightarrow{PA_i}$와 $\overrightarrow{PB_i}$의 합은 결국 점 P를 포함하면서 밑면과 평행한 평면에서 결정되기 때문에 팔각기둥을 평면적으로 생각할 수 있어야 해. 그리고 i의 값이 각각 $(2, 6), (3, 7), (4, 8)$일 때를 짝 지어서 벡터의 합을 구하면 i의 값이 5일 때의 벡터의 방향과 같은 방향이 되기 때문에 벡터의 합의 크기를 쉽게 구할 수 있어.

12 정답 ④ 정답률 89%

좌표평면에서 두 벡터 $\vec{a} = (-3, 3)$, $\vec{b} = (1, -1)$에 대하여 벡터 $\vec{p}$가
1 $|\vec{p} - \vec{a}| = |\vec{b}|$ → $|\vec{b}|$의 값을 구해 봐.
를 만족시킬 때, $|\vec{p} - \vec{b}|$의 최솟값은?
2

① $\dfrac{3}{2}\sqrt{2}$ ② $2\sqrt{2}$ ③ $\dfrac{5}{2}\sqrt{2}$

✓④ $3\sqrt{2}$ ⑤ $\dfrac{7}{2}\sqrt{2}$

해결 흐름

1 $\vec{p} = (x, y)$로 놓고 $|\vec{p} - \vec{a}| = |\vec{b}|$임을 이용하여 벡터 $\vec{p}$의 종점 P의 위치를 구해야겠네.
2 **1**에서 구한 점 P의 위치를 이용하여 $|\vec{p} - \vec{b}|$의 최솟값을 구할 수 있겠다.

알찬 풀이

$\vec{p} = (x, y)$라 하면
$\vec{p} - \vec{a} = (x, y) - (-3, 3) = (x+3, y-3)$
$|\vec{p} - \vec{a}| = |\vec{b}|$이므로
$\sqrt{(x+3)^2 + (y-3)^2} = \sqrt{1^2 + (-1)^2}$
$\therefore (x+3)^2 + (y-3)^2 = 2$ → 중심의 좌표가 $(-3, 3)$이고 반지름의 길이가 $\sqrt{2}$인 원이야.

세 벡터 $\vec{p}$, $\vec{a}$, $\vec{b}$의 종점을 각각 P, A, B라 하면 오른쪽 그림과 같이 점 P는 점 A를 중심으로 하고 반지름의 길이가 $\sqrt{2}$인 원 위의 점이다. 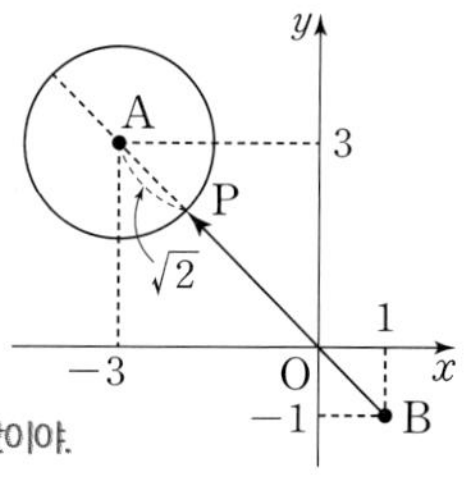
이때
$|\vec{p} - \vec{b}| = |\overrightarrow{OP} - \overrightarrow{OB}| = |\overrightarrow{BP}| = \overline{BP}$
이므로 $|\vec{p} - \vec{b}|$의 최솟값은 → 두 점 P, B 사이의 거리의 최솟값이야.
$\overline{AB} - (원의 반지름의 길이) = 4\sqrt{2} - \sqrt{2} = 3\sqrt{2}$
→ $\sqrt{\{1-(-3)\}^2 + (-1-3)^2} = 4\sqrt{2}$

연관 개념 check

(1) 벡터 $\overrightarrow{AB}$의 크기는 선분 AB의 길이와 같다.
→ $|\overrightarrow{AB}| = \overline{AB}$

(2) 두 벡터 $\vec{a}$, $\vec{p}$의 종점을 각각 A, P라 할 때, $|\vec{p} - \vec{a}| = r$이면 점 P는 점 A를 중심으로 하고 반지름의 길이가 r인 원 위의 점이다.

13 [정답] ⑤   정답률 91%

좌표평면 위의 점 A$(4, 3)$에 대하여
$$|\overrightarrow{OP}| = |\overrightarrow{OA}| \rightarrow |\overrightarrow{OA}|의 값을 구해 봐.$$
를 만족시키는 점 P가 나타내는 도형의 길이는?

(단, O는 원점이다.)

① 2π ② 4π ③ 6π

④ 8π ✔⑤ 10π

☑ 연관 개념 check
(1) 벡터 $\overrightarrow{AB}$의 크기는 선분 AB의 길이와 같다.
➡ $|\overrightarrow{AB}| = \overline{AB}$
(2) 점 A에 대하여 $|\overrightarrow{AP}| = r$를 만족시키는 점 P가 나타내는 도형은 점 A를 중심으로 하고 반지름의 길이가 r인 원이다.

☑ 실전 적용 key
주어진 식에서 점 P가 나타내는 도형이 원임을 바로 파악하기 어려우면 다른 풀이 와 같이 점 P의 좌표를 (x, y)로 놓고 주어진 벡터를 성분으로 나타내어 도형의 방정식을 구할 수도 있다.

해결 흐름
1 점 A$(4, 3)$을 이용하여 $|\overrightarrow{OA}|$를 구할 수 있겠다.
2 **1**에서 구한 값을 $|\overrightarrow{OP}| = |\overrightarrow{OA}|$에 대입하여 점 P가 나타내는 도형이 무엇인지 알면 도형의 길이를 구할 수 있겠네.

알찬 풀이
A$(4, 3)$이므로
$$|\overrightarrow{OA}| = \overline{OA} = \sqrt{4^2 + 3^2} = 5$$
이때 $|\overrightarrow{OP}| = |\overrightarrow{OA}|$이므로
$$|\overrightarrow{OP}| = 5$$
즉, 점 P가 나타내는 도형은 원점을 중심으로 하고 반지름의 길이가 5인 원이다.
따라서 구하는 도형의 길이는
$$2\pi \times 5 = 10\pi \qquad \longrightarrow 원의 둘레야.$$

다른 풀이
점 P의 좌표를 (x, y)라 하면 $|\overrightarrow{OP}| = |\overrightarrow{OA}|$에서
$$\sqrt{x^2 + y^2} = \sqrt{4^2 + 3^2}$$
$$\therefore x^2 + y^2 = 25$$
즉, 점 P가 나타내는 도형은 원점을 중심으로 하고 반지름의 길이가 5인 원이다.
따라서 구하는 도형의 길이는
$$2\pi \times 5 = 10\pi$$

14 [정답] ①   정답률 85%

좌표평면 위의 두 점 A$(1, 2)$, B$(-3, 5)$에 대하여
$$|\overrightarrow{OP} - \overrightarrow{OA}| = |\overrightarrow{AB}| \rightarrow |\overrightarrow{OP} - \overrightarrow{OA}| = |\overrightarrow{AP}|$$
를 만족시키는 점 P가 나타내는 도형의 길이는?

(단, O는 원점이다.)

✔① 10π ② 12π ③ 14π

④ 16π ⑤ 18π

☑ 연관 개념 check
(1) 벡터 $\overrightarrow{AB}$의 크기는 선분 AB의 길이와 같다.
➡ $|\overrightarrow{AB}| = \overline{AB}$
(2) 점 A에 대하여 $|\overrightarrow{AP}| = r$를 만족시키는 점 P가 나타내는 도형은 점 A를 중심으로 하고 반지름의 길이가 r인 원이다.

해결 흐름
1 먼저 $|\overrightarrow{OP} - \overrightarrow{OA}|$를 간단히 나타내야겠네.
2 두 점 A$(1, 2)$, B$(-3, 5)$를 이용하여 $|\overrightarrow{AB}|$를 구할 수 있어.
3 점 P가 나타내는 도형이 무엇인지 알면 도형의 길이를 구할 수 있겠다.

알찬 풀이
$|\overrightarrow{OP} - \overrightarrow{OA}| = |\overrightarrow{AP}|$이므로 $|\overrightarrow{AP}| = |\overrightarrow{AB}|$
이때 $|\overrightarrow{AB}| = \overline{AB} = \sqrt{(-3-1)^2 + (5-2)^2} = 5$이므로
$$|\overrightarrow{AP}| = 5$$
즉, 점 P가 나타내는 도형은 점 A를 중심으로 하고 반지름의 길이가 5인 원이다.
따라서 구하는 도형의 길이는
$$2\pi \times 5 = 10\pi \qquad \longrightarrow 원의 둘레야.$$

다른 풀이
점 P의 좌표를 (x, y)라 하면 $\overrightarrow{OP} - \overrightarrow{OA} = (x, y) - (1, 2) = (x-1, y-2)$
$|\overrightarrow{OP} - \overrightarrow{OA}| = |\overrightarrow{AB}|$에서
$$\sqrt{(x-1)^2 + (y-2)^2} = \sqrt{(-3-1)^2 + (5-2)^2}$$
$$\therefore (x-1)^2 + (y-2)^2 = 25$$
따라서 점 P가 나타내는 도형은 중심이 $(1, 2)$이고 반지름의 길이가 5인 원이므로 구하는 도형의 길이는
$$2\pi \times 5 = 10\pi$$

15 정답 ①　　　　　　　　　　　정답률 81%

그림과 같이 한 평면 위에서 서로 평행한 세 직선 l_1, l_2, l_3 가 평행한 두 직선 m_1, m_2와 A, B, C, X, O, Y에서 만나고 있다. $\overrightarrow{OA}=\vec{a}$, $\overrightarrow{OB}=\vec{b}$, $\overrightarrow{OC}=\vec{c}$라고 할 때, **$\overrightarrow{AP}=(\vec{c}-\vec{b}-\vec{a})t$** ($t$는 실수)를 만족시키는 **점 P가 나타내는 도형은?** 　→ 임의의 실수 t에 대하여 벡터 $t\vec{a}$는 벡터 $\vec{a}$를 포함하는 직선이야. 그러니까 벡터 $\vec{c}-\vec{b}-\vec{a}$를 정리해 봐.

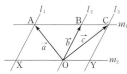

✓① 직선 AY　　② 직선 AO　　③ 직선 AX
④ 직선 AB　　⑤ 직선 CX

☑ 연관 개념 check
(1) 두 벡터 $\vec{a}=\overrightarrow{AB}$, $\vec{b}=\overrightarrow{AC}$에 대하여
$$\vec{a}-\vec{b}=\overrightarrow{AB}-\overrightarrow{AC}=\overrightarrow{CB}$$
(2) 서로 다른 세 점 A, B, C가 한 직선 위에 있다.
$$\Longleftrightarrow \overrightarrow{AB} /\!/ \overrightarrow{AC}$$
$$\Longleftrightarrow \overrightarrow{AB}=k\overrightarrow{AC} \ (단, k는 0이 아닌 실수)$$

해결 흐름
1 벡터 $\vec{c}-\vec{b}-\vec{a}$를 정리해야겠네.
2 **1**에서 구한 식을 $\overrightarrow{AP}=(\vec{c}-\vec{b}-\vec{a})t$에 대입하면 점 P가 나타내는 도형을 구할 수 있겠군.

알찬 풀이
$$\vec{c}-\vec{b}=\overrightarrow{OC}-\overrightarrow{OB}$$
$$=\overrightarrow{BC}=\overrightarrow{OY}$$ 　→ 크기와 방향이 각각 같으므로 두 벡터는 서로 같은 벡터야.
이므로
$$\vec{c}-\vec{b}-\vec{a}=\overrightarrow{OY}-\overrightarrow{OA}$$
$$=\overrightarrow{AY}$$
실수 t에 대하여
$$\overrightarrow{AP}=(\vec{c}-\vec{b}-\vec{a})t$$
$$=t\overrightarrow{AY}$$
이므로 점 P는 직선 AY 위의 점이다.
따라서 점 P가 나타내는 도형은 직선 AY이다.

16 정답 ②　　　　　　　　　　　정답률 82%

두 벡터 $\vec{a}$, $\vec{b}$에 대하여
$$|\vec{a}|=\sqrt{11}, \quad |\vec{b}|=3, \quad |2\vec{a}-\vec{b}|=\sqrt{17}$$
일 때, $|\vec{a}-\vec{b}|$의 값은? 　→ 양변을 제곱하면 내적 $\vec{a}\cdot\vec{b}$의 값을 구할 수 있어.

① $\dfrac{\sqrt{2}}{2}$　　✓② $\sqrt{2}$　　③ $\dfrac{3\sqrt{2}}{2}$
④ $2\sqrt{2}$　　⑤ $\dfrac{5\sqrt{2}}{2}$

☑ 연관 개념 check
두 평면벡터 $\vec{a}$, $\vec{b}$에 대하여
$$|\vec{a}-\vec{b}|^2=|\vec{a}|^2-2\vec{a}\cdot\vec{b}+|\vec{b}|^2$$

☑ 실전 적용 key
평면벡터의 내적을 이용하여 벡터의 크기를 구하거나 반대로 평면벡터의 크기를 이용하여 내적을 구할 때에는
$$\vec{a}\cdot\vec{a}=|\vec{a}|^2, \ k\vec{a}\cdot\vec{b}=k\vec{b}\cdot\vec{a} \ (단, k는 실수)$$
임을 이용하여 주어진 식을 변형하면 문제를 해결할 수 있다. 즉,
$$|k\vec{a}+l\vec{b}|^2=(k\vec{a}+l\vec{b})\cdot(k\vec{a}+l\vec{b})$$
$$=k^2|\vec{a}|^2+2kl\vec{a}\cdot\vec{b}+l^2|\vec{b}|^2 \ (단, k, l은 실수)$$
임을 이용한다.

해결 흐름
1 $|2\vec{a}-\vec{b}|=\sqrt{17}$의 양변을 제곱하여 $\vec{a}\cdot\vec{b}$의 값을 구해야겠네.
2 **1**에서 구한 값과 $|\vec{a}-\vec{b}|^2$을 이용해서 $|\vec{a}-\vec{b}|$의 값을 구해야겠군.

알찬 풀이
$|2\vec{a}-\vec{b}|=\sqrt{17}$의 양변을 제곱하면
$$4|\vec{a}|^2-4\vec{a}\cdot\vec{b}+|\vec{b}|^2=17$$
$$4\times(\sqrt{11})^2-4\vec{a}\cdot\vec{b}+3^2=17$$
　→ $|2\vec{a}-\vec{b}|^2=(2\vec{a}-\vec{b})\cdot(2\vec{a}-\vec{b})$
　$=4\vec{a}\cdot\vec{a}-4\vec{a}\cdot\vec{b}+\vec{b}\cdot\vec{b}$
$$4\vec{a}\cdot\vec{b}=36 \quad \therefore \vec{a}\cdot\vec{b}=9$$
　$=4|\vec{a}|^2-4\vec{a}\cdot\vec{b}+|\vec{b}|^2$
$$|\vec{a}-\vec{b}|^2=|\vec{a}|^2-2\vec{a}\cdot\vec{b}+|\vec{b}|^2$$
$$=(\sqrt{11})^2-2\times9+3^2=2$$
이때 $|\vec{a}-\vec{b}|\geq0$이므로
$$|\vec{a}-\vec{b}|=\sqrt{2}$$ 　→ $|\vec{a}-\vec{b}|$는 벡터의 크기이므로 음수가 될 수 없어.

17 정답 ② 　　　　　　　　　정답률 66%

> → $|\vec{AB}|=\overline{AB}=1$, $|\vec{BC}|=\overline{BC}=1$
> 그림과 같이 한 변의 길이가 1인 정사각형 ABCD에서
> $$(\vec{AB}+k\vec{BC}) \cdot (\vec{AC}+3k\vec{CD})=0$$
> 　　　　　　　　　　　　　　 **1 2**
> 일 때, 실수 k의 값은?

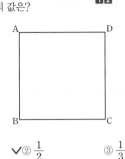

> ① 1　　　　　✔② $\dfrac{1}{2}$　　　　　③ $\dfrac{1}{3}$
>
> ④ $\dfrac{1}{4}$　　　　　⑤ $\dfrac{1}{5}$

☑ **연관 개념 check**

영벡터가 아닌 두 평면벡터 $\vec{a}$, $\vec{b}$에 대하여
$$\vec{a} \perp \vec{b} \iff \vec{a} \cdot \vec{b}=0$$

해결 흐름

1 $\vec{AC}+3k\vec{CD}$를 두 벡터 $\vec{AB}$, $\vec{BC}$로 나타내야겠네.

2 **1**에서 구한 식을 $(\vec{AB}+k\vec{BC}) \cdot (\vec{AC}+3k\vec{CD})=0$에 대입하여 식을 정리하면 k의 값을 구할 수 있겠다.

알찬 풀이

> **벡터의 덧셈** ☆☆
> $\vec{AB}+\vec{BC}=\vec{AC}$

$\vec{AC}=\vec{AB}+\vec{BC}$이고
정사각형 ABCD에서 $\vec{CD}=-\vec{AB}$이므로 　→ 두 벡터 $\vec{CD}$, $\vec{AB}$는 크기가 같고 방향이 반대야.
$$\vec{AC}+3k\vec{CD}=(\vec{AB}+\vec{BC})+3k(-\vec{AB})$$
$$=(1-3k)\vec{AB}+\vec{BC}$$
$$\therefore (\vec{AB}+k\vec{BC}) \cdot (\vec{AC}+3k\vec{CD})$$
$$=(\vec{AB}+k\vec{BC}) \cdot \{(1-3k)\vec{AB}+\vec{BC}\}$$
$$=(1-3k)|\vec{AB}|^2+\vec{AB} \cdot \vec{BC}+(k-3k^2)\vec{BC} \cdot \vec{AB}+k|\vec{BC}|^2$$

이때 　→ $|\vec{AB}|=\overline{AB}=1$, $|\vec{BC}|=\overline{BC}=1$이기 때문이야.　　→ 평면벡터 $\vec{a}$에 대하여 $\vec{a} \cdot \vec{a}=|\vec{a}|^2$이야.
$$|\vec{AB}|=|\vec{BC}|=1,$$ 　→ $\vec{AB} \perp \vec{BC}$이기 때문이야.
$$\vec{AB} \cdot \vec{BC}=\vec{BC} \cdot \vec{AB}=0$$이므로
$$(\vec{AB}+k\vec{BC}) \cdot (\vec{AC}+3k\vec{CD})=(1-3k)+k$$
$$=1-2k$$
따라서 $1-2k=0$이므로
$$k=\dfrac{1}{2}$$

---

18 정답 ③ 　　　　　　　　　정답률 77%

> 좌표평면 위의 점 A$(3, 0)$에 대하여 **1**
> $$(\vec{OP}-\vec{OA}) \cdot (\vec{OP}-\vec{OA})=5 \quad \rightarrow \vec{OP}-\vec{OA}=\vec{AP}$$
> 를 만족시키는 점 P가 나타내는 도형과 직선 $y=\dfrac{1}{2}x+k$가
> 오직 한 점에서 만날 때, 양수 k의 값은? (단, O는 원점이다.)
> 　　　　　　　　 **2 3**
> ① $\dfrac{3}{5}$　　　　② $\dfrac{4}{5}$　　　　✔③ 1
>
> ④ $\dfrac{6}{5}$　　　　⑤ $\dfrac{7}{5}$

☑ **연관 개념 check**

점 A에 대하여 $|\vec{AP}|=r$를 만족시키는 점 P가 나타내는 도형은 점 A를 중심으로 하고 반지름의 길이가 r인 원이다.

해결 흐름

1 먼저 $(\vec{OP}-\vec{OA}) \cdot (\vec{OP}-\vec{OA})=5$를 간단히 나타내야겠네.

2 **1**에서 간단히 한 식을 이용해서 점 P가 나타내는 도형의 방정식을 구할 수 있겠다.

3 **2**에서 구한 도형과 직선이 오직 한 점에서 만나는 경우를 생각해서 k의 값을 구해야겠네.

알찬 풀이

$(\vec{OP}-\vec{OA}) \cdot (\vec{OP}-\vec{OA})=5$에서
　　　　　　　　　　　　　　 > **벡터의 뺄셈** ☆☆
$$\vec{AP} \cdot \vec{AP}=5, \ |\vec{AP}|^2=5$$ 　 > $\vec{AB}-\vec{AC}=\vec{CB}$
$$\therefore |\vec{AP}|=\sqrt{5} \ (\because |\vec{AP}|>0)$$
따라서 점 P가 나타내는 도형은 점 A$(3, 0)$을 중심으로 하고 반지름의 길이가 $\sqrt{5}$인 원이므로 점 P가 나타내는 도형의 방정식은
$$(x-3)^2+y^2=5$$
이 원이 직선 $y=\dfrac{1}{2}x+k$와 오직 한 점에서 만나려면 점 $(3, 0)$과 직선
$$y=\dfrac{1}{2}x+k, \ \text{즉} \ x-2y+2k=0 \ \text{사이의 거리가} \ \sqrt{5}\text{이어야 하므로}$$
$$\dfrac{|3+2k|}{\sqrt{1^2+(-2)^2}}=\sqrt{5}$$
　→ 원과 직선이 오직 한 점에서 만나려면 접해야 하므로 원의 중심과 직선 사이의 거리가 반지름의 길이와 같아야 해.
$$|3+2k|=5, \ 3+2k=\pm 5$$
$$\therefore k=1 \ (\because k>0)$$

> **점과 직선 사이의 거리** ☆☆
> 점 (x_1, y_1)과 직선 $ax+by+c=0$ 사이의 거리는
> $$\dfrac{|ax_1+by_1+c|}{\sqrt{a^2+b^2}}$$

19 정답 ④   정답률 75%

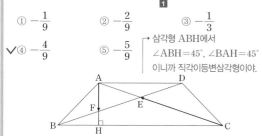

$\overline{AD}=2$, $\overline{AB}=\overline{CD}=\sqrt{2}$, $\angle ABC=\angle BCD=45°$인 사다리꼴 ABCD가 있다. 두 대각선 AC와 BD의 교점을 E, 점 A에서 선분 BC에 내린 수선의 발을 H, 선분 AH와 선분 BD의 교점을 F라 할 때, $\overrightarrow{AF}\cdot\overrightarrow{CE}$의 값은?

① $-\dfrac{1}{9}$ ② $-\dfrac{2}{9}$ ③ $-\dfrac{1}{3}$

✓④ $-\dfrac{4}{9}$ ⑤ $-\dfrac{5}{9}$ → 삼각형 ABH에서 $\angle ABH=45°$, $\angle BAH=45°$이니까 직각이등변삼각형이야.

☑ 연관 개념 check

영벡터가 아닌 두 평면벡터 $\vec{a}$, $\vec{b}$가 이루는 각의 크기가 θ ($0\le\theta\le\pi$)일 때,
$\vec{a}\cdot\vec{b}=|\vec{a}||\vec{b}|\cos\theta$

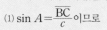   삼각비를 이용한 변의 길이

오른쪽 직각삼각형 ABC에서 $\angle$A의 크기와 c의 값을 알 때,

(1) $\sin A=\dfrac{\overline{BC}}{c}$이므로
$\overline{BC}=c\sin A$

(2) $\cos A=\dfrac{\overline{AC}}{c}$이므로
$\overline{AC}=c\cos A$

$\dfrac{\pi}{2}\pm\theta$의 삼각함수 (복부호 동순)

① $\sin\left(\dfrac{\pi}{2}\pm\theta\right)=\cos\theta$

② $\cos\left(\dfrac{\pi}{2}\pm\theta\right)=\mp\sin\theta$

③ $\tan\left(\dfrac{\pi}{2}\pm\theta\right)=\mp\dfrac{1}{\tan\theta}$

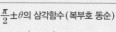

벡터의 덧셈
$\overrightarrow{AB}+\overrightarrow{BC}=\overrightarrow{AC}$

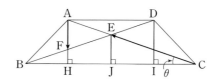

해결 흐름

1 벡터의 내적의 정의를 이용해서 $\overrightarrow{AF}\cdot\overrightarrow{CE}$를 선분의 길이에 대한 식으로 나타내야지.

2 서로 닮은 두 삼각형에서 닮음 조건을 이용하면 필요한 선분의 길이를 구할 수 있겠어.

알찬 풀이

위의 그림과 같이 두 점 D, E에서 선분 BC에 내린 수선의 발을 각각 I, J라 하고, $\angle ACB=\theta$라 하면

두 벡터 $\overrightarrow{AF}$, $\overrightarrow{CE}$가 이루는 각의 크기는 $\dfrac{\pi}{2}+\theta$이므로   → 벡터 $\overrightarrow{AF}$의 시점을 점 C가 되도록 평행이동하면 알 수 있어.

$$\overrightarrow{AF}\cdot\overrightarrow{CE}=|\overrightarrow{AF}||\overrightarrow{CE}|\cos\left(\dfrac{\pi}{2}+\theta\right)$$
$$=-\overline{AF}\times\overline{CE}\sin\theta$$
$$=-\overline{AF}\times\overline{EJ} \qquad \cdots\cdots \text{㉠}$$

직각삼각형 CEJ에서 $\sin\theta=\dfrac{\overline{EJ}}{\overline{CE}}$이니까 $\overline{CE}\sin\theta=\overline{EJ}$야.

직각삼각형 ABH에서
$$\overline{AH}=\overline{BH}=\sqrt{2}\cos 45°=\sqrt{2}\times\dfrac{\sqrt{2}}{2}=1$$

이때 $\overline{HI}=\overline{AD}=2$, $\overline{IC}=\overline{BH}=1$이므로
$$\overline{BC}=\overline{BH}+\overline{HI}+\overline{IC}=1+2+1=4$$

또, 삼각형 BCE는 이등변삼각형이므로   → 사다리꼴 ABCD는 등변사다리꼴이니까 $\overline{EB}=\overline{EC}$야.
$$\overline{BJ}=\overline{CJ}=\dfrac{1}{2}\overline{BC}=\dfrac{1}{2}\times4=2$$

한편, $\triangle BHF\backsim\triangle BID$ (AA 닮음)이고,   → $\angle BHF=\angle BID=90°$, $\angle DBI$는 공통이니까 두 삼각형 BHF, BID는 서로 닮은 도형이야.
$\overline{BI}=\overline{BH}+\overline{HI}=1+2=3$, $\overline{DI}=\overline{AH}=1$이므로
$$\overline{BH}:\overline{BI}=\overline{FH}:\overline{DI}$$
$$1:3=\overline{FH}:1, \quad 3\overline{FH}=1 \qquad \therefore \overline{FH}=\dfrac{1}{3}$$
$$\therefore \overline{AF}=\overline{AH}-\overline{FH}=1-\dfrac{1}{3}=\dfrac{2}{3}$$

또, $\triangle BJE\backsim\triangle BID$ (AA 닮음)이므로   → $\angle BJE=\angle BID=90°$, $\angle DBI$는 공통이니까 두 삼각형 BJE, BID는 서로 닮은 도형이야.
$$\overline{BJ}:\overline{BI}=\overline{EJ}:\overline{DI}$$
$$2:3=\overline{EJ}:1$$
$$3\overline{EJ}=2$$
$$\therefore \overline{EJ}=\dfrac{2}{3}$$

따라서 ㉠에서
$$\overrightarrow{AF}\cdot\overrightarrow{CE}=-\overline{AF}\times\overline{EJ}=-\dfrac{2}{3}\times\dfrac{2}{3}=-\dfrac{4}{9}$$

다른 풀이

벡터 $\overrightarrow{CE}$를 두 벡터의 합으로 나타내어 $\overrightarrow{AF}\cdot\overrightarrow{CE}$를 구할 수도 있다.

$\overrightarrow{CE}=\overrightarrow{CJ}+\overrightarrow{JE}$이므로
$$\overrightarrow{AF}\cdot\overrightarrow{CE}=\overrightarrow{AF}\cdot(\overrightarrow{CJ}+\overrightarrow{JE})$$
$$=\overrightarrow{AF}\cdot\overrightarrow{CJ}+\overrightarrow{AF}\cdot\overrightarrow{JE}$$
$$=\overrightarrow{AF}\cdot\overrightarrow{JE} \qquad \rightarrow \overrightarrow{AF}\perp\overrightarrow{CJ}$이므로 $\overrightarrow{AF}\cdot\overrightarrow{CJ}=0$$
$$=|\overrightarrow{AF}||\overrightarrow{JE}|\cos 180°$$
$$=-\overline{AF}\times\overline{EJ}$$

 (해당 없음)

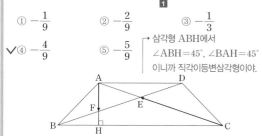 (중복)

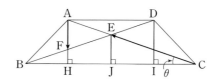

II. 평면벡터

3점 집중

II. 평면벡터   **87**

20 정답 ③ 정답률 73%

한 변의 길이가 3인 정삼각형 ABC에서 변 AB를 2 : 1로 내분하는 점을 D라 하고, 변 AC를 3 : 1과 1 : 3으로 내분하는 점을 각각 E, F라 할 때, $|\overrightarrow{BF}+\overrightarrow{DE}|^2$의 값은?

↳ 점 A를 시점으로 하면
$\overrightarrow{BF}=\overrightarrow{AF}-\overrightarrow{AB}$,
$\overrightarrow{DE}=\overrightarrow{AE}-\overrightarrow{AD}$
로 나타낼 수 있어.

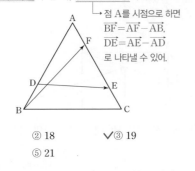

① 17 ② 18 ✓③ 19
④ 20 ⑤ 21

☑ 연관 개념 check

영벡터가 아닌 두 평면벡터 $\vec{a}$, $\vec{b}$가 이루는 각의 크기가 $\theta\,(0\le\theta\le\pi)$일 때,
$\vec{a}\cdot\vec{b}=|\vec{a}||\vec{b}|\cos\theta$

수능 핵심 개념 평면벡터의 내적의 성질

두 평면벡터 $\vec{a}$, $\vec{b}$에 대하여
(1) $|\vec{a}+\vec{b}|^2=|\vec{a}|^2+2\vec{a}\cdot\vec{b}+|\vec{b}|^2$
(2) $|\vec{a}-\vec{b}|^2=|\vec{a}|^2-2\vec{a}\cdot\vec{b}+|\vec{b}|^2$
(3) $(\vec{a}+\vec{b})\cdot(\vec{a}-\vec{b})=|\vec{a}|^2-|\vec{b}|^2$

해결 흐름

1 점 A를 시점으로 하는 점 D, E, F의 위치벡터를 각각 구할 수 있어.
2 더해야 하는 두 벡터 $\overrightarrow{BF}$, $\overrightarrow{DE}$의 시점이 일치하지 않으므로 두 벡터의 시점을 A로 나타내야겠군.

알찬 풀이

변 AB를 2 : 1로 내분하는 점이 D이므로 $\overrightarrow{AD}=\dfrac{2}{3}\overrightarrow{AB}$

또, 변 AC를 3 : 1과 1 : 3으로 내분하는 점이 각각 E, F이므로
$\overrightarrow{AF}=\dfrac{1}{4}\overrightarrow{AC}$, $\overrightarrow{AE}=\dfrac{3}{4}\overrightarrow{AC}$

$\therefore\ \overrightarrow{BF}+\overrightarrow{DE}=(\overrightarrow{AF}-\overrightarrow{AB})+(\overrightarrow{AE}-\overrightarrow{AD})$

$\quad=\left(\dfrac{1}{4}\overrightarrow{AC}-\overrightarrow{AB}\right)+\left(\dfrac{3}{4}\overrightarrow{AC}-\dfrac{2}{3}\overrightarrow{AB}\right)=\overrightarrow{AC}-\dfrac{5}{3}\overrightarrow{AB}$

이때 $|\overrightarrow{AB}|=|\overrightarrow{AC}|=3$이고 $\angle\mathrm{BAC}=60°$이므로

$\overrightarrow{AB}\cdot\overrightarrow{AC}=3\times3\times\cos60°=\dfrac{9}{2}$ ······ (*)

↳ 삼각형 ABC는 한 변의 길이가 3인 정삼각형이기 때문이야.

$\therefore\ |\overrightarrow{BF}+\overrightarrow{DE}|^2=\left|\overrightarrow{AC}-\dfrac{5}{3}\overrightarrow{AB}\right|^2$

↳ 평면벡터 $\vec{a}$에 대하여 $|\vec{a}|^2=\vec{a}\cdot\vec{a}$야.

$\quad=\left(\overrightarrow{AC}-\dfrac{5}{3}\overrightarrow{AB}\right)\cdot\left(\overrightarrow{AC}-\dfrac{5}{3}\overrightarrow{AB}\right)$

$\quad=|\overrightarrow{AC}|^2-\dfrac{10}{3}\underset{(*)}{\overrightarrow{AC}\cdot\overrightarrow{AB}}+\dfrac{25}{9}|\overrightarrow{AB}|^2$

$\quad=3^2-\dfrac{10}{3}\times\dfrac{9}{2}+\dfrac{25}{9}\times3^2=19$

---

21 정답 ② 정답률 65%

평면 위의 두 점 O_1, O_2 사이의 거리가 1일 때, O_1, O_2를 각각 중심으로 하고 반지름의 길이가 1인 두 원의 교점을 A, B라 하자. 호 AO_2B 위의 점 P와 호 AO_1B 위의 점 Q에 대하여 두 벡터 $\overrightarrow{O_1P}$, $\overrightarrow{O_2Q}$의 내적 $\overrightarrow{O_1P}\cdot\overrightarrow{O_2Q}$의 최댓값을 M, 최솟값을 m이라 할 때, $M+m$의 값은?

1 2

↳ 두 원의 반지름의 길이가 1이므로 $|\overrightarrow{O_1P}|=|\overrightarrow{O_2Q}|=1$이야.

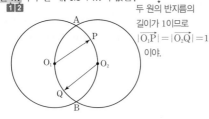

① −1 ✓② $-\dfrac{1}{2}$ ③ 0
④ $\dfrac{1}{4}$ ⑤ 1

☑ 연관 개념 check

영벡터가 아닌 두 평면벡터 $\vec{a}$, $\vec{b}$가 이루는 각의 크기가 $\theta\,(0\le\theta\le\pi)$일 때,
$\vec{a}\cdot\vec{b}=|\vec{a}||\vec{b}|\cos\theta$

☑ 실전 적용 key

두 점 P, Q가 모두 점 A와 일치할 경우 삼각형 O_1AO_2는 한 변의 길이가 1인 정삼각형이므로 한 내각의 크기는 $\dfrac{\pi}{3}$이다.
두 점 P, Q가 모두 점 B와 일치할 경우도 마찬가지이다.

해결 흐름

1 두 벡터 $\overrightarrow{O_1P}$, $\overrightarrow{O_2Q}$의 시점을 일치시켜야 되겠군.
2 두 벡터 $\overrightarrow{O_1P}$, $\overrightarrow{O_2Q}$가 이루는 각의 크기를 파악해야겠네.

알찬 풀이

오른쪽 그림과 같이 점 O_2를 점 O_1에 대하여 대칭이동시킨 점을 O_3이라 하고 점 O_3을 중심으로 하고 반지름의 길이가 1인 원을 그려 원 O_1과의 교점을 A′, B′이라 하자.

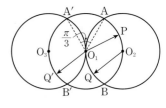

이때 $\overrightarrow{O_2Q}=\overrightarrow{O_1Q'}$인 점 Q′을 잡고 두 벡터 $\overrightarrow{O_1P}$, $\overrightarrow{O_1Q'}$이 이루는 각의 크기를

↳ $\overrightarrow{O_2Q}/\!/\overrightarrow{O_1Q'}$

$\theta\,(0\le\theta\le\pi)$라 하면

$\overrightarrow{O_1P}\cdot\overrightarrow{O_2Q}=\overrightarrow{O_1P}\cdot\overrightarrow{O_1Q'}$

$\quad=|\overrightarrow{O_1P}||\overrightarrow{O_1Q'}|\cos\theta$

↳ 두 점 P, Q′은 모두 원 O_1 위의 점이고, 원 O_1의 반지름의 길이가 1이기 때문이야.

$\quad=\cos\theta\ (\because\ |\overrightarrow{O_1P}|=\overline{O_1P}=1,\ |\overrightarrow{O_1Q'}|=\overline{O_1Q'}=1)$

그런데 점 P는 호 AO_2B, 점 Q′은 호 $A'O_3B'$ 위를 움직이므로

$\dfrac{\pi}{3}\le\theta\le\pi\ \rightarrow\ -1\le\cos\theta\le\dfrac{1}{2}$

따라서 $M=\cos\dfrac{\pi}{3}=\dfrac{1}{2}$, $m=\cos\pi=-1$이므로

$M+m=\dfrac{1}{2}+(-1)=-\dfrac{1}{2}$

$\overrightarrow{BD}=\frac{1}{3}\overrightarrow{BC}$, $\overrightarrow{BE}=\frac{2}{3}\overrightarrow{BC}$겠네.

다음은 $\angle A=\frac{\pi}{2}$인 직각삼각형 ABC에서 변 BC의 삼등분

점을 각각 D와 E라고 할 때, $\overrightarrow{AD}^2+\overrightarrow{AE}^2+\overrightarrow{DE}^2=\frac{2}{3}\overrightarrow{BC}^2$

이 성립함을 벡터를 이용하여 증명한 것이다.

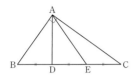

〈증명〉

$\overrightarrow{AB}=\vec{a}$, $\overrightarrow{AC}=\vec{b}$로 놓으면 $\overrightarrow{BC}=\vec{b}-\vec{a}$이고 다음이 성립

한다.

$\overrightarrow{AD}=$ [(가)]

$\overrightarrow{AE}=$ [(나)] ❶

$\overrightarrow{DE}=\frac{1}{3}\overrightarrow{BC}=\frac{1}{3}(\vec{b}-\vec{a})$

그러므로 다음을 얻는다.

$|\overrightarrow{AD}|^2=$ [(다)] → $|\overrightarrow{AD}|^2=\overrightarrow{AD}\cdot\overrightarrow{AD}$야.

$|\overrightarrow{AE}|^2=$ [(라)] → $|\overrightarrow{AE}|^2=\overrightarrow{AE}\cdot\overrightarrow{AE}$야. ❷

$|\overrightarrow{DE}|^2=\frac{1}{9}(|\vec{a}|^2-2\vec{a}\cdot\vec{b}+|\vec{b}|^2)$

$|\overrightarrow{AD}|^2+|\overrightarrow{AE}|^2+|\overrightarrow{DE}|^2=\frac{2}{3}(|\vec{a}|^2+|\vec{b}|^2+\vec{a}\cdot\vec{b})$

$|\overrightarrow{BC}|^2=|\vec{b}|^2+|\vec{a}|^2-2\vec{a}\cdot\vec{b}$

이때 $\vec{a}\perp\vec{b}$이므로 $\vec{a}\cdot\vec{b}=0$이고 다음이 성립한다.

$|\overrightarrow{AD}|^2+|\overrightarrow{AE}|^2+|\overrightarrow{DE}|^2=\frac{2}{3}|\overrightarrow{BC}|^2$

따라서 $\overrightarrow{AD}^2+\overrightarrow{AE}^2+\overrightarrow{DE}^2=\frac{2}{3}\overrightarrow{BC}^2$이다.

위의 증명에서 (가)와 (라)에 알맞은 것은?

	(가)	(라)
✓①	$\frac{2}{3}\vec{a}+\frac{1}{3}\vec{b}$	$\frac{1}{9}(|\vec{a}|^2+4\vec{a}\cdot\vec{b}+4|\vec{b}|^2)$
②	$\frac{2}{3}\vec{a}+\frac{1}{3}\vec{b}$	$\frac{1}{9}(4|\vec{a}|^2+4\vec{a}\cdot\vec{b}+|\vec{b}|^2)$
③	$\frac{2}{3}\vec{a}+\frac{1}{3}\vec{b}$	$\frac{1}{9}(|\vec{a}|^2+2\vec{a}\cdot\vec{b}+|\vec{b}|^2)$
④	$\frac{1}{3}\vec{a}+\frac{2}{3}\vec{b}$	$\frac{1}{9}(|\vec{a}|^2+4\vec{a}\cdot\vec{b}+4|\vec{b}|^2)$
⑤	$\frac{1}{3}\vec{a}+\frac{2}{3}\vec{b}$	$\frac{1}{9}(4|\vec{a}|^2+4\vec{a}\cdot\vec{b}+|\vec{b}|^2)$

☑ 연관 개념 check

벡터 $\overrightarrow{AB}$의 크기는 선분 AB의 길이와 같다.

➡ $|\overrightarrow{AB}|=\overline{AB}$

수능 핵심 개념 | 평면벡터의 내적의 성질

두 평면벡터 $\vec{a}$, $\vec{b}$에 대하여

(1) $|\vec{a}+\vec{b}|^2=|\vec{a}|^2+2\vec{a}\cdot\vec{b}+|\vec{b}|^2$

(2) $|\vec{a}-\vec{b}|^2=|\vec{a}|^2-2\vec{a}\cdot\vec{b}+|\vec{b}|^2$

(3) $(\vec{a}+\vec{b})\cdot(\vec{a}-\vec{b})=|\vec{a}|^2-|\vec{b}|^2$

해결 흐름

❶ $\overrightarrow{AD}$, $\overrightarrow{AE}$를 두 벡터 $\vec{a}$, $\vec{b}$로 나타내야겠네.

❷ ❶에서 구한 식을 이용하여 $|\overrightarrow{AD}|^2$, $|\overrightarrow{AE}|^2$을 각각 구해야겠네.

알찬 풀이

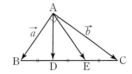

$\overrightarrow{AB}=\vec{a}$, $\overrightarrow{AC}=\vec{b}$로 놓으면 $\overrightarrow{BC}=\vec{b}-\vec{a}$이고 다음이 성립한다.

$\overrightarrow{AD}=\overrightarrow{AB}+\overrightarrow{BD}=\overrightarrow{AB}+\frac{1}{3}\overrightarrow{BC}$

$\quad=\vec{a}+\frac{1}{3}(\vec{b}-\vec{a})$ → 점 D가 선분 BC를 1 : 2로 내분하는 점이기 때문이야.

$\quad=\boxed{\frac{2}{3}\vec{a}+\frac{1}{3}\vec{b}}$

$\overrightarrow{AE}=\overrightarrow{AB}+\overrightarrow{BE}=\overrightarrow{AB}+\frac{2}{3}\overrightarrow{BC}$

$\quad=\vec{a}+\frac{2}{3}(\vec{b}-\vec{a})$ → 점 E가 선분 BC를 2 : 1로 내분하는 점이기 때문이야.

$\quad=\boxed{\frac{1}{3}\vec{a}+\frac{2}{3}\vec{b}}$

$\overrightarrow{DE}=\frac{1}{3}\overrightarrow{BC}=\frac{1}{3}(\vec{b}-\vec{a})$

그러므로 다음을 얻는다.

$|\overrightarrow{AD}|^2=\left|\frac{2}{3}\vec{a}+\frac{1}{3}\vec{b}\right|^2$

$\quad=\left(\frac{2}{3}\vec{a}+\frac{1}{3}\vec{b}\right)\cdot\left(\frac{2}{3}\vec{a}+\frac{1}{3}\vec{b}\right)$ → 평면벡터 $\vec{a}$에 대하여 $|\vec{a}|^2=\vec{a}\cdot\vec{a}$야.

$\quad=\frac{4}{9}|\vec{a}|^2+\frac{4}{9}\vec{a}\cdot\vec{b}+\frac{1}{9}|\vec{b}|^2$

$\quad=\boxed{\frac{1}{9}(4|\vec{a}|^2+4\vec{a}\cdot\vec{b}+|\vec{b}|^2)}$

$|\overrightarrow{AE}|^2=\left|\frac{1}{3}\vec{a}+\frac{2}{3}\vec{b}\right|^2$

$\quad=\left(\frac{1}{3}\vec{a}+\frac{2}{3}\vec{b}\right)\cdot\left(\frac{1}{3}\vec{a}+\frac{2}{3}\vec{b}\right)$ → 평면벡터 $\vec{a}$에 대하여 $|\vec{a}|^2=\vec{a}\cdot\vec{a}$야.

$\quad=\frac{1}{9}|\vec{a}|^2+\frac{4}{9}\vec{a}\cdot\vec{b}+\frac{4}{9}|\vec{b}|^2$

$\quad=\boxed{\frac{1}{9}(|\vec{a}|^2+4\vec{a}\cdot\vec{b}+4|\vec{b}|^2)}$

$|\overrightarrow{DE}|^2=\left|\frac{1}{3}(\vec{b}-\vec{a})\right|^2=\frac{1}{9}(|\vec{a}|^2-2\vec{a}\cdot\vec{b}+|\vec{b}|^2)$

$|\overrightarrow{AD}|^2+|\overrightarrow{AE}|^2+|\overrightarrow{DE}|^2=\frac{2}{3}(|\vec{a}|^2+|\vec{b}|^2+\vec{a}\cdot\vec{b})$

$|\overrightarrow{BC}|^2=|\vec{b}-\vec{a}|^2=|\vec{b}|^2+|\vec{a}|^2-2\vec{a}\cdot\vec{b}$

이때 $\vec{a}\perp\vec{b}$이므로 $\vec{a}\cdot\vec{b}=0$이고 다음이 성립한다.

$|\overrightarrow{AD}|^2+|\overrightarrow{AE}|^2+|\overrightarrow{DE}|^2=\frac{2}{3}(|\vec{a}|^2+|\vec{b}|^2)=\frac{2}{3}|\overrightarrow{BC}|^2$

따라서 $\overrightarrow{AD}^2+\overrightarrow{AE}^2+\overrightarrow{DE}^2=\frac{2}{3}\overrightarrow{BC}^2$이다.

그러므로 (가)와 (라)에 알맞은 것은 각각

$\frac{2}{3}\vec{a}+\frac{1}{3}\vec{b}$, $\frac{1}{9}(|\vec{a}|^2+4\vec{a}\cdot\vec{b}+4|\vec{b}|^2)$

23   정답률 74%

좌표평면에서 세 벡터

$$\vec{a}=(2, 4), \quad \vec{b}=(2, 8), \quad \vec{c}=(1, 0)$$

에 대하여 두 벡터 $\vec{p}, \vec{q}$ 가

$$(\vec{p}-\vec{a}) \cdot (\vec{p}-\vec{b})=0, \quad \vec{q}=\frac{1}{2}\vec{a}+t\vec{c} \ (t\text{는 실수})$$

를 만족시킬 때, $|\vec{p}-\vec{q}|$ 의 최솟값은?

① $\dfrac{3}{2}$ ✔② 2   ③ $\dfrac{5}{2}$

④ 3   ⑤ $\dfrac{7}{2}$

▷ 연관 개념 check

두 평면벡터 $\vec{a}=(a_1, a_2), \vec{b}=(b_1, b_2)$ 에 대하여

(1) 크기: $|\vec{a}|=\sqrt{a_1{}^2+a_2{}^2}$

(2) 내적: $\vec{a} \cdot \vec{b}=a_1 b_1 + a_2 b_2$

▷ 실전 적용 key

중심이 O'인 원과 원 밖의 한 점 Q에 대하여 점 Q와 원 위의 점 사이의 거리의 최솟값은

(최솟값)$=\overline{O'Q}-$(원의 반지름의 길이)

해결 흐름

1 $\vec{p}=(x, y)$ 로 놓고 $(\vec{p}-\vec{a}) \cdot (\vec{p}-\vec{b})=0$ 임을 이용하여 벡터 $\vec{p}$ 의 종점 P의 위치를 구해야겠네.

2 $\vec{q}=\frac{1}{2}\vec{a}+t\vec{c} \ (t\text{는 실수})$ 임을 이용하여 벡터 $\vec{q}$ 의 종점 Q의 위치를 구해야겠네.

3 $|\vec{p}-\vec{q}|=|\overrightarrow{OP}-\overrightarrow{OQ}|$ 이니까 **1**, **2**에서 구한 두 점 P, Q의 위치를 이용하여 $|\vec{p}-\vec{q}|$ 의 최솟값을 구할 수 있겠다.

알찬 풀이

$\vec{p}=(x, y)$ 라 하면

$\vec{p}-\vec{a}=(x, y)-(2, 4)=(x-2, y-4)$ $\rightarrow \vec{a}=(2, 4), \vec{b}=(2, 8)$ 은

$\vec{p}-\vec{b}=(x, y)-(2, 8)=(x-2, y-8)$ 문제에 주어졌어.

$\therefore (\vec{p}-\vec{a}) \cdot (\vec{p}-\vec{b})=(x-2, y-4) \cdot (x-2, y-8)$

$\qquad\qquad\qquad\qquad =(x-2)^2+(y-4)(y-8)$

$\qquad\qquad\qquad\qquad =x^2-4x+y^2-12y+36$

이때 $(\vec{p}-\vec{a}) \cdot (\vec{p}-\vec{b})=0$ 이므로

$x^2-4x+y^2-12y+36=0$ $\rightarrow (x^2-4x+4)+(y^2-12y+36)=4$

$\therefore (x-2)^2+(y-6)^2=4$ $\rightarrow$ 를 정리하면 $(x-2)^2+(y-6)^2=4$ 야.

따라서 벡터 $\vec{p}$ 의 종점을 P라 하면 점 P는 오른쪽 그림과 같이 중심이 $(2, 6)$ 이고 반지름의 길이가 2인 원 위의 점이다. 또,

$\vec{q}=\frac{1}{2}\vec{a}+t\vec{c}=\frac{1}{2}(2, 4)+t(1, 0)$

$\quad =(1, 2)+(t, 0)=(t+1, 2)$

이므로 벡터 $\vec{q}$ 의 종점을 Q라 하면 점 Q는 직선 $y=2$ 위의 점이다. 원의 중심을 O'이라 하면

$|\vec{p}-\vec{q}|=|\overrightarrow{OP}-\overrightarrow{OQ}|=|\overrightarrow{QP}|=\overline{QP}$

이므로 $|\vec{p}-\vec{q}|$ 의 최솟값은 $\rightarrow$ 두 점 P, Q 사이의 거리의 최솟값이야.

$(\overline{O'Q}$의 최솟값$)-\overline{O'P}=4-2=2$

$\rightarrow$ 원의 중심 O'$(2, 6)$ 과 점 Q$(2, 2)$ 사이의 거리야.

점 Q의 좌표가 $(2, 2)$ 일 때 $\longleftarrow$
$\overline{O'Q}$ 의 길이가 최소야.

---

24   정답률 70%

좌표평면에서 세 벡터

$$\vec{a}=(3, 0), \quad \vec{b}=(1, 2), \quad \vec{c}=(4, 2)$$

에 대하여 두 벡터 $\vec{p}, \vec{q}$ 가

$$\vec{p} \cdot \vec{a}=\vec{a} \cdot \vec{b}, \quad |\vec{q}-\vec{c}|=1$$

을 만족시킬 때, $|\vec{p}-\vec{q}|$ 의 최솟값은?

① 1   ✔② 2   ③ 3

④ 4   ⑤ 5

$\rightarrow$ 성분으로 주어진 벡터의 내적을 계산해 봐.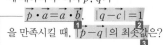

해결 흐름

1 $\vec{p}=(x, y)$ 로 놓고 $\vec{p} \cdot \vec{a}=\vec{a} \cdot \vec{b}$ 임을 이용하여 벡터 $\vec{p}$ 의 종점 P의 위치를 구해야겠네.

2 $|\vec{q}-\vec{c}|=1$ 임을 이용하여 벡터 $\vec{q}$ 의 종점 Q의 위치를 구해야겠네.

3 $|\vec{p}-\vec{q}|=|\overrightarrow{OP}-\overrightarrow{OQ}|$ 이니까 **1**, **2**에서 구한 두 점 P, Q의 위치를 이용하여 $|\vec{p}-\vec{q}|$ 의 최솟값을 구할 수 있겠다.

알찬 풀이

$\vec{p}=(x, y)$ 라 하면 $\vec{p} \cdot \vec{a}=\vec{a} \cdot \vec{b}$ 에서

$(x, y) \cdot (3, 0)=(3, 0) \cdot (1, 2)$ $\rightarrow \vec{a}=(3, 0), \vec{b}=(1, 2)$ 는 문제에 주어졌어.

$3x=3$ ∴ $x=1$

따라서 벡터 $\vec{p}$의 종점을 P라 하면 점 P는 직선 $x=1$ 위의 점이다. 또, $\vec{c}=(4, 2)$이고 $|\vec{q}-\vec{c}|=1$이므로 벡터 $\vec{c}$의 종점을 C, 벡터 $\vec{q}$의 종점을 Q라 하면 점 Q는 오른쪽 그림과 같이 중심이 C(4, 2)이고 반지름의 길이가 1인 원 위의 점이다.

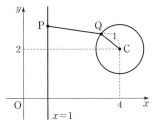

$|\vec{p}-\vec{q}|=|\overrightarrow{OP}-\overrightarrow{OQ}|=|\overrightarrow{QP}|=\overline{QP}$

이므로 $|\vec{p}-\vec{q}|$의 최솟값은 ────→ 두 점 P, Q 사이의 거리의 최솟값이야.

(CP의 최솟값)−CQ=3−1=2
└──→ 원의 중심 C(4, 2)와 점 P(1, 2) 사이의 거리야.

점 P의 좌표가 (1, 2)일 때 ←──
$\overline{CP}$의 길이가 최소야.

---

25 정답 ④

좌표평면에서 점 A(4, 6)과 원 C 위의 임의의 점 P에 대하여
$|\overrightarrow{OP}|^2-\overrightarrow{OA}\cdot\overrightarrow{OP}=3$ **①** ──→ 점 P의 좌표를 (x, y)로 놓고, 주어진 식에 대입해 봐.
일 때, 원 C의 반지름의 길이는? (단, O는 원점이다.)
②

① 1 ② 2 ③ 3
✔④ 4 ⑤ 5

☑ **연관 개념 check**
두 평면벡터 $\vec{a}=(a_1, a_2)$, $\vec{b}=(b_1, b_2)$에 대하여
(1) 크기: $|\vec{a}|=\sqrt{a_1^2+a_2^2}$
(2) 내적: $\vec{a}\cdot\vec{b}=a_1b_1+a_2b_2$

해결 흐름

① 점 P의 좌표를 (x, y)로 놓고, 주어진 식을 x, y에 대한 식으로 나타내야겠군.
② **①**에서 구한 식을 이용하면 원 C의 반지름의 길이를 구할 수 있겠네.

알찬 풀이

점 P의 좌표를 (x, y)라 하면
┌──→ (x성분끼리의 곱)+(y성분끼리의 곱)이야.
$|\overrightarrow{OP}|^2-\overrightarrow{OA}\cdot\overrightarrow{OP}=(x^2+y^2)-(4, 6)\cdot(x, y)$
$=(x^2+y^2)-(4x+6y)=3$ ──→ $x^2-4x+y^2-6y=3$에서 $(x^2-4x+4)+(y^2-6y+9)$ $=3+4+9$
∴ $(x-2)^2+(y-3)^2=16$ ──→ 중심이 (2, 3)이고 반지름의 길이가 4인 원이야.
따라서 원 C의 반지름의 길이는 4이다.

---

26 정답 8   정답률 83%

두 벡터 $\vec{a}=(4, 1)$, $\vec{b}=(-2, k)$에 대하여 $\vec{a}\cdot\vec{b}=0$을 만족시키는 실수 k의 값을 구하시오. 8 **①**
성분으로 주어진 두 벡터의 ←──
내적을 계산해 봐.

☑ **연관 개념 check**
두 평면벡터 $\vec{a}=(a_1, a_2)$, $\vec{b}=(b_1, b_2)$에 대하여
$\vec{a}\cdot\vec{b}=a_1b_1+a_2b_2$

해결 흐름

① 성분으로 주어진 두 벡터의 내적을 이용하여 k에 대한 식을 세워 봐야겠다.

알찬 풀이

$\vec{a}\cdot\vec{b}=(4, 1)\cdot(-2, k)$
$=\underline{4\times(-2)+1\times k}$ (x성분끼리의 곱)+(y성분끼리의 곱)이야.
$=-8+k=0$
∴ $k=8$

27 [정답] ⑤   정답률 90%

좌표평면 위의 네 점 $O(0, 0)$, $A(4, 2)$, $B(0, 2)$, $C(2, 0)$에 대하여 $\overrightarrow{OA} \cdot \overrightarrow{BC}$의 값은?
$\overrightarrow{BC} = \overrightarrow{OC} - \overrightarrow{OB}$ ◄── ❶
① -4 ② -2 ③ 0
④ 2 ✔⑤ 4

☑ 연관 개념 check
두 평면벡터 $\vec{a} = (a_1, a_2)$, $\vec{b} = (b_1, b_2)$에 대하여
$\vec{a} \cdot \vec{b} = a_1 b_1 + a_2 b_2$

해결 흐름

❶ 주어진 네 점의 좌표를 이용하여 두 벡터 $\overrightarrow{OA}$, $\overrightarrow{BC}$를 각각 성분으로 나타내면 내적을 구할 수 있겠어.

알찬 풀이

$\overrightarrow{OA} = (4, 2)$
$\overrightarrow{BC} = \overrightarrow{OC} - \overrightarrow{OB}$ ──→ 일반적으로 위치벡터의 시점은 원점 O로 잡아.
     $= (2, 0) - (0, 2)$
     $= (2, -2)$
$\therefore \overrightarrow{OA} \cdot \overrightarrow{BC} = (4, 2) \cdot (2, -2)$
            $= 4 \times 2 + 2 \times (-2)$ ◄── (x성분끼리의 곱) + (y성분끼리의 곱)이야.
            $= 8 - 4$
            $= 4$

28 [정답] 5   정답률 25%

좌표평면 위의 두 점 $A(1, a)$, $B(a, 2)$에 대하여 ❶
$\overrightarrow{OB} \cdot \overrightarrow{AB} = 14$일 때, 양수 a의 값을 구하시오. 5
    └→ $\overrightarrow{OB} \cdot (\overrightarrow{OB} - \overrightarrow{OA}) = 14$와 같아. ❷ (단, O는 원점이다.)

☑ 연관 개념 check
두 평면벡터 $\vec{a} = (a_1, a_2)$, $\vec{b} = (b_1, b_2)$에 대하여
$\vec{a} \cdot \vec{b} = a_1 b_1 + a_2 b_2$

해결 흐름

❶ 두 점 A, B의 좌표를 이용하면 두 벡터 $\overrightarrow{OB}$, $\overrightarrow{AB}$를 각각 성분으로 나타낼 수 있어.
❷ $\overrightarrow{OB} \cdot \overrightarrow{AB} = 14$를 a에 대한 식으로 나타내서 a의 값을 구할 수 있겠다.

알찬 풀이

       ┌→ 일반적으로 위치벡터의 시점은 원점 O로 잡아.
$\overrightarrow{AB} = \overrightarrow{OB} - \overrightarrow{OA} = (a, 2) - (1, a) = (a-1, 2-a)$
$\overrightarrow{OB} \cdot \overrightarrow{AB} = 14$에서
$(a, 2) \cdot (a-1, 2-a) = 14$
$a(a-1) + 2(2-a) = 14$ ──→ (x성분끼리의 곱) + (y성분끼리의 곱)이야.
$a^2 - 3a - 10 = 0$, $(a+2)(a-5) = 0$
$\therefore a = -2$ 또는 $a = 5$
이때 a가 양수이므로
$a = 5$

29 [정답] ⑤   정답률 86%

두 벡터 $\vec{a} = (3, 1)$, $\vec{b} = (4, -2)$가 있다. 벡터 $\vec{v}$에 대하여 두 벡터 $\vec{a}$와 $\vec{v} + \vec{b}$가 서로 평행할 때, $|\vec{v}|^2$의 최솟값은?
                       ❶   ❷
① 6 ② 7 ③ 8
④ 9 ✔⑤ 10

☑ 연관 개념 check
영벡터가 아닌 두 평면벡터 $\vec{a} = (a_1, a_2)$, $\vec{b} = (b_1, b_2)$에 대하여
$\vec{a} /\!/ \vec{b} \iff \vec{a} = k\vec{b}$
        $\iff a_1 = kb_1$, $a_2 = kb_2$ (단, $k \neq 0$)

해결 흐름

❶ 두 벡터 $\vec{a}$와 $\vec{v} + \vec{b}$가 서로 평행하므로 $\vec{v} + \vec{b} = k\vec{a}$ ($k \neq 0$)로 놓을 수 있겠네.
❷ 벡터 $\vec{v}$의 성분을 k로 나타내면 $|\vec{v}|^2$은 k에 대한 식이 되므로 최솟값을 구할 수 있겠다.

알찬 풀이

두 벡터 $\vec{a}$와 $\vec{v} + \vec{b}$가 서로 평행하므로
$\vec{v} + \vec{b} = k\vec{a}$ ($k \neq 0$)로 놓으면
$\vec{v} = k\vec{a} - \vec{b}$
   $= k(3, 1) - (4, -2)$
   $= (3k-4, k+2)$

$$\therefore |\vec{v}|^2=(3k-4)^2+(k+2)^2$$
$$=10k^2-20k+20$$
$$=10(k-1)^2+10$$
$$\geq 10$$

$10k^2-20k+20=10(k^2-2k+1)+10$
$=10(k-1)^2+10$

따라서 $|\vec{v}|^2$의 최솟값은 10이다.

다른 풀이

$\vec{v}=(x, y)$라 하면

$$\vec{v}+\vec{b}=(x, y)+(4, -2)$$
$$=(x+4, y-2)$$

두 벡터 $\vec{a}$와 $\vec{v}+\vec{b}$가 서로 평행하므로

$$\vec{v}+\vec{b}=k\vec{a}\ (k\neq 0)$$

로 놓으면

$$(x+4, y-2)=k(3, 1)=(3k, k)$$

$$x+4=3k,\ y-2=k \leftarrow$$ 두 평면벡터가 서로 같을 조건을 이용한 거야.

즉, $x+4=3(y-2)$이므로

$$x=3y-10$$

$$\therefore |\vec{v}|^2=x^2+y^2$$
$$=(3y-10)^2+y^2$$
$$=10y^2-60y+100$$
$$=10(y-3)^2+10$$
$$\geq 10$$

$10y^2-60y+100=10(y^2-6y+9)+10$
$=10(y-3)^2+10$

따라서 $|\vec{v}|^2$의 최솟값은 10이다.

문제 해결 TIP

강준호 | 서울대학교 조선해양공학과 | 양서고등학교 졸업

이 문제는 벡터 $\vec{v}$의 성분을 두 가지 방법으로 구할 수 있어.

두 벡터 $\vec{a}$와 $\vec{v}+\vec{a}$가 서로 평행하므로 $\vec{v}+\vec{b}=k\vec{a}\ (k\neq 0)$에서 $\vec{v}=k\vec{a}-\vec{b}$로 구하는 방법과, $\vec{v}=(x, y)$로 놓고 벡터의 덧셈을 이용하여 $\vec{v}+\vec{b}$의 성분을 구한 후에 $\vec{v}+\vec{b}=k\vec{a}\ (k\neq 0)$임을 이용하는 방법이 있지.

첫 번째 방법으로 문제를 풀었을 때, $|\vec{v}|^2$의 값이 최소가 되는 k의 값은 1이고 이때 $\vec{v}=(3k-4, k+2)=(-1, 3)$이야.

그리고 두 번째 방법으로 풀었을 때, $|\vec{v}|^2$의 값이 최소가 되는 y의 값은 3이고, 그때의 x의 값은 $x=3y-10=-1$이니까 이때도 $\vec{v}=(x, y)=(-1, 3)$이 되지.

따라서 어느 방법을 선택하더라도 계산하는 데 큰 무리는 없을 거야.

하지만 두 벡터 $\vec{a}$와 $\vec{v}+\vec{b}$가 평행함을 등식으로 나타낼 때, $\vec{a}=k(\vec{v}+\vec{b})$와 같이 나타내면 미지수끼리의 곱이 나와서 계산이 복잡해질 수 있으니 주의하도록 해!

생생 수험 Talk

고3은 고등학교 생활의 중요한 부분이기 때문에 공부뿐만 아니라 즐거운 학교생활을 보내야 한다고 생각해. 그런데 또 친구들과의 관계때문에 공부에 지장이 생기면 안 되는 때가 고3이잖아. 그래서 친구들과 친하게 지내되, 공부할 때는 거리가 필요하다고 생각해. 특히 친구들과 독서실에 같이 다닌다며 휴게실에서 몇 시간씩 수다를 떨고 잦은 SNS를 통해 친구들과의 친목을 다지는 것은 피해야 돼.

각자 공부할 때는 SNS는 멀리하고 집중해서 공부를 하고, 학교나 공부하다가 쉬는 시간을 통해 친구들과 친목을 다져도 충분해. 수능 끝나고는 남는 게 시간이거든!

30 정답 ② 　　　　　　　　　　　　정답률 91%

두 벡터 $\vec{a}$, $\vec{b}$에 대하여 $|\vec{a}|=1$, $|\vec{b}|=3$이고, 두 벡터 $6\vec{a}+\vec{b}$와 $\vec{a}-\vec{b}$가 서로 수직일 때, $\vec{a} \cdot \vec{b}$의 값은?
→ $(6\vec{a}+\vec{b}) \cdot (\vec{a}-\vec{b})=0$ **1**

① $-\dfrac{3}{10}$ 　　✔② $-\dfrac{3}{5}$ 　　③ $-\dfrac{9}{10}$

④ $-\dfrac{6}{5}$ 　　⑤ $-\dfrac{3}{2}$

해결 흐름

1 두 벡터 $6\vec{a}+\vec{b}$, $\vec{a}-\vec{b}$가 서로 수직이니까 $(6\vec{a}+\vec{b}) \cdot (\vec{a}-\vec{b})=0$이겠네.

알찬 풀이

┌ 두 벡터의 내적이 0임을 알 수 있어.

두 벡터 $6\vec{a}+\vec{b}$, $\vec{a}-\vec{b}$가 서로 수직이므로

$(6\vec{a}+\vec{b}) \cdot (\vec{a}-\vec{b})=0$

$\therefore 6|\vec{a}|^2-5\vec{a} \cdot \vec{b}-|\vec{b}|^2=0$ → 평면벡터 $\vec{a}$에 대하여 $\vec{a} \cdot \vec{a}=|\vec{a}|^2$이야.

이때 $|\vec{a}|=1$, $|\vec{b}|=3$이므로

$6 \times 1^2-5\vec{a} \cdot \vec{b}-3^2=0$

$-5\vec{a} \cdot \vec{b}=3$ 　　$\therefore \vec{a} \cdot \vec{b}=-\dfrac{3}{5}$

☑ **연관 개념 check**

영벡터가 아닌 두 평면벡터 $\vec{a}$, $\vec{b}$에 대하여

$\vec{a} \perp \vec{b} \Longleftrightarrow \vec{a} \cdot \vec{b}=0$

---

31 정답 ② 　　　　　　　　　　　　정답률 91%

서로 평행하지 않은 두 벡터 $\vec{a}$, $\vec{b}$에 대하여 $|\vec{a}|=2$이고 $\vec{a} \cdot \vec{b}=2$일 때, 두 벡터 $\vec{a}$와 $\vec{a}-t\vec{b}$가 서로 수직이 되도록 **1** 하는 실수 t의 값은? → 두 벡터가 수직이면 내적이 0이야.

① 1 　　✔② 2 　　③ 3

④ 4 　　⑤ 5

해결 흐름

1 두 벡터 $\vec{a}$, $\vec{a}-t\vec{b}$가 서로 수직이 되려면 $\vec{a} \cdot (\vec{a}-t\vec{b})=0$이어야겠네.

알찬 풀이

두 벡터 $\vec{a}$, $\vec{a}-t\vec{b}$가 서로 수직이 되려면

$\vec{a} \cdot (\vec{a}-t\vec{b})=0$

$\therefore |\vec{a}|^2-t\vec{a} \cdot \vec{b}=0$ → 평면벡터 $\vec{a}$에 대하여 $\vec{a} \cdot \vec{a}=|\vec{a}|^2$이야.

이때 $|\vec{a}|=2$, $\vec{a} \cdot \vec{b}=2$이므로

$2^2-2t=0$ 　　$\therefore t=2$

☑ **연관 개념 check**

영벡터가 아닌 두 평면벡터 $\vec{a}$, $\vec{b}$에 대하여

$\vec{a} \perp \vec{b} \Longleftrightarrow \vec{a} \cdot \vec{b}=0$

---

32 정답 ② 　　　　　　　　　　　　정답률 74%

　　　　　　　　 ┌ 두 직선의 방향벡터를 각각 $\vec{u}$, $\vec{v}$라 하면
　　　　　　　　　 $\vec{u}=(4, 3)$, $\vec{v}=(1, -3)$이야.
좌표평면에서 두 직선

$\dfrac{x-3}{4}=\dfrac{y-5}{3}$, $x-1=\dfrac{2-y}{3}$

가 이루는 예각의 크기를 θ라 할 때, $\cos \theta$의 값은?
1

① $\dfrac{\sqrt{11}}{11}$ 　　✔② $\dfrac{\sqrt{10}}{10}$ 　　③ $\dfrac{1}{3}$

④ $\dfrac{\sqrt{2}}{4}$ 　　⑤ $\dfrac{\sqrt{7}}{7}$

해결 흐름

1 두 직선이 이루는 각의 크기는 두 직선의 방향벡터가 이루는 각의 크기와 같으니까 벡터의 내적을 이용하면 되겠다.

알찬 풀이

두 직선 $\dfrac{x-3}{4}=\dfrac{y-5}{3}$, $x-1=\dfrac{2-y}{3}$의 방향벡터를 각각 $\vec{u}$, $\vec{v}$라 하면

$\vec{u}=(4, 3)$, $\vec{v}=(1, -3)$

┌─────────────────── ☆ ★

| 직선의 방향벡터 |
| 직선 $\dfrac{x-x_1}{u_1}=\dfrac{y-y_1}{u_2}$ $(u_1u_2 \neq 0)$의 |
| 방향벡터 $\vec{u}$는 $\vec{u}=(u_1, u_2)$ |

$\therefore \cos \theta = \dfrac{|\vec{u} \cdot \vec{v}|}{|\vec{u}||\vec{v}|}$

$= \dfrac{|4 \times 1+3 \times (-3)|}{\sqrt{4^2+3^2}\sqrt{1^2+(-3)^2}}$

$= \dfrac{5}{5\sqrt{10}}$

$= \dfrac{\sqrt{10}}{10}$

☑ **연관 개념 check**

두 직선 l, m의 방향벡터가 각각 $\vec{u}=(u_1, u_2)$, $\vec{v}=(v_1, v_2)$일 때, 두 직선 l, m이 이루는 각의 크기를 $\theta \left(0 \leq \theta \leq \dfrac{\pi}{2}\right)$라 하면

$\cos \theta = \dfrac{|\vec{u} \cdot \vec{v}|}{|\vec{u}||\vec{v}|} = \dfrac{|u_1v_1+u_2v_2|}{\sqrt{u_1{}^2+u_2{}^2}\sqrt{v_1{}^2+v_2{}^2}}$

☑ **실전 적용 key**

직선의 방정식이 $\dfrac{x-a}{m}=\dfrac{y-b}{n}$ 꼴로 주어질 때

① 직선은 점 (a, b)를 지난다.

② 직선의 방향벡터는 $\vec{u}=(m, n)$이다.

33 정답 ⑤　　　　　　　　　　　　정답률 77%

좌표평면에서 <u>두 직선</u> 　　　→ 두 직선의 방향벡터를 각각 $\vec{u}, \vec{v}$라 하면
$$\frac{x+1}{2}=y-3, \quad x-2=\frac{y-5}{3}$$
$\vec{u}=(2,1), \vec{v}=(1,3)$이야.

가 이루는 <u>예각의 크기를 θ라 할 때, $\cos\theta$의 값은?</u>

① $\dfrac{1}{2}$　　② $\dfrac{\sqrt{5}}{4}$　　③ $\dfrac{\sqrt{6}}{4}$

④ $\dfrac{\sqrt{7}}{4}$　　✓⑤ $\dfrac{\sqrt{2}}{2}$

☑ 연관 개념 check

두 직선 l, m의 방향벡터가 각각 $\vec{u}=(u_1, u_2), \vec{v}=(v_1, v_2)$
일 때, 두 직선 l, m이 이루는 각의 크기를 $\theta\left(0\leq\theta\leq\dfrac{\pi}{2}\right)$라
하면
$$\cos\theta=\frac{|\vec{u}\cdot\vec{v}|}{|\vec{u}||\vec{v}|}=\frac{|u_1 v_1+u_2 v_2|}{\sqrt{u_1{}^2+u_2{}^2}\sqrt{v_1{}^2+v_2{}^2}}$$

해결 흐름

1 두 직선이 이루는 각의 크기는 두 직선의 방향벡터가 이루는 각의 크기와 같으니까 벡터의 내적을 이용하면 되겠다.

알찬 풀이

두 직선 $\dfrac{x+1}{2}=y-3, \ x-2=\dfrac{y-5}{3}$의 방향벡터를 각각 $\vec{u}, \vec{v}$라 하면

$\vec{u}=(2,1), \vec{v}=(1,3)$

☆

　　　　　　　┌─ 직선의 방향벡터
　　　　　　　│ 직선 $\dfrac{x-x_1}{u_1}=\dfrac{y-y_1}{u_2}$ $(u_1 u_2\neq0)$의
　　　　　　　│ 방향벡터 $\vec{u}$는 $\vec{u}=(u_1, u_2)$

$$\therefore \cos\theta=\frac{|\vec{u}\cdot\vec{v}|}{|\vec{u}||\vec{v}|}$$
$$=\frac{|2\times1+1\times3|}{\sqrt{2^2+1^2}\sqrt{1^2+3^2}}$$
$$=\frac{5}{5\sqrt{2}}$$
$$=\frac{\sqrt{2}}{2}$$

34 정답 9　　　　　　　　　　　　정답률 89%

　　　　　　　　→ 벡터 $\vec{n}$은 이 직선의 법선벡터야.
좌표평면 위의 <u>점 $(4,1)$을 지나고 벡터 $\vec{n}=(1,2)$에 수직
인 직선</u>이 x축, y축과 만나는 점의 좌표를 각각 $(a, 0)$,
$(0, b)$라 하자. $a+b$의 값을 구하시오. **9**

☑ 연관 개념 check

점 (x_1, y_1)을 지나고 법선벡터가 $\vec{n}=(a, b)$인 직선의 방정
식은
$$a(x-x_1)+b(y-y_1)=0$$

해결 흐름

1 점 $(4,1)$을 지나고 벡터 $\vec{n}=(1,2)$에 수직인 직선의 방정식을 구해 봐야겠네.
2 **1**에서 구한 직선의 방정식의 x절편과 y절편을 각각 구하면 되겠다.

알찬 풀이

좌표평면 위의 점 $(4,1)$을 지나고 벡터 $\vec{n}=(1,2)$에 수직인 직선의 방정식은
$1\times(x-4)+2\times(y-1)=0$　　└→ 벡터 $\vec{n}$은 법선벡터야.
$x-4+2y-2=0$　　$\therefore x+2y=6$
이 직선이 x축과 만나는 점의 x좌표는
$x+2\times0=6$에서 $x=6$　　$\therefore a=6$
또, y축과 만나는 점의 y좌표는
$0+2y=6$에서 $y=3$　　$\therefore b=3$
$\therefore a+b=6+3=9$

35 정답 52　　　　　　　　　　　　정답률 80%

좌표평면 위의 <u>점 $(6,3)$을 지나고 벡터 $\vec{u}=(2,3)$에 평행
한 직선</u>이 <u>x축과 만나는 점을 A, y축과 만나는 점을 B</u>라 할
때, $\overline{AB}^2$의 값을 구하시오. **52**　　└→ 점 B의 x좌표는 0이야.
　　　　　　└→ 점 A의 y좌표는 0이야.

☑ 연관 개념 check

점 (x_1, y_1)을 지나고 방향벡터가 $\vec{u}=(u_1, u_2)$인 직선의 방
정식은
$$\frac{x-x_1}{u_1}=\frac{y-y_1}{u_2} \ (단, u_1 u_2\neq0)$$

해결 흐름

1 점 $(6,3)$을 지나고 벡터 $\vec{u}=(2,3)$에 평행한 직선의 방정식을 구해 봐야겠네.
2 **1**에서 구한 직선의 방정식의 x절편과 y절편을 각각 구하면 되겠다.

알찬 풀이

좌표평면 위의 점 $(6,3)$을 지나고 벡터 $\vec{u}=(2,3)$에 평행한 직선의 방정식은
$$\frac{x-6}{2}=\frac{y-3}{3}$$
　　　　　　　└→ $\vec{u}$가 방향벡터야.
이 직선이 x축과 만나는 점 A의 x좌표는
$$\frac{x-6}{2}=\frac{0-3}{3}에서 x=4 \quad\therefore A(4, 0)$$
또, y축과 만나는 점 B의 y좌표는
$$\frac{0-6}{2}=\frac{y-3}{3}에서 y=-6 \quad\therefore B(0, -6)$$
$$\therefore \overline{AB}^2=(0-4)^2+(-6-0)^2=16+36=52$$

36

정답 ⑤   정답률 81%

좌표평면에서 두 직선

$$\frac{x+1}{4}=\frac{y-1}{3},\ \frac{x+2}{-1}=\frac{y+1}{3}$$

두 직선의 방향벡터를 각각 $\vec{u},\ \vec{v}$라 하면 $\vec{u}=(4,3),\ \vec{v}=(-1,3)$이야.

이 이루는 예각의 크기를 θ라 할 때, $\cos\theta$의 값은?

① $\dfrac{\sqrt{6}}{10}$ ② $\dfrac{\sqrt{7}}{10}$ ③ $\dfrac{\sqrt{2}}{5}$

④ $\dfrac{3}{10}$ ✓⑤ $\dfrac{\sqrt{10}}{10}$

☑ **연관 개념 check**

두 직선 l, m의 방향벡터가 각각 $\vec{u}=(u_1,\ u_2)$, $\vec{v}=(v_1,\ v_2)$일 때, 두 직선 l, m이 이루는 각의 크기를 $\theta\left(0\leq\theta\leq\dfrac{\pi}{2}\right)$라 하면

$$\cos\theta=\frac{|\vec{u}\cdot\vec{v}|}{|\vec{u}||\vec{v}|}=\frac{|u_1v_1+u_2v_2|}{\sqrt{u_1^2+u_2^2}\sqrt{v_1^2+v_2^2}}$$

해결 흐름

1 두 직선이 이루는 각의 크기는 두 직선의 방향벡터가 이루는 각의 크기와 같으니까 벡터의 내적을 이용하면 되겠다.

알찬 풀이

두 직선 $\dfrac{x+1}{4}=\dfrac{y-1}{3}$, $\dfrac{x+2}{-1}=\dfrac{y+1}{3}$의 방향벡터를 각각 $\vec{u}$, $\vec{v}$라 하면

$$\vec{u}=(4,3),\ \vec{v}=(-1,3)$$

> **직선의 방향벡터**
> 직선 $\dfrac{x-x_1}{u_1}=\dfrac{y-y_1}{u_2}(u_1u_2\neq0)$의 방향벡터 $\vec{u}$는 $\vec{u}=(u_1,\ u_2)$

$$\therefore\cos\theta=\frac{|\vec{u}\cdot\vec{v}|}{|\vec{u}||\vec{v}|}$$

$$=\frac{|4\times(-1)+3\times3|}{\sqrt{4^2+3^2}\sqrt{(-1)^2+3^2}}$$

$$=\frac{5}{5\sqrt{10}}=\frac{\sqrt{10}}{10}$$

37

정답 147   정답률 20%

좌표평면에 한 변의 길이가 4인 정삼각형 ABC가 있다. 선분 AB를 $1:3$으로 내분하는 점을 D, 선분 BC를 $1:3$으로 내분하는 점을 E, 선분 CA를 $1:3$으로 내분하는 점을 F라 하자. 네 점 P, Q, R, X가 다음 조건을 만족시킨다.

> (가) $|\overrightarrow{DP}|=|\overrightarrow{EQ}|=|\overrightarrow{FR}|=1$
> (나) $\overrightarrow{AX}=\overrightarrow{PB}+\overrightarrow{QC}+\overrightarrow{RA}$
>
> 세 점 D, E, F는 움직이지 않는 점이므로 세 점 P, Q, R가 반지름의 길이가 1인 원 위의 점이야.

$|\overrightarrow{AX}|$의 값이 최대일 때, 삼각형 PQR의 넓이를 S라 하자. $16S^2$의 값을 구하시오. **147**

☑ **연관 개념 check**

점 A에 대하여 $|\overrightarrow{AP}|=r$를 만족시키는 점 P가 나타내는 도형은 점 A를 중심으로 하고 반지름의 길이가 r인 원이다.

☑ **실전 적용 key**

오른쪽 그림과 같이 정삼각형 ABC에서 선분 EC를 $2:1$로 내분하는 점을 G라 하면

$$\overrightarrow{DB}+\overrightarrow{EC}+\overrightarrow{FA}=\overrightarrow{DB}+\overrightarrow{BG}+\overrightarrow{FA}$$
$$=\overrightarrow{DG}+\overrightarrow{FA}$$
$$=\vec{0}$$

임을 알 수 있다.

> **코사인법칙**
> 삼각형 ABC에서
> $a^2=b^2+c^2-2bc\cos A$
> $b^2=c^2+a^2-2ca\cos B$
> $c^2=a^2+b^2-2ab\cos C$

해결 흐름

1 조건 (가)에서 세 점 P, Q, R는 각각 세 점 D, E, F를 중심으로 하고 반지름의 길이가 1인 원 위의 점임을 알 수 있어.

2 조건 (나)를 이용해서 $\overrightarrow{AX}$를 $\overrightarrow{DP}$, $\overrightarrow{EQ}$, $\overrightarrow{FR}$에 대하여 나타내고, $|\overrightarrow{AX}|$의 값이 최대가 되도록 하는 세 점 P, Q, R의 위치를 찾아봐야겠다.

3 코사인법칙을 이용해서 선분 DE의 길이를 구하고 삼각형 DEF의 넓이를 이용하면 S의 값을 구할 수 있겠어.

알찬 풀이

조건 (가)에서 점 P는 점 D를 중심으로 하고 반지름의 길이가 1인 원 위의 점이고, 점 Q는 점 E를 중심으로 하고 반지름의 길이가 1인 원 위의 점이고, 점 R는 점 F를 중심으로 하고 반지름의 길이가 1인 원 위의 점이다.

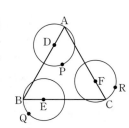

조건 (나)에서

$$\overrightarrow{AX}=\overrightarrow{PB}+\overrightarrow{QC}+\overrightarrow{RA}$$
$$=(\overrightarrow{DB}-\overrightarrow{DP})+(\overrightarrow{EC}-\overrightarrow{EQ})+(\overrightarrow{FA}-\overrightarrow{FR})$$
$$=\overrightarrow{DB}+\overrightarrow{EC}+\overrightarrow{FA}-(\overrightarrow{DP}+\overrightarrow{EQ}+\overrightarrow{FR})$$

> **벡터의 뺄셈**
> $\overrightarrow{AB}-\overrightarrow{AC}=\overrightarrow{CB}$

그런데 $\overrightarrow{DB}+\overrightarrow{EC}+\overrightarrow{FA}=\vec{0}$이므로
→ 실전 적용 key를 확인해 봐.

$$\overrightarrow{AX}=-(\overrightarrow{DP}+\overrightarrow{EQ}+\overrightarrow{FR})$$

$|\overrightarrow{AX}|$의 값이 최대이려면 세 벡터 $\overrightarrow{DP}$, $\overrightarrow{EQ}$, $\overrightarrow{FR}$의 방향이 모두 같아야 하고, 이때 삼각형 PQR의 넓이는 삼각형 DEF의 넓이와 같다.

삼각형 DBE에서 코사인법칙에 의하여

$$\overline{DE}^2=\overline{DB}^2+\overline{BE}^2-2\times\overline{DB}\times\overline{BE}\times\cos\frac{\pi}{3}$$

$$=3^2+1^2-2\times3\times1\times\frac{1}{2}$$

$$=7$$

→ $\overline{DB}=\dfrac{3}{4}\overline{AB}=\dfrac{3}{4}\times4=3$

→ $\overline{BE}=\dfrac{1}{4}\overline{BC}=\dfrac{1}{4}\times4=1$

$$\therefore\overline{DE}=\sqrt{7}\ (\because\overline{DE}>0)$$

→ 변의 길이이니까 양수야.

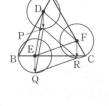

따라서 삼각형 DEF는 한 변의 길이가 $\sqrt{7}$인 정삼각형이므로

$$S=\frac{\sqrt{3}}{4}\times(\sqrt{7})^2=\frac{7\sqrt{3}}{4}$$

$$\therefore 16S^2=16\times\left(\frac{7\sqrt{3}}{4}\right)^2=147$$

> **정삼각형의 넓이** ☆★
> 한 변의 길이가 a인 정삼각형의
> 넓이 S는 $S=\frac{\sqrt{3}}{4}a^2$

38 [정답] 13   정답률 25%

직선 $2x+y=0$ 위를 움직이는 점 P와 타원 $2x^2+y^2=3$ [2] 위를 움직이는 점 Q에 대하여

$$\overrightarrow{OX}=\overrightarrow{OP}+\overrightarrow{OQ}$$ [1]
→ 벡터 $\overrightarrow{OQ}$의 시점이 점 P가 되도록 평행이동시켜 생각해 봐.

를 만족시키고, x좌표와 y좌표가 모두 0 이상인 모든 점 X [3] 가 나타내는 영역의 넓이는 $\frac{q}{p}$이다. $p+q$의 값을 구하시오.

(단, O는 원점이고, p와 q는 서로소인 자연수이다.)

13

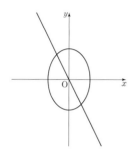

☑ 실전 적용 key

벡터의 덧셈을 이용하기 위하여 한 벡터의 시점을 주어진 다른 벡터의 종점과 일치하도록 평행이동한 후 좌표평면 위에 벡터를 나타내어 구하려고 하는 점의 자취를 파악한다.

> **타원의 접선의 방정식** ☆★
> 타원 $\frac{x^2}{a^2}+\frac{y^2}{b^2}=1$에 접하고 기울기가
> m인 직선의 방정식은
> $y=mx\pm\sqrt{a^2m^2+b^2}$

해결 흐름

1 벡터의 덧셈을 이용할 수 있도록 벡터를 평행이동시켜 주어진 식을 변형해 봐야겠군.

2 **1**에서 구한 식을 만족시키는 점의 자취를 주어진 타원과 직선을 이용하여 구할 수 있겠네.

3 **2**에서 구한 점의 자취에서 x좌표와 y좌표가 모두 0 이상인 점을 영역으로 나타내면 점 X가 나타내는 영역의 넓이를 구할 수 있겠다.

알찬 풀이

→ 실전 적용 key를 확인해 봐.

$\overrightarrow{OQ}=\overrightarrow{PQ'}$이 되도록 점 Q'을 잡으면 점 Q'은 타원 $2x^2+y^2=3$의 중심이 점 P가 되도록 평행이동시킨 타원 위의 점이다. 이때 ☆★

$$\overrightarrow{OX}=\overrightarrow{OP}+\overrightarrow{OQ}$$
$$=\overrightarrow{OP}+\overrightarrow{PQ'}$$
$$=\overrightarrow{OQ'}$$

> **벡터의 덧셈**
> $\overrightarrow{AB}+\overrightarrow{BC}=\overrightarrow{AC}$

오른쪽 그림에서 점 Q'은 타원 $2x^2+y^2=3$에 접하고 직선 $2x+y=0$에 평행한 두 접선 사이의 영역(경계선 포함) 위의 점이다.
타원 $2x^2+y^2=3$에 접하고 직선 $2x+y=0$에 평행한 접선의 방정식은

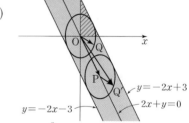

$y=-2x+3$
$y=-2x-3$
$2x+y=0$

$$y=-2x\pm\sqrt{\frac{3}{2}\times(-2)^2+3}$$
$$\therefore y=-2x\pm3$$
→ $y=mx\pm\sqrt{a^2m^2+b^2}$에 $m=-2$, $a^2=\frac{3}{2}$, $b^2=3$을 대입했어.

이때 점 X는 x좌표와 y좌표가 모두 0 이상인 점이므로 점 X가 나타내는 영역은 직선 $y=-2x+3$과 x축 및 y축으로 둘러싸인 부분(경계선 포함)이다.

직선 $y=-2x+3$이 x축과 만나는 점의 좌표는 $\left(\frac{3}{2},0\right)$, y축과 만나는 점의 좌표는 $(0,3)$이므로 구하는 영역의 넓이는

$$\frac{1}{2}\times\frac{3}{2}\times3=\frac{9}{4}$$

따라서 $p=4$, $q=9$이므로
$p+q=4+9=13$

39

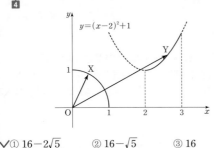

선분 OX가 x축의 양의 방향과 이루는 각의 크기를 $\theta\left(0\le\theta\le\dfrac{\pi}{2}\right)$로 놓고, 점 X의 좌표를 구해 봐.

좌표평면 위에 두 점 A(1, 0), B(0, 1)이 있다. 중심각의 크기가 $\dfrac{\pi}{2}$인 **부채꼴 OAB의 호 AB 위를 움직이는 점 X**와 함수 $y=(x-2)^2+1$ $(2\le x\le3)$의 그래프 위를 움직이는 점 Y에 대하여

$$\overrightarrow{OP}=\overrightarrow{OY}-\overrightarrow{OX}\ \longrightarrow\ \overrightarrow{OP}=\overrightarrow{XY}\text{네.}$$

를 만족시키는 점 P가 나타내는 영역을 R라 하자. 점 O로부터 영역 R에 있는 점까지의 거리의 최댓값을 M, 최솟값을 m이라 할 때, M^2+m^2의 값은? (단, O는 원점이다.)

✔ ① $16-2\sqrt5$　　② $16-\sqrt5$　　③ 16
④ $16+\sqrt5$　　⑤ $16+2\sqrt5$

☑실전 적용 key

두 벡터의 크기와 방향이 각각 같으면 서로 같은 벡터이므로 벡터 $\overrightarrow{ZY}$의 시점을 점 Z'이 되도록 옮겨서 점 P가 나타내는 영역을 구한다.

수능 핵심 개념 ▶ 원 위의 점의 좌표

(1) 중심이 원점이고 반지름의 길이가 1인 원 위의 점의 좌표
➡ $(\cos\theta,\ \sin\theta)$
(2) 중심이 원점이고 반지름의 길이가 r인 원 위의 점의 좌표
➡ $(r\cos\theta,\ r\sin\theta)$
(3) 중심이 (a, b)이고 반지름의 길이가 1인 원 위의 점의 좌표
➡ $(\cos\theta+a,\ \sin\theta+b)$
(4) 중심이 (a, b)이고 반지름의 길이가 r인 원 위의 점의 좌표
➡ $(r\cos\theta+a,\ r\sin\theta+b)$

해결 흐름

1 선분 OX가 x축의 양의 방향과 이루는 각의 크기를 $\theta\left(0\le\theta\le\dfrac{\pi}{2}\right)$로 놓으면 점 X의 좌표를 θ로 나타낼 수 있겠네.
2 포물선 $y=(x-2)^2+1$의 꼭짓점을 Z(2, 1)이라 하고 점 X의 좌표를 이용하여 $\overline{XZ}=\overline{OZ'}$인 점 Z'의 좌표를 θ로 나타낼 수 있겠네.
3 $\overrightarrow{OP}=\overrightarrow{OY}-\overrightarrow{OX}$이고, $\overline{XZ}=\overline{OZ'}$임을 이용하여 점 P가 나타내는 영역 R를 구해야겠네.
4 점 O로부터 영역 R에 있는 점까지의 거리의 최댓값과 최솟값을 구해야겠다.

알찬 풀이

오른쪽 그림과 같이 포물선 $y=(x-2)^2+1$의 꼭짓점을 Z(2, 1)이라 하고 점 Z에서 x축에 내린 수선의 발을 W, 점 X에서 선분 ZW에 내린 수선의 발을 H라 하자.

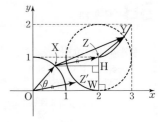

이때 선분 OX가 x축의 양의 방향과 이루는 각의 크기를 $\theta\left(0\le\theta\le\dfrac{\pi}{2}\right)$라 하면 점 X의 좌표는 $(\cos\theta,\ \sin\theta)$이므로 $\ \longrightarrow\ (1\times\cos\theta,\ 1\times\sin\theta)$를 계산했어.
$$\overline{XH}=2-\cos\theta,\ \overline{ZH}=1-\sin\theta$$
한편, $\overline{XZ}=\overline{OZ'}$인 점 Z'의 좌표를 $(2-\cos\theta,\ 1-\sin\theta)$라 하고,
$$2-\cos\theta=x,\ 1-\sin\theta=y$$
로 놓으면
$$\cos\theta=2-x,\ \sin\theta=1-y$$
$$\therefore (x-2)^2+(y-1)^2=1\ \longrightarrow\ \cos^2\theta+\sin^2\theta=1\text{에 }\cos\theta=2-x,$$
$$\sin\theta=1-y\text{를 대입했어.}$$
이때 $0\le\theta\le\dfrac{\pi}{2}$에서
$$1\le x\le2,\ 0\le y\le1\ \longrightarrow\ 0\le\cos\theta\le1\text{이므로 }0\le2-x\le1\quad\therefore 1\le x\le2$$
또, $0\le\sin\theta\le1$이므로 $0\le1-y\le1\quad\therefore 0\le y\le1$
따라서 점 Z'은 중심의 좌표가 $(2, 1)$이고 반지름의 길이가 1인 원 중에서 $1\le x\le2$, $0\le y\le1$인 점이다.

$$\overrightarrow{OP}=\overrightarrow{OY}-\overrightarrow{OX}=\overrightarrow{XY}=\overrightarrow{XZ}+\overrightarrow{ZY}\text{이고}$$
$$\overrightarrow{XZ}=\overrightarrow{OZ'}\text{이므로}$$
$$\overrightarrow{OP}=\overrightarrow{OZ'}+\overrightarrow{ZY}$$

벡터의 뺄셈 ☆★
$\overrightarrow{AB}-\overrightarrow{AC}=\overrightarrow{CB}$

즉, 점 P가 나타내는 영역 R는 다음 그림의 어두운 부분이다.

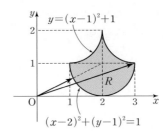

따라서 점 P가 점 $(3, 1)$일 때, 선분 OP의 길이가 최대이므로
$$M=\sqrt{3^2+1^2}$$
$$=\sqrt{10}$$
또, 점 Z$(2, 1)$에 대하여 점 P가 선분 OZ와 원 $(x-2)^2+(y-1)^2=1$이 만나는 점일 때 선분 OP의 길이가 최소이므로
$$m=\overline{OZ}-1$$
$$=\sqrt{2^2+1^2}-1$$
$$=\sqrt5-1$$
$$\therefore M^2+m^2=(\sqrt{10})^2+(\sqrt5-1)^2$$
$$=16-2\sqrt5$$

원 밖의 한 점 O에서 원 위의 점까지의 최소 거리는 원의 중심 Z$(2, 1)$과 점 O를 이은 직선이 원과 만나서 생기는 교점에서 생겨. 즉, 최솟값은 선분 OZ의 길이에서 원의 반지름의 길이를 빼면 돼.

40 정답 ⑤   정답률 80%

직사각형 ABCD의 내부의 점 P가
$$\overrightarrow{PA}+\overrightarrow{PB}+\overrightarrow{PC}+\overrightarrow{PD}=\overrightarrow{CA}$$ **1**
→ 시점이 P인 벡터로 변형해 봐.

를 만족시킨다. **보기**에서 옳은 것만을 있는 대로 고른 것은?

보기
ㄱ. $\overrightarrow{PB}+\overrightarrow{PD}=2\overrightarrow{CP}$ **2**
→ $\overrightarrow{CP}=-\overrightarrow{PC}$이므로 $\overrightarrow{PB}+\overrightarrow{PD}=-2\overrightarrow{PC}$ 로 생각할 수 있어.
ㄴ. $\overrightarrow{AP}=\dfrac{3}{4}\overrightarrow{AC}$
ㄷ. 삼각형 ADP의 넓이가 3이면 직사각형 ABCD의 넓이는 8이다. **3**

① ㄱ ② ㄷ ③ ㄱ, ㄴ
④ ㄴ, ㄷ ✔⑤ ㄱ, ㄴ, ㄷ

☑ **연관 개념 check**
실수 k와 벡터 $\vec{a}$ ($\vec{a}\neq\vec{0}$)에 대하여
(1) $k>0$이면 $k\vec{a}$는 $\vec{a}$와 방향이 같고 크기는 $k|\vec{a}|$인 벡터이다.
(2) $k<0$이면 $k\vec{a}$는 $\vec{a}$와 방향이 반대이고 크기는 $|k||\vec{a}|$인 벡터이다.
(3) $k=0$이면 $k\vec{a}=\vec{0}$이다.

☑ **실전 적용 key**
보기의 참, 거짓 문제는 ㄱ, ㄴ, ㄷ 사이의 연계성을 고려하여 출제하므로 보기 순서대로 푸는 것이 좋다. 또, 앞에서 얻은 참인 보기를 활용할 수 있다는 점을 명심한다.

두 삼각형 ADC와 ADP는 높이가 같으니까 넓이의 비는 밑변의 길이의 비와 같아.

해결 흐름
1 $\overrightarrow{CA}$를 시점이 P인 벡터로 나타내어 $\overrightarrow{PA}+\overrightarrow{PB}+\overrightarrow{PC}+\overrightarrow{PD}=\overrightarrow{CA}$에 대입해야지.
2 ㄴ에서 점 P의 위치를 파악해야겠네.
3 ㄷ에서 직사각형 ABCD의 넓이를 구하려면 삼각형 ADC의 넓이를 구해야겠다.

알찬 풀이
$\overrightarrow{CA}=\overrightarrow{PA}-\overrightarrow{PC}$이므로
$\overrightarrow{PA}+\overrightarrow{PB}+\overrightarrow{PC}+\overrightarrow{PD}=\overrightarrow{CA}$에서
$\overrightarrow{PA}+\overrightarrow{PB}+\overrightarrow{PC}+\overrightarrow{PD}=\overrightarrow{PA}-\overrightarrow{PC}$
$\therefore \overrightarrow{PB}+\overrightarrow{PD}=-2\overrightarrow{PC}$ ⟵ $\overrightarrow{PB}+\overrightarrow{PD}=\overrightarrow{PA}-\overrightarrow{PC}-(\overrightarrow{PA}+\overrightarrow{PC})=-2\overrightarrow{PC}$ ······ ㉠

ㄱ. ㉠에서 $\overrightarrow{PB}+\overrightarrow{PD}=-2\overrightarrow{PC}=2\overrightarrow{CP}$ (참)

ㄴ. ㉠에서
$$\frac{\overrightarrow{PB}+\overrightarrow{PD}}{2}=-\overrightarrow{PC}$$

오른쪽 그림과 같이 선분 BD의 중점을 E라 하면
$\overrightarrow{PE}=-\overrightarrow{PC}$ → $\overrightarrow{PE}=-\overrightarrow{PC}$이면 세 점 P, E, C는 한 직선 위에 있고, $\overrightarrow{PE}=\overrightarrow{PC}$이므로 점 P는 선분 EC의 중점이야.
따라서 점 P는 선분 EC의 중점이므로
$\overrightarrow{AP}=-3\overrightarrow{CP}$
$=\dfrac{3}{4}\times(-4\overrightarrow{CP})$ → $|\overrightarrow{CP}|=\dfrac{1}{4}|\overrightarrow{CA}|$이고, 세 점 A, P, C는 한 직선 위에 있으므로 $-4\overrightarrow{CP}=\overrightarrow{AC}$야.
$=\dfrac{3}{4}\overrightarrow{AC}$ (참)

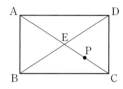

ㄷ. ㄴ에서 $\overrightarrow{AP}=\dfrac{3}{4}\overrightarrow{AC}$이고, 삼각형 ADP의 넓이가 3이므로
$$\triangle ADC=\frac{4}{3}\triangle ADP=\frac{4}{3}\times3=4$$
따라서 직사각형 ABCD의 넓이는 삼각형 ADC의 넓이의 2배이므로
$2\times4=8$ (참)

이상에서 ㄱ, ㄴ, ㄷ 모두 옳다.

---

41 정답 ③   정답률 21%

좌표평면에서 두 점 A(1, 0), B(1, 1)에 대하여 두 점 P, Q가
→ 점 Q가 나타내는 도형은 원이야.
$$|\overrightarrow{OP}|=1, \quad |\overrightarrow{BQ}|=3, \quad \overrightarrow{AP}\cdot(\overrightarrow{QA}+\overrightarrow{QP})=0$$ **1**
을 만족시킨다. $|\overrightarrow{PQ}|$의 값이 최소가 되도록 하는 두 점 P, Q에 대하여 $\overrightarrow{AP}\cdot\overrightarrow{BQ}$의 값은? **2** **3**
(단, O는 원점이고, $|\overrightarrow{AP}|>0$이다.)

① $\dfrac{6}{5}$ ② $\dfrac{9}{5}$ ✔③ $\dfrac{12}{5}$
④ 3 ⑤ $\dfrac{18}{5}$
→ 점 P가 나타내는 도형은 원이야.

☑ **연관 개념 check**
점 A에 대하여 $|\overrightarrow{AP}|=r$를 만족시키는 점 P가 나타내는 도형은 점 A를 중심으로 하고 반지름의 길이가 r인 원이다.

해결 흐름
1 $|\overrightarrow{OP}|=1$, $|\overrightarrow{BQ}|=3$, $\overrightarrow{AP}\cdot(\overrightarrow{QA}+\overrightarrow{QP})=0$임을 이용하면 두 점 P, Q가 나타내는 도형을 알 수 있겠네.
2 $|\overrightarrow{PQ}|$의 값이 최소가 되도록 하는 두 점 P, Q의 위치를 찾아봐야겠다.
3 두 점 P, Q의 위치를 구하고, 그때의 $\overrightarrow{AP}\cdot\overrightarrow{BQ}$의 값을 구해야겠네.

알찬 풀이
$|\overrightarrow{OP}|=1$이므로 점 P는 원점 O를 중심으로 하고, 반지름의 길이가 1인 원 위의 점이다.
$|\overrightarrow{BQ}|=3$이므로 점 Q는 점 B를 중심으로 하고, 반지름의 길이가 3인 원 위의 점이다.
선분 AP의 중점을 M이라 하면
$\overrightarrow{AP}\cdot(\overrightarrow{QA}+\overrightarrow{QP})=0$에서 $\overrightarrow{AP}\cdot2\overrightarrow{QM}=0$
즉, 두 벡터 $\overrightarrow{AP}$와 $\overrightarrow{QM}$은 서로 수직이다.

평면벡터의 수직 ☆
두 평면벡터 $\vec{a}, \vec{b}$에 대하여
$\vec{a}\perp\vec{b}\Longleftrightarrow\vec{a}\cdot\vec{b}=0$

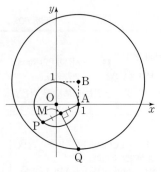

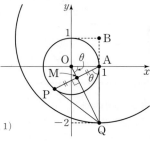

$\overline{MP}=\overline{MA}$, $\overline{QM}$은 공통,

$\angle QMP=\angle QMA=\dfrac{\pi}{2}$이므로

$\triangle QMP\equiv\triangle QMA$ (SAS 합동)이야.

따라서 $\triangle QMP\equiv\triangle QMA$이므로 삼각형 APQ는 $\overline{PQ}=\overline{AQ}$인 이등변삼각형이다.

따라서 $|\overrightarrow{PQ}|$의 값이 최소가 되는 경우는 $\overline{AQ}$가 최소인 경우와 같다. $\overline{AQ}$가 최소이려면 점 Q의 x좌표는 1이어야 하고, 두 점 B, Q 사이의 거리가 3이므로 $Q(1,\ -2)$이어야 한다.

$\therefore\ \overrightarrow{BQ}=(0,\ -3)$ $\longrightarrow$ $\overrightarrow{BQ}=\overrightarrow{OQ}-\overrightarrow{OB}=(1,-2)-(1,1)$
$=(0,-3)$

직각삼각형 OAQ에서

$\overline{AQ}=2,\ \overline{OA}=1$

이므로

$\overline{OQ}=\sqrt{\overline{AQ}^2+\overline{OA}^2}=\sqrt{2^2+1^2}=\sqrt{5}$ $\longrightarrow$ 피타고라스 정리를 이용했어.

또, $\overline{OQ}\times\overline{AM}=\overline{OA}\times\overline{AQ}$이므로

$\sqrt{5}\times\overline{AM}=1\times2$ $\quad\longrightarrow$ $\triangle OAQ=\dfrac{1}{2}\times\overline{OQ}\times\overline{AM}=\dfrac{1}{2}\times\overline{OA}\times\overline{AQ}$이기 때문이야.

$\therefore\ \overline{AM}=\dfrac{2}{\sqrt{5}}$

$\angle QAM=\theta$라 하면 $\angle OAM=\dfrac{\pi}{2}-\theta$이므로

$\angle AOQ=\dfrac{\pi}{2}-\angle OAM=\dfrac{\pi}{2}-\left(\dfrac{\pi}{2}-\theta\right)=\theta$

$\therefore\ \cos\theta=\dfrac{\overline{OA}}{\overline{OQ}}=\dfrac{1}{\sqrt{5}}$

$\therefore\ \overrightarrow{AP}\cdot\overrightarrow{BQ}=|\overrightarrow{AP}|\,|\overrightarrow{BQ}|\cos\theta=2\overline{AM}\times|\overrightarrow{BQ}|\cos\theta$
$\qquad=2\times\dfrac{2}{\sqrt{5}}\times3\times\dfrac{1}{\sqrt{5}}=\dfrac{12}{5}$

42 정답 27 　　　　　　　　정답률 22%

┌→ 삼각형 ABC는 $\overline{AB}=\overline{AC}$인 직각이등변삼각형이야.

좌표평면에서 $\overline{AB}=\overline{AC}$이고 $\angle BAC=\dfrac{\pi}{2}$인 직각삼각형 ABC에 대하여 두 점 P, Q가 다음 조건을 만족시킨다.

> (가) 삼각형 APQ는 정삼각형이고,
> $9|\overrightarrow{PQ}|\,|\overrightarrow{PQ}|=4|\overrightarrow{AB}|\,|\overrightarrow{AB}|$이다. **1**
> (나) $\overrightarrow{AC}\cdot\overrightarrow{AQ}<0$
> (다) $\overrightarrow{PQ}\cdot\overrightarrow{CB}=24$ **2**

선분 AQ 위의 점 X에 대하여 $|\overrightarrow{XA}+\overrightarrow{XB}|$의 최솟값을 m이 **3**
라 할 때, m^2의 값을 구하시오. **27**

☑ 연관 개념 check

영벡터가 아닌 두 평면벡터 $\vec{a}$, $\vec{b}$가 이루는 각의 크기가 $\theta\ (0\le\theta\le\pi)$일 때,

$\vec{a}\cdot\vec{b}=|\vec{a}|\,|\vec{b}|\cos\theta$

해결 흐름

1 조건 (가)를 이용하여 $|\overrightarrow{PQ}|$와 $|\overrightarrow{AB}|$ 사이의 관계식을 세울 수 있겠군.

2 **1**에서 구한 관계식과 두 평면벡터의 내적을 이용하여 $|\overrightarrow{AB}|$, $|\overrightarrow{PQ}|$의 값을 각각 구해야겠다.

3 **2**에서 구한 선분의 길이와 주어진 조건을 이용하여 $|\overrightarrow{XA}+\overrightarrow{XB}|$의 값이 최소가 되는 경우와 그때의 최솟값을 구할 수 있겠어.

알찬 풀이

조건 (가)에서 $9|\overrightarrow{PQ}|\,|\overrightarrow{PQ}|=4|\overrightarrow{AB}|\,|\overrightarrow{AB}|$이므로

$9|\overrightarrow{PQ}|^2\times\dfrac{\overrightarrow{PQ}}{|\overrightarrow{PQ}|}=4|\overrightarrow{AB}|^2\times\dfrac{\overrightarrow{AB}}{|\overrightarrow{AB}|}$

두 벡터 $\overrightarrow{AB}$와 $\overrightarrow{PQ}$의 방향이 같으므로 $\dfrac{\overrightarrow{PQ}}{|\overrightarrow{PQ}|}=\dfrac{\overrightarrow{AB}}{|\overrightarrow{AB}|}$

즉, $9|\overrightarrow{PQ}|^2=4|\overrightarrow{AB}|^2$이므로 $|\overrightarrow{PQ}|^2=\dfrac{4}{9}|\overrightarrow{AB}|^2$ $\longrightarrow$ $9|\overrightarrow{PQ}|>0$, $4|\overrightarrow{AB}|>0$이기 때문이야.

$\therefore\ |\overrightarrow{PQ}|=\dfrac{2}{3}|\overrightarrow{AB}|$ $\quad\cdots\cdots(*)$

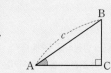

오른쪽 직각삼각형 ABC에서
∠A의 크기와 c의 값을 알 때,

(1) $\sin A = \dfrac{\overline{BC}}{c}$이므로

$\overline{BC} = c \sin A$

(2) $\cos A = \dfrac{\overline{AC}}{c}$이므로

$\overline{AC} = c \cos A$

조건 ㈏에서 $\overrightarrow{AC} \cdot \overrightarrow{AQ} < 0$이므로

$\dfrac{\pi}{2} < \angle CAQ < \pi$ → $\overrightarrow{AC} \cdot \overrightarrow{AQ} = |\overrightarrow{AC}||\overrightarrow{AQ}|\cos(\angle CAQ) < 0$에서 $|\overrightarrow{AC}| > 0$, $|\overrightarrow{AQ}| > 0$
이므로 $\cos(\angle CAQ) < 0$이야. 따라서 $\dfrac{\pi}{2} < \angle CAQ < \pi$야.

따라서 직각삼각형 ABC와 두 점 P, Q의 위치는 오른쪽
그림과 같다.

조건 ㈐에서

두 벡터 $\overrightarrow{AB}$와 $\overrightarrow{PQ}$의 방향이 같으므로
$\overrightarrow{PQ}$, $\overrightarrow{CB}$가 이루는 각의 크기는 $\overrightarrow{AB}$, $\overrightarrow{CB}$
가 이루는 각의 크기와 같아.

$\overrightarrow{PQ} \cdot \overrightarrow{CB} = |\overrightarrow{PQ}||\overrightarrow{CB}|\cos(\angle ABC)$

$\quad = |\overrightarrow{PQ}||\overrightarrow{CB}|\cos\dfrac{\pi}{4}$

$\quad = \dfrac{2}{3}|\overrightarrow{AB}| \times \sqrt{2}|\overrightarrow{AB}| \times \dfrac{\sqrt{2}}{2}$

$\quad = \dfrac{2}{3}|\overrightarrow{AB}|^2 = 24$ → 삼각형 ABC는 $\overline{AB} = \overline{AC}$, $\angle BAC = \dfrac{\pi}{2}$인
직각이등변삼각형이기 때문이야.

이므로 $|\overrightarrow{AB}|^2 = 24 \times \dfrac{3}{2} = 36$

$\therefore |\overrightarrow{AB}| = 6$, $|\overrightarrow{PQ}| = 4$ → $|\overrightarrow{PQ}| = \dfrac{2}{3}|\overrightarrow{AB}| = \dfrac{2}{3} \times 6 = 4$

$|\overrightarrow{AB}| = \sqrt{36} = 6$ ◀

이때 삼각형 APQ가 정삼각형이므로

$|\overrightarrow{AP}| = |\overrightarrow{AQ}| = |\overrightarrow{PQ}| = 4$, $\angle BAQ = \dfrac{\pi}{3}$ → (∗)에서 $\overrightarrow{PQ} /\!/ \overrightarrow{AB}$이므로
$\angle BAQ = \angle PQA = \dfrac{\pi}{3}$ (엇각)이야.

오른쪽 그림과 같이 선분 AB의 중점을 M, 점 M에서 선
분 AQ에 내린 수선의 발을 H라 하면 선분 AQ 위의 점
X에 대하여

$|\overrightarrow{XA} + \overrightarrow{XB}| = |2\overrightarrow{XM}|$

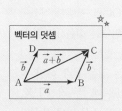

$\qquad\qquad \geq 2|\overrightarrow{HM}|$

$\qquad\qquad = 2|\overrightarrow{AM}| \times \sin(\angle MAH)$

$\qquad\qquad = 2|\overrightarrow{AM}| \times \sin\dfrac{\pi}{3}$

$\qquad\qquad = 2 \times 3 \times \dfrac{\sqrt{3}}{2} = 3\sqrt{3}$

→ $|\overrightarrow{AM}| = \dfrac{1}{2}|\overrightarrow{AB}| = \dfrac{1}{2} \times 6 = 3$

따라서 $m = 3\sqrt{3}$이므로
$m^2 = 27$

다른 풀이

직각삼각형 ABC를 좌표평면 위에 놓고 주어진 벡터를 성분으로 나타내어
$|\overrightarrow{XA} + \overrightarrow{XB}|$의 최솟값을 구할 수 있다.

오른쪽 그림과 같이 점 A가 원점 O에 오도록 직각
삼각형 ABC를 좌표평면 위에 놓으면

$\overline{AB} = \overline{AC} = 6$, $\overline{PQ} = 4$이므로 원점 O에 대하여

$\overrightarrow{OA} = (0, 0)$, $\overrightarrow{OB} = (6, 0)$, $\overrightarrow{OC} = (0, 6)$,

$\overrightarrow{OP} = (-2, -2\sqrt{3})$, $\overrightarrow{OQ} = (2, -2\sqrt{3})$

한편, 점 X는 선분 AQ 위의 점이므로

$\overrightarrow{OX} = (t, -\sqrt{3}t)$ (단, $0 \leq t \leq 2$) → 직선 AQ의 방정식은 $y = -\sqrt{3}x$이기 때문이야.

라 하면

$\overrightarrow{XA} + \overrightarrow{XB} = (\overrightarrow{OA} - \overrightarrow{OX}) + (\overrightarrow{OB} - \overrightarrow{OX})$

$\qquad\qquad = (-t, \sqrt{3}t) + (6-t, \sqrt{3}t)$

$\qquad\qquad = (6-2t, 2\sqrt{3}t)$

$\therefore |\overrightarrow{XA} + \overrightarrow{XB}| = \sqrt{(6-2t)^2 + (2\sqrt{3}t)^2}$

$\qquad\qquad = \sqrt{16t^2 - 24t + 36}$

$\qquad\qquad = \sqrt{16\left(t - \dfrac{3}{4}\right)^2 + 27}$

즉, $|\overrightarrow{XA} + \overrightarrow{XB}|$의 최솟값은 $t = \dfrac{3}{4}$일 때, $\sqrt{27} = 3\sqrt{3}$이다.

따라서 $m = 3\sqrt{3}$이므로 $m^2 = 27$

좌표평면의 네 점 $A(2, 6)$, $B(6, 2)$, $C(4, 4)$, $D(8, 6)$
에 대하여 다음 조건을 만족시키는 모든 점 X의 집합을 S라
하자.   → $(\overrightarrow{OX}-\overrightarrow{OD}) \cdot \overrightarrow{OC}=0$ 또는
            $|\overrightarrow{OX}-\overrightarrow{OC}|-3=0$이야.

(가) $\{(\overrightarrow{OX}-\overrightarrow{OD}) \cdot \overrightarrow{OC}\} \times \{|\overrightarrow{OX}-\overrightarrow{OC}|-3\}=0$ **1**

(나) 두 벡터 $\overrightarrow{OX}-\overrightarrow{OP}$와 $\overrightarrow{OC}$가 서로 평행하도록 하는 선분
AB 위의 점 P가 존재한다. → $\overrightarrow{OX}-\overrightarrow{OP}=\overrightarrow{PX}$ **2**

집합 S에 속하는 점 중에서 y좌표가 최대인 점을 Q, y좌표
가 최소인 점을 R이라 할 때, $\overrightarrow{OQ} \cdot \overrightarrow{OR}$의 값은? **3**

(단, O는 원점이다.)

① 25   ② 26   ③ 27
④ 28   ✓⑤ 29

☑ **연관 개념 check**

(1) 영벡터가 아닌 두 평면벡터 $\vec{a}$, $\vec{b}$에 대하여
$$\vec{a}\perp\vec{b} \iff \vec{a}\cdot\vec{b}=0$$

(2) 점 A에 대하여 $|\overrightarrow{AP}|=r$를 만족시키는 점 P가 나타내는
도형은 점 A를 중심으로 하고 반지름의 길이가 r인 원이다.

(3) 두 평면벡터 $\vec{a}=(a_1, a_2)$, $\vec{b}=(b_1, b_2)$에 대하여
$$\vec{a}\cdot\vec{b}=a_1b_1+a_2b_2$$

☑ **실전 적용 key**

$|\overrightarrow{CX}|=3$에서 점 X의 좌표를 (x, y)로 놓고 주어진 벡터를 성분
으로 나타내어 도형의 방정식을 구할 수도 있어.
$\overrightarrow{CX}=\overrightarrow{OX}-\overrightarrow{OC}=(x, y)-(4, 4)=(x-4, y-4)$이고
$|\overrightarrow{CX}|=3$이므로 $\sqrt{(x-4)^2+(y-4)^2}=3$
$\therefore (x-4)^2+(y-4)^2=9$

원의 방정식   ☆★
중심의 좌표가 (a, b)이고 반지름의
길이가 r인 원의 방정식은
$(x-a)^2+(y-b)^2=r^2$

점 X가 선분 EF 위에 있지 않으면
두 직선 PX, OC가 서로 평행하도록
하는 점 P가 선분 AB 위에 존재하
지 않아.

점 F는 점 $B(6, 2)$를 지나고 직선
OC에 평행한 직선 $y=x-4$와 직선
$y=-x+14$의 교점이야.

원의 중심 $C(4, 4)$와 x좌표가 같고,
점 C의 y좌표에 원의 반지름의 길이
3을 더해서 y좌표를 구했어.

해결 흐름

1 조건 (가)에서 점 X가 나타내는 도형의 방정식을 구해야겠다.

2 **1**에서 구한 도형 위의 점 X에 대하여 조건 (나)를 만족시키는 점 X의 위치를 파악해야겠네.

3 **2**에서 구한 점 X 중에서 y좌표가 최대인 경우와 최소인 경우를 구하면 되겠다.

알찬 풀이

점 X의 좌표를 (x, y)라 하자.

조건 (가)에서
$$(\overrightarrow{OX}-\overrightarrow{OD}) \cdot \overrightarrow{OC}=0 \text{ 또는 } |\overrightarrow{OX}-\overrightarrow{OC}|-3=0$$
$$\overrightarrow{DX} \cdot \overrightarrow{OC}=0 \text{ 또는 } |\overrightarrow{CX}|-3=0 \longrightarrow$$
$$\therefore \overrightarrow{DX}\perp\overrightarrow{OC} \text{ 또는 } |\overrightarrow{CX}|=3 \to \text{실전 적용 key를 확인해 봐.}$$

벡터의 뺄셈 ☆★
$\overrightarrow{AB}-\overrightarrow{AC}=\overrightarrow{CB}$

→ 직선의 기울기가 -1이야.

따라서 점 X는 점 $D(8, 6)$을 지나고 벡터 $\overrightarrow{OC}=(4, 4)$에 수직인 직선 위의 점
이거나 점 $C(4, 4)$를 중심으로 하고 반지름의 길이가 3인 원 위의 점이다.

즉, 점 X는 직선 $y=-x+14$ 위의 점이거나
원 $(x-4)^2+(y-4)^2=9$ 위의 점이다. → 기울기가 -1이고 점 $D(8, 6)$을 지나는
                           직선의 방정식은 $y=-x+14$야.

또, 조건 (나)에서 벡터 $\overrightarrow{OX}-\overrightarrow{OP}$, 즉 $\overrightarrow{PX}$와 $\overrightarrow{OC}$가 서로 평행하려면 두 직선 PX,
OC가 서로 평행하고 이를 만족시키는 점 P는 선분 AB 위에 존재한다.

(i) 점 X가 직선 $y=-x+14$ 위에 있는 경우

점 A를 지나고 직선 OC와 평행한 직선이
직선 $y=-x+14$와 만나는 점을 E, 점 B
를 지나고 직선 OC와 평행한 직선이 직선
$y=-x+14$와 만나는 점을 F라 하면 점
X가 선분 EF 위에 있을 때, 두 직선 PX,
OC가 서로 평행하고 선분 AB 위에 점 P가
존재한다.

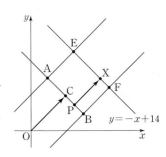

따라서 점 X의 y좌표가 최대일 때는 점 X
가 점 $E(5, 9)$와 일치할 때이고, 점 X의 y좌표가 최소일 때는 점 X가 점
$F(9, 5)$와 일치할 때이다. → 점 E는 점 $A(2, 6)$을 지나고 직선 OC에 평행한 직선 $y=x+4$와
                            직선 $y=-x+14$의 교점이야.

(ii) 점 X가 원 $(x-4)^2+(y-4)^2=9$ 위에 있는 경우

원 $(x-4)^2+(y-4)^2=9$가 점 A
를 지나고 직선 OC와 평행한 직선
과 만나는 두 점을 G, H라 하고, 원
$(x-4)^2+(y-4)^2=9$가 점 B를
지나고 직선 OC와 평행한 직선과
만나는 두 점을 I, J라 하면 점 X가
호 JH 또는 호 GI 위에 있을 때, 두
직선 PX, OC가 서로 평행하고 선
분 AB 위에 점 P가 존재한다.

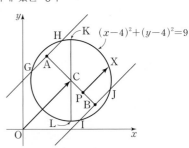

→ 점 X가 두 호 JH, GI 위에 있지 않으면 두 직선
PX, OC가 서로 평행하도록 하는 점 P가 선분
AB 위에 존재하지 않아.

따라서 원 $(x-4)^2+(y-4)^2=9$ 위의 점 중에서 y좌표가 가장 큰 점을 K,
y좌표가 가장 작은 점을 L이라 하면 점 X의 y좌표가 최대일 때는 점 X가 점
$K(4, 7)$과 일치할 때이고, 점 X의 y좌표가 최소일 때는 점 X가 점 $L(4, 1)$과
일치할 때이다. → 원의 중심 $C(4, 4)$와 x좌표가 같고, 점 C의 y좌표에서
                        원의 반지름의 길이 3을 빼서 y좌표를 구했어.

(i), (ii)에서 두 점 Q, R는 각각 네 점 $E(5, 9)$, $F(9, 5)$, $K(4, 7)$, $L(4, 1)$
중에서 y좌표가 최대인 점과 최소인 점이므로
$$Q(5, 9), R(4, 1)$$
$$\therefore \overrightarrow{OQ} \cdot \overrightarrow{OR}=(5, 9) \cdot (4, 1)$$
$$=5\times4+9\times1$$
$$=29$$

44

평면 α 위에 $\overline{AB}=\overline{CD}=\overline{AD}=2$, $\angle ABC=\angle BCD=\dfrac{\pi}{3}$
인 사다리꼴 ABCD가 있다. 다음 조건을 만족시키는 평면
α 위의 두 점 P, Q에 대하여 $\overrightarrow{CP}\cdot\overrightarrow{DQ}$의 값을 구하시오. **12**

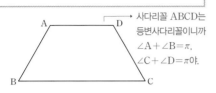

(가) $\overrightarrow{AC}=2(\overrightarrow{AD}+\overrightarrow{BP})$
→ 벡터 $\overrightarrow{CP}$를 벡터의 덧셈을 이용하여 변형해 봐.
(나) $\overrightarrow{AC}\cdot\overrightarrow{PQ}=6$
(다) $2\times\angle BQA=\angle PBQ<\dfrac{\pi}{2}$

→ 사다리꼴 ABCD는 등변사다리꼴이니까 $\angle A+\angle B=\pi$, $\angle C+\angle D=\pi$야.

☑ 연관 개념 check

(1) 영벡터가 아닌 두 평면벡터 $\vec{a},\vec{b}$에 대하여
$$\vec{a}\perp\vec{b}\iff\vec{a}\cdot\vec{b}=0$$

(2) 오른쪽 그림과 같이 영벡터가 아닌
두 평면벡터 $\vec{a}=\overrightarrow{OA}$, $\vec{b}=\overrightarrow{OB}$가 이
루는 각의 크기가 θ일 때, 점 A에서
직선 OB에 내린 수선의 발을 H라
하면 $|\vec{a}|\cos\theta=\overline{OH}$이므로

$$\begin{aligned}\vec{a}\cdot\vec{b}&=|\vec{a}||\vec{b}|\cos\theta\\&=|\vec{a}|\cos\theta\times|\vec{b}|\\&=\overline{OH}\times\overline{OB}\end{aligned}$$

수능 핵심 개념   삼각비를 이용한 변의 길이

오른쪽 직각삼각형 ABC에서
$\angle A$의 크기와 c의 값을 알 때,

(1) $\sin A=\dfrac{\overline{BC}}{c}$이므로
$$\overline{BC}=c\sin A$$

(2) $\cos A=\dfrac{\overline{AC}}{c}$이므로
$$\overline{AC}=c\cos A$$

삼각형 ACD가 이등변삼각형이니까
밑변인 $\overline{AC}$의 수직이등분선은 점 D를
지나는 거야.

직선 DH는 선분 AC의 수직이등분선이므로
$$\begin{aligned}\angle ADQ=\angle CDQ&=\dfrac{1}{2}\angle ADC\\&=\dfrac{1}{2}\times\dfrac{2}{3}\pi=\dfrac{\pi}{3}\end{aligned}$$

해결 흐름

1 조건 (가)와 선분을 외분하는 점을 이용하여 점 P의 위치를 찾아봐야겠네.

2 등변사다리꼴의 성질을 이용하여 필요한 선분의 길이를 구하고, 두 조건 (나), (다)를 이용하면 점 Q의 위치를 찾을 수 있겠군.

3 내적 $\overrightarrow{CP}\cdot\overrightarrow{DQ}$를 벡터의 덧셈을 이용하여 변형하면 내적을 구할 수 있겠다.

알찬 풀이

조건 (가)에서 $\overrightarrow{AC}=2(\overrightarrow{AD}+\overrightarrow{BP})$이므로 $\overrightarrow{AC}=2\overrightarrow{AD}+2\overrightarrow{BP}$
$$2\overrightarrow{BP}=\overrightarrow{AC}-2\overrightarrow{AD}=\overrightarrow{AC}+\overrightarrow{CB}=\overrightarrow{AB}$$
$$\therefore\ \overrightarrow{BP}=\dfrac{1}{2}\overrightarrow{AB}$$
→ $\overrightarrow{BC}=2\overrightarrow{AD}$이기 때문이야.

즉, 점 P는 선분 AB를 3 : 1로 외분하는 점
이므로

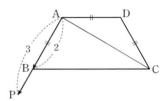

$$\overrightarrow{AP}=\dfrac{3}{2}\overrightarrow{AB}=\dfrac{3}{2}\times2=3$$

한편, $\angle ABC=\angle BCD=\dfrac{\pi}{3}$이므로

$$\angle BAD=\angle ADC=\dfrac{2}{3}\pi$$ → 사다리꼴 ABCD는 등변사다리꼴이기 때문이야.

삼각형 ACD는 $\overline{AD}=\overline{CD}$인 이등변삼각형이므로
$$\angle CAD=\dfrac{1}{2}(\pi-\angle ADC)=\dfrac{1}{2}\left(\pi-\dfrac{2}{3}\pi\right)=\dfrac{1}{2}\times\dfrac{\pi}{3}=\dfrac{\pi}{6}$$
$$\therefore\ \angle BAC=\angle BAD-\angle CAD=\dfrac{2}{3}\pi-\dfrac{\pi}{6}=\dfrac{\pi}{2}$$

직각삼각형 ABC에서
$$\overline{AC}=\overline{AB}\tan\dfrac{\pi}{3}=2\times\sqrt{3}=2\sqrt{3}$$

점 Q에서 직선 AC에 내린 수선의 발을 H라 하면 조건 (나)에서
$$\begin{aligned}\overrightarrow{AC}\cdot\overrightarrow{PQ}&=\overrightarrow{AC}\cdot(\overrightarrow{AQ}-\overrightarrow{AP})\\&=\overrightarrow{AC}\cdot\overrightarrow{AQ}-\overrightarrow{AC}\cdot\overrightarrow{AP}\\&=|\overrightarrow{AC}||\overrightarrow{AH}|-0\\&=2\sqrt{3}\,\overline{AH}=6\end{aligned}$$
$$\therefore\ \overline{AH}=\sqrt{3}$$

두 벡터 $\overrightarrow{AC}$, $\overrightarrow{AQ}$가 이루는 각의 크기를 θ라 하면 $\overrightarrow{AC}\cdot\overrightarrow{AQ}=|\overrightarrow{AC}||\overrightarrow{AQ}|\cos\theta=|\overrightarrow{AC}||\overrightarrow{AH}|$이고, $\overrightarrow{AC}\perp\overrightarrow{AP}$이니까 $\overrightarrow{AC}\cdot\overrightarrow{AP}$은 0이야.

즉, 점 H는 선분 AC의 중점이므로 점 Q는 선분 AC의 수직이등분선인 직선
DH 위에 있다. → $\overline{AH}=\dfrac{1}{2}\overline{AC}$이기 때문이야.

이때 삼각형 ABQ에서
$\angle PBQ=\angle BAQ+\angle BQA$이고,
조건 (다)에서 $2\angle BQA=\angle PBQ$이므로
$\angle BAQ=\angle BQA$
따라서 삼각형 ABQ는 $\overline{AB}=\overline{BQ}$인 이등변
삼각형이므로 점 Q는 오른쪽 그림과 같이 점
A를 지나고 직선 BC에 수직인 직선이 직선
DH와 만나는 점이어야 한다.

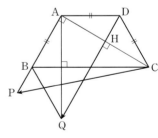

직각삼각형 AQD에서 $\angle ADQ=\dfrac{\pi}{3}$이므로
$$\overline{DQ}=\dfrac{\overline{AD}}{\cos\dfrac{\pi}{3}}=\dfrac{2}{\dfrac{1}{2}}=4$$
$$\begin{aligned}\therefore\ \overrightarrow{CP}\cdot\overrightarrow{DQ}&=(\overrightarrow{CA}+\overrightarrow{AP})\cdot\overrightarrow{DQ}\\&=\overrightarrow{CA}\cdot\overrightarrow{DQ}+\overrightarrow{AP}\cdot\overrightarrow{DQ}\\&=0+|\overrightarrow{AP}||\overrightarrow{DQ}|\\&=3\times4=12\end{aligned}$$

$\overrightarrow{CA}\perp\overrightarrow{DQ}$, $\overrightarrow{AP}/\!/\overrightarrow{DQ}$이니까 $\overrightarrow{CA}\cdot\overrightarrow{DQ}=0$, $\overrightarrow{AP}\cdot\overrightarrow{DQ}=|\overrightarrow{AP}||\overrightarrow{DQ}|$야.

45

좌표평면에서 <u>반원의 호 $x^2+y^2=4$ ($x\geq0$) 위의 한 점</u>
▶ $a^2+b^2=4$임을 알 수 있어.
2
$P(a, b)$에 대하여
$\overrightarrow{OP}\cdot\overrightarrow{OQ}=2 \rightarrow \left(\frac{1}{2}\overrightarrow{OP}\right)\cdot\overrightarrow{OQ}=1$로 변형할 수 있어.
<u>를 만족시키는 반원의 호 $(x+5)^2+y^2=16$ ($y\geq0$) 위의</u>
점 Q가 하나뿐일 때, $a+b$의 값은? (단, O는 원점이다.)
1

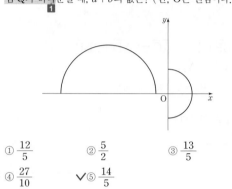

① $\frac{12}{5}$ ② $\frac{5}{2}$ ③ $\frac{13}{5}$

④ $\frac{27}{10}$ ✓⑤ $\frac{14}{5}$

☑연관 개념check

(1) 영벡터가 아닌 두 평면벡터 $\vec{a}, \vec{b}$가 이루는 각의 크기가
θ ($0\leq\theta\leq\pi$)일 때,
$\vec{a}\cdot\vec{b}=|\vec{a}||\vec{b}|\cos\theta$

(2) 오른쪽 그림과 같이 영벡터가 아닌
두 평면벡터 $\vec{a}=\overrightarrow{OA}$, $\vec{b}=\overrightarrow{OB}$가 이
루는 각의 크기가 θ일 때, 점 A에서
직선 OB에 내린 수선의 발을 H라
하면 $|\vec{a}|\cos\theta=\overrightarrow{OH}$이므로

$\vec{a}\cdot\vec{b}=|\vec{a}||\vec{b}|\cos\theta$
$=|\vec{a}|\cos\theta\times|\vec{b}|$
$=\overline{OH}\times\overline{OB}$

> **점과 직선 사이의 거리**
> 점 (x_1, y_1)과 직선 $ax+by+c=0$
> 사이의 거리는
> $\dfrac{|ax_1+by_1+c|}{\sqrt{a^2+b^2}}$

---

1 주어진 조건을 만족시키는 점 Q가 하나뿐이기 위한 점 Q의 위치를 구해야겠네.

2 **1**에서 구한 점 Q의 위치와 점 P가 반원의 호 $x^2+y^2=4$ ($x\geq0$) 위의 점임을 이용하면 점 P
의 좌표를 구할 수 있겠네.

알찬 풀이

$\overrightarrow{OP}\cdot\overrightarrow{OQ}=2$에서
$\left(\frac{1}{2}\overrightarrow{OP}\right)\cdot\overrightarrow{OQ}=1$
$\frac{1}{2}\overrightarrow{OP}=\overrightarrow{OX}$라 하면 점 X는 반원의 호
$x^2+y^2=1$ ($x\geq0$) 위의 점이므로
$|\overrightarrow{OX}|=1$
두 벡터 $\overrightarrow{OX}$, $\overrightarrow{OQ}$가 이루는 각의 크기를 θ라 하면
$\overrightarrow{OX}\cdot\overrightarrow{OQ}=|\overrightarrow{OX}||\overrightarrow{OQ}|\cos\theta=|\overrightarrow{OQ}|\cos\theta=1$
$\therefore \cos\theta=\frac{1}{|\overrightarrow{OQ}|}$

따라서 삼각형 QOX는 $\angle QXO=90°$인 직각삼각형이고, 주어진 조건을 만족시
키는 점 Q가 하나뿐이므로 반원의 호 $x^2+y^2=1$ ($x\geq0$) 위의 점 X에서의 접선
이 반원의 호 $(x+5)^2+y^2=16$ ($y\geq0$) 위의 점 Q에서 접해야 한다.

$\overrightarrow{OX}=\frac{1}{2}\overrightarrow{OP}=\left(\frac{a}{2}, \frac{b}{2}\right)$이므로 반원의 호 $x^2+y^2=1$ ($x\geq0$) 위의 점
$X\left(\frac{a}{2}, \frac{b}{2}\right)$에서의 접선의 방정식은

> **원 위의 점에서의 접선의 방정식**
> 원 $x^2+y^2=r^2$ 위의 점 (x_1, y_1)
> 에서의 접선의 방정식은
> $x_1x+y_1y=r^2$

$\frac{a}{2}x+\frac{b}{2}y=1$ $\therefore ax+by-2=0$

이 직선이 반원의 호 $(x+5)^2+y^2=16$ ($y\geq0$)에 접하므로
$\frac{|-5a-2|}{\sqrt{a^2+b^2}}=4$, $(5a+2)^2=16(a^2+b^2)$
$a^2+b^2=4$이므로 $(5a+2)^2=64$, $25a^2+20a+4=64$
$5a^2+4a-12=0$, $(a+2)(5a-6)=0$ ▶ 점 P는 반원의 호 $x^2+y^2=4$ ($x\geq0$) 위의 점이므로 $a^2+b^2=4$야.
$\therefore a=\frac{6}{5}$ ($\because a\geq0$)

$a=\frac{6}{5}$을 $a^2+b^2=4$에 대입하여 정리하면 $b=\frac{8}{5}$ ($\because b>0$)
$\therefore a+b=\frac{6}{5}+\frac{8}{5}=\frac{14}{5}$

다른 풀이

두 벡터 $\overrightarrow{OP}$, $\overrightarrow{OQ}$가 이루는 각의 크기를 θ라 하자. ▶ θ가 둔각이기 때문에 $\cos\theta<0$이야.
점 P가 제4사분면 위에 있으면 $\overrightarrow{OP}\cdot\overrightarrow{OQ}<0$이므로 점 P는 제1사분면 위에 있다.
또, $\overrightarrow{OP}\cdot\overrightarrow{OQ}=|\overrightarrow{OP}||\overrightarrow{OQ}|\cos\theta=2$이므로 $|\overrightarrow{OQ}|\cos\theta=1$
오른쪽 그림과 같이 점 Q에서 선분 OP에 내린 수선의 발을 ▶ $|\overrightarrow{OP}|=2$야.
H라 하면
$|\overrightarrow{OQ}|\cos\theta=\overline{OH}=1$

(i) 점 Q가 점 Q_1의 위치이면
$\overrightarrow{OP}\cdot\overrightarrow{OQ_1}=|\overrightarrow{OP}||\overrightarrow{OQ_1}|\cos\theta$
$=|\overrightarrow{OP}||\overrightarrow{OH}|=2\times1=2$

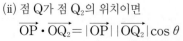

(ii) 점 Q가 점 Q_2의 위치이면
$\overrightarrow{OP}\cdot\overrightarrow{OQ_2}=|\overrightarrow{OP}||\overrightarrow{OQ_2}|\cos\theta$
$=|\overrightarrow{OP}||\overrightarrow{OH}|=2\times1=2$

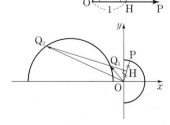

수능 핵심 개념 — 원 위의 점의 좌표

(1) 중심이 원점이고 반지름의 길이가 1인 원 위의 점의 좌표
➡ $(\cos\theta, \sin\theta)$

(2) 중심이 원점이고 반지름의 길이가 r인 원 위의 점의 좌표
➡ $(r\cos\theta, r\sin\theta)$

(3) 중심이 (a, b)이고 반지름의 길이가 1인 원 위의 점의 좌표
➡ $(\cos\theta+a, \sin\theta+b)$

(4) 중심이 (a, b)이고 반지름의 길이가 r인 원 위의 점의 좌표
➡ $(r\cos\theta+a, r\sin\theta+b)$

(i), (ii)에서 두 점 Q_1, Q_2는 $\overrightarrow{OP}\cdot\overrightarrow{OQ}=2$를 만족시킨다.

그런데 주어진 조건을 만족시키는 점 Q는 하나뿐이므로 점 Q는 점 H를 지나고 반원의 호 $(x+5)^2+y^2=16\,(y\geq0)$에 접하는 직선의 접점이다.

오른쪽 그림에서 접점을 Q라 하고 반원 $(x+5)^2+y^2=16\,(y\geq0)$의 중심을 C, 원점에서 선분 CQ에 내린 수선의 발을 H'이라 하면 직각삼각형 COH'에서

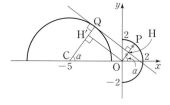

$\overline{OC}=5$,

$\overline{CH'}=\overline{CQ}-\overline{H'Q}=\overline{CQ}-\overline{OH}=4-1=3$

이므로 (사각형 OHQH'은 직사각형이므로 대변의 길이가 같아.)

$\overline{OH'}=\sqrt{\overline{OC}^2-\overline{CH'}^2}=\sqrt{5^2-3^2}=4$ → 피타고라스 정리를 이용했어.

한편, 선분 OP가 x축의 양의 방향과 이루는 각의 크기를 $\alpha\left(0<\alpha<\dfrac{\pi}{2}\right)$라 하면 점 P는 반원의 호 $x^2+y^2=4\,(x\geq0)$ 위의 점이므로 $P(2\cos\alpha, 2\sin\alpha)$로 놓을 수 있다. → $\overrightarrow{OP}/\!/\overrightarrow{CQ}$이므로 동위각의 크기가 같아.

이때 $\angle QCO=\alpha$이므로 직각삼각형 COH'에서 $\cos\alpha=\dfrac{3}{5}$, $\sin\alpha=\dfrac{4}{5}$

따라서 $P\left(\dfrac{6}{5}, \dfrac{8}{5}\right)$이므로 $a=\dfrac{6}{5}$, $b=\dfrac{8}{5}$

$\therefore a+b=\dfrac{6}{5}+\dfrac{8}{5}=\dfrac{14}{5}$

---

46 정답 ⑤   정답률 66%

한 원 위에 있는 서로 다른 네 점 A, B, C, D가 다음 조건을 만족시킬 때, $|\overrightarrow{AD}|^2$의 값은?

(가) $|\overrightarrow{AB}|=8$, $\overrightarrow{AC}\cdot\overrightarrow{BC}=0$
(나) $\overrightarrow{AD}=\dfrac{1}{2}\overrightarrow{AB}-2\overrightarrow{BC}$ → 두 벡터의 내적이 0이니까 두 벡터는 서로 수직이네.

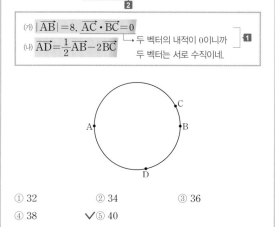

① 32   ② 34   ③ 36
④ 38   ✓⑤ 40

☑ 연관 개념 check

영벡터가 아닌 두 평면벡터 $\vec{a}$, $\vec{b}$에 대하여

(1) $\vec{a}\perp\vec{b} \iff \vec{a}\cdot\vec{b}=0$

(2) $\vec{a}/\!/\vec{b} \iff \vec{b}=k\vec{a}$ (단, k는 0이 아닌 실수)

해결 흐름

1 두 조건 (가), (나)를 이용하여 두 선분 AC, BC의 길이를 각각 구할 수 있겠네.

2 원의 중심을 O, 직선 OD가 직선 AC와 만나는 점을 E라 할 때, $\overrightarrow{AC}\perp\overrightarrow{EO}$임을 이용하여 $|\overrightarrow{AD}|^2$의 값을 구해야겠네.

알찬 풀이

조건 (가)에서 $\overrightarrow{AC}\cdot\overrightarrow{BC}=0$이므로 $\overrightarrow{AC}\perp\overrightarrow{BC}$

따라서 선분 AB는 원의 지름이고 $|\overrightarrow{AB}|=8$이므로 원의 반지름의 길이는 4이다. → $\overrightarrow{AC}\perp\overrightarrow{BC}$이므로 원주각이 직각이야. 즉, 선분 AB가 원의 지름이야.

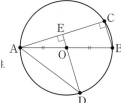

원의 중심을 O라 하면 조건 (나)에서

$\overrightarrow{AD}=\dfrac{1}{2}\overrightarrow{AB}-2\overrightarrow{BC}=\overrightarrow{AO}+2\overrightarrow{CB}$이고,

$\overrightarrow{AD}=\overrightarrow{AO}+\overrightarrow{OD}$이므로 [벡터의 덧셈 $\overrightarrow{AB}+\overrightarrow{BC}=\overrightarrow{AC}$]

$\overrightarrow{OD}=2\overrightarrow{CB}$

즉, 직선 OD와 직선 CB는 평행하고, $|\overrightarrow{OD}|=4$이므로 $|\overrightarrow{CB}|=2$ → 벡터 $\overrightarrow{OD}$가 벡터 $\overrightarrow{CB}$의 실수배이므로 두 벡터는 서로 평행이야.

직각삼각형 ABC에서

$|\overrightarrow{AC}|=\sqrt{|\overrightarrow{AB}|^2-|\overrightarrow{CB}|^2}=\sqrt{8^2-2^2}=2\sqrt{15}$

직선 OD가 직선 AC와 만나는 점을 E라 하면 $\overrightarrow{AC}\perp\overrightarrow{BC}$이므로

$\overrightarrow{AC}\perp\overrightarrow{OD}$, $\overrightarrow{AC}\perp\overrightarrow{EO}$ → $\overrightarrow{BC}/\!/\overrightarrow{OD}$이기 때문이야.

이때 점 O는 선분 AB의 중점이므로

$|\overrightarrow{EO}|=\dfrac{1}{2}|\overrightarrow{CB}|=\dfrac{1}{2}\times2=1$ → 두 직각삼각형 AOE, ABC에서 ∠A가 공통이고 다른 한 각이 직각이므로 △AOE∽△ABC (AA 닮음) 이때 점 O는 선분 AB의 중점이므로 닮음비는 1 : 2야.

$\therefore |\overrightarrow{ED}|=|\overrightarrow{EO}|+|\overrightarrow{OD}|=1+4=5$

따라서 직각삼각형 AED에서

$|\overrightarrow{AD}|^2=|\overrightarrow{AE}|^2+|\overrightarrow{ED}|^2=(\sqrt{15})^2+5^2=40$
→ 점 E는 선분 AC의 중점이므로 $|\overrightarrow{AE}|=\dfrac{1}{2}|\overrightarrow{AC}|=\dfrac{1}{2}\times2\sqrt{15}=\sqrt{15}$이기 때문이야.

오른쪽 직각삼각형 ABC에서
∠A의 크기와 c의 값을 알 때,

(1) $\sin A = \dfrac{\overline{BC}}{c}$ 이므로

$\overline{BC} = c\sin A$

(2) $\cos A = \dfrac{\overline{AC}}{c}$ 이므로

$\overline{AC} = c\cos A$

다른 풀이

조건 ㈎에서 $\overrightarrow{AC} \cdot \overrightarrow{BC} = 0$이므로

$\overrightarrow{AC} \perp \overrightarrow{BC}$

따라서 선분 AB는 원의 지름이고 $|\overline{AB}| = 8$이므로 원의 반지름의 길이는 4이다.
원의 중심을 O라 하면 조건 ㈏에서

$\overrightarrow{AD} = \dfrac{1}{2}\overrightarrow{AB} - 2\overrightarrow{BC} = \overrightarrow{AO} + 2\overrightarrow{CB}$이고, $\overrightarrow{AD} = \overrightarrow{AO} + \overrightarrow{OD}$이므로

$\overrightarrow{OD} = 2\overrightarrow{CB}$ $\rightarrow |\overrightarrow{CB}| = \dfrac{1}{2}|\overrightarrow{OD}| = \dfrac{1}{2} \times 4 = 2$

즉, 직선 OD와 직선 CB는 평행하고, $|\overrightarrow{OD}| = 4$이므로 $|\overrightarrow{CB}| = 2$
오른쪽 그림과 같이 점 C에서 선분 AB에 내린 수선의
발을 H라 하고 ∠ABC=θ라 하면

$|\overrightarrow{AD}|^2 = \left| \dfrac{1}{2}\overrightarrow{AB} - 2\overrightarrow{BC} \right|^2$ (∵ 조건 ㈏)

$\phantom{|\overrightarrow{AD}|^2} = \dfrac{1}{4}|\overrightarrow{AB}|^2 - 2\overrightarrow{AB} \cdot \overrightarrow{BC} + 4|\overrightarrow{BC}|^2$

$\phantom{|\overrightarrow{AD}|^2} = \dfrac{1}{4}|\overrightarrow{AB}|^2 - 2|\overrightarrow{AB}||\overrightarrow{BC}|\underline{\cos(\pi-\theta)} + 4|\overrightarrow{BC}|^2$
$\rightarrow \cos(\pi-\theta) = -\cos\theta$야.

$\phantom{|\overrightarrow{AD}|^2} = \dfrac{1}{4}|\overrightarrow{AB}|^2 + \underline{2|\overrightarrow{AB}||\overrightarrow{BC}|\cos\theta} + 4|\overrightarrow{BC}|^2$
$\rightarrow 2|\overrightarrow{AB}||\overrightarrow{BC}|\cos\theta$

$\phantom{|\overrightarrow{AD}|^2} = \dfrac{1}{4}|\overrightarrow{AB}|^2 + 2|\overrightarrow{BC}|^2 + 4|\overrightarrow{BC}|^2$ $= 2|\overrightarrow{BC}| \times |\overrightarrow{AB}|\cos\theta$
$= 2|\overrightarrow{BC}| \times |\overrightarrow{BC}|$

$\phantom{|\overrightarrow{AD}|^2} = \dfrac{1}{4}|\overrightarrow{AB}|^2 + 6|\overrightarrow{BC}|^2$ $= 2|\overrightarrow{BC}|^2$

$\phantom{|\overrightarrow{AD}|^2} = \dfrac{1}{4} \times 8^2 + 6 \times 2^2 = 40$

---

47 정답 ③   정답률 54%

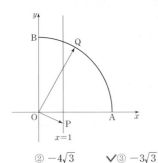

→ 점 P의 위치에 따라 $f(a)$를 구해야겠네.
좌표평면 위에 두 점 A$(3, 0)$, B$(0, 3)$과 직선 $x=1$ 위의
점 P$(1, a)$가 있다. 점 Q가 중심각의 크기가 $\dfrac{\pi}{2}$인 부채꼴
OAB의 호 AB 위를 움직일 때 $|\overrightarrow{OP} + \overrightarrow{OQ}|$의 최댓값을
$f(a)$라 하자. $f(a)=5$가 되도록 하는 모든 실수 a의 값의
곱은? (단, O는 원점이다.)

① $-5\sqrt{3}$ ② $-4\sqrt{3}$ ✔③ $-3\sqrt{3}$
④ $-2\sqrt{3}$ ⑤ $-\sqrt{3}$

☑ **연관 개념 check**
두 평면벡터 $\vec{a} = (a_1, a_2)$, $\vec{b} = (b_1, b_2)$에 대하여
$\vec{a} + \vec{b} = (a_1+b_1, a_2+b_2)$

해결 흐름

1 점 P가 제1사분면 위에 있을 때의 $f(a)$를 구하고, $f(a)=5$가 되도록 하는 a의 값을 구해야 겠네.

2 점 P가 x축 위에 있을 때의 $f(a)$를 구하고, $f(a)=5$가 되도록 하는 a의 값을 구해야겠네.

3 점 P가 제4사분면 위에 있을 때의 $f(a)$를 구하고, $f(a)=5$가 되도록 하는 a의 값을 구해야 겠네.

알찬 풀이

(ⅰ) 점 P가 제1사분면 위에 있는 경우, 즉 $a>0$인 경우
$|\overrightarrow{OP} + \overrightarrow{OQ}|$의 값은 두 벡터 $\overrightarrow{OP}$, $\overrightarrow{OQ}$가 평행할 때, 즉 방향이 같을 때 최댓
값을 갖는다.
$\rightarrow$ 점 Q는 반지름의 길이가 3인 사분원의
호 위의 점이기 때문이야.

이때 $|\overrightarrow{OP}| = \sqrt{1+a^2}$, $|\overrightarrow{OQ}| = 3$이므로

$|\overrightarrow{OP} + \overrightarrow{OQ}| \leq |\overrightarrow{OP}| + |\overrightarrow{OQ}| = \sqrt{1+a^2} + 3$

평면벡터의 크기
평면벡터 $\vec{a} = (a_1, a_2)$에 대하여
$|\vec{a}| = \sqrt{a_1^2 + a_2^2}$

따라서 $f(a) = \sqrt{1+a^2} + 3$이므로 $f(a)=5$에서

$\sqrt{1+a^2} + 3 = 5$, $\sqrt{1+a^2} = 2$

$1+a^2 = 4$, $a^2 = 3$

∴ $a = \sqrt{3}$ (∵ $a>0$)

(ⅱ) 점 P가 x축 위에 있는 경우, 즉 $a=0$인 경우
$|\overrightarrow{OP} + \overrightarrow{OQ}|$의 값은 두 벡터 $\overrightarrow{OP}$, $\overrightarrow{OQ}$가 평행할 때, 즉 점 Q가 점 A의 위치
에 있을 때 최댓값을 갖는다.

$\overrightarrow{OP} + \overrightarrow{OQ} = (1, 0) + (3, 0) = (4, 0)$

∴ $|\overrightarrow{OP} + \overrightarrow{OQ}| = 4$

49 정답률 17%

→두 초점이 x축 위에 있는 쌍곡선의 방정식을 세워 봐.

두 초점이 F$(5, 0)$, F$'(-5, 0)$이고, 주축의 길이가 6인 쌍곡
선이 있다. 쌍곡선 위의 $\overline{\text{PF}}<\overline{\text{PF}'}$인 점 P에 대하여 점 Q가
① $(|\overrightarrow{\text{FP}}|+1)\overrightarrow{\text{F}'\text{Q}}=5\overrightarrow{\text{QP}}$ →$\overline{\text{PF}'}-\overline{\text{PF}}=$(주축의 길이)
를 만족시킨다. 점 A$(-9, -3)$에 대하여 $|\overrightarrow{\text{AQ}}|$ 의 최댓값 ③
을 구하시오. **10**

해결 흐름

1 주어진 쌍곡선의 방정식을 $\dfrac{x^2}{a^2}-\dfrac{y^2}{b^2}=1$ 꼴로 나타내야겠네.

2 $(|\overrightarrow{\text{FP}}|+1)\overrightarrow{\text{F}'\text{Q}}=5\overrightarrow{\text{QP}}$임을 이용하여 세 점 F$'$, Q, P의 위치를 구할 수 있겠다.

3 $|\overrightarrow{\text{AQ}}|$의 값이 최대가 되도록 하는 점 Q의 위치를 구하고, 그때의 $|\overrightarrow{\text{AQ}}|$의 최댓값을 구해야 겠네.

☑ 연관 개념 check

(1) 벡터 $\overrightarrow{\text{AB}}$의 크기는 선분 AB의 길이와 같다.
   ➡ $|\overrightarrow{\text{AB}}|=\overline{\text{AB}}$

(2) 점 A에 대하여 $|\overrightarrow{\text{AP}}|=r$를 만족시키는 점 P가 나타내
는 도형은 점 A를 중심으로 하고 반지름의 길이가 r인 원
이다.

알찬 풀이

주어진 쌍곡선의 방정식을 $\dfrac{x^2}{a^2}-\dfrac{y^2}{b^2}=1\,(a>0,\ b>0)$이라 하자.

$2a=6$에서 $a=3$ →주축의 길이가 6이라고 문제에 주어졌어.
$b^2=5^2-3^2=16$ →두 초점이 F$(5, 0)$, F$'(-5, 0)$이니까.

따라서 주어진 쌍곡선의 방정식은 $\dfrac{x^2}{9}-\dfrac{y^2}{16}=1$이고, 점근선의 방정식은

$y=\pm\dfrac{4}{3}x$이다.

쌍곡선 위의 점 P에 대하여 $\overline{\text{PF}}=p\,(p>0)$로 놓으면

$\overline{\text{PF}}<\overline{\text{PF}'}$이고, 쌍곡선의 주축의 길이가 6이므로 쌍곡선의 정의에 의하여

$\overline{\text{PF}'}-\overline{\text{PF}}=6$ →쌍곡선 위의 한 점에서 두 초점
$\overline{\text{PF}'}=\overline{\text{PF}}+6=p+6$ ...... ㉠   까지의 거리의 차는 쌍곡선의
한편, $|\overrightarrow{\text{FP}}|=\overline{\text{PF}}=p$이므로   주축의 길이와 같아.

$(|\overrightarrow{\text{FP}}|+1)\overrightarrow{\text{F}'\text{Q}}=5\overrightarrow{\text{QP}}$에서

$(p+1)\overrightarrow{\text{F}'\text{Q}}=5\overrightarrow{\text{QP}}$

이때 $\overrightarrow{\text{QP}}=\overrightarrow{\text{F}'\text{P}}-\overrightarrow{\text{F}'\text{Q}}$이므로

$(p+1)\overrightarrow{\text{F}'\text{Q}}=5(\overrightarrow{\text{F}'\text{P}}-\overrightarrow{\text{F}'\text{Q}})$

$\therefore (p+6)\overrightarrow{\text{F}'\text{Q}}=5\overrightarrow{\text{F}'\text{P}}$

$p+6>0$이므로 두 벡터 $\overrightarrow{\text{F}'\text{Q}}$와 $\overrightarrow{\text{F}'\text{P}}$의 방향이 같고 ㉠에 의하여 $|\overrightarrow{\text{F}'\text{P}}|=p+6$

이므로

$|\overrightarrow{\text{F}'\text{Q}}|=5$

따라서 점 Q는 중심이 점 F$'(-5, 0)$이고 반지름의 길이가 5인 원

$(x+5)^2+y^2=25$ 위의 점이다.

그런데 두 벡터 $\overrightarrow{\text{F}'\text{Q}}$와 $\overrightarrow{\text{F}'\text{P}}$의 방향이 같으므로 점 Q의 자취는 다음 그림과 같다.

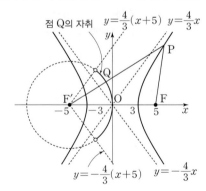

점 Q의 자취 $y=\dfrac{4}{3}(x+5)$ $y=\dfrac{4}{3}x$

$y=-\dfrac{4}{3}(x+5)$ $y=-\dfrac{4}{3}x$

한편, $\overline{\text{AF}'}=\sqrt{\{-5-(-9)\}^2+\{0-(-3)\}^2}=5$이므로 점 A$(-9, -3)$은
원 $(x+5)^2+y^2=25$ 위의 점이다.

직선 AF$'$의 기울기가 $\dfrac{0-(-3)}{-5-(-9)}=\dfrac{3}{4}$으로 $\dfrac{4}{3}$보다 작으므로 $\overline{\text{AQ}}$가 원

$(x+5)^2+y^2=25$의 지름일 때 $|\overrightarrow{\text{AQ}}|$의 값이 최대이다.

따라서 구하는 최댓값은 10이다.

┌─ 점 P가 나타내는 도형은 원이네.

좌표평면에서 $|\overrightarrow{OP}|=10$을 만족시키는 점 P가 나타내는 도형 위의 점 A(a, b)에서의 접선을 l, 원점을 지나고 방향벡터가 (1, 1)인 직선을 m이라 하고, 두 직선 l, m이 이루는 **②③** 예각의 크기를 θ라 하자. $\cos\theta=\dfrac{\sqrt{2}}{10}$일 때, 두 수 a, b의 곱 ab의 값을 구하시오. (단, O는 원점이고, a>b>0이다.)

48

☑ **연관 개념 check**

(1) 두 직선 l, m의 방향벡터가 각각 $\vec{u}=(u_1, u_2)$, $\vec{v}=(v_1, v_2)$일 때, 두 직선 l, m이 이루는 각의 크기를 $\theta\left(0\le\theta\le\dfrac{\pi}{2}\right)$라 하면

$$\cos\theta=\frac{|\vec{u}\cdot\vec{v}|}{|\vec{u}||\vec{v}|}=\frac{|u_1v_1+u_2v_2|}{\sqrt{u_1^2+u_2^2}\sqrt{v_1^2+v_2^2}}$$

(2) 점 A를 중심으로 하고 반지름의 길이가 r인 원의 방정식은 $|\overrightarrow{AP}|=r$

해결 흐름

1 $\cos\theta=\dfrac{\sqrt{2}}{10}$를 이용하여 $\sin\theta$의 값을 구할 수 있겠네.

2 직선 l의 법선벡터를 $\vec{n}$, 직선 m의 방향벡터를 $\vec{u}$라 하고 두 벡터 $\vec{n}, \vec{u}$가 이루는 예각의 크기가 $\dfrac{\pi}{2}-\theta$임을 이용하여 a, b에 대한 식을 세워야겠네.

3 점 A가 점 P가 나타내는 도형 위의 점임을 이용하여 a, b에 대한 식을 세워야겠네.

알찬 풀이

$\cos\theta=\dfrac{\sqrt{2}}{10}$이므로

$\sin\theta=\dfrac{7\sqrt{2}}{10}$

┌─ $0<\theta<\dfrac{\pi}{2}$이므로
$\sin\theta=\sqrt{1-\cos^2\theta}=\sqrt{1-\left(\dfrac{\sqrt{2}}{10}\right)^2}=\dfrac{7\sqrt{2}}{10}$

┌─ 원의 접선은 그 접점을 지나는 반지름에 수직 이므로 직선 l의 법선벡터는 $\vec{n}=(a, b)$야.

직선 l의 법선벡터를 $\vec{n}$이라 하면 $\vec{n}=(a, b)$, 직선 m의 방향벡터를 $\vec{u}$라 하면 $\vec{u}=(1, 1)$이고 두 벡터 $\vec{n}, \vec{u}$가 이루는 예각의 크기는 $\dfrac{\pi}{2}-\theta$이므로

$$\cos\left(\frac{\pi}{2}-\theta\right)=\sin\theta=\frac{\vec{n}\cdot\vec{u}}{|\vec{n}||\vec{u}|}$$

┌─ 직선 l의 방향벡터를 $\vec{v}$라 하면 오른쪽 그림에서 두 벡터 $\vec{n}, \vec{u}$가 이루는 예각의 크기는 $\dfrac{\pi}{2}-\theta$야.

$$=\frac{(a, b)\cdot(1, 1)}{\sqrt{a^2+b^2}\sqrt{1^2+1^2}}$$

$$=\frac{a+b}{\sqrt{a^2+b^2}\times\sqrt{2}}=\frac{7\sqrt{2}}{10}$$

$\therefore 5(a+b)=7\sqrt{a^2+b^2}$ ······ ㉠

이때 점 A(a, b)는 원 $x^2+y^2=100$ 위의 점이므로

$a^2+b^2=100$

┌─ $|\overrightarrow{OP}|=10$이니까 점 P가 나타내는 도형은 중심이 원점이고 반지름의 길이가 10인 원이야.

이를 ㉠에 대입하면

$5(a+b)=70$

$\therefore a+b=14$ ······ ㉡

또, $a^2+b^2=100$에서

$(a+b)^2-2ab=100$

㉡을 위의 식에 대입하면

$14^2-2ab=100$

$\therefore ab=48$

좌표평면 위의 두 점 A(6, 0), B(8, 6)에 대하여 점 P가 $|\overrightarrow{PA}+\overrightarrow{PB}|=\sqrt{10}$ ─ 점 P가 나타내는 도형을 구해 봐. 을 만족시킨다. $\overrightarrow{OB}\cdot\overrightarrow{OP}$의 값이 최대가 되도록 하는 점 P **③** 를 Q라 하고, 선분 AB의 중점을 M이라 할 때, $\overrightarrow{OA}\cdot\overrightarrow{MQ}$ **①** 의 값은? (단, O는 원점이다.)

① $\dfrac{6\sqrt{10}}{5}$ ② $\dfrac{9\sqrt{10}}{5}$ ✓③ $\dfrac{12\sqrt{10}}{5}$

④ $3\sqrt{10}$ ⑤ $\dfrac{18\sqrt{10}}{5}$

해결 흐름

1 선분 AB의 중점이 M이므로 $|\overrightarrow{PA}+\overrightarrow{PB}|=2|\overrightarrow{PM}|$임을 이용하면 점 P가 나타내는 도형을 알 수 있겠네.

2 $\overrightarrow{OB}\cdot\overrightarrow{OP}$의 값이 최대가 되도록 하는 점 P의 위치를 찾아봐야겠다.

3 내적 $\overrightarrow{OA}\cdot\overrightarrow{MQ}$를 구하기 위해서는 두 벡터 $\overrightarrow{OA}, \overrightarrow{MQ}$가 이루는 각의 크기를 구해야겠네.

알찬 풀이

선분 AB의 중점이 M이므로 $|\overrightarrow{PA}+\overrightarrow{PB}|=\sqrt{10}$에서

$2|\overrightarrow{PM}|=\sqrt{10}$

$\therefore |\overrightarrow{PM}|=\dfrac{\sqrt{10}}{2}$

✓ 연관 개념 check

(1) 두 점 A, B의 위치벡터를 각각 $\vec{a}, \vec{b}$라 할 때, 선분 AB의 중점 M의 위치벡터를 $\vec{m}$이라 하면

$$\vec{m} = \frac{\vec{a} + \vec{b}}{2}$$

(2) 평면벡터 $\vec{a} = (a_1, a_2)$에 대하여

$$|\vec{a}| = \sqrt{a_1^2 + a_2^2}$$

(3) 영벡터가 아닌 두 평면벡터 $\vec{a}, \vec{b}$가 이루는 각의 크기가 $\theta \, (0 \le \theta \le \pi)$일 때,

$$\vec{a} \cdot \vec{b} = |\vec{a}| \, |\vec{b}| \cos \theta$$

(4) 점 A를 중심으로 하고 반지름의 길이가 r인 원의 방정식은

$$|\overrightarrow{AP}| = r$$

✓ 실전 적용 key

두 벡터 $\overrightarrow{OB}, \overrightarrow{OP}$가 이루는 각의 크기를 $\alpha \, (0 \le \alpha \le \pi)$라 하면 $\overrightarrow{OB} \cdot \overrightarrow{OP} = |\overrightarrow{OB}| |\overrightarrow{OP}| \cos \alpha$의 값이 최대가 되기 위해서는 두 벡터의 시점이 같으므로 점 P에서 직선 OB에 내린 수선의 발을 H라 할 때 $|\overrightarrow{OH}|$의 값이 최대가 되어야 한다.

즉, $|\overrightarrow{OH}| = |\overrightarrow{OP}| \cos \alpha$의 값이 최대가 되어야 한다.

$\overrightarrow{M\left(\dfrac{6+8}{2}, \dfrac{0+6}{2}\right)}$이므로 M(7, 3)이야.

즉, 점 P는 중심이 M(7, 3)이고 반지름의 길이가 $\dfrac{\sqrt{10}}{2}$인 원 위의 점이다.

이 원을 C라 하면 $\overrightarrow{OB} \cdot \overrightarrow{OP}$의 값이 최대가 되도록 하는 점 Q는 다음 그림과 같이 직선 OB에 수직인 직선이 원 C와 만나는 점 중 선분 OP의 길이가 가장 길 때이다.

두 벡터 $\overrightarrow{OB}, \overrightarrow{OP}$가 이루는 각의 크기를 $\alpha \, (0 \le \alpha \le \pi)$라 하면 $\overrightarrow{OB} \cdot \overrightarrow{OP} = |\overrightarrow{OB}| |\overrightarrow{OP}| \cos \alpha$ 이고 $|\overrightarrow{OB}| = 10$이므로 이 값이 최대가 되려면 $|\overrightarrow{OP}| \cos \alpha$의 값이 최대가 되어야 해.

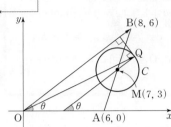

이때 직선 OB에 수직이고 점 Q를 지나는 직선과 직선 MQ는 수직이므로

$\overrightarrow{OB} /\!/ \overrightarrow{MQ}$ → 원의 접선은 그 접점을 지나는 반지름에 수직이야.

따라서 두 벡터 $\overrightarrow{OA}, \overrightarrow{MQ}$가 이루는 각의 크기는 두 벡터 $\overrightarrow{OA}, \overrightarrow{OB}$가 이루는 각의 크기와 같다.

두 벡터 $\overrightarrow{OA}, \overrightarrow{OB}$가 이루는 각의 크기를 $\theta \, (0 \le \theta \le \pi)$라 하면

$$|\overrightarrow{OA}| = \sqrt{6^2 + 0^2} = 6, \quad |\overrightarrow{OB}| = \sqrt{8^2 + 6^2} = 10$$

이고

$$\overrightarrow{OA} \cdot \overrightarrow{OB} = (6, 0) \cdot (8, 6) = 6 \times 8 + 0 \times 6 = 48$$

이므로

$$\cos \theta = \frac{\overrightarrow{OA} \cdot \overrightarrow{OB}}{|\overrightarrow{OA}| \, |\overrightarrow{OB}|} = \frac{48}{6 \times 10} = \frac{4}{5}$$

$$\therefore \overrightarrow{OA} \cdot \overrightarrow{MQ} = |\overrightarrow{OA}| \, |\overrightarrow{MQ}| \cos \theta$$

$$= 6 \times \frac{\sqrt{10}}{2} \times \frac{4}{5}$$

$$= \frac{12\sqrt{10}}{5} \text{ → 원 } C\text{의 반지름의 길이야.}$$

---

52 정답 316   정답률 8%

좌표평면에 한 변의 길이가 4인 정사각형 ABCD가 있다.

$$\boxed{|\overrightarrow{XB} + \overrightarrow{XC}| = |\overrightarrow{XB} - \overrightarrow{XC}|}$$

를 만족시키는 점 X가 나타내는 도형을 S라 하자.

도형 S 위의 점 P에 대하여

$$\boxed{4\overrightarrow{PQ} = \overrightarrow{PB} + 2\overrightarrow{PD}}$$

두 벡터의 내적이 최대일 때는 두 벡터가 같은 방향, 최소일 때는 두 벡터가 반대 방향임을 이용해.

를 만족시키는 점을 Q라 할 때, $\overrightarrow{AC} \cdot \overrightarrow{AQ}$의 최댓값과 최솟값을 각각 M, m이라 하자. $M \times m$의 값을 구하시오. **316**

![정사각형 ABCD, A 좌상, D 우상, B 좌하, C 우하]

해결 흐름

1 점 X가 나타내는 도형의 방정식을 구해야겠다.

2 점 Q가 나타내는 도형의 방정식도 구할 수 있겠다.

3 **2**에서 구한 점 Q 중 $\overrightarrow{AC} \cdot \overrightarrow{AQ}$의 값이 최대와 최소가 되는 경우를 구하면 되겠다.

알찬 풀이

오른쪽 그림과 같이 선분 $\overline{BC}$가 x축 위에 놓이고, $\overline{BC}$의 중점이 원점 O에 오도록 정사각형 ABCD를 좌표평면 위에 놓으면

A(−2, 4), B(−2, 0), C(2, 0), D(2, 4)

이때

$$\overrightarrow{XB} + \overrightarrow{XC} = (\overrightarrow{OB} - \overrightarrow{OX}) + (\overrightarrow{OC} - \overrightarrow{OX})$$

→ $\overrightarrow{OB}$와 $\overrightarrow{OC}$는 크기가 같고 방향이 반대인 벡터이니까 $\overrightarrow{OB} + \overrightarrow{OC} = \vec{0}$야.

$$= -2\overrightarrow{OX}$$

$$\overrightarrow{XB} - \overrightarrow{XC} = \overrightarrow{CB}$$

벡터의 뺄셈 $\overrightarrow{AB} - \overrightarrow{AC} = \overrightarrow{CB}$

![좌표평면, A(−2,4), D(2,4), B(−2,0), C(2,0)]

(1) 점 A에 대하여 $|\overrightarrow{AP}|=r$를 만족시키는 점 P가 나타내는 도형은 점 A를 중심으로 하고 반지름의 길이가 r인 원이다.

(2) 두 평면벡터 $\vec{a}=(a_1,\,a_2)$, $\vec{b}=(b_1,\,b_2)$에 대하여
$$\vec{a}\cdot\vec{b}=a_1b_1+a_2b_2$$

(3) 영벡터가 아닌 두 평면벡터 $\vec{a}$, $\vec{b}$가 이루는 각의 크기가 $\theta\,(0\le\theta\le\pi)$일 때,
$$\vec{a}\cdot\vec{b}=|\vec{a}||\vec{b}|\cos\theta$$

$\overrightarrow{AC}=\overrightarrow{OC}-\overrightarrow{OA}=(2,\,0)-(-2,\,4)=(4,\,-4)$,
$\overrightarrow{AR}=\overrightarrow{OR}-\overrightarrow{OA}=\left(\dfrac{1}{2},\,2\right)-(-2,\,4)=\left(\dfrac{5}{2},\,-2\right)$

평면벡터의 내적
두 평면벡터 $\vec{a}=(a_1,\,a_2)$, $\vec{b}=(b_1,\,b_2)$에 대하여
$\vec{a}\cdot\vec{b}=a_1b_1+a_2b_2$

$|\overrightarrow{AC}|=\sqrt{4^2+(-4)^2}=4\sqrt{2}$이고 $|\overrightarrow{RQ}|$는 점 Q가 나타내는 원의 반지름의 길이이므로 $\dfrac{1}{2}$이지.

이므로 $|\overrightarrow{XB}+\overrightarrow{XC}|=|\overrightarrow{XB}-\overrightarrow{XC}|$에서
$|-2\overrightarrow{OX}|=|\overrightarrow{CB}|$, $2|\overrightarrow{OX}|=4$
∴ $|\overrightarrow{OX}|=2$ → $|\overrightarrow{CB}|=\overline{CB}=4$

따라서 점 X가 나타내는 도형 S는 원점 O를 중심으로 하고 반지름의 길이가 2인 원이다.

$4\overrightarrow{PQ}=\overrightarrow{PB}+2\overrightarrow{PD}$에서
$4(\overrightarrow{OQ}-\overrightarrow{OP})=(\overrightarrow{OB}-\overrightarrow{OP})+2(\overrightarrow{OD}-\overrightarrow{OP})$
$4\overrightarrow{OQ}=\overrightarrow{OB}+2\overrightarrow{OD}+\overrightarrow{OP}$
∴ $\overrightarrow{OQ}=\dfrac{1}{4}\overrightarrow{OB}+\dfrac{1}{2}\overrightarrow{OD}+\dfrac{1}{4}\overrightarrow{OP}$
$\qquad=\dfrac{1}{4}(-2,\,0)+\dfrac{1}{2}(2,\,4)+\dfrac{1}{4}\overrightarrow{OP}$
$\qquad=\left(\dfrac{1}{2},\,2\right)+\dfrac{1}{4}\overrightarrow{OP}$

따라서 점 Q가 나타내는 도형은 점 P가 나타내는 도형, 즉 도형 S를 $\dfrac{1}{4}$배로 축소한 뒤 x축의 방향으로 $\dfrac{1}{2}$만큼, y축의 방향으로 2만큼 평행이동한 원이다.

이 원의 중심을 R라 하면 점 Q가 나타내는 도형은 점 $R\left(\dfrac{1}{2},\,2\right)$를 중심으로 하고 반지름의 길이가 $\dfrac{1}{4}\times2=\dfrac{1}{2}$인 원이다.   → 도형 S의 반지름의 길이인 2의 $\dfrac{1}{4}$배야.

이때

벡터의 덧셈
$\overrightarrow{AB}+\overrightarrow{BC}=\overrightarrow{AC}$

$\overrightarrow{AC}\cdot\overrightarrow{AQ}=\overrightarrow{AC}\cdot(\overrightarrow{AR}+\overrightarrow{RQ})$
$\qquad=\overrightarrow{AC}\cdot\overrightarrow{AR}+\overrightarrow{AC}\cdot\overrightarrow{RQ}$
$\qquad=(4,\,-4)\cdot\left(\dfrac{5}{2},\,-2\right)+\overrightarrow{AC}\cdot\overrightarrow{RQ}$
$\qquad=18+\overrightarrow{AC}\cdot\overrightarrow{RQ}$

따라서 $\overrightarrow{AC}\cdot\overrightarrow{AQ}$의 값은 두 벡터 $\overrightarrow{AC}$, $\overrightarrow{RQ}$가 같은 방향일 때 최대이고, 반대 방향일 때 최소이므로

→ $\overrightarrow{AC}\cdot\overrightarrow{RQ}=|\overrightarrow{AC}||\overrightarrow{RQ}|\cos\theta$의 값은 두 벡터가 같은 방향, 즉 $\theta=0$일 때 $|\overrightarrow{AC}||\overrightarrow{RQ}|$로 최대이고, 두 벡터가 반대 방향, 즉 $\theta=\pi$일 때 $-|\overrightarrow{AC}||\overrightarrow{RQ}|$로 최소야.

$M=18+\overrightarrow{AC}\cdot\overrightarrow{RQ}=18+|\overrightarrow{AC}||\overrightarrow{RQ}|$
$\quad=18+4\sqrt{2}\times\dfrac{1}{2}$
$\quad=18+2\sqrt{2}$
$m=18+\overrightarrow{AC}\cdot\overrightarrow{RQ}=18-|\overrightarrow{AC}||\overrightarrow{RQ}|$
$\quad=18-4\sqrt{2}\times\dfrac{1}{2}$
$\quad=18-2\sqrt{2}$
∴ $M\times m=(18+2\sqrt{2})(18-2\sqrt{2})=324-8=316$

생생 수험 Talk

모의고사에 출제되는 모든 문제는 교육과정의 내용을 바탕으로 만들게 되어 있어. 일반적으로 수능, 평가원, 사설 순으로 교육과정에 충실하지. 그렇기 때문에 새로운 유형의 문제를 접했을 때는 문제에 주어져 있는 정보들을 내가 알고 있는 개념과 잘 연결시키는 능력이 중요해. 이 능력은 당연히 어느 날 얻어지는 능력은 아니야. 평소에도 문제를 풀면서 문제에서 주어진 정보를 가지고 어떻게 다음 풀이 방법으로 넘어갈 수 있을지 생각을 떠올리는 연습을 하는 게 좋아. 특히 기출 문제 중 정답률이 낮았던 문제는 새로운 유형에 해당하는 경우가 많으니까 연습하기 딱 좋은 문제지.

II. 평면벡터 / 4점 집중

좌표평면 위에 다섯 점

$$A(0, 8),\ B(8, 0),\ C(7, 1),\ D(7, 0),\ E(-4, 2)$$

가 있다. 삼각형 AOB의 변 위를 움직이는 점 P와 삼각형 CDB의 변 위를 움직이는 점 Q에 대하여 $|\overrightarrow{PQ}+\overrightarrow{OE}|^2$의 최댓값을 M, 최솟값을 m이라 할 때, $M+m$의 값을 구하 ①
시오. (단, O는 원점이다.) **54** ② ③

$$\overrightarrow{PQ}+\overrightarrow{OE}=\overrightarrow{OQ}-\overrightarrow{OP}+\overrightarrow{OE}=(\overrightarrow{OQ}+\overrightarrow{OE})-\overrightarrow{OP}$$네.

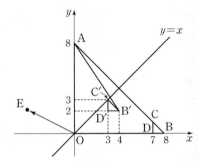

☑ **실전 적용 key**
벡터의 덧셈을 이용하기 위하여 한 벡터의 시점을 주어진 다른 벡터의 종점과 일치하도록 평행이동한 후 좌표평면 위에 벡터를 나타내도록 한다.

해결 흐름

① $\overrightarrow{PQ}=\overrightarrow{OQ}-\overrightarrow{OP}$임을 이용해서 벡터의 합 $\overrightarrow{PQ}+\overrightarrow{OE}$를 기하적으로 파악해 봐야겠다.

② $|\overrightarrow{PQ}+\overrightarrow{OE}|^2$의 값이 최소일 때와 그때의 최솟값 m을 구해야겠다.

③ $|\overrightarrow{PQ}+\overrightarrow{OE}|^2$의 값이 최대일 때와 그때의 최댓값 M을 구하면 $M+m$의 값을 구할 수 있겠네.

알찬 풀이

$\overrightarrow{OE}=(-4, 2)$이기 때문이야.

$$|\overrightarrow{PQ}+\overrightarrow{OE}|=|\overrightarrow{OQ}-\overrightarrow{OP}+\overrightarrow{OE}|$$
$$=|(\overrightarrow{OQ}+\overrightarrow{OE})-\overrightarrow{OP}|$$

이때 네 점 B, C, D, Q를 x축의 방향으로 -4만큼, y축의 방향으로 2만큼 평행이동한 점을 각각 B′, C′, D′, Q′이라 하면 오른쪽 그림과 같이 점 Q′은 삼각형 C′D′B′의 변 위를 움직인다.

즉,

$$\overrightarrow{OQ}+\overrightarrow{OE}=\overrightarrow{OQ}+(-4, 2)$$
$$=\overrightarrow{OQ'}$$

세 점 B, C, D를 x축의 방향으로 -4만큼, y축의 방향으로 2만큼 평행이동한거야.

이므로

$$|\overrightarrow{PQ}+\overrightarrow{OE}|=|\overrightarrow{OQ'}-\overrightarrow{OP}|=|\overrightarrow{PQ'}|$$

이때 점 C′(3, 3)이 직선 $y=x$ 위의 점이므로 점 Q′의 자취인 삼각형 C′D′B′은 직선 $y=x$의 아래쪽에 있다. 또, 점 P의 자취인 삼각형 AOB는 직선 $y=x$에 대하여 대칭이다.

따라서 다음 그림과 같이 $|\overrightarrow{PQ'}|$의 최댓값은 점 A(0, 8)과 점 B′(4, 2) 사이의 거리와 같다.

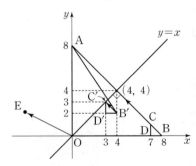

즉, $|\overrightarrow{PQ'}|$의 최댓값은

$$\overline{AB'}=\sqrt{(4-0)^2+(2-8)^2}=2\sqrt{13}$$

한편, $\overline{AB}$와 $\overline{C'B'}$이 서로 평행하므로 다음 그림과 같이 $|\overrightarrow{PQ'}|$의 최솟값은 점 C′(3, 3)과 점 (4, 4) 사이의 거리와 같다.

즉, $|\overrightarrow{PQ'}|$의 최솟값은 $\sqrt{(4-3)^2+(4-3)^2}=\sqrt{2}$

따라서 $|\overrightarrow{PQ}+\overrightarrow{OE}|^2$의 최댓값은 $(2\sqrt{13})^2=52$, 최솟값은 $(\sqrt{2})^2=2$이므로

$$M=52,\ m=2$$

$$\therefore M+m=52+2=54$$

김혁진 | 서울대학교 재료공학과 | 계성고등학교 졸업

이 문제에서 $\overrightarrow{PQ}$는 시점 P와 종점 Q가 모두 동점이라서 다루기가 어려우니까 벡터를 분해해서 시점을 통일하는 것이 다루기가 쉬워. 이럴 때는 대부분 벡터의 뺄셈을 이용해서 시점을 통일할 수 있어.

즉, $\overrightarrow{PQ}=\overrightarrow{OQ}-\overrightarrow{OP}$이므로
$$\overrightarrow{PQ}+\overrightarrow{OE}=(\overrightarrow{OQ}+\overrightarrow{OE})-\overrightarrow{OP}$$
로 놓고, 벡터의 합 $\overrightarrow{OQ}+\overrightarrow{OE}$를 '점 Q의 자취를 $\overrightarrow{OE}$만큼, 즉 x축의 방향으로 -4만큼, y축의 방향으로 2만큼 평행이동시킨다.'로 생각해서 푸는 것이 이 문제를 해결하는 열쇠야.

---

54 [정답] 17 정답률 13%

→ 점 X가 나타내는 도형은 원의 일부분이겠지.

좌표평면 위에 두 점 $A(-2, 2)$, $B(2, 2)$가 있다.
$$(|\overrightarrow{AX}|-2)(|\overrightarrow{BX}|-2)=0, \quad |\overrightarrow{OX}|\geq2$$ **❶**
를 만족시키는 점 X가 나타내는 도형 위를 움직이는 두 점 P, Q가 다음 조건을 만족시킨다.

(가) $\vec{u}=(1, 0)$에 대하여 $(\overrightarrow{OP}\cdot\vec{u})(\overrightarrow{OQ}\cdot\vec{u})\geq0$이다.

(나) $|\overrightarrow{PQ}|=2$ **❷**

$\overrightarrow{OY}=\overrightarrow{OP}+\overrightarrow{OQ}$를 만족시키는 점 Y의 집합이 나타내는 도형의 길이가 $\dfrac{q}{p}\sqrt{3}\pi$일 때, $p+q$의 값을 구하시오. **17**
❸
(단, O는 원점이고, p와 q는 서로소인 자연수이다.)

☑ 연관 개념 check

(1) 점 A에 대하여 $|\overrightarrow{AP}|=r$를 만족시키는 점 P가 나타내는 도형은 점 A를 중심으로 하고 반지름의 길이가 r인 원이다.

(2) 두 점 A, B의 위치벡터를 각각 $\vec{a}, \vec{b}$라 할 때, 선분 AB의 중점 M의 위치벡터를 $\vec{m}$이라 하면
$$\vec{m}=\frac{\vec{a}+\vec{b}}{2}$$

해결 흐름

❶ $(|\overrightarrow{AX}|-2)(|\overrightarrow{BX}|-2)=0$을 간단히 하고, 주어진 식들을 이용하면 점 X가 나타내는 도형을 그릴 수 있겠다.

❷ 두 평면벡터의 내적을 이용하여 두 점 P, Q의 위치를 찾아봐야겠다.

❸ 벡터 $\overrightarrow{OY}$를 나타낸 식을 $\overrightarrow{PQ}$의 중점 M을 이용한 식으로 변형한 후 점 M이 나타내는 도형을 구해야겠다.

알찬 풀이

$(|\overrightarrow{AX}|-2)(|\overrightarrow{BX}|-2)=0$에서
$|\overrightarrow{AX}|-2=0$ 또는 $|\overrightarrow{BX}|-2=0$
$\therefore |\overrightarrow{AX}|=2$ 또는 $|\overrightarrow{BX}|=2$

따라서 점 X가 나타내는 도형은 점 $A(-2, 2)$ 또는 점 $B(2, 2)$를 중심으로 하고 반지름의 길이가 2인 원이다.

또, $|\overrightarrow{OX}|\geq2$에서 점 X는 원점을 중심으로 하고 반지름의 길이가 2인 원의 외부와 그 둘레에 존재하므로 점 X가 나타내는 도형은 다음 그림과 같다.

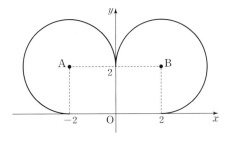

이때 점 X가 나타내는 도형 위를 움직이는 두 점 P, Q의 좌표를 각각 (x_1, y_1), (x_2, y_2)라 하면 조건 (가)에서
$\overrightarrow{OP}\cdot\vec{u}=(x_1, y_1)\cdot(1, 0)=x_1,$
$\overrightarrow{OQ}\cdot\vec{u}=(x_2, y_2)\cdot(1, 0)=x_2$
이므로 $(\overrightarrow{OP}\cdot\vec{u})(\overrightarrow{OQ}\cdot\vec{u})=x_1x_2\geq0$

즉, 두 점 P, Q의 x좌표의 부호가 같거나 한 점의 x좌표가 0이어야 한다.

(i) 두 점 P, Q가 좌표축 또는 제1사분면에 있는 경우

→ x축 또는 y축

선분 PQ의 중점을 M이라 하면 $\overrightarrow{OM}=\dfrac{\overrightarrow{OP}+\overrightarrow{OQ}}{2}$이므로
$$\overrightarrow{OY}=\overrightarrow{OP}+\overrightarrow{OQ}=2\overrightarrow{OM} \qquad\qquad \cdots\cdots ㉠$$

이때 조건 (내)에서 삼각형 BPQ는 한 변의 길이가 2인 정삼각형이고, $|\overrightarrow{\text{BM}}|$ 은 이 정삼각형의 높이이므로

$$|\overrightarrow{\text{BM}}| = \frac{\sqrt{3}}{2} \times 2 = \sqrt{3}$$

정삼각형의 높이 ☆★
한 변의 길이가 a인 정삼각형의
높이 h는 $h = \frac{\sqrt{3}}{2}a$

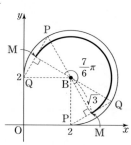

즉, 점 M이 나타내는 도형은 점 B를 중심으로 하고 반지름의 길이가 $\sqrt{3}$, 중심각의 크기가

$$\frac{3}{2}\pi - \left(\frac{\pi}{6} + \frac{\pi}{6} \right) = \frac{7}{6}\pi$$

인 부채꼴의 호이다.

따라서 ㉠에서 $\overrightarrow{\text{OY}} = 2\overrightarrow{\text{OM}}$이므로 점 Y의 집합이 나타내는 도형의 길이는

→ 점 M이 나타내는 도형의 길이의 2배야.

$$2 \times \sqrt{3} \times \frac{7}{6}\pi = \frac{7\sqrt{3}}{3}\pi$$

부채꼴의 호의 길이 ☆★
반지름의 길이가 r, 중심각의 크기가
θ (라디안)인 부채꼴의 호의 길이를 l
이라 하면
$l = r\theta$

(ii) 두 점 P, Q가 좌표축 또는 제2사분면에 있는 경우

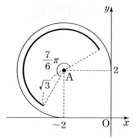

(i)과 같은 방법으로 하면 조건 (내)에서 삼각형 APQ는 한 변의 길이가 2인 정삼각형이고, $|\overrightarrow{\text{AM}}|$은 이 정삼각형의 높이이므로

$$|\overrightarrow{\text{AM}}| = \frac{\sqrt{3}}{2} \times 2 = \sqrt{3}$$

즉, 점 M이 나타내는 도형은 점 A를 중심으로 하고 반지름의 길이가 $\sqrt{3}$, 중심각의 크기가 $\frac{7}{6}\pi$인 부채꼴의 호이다.

따라서 ㉠에서 $\overrightarrow{\text{OY}} = 2\overrightarrow{\text{OM}}$이므로 점 Y의 집합이 나타내는 도형의 길이는

$$2 \times \sqrt{3} \times \frac{7}{6}\pi = \frac{7\sqrt{3}}{3}\pi$$

(i), (ii)에서 점 Y의 집합이 나타내는 도형의 길이는

$$\frac{7\sqrt{3}}{3}\pi + \frac{7\sqrt{3}}{3}\pi = \frac{14}{3}\sqrt{3}\pi$$

따라서 $p = 3$, $q = 14$이므로

$$p + q = 3 + 14 = 17$$

다른 풀이

점 Y의 집합이 나타내는 도형을 직접 구해서 그 길이를 구할 수도 있다.

(i) 두 점 P, Q가 좌표축 또는 제1사분면에 있는 경우

선분 PQ의 중점을 M이라 하면 $\overrightarrow{\text{OM}} = \dfrac{\overrightarrow{\text{OP}} + \overrightarrow{\text{OQ}}}{2}$이므로

$$\overrightarrow{\text{OY}} = \overrightarrow{\text{OP}} + \overrightarrow{\text{OQ}} = 2\overrightarrow{\text{OM}} = 2\overrightarrow{\text{OB}} + 2\overrightarrow{\text{BM}} \quad\cdots\cdots ㉠$$

벡터의 덧셈 ☆★
$\overrightarrow{\text{AB}} + \overrightarrow{\text{BC}} = \overrightarrow{\text{AC}}$

이때 조건 (내)에서 삼각형 BPQ는 한 변의 길이가 2인 정삼각형이고, $|\overrightarrow{\text{BM}}|$은 이 정삼각형의 높이이므로

$$|\overrightarrow{\text{BM}}| = \frac{\sqrt{3}}{2} \times 2 = \sqrt{3}$$

㉠에서 $\overrightarrow{OY}=2\overrightarrow{OB}+2\overrightarrow{BM}$이므로 점 Y의 집합이 나타내는 도형은 오른쪽 그림과 같이 점 $(4, 4)$를 중심으로 하고 반지름의 길이가 $2\sqrt{3}$, 중심각의 크기가 $\dfrac{7}{6}\pi$인 부채꼴의 호이다.

따라서 점 Y의 집합이 나타내는 도형의 길이는

$$2\sqrt{3}\times\dfrac{7}{6}\pi=\dfrac{7\sqrt{3}}{3}\pi$$

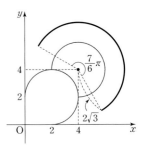

(ii) 두 점 P, Q가 좌표축 또는 제2사분면에 있는 경우

(i)과 같은 방법으로 하면 점 Y의 집합이 나타내는 도형은 점 $(-4, 4)$를 중심으로 하고 반지름의 길이가 $2\sqrt{3}$, 중심각의 크기가 $\dfrac{7}{6}\pi$인 부채꼴의 호이다.

따라서 점 Y의 집합이 나타내는 도형의 길이는

$$2\sqrt{3}\times\dfrac{7}{6}\pi=\dfrac{7\sqrt{3}}{3}\pi$$

---

55 정답 8　　　정답률 7%

좌표평면에서 한 변의 길이가 4인 정육각형 ABCDEF의 변 위를 움직이는 점 P가 있고, 점 C를 중심으로 하고 반지름의 길이가 1인 원 위를 움직이는 점 Q가 있다.

두 점 P, Q와 실수 k에 대하여 점 X가 다음 조건을 만족시킬 때, $|\overrightarrow{CX}|$의 값이 최소가 되도록 하는 k의 값을 α, $|\overrightarrow{CX}|$의 값이 최대가 되도록 하는 k의 값을 β라 하자.

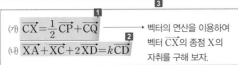

(가) $\overrightarrow{CX}=\dfrac{1}{2}\overrightarrow{CP}+\overrightarrow{CQ}$　→ 벡터의 연산을 이용하여 벡터 $\overrightarrow{CX}$의 종점 X의 자취를 구해 보자.

(나) $\overrightarrow{XA}+\overrightarrow{XC}+2\overrightarrow{XD}=k\overrightarrow{CD}$

$\alpha^2+\beta^2$의 값을 구하시오.　8

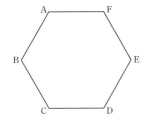

☑ **연관 개념 check**

평행사변형 ABCD에서

$\vec{a}=\overrightarrow{AB}$, $\vec{b}=\overrightarrow{AD}$일 때,

$\vec{a}+\vec{b}=\overrightarrow{AB}+\overrightarrow{AD}$
　　　$=\overrightarrow{AB}+\overrightarrow{BC}$
　　　$=\overrightarrow{AC}$

☑ **실전 적용 key**

$\overrightarrow{AB}=-\overrightarrow{BA}$, $\overrightarrow{AB}=\blacksquare\overrightarrow{B}-\blacksquare\overrightarrow{A}$임을 이용하면 벡터의 시점을 한 점으로 일치시킬 수 있으므로 조건 (나)의 식을 간단히 나타내어 벡터 $\overrightarrow{CX}$의 종점 X의 위치를 찾는다.

오른쪽 그림에서 어두운 부분이 점 X의 자취야.

해결 흐름

1 조건 (가)를 이용하여 점 X의 자취를 알아내야겠어.

2 조건 (나)에서 주어진 벡터의 시점을 한 점으로 일치시켜서 간단히 나타내면 점 X의 위치를 찾을 수 있겠네.

3 $|\overrightarrow{CX}|$의 값이 최소일 때와 최대일 때의 점 X의 위치를 알아내야겠다.

알찬 풀이

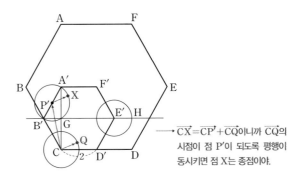

→ $\overrightarrow{CX}=\overrightarrow{CP'}+\overrightarrow{CQ}$이니까 $\overrightarrow{CQ}$의 시점이 점 P'이 되도록 평행이동시키면 점 X는 종점이야.

위의 그림과 같이 선분 CA, CB, CD, CE, CF의 중점을 각각 A', B', D', E', F'이라 하고, $\dfrac{1}{2}\overrightarrow{CP}$의 종점을 P'이라 하면 점 P'은 정육각형 A'B'CD'E'F'의 변 위의 점이다.

→ 한 변의 길이가 2인 정육각형이야.

조건 (가)에서 $\overrightarrow{CX}=\dfrac{1}{2}\overrightarrow{CP}+\overrightarrow{CQ}$이므로 점 X는 정육각형 A'B'CD'E'F'의 변 위의 점을 중심으로 하고 반지름의 길이가 1인 원 위를 움직인다.

조건 (나)에서 $\overrightarrow{XA}+\overrightarrow{XC}+2\overrightarrow{XD}=k\overrightarrow{CD}$이고,

$\overrightarrow{XA}=\overrightarrow{CA}-\overrightarrow{CX}$, $\overrightarrow{XC}=-\overrightarrow{CX}$, $\overrightarrow{XD}=\overrightarrow{CD}-\overrightarrow{CX}$이므로

$(\overrightarrow{CA}-\overrightarrow{CX})-\overrightarrow{CX}+2(\overrightarrow{CD}-\overrightarrow{CX})=k\overrightarrow{CD}$

→ 시점이 C인 벡터로 변형한 거야.

$\overrightarrow{CA}-4\overrightarrow{CX}=(k-2)\overrightarrow{CD}$

$\therefore \overrightarrow{CX}=\dfrac{1}{4}\overrightarrow{CA}+\dfrac{2-k}{4}\overrightarrow{CD}$

$\quad=\dfrac{1}{2}\overrightarrow{CA'}+\dfrac{2-k}{2}\overrightarrow{CD'}$

→ $\overrightarrow{CA'}=\dfrac{1}{2}\overrightarrow{CA}$, $\overrightarrow{CD'}=\dfrac{1}{2}\overrightarrow{CD}$이기 때문이야.

선분 CA'의 중점을 G라 하면 $\dfrac{1}{2}\overrightarrow{CA'}=\overrightarrow{CG}$이므로

$\overrightarrow{CX}=\overrightarrow{CG}+\dfrac{2-k}{2}\overrightarrow{CD'}$

즉, 점 X는 점 G를 지나고 직선 CD′에 평행한 직선 GE′ 위를 움직인다.

이때 $|\overrightarrow{CX}|$의 값이 최소가 되는 경우는 점 X가 점 G와 일치할 때이므로

$|\overrightarrow{CX}|=|\overrightarrow{CG}|$에서 $\left|\dfrac{2-k}{2}\overrightarrow{CD'}\right|=0$

$\dfrac{2-k}{2}=0$ ∴ $k=2$

또, $\overline{E'H}=1$, $\overline{GH}>\overline{GE'}$을 만족시키도록 직선 GE′ 위의 점 H를 잡으면 $|\overrightarrow{CX}|$의 값이 최대가 되는 경우는 점 X가 점 H와 일치할 때이므로

$|\overrightarrow{CX}|=|\overrightarrow{CH}|$에서 $|\overrightarrow{CX}|=|\overrightarrow{CG}|+|\overrightarrow{GH}|$ → $\overline{CG}\le\overline{CX}\le\overline{CH}$

즉, $\left|\dfrac{2-k}{2}\overrightarrow{CD'}\right|=|\overrightarrow{GH}|=4$이므로 → $\overline{B'E'}=4$이고, $\overline{B'G}=\overline{E'H}=1$이므로 $\overline{GH}=\overline{B'E'}-\overline{B'G}+\overline{E'H}=4-1+1=4$

$\dfrac{2-k}{2}\times2=4$, $2-k=4$ ∴ $k=-2$ → $|\overrightarrow{CD'}|=2$

따라서 $\alpha=2$, $\beta=-2$이므로

$\alpha^2+\beta^2=2^2+(-2)^2=8$

---

56 정답 100   정답률 9%

좌표평면에서 $\overline{OA}=\sqrt{2}$, $\overline{OB}=2\sqrt{2}$이고 $\cos(\angle AOB)=\dfrac{1}{4}$인 평행사변형 OACB에 대하여 점 P가 다음 조건을 만족시킨다.

> (가) $\overrightarrow{OP}=s\overrightarrow{OA}+t\overrightarrow{OB}$ $(0\le s\le1,\ 0\le t\le1)$
> (나) $\overrightarrow{OP}\cdot\overrightarrow{OB}+\overrightarrow{BP}\cdot\overrightarrow{BC}=2$

점 O를 중심으로 하고 점 A를 지나는 원 위를 움직이는 점 X에 대하여 $|3\overrightarrow{OP}-\overrightarrow{OX}|$의 최댓값과 최솟값을 각각 M, m이라 하자. $M\times m=a\sqrt{6}+b$일 때, a^2+b^2의 값을 구하시오. (단, a와 b는 유리수이다.) **100**

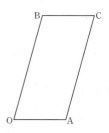

☑ 연관 개념 check

$\overrightarrow{OP}=m\overrightarrow{OA}+n\overrightarrow{OB}$ $(0\le m\le1,\ 0\le n\le1)$를 만족시키는 점 P가 나타내는 도형은 두 선분 OA, OB를 이웃하는 두 변으로 하는 평행사변형의 내부와 그 둘레이다.

수능 핵심 개념   평면벡터가 그리는 도형

$\overrightarrow{OP}=m\overrightarrow{OA}+n\overrightarrow{OB}$를 만족시키는 점 P가 나타내는 도형은 다음과 같다.

(1) $m\ge0$, $n\ge0$, $m+n=1$이면 ➡ 선분 AB

(2) $m>0$, $n>0$, $m+n\le1$이면 ➡ 삼각형 OAB의 내부와 그 둘레

(3) $0\le m\le1$, $0\le n\le1$이면 ➡ 두 선분 OA, OB를 이웃하는 두 변으로 하는 평행사변형의 내부와 그 둘레

해결 흐름

1 평행사변형의 성질을 이용하여 조건 (나)의 식을 간단히 해야겠네.

2 **1**에서 구한 식과 $\overline{OA}=\sqrt{2}$, $\overline{OB}=2\sqrt{2}$, $\cos(\angle AOB)=\dfrac{1}{4}$을 이용하여 점 P의 위치를 파악해야겠군.

3 $|3\overrightarrow{OP}-\overrightarrow{OX}|$의 값이 최대, 최소가 되도록 하는 점 P와 점 X의 위치를 찾아봐야겠다.

알찬 풀이

조건 (가)에 의하여 점 P는 평행사변형 OACB의 내부 또는 그 둘레에 존재하고, 사각형 OACB는 평행사변형이므로

$\overrightarrow{BC}=\overrightarrow{OA}$

조건 (나)에서

$\overrightarrow{OP}\cdot\overrightarrow{OB}+\overrightarrow{BP}\cdot\overrightarrow{BC}$

$=\overrightarrow{OP}\cdot\overrightarrow{OB}+(\overrightarrow{OP}-\overrightarrow{OB})\cdot\overrightarrow{OA}$

$=\overrightarrow{OP}\cdot\overrightarrow{OB}+\overrightarrow{OP}\cdot\overrightarrow{OA}-\overrightarrow{OB}\cdot\overrightarrow{OA}$

$=\overrightarrow{OP}\cdot(\overrightarrow{OA}+\overrightarrow{OB})-|\overrightarrow{OA}|\,|\overrightarrow{OB}|\cos(\angle AOB)$

$=\overrightarrow{OP}\cdot\overrightarrow{OC}$ → 사각형 OACB가 평행사변형이니까 $\overrightarrow{OA}+\overrightarrow{OB}=\overrightarrow{OC}$야.

$\sqrt{2}\times2\sqrt{2}\times\dfrac{1}{4}$ → 문제에 주어졌어.

$=\overrightarrow{OP}\cdot\overrightarrow{OC}-1=2$

∴ $\overrightarrow{OP}\cdot\overrightarrow{OC}=3$ …… (*)

한편,

$|\overrightarrow{OC}|^2=|\overrightarrow{OA}+\overrightarrow{OB}|^2$

$=|\overrightarrow{OA}|^2+2\overrightarrow{OA}\cdot\overrightarrow{OB}+|\overrightarrow{OB}|^2$

$=(\sqrt{2})^2+2\times\sqrt{2}\times2\sqrt{2}\times\dfrac{1}{4}+(2\sqrt{2})^2$

$=2+2+8=12$

> 평면벡터의 내적의 성질
> 두 평면벡터 $\vec{a}$, $\vec{b}$에 대하여
> $|\vec{a}+\vec{b}|^2=|\vec{a}|^2+2\vec{a}\cdot\vec{b}+|\vec{b}|^2$

→ $|\overrightarrow{OA}|\,|\overrightarrow{OB}|\cos(\angle AOB)$

∴ $|\overrightarrow{OC}|=2\sqrt{3}$ $(\because |\overrightarrow{OC}|>0)$

이때 두 벡터 $\overrightarrow{OP}$, $\overrightarrow{OC}$가 이루는 각의 크기를 θ라 하면

$\overrightarrow{OP}\cdot\overrightarrow{OC}=|\overrightarrow{OP}|\,|\overrightarrow{OC}|\cos\theta$

$=|\overrightarrow{OP}|\times2\sqrt{3}\times\cos\theta=3$ (*)

∴ $|\overrightarrow{OP}|\cos\theta=\dfrac{\sqrt{3}}{2}$

점 P에서 선분 OC에 내린 수선의 발을 P'이라 하면

$$\overline{OP}\cos\theta=\overline{OP'}=\frac{\sqrt{3}}{2}\qquad\cdots\cdots\ㄱ$$

또, 오른쪽 그림과 같이 선분 AB를 그으면
삼각형 AOB에서 코사인법칙에 의하여

$$\overline{AB}^2=\overline{AO}^2+\overline{BO}^2-2\times\overline{AO}\times\overline{BO}\times\cos(\angle AOB)$$
$$=(\sqrt{2})^2+(2\sqrt{2})^2-2\times\sqrt{2}\times2\sqrt{2}\times\frac{1}{4}$$
$$=2+8-2=8$$
$$\therefore \overline{AB}=2\sqrt{2}\ (\because \overline{AB}>0)$$

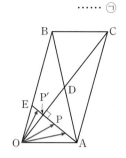

이때 선분 AB와 선분 OC가 만나는 점을 D라 하면

$$\overline{AD}=\overline{BD}=\frac{1}{2}\times2\sqrt{2}=\sqrt{2}$$

이므로 삼각형 AOD는 $\overline{AO}=\overline{AD}=\sqrt{2}$인 이등변삼각형이고,

이등변삼각형 AOD의 꼭짓점 A에서 밑변에 그은 수선과 같아.

$$\overline{OD}=\frac{1}{2}\overline{OC}=\sqrt{3},\ \overline{OP'}=\frac{\sqrt{3}}{2}\ (\because \ㄱ)$$이므로 점 P'은 선분 OD의 중점이다.

따라서 점 P'을 지나고 직선 OC와 수직인 직선은 점 A를 지난다. 즉, 이 직선과 선분 OB가 만나는 점을 E라 하면 점 P는 선분 AE 위에 존재한다.

$|3\overline{OP}-\overline{OX}|$의 값이 최대가 되려면 $\overline{OP}$와 $\overline{OX}$가 반대 방향임을 인지하고 그림을 그려 봐.

(ⅰ) 벡터 $3\overline{OP}-\overline{OX}$의 크기는 $\overline{OP}$의 크기가 최대이면서 $\overline{OX}$가 $\overline{OP}$와 반대 방향일 때 최대가 된다.

즉, 오른쪽 그림과 같이 점 P는 점 A와 일치해야 하므로

$$|\overline{OP}|=\overline{OA}=\sqrt{2}$$

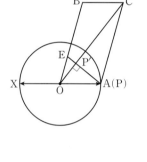

점 X는 점 O를 중심으로 하고 반지름의 길이가 $\sqrt{2}$인 원 위의 점이니까 $|\overline{XO}|=\sqrt{2}$야.

이때 $\overline{OX}$는 $\overline{OP}$와 반대 방향이므로

$$|3\overline{OP}-\overline{OX}|=|3\overline{OP}+\overline{XO}|$$
$$=3|\overline{OP}|+|\overline{XO}|$$
$$\therefore M=3\times\sqrt{2}+\sqrt{2}=4\sqrt{2}$$

$|3\overline{OP}-\overline{OX}|$의 값이 최소가 되려면 $\overline{OP}$와 $\overline{OX}$가 같은 방향임을 인지하고 그림을 그려 봐.

(ⅱ) 벡터 $3\overline{OP}-\overline{OX}$의 크기는 $\overline{OP}$의 크기가 최소이면서 $\overline{OX}$가 $\overline{OP}$와 같은 방향일 때 최소가 된다.

즉, 오른쪽 그림과 같이 점 P는 선분 OC 위에 존재하므로 점 P는 점 P'과 일치해야 한다.

$$\therefore |\overline{OP}|=|\overline{OP'}|=\frac{\sqrt{3}}{2}\ (\because \ㄱ)$$

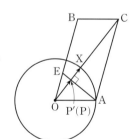

이때 $\overline{OX}$는 $\overline{OP}$와 같은 방향이므로

$$|3\overline{OP}-\overline{OX}|=3|\overline{OP}|-|\overline{OX}|$$
$$\therefore m=3\times\frac{\sqrt{3}}{2}-\sqrt{2}=\frac{3\sqrt{3}}{2}-\sqrt{2}$$

(ⅰ), (ⅱ)에서

$$M\times m=4\sqrt{2}\times\left(\frac{3\sqrt{3}}{2}-\sqrt{2}\right)=6\sqrt{6}-8$$

따라서 $a=6,\ b=-8$이므로

$$a^2+b^2=6^2+(-8)^2$$
$$=100$$

다른 풀이

조건 (가)에 의하여 점 P는 평행사변형 OACB의 내부 또는 그 둘레에 존재하고,

벡터의 뺄셈
$\overline{AB}-\overline{AC}=\overline{CB}$

$$\overline{BP}=\overline{OP}-\overline{OB}$$
$$=s\overline{OA}+t\overline{OB}-\overline{OB}$$
$$=s\overline{OA}+(t-1)\overline{OB}$$

또, 사각형 OACB는 평행사변형이므로 $\overrightarrow{BC}=\overrightarrow{OA}$

조건 (나)에서

$\overrightarrow{OP}\cdot\overrightarrow{OB}+\overrightarrow{BP}\cdot\overrightarrow{BC}$

$=(s\overrightarrow{OA}+t\overrightarrow{OB})\cdot\overrightarrow{OB}+(s\overrightarrow{OA}+(t-1)\overrightarrow{OB})\cdot\overrightarrow{OA}$

$=s\overrightarrow{OA}\cdot\overrightarrow{OB}+t|\overrightarrow{OB}|^2+s|\overrightarrow{OA}|^2+(t-1)\overrightarrow{OB}\cdot\overrightarrow{OA}$

$\overline{OA}=\sqrt{2}$, $\overline{OB}=2\sqrt{2}$이므로 $\overrightarrow{OA}\cdot\overrightarrow{OB}=|\overrightarrow{OA}||\overrightarrow{OB}|\cos(\angle AOB)=\sqrt{2}\times2\sqrt{2}\times\frac{1}{4}=1$

$=s\times1+t(2\sqrt{2})^2+s(\sqrt{2})^2+(t-1)\times1$

$=s+8t+2s+t-1$

$=3s+9t-1$

즉, $3s+9t-1=2$이므로 $3s=3-9t$

$\therefore s=1-3t$ …… ㉠

이때 $0\le s\le1$이므로 $0\le1-3t\le1$에서 $0\le t\le\frac{1}{3}$

조건 (가)에서 $\overrightarrow{OP}=s\overrightarrow{OA}+t\overrightarrow{OB}$이므로

$\overrightarrow{OP}=(1-3t)\overrightarrow{OA}+t\overrightarrow{OB}$ ($\because$ ㉠)

$=(1-3t)\overrightarrow{OA}+3t\left(\frac{1}{3}\overrightarrow{OB}\right)$ $(0\le3t\le1)$ → $0\le t\le\frac{1}{3}$이니까.

두 벡터의 계수가 $1-3t$, $3t$가 되도록 변형했어.

이때 $\overrightarrow{OB'}=\frac{1}{3}\overrightarrow{OB}$라 하면

점 B′은 오른쪽 그림과 같이 선분 OB를 1 : 2로 내분하는 점이고, $(1-3t)+3t=1$ $(0\le3t\le1)$이므로 점 P는 선분 AB′ 위에 존재한다.

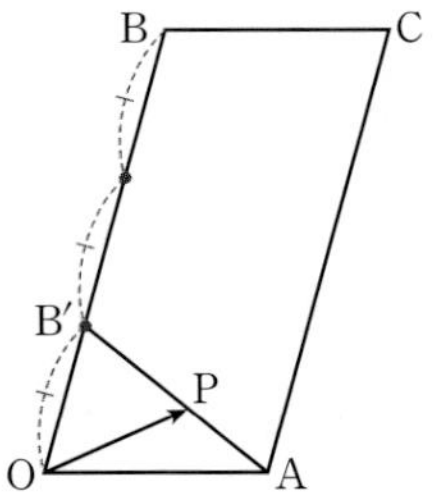

한편, 점 X는 점 O를 중심으로 하고 반지름의 길이가 $\sqrt{2}$인 원 위의 점이므로

$\overline{OA}$의 길이야.

$|3\overrightarrow{OP}-\overrightarrow{OX}|=3\left|\overrightarrow{OP}-\frac{1}{3}\overrightarrow{OX}\right|$에서 $\overrightarrow{OX'}=\frac{1}{3}\overrightarrow{OX}$라 하면 점 X′은 점 O를 중심으로 하고 반지름의 길이가 $\frac{\sqrt{2}}{3}$인 원 위를 움직인다.

→ $|\overrightarrow{OX'}|=\frac{1}{3}|\overrightarrow{OX}|=\frac{1}{3}\overline{OA}=\frac{\sqrt{2}}{3}$

$\therefore|3\overrightarrow{OP}-\overrightarrow{OX}|=3\left|\overrightarrow{OP}-\frac{1}{3}\overrightarrow{OX}\right|$

$=3|\overrightarrow{OP}-\overrightarrow{OX'}|=3|\overrightarrow{X'P}|$

(i) $|\overrightarrow{X'P}|$의 값이 최대가 되는 경우

선분 X′P의 길이가 최대인 경우야.

점 P는 점 A와 일치하고, 점 X′은 오른쪽 그림과 같을 때이므로

$(|\overrightarrow{X'P}|$의 최댓값$)=\overline{OA}+\overline{OX'}$

$=\sqrt{2}+\frac{\sqrt{2}}{3}=\frac{4\sqrt{2}}{3}$

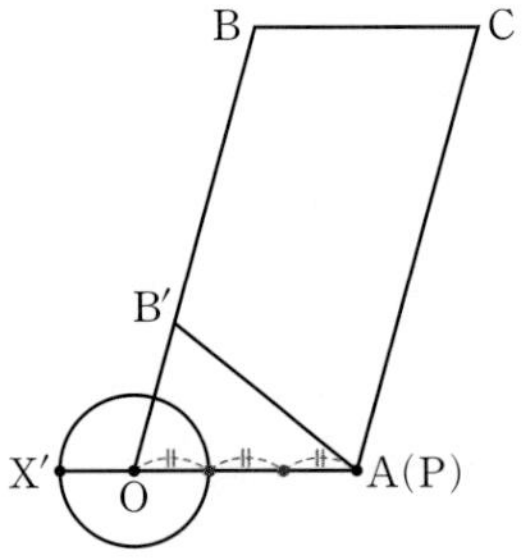

(ii) $|\overrightarrow{X'P}|$의 값이 최소가 되는 경우

선분 X′P의 길이가 최소인 경우야.

점 P는 점 O에서 선분 AB′에 내린 수선의 발과 일치하고, 점 X′은 오른쪽 그림과 같을 때이므로

$(|\overrightarrow{X'P}|$의 최솟값$)=\overline{OP}-\overline{OX'}$

이때 삼각형 OAB′에서 코사인법칙에 의하여

> **코사인법칙**
> 삼각형 ABC에서
> $a^2=b^2+c^2-2bc\cos A$
> $b^2=c^2+a^2-2ca\cos B$
> $c^2=a^2+b^2-2ab\cos C$

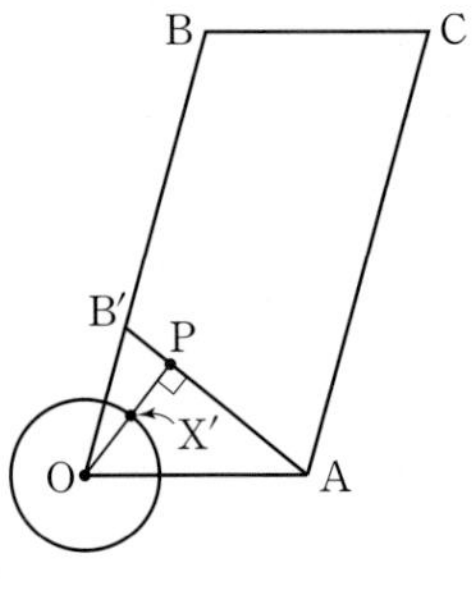

$\overline{AB'}^2$

$=\overline{OB'}^2+\overline{OA}^2-2\times\overline{OB'}\times\overline{OA}\times\cos(\angle AOB')$

$=\left(\frac{2\sqrt{2}}{3}\right)^2+(\sqrt{2})^2-2\times\frac{2\sqrt{2}}{3}\times\sqrt{2}\times\frac{1}{4}$ → $\cos(\angle AOB)=\frac{1}{4}$이니까.

$=\frac{8}{9}+2-\frac{2}{3}=\frac{20}{9}$

$\therefore\overline{AB'}=\frac{2\sqrt{5}}{3}$ $(\because\overline{AB'}>0)$

삼각형 OAB'의 넓이에서

$$\frac{1}{2} \times \overline{OP} \times \overline{AB'} = \frac{1}{2} \times \overline{OA} \times \overline{OB'} \times \sin(\angle AOB')$$

$$\frac{1}{2} \times \overline{OP} \times \frac{2\sqrt{5}}{3} = \frac{1}{2} \times \sqrt{2} \times \frac{2\sqrt{2}}{3} \times \frac{\sqrt{15}}{4}$$

$\longrightarrow$ $\angle AOB'$은 예각이므로
$\sin(\angle AOB') = \sqrt{1 - \cos^2(\angle AOB')}$

$$\therefore \overline{OP} = \frac{\sqrt{3}}{2}$$

$$\therefore (|\overrightarrow{X'P}|\text{의 최솟값}) = \overline{OP} - \overline{OX'} = \frac{\sqrt{3}}{2} - \frac{\sqrt{2}}{3}$$

(i), (ii)에서

$|3\overrightarrow{OP} - \overrightarrow{OX}| = 3|\overrightarrow{X'P}|$의 최댓값 M과 최솟값 m은

$$M = 3 \times \frac{4\sqrt{2}}{3} = 4\sqrt{2},$$

$$m = 3\left(\frac{\sqrt{3}}{2} - \frac{\sqrt{2}}{3}\right) = \frac{3\sqrt{3}}{2} - \sqrt{2}$$

이므로

$$M \times m = 4\sqrt{2} \times \left(\frac{3\sqrt{3}}{2} - \sqrt{2}\right) = 6\sqrt{6} - 8$$

따라서 $a = 6$, $b = -8$이므로
$a^2 + b^2 = 6^2 + (-8)^2 = 100$

삼각형 OAB의 넓이를 두 가지 방법으로 구했어.

---

57 [정답] 48 [정답률 11%]

좌표평면 위의 네 점 $A(2, 0)$, $B(0, 2)$, $C(-2, 0)$, $D(0, -2)$를 꼭짓점으로 하는 정사각형 ABCD의 네 변 위의 두 점 P, Q가 다음 조건을 만족시킨다.

(가) $(\overrightarrow{PQ} \cdot \overrightarrow{AB})(\overrightarrow{PQ} \cdot \overrightarrow{AD}) = 0$ **1** **2**
(나) $\overrightarrow{OA} \cdot \overrightarrow{OP} \geq -2$이고 $\overrightarrow{OB} \cdot \overrightarrow{OP} \geq 0$이다. **2**
(다) $\overrightarrow{OA} \cdot \overrightarrow{OQ} \geq -2$이고 $\overrightarrow{OB} \cdot \overrightarrow{OQ} \leq 0$이다. **2**

점 $R(4, 4)$에 대하여 $\overrightarrow{RP} \cdot \overrightarrow{RQ}$의 최댓값을 M, 최솟값을 m이라 할 때, $M + m$의 값을 구하시오. **48** **3**
(단, O는 원점이다.)
두 벡터 $\overrightarrow{RP}$, $\overrightarrow{RQ}$를 시점이 O인 벡터로 변형해 봐.

☑ 연관 개념 check

영벡터가 아닌 두 평면벡터 $\vec{a}$, $\vec{b}$에 대하여
(1) $\vec{a} \perp \vec{b} \Longleftrightarrow \vec{a} \cdot \vec{b} = 0$
(2) $\vec{a} /\!/ \vec{b} \Longleftrightarrow \vec{b} = k\vec{a}$ (단, k는 0이 아닌 실수)

[수능 핵심 개념] 제한된 범위에서의 이차함수의 최대, 최소

$\alpha \leq x \leq \beta$에서 이차함수 $f(x) = a(x-m)^2 + n$의 최댓값과 최솟값은 다음과 같다.
(1) 꼭짓점의 x좌표가 $\alpha \leq x \leq \beta$에 포함되는 경우
➡ $f(m)$, $f(\alpha)$, $f(\beta)$ 중에서 가장 큰 값이 최댓값, 가장 작은 값이 최솟값이다.
(2) 꼭짓점의 x좌표가 $\alpha \leq x \leq \beta$에 포함되지 않는 경우
➡ $f(\alpha)$, $f(\beta)$ 중에서 큰 값이 최댓값, 작은 값이 최솟값이다.

[해결 흐름]

1 $\overrightarrow{PQ} \cdot \overrightarrow{AB} = 0$ 또는 $\overrightarrow{PQ} \cdot \overrightarrow{AD} = 0$인 경우로 나누어 생각할 수 있겠네.
2 점 P의 좌표를 $(a, 2-a)$로 놓고 점 Q의 좌표를 a에 대하여 나타내었을 때, 두 조건 (나)와 (다)를 만족시키는 a의 값의 범위를 구할 수 있겠어.
3 두 벡터 $\overrightarrow{RP}$, $\overrightarrow{RQ}$의 성분을 a에 대한 식으로 나타낼 수 있겠다. ☆★

> **[평면벡터의 내적]**
> 영벡터가 아닌 두 평면벡터 $\vec{a}$와 $\vec{b}$가 이루는 각의 크기를 θ라 할 때,
> (1) $0° \leq \theta \leq 90°$이면 $\vec{a} \cdot \vec{b} = |\vec{a}||\vec{b}| \cos\theta$
> (2) $90° < \theta \leq 180°$이면 $\vec{a} \cdot \vec{b} = -|\vec{a}||\vec{b}| \cos(180° - \theta)$

[알찬 풀이]

조건 (가)에서
$\overrightarrow{PQ} \cdot \overrightarrow{AB} = 0$ 또는 $\overrightarrow{PQ} \cdot \overrightarrow{AD} = 0$
이므로 다음과 같이 두 가지 경우로 나누어 생각할 수 있다.
(i) $\overrightarrow{PQ} \cdot \overrightarrow{AB} = 0$, 즉 $\overrightarrow{PQ} \perp \overrightarrow{AB}$인 경우
조건 (나)와 (다)에서
$\overrightarrow{OB} \cdot \overrightarrow{OP} \geq 0$, $\overrightarrow{OB} \cdot \overrightarrow{OQ} \leq 0$
이므로 오른쪽 그림과 같이 점 P는 선분 AB 위의 점이고 점 Q는 선분 CD 위의 점이다. 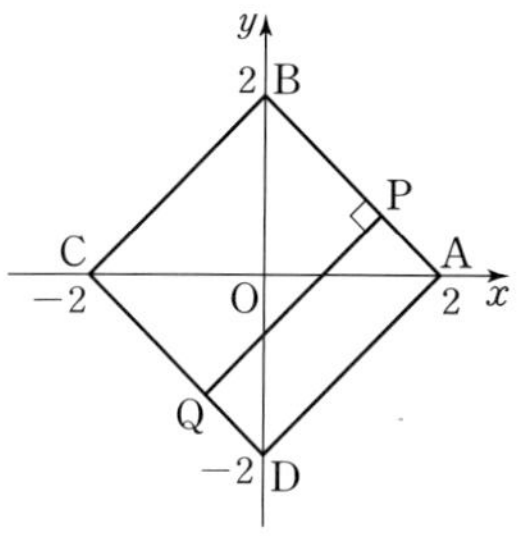
이때 점 P의 좌표를 $(a, 2-a)$ $(0 \leq a \leq 2)$라 하면 점 Q의 좌표는 $(a-2, -a)$이다.
$\longrightarrow$ 점 P와 점 Q는 직선 $y = -x$에 대하여 대칭이야.
$\overrightarrow{OA} \cdot \overrightarrow{OP} \geq -2$에서
$(2, 0) \cdot (a, 2-a) = 2a \geq -2$
$\therefore a \geq -1$ ...... ㉠
$\overrightarrow{OA} \cdot \overrightarrow{OQ} \geq -2$에서
$(2, 0) \cdot (a-2, -a) = 2(a-2) \geq -2$
$\therefore a \geq 1$ ...... ㉡
$0 \leq a \leq 2$이므로 ㉠, ㉡에서
$1 \leq a \leq 2$ ...... ㉢

한편, 점 $R(4, 4)$에 대하여

$$\overrightarrow{RP}=\overrightarrow{OP}-\overrightarrow{OR}=(a, 2-a)-(4, 4)=(a-4, -a-2),$$
$$\overrightarrow{RQ}=\overrightarrow{OQ}-\overrightarrow{OR}=(a-2, -a)-(4, 4)=(a-6, -a-4)$$

이므로

$$\overrightarrow{RP} \cdot \overrightarrow{RQ}=(a-4, -a-2) \cdot (a-6, -a-4)$$
$$=(a-4)(a-6)+(-a-2)(-a-4)$$
$$=2a^2-4a+32$$
$$=2(a-1)^2+30$$

$2a^2-4a+32=2(a^2-2a+1)-2+32$
$=2(a-1)^2+30$

㉢에서 $1 \le a \le 2$이므로

함수 $y=2(a-1)^2+30$은 $a=1$에서 최솟값 30을 갖고, $a=2$에서 최댓값 32를 가져.

$$30 \le \overrightarrow{RP} \cdot \overrightarrow{RQ} \le 32$$

(ii) $\overrightarrow{PQ} \cdot \overrightarrow{AD}=0$, 즉 $\overrightarrow{PQ} \perp \overrightarrow{AD}$인 경우

조건 (나)와 (다)에서

$$\overrightarrow{OB} \cdot \overrightarrow{OP} \ge 0, \ \overrightarrow{OB} \cdot \overrightarrow{OQ} \le 0$$

이므로 오른쪽 그림과 같이 점 P는 선분 BC 위의 점이고 점 Q는 선분 AD 위의 점이다.

이때 점 P의 좌표를 $(a, a+2)$ $(-2 \le a \le 0)$라 하면 점 Q의 좌표는 $(a+2, a)$이다.

→ 점 P와 점 Q는 직선 $y=x$에 대하여 대칭이야.

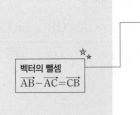

$\overrightarrow{OA} \cdot \overrightarrow{OP} \ge -2$에서

$$(2, 0) \cdot (a, a+2)=2a \ge -2$$
$$\therefore a \ge -1 \quad\quad \cdots\cdots ㉣$$

$\overrightarrow{OA} \cdot \overrightarrow{OQ} \ge -2$에서

$$(2, 0) \cdot (a+2, a)=2(a+2) \ge -2$$
$$\therefore a \ge -3 \quad\quad \cdots\cdots ㉤$$

$-2 \le a \le 0$이므로 ㉣, ㉤에서

$$-1 \le a \le 0 \quad\quad \cdots\cdots ㉥$$

한편, 점 $R(4, 4)$에 대하여

$$\overrightarrow{RP}=\overrightarrow{OP}-\overrightarrow{OR}=(a, a+2)-(4, 4)=(a-4, a-2),$$
$$\overrightarrow{RQ}=\overrightarrow{OQ}-\overrightarrow{OR}=(a+2, a)-(4, 4)=(a-2, a-4)$$

이므로

$$\overrightarrow{RP} \cdot \overrightarrow{RQ}=(a-4, a-2) \cdot (a-2, a-4)$$
$$=(a-4)(a-2)+(a-2)(a-4)$$
$$=2(a^2-6a+8)$$
$$=2(a-3)^2-2$$

$2(a^2-6a+8)=2(a^2-6a+9)-2$
$=2(a-3)^2-2$

㉥에서 $-1 \le a \le 0$이므로

함수 $y=2(a-3)^2-2$는 $a=0$에서 최솟값 16을 갖고, $a=-1$에서 최댓값 30을 가져.

$$16 \le \overrightarrow{RP} \cdot \overrightarrow{RQ} \le 30$$

(i), (ii)에서

$$16 \le \overrightarrow{RP} \cdot \overrightarrow{RQ} \le 32$$

따라서 $\overrightarrow{RP} \cdot \overrightarrow{RQ}$의 최댓값 $M=32$, 최솟값 $m=16$이므로

$$M+m=32+16=48$$

다른 풀이

점 P의 좌표를 (a, b), 점 Q의 좌표를 (c, d)라 하면

조건 (나)에서

$$\overrightarrow{OA} \cdot \overrightarrow{OP}=(2, 0) \cdot (a, b)=2a \ge -2 \quad \therefore a \ge -1$$
$$\overrightarrow{OB} \cdot \overrightarrow{OP}=(0, 2) \cdot (a, b)=2b \ge 0 \quad \therefore b \ge 0$$

→ 점 P의 x좌표는 -1보다 크거나 같고, y좌표는 0보다 크거나 같아.

또, 조건 (다)에서

$$\overrightarrow{OA} \cdot \overrightarrow{OQ}=(2, 0) \cdot (c, d)=2c \ge -2 \quad \therefore c \ge -1$$
$$\overrightarrow{OB} \cdot \overrightarrow{OQ}=(0, 2) \cdot (c, d)=2d \le 0 \quad \therefore d \le 0$$

→ 점 Q의 x좌표는 -1보다 크거나 같고, y좌표는 0보다 작거나 같아.

이때 조건 (가)에서

$$\overrightarrow{PQ} \cdot \overrightarrow{AB}=0 \text{ 또는 } \overrightarrow{PQ} \cdot \overrightarrow{AD}=0, \text{ 즉 } \overrightarrow{PQ} \perp \overrightarrow{AB} \text{ 또는 } \overrightarrow{PQ} \perp \overrightarrow{AD}$$이므로

벡터의 뺄셈
$$\overrightarrow{AB}-\overrightarrow{AC}=\overrightarrow{CB}$$

$\overrightarrow{PQ}\perp\overrightarrow{AB}$일 때, 두 점 P, Q는 각각 [그림 1]의 선분 AE, 선분 DG 위의 점이고,
$\overrightarrow{PQ}\perp\overrightarrow{AD}$일 때, 두 점 P, Q는 각각 [그림 2]의 선분 BF, 선분 AH 위의 점이다.

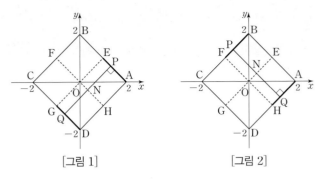

[그림 1]　　　　　　[그림 2]

선분 PQ의 중점을 N이라 하면

$$\overrightarrow{RP}\cdot\overrightarrow{RQ}=(\overrightarrow{RN}+\overrightarrow{NP})\cdot(\overrightarrow{RN}+\overrightarrow{NQ})$$
$$=\overrightarrow{RN}\cdot\overrightarrow{RN}+\overrightarrow{RN}\cdot\overrightarrow{NQ}+\overrightarrow{NP}\cdot\overrightarrow{RN}+\overrightarrow{NP}\cdot\overrightarrow{NQ}$$
$$=|\overrightarrow{RN}|^2+\overrightarrow{RN}\cdot(\overrightarrow{NQ}+\overrightarrow{NP})+\overrightarrow{NP}\cdot\overrightarrow{NQ}$$
$$=\overline{RN}^2+0-\overline{NP}^2 \underset{=\vec{0}}{\overset{}{}}\quad \overrightarrow{NP}\cdot\overrightarrow{NQ}=|\overrightarrow{NP}||\overrightarrow{NQ}|\cos\pi=-\overline{NP}^2$$

이때 두 점 P, Q의 위치에 관계없이 항상

$$\overline{PQ}=2\sqrt{2}$$

$\longrightarrow \overline{PQ}=\overline{AD}=\sqrt{2^2+2^2}=2\sqrt{2}$

이므로

$$\overline{NP}=\frac{1}{2}\overline{PQ}=\sqrt{2}$$

$$\therefore \overrightarrow{RP}\cdot\overrightarrow{RQ}=\overline{RN}^2-2$$

즉, $\overrightarrow{RP}\cdot\overrightarrow{RQ}$는 선분 RN의 길이가 최대일 때 최댓값을 갖고, 최소일 때 최솟값을 갖는다.

(ⅰ) 선분 RN의 길이가 최대일 때의 점 N의 좌표는
$(1,\ -1)$이므로

$$\overline{RN}=\sqrt{(1-4)^2+(-1-4)^2}$$
$$=\sqrt{34}$$

두 점 사이의 거리
두 점 $A(x_1,\ y_1)$, $B(x_2,\ y_2)$ 사이의 거리는
$\overline{AB}=\sqrt{(x_2-x_1)^2+(y_2-y_1)^2}$

따라서 $\overrightarrow{RP}\cdot\overrightarrow{RQ}$의 최댓값은
$$M=(\sqrt{34})^2-2=32$$

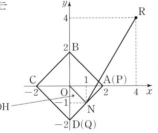

[그림 1]에서 점 N은 선분 OH 위의 점이야.

(ⅱ) 선분 RN의 길이가 최소일 때의 점 N의 좌표는
$(1,\ 1)$이므로

$$\overline{RN}=\sqrt{(1-4)^2+(1-4)^2}$$
$$=\sqrt{18}$$

[그림 2]에서 점 N은 선분 OE 위의 점이야.

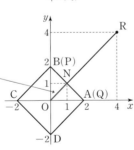

따라서 $\overrightarrow{RP}\cdot\overrightarrow{RQ}$의 최솟값은
$$m=(\sqrt{18})^2-2=16$$

(ⅰ), (ⅱ)에서 $M=32$, $m=16$이므로
$$M+m=32+16=48$$

생생 수험 Talk

수학은 문제를 푸는 데만 주력하지 말고 풀기 전에 개념 부분에 정리되어 있는 공식들을 먼저 꼼꼼히 살펴보는 것이 중요해. 만약 그 부분을 볼 시간이 없다면 채점할 때마다 해설지에 있는 공식들을 살펴보는 것도 공식을 머릿속에 새길 수 있는 좋은 방법이야.

III. 공간도형과 공간좌표

01 정답 ④   정답률 89%

좌표공간의 점 $A(8, 6, 2)$를 xy평면에 대하여 대칭이동한
점을 B라 할 때, 선분 AB의 길이는?   → z좌표의 부호만
                                          반대로 바꾸면 돼.

① 1   ② 2   ③ 3
✔④ 4   ⑤ 5

☑ 연관 개념 check

좌표공간에서 점 $P(a, b, c)$를
(1) xy평면에 대하여 대칭이동한 점의 좌표: $(a, b, -c)$
(2) yz평면에 대하여 대칭이동한 점의 좌표: $(-a, b, c)$
(3) zx평면에 대하여 대칭이동한 점의 좌표: $(a, -b, c)$

알찬 풀이

점 $A(8, 6, 2)$를 xy평면에 대하여 대칭이동한 점 B의 좌표는
$B(8, 6, \underline{-2})$ → 점 A와 z좌표의 부호가 반대야.
$\therefore \overline{AB} = \sqrt{(8-8)^2 + (6-6)^2 + (-2-2)^2} = \sqrt{16} = 4$

> **좌표공간에서 두 점 사이의 거리** ☆★
> 두 점 $A(x_1, y_1, z_1)$, $B(x_2, y_2, z_2)$ 사이의 거리는
> $\overline{AB} = \sqrt{(x_2-x_1)^2 + (y_2-y_1)^2 + (z_2-z_1)^2}$

02 정답 ⑤   정답률 89%

좌표공간의 점 $A(2, 2, -1)$을 x축에 대하여 대칭이동한
점을 B라 하자. 점 $C(-2, 1, 1)$에 대하여 선분 BC의 길이
는?

① 1   ② 2   ③ 3
④ 4   ✔⑤ 5

☑ 연관 개념 check

좌표공간에서 점 $P(a, b, c)$를
(1) x축에 대하여 대칭이동한 점의 좌표: $(a, -b, -c)$
(2) y축에 대하여 대칭이동한 점의 좌표: $(-a, b, -c)$
(3) z축에 대하여 대칭이동한 점의 좌표: $(-a, -b, c)$

알찬 풀이

점 $A(2, 2, -1)$을 x축에 대하여 대칭이동한 점 B의 좌표는
$B(2, \underline{-2}, 1)$ → 점 A와 y좌표, z좌표의 부호가 반대야.
$\therefore \overline{BC} = \sqrt{(-2-2)^2 + \{1-(-2)\}^2 + (1-1)^2} = \sqrt{25} = 5$

> **좌표공간에서 두 점 사이의 거리** ☆★
> 두 점 $A(x_1, y_1, z_1)$, $B(x_2, y_2, z_2)$ 사이의 거리는
> $\overline{AB} = \sqrt{(x_2-x_1)^2 + (y_2-y_1)^2 + (z_2-z_1)^2}$

03 정답 ②   정답률 92%

좌표공간의 점 $A(2, 1, 3)$을 xy평면에 대하여 대칭이동한
점을 P라 하고, 점 A를 yz평면에 대하여 대칭이동한 점을
Q라 할 때, 선분 PQ의 길이는?

① $5\sqrt{2}$ ✔② $2\sqrt{13}$ ③ $3\sqrt{6}$
④ $2\sqrt{14}$ ⑤ $2\sqrt{15}$

☑ 연관 개념 check

좌표공간에서 점 $P(a, b, c)$를
(1) xy평면에 대하여 대칭이동한 점의 좌표: $(a, b, -c)$
(2) yz평면에 대하여 대칭이동한 점의 좌표: $(-a, b, c)$
(3) zx평면에 대하여 대칭이동한 점의 좌표: $(a, -b, c)$

알찬 풀이

점 $A(2, 1, 3)$을 xy평면에 대하여 대칭이동한 점 P의 좌표는
$P(2, 1, \underline{-3})$ → 점 A와 z좌표의 부호가 반대야.
점 $A(2, 1, 3)$을 yz평면에 대하여 대칭이동한 점 Q의 좌표는
$Q(\underline{-2}, 1, 3)$ → 점 A와 x좌표의 부호가 반대야.
$\therefore \overline{PQ} = \sqrt{(-2-2)^2 + (1-1)^2 + \{3-(-3)\}^2} = \sqrt{52} = 2\sqrt{13}$

> **좌표공간에서 두 점 사이의 거리** ☆★
> 두 점 $A(x_1, y_1, z_1)$, $B(x_2, y_2, z_2)$ 사이의 거리는
> $\overline{AB} = \sqrt{(x_2-x_1)^2 + (y_2-y_1)^2 + (z_2-z_1)^2}$

04 정답 ② 정답률 91%

→ $C(0, a, 0)$이라 하면 $\overline{AC}=\overline{BC}$야.
좌표공간의 두 점 $A(2, 0, 1)$, $B(3, 2, 0)$에서 같은 거리에 있는 y축 위의 점의 좌표가 $(0, a, 0)$일 때, a의 값은?

① 1   ✓② 2   ③ 3
④ 4   ⑤ 5

☑ 연관 개념 check

(1) 좌표축 위의 점
  ① x축 위의 점의 좌표: $(a, 0, 0)$
  ② y축 위의 점의 좌표: $(0, b, 0)$
  ③ z축 위의 점의 좌표: $(0, 0, c)$
(2) 두 점 $A(x_1, y_1, z_1)$, $B(x_2, y_2, z_2)$ 사이의 거리는
$$\overline{AB}=\sqrt{(x_2-x_1)^2+(y_2-y_1)^2+(z_2-z_1)^2}$$

알찬 풀이

두 점 $A(2, 0, 1)$, $B(3, 2, 0)$에서 같은 거리에 있는 y축 위의 점을 $C(0, a, 0)$이라 하자.
$\overline{AC}=\overline{BC}$에서 $\overline{AC}^2=\overline{BC}^2$이므로 → $a=b$이면 $a^2=b^2$이 성립하기 때문이야.
$(0-2)^2+(a-0)^2+(0-1)^2=(0-3)^2+(a-2)^2+(0-0)^2$
$a^2+5=a^2-4a+13$
$4a=8$ ∴ $a=2$

05 정답 ④ 정답률 92%

좌표공간의 두 점 $A(a, -2, 6)$, $B(9, 2, b)$에 대하여 선분 AB의 중점의 좌표가 $(4, 0, 7)$일 때, $a+b$의 값은?

① 1   ② 3   ③ 5
✓④ 7   ⑤ 9 → 선분 AB의 중점의 좌표를 a, b에 대한 식으로 나타내 봐.

☑ 연관 개념 check

두 점 $A(x_1, y_1, z_1)$, $B(x_2, y_2, z_2)$에 대하여 선분 AB의 중점의 좌표는
$$\left(\frac{x_1+x_2}{2}, \frac{y_1+y_2}{2}, \frac{z_1+z_2}{2}\right)$$

알찬 풀이

두 점 $A(a, -2, 6)$, $B(9, 2, b)$에 대하여 선분 AB의 중점의 좌표는
$$\left(\frac{a+9}{2}, \frac{-2+2}{2}, \frac{6+b}{2}\right)$$
$$\therefore \left(\frac{a+9}{2}, 0, \frac{6+b}{2}\right)$$
이 점이 점 $(4, 0, 7)$과 일치하므로
$\frac{a+9}{2}=4$, $\frac{6+b}{2}=7$ → y좌표는 일치하니까 x좌표, z좌표만 비교하면 돼.
$a+9=8$, $6+b=14$
따라서 $a=-1$, $b=8$이므로
$a+b=-1+8=7$

06 정답 ④ 정답률 94%

좌표공간의 두 점 $A(a, 1, -1)$, $B(-5, b, 3)$에 대하여 선분 AB의 중점의 좌표가 $(8, 3, 1)$일 때, $a+b$의 값은?

① 20   ② 22   ③ 24
✓④ 26   ⑤ 28 → 선분 AB의 중점의 좌표를 a, b에 대한 식으로 나타내 봐.

☑ 연관 개념 check

두 점 $A(x_1, y_1, z_1)$, $B(x_2, y_2, z_2)$에 대하여 선분 AB의 중점의 좌표는
$$\left(\frac{x_1+x_2}{2}, \frac{y_1+y_2}{2}, \frac{z_1+z_2}{2}\right)$$

알찬 풀이

두 점 $A(a, 1, -1)$, $B(-5, b, 3)$에 대하여 선분 AB의 중점의 좌표는
$$\left(\frac{a-5}{2}, \frac{1+b}{2}, \frac{-1+3}{2}\right)$$
$$\therefore \left(\frac{a-5}{2}, \frac{b+1}{2}, 1\right)$$
이 점이 점 $(8, 3, 1)$과 일치하므로
$\frac{a-5}{2}=8$, $\frac{b+1}{2}=3$ → z좌표는 일치하니까 x좌표, y좌표만 비교하면 돼.
$a-5=16$, $b+1=6$
따라서 $a=21$, $b=5$이므로
$a+b=21+5=26$

07 정답 ③   정답률 75%

사면체 ABCD의 면 ABC, ACD의 무게중심을 각각 P, Q
라고 하자. 보기에서 두 직선이 꼬인 위치에 있는 것만을 있
는 대로 고른 것은?
→ 두 직선이 만나지도 않고,
평행하지도 않아.

<보기>
ㄱ. 직선 CD와 직선 BQ
ㄴ. 직선 AD와 직선 BC
ㄷ. 직선 PQ와 직선 BD

① ㄴ   ② ㄷ   ✔③ ㄱ, ㄴ
④ ㄱ, ㄷ   ⑤ ㄱ, ㄴ, ㄷ

✔ 연관 개념 check
(1) 두 직선이 만나지도 않고 평행하지도 않을 때, 두 직선은
꼬인 위치에 있다고 한다.
(2) 공간에서 두 직선의 위치 관계
① 한 점에서 만난다.
② 평행하다.
③ 꼬인 위치에 있다.

해결 흐름

1 두 직선이 꼬인 위치에 있으면 두 직선이 한 평면 위에 존재하지 않겠네.
2 두 직선 위의 서로 다른 세 점으로 만든 평면 위에 두 직선 위의 모든 점이 포함되는지 확인하면 되겠다.

알찬 풀이

ㄱ. 직선 CD와 직선 BQ가 평행하거나 한 점에서 만나기 위해서는 네 점 B, C,
D, Q는 한 평면 위에 존재해야 한다. 그런데 점 Q는 평면 BCD 위의 점이
아니다.
→ 꼬인 위치에 있는 두 직선은
한 평면 위에 있지 않아.
따라서 직선 CD와 직선 BQ는 꼬인 위치에 있다.

ㄴ. 직선 AD와 직선 BC가 평행하거나 한 점에서 만나기 위해서는 네 점 A, B,
C, D는 한 평면 위에 존재해야 한다. 그런데 점 A는 평면 BCD 위의 점이
아니다.
→ 꼬인 위치에 있는 두 직선은
한 평면 위에 있지 않아.
따라서 직선 AD와 직선 BC는 꼬인 위치에 있다.

ㄷ. 두 선분 BC, CD의 중점을 각각 M, N이라 하면
두 점 P, Q는 면 ABC, ACD의 무게중심이므
로 각각 두 선분 AM, AN을 2 : 1로 내분하는
점이다.

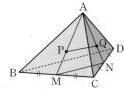

즉, 삼각형 AMN에서 $\overline{PQ} \parallel \overline{MN}$이고 삼각형
BCD에서 $\overline{MN} \parallel \overline{BD}$이므로 $\overline{PQ} \parallel \overline{BD}$이다. → 평행하면 꼬인 위치가 아니야.
따라서 직선 PQ와 직선 BD는 꼬인 위치가 아니다.

이상에서 두 직선이 꼬인 위치에 있는 것은 ㄱ, ㄴ이다.

빠른 풀이

주어진 그림에서 직관적으로 ←
파악한 거야.

ㄱ. 직선 CD와 직선 BQ는 서로 만나지도 않고 평행하지도 않으므로 꼬인 위치
에 있다.
ㄴ. 직선 AD와 직선 BC는 서로 만나지도 않고 평행하지도 않으므로 꼬인 위치
에 있다.

기출 유형 POINT

공간에서의 위치 관계
(1) 꼬인 위치에 있는 두 직선 l_1, l_2는 한 평면 위에 존재하지 않는다. 따라서 두 직선의 꼬인
위치를 판단하기 위해서는 직선 l_1 위의 서로 다른 두 점 A, B, 직선 l_2 위의 서로 다른 두
점 C, D에 대하여 평면 ABC 위에 점 D가 존재하는지 확인하면 된다.
(2) 두 직선이 이루는 각을 정의하기 위해서는 교점이 필요하다. 따라서 두 직선이 꼬인 위치
에 있을 때, 두 직선이 이루는 각의 크기는 두 직선을 평행이동하여 한 점에서 만나게 한
후 구한다.
(3) 직선과 평면의 위치 관계의 참, 거짓을 판별할 때는 직육면체를 이용할 수 있다. 이때 직육
면체의 모서리는 직선, 면은 평면으로 생각하여 주어진 위치 관계를 확인한다.

생생 수험 Talk

나는 암기를 잘 못해서 수학 공식을 암기하는 데 오랜 시간
이 걸렸어. 공식을 모르면 못 푸는 문제가 많아서 혼자 공부
할 때는 종이에 공식을 정리해 놓고 그걸 보면서 풀었었지.
이렇게 계속 문제를 풀다 보면 저절로 외워지더라구. 억지
로 외우려고 하는 것보다 많은 양의 문제를 풀면서 저절로
외워진 게 더 오래 기억에 남는 것 같아. 공식 때문에 너무
스트레스받지 말고, 문제를 통해서 체득해 봐.

08 정답 ① 　　　　　　　　　　　　　　　정답률 74%

좌표공간에 직선 AB를 포함하는 평면 α가 있다. 평면 α 위에 있지 않은 점 C에 대하여 직선 AB와 직선 AC가 이루는 예각의 크기를 θ_1이라 할 때 $\sin \theta_1 = \dfrac{4}{5}$이고, 직선 AC와 평면 α가 이루는 예각의 크기는 $\dfrac{\pi}{2} - \theta_1$이다. 평면 ABC와 평면 α가 이루는 예각의 크기를 θ_2라 할 때, $\cos \theta_2$의 값은?

✓① $\dfrac{\sqrt{7}}{4}$ 　　② $\dfrac{\sqrt{7}}{5}$ 　　③ $\dfrac{\sqrt{7}}{6}$

④ $\dfrac{\sqrt{7}}{7}$ 　　⑤ $\dfrac{\sqrt{7}}{8}$

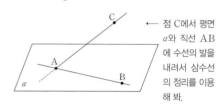

← 점 C에서 평면 α와 직선 AB에 수선의 발을 내려서 삼수선의 정리를 이용해 봐.

☑ 연관 개념 check

평면 α 위에 있지 않은 한 점 P와 평면 α 위의 직선 l, 직선 l 위의 점 H, 평면 α 위에 있으면서 직선 l 위에 있지 않은 점 O에 대하여 다음이 성립한다.

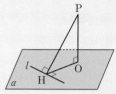

(1) $\overline{PO} \perp \alpha$, $\overline{OH} \perp l$이면 $\overline{PH} \perp l$

(2) $\overline{PO} \perp \alpha$, $\overline{PH} \perp l$이면 $\overline{OH} \perp l$

(3) $\overline{PH} \perp l$, $\overline{OH} \perp l$, $\overline{PO} \perp \overline{OH}$이면 $\overline{PO} \perp \alpha$

수능 핵심 개념 　삼각함수 사이의 관계

(1) $\sin^2 \theta + \cos^2 \theta = 1$

(2) $\tan \theta = \dfrac{\sin \theta}{\cos \theta}$

$\dfrac{\pi}{2} \pm \theta$의 삼각함수 (복부호 동순) ☆★

① $\sin \left(\dfrac{\pi}{2} \pm \theta \right) = \cos \theta$

② $\cos \left(\dfrac{\pi}{2} \pm \theta \right) = \mp \sin \theta$

③ $\tan \left(\dfrac{\pi}{2} \pm \theta \right) = \mp \dfrac{1}{\tan \theta}$

해결 흐름

1 점 C에서 평면 α에 내린 수선의 발을 H, 직선 AB에 내린 수선의 발을 D라 하면 $\cos \theta_2 = \dfrac{\overline{HD}}{\overline{CD}}$이겠네.

2 $\sin \theta_1 = \dfrac{4}{5}$임을 이용해서 $\cos \theta_1$의 값도 구할 수 있겠어.

3 $\overline{AC} = 5k$, $\overline{CD} = 4k$ (k는 실수)로 놓으면 $\overline{HD}$의 길이를 k에 대한 식으로 나타낼 수 있으니까 $\cos \theta_2$의 값을 구할 수 있겠다.

알찬 풀이

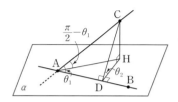

위의 그림과 같이 점 C에서 평면 α에 내린 수선의 발을 H, 직선 AB에 내린 수선의 발을 D라 하면

$\overline{CH} \perp \alpha$, $\overline{CD} \perp \overline{AB}$

이므로 삼수선의 정리에 의하여

$\overline{HD} \perp \overline{AB}$ → 삼수선의 정리 (2)에 의하여 성립해.

직각삼각형 CAD에서 $\sin \theta_1 = \dfrac{4}{5}$이므로

$\cos \theta_1 = \sqrt{1 - \sin^2 \theta_1} = \sqrt{1 - \left(\dfrac{4}{5} \right)^2} = \dfrac{3}{5}$

$\overline{AC} = 5k$, $\overline{CD} = 4k$ (k는 실수)로 놓으면 → $\sin \theta_1 = \dfrac{\overline{CD}}{\overline{AC}} = \dfrac{4}{5}$이기 때문이야.

직각삼각형 AHC에서 $\angle CAH = \dfrac{\pi}{2} - \theta_1$이므로 → 직선 AC와 평면 α가 이루는 예각의 크기야.

$\overline{CH} = \overline{AC} \sin \left(\dfrac{\pi}{2} - \theta_1 \right) = \overline{AC} \cos \theta_1$

$\qquad = 5k \times \dfrac{3}{5} = 3k$

직각삼각형 CDH에서

$\overline{HD} = \sqrt{\overline{CD}^2 - \overline{CH}^2} = \sqrt{(4k)^2 - (3k)^2} = \sqrt{7} k$ → 피타고라스 정리를 이용했어.

따라서 직각삼각형 CDH에서 $\angle CDH = \theta_2$이므로 → 평면 ABC와 평면 α가 이루는 예각의 크기야.

$\cos \theta_2 = \dfrac{\overline{HD}}{\overline{CD}} = \dfrac{\sqrt{7} k}{4k} = \dfrac{\sqrt{7}}{4}$

　　　　　　　　　　　　　　　　　　　　　　　　　　　　　　　　　　　　 문제 해결 **TIP**

유재석 | 서울대학교 우주항공학부 | 양서고등학교 졸업

이 문제에서는 선분의 길이는 주어지지 않고 삼각비만 주어졌어. 그럼 삼각비를 이용해서 필요한 선분의 길이를 한 미지수에 대한 식으로 나타내면 코사인 값을 쉽게 구할 수 있지. 그리고 각의 크기가 θ_1과 $\dfrac{\pi}{2} - \theta_1$로 주어졌으니까 두 각 사이의 관계를 살펴봐야 해.

위의 알찬 풀이보다 빠르게 푸는 방법을 알려줄게.

직각삼각형 CAD에서 $\sin \theta_1 = \dfrac{4}{5}$이므로 $\overline{AC} = 5k$, $\overline{CD} = 4k$ (k는 실수)로 놓고 피타고라스 정리를 이용하면 $\overline{AD} = 3k$야. 또, 직각삼각형 AHC에서 $\angle CAH = \dfrac{\pi}{2} - \theta_1$이므로 $\angle ACH = \theta_1$이야. 그럼 $\triangle CAD \equiv \triangle ACH$ (RHA 합동)이고, $\overline{AC} = 5k$이니까 $\overline{AH} = 4k$, $\overline{CH} = 3k$이지.

따라서 직각삼각형 CDH에서 피타고라스 정리를 이용하면 $\overline{HD} = \sqrt{7} k$이므로 $\cos \theta_2 = \dfrac{\sqrt{7}}{4}$이야.

09 정답 ③   정답률 63%

그림과 같이 밑면의 반지름의 길이가 4, 높이가 3인 원기둥이 있다. 선분 AB는 이 원기둥의 한 밑면의 지름이고 C, D는 다른 밑면의 둘레 위의 서로 다른 두 점이다. 네 점 A, B, C, D가 다음 조건을 만족시킬 때, 선분 CD의 길이는?

(가) 삼각형 ABC의 넓이는 16이다.
(나) 두 직선 AB, CD는 서로 평행하다.

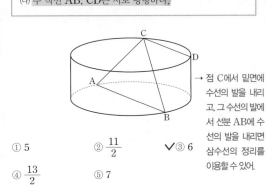

→ 점 C에서 밑면에 수선의 발을 내리고, 그 수선의 발에서 선분 AB에 수선의 발을 내리면 삼수선의 정리를 이용할 수 있어.

① 5   ② $\dfrac{11}{2}$ ✔③ 6

④ $\dfrac{13}{2}$ ⑤ 7

☑ 연관 개념 check

평면 α 위에 있지 않은 한 점 P와 평면 α 위의 직선 l, 직선 l 위의 점 H, 평면 α 위에 있으면서 직선 l 위에 있지 않은 점 O에 대하여 다음이 성립한다.

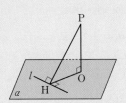

(1) $\overline{PO}\perp\alpha$, $\overline{OH}\perp l$이면 $\overline{PH}\perp l$
(2) $\overline{PO}\perp\alpha$, $\overline{PH}\perp l$이면 $\overline{OH}\perp l$
(3) $\overline{PH}\perp l$, $\overline{OH}\perp l$, $\overline{PO}\perp\overline{OH}$이면 $\overline{PO}\perp\alpha$

☑ 실전 적용 key

삼수선의 정리를 이용할 수 있도록 수선을 긋는 것이 중요하다. 수선을 그어 직각삼각형을 만든 다음 피타고라스 정리를 이용하여 필요한 선분의 길이를 구한다.

해결 흐름

1 공간도형에서 선분의 길이를 구해야 하니까 삼수선의 정리를 이용해야겠어.

2 점 C에서 선분 AB에 수선을 그어서 삼각형 ABC의 높이를 구해야겠네.

3 두 직선 AB, CD는 서로 평행함을 이용하여 선분 CD의 길이를 구하는 데 필요한 선분의 길이를 구해야겠다.

알찬 풀이

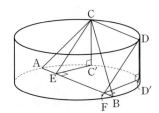

위의 그림과 같이 두 점 C, D에서 밑면에 내린 수선의 발을 각각 C′, D′이라 하고, 두 점 C′, D′에서 선분 AB에 내린 수선의 발을 각각 E, F라 하면
$$\overline{CC'}\perp(\text{평면 }ABD'C'),\ \overline{C'E}\perp\overline{AB}$$
이므로 삼수선의 정리에 의하여
$$\overline{CE}\perp\overline{AB} \longrightarrow \text{삼수선의 정리 (1)에 의하여 성립해.}$$
조건 (가)에서 삼각형 ABC의 넓이는 16이므로
$$\frac{1}{2}\times\overline{AB}\times\overline{CE}=16$$
     → 원기둥의 밑면의 반지름의 길이가 4이므로 $\overline{AB}=2\times4=8$
$$\frac{1}{2}\times8\times\overline{CE}=16$$
$$\therefore \overline{CE}=4$$
직각삼각형 CC′E에서
$$\overline{C'E}=\sqrt{\overline{CE}^2-\overline{CC'}^2}=\sqrt{4^2-3^2}=\sqrt{7} \longrightarrow \text{피타고라스 정리를 이용했어.}$$
오른쪽 그림과 같이 밑면인 원의 중심을 O라 하면 직각삼각형 OC′E에서
$$\overline{OE}=\sqrt{\overline{OC'}^2-\overline{C'E}^2}=\sqrt{4^2-(\sqrt{7})^2}=3$$

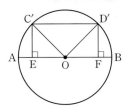

이때 조건 (나)에서 $\overline{AB}\,/\!/\,\overline{CD}$이고, $\overline{CD}\,/\!/\,\overline{C'D'}$이므로
$$\overline{AB}\,/\!/\,\overline{C'D'}$$
즉, $\overline{D'F}=\overline{C'E}=\sqrt{7}$이므로 직각삼각형 OD′F에서
$$\overline{OF}=\sqrt{\overline{OD'}^2-\overline{D'F}^2}$$
$$=\sqrt{4^2-(\sqrt{7})^2}=3$$
$$\therefore \overline{CD}=\overline{EF}=\overline{OE}+\overline{OF}$$
$$=3+3=6$$

생생 수험 Talk

나는 고3 여름방학 때 수능을 일주일 앞둔 사람처럼 열심히 했던 것 같아. 특히 나는 여름방학에 최고 난이도 문제들을 풀었어. 어려운 유형에 대한 대비도 하고, 어려운 문제들을 많이 풀다 보면 상대적으로 모의고사의 난이도가 쉽게 느껴지기 때문에 어떤 문제가 나와도 당황하지 않고 여유있게 풀 수 있어. 학기 중에는 난이도가 너무 높은 문제를 굳이 골라서 풀어보진 않았었는데, 여름방학 때는 도전해 볼만하다고 생각해! 물론 개념이나 기본 문제에 대한 정리가 완벽하게 되지 않았다면 그것을 차근차근 정리하는 게 먼저임을 잊지 말 것!

10

그림과 같이 한 모서리의 길이가 4인 정육면체 ABCD-EFGH가 있다. 선분 AD의 중점을 M[2]이라 할 때, 삼각형 MEG의 넓이[1]는?

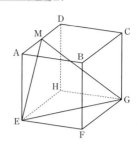

① $\dfrac{21}{2}$ ② 11   ③ $\dfrac{23}{2}$

✓④ 12   ⑤ $\dfrac{25}{2}$

☑ 연관 개념 check

평면 α 위에 있지 않은 한 점 P 와 평면 α 위의 직선 l, 직선 l 위의 점 H, 평면 α 위에 있으면서 직선 l 위에 있지 않은 점 O에 대하여 다음이 성립한다.

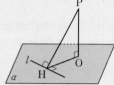

(1) $\overline{PO}\perp\alpha$, $\overline{OH}\perp l$이면 $\overline{PH}\perp l$
(2) $\overline{PO}\perp\alpha$, $\overline{PH}\perp l$이면 $\overline{OH}\perp l$
(3) $\overline{PH}\perp l$, $\overline{OH}\perp l$, $\overline{PO}\perp\overline{OH}$이면 $\overline{PO}\perp\alpha$

해결 흐름

1 삼각형 MEG의 넓이를 구하려면 밑변의 길이와 높이를 알아야겠네.
2 점 M에서 선분 EG에 수선을 그어서 삼각형 MEG의 높이를 구해야지.

알찬 풀이

→ △MEG에서 선분 EG를 밑변으로 하면 높이는 선분 MP야.

오른쪽 그림과 같이 점 M에서 선분 EG에 내린 수선의 발을 P, 선분 EH에 내린 수선의 발을 Q라 하면
$\overline{MP}\perp EG$, $\overline{MQ}\perp$(평면 EFGH)
이므로 삼수선의 정리에 의하여
$\overline{QP}\perp\overline{EG}$ → 삼수선의 정리 (2)에 의하여 성립해.
이때 점 M은 선분 AD의 중점이므로
$$\overline{EQ}=\overline{AM}=\frac{1}{2}\overline{AD}=2$$
직각삼각형 MEQ에서
$$\overline{ME}=\sqrt{\overline{EQ}^2+\overline{MQ}^2}=\sqrt{2^2+4^2}=2\sqrt{5}$$ → 피타고라스 정리를 이용했어.
또, 삼각형 EPQ는 직각이등변삼각형이므로
$$\overline{EQ}=\sqrt{2}\,\overline{EP}\quad\therefore\overline{EP}=\sqrt{2}$$ → $\angle EPQ=90°$, $\angle PEQ=45°$이므로 $\overline{EP}=\overline{QP}$인 직각이등변삼각형이야.
직각삼각형 MEP에서
$$\overline{MP}=\sqrt{\overline{ME}^2-\overline{EP}^2}=\sqrt{(2\sqrt{5})^2-(\sqrt{2})^2}=3\sqrt{2}$$ → 피타고라스 정리를 이용했어.
즉, $\overline{EG}=4\sqrt{2}$, $\overline{MP}=3\sqrt{2}$이므로 삼각형 MEG의 넓이는
$$\frac{1}{2}\times\overline{EG}\times\overline{MP}=\frac{1}{2}\times4\sqrt{2}\times3\sqrt{2}=12$$

다른 풀이

$$\overline{ME}=\sqrt{\overline{AM}^2+\overline{AE}^2}=\sqrt{2^2+4^2}=2\sqrt{5}$$
$$\overline{EG}=\sqrt{\overline{EF}^2+\overline{FG}^2}=\sqrt{4^2+4^2}=4\sqrt{2}$$
오른쪽 그림과 같이 점 M에서 선분 EH에 내린 수선의 발을 P라 하면 삼각형 MPG는 직각삼각형이고
$$\overline{MP}=\overline{AE}=4,$$

$\overline{MP}\perp$(평면 EFGH)이니까 $\overline{MP}\perp\overline{PG}$야. ←

$$\overline{PG}=\sqrt{\overline{PH}^2+\overline{HG}^2}=\sqrt{2^2+4^2}=2\sqrt{5}$$
이므로
$$\overline{MG}=\sqrt{\overline{MP}^2+\overline{PG}^2}=\sqrt{4^2+(2\sqrt{5})^2}=6$$
삼각형 MEG에서 $\angle MEG=\theta$라 하면 코사인법칙에 의하여

$\sin(\angle MEG)$의 값만 알면 △MEG의 넓이를 구할 수 있기 때문이야. ←

$$\cos\theta=\frac{\overline{ME}^2+\overline{EG}^2-\overline{MG}^2}{2\times\overline{ME}\times\overline{EG}}=\frac{(2\sqrt{5})^2+(4\sqrt{2})^2-6^2}{2\times2\sqrt{5}\times4\sqrt{2}}=\frac{1}{\sqrt{10}}=\frac{\sqrt{10}}{10}$$
$$\therefore\sin\theta=\frac{3\sqrt{10}}{10}$$ → θ는 예각이고 $\sin\theta=\sqrt{1-\cos^2\theta}$이기 때문이야.
따라서 삼각형 MEG의 넓이는
$$\frac{1}{2}\times\overline{ME}\times\overline{EG}\times\sin\theta=\frac{1}{2}\times2\sqrt{5}\times4\sqrt{2}\times\frac{3\sqrt{10}}{10}=12$$

문제 해결 TIP

박해인 | 연세대학교 치의예과 | 중앙고등학교 졸업

대부분 이 문제를 보자마자 삼수선의 정리를 떠올리고 삼수선의 정리를 이용해서 풀었겠지? 그런데 나는 삼각형 MEG의 넓이를 구하는 것에 초점을 맞춰서 세 변의 길이를 먼저 구했어. 이 문제에서는 삼각형 MEG의 세 변의 길이를 구하는 것이 어렵지 않더라구. 세 변의 길이를 알면 코사인법칙을 이용해서 $\angle MEG$의 코사인 값을 구할 수 있고, 이 값으로 사인 값도 구할 수 있게 되지. 그럼 삼각형 MEG의 넓이를 구하기 위한 모든 값을 알았으니 문제 해결! 기하 과목 문제이지만 수학 Ⅰ에서 배운 삼각함수 내용만으로도 충분히 해결할 수 있는 문제였어.

11 정답 ①
정답률 80%

그림과 같이 $\overline{AD}=3$, $\overline{DB}=2$, $\overline{DC}=2\sqrt{3}$ 이고
$\angle ADB=\angle ADC=\angle BDC=\dfrac{\pi}{2}$ 인 사면체 ABCD가 있다. 선분 BC 위를 움직이는 점 P에 대하여 $\boxed{\overline{AP}+\overline{DP}의 최솟값}$은?

두 점 A, D에서 $\overline{BC}$에 내린 수선의 발까지의 거리의 합이야.

1 2

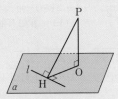

✓① $3\sqrt{3}$ ② $\dfrac{10\sqrt{3}}{3}$ ③ $\dfrac{11\sqrt{3}}{3}$

④ $4\sqrt{3}$ ⑤ $\dfrac{13\sqrt{3}}{3}$

☑연관 개념 check

평면 α 위에 있지 않은 한 점 P와 평면 α 위의 직선 l, 직선 l 위의 점 H, 평면 α 위에 있으면서 직선 l 위에 있지 않은 점 O에 대하여 다음이 성립한다.

(1) $\overline{PO}\perp\alpha$, $\overline{OH}\perp l$ 이면 $\overline{PH}\perp l$
(2) $\overline{PO}\perp\alpha$, $\overline{PH}\perp l$ 이면 $\overline{OH}\perp l$
(3) $\overline{PH}\perp l$, $\overline{OH}\perp l$, $\overline{PO}\perp\overline{OH}$ 이면 $\overline{PO}\perp\alpha$

☑실전 적용 key

점과 직선 사이의 거리는 점에서 직선에 내린 수선의 발까지의 거리와 같다. 따라서 점과 직선 사이의 거리를 묻는 문제를 풀 때는 먼저 점에서 직선에 수선을 그어 보도록 한다.

해결 흐름

1 $\overline{AP}+\overline{DP}$의 값이 최소가 되도록 하는 점 P의 위치를 찾아야겠네.
2 **1**에서 구한 점 P의 위치에 대한 $\overline{AP}$와 $\overline{DP}$의 길이를 각각 구해야겠다.

알찬 풀이

오른쪽 그림과 같이 점 A에서 선분 BC에 내린 수선의 발을 H라 하면
$\overline{AD}\perp$(평면 BCD), $\overline{AH}\perp\overline{BC}$
이므로 삼수선의 정리에 의하여
$\overline{DH}\perp\overline{BC}$ → 삼수선의 정리 (2)에 의하여 성립해.
이때 $\overline{AP}+\overline{DP}\geq\overline{AH}+\overline{DH}$ 이므로 구하는 최솟값은
$\overline{AH}+\overline{DH}$
한편, 직각삼각형 BCD에서
$\overline{BC}=\sqrt{\overline{DB}^2+\overline{DC}^2}=\sqrt{2^2+(2\sqrt{3})^2}=4$ → 피타고라스 정리를 이용했어.
이므로 직각삼각형 BCD의 넓이에서
$\dfrac{1}{2}\times\overline{DB}\times\overline{DC}=\dfrac{1}{2}\times\overline{BC}\times\overline{DH}$ → 직각삼각형 BCD의 넓이를 밑변과 높이를 다르게 하여 두 가지 방법으로 구했어.
$\dfrac{1}{2}\times2\times2\sqrt{3}=\dfrac{1}{2}\times4\times\overline{DH}$
$\therefore \overline{DH}=\sqrt{3}$
삼각형 ADH는 $\angle ADH=90°$인 직각삼각형이므로
$\overline{AH}=\sqrt{\overline{AD}^2+\overline{DH}^2}$ → $\overline{AD}\perp$(평면 BCD)이기 때문이야.
$=\sqrt{3^2+(\sqrt{3})^2}=2\sqrt{3}$
따라서 $\overline{AP}+\overline{DP}$의 최솟값은
$\overline{AH}+\overline{DH}=2\sqrt{3}+\sqrt{3}$
$=3\sqrt{3}$

기출 유형 POINT

삼수선의 정리

(1) 공간에서 수직 조건이 두 개 이상 주어지고, 길이, 넓이를 구할 때에는 삼수선의 정리를 이용하여 수직인 두 선분을 찾고, 직각삼각형에서 피타고라스 정리를 이용하여 선분의 길이를 구하면 된다.

(2) 두 평면이 이루는 각의 크기는 두 평면의 교선 위의 한 점에서 교선과 수직으로 각 평면에 그은 두 직선이 이루는 각의 크기를 이용하여 구한다. 이때 두 평면의 교선이 보이지 않으면 교선이 생기도록 한 평면을 평행이동한다.

생생 수험 Talk

수학은 내신을 준비하는 방법과 수능을 준비하는 방법이 달라. 내신은 수학 시험 범위에서 선생님의 재량에 따라 출제할 수 있어서 수능과 일치하지 않는 부분이 많이 있어.

하지만 수능은 전반적인 수학 내용을 물어 본다고 생각하면 돼. 즉, 내신은 좁은 범위를 깊게 공부한다고 생각하면 되고, 수능은 넓은 범위를 골고루 공부한다고 생각하면 돼. 이렇게 말하면 수능이랑 내신이 많이 다른 것 같지만 결국 내신 공부를 열심히 하면 수능 준비도 같이 되니까 수능을 위해 내신을 버리는 행동은 하면 안 돼.

12 정답 ②

좌표공간에서 수직으로 만나는 두 평면 α, β의 교선을 l이라 하자. 평면 α 위의 직선 m과 평면 β 위의 직선 n은 각각 직선 l과 평행하다. 직선 m 위의 $\overline{AP}=4$인 두 점 A, P에 대하여 점 P에서 직선 l에 내린 수선의 발을 Q, 점 Q에서 직선 n에 내린 수선의 발을 B라 하자.

$\overline{PQ}=3$, $\overline{QB}=4$이고, 점 B가 아닌 직선 n 위의 점 C에 대하여 $\overline{AB}=\overline{AC}$일 때, 삼각형 ABC의 넓이는?
→ 밑변의 길이와 높이를 구해야겠네.

→ 선분 PB를 그으면 삼수선의 정리를 이용할 수 있어.

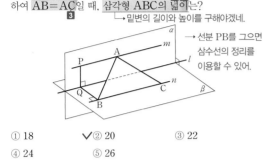

① 18　　✔② 20　　③ 22
④ 24　　⑤ 26

☑ 연관 개념 check

평면 α 위에 있지 않은 한 점 P와 평면 α 위의 직선 l, 직선 l 위의 점 H, 평면 α 위에 있으면서 직선 l 위에 있지 않은 점 O에 대하여 다음이 성립한다.

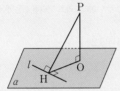

(1) $\overline{PO}\perp\alpha$, $\overline{OH}\perp l$이면 $\overline{PH}\perp l$
(2) $\overline{PO}\perp\alpha$, $\overline{PH}\perp l$이면 $\overline{OH}\perp l$
(3) $\overline{PH}\perp l$, $\overline{OH}\perp l$, $\overline{PO}\perp\overline{OH}$이면 $\overline{PO}\perp\alpha$

해결 흐름

1 삼각형 ABC의 넓이를 구하려면 선분 BC의 길이와 삼각형 ABC의 높이를 구해야겠네.

2 삼각형 ABC의 높이는 선분 PB의 길이와 같음을 이용하면 되겠군.

3 점 A에서 변 BC에 수선의 발을 내린 후, 삼각형 ABC에서 이등변삼각형의 성질을 이용하여 선분 BC의 길이를 구하면 삼각형 ABC의 넓이를 구할 수 있겠네.

알찬 풀이

오른쪽 그림과 같이 직각삼각형 PQB에서

$\overline{PB}=\sqrt{\overline{PQ}^2+\overline{QB}^2}$ → 피타고라스 정리를 이용했어.

$=\sqrt{3^2+4^2}=5$ → 점 Q는 점 P에서 직선 l에 내린 수선의 발이고, 직선 l은 평면 β 위에 있으므로 $\overline{PQ}\perp\beta$야.

$\overline{PQ}\perp\beta$, $\overline{QB}\perp n$

이므로 삼수선의 정리에 의하여

$\overline{PB}\perp n$ → 삼수선의 정리 (1)에 의하여 성립해.

이등변삼각형 ABC의 꼭짓점 A에서 변 BC에 내린 수선의 발을 H라 하면

$\overline{AH}=\overline{PB}=5$

또, $\overline{BC}=2\overline{BH}=2\overline{PA}=2\times4=8$ → 이등변삼각형의 꼭짓점에서 밑변에 그은 수선은 밑변을 수직이등분해.

따라서 삼각형 ABC의 넓이는

$\dfrac{1}{2}\times8\times5=20$

---

13 정답 ②　　정답률 92%

그림과 같이 평면 α 위에 넓이가 24인 삼각형 ABC가 있다. 평면 α 위에 있지 않은 점 P에서 평면 α에 내린 수선의 발을 H, 직선 AB에 내린 수선의 발을 Q라 하자. 점 H가 삼각형 ABC의 무게중심이고, $\overline{PH}=4$, $\overline{AB}=8$일 때, 선분 PQ의 길이는?
→ $\overline{PH}\perp\alpha$, $\overline{PQ}\perp\overline{AB}$야.

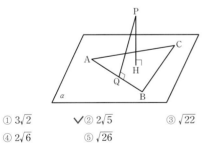

① $3\sqrt{2}$　　✔② $2\sqrt{5}$　　③ $\sqrt{22}$
④ $2\sqrt{6}$　　⑤ $\sqrt{26}$

☑ 연관 개념 check

평면 α 위에 있지 않은 한 점 P와 평면 α 위의 직선 l, 직선 l 위의 점 H, 평면 α 위에 있으면서 직선 l 위에 있지 않은 점 O에 대하여 다음이 성립한다.

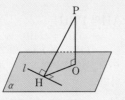

(1) $\overline{PO}\perp\alpha$, $\overline{OH}\perp l$이면 $\overline{PH}\perp l$
(2) $\overline{PO}\perp\alpha$, $\overline{PH}\perp l$이면 $\overline{OH}\perp l$
(3) $\overline{PH}\perp l$, $\overline{OH}\perp l$, $\overline{PO}\perp\overline{OH}$이면 $\overline{PO}\perp\alpha$

해결 흐름

1 삼각형 PQH가 직각삼각형이고 선분 PH의 길이를 아니까 선분 HQ의 길이만 구하면 선분 PQ의 길이를 알 수 있겠네.

2 점 H가 삼각형 ABC의 무게중심이니까 삼각형의 넓이를 이용하면 선분 HQ의 길이를 구할 수 있겠다.

알찬 풀이

$\overline{PH}\perp\alpha$, $\overline{PQ}\perp\overline{AB}$이므로 삼수선의 정리에 의하여

$\overline{HQ}\perp\overline{AB}$ → 삼수선의 정리 (2)에 의하여 성립해.

이때 삼각형 ABC의 넓이가 24이고, 점 H가 삼각형 ABC의 무게중심이므로

삼각형 ABH의 넓이에서 $\dfrac{1}{2}\times\overline{AB}\times\overline{HQ}=\dfrac{1}{3}\times24$

$\dfrac{1}{2}\times8\times\overline{HQ}=8$　∴ $\overline{HQ}=2$

→ 점 H가 삼각형 ABC의 무게중심이니까 △ABH=△BCH=△CAH에서 △ABH=$\dfrac{1}{3}$△ABC야.

따라서 직각삼각형 PQH에서

$\overline{PQ}=\sqrt{\overline{PH}^2+\overline{HQ}^2}=\sqrt{4^2+2^2}=2\sqrt{5}$
→ 피타고라스 정리를 이용했어.

문제 해결 TIP

강연희 | 서울대학교 재료공학부 | 양서고등학교 졸업

이 문제는 '삼각형의 무게중심과 세 꼭짓점을 이어서 생기는 세 삼각형의 넓이는 같다.'라는 무게중심의 성질이 해결 포인트였어. 이런 문제는 어렵진 않지만 삼각형의 무게중심의 성질, 피타고라스 정리 등 중학교에서 배웠던 개념이 필요해. 특히, 도형과 관련된 개념들은 많이 이용되니까 꼭 한번 정리해 두는 것이 좋아.

14 정답 12   정답률 91%

└→ 선분 AB는 삼각형 ABC의 밑변이네.
$\overline{AB}=8$, $\angle ACB=90°$인 삼각형 ABC에 대하여 점 C를 지나고 평면 ABC에 수직인 직선 위에 $\overline{CD}=4$인 점 D가 있다. 삼각형 ABD의 넓이가 20일 때, 삼각형 ABC의 넓이를 구하시오. 12
     2   **1**

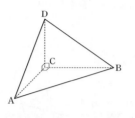

☑ 연관 개념 check

평면 α 위에 있지 않은 한 점 P 와 평면 α 위의 직선 l, 직선 l 위의 점 H, 평면 α 위에 있으면서 직선 l 위에 있지 않은 점 O에 대하여 다음이 성립한다.

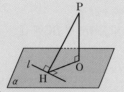

(1) $\overline{PO}\perp\alpha$, $\overline{OH}\perp l$이면 $\overline{PH}\perp l$
(2) $\overline{PO}\perp\alpha$, $\overline{PH}\perp l$이면 $\overline{OH}\perp l$
(3) $\overline{PH}\perp l$, $\overline{OH}\perp l$, $\overline{PO}\perp\overline{OH}$이면 $\overline{PO}\perp\alpha$

▶ 해결 흐름

1 삼각형 ABC의 넓이를 구하려면 밑변의 길이와 높이를 알아야겠어.
2 선분 AB를 밑변으로 하고, 점 C에서 선분 AB에 수선을 그어서 삼각형 ABC의 높이를 구해야지.

▶ 알찬 풀이

오른쪽 그림과 같이 점 C에서 선분 AB에 내린 수선의
발을 H라 하면
└→ 선분 AB를 밑변이라 하면 높이는 선분 CH야.
$\overline{DC}\perp(\text{평면 ABC})$, $\overline{CH}\perp\overline{AB}$
이므로 삼수선의 정리에 의하여
$\overline{DH}\perp\overline{AB}$ → 삼수선의 정리 (1)에 의하여 성립해.
이때 삼각형 ABD의 넓이가 20이고, $\overline{AB}=8$이므로
$$\frac{1}{2}\times\overline{AB}\times\overline{DH}=20,\ \frac{1}{2}\times 8\times\overline{DH}=20$$
$$\therefore \overline{DH}=5$$
직각삼각형 DCH에서
$$\overline{CH}=\sqrt{\overline{DH}^2-\overline{DC}^2}=\sqrt{5^2-4^2}=3$$
→ 피타고라스 정리를 이용했어.
따라서 삼각형 ABC의 넓이는
$$\frac{1}{2}\times\overline{AB}\times\overline{CH}=\frac{1}{2}\times 8\times 3=12$$

---

15 정답 ①   정답률 95%

평면 α 위에 있는 서로 다른 두 점 A, B를 지나는 직선을 l이라 하고, 평면 α 위에 있지 않은 점 P에서 평면 α에 내린
     1
수선의 발을 H라 하자. $\overline{AB}=\overline{PA}=\overline{PB}=6$, $\overline{PH}=4$일 때, 점 H와 직선 l 사이의 거리는?
└→ 점 H에서 직선 l에 내린 수선의 발까지의 거리야.

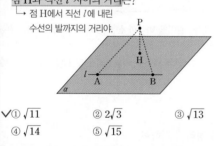

① $\sqrt{11}$ ② $2\sqrt{3}$ ③ $\sqrt{13}$
④ $\sqrt{14}$ ⑤ $\sqrt{15}$

☑ 연관 개념 check

평면 α 위에 있지 않은 한 점 P 와 평면 α 위의 직선 l, 직선 l 위의 점 H, 평면 α 위에 있으면서 직선 l 위에 있지 않은 점 O에 대하여 다음이 성립한다.

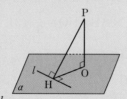

(1) $\overline{PO}\perp\alpha$, $\overline{OH}\perp l$이면 $\overline{PH}\perp l$
(2) $\overline{PO}\perp\alpha$, $\overline{PH}\perp l$이면 $\overline{OH}\perp l$
(3) $\overline{PH}\perp l$, $\overline{OH}\perp l$, $\overline{PO}\perp\overline{OH}$이면 $\overline{PO}\perp\alpha$

☑ 실전 적용 key

점과 직선 사이의 거리는 점에서 직선에 내린 수선의 발까지의 거리와 같다. 따라서 점과 직선 사이의 거리를 묻는 문제를 풀 때는 먼저 점에서 직선에 수선을 그어 보도록 한다.

▶ 해결 흐름

1 점 P에서 직선 l에 내린 수선의 발을 Q라 하면 점 H와 직선 l 사이의 거리는 선분 HQ의 길이와 같겠네.
2 삼각형 PQH가 직각삼각형이고 선분 PH의 길이를 아니까 선분 PQ의 길이만 구하면 선분 HQ의 길이를 알 수 있지.

▶ 알찬 풀이

오른쪽 그림과 같이 점 P에서 직선 l에 내린 수선의 발을 Q라 하면 $\overline{PQ}\perp l$, $\overline{PH}\perp\alpha$이므로 삼수선의 정리에 의하여

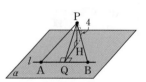

$\overline{HQ}\perp\overline{AB}$ → 삼수선의 정리 (2)에 의하여 성립해.
삼각형 PAB는 한 변의 길이가 6인 정삼각형이므로
$$\overline{PQ}=\frac{\sqrt{3}}{2}\times 6=3\sqrt{3}$$
→ 한 변의 길이가 a인 정삼각형의 높이는 $\frac{\sqrt{3}}{2}a$임을 이용했어.
또, $\overline{PH}=4$이므로 직각삼각형 PQH에서
$$\overline{HQ}=\sqrt{\overline{PQ}^2-\overline{PH}^2}=\sqrt{(3\sqrt{3})^2-4^2}=\sqrt{11}$$
→ 피타고라스 정리를 이용했어.
따라서 점 H와 직선 l 사이의 거리는 $\sqrt{11}$이다.

▶ 다른 풀이

$\overline{PH}\perp\alpha$이므로 두 삼각형 PAH와 PBH는
서로 합동인 직각삼각형이다. └→ $\angle PHA=\angle PHB=90°$.
$$\therefore \overline{AH}=\overline{BH}=\sqrt{6^2-4^2}=2\sqrt{5}$$
$\overline{PH}$는 공통, $\overline{PA}=\overline{PB}$ 이기 때문이야.

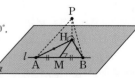

선분 AB의 중점을 M이라 하면
$\overline{AH}=\overline{BH}$이므로 $\overline{HM}\perp\overline{AB}$
→ 이등변삼각형의 꼭짓점에서 밑변에 그은 수선은 밑변을 수직이등분해.
따라서 삼각형 HAM은 직각삼각형이므로
$$\overline{HM}=\sqrt{\overline{HA}^2-\overline{AM}^2}=\sqrt{(2\sqrt{5})^2-3^2}=\sqrt{11}$$

16 정답 ②　　　　　　　　　　　　정답률 86%

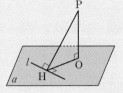

평면 α 위에 $\angle A = 90°$이고 $\overline{BC} = 6$인 직각이등변삼각형 **←** $\angle A = 90°$이니까 $\overline{AB} = \overline{AC}$야.
ABC가 있다. 평면 α 밖의 한 점 P에서 이 평면까지의 거리가 4이고, 점 P에서 평면 α에 내린 수선의 발이 점 A일 때, **←** $\alpha \perp \overline{PA}$야.
점 P에서 직선 BC까지의 거리는?

① $3\sqrt{2}$　　　　✔② 5　　　　③ $3\sqrt{3}$
④ $4\sqrt{2}$　　　　⑤ 6
← 점 P에서 선분 BC에 내린 수선의 발까지의 거리야.

해결 흐름

1 점 P에서 직선 BC에 내린 수선의 발을 H라 하면 점 P에서 직선 BC까지의 거리는 선분 PH의 길이와 같겠네.

2 삼각형 PHA가 직각삼각형이고 선분 PA의 길이를 아니까 선분 AH의 길이만 구하면 선분 PH의 길이를 알 수 있겠다.

알찬 풀이

오른쪽 그림과 같이 점 P에서 선분 BC에 내린 수선의 발을 H라 하면
$\overline{PA} \perp \alpha$, $\overline{PH} \perp \overline{BC}$
이므로 삼수선의 정리에 의하여
$\overline{AH} \perp \overline{BC}$ **→** 삼수선의 정리 (2)에 의하여 성립해.
직각이등변삼각형 ABC에 대하여 점 H는 빗변 BC의 중점이다. 즉, 점 H는 삼각형 ABC의 외심이므로 **→** 직각삼각형의 빗변의 중점은 외심과 일치해.
$\overline{AH} = \overline{BH} = \overline{CH} = \frac{1}{2} \times 6 = 3$

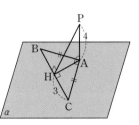

이등변삼각형의 꼭짓점에서 밑변에 내린 수선의 발은 밑변의 중점이기 때문이야.

직각삼각형 PHA에서
$\overline{PH} = \sqrt{\overline{PA}^2 + \overline{AH}^2} = \sqrt{4^2 + 3^2} = 5$ **←** 피타고라스 정리를 이용했어.
따라서 점 P에서 직선 BC까지의 거리는 5이다.

☑ 연관 개념 check

평면 α 위에 있지 않은 한 점 P와 평면 α 위의 직선 l, 직선 l 위의 점 H, 평면 α 위에 있으면서 직선 l 위에 있지 않은 점 O에 대하여 다음이 성립한다.

(1) $\overline{PO} \perp \alpha$, $\overline{OH} \perp l$이면 $\overline{PH} \perp l$
(2) $\overline{PO} \perp \alpha$, $\overline{PH} \perp l$이면 $\overline{OH} \perp l$
(3) $\overline{PH} \perp l$, $\overline{OH} \perp l$, $\overline{PO} \perp \overline{OH}$이면 $\overline{PO} \perp \alpha$

---

17 정답 ②　　　　　　　　　　　　정답률 84%

사면체 ABCD에서 모서리 CD의 길이는 10, 면 ACD의 넓이는 40이고, 면 BCD와 면 ACD가 이루는 각의 크기는 30°이다. 점 A에서 평면 BCD에 내린 수선의 발을 H라 할 때, 선분 AH의 길이는? **→** $\overline{AH} \perp$ (평면 BCD)

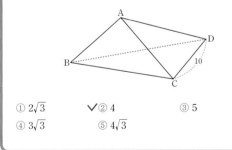

① $2\sqrt{3}$　　　　✔② 4　　　　③ 5
④ $3\sqrt{3}$　　　　⑤ $4\sqrt{3}$

해결 흐름

1 점 A에서 선분 CD에 내린 수선의 발을 P라 하면 삼각형 AHP는 직각삼각형이네.

2 $\angle APH = 30°$이니까 선분 AP의 길이만 구하면 선분 AH의 길이를 알 수 있겠다.

3 삼각형 ACD의 넓이가 40임을 이용해서 선분 AP의 길이를 구하면 되겠네.

알찬 풀이

오른쪽 그림과 같이 점 A에서 선분 CD에 내린 수선의 발을 P라 하면
$\overline{AH} \perp$ (평면 BCD), $\overline{AP} \perp \overline{CD}$
이므로 삼수선의 정리에 의하여
$\overline{CD} \perp \overline{HP}$ **→** 삼수선의 정리 (2)에 의하여 성립해.
삼각형 ACD의 넓이가 40이므로 $\frac{1}{2} \times \overline{CD} \times \overline{AP} = 40$

$\frac{1}{2} \times 10 \times \overline{AP} = 40$　　$\therefore \overline{AP} = 8$
직각삼각형 AHP에서 $\angle APH = 30°$이므로 **→** 면 BCD와 면 ACD가 이루는 각의 크기가 30°이기 때문이야.

$\overline{AH} = \overline{AP} \times \sin 30° = 8 \times \frac{1}{2} = 4$
→ 삼각형 APH에서 $\overline{AH} = \overline{AP} \sin 30° = \overline{PH} \tan 30°$인데 선분 AP의 길이를 아니까 $\overline{AH} = \overline{AP} \sin 30°$를 이용하는 거야.

☑ 연관 개념 check

평면 α 위에 있지 않은 한 점 P와 평면 α 위의 직선 l, 직선 l 위의 점 H, 평면 α 위에 있으면서 직선 l 위에 있지 않은 점 O에 대하여 다음이 성립한다.

(1) $\overline{PO} \perp \alpha$, $\overline{OH} \perp l$이면 $\overline{PH} \perp l$
(2) $\overline{PO} \perp \alpha$, $\overline{PH} \perp l$이면 $\overline{OH} \perp l$
(3) $\overline{PH} \perp l$, $\overline{OH} \perp l$, $\overline{PO} \perp \overline{OH}$이면 $\overline{PO} \perp \alpha$

☑ 실전 적용 key

세 내각의 크기가 30°, 60°, 90°인 직각삼각형의 세 대변의 길이의 비가 $1 : \sqrt{3} : 2$임을 이용할 수도 있다.
즉, 삼각형 AHP에서 $\overline{AP} = 8$이므로
$\overline{AH} : \overline{AP} = 1 : 2$에서 $\overline{AH} : 8 = 1 : 2$　$\therefore \overline{AH} = 4$

문제 해결 TIP

조성욱 | 연세대학교 치의예과 | 서라벌고등학교 졸업

오른쪽 그림과 같이 평면 위에 직각삼각형을 수직으로 세웠을 때, 수선이 모두 3개 나오지? 삼수선의 정리는 이 3개의 수선 중에서 2개가 수선이면 나머지 하나도 자동으로 수선이 된다는 내용이야. 삼수선의 정리를 너무 어렵게 생각하지 말고, 반드시 그림과 같이 기억해 두자!

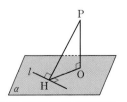

18 정답률 64%

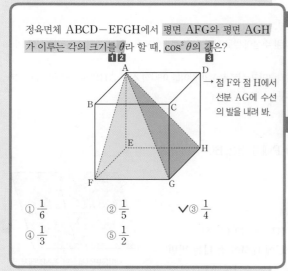

정육면체 ABCD−EFGH에서 평면 AFG와 평면 AGH 가 이루는 각의 크기를 θ라 할 때, $\cos^2\theta$의 값은?

→ 점 F와 점 H에서 선분 AG에 수선의 발을 내려 봐.

① $\dfrac{1}{6}$ ② $\dfrac{1}{5}$ ✓③ $\dfrac{1}{4}$

④ $\dfrac{1}{3}$ ⑤ $\dfrac{1}{2}$

☑ 연관 개념 check

삼각형 ABC의 두 변의 길이 a, b와 그 끼인각의 크기 θ에 대하여 삼각형 ABC의 넓이 S는

$$S=\frac{1}{2}ab\sin\theta$$

☑ 실전 적용 key

(1) 한 변의 길이가 k인 정사각형의 대각선의 길이: $\sqrt{2}k$
   ➡ 한 변의 길이가 $3a$이면 대각선의 길이는 $3\sqrt{2}a$이다.

(2) 한 변의 길이가 k인 정육면체의 대각선의 길이: $\sqrt{3}k$
   ➡ 한 변의 길이가 $3a$이면 대각선의 길이는 $3\sqrt{3}a$이다.

이등변삼각형의 꼭짓점에 서 밑변에 그은 수선은 밑 변을 수직이등분해.

삼각함수 사이의 관계
$\sin^2\theta+\cos^2\theta=1$

해결 흐름

1 두 점 F, H에서 정육면체의 대각선 AG에 내린 수선의 발을 P라 하면 ∠FPH=θ가 되겠네.

2 삼각형 PFH의 세 변의 길이를 구해야겠군.

3 삼각형 PFH의 넓이를 이용해서 $\sin\theta$의 값을 구하면 $\sin^2\theta+\cos^2\theta=1$임을 이용해서 $\cos^2\theta$의 값도 구할 수 있어.

알찬 풀이

→ 두 점 F, H에서 선분 AG에 내린 수선의 발이 P로 일치하는 것은 △AFG≡△AHG이기 때문이야.

오른쪽 그림과 같이 두 점 F, H에서 정육면체의 대각선 AG에 내린 수선의 발을 P라 하면

$$\theta=\angle FPH \quad\cdots\cdots\ (*)$$

주어진 정육면체의 한 모서리의 길이를 $3a$라 하면

$$\overline{AF}=\overline{AH}=3\sqrt{2}a$$
$$\overline{AG}=3\sqrt{3}a$$

삼각형 AFG는 ∠AFG=90°인 직각삼각형이므로

→ (평면 ABFE)⊥$\overline{FG}$이기 때문이야.

삼각형 AFG의 넓이에서

$$\frac{1}{2}\times\overline{AF}\times\overline{FG}=\frac{1}{2}\times\overline{AG}\times\overline{FP}$$
$$\frac{1}{2}\times3\sqrt{2}\times3a=\frac{1}{2}\times3\sqrt{3}a\times\overline{FP}$$

→ 삼각형 AFG의 넓이를 밑변과 높이를 다르게 하여 두 가지 방법으로 구했어.

$$\therefore \overline{FP}=\sqrt{6}a$$

또, 두 직각삼각형 AFG, AHG는 합동이므로

$$\overline{HP}=\sqrt{6}a$$

오른쪽 그림과 같이 이등변삼각형 PFH의 꼭짓점 P에서 변 FH에 내린 수선의 발을 M이라 하면

$$\overline{FM}=\frac{1}{2}\overline{FH}=\frac{1}{2}\times3\sqrt{2}a=\frac{3\sqrt{2}}{2}a$$

직각삼각형 PFM에서

$$\overline{PM}=\sqrt{(\sqrt{6}a)^2-\left(\frac{3\sqrt{2}}{2}a\right)^2}$$

→ 피타고라스 정리를 이용했어.

$$=\frac{\sqrt{6}}{2}a$$

삼각형 PFH의 넓이에서

$$\frac{1}{2}\times\overline{FP}\times\overline{HP}\times\sin\theta=\frac{1}{2}\times\overline{FH}\times\overline{PM}$$

→ (*)에서 θ는 두 평면 AFG, AHG가 이루는 각의 크기임을 알 수 있어.

$$\frac{1}{2}\times\sqrt{6}a\times\sqrt{6}a\times\sin\theta=\frac{1}{2}\times3\sqrt{2}a\times\frac{\sqrt{6}}{2}a$$
$$6a^2\sin\theta=3\sqrt{3}a^2$$
$$\therefore \sin\theta=\frac{\sqrt{3}}{2}$$
$$\therefore \cos^2\theta=1-\sin^2\theta=1-\left(\frac{\sqrt{3}}{2}\right)^2=\frac{1}{4}$$

| 문제 해결 **TIP**

강유나 | 고려대학교 생명공학과 | 창덕여자고등학교 졸업

두 평면의 교선 위의 한 점 O를 지나고 교선에 수직인 반직선 OA, OB를 각각의 평면 위에 그을 때 ∠AOB의 크기가 바로 이면각의 크기야. 이 문제에서 두 평면 AFG, AHG의 교선은 직선 AG이고, 두 직각삼각형 AFG, AHG는 합동이니까 두 점 F, H에서 선분 AG에 수선을 내리면 수선의 발은 일치하게 되지. 이 수선의 발을 P라 하면 ∠FPH가 바로 두 평면 AFG, AHG의 이 면각이 되는 거라구!

19 정답 ① 정답률 49%

그림과 같이 $\overline{AB}=6$, $\overline{BC}=4\sqrt{5}$인 사면체 ABCD에 대하여 선분 BC의 중점을 M이라 하자. 삼각형 AMD가 정삼각형이고 직선 BC는 평면 AMD와 수직일 때, 삼각형 ACD에 내접하는 원의 평면 BCD 위로의 정사영의 넓이는?

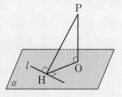

✓① $\dfrac{\sqrt{10}}{4}\pi$ ② $\dfrac{\sqrt{10}}{6}\pi$ ③ $\dfrac{\sqrt{10}}{8}\pi$

④ $\dfrac{\sqrt{10}}{10}\pi$ ⑤ $\dfrac{\sqrt{10}}{12}\pi$

☑ 연관 개념 check

(1) 평면 α 위에 있지 않은 한 점 P와 평면 α 위의 직선 l, 직선 l 위의 점 H, 평면 α 위에 있으면서 직선 l 위에 있지 않은 점 O에 대하여 다음이 성립한다.

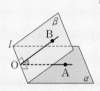

① $\overline{PO}\perp\alpha$, $\overline{OH}\perp l$이면 $\overline{PH}\perp l$
② $\overline{PO}\perp\alpha$, $\overline{PH}\perp l$이면 $\overline{OH}\perp l$
③ $\overline{PH}\perp l$, $\overline{OH}\perp l$, $\overline{PO}\perp\overline{OH}$이면 $\overline{PO}\perp\alpha$

(2) 평면 α 위에 있는 도형의 넓이를 S, 이 도형의 평면 β 위로의 정사영의 넓이를 S'이라 할 때, 두 평면 α, β가 이루는 각의 크기를 $\theta\left(0\le\theta\le\dfrac{\pi}{2}\right)$라 하면
$$S'=S\cos\theta$$

수능 핵심 개념 | 이면각

직선 l을 공유하는 두 반평면 α와 β로 이루어진 도형을 이면각이라 한다. 이때 직선 l을 이면각의 변, 두 반평면 α와 β를 이면각의 면, $\angle AOB$의 크기를 이면각의 크기라 한다.

★☆ 삼각형의 넓이와 내접원의 반지름의 길이

세 변의 길이가 각각 a, b, c인 삼각형 ABC의 내접원의 반지름의 길이를 r라 하면
$$\triangle ABC=\dfrac{1}{2}r(a+b+c)$$

해결 흐름

1 삼각형 AMD가 정삼각형이니까 점 A에서 평면 BCD에 내린 수선의 발을 H라 하면 직선 AH는 선분 DM을 수직이등분하겠네.

2 직선 BC가 평면 AMD와 수직이니까 $\overline{BC}\perp\overline{AM}$이겠군.

3 삼각형 ACD에 내접하는 원의 넓이를 구해야겠네.

4 정사영의 넓이를 구하려면 평면 ACD와 평면 BCD가 이루는 각의 크기를 θ라 하고, $\cos\theta$의 값을 구해야겠네.

알찬 풀이

$\rightarrow$ $\overline{BC}\perp$(평면 AMD 위의 모든 직선)

직선 BC가 평면 AMD와 수직이므로 $\overline{BC}\perp\overline{AM}$이고 선분 BC의 중점이 M이므로 $\triangle ABC$는 $\overline{AB}=\overline{AC}=6$인 이등변삼각형이다.

$\overline{BM}=\overline{CM}=2\sqrt{5}$이므로 $\triangle ABM$에서
$$\overline{AM}=\sqrt{\overline{AB}^2-\overline{BM}^2}=\sqrt{6^2-(2\sqrt{5})^2}=4$$ $\rightarrow$ $\overline{AM}=\overline{DM}=\overline{AD}=4$

따라서 삼각형 AMD는 한 변의 길이가 4인 정삼각형이다.

점 A에서 평면 BCD에 내린 수선의 발을 H라 하면 삼각형 AMD가 정삼각형이므로 직선 AH는 선분 DM을 수직이등분한다.

이때 점 H에서 변 CD에 내린 수선의 발을 H$'$이라 하면 삼수선의 정리에 의하여
$$\overline{AH'}\perp\overline{CD}$$ $\rightarrow$ 삼수선의 정리 (1)에 의하여 성립해.

따라서 평면 ACD와 평면 BCD가 이루는 각의 크기를 θ라 하면
$$\theta=\angle AH'H$$ $\rightarrow$ $\overline{BC}\perp$(평면 AMD 위의 모든 직선)

한편, $\overline{BC}\perp\overline{DM}$이므로 삼각형 DMC에서
$$\overline{DC}=\sqrt{\overline{DM}^2+\overline{CM}^2}=\sqrt{4^2+(2\sqrt{5})^2}=6$$

$$\overline{DH}=\dfrac{1}{2}\overline{DM}=2$$ $\rightarrow$ 직선 AH가 $\overline{DM}$을 수직이등분하기 때문이야.

이때 $\triangle DMC\backsim\triangle DH'H$ (AA 닮음)이고, 닮음비는 $\overline{DC}:\overline{DH}=6:2=3:1$이므로

$\rightarrow$ $\angle DMC=\angle DH'H=90°$, $\angle D$는 공통이니까 $\triangle DMC\backsim\triangle DH'H$ (AA 닮음)야.

$$\overline{DH'}=\dfrac{1}{3}\overline{DM}=\dfrac{4}{3}, \quad \overline{HH'}=\dfrac{1}{3}\overline{CM}=\dfrac{2\sqrt{5}}{3}$$

따라서 $\triangle AH'D$에서
$$\overline{AH'}=\sqrt{\overline{AD}^2-\overline{DH'}^2}=\sqrt{4^2-\left(\dfrac{4}{3}\right)^2}=\dfrac{8\sqrt{2}}{3}$$

이므로
$$\cos\theta=\cos(\angle AH'H)=\dfrac{\overline{HH'}}{\overline{AH'}}$$
$$=\dfrac{\dfrac{2\sqrt{5}}{3}}{\dfrac{8\sqrt{2}}{3}}=\dfrac{\sqrt{10}}{8}$$

삼각형 ACD에 내접하는 원의 반지름의 길이를 r라 하면
$$\dfrac{1}{2}\times\overline{CD}\times\overline{AH'}=\dfrac{1}{2}r(\overline{AC}+\overline{CD}+\overline{AD})$$
$$\dfrac{1}{2}\times6\times\dfrac{8\sqrt{2}}{3}=\dfrac{1}{2}r(6+6+4), \quad 8\sqrt{2}=8r$$
$$\therefore r=\sqrt{2}$$

따라서 삼각형 ACD에 내접하는 원의 평면 BCD 위로의 정사영의 넓이는
$$\pi\times(\sqrt{2})^2\times\cos\theta=2\pi\times\dfrac{\sqrt{10}}{8}=\dfrac{\sqrt{10}}{4}\pi$$

그림과 같이 한 변의 길이가 각각 4, 6인 두 정사각형 ABCD, EFGH를 밑면으로 하고
$$\overline{AE}=\overline{BF}=\overline{CG}=\overline{DH}$$
인 사각뿔대 ABCD-EFGH가 있다. 사각뿔대 ABCD-EFGH의 높이가 $\sqrt{14}$일 때, 사각형 AEHD의 평면 BFGC 위로의 정사영의 넓이는?

1 2 3

→ 선분 AD가 선분 BC와 겹치도록 평면 BFGC를 평행이동해 봐.

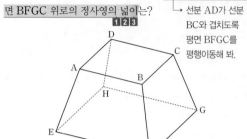

① $\dfrac{10}{3}\sqrt{15}$ ② $\dfrac{11}{3}\sqrt{15}$ ③ $4\sqrt{15}$

✓④ $\dfrac{13}{3}\sqrt{15}$ ⑤ $\dfrac{14}{3}\sqrt{15}$

☑ **연관 개념 check**

평면 α 위에 있는 도형의 넓이를 S, 이 도형의 평면 β 위로의 정사영의 넓이를 S'이라 할 때, 두 평면 α, β가 이루는 각의 크기를 $\theta \left(0 \le \theta \le \dfrac{\pi}{2}\right)$라 하면
$$S'=S\cos\theta$$

☑ **실전 적용 key**

문제에서와 같이 두 평면이 이루는 각의 크기를 구할 때, 두 평면의 교선이 보이지 않으면 교선이 생기도록 한 평면을 평행이동하여 두 평면이 이루는 각의 크기를 구한다.

수능 핵심 개념 ▶ 이면각

직선 l을 공유하는 두 반평면 α와 β로 이루어진 도형을 이면각이라 한다. 이때 직선 l을 이면각의 변, 두 반평면 α와 β를 이면각의 면, $\angle AOB$의 크기를 이면각의 크기라 한다.

해결 흐름

1 평면 BFGC를 평행이동시켜서 평면 AEHD와의 교선을 알아봐야겠다.

2 정사영의 넓이를 구하려면 두 평면 AEHD와 BFGC가 이루는 각의 크기가 θ일 때, $\cos\theta$의 값을 알아야겠네.

3 $\cos\theta$의 값을 구하는 데 필요한 선분의 길이를 구해야겠군.

알찬 풀이

오른쪽 그림과 같이 평면 BFGC를 평면 B'F'G'C'으로 평행이동하자.

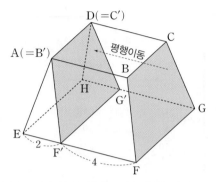

점 A에서 평면 EFGH에 내린 수선의 발을 P, 점 P에서 두 변 EH, F'G'에 내린 수선의 발을 각각 Q, R라 하자.
$\overline{AP}\perp$(평면 EFGH), $\overline{PQ}\perp\overline{EH}$
이므로 삼수선의 정리에 의하여
$\overline{AQ}\perp\overline{EH}$
이때 $\overline{EH}\,/\!/\,\overline{AD}$이므로 $\overline{AQ}\perp\overline{AD}$
마찬가지로 $\overline{AP}\perp$(평면 EFGH),
$\overline{PR}\perp\overline{F'G'}$이므로 삼수선의 정리에 의하여
$\overline{AR}\perp\overline{F'G'}$
이때 $\overline{F'G'}\,/\!/\,\overline{AD}$이므로 $\overline{AR}\perp\overline{AD}$
따라서 두 직선 AQ, AR는 각각 $\overline{AD}$에 수직이므로 이면각의 정의에 의하여 두 평면 AEHD와 B'F'G'C'이 이루는 각의 크기는 $\angle QAR$와 같다.
사각뿔대의 높이가 $\sqrt{14}$이므로
$\overline{AP}=\sqrt{14}$
이때 $\overline{PQ}=1$이므로 삼각형 APQ에서 피타고라스 정리에 의하여
$\overline{AQ}=\sqrt{1^2+(\sqrt{14})^2}=\sqrt{15}$
또, $\overline{PR}=1$이므로 삼각형 APR에서 피타고라스 정리에 의하여
$\overline{AR}=\sqrt{1^2+(\sqrt{14})^2}=\sqrt{15}$

→ 사각뿔대의 모양이 네 방향으로 대칭이므로 대칭성을 통해 $\overline{AR}=\overline{AQ}=\sqrt{15}$임을 알 수도 있어. ☆

삼각형 AQR에서 코사인법칙에 의하여

코사인법칙
삼각형 ABC에서
$a^2=b^2+c^2-2bc\cos A$
$b^2=c^2+a^2-2ca\cos B$
$c^2=a^2+b^2-2ab\cos C$

$$\cos(\angle QAR)=\frac{\overline{AQ}^2+\overline{AR}^2-\overline{QR}^2}{2\times\overline{AQ}\times\overline{AR}}$$
$$=\frac{(\sqrt{15})^2+(\sqrt{15})^2-2^2}{2\times\sqrt{15}\times\sqrt{15}}$$
$$=\frac{13}{15}$$

한편, 사다리꼴 AEHD의 넓이는
$$\frac{1}{2}\times(\overline{AD}+\overline{EH})\times\overline{AQ}=\frac{1}{2}\times(4+6)\times\sqrt{15}=5\sqrt{15}$$

따라서 사각형 AEHD의 평면 BFGC 위로의 정사영의 넓이는
$$5\sqrt{15}\times\cos(\angle QAR)=5\sqrt{15}\times\frac{13}{15}=\frac{13}{3}\sqrt{15}$$

21 정답 ⑤   정답률 73%

좌표공간에 평면 α가 있다. 평면 α 위에 있지 않은 서로 다른 두 점 A, B의 평면 α 위로의 정사영을 각각 A′, B′이라 할 때,

$$\overline{AB}=\overline{A'B'}=6$$

이다. 선분 AB의 중점 M의 평면 α 위로의 정사영을 M′이라 할 때, ➊

$$\overline{PM'}\perp\overline{A'B'}, \quad \overline{PM'}=6$$

이 되도록 평면 α 위에 점 P를 잡는다.

삼각형 A′B′P의 평면 ABP 위로의 정사영의 넓이가 $\dfrac{9}{2}$일 ➋

때, 선분 PM의 길이는? ➌

→ 두 변 A′B′, PM′의 길이가 주어졌으므로 삼각형 A′B′P의 넓이를 구할 수 있어.

① 12   ② 15   ③ 18
④ 21   ✔⑤ 24

해결 흐름

➊ 주어진 조건에서 점 M′이 선분 A′B′의 중점임을 알 수 있어.

➋ 삼각형 A′B′P의 넓이를 구하고, 평면 A′B′P와 평면 ABP가 이루는 각의 크기를 θ라 하면 정사영의 넓이를 이용하여 $\cos\theta$의 값을 구할 수 있겠네.

➌ ➋에서 구한 $\cos\theta$의 값을 이용하면 직각삼각형 MM′P에서 선분 PM의 길이를 구할 수 있겠다.

알찬 풀이

두 점 A, B는 평면 α 위에 있지 않고 $\overline{AB}=\overline{A'B'}$이므로 직선 AB는 평면 α와 평행하고, 평면 AA′B′B와 평면 α는 서로 수직이다.

또, 선분 AB의 중점 M의 평면 α 위로의 정사영 M′은 선분 A′B′의 중점이다.

→ 두 점 A, B의 평면 α 위로의 정사영이 각각 A′, B′이기 때문이야.

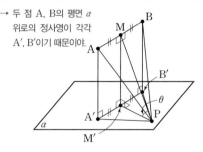

$\overline{PM'}\perp\overline{A'B'}$, $\overline{PM'}=6$이므로

$$\begin{aligned}\triangle A'B'P&=\frac{1}{2}\times\overline{A'B'}\times\overline{PM'}\\&=\frac{1}{2}\times6\times6\\&=18\end{aligned}$$

평면 A′B′P와 평면 ABP가 이루는 각의 크기를 θ라 하면 삼각형 A′B′P의 평면 ABP 위로의 정사영의 넓이가 $\dfrac{9}{2}$이므로

→ 오답 clear를 확인해 봐.

$\triangle A'B'P\times\cos\theta=\dfrac{9}{2}$에서

$$18\times\cos\theta=\frac{9}{2}$$

$$\therefore \cos\theta=\frac{1}{4}$$

직각삼각형 MM′P에서 $\angle MPM'=\theta$이므로

$$\cos\theta=\frac{\overline{PM'}}{\overline{PM}}$$

→ 평면 AA′B′B와 평면 α가 서로 수직이기 때문이야.

$$\therefore \overline{PM}=\frac{\overline{PM'}}{\cos\theta}=\frac{6}{\dfrac{1}{4}}=24$$

III. 공간도형과 공간좌표

3점 집중

22

그림과 같이 $\overline{AB}=3$, $\overline{AD}=3$, $\overline{AE}=6$인 직육면체 **1** ABCD−EFGH가 있다. 삼각형 BEG의 무게중심을 P라 **2** 할 때, 선분 DP의 길이는? **3**

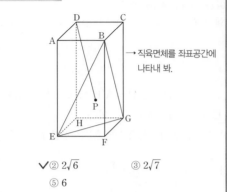

→ 직육면체를 좌표공간에 나타내 봐.

① $2\sqrt{5}$　　　✔② $2\sqrt{6}$　　　③ $2\sqrt{7}$
④ $4\sqrt{2}$　　　⑤ 6

☑ 연관 개념 check

세 점 $A(x_1, y_1, z_1)$, $B(x_2, y_2, z_2)$, $C(x_3, y_3, z_3)$을 꼭짓점으로 하는 삼각형의 무게중심의 좌표는

$$\left(\frac{x_1+x_2+x_3}{3}, \frac{y_1+y_2+y_3}{3}, \frac{z_1+z_2+z_3}{3}\right)$$

수능 핵심 개념　좌표축 또는 좌표평면 위의 점

(1) x축 위의 점의 좌표: $(a, 0, 0)$
(2) y축 위의 점의 좌표: $(0, b, 0)$
(3) z축 위의 점의 좌표: $(0, 0, c)$
(4) xy평면 위의 점의 좌표: $(a, b, 0)$
(5) yz평면 위의 점의 좌표: $(0, b, c)$
(6) zx평면 위의 점의 좌표: $(a, 0, c)$

해결 흐름

1 주어진 직육면체를 좌표공간에 나타내야겠네.
2 세 점 B, E, G의 좌표를 구하면 삼각형 BEG의 무게중심 P의 좌표를 구할 수 있겠다.
3 **2**에서 구한 점 P의 좌표를 이용하여 선분 DP의 길이를 구해야겠군.

알찬 풀이

$\overline{HE}=\overline{AD}=3$, $\overline{HG}=\overline{AB}=3$, ← $\overline{HD}=\overline{AE}=6$이기 때문이야.

점 H를 원점으로 하고, 반직선 HE를 x축의 양의 방향, 반직선 HG를 y축의 양의 방향, 반직선 HD를 z축의 양의 방향으로 하는 좌표공간에 직육면체 ABCD−EFGH를 놓으면 오른쪽 그림과 같다.

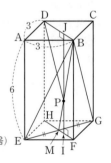

따라서 삼각형 BEG의 무게중심 P의 좌표는

$$\left(\frac{3+3+0}{3}, \frac{3+0+3}{3}, \frac{6+0+0}{3}\right)$$

$$\therefore P(2, 2, 2)$$

$$\therefore \overline{DP}=\sqrt{(2-0)^2+(2-0)^2+(2-6)^2}$$
$$=\sqrt{24}$$
$$=2\sqrt{6}$$
☆★

> **좌표공간에서 두 점 사이의 거리**
> 두 점 $A(x_1, y_1, z_1)$, $B(x_2, y_2, z_2)$ 사이의 거리는
> $\overline{AB}=\sqrt{(x_2-x_1)^2+(y_2-y_1)^2+(z_2-z_1)^2}$

다른 풀이

오른쪽 그림과 같이 선분 EG의 중점을 M이라 하면 점 P가 삼각형 BEG의 무게중심이므로

$$\overline{BP}:\overline{PM}=2:1 \longrightarrow \text{삼각형의 무게중심은 중선을 } 2:1 \text{로 내분해.}$$

점 P에서 두 선분 HF, BD에 내린 수선의 발을 각각 I, J라 하면 △PMI∽△BMF (AA 닮음)이고 닮음비가

$$\overline{BM}:\overline{PM}=3:1$$이므로 ∠MIP=∠MFB=90°, ∠M은 공통이니까 △PMI∽△BMF (AA 닮음)

$$\overline{PI}=\frac{1}{3}\overline{BF}=\frac{1}{3}\times 6=2$$

$$\therefore \overline{JP}=\overline{IJ}-\overline{PI}=6-2=4 \longrightarrow \overline{IJ}\text{는 직육면체의 높이와 같아.}$$

또, $\overline{FM}=\frac{1}{2}\overline{HF}=\frac{1}{2}\times\sqrt{3^2+3^2}=\frac{3\sqrt{2}}{2}$이므로

→ 점 M이 선분 HF의 중점이기 때문이야.

△PMI∽△BMF이고 닮음비가 3 : 1이기 때문이야. ←

$$\overline{IM}=\frac{1}{3}\overline{FM}=\frac{1}{3}\times\frac{3\sqrt{2}}{2}=\frac{\sqrt{2}}{2}$$

→ $\overline{HM}=\overline{FM}$

$$\therefore \overline{DJ}=\overline{HI}=\overline{HM}+\overline{IM}=\frac{3\sqrt{2}}{2}+\frac{\sqrt{2}}{2}=2\sqrt{2}$$

→ 직사각형 DHIJ에서 대변의 길이가 같기 때문이야.

따라서 직각삼각형 DPJ에서

$$\overline{DP}=\sqrt{\overline{JP}^2+\overline{DJ}^2}$$
$$=\sqrt{4^2+(2\sqrt{2})^2}$$
$$=\sqrt{24}=2\sqrt{6}$$

생생 수험 Talk

문제의 난이도가 높아질수록 문제에서 준 조건으로 문제 풀이를 해나가는 것이 중요하고, 그 조건들을 적절한 순서를 가지고 잘 활용하는 것이 중요해!
이런 문제 풀이를 할 때, 어떻게 풀어야 하는지 한 번에 보이지 않는다면 일단 문제를 풀고 나서 답을 구한 후에 스스로 또는 해설을 보면서 문제 풀이의 순서를 정립하는 것이 좋아!

23 정답 ④   정답률 92%

좌표공간의 점 P(2, 2, 3)을 yz평면에 대하여 대칭이동한 점을 Q라 하자. 두 점 P와 Q 사이의 거리는?

① 1   ② 2   ③ 3

✓④ 4   ⑤ 5   점 Q의 좌표는 점 P의 x좌표의 부호만 반대로 바꾸면 돼.

☑ 연관 개념 check

좌표공간에서 점 P(a, b, c)를

(1) xy평면에 대하여 대칭이동한 점의 좌표: (a, b, $-c$)

(2) yz평면에 대하여 대칭이동한 점의 좌표: ($-a$, b, c)

(3) zx평면에 대하여 대칭이동한 점의 좌표: (a, $-b$, c)

해결 흐름

1 점 (a, b, c)를 yz평면에 대하여 대칭이동한 점의 좌표가 ($-a$, b, c)임을 이용하여 점 Q의 좌표를 구해야겠군.

알찬 풀이

점 P(2, 2, 3)을 yz평면에 대하여 대칭이동한 점 Q의 좌표는

$(-2, 2, 3)$

$\therefore \overline{PQ} = \sqrt{(-2-2)^2+(2-2)^2+(3-3)^2}$

$\qquad = \sqrt{16} = 4$

> **좌표공간에서 두 점 사이의 거리** ☆★
> 두 점 A(x_1, y_1, z_1), B(x_2, y_2, z_2) 사이의 거리는
> $\overline{AB} = \sqrt{(x_2-x_1)^2+(y_2-y_1)^2+(z_2-z_1)^2}$

빠른 풀이

점 P를 yz평면에 대하여 대칭이동한 점이 Q이므로 두 점 P, Q 사이의 거리는 점 P와 yz평면 사이의 거리의 2배와 같다.

점 P와 yz평면 사이의 거리는 점 P의 x좌표의 절댓값과 같으므로

$\overline{PQ} = 2 \times 2 = 4$

---

24 정답 13   정답률 80%

┌→ 점 A에서 xy평면에 수선의 발을 내려 봐.

좌표공간에 점 A(9, 0, 5)가 있고, xy평면 위에 타원 $\dfrac{x^2}{9}+y^2=1$이 있다. 타원 위의 점 P에 대하여 $\overline{AP}$의 최댓값을 구하시오. **13**

☑ 연관 개념 check

타원 $\dfrac{x^2}{a^2}+\dfrac{y^2}{b^2}=1$ $(a>b>0)$에서

(1) 초점의 좌표: $(\pm\sqrt{a^2-b^2}, 0)$

(2) 장축의 길이: $2a$

(3) 단축의 길이: $2b$

(4) 꼭짓점의 좌표: $(\pm a, 0)$, $(0, \pm b)$

☑ 실전 적용 key

xy평면, yz평면, zx평면 위의 점은 각각 z좌표, x좌표, y좌표가 0이다. 즉, 각각 (a, b, 0), (0, a, b), (a, 0, b) 꼴이다.

해결 흐름

1 주어진 조건을 그림으로 나타내어 선분 AP의 길이가 최대일 때의 점 P의 위치를 찾아야겠다.

알찬 풀이

점 A(9, 0, 5)에서 xy평면에 내린 수선의 발을 H라 하면 H(9, 0, 0)이다. ┌→ xy평면 위의 점은 z좌표가 0이야.

직각삼각형 AHP에서

$\overline{AP} = \sqrt{\overline{AH}^2+\overline{PH}^2} = \sqrt{5^2+\overline{PH}^2}$ ……(*)

이므로 $\overline{PH}$가 최대일 때 $\overline{AP}$도 최대이다.

이때 점 H는 x축 위의 점이므로 $\overline{PH}$가 최대일 때의 점 P의 좌표는

P(-3, 0, 0)

> 타원의 장축이 x축 위에 있으니까 x축 위의 점 H에 대하여 $\overline{PH}$가 최대이려면 점 P는 점 H에서 가장 먼 타원 위의 점이면 되는 거지.

따라서 $\overline{PH}$의 최댓값은

$\sqrt{(9+3)^2+0^2+0^2} = 12$

이므로 $\overline{AP}$의 최댓값은

$\sqrt{5^2+12^2} = 13$

└→ (*)에 $\overline{PH}=12$를 대입했어.

다른 풀이

$x=3\cos\theta$, $y=\sin\theta$로 놓으면 ←

$\dfrac{x^2}{9}+y^2 = \dfrac{9\cos^2\theta}{9}+\sin^2\theta=1$

이므로 점 P는 타원 위의 임의의 점이 돼.

점 P는 타원 $\dfrac{x^2}{9}+y^2=1$ 위의 점이므로 P($3\cos\theta$, $\sin\theta$, 0)이라 하면

└→ 타원이 xy평면 위에 있기 때문이야.

$\overline{AP} = \sqrt{(3\cos\theta-9)^2+\sin^2\theta+(-5)^2}$

$\quad = \sqrt{9\cos^2\theta-54\cos\theta+106+\sin^2\theta}$

$\quad = \sqrt{8\cos^2\theta-54\cos\theta+107}$ ($\because \sin^2\theta+\cos^2\theta=1$)

$\quad = \sqrt{8\left(\cos\theta-\dfrac{27}{8}\right)^2+\dfrac{127}{8}}$ → $\cos\theta$에 대한 완전제곱식의 꼴로 나타냈어.

$-1 \le \cos\theta \le 1$이므로 $\overline{AP}$는 $\cos\theta=-1$일 때 최댓값을 갖는다.

$$\therefore (\overline{\mathrm{AP}}\text{의 최댓값}) = \sqrt{8 \times \left(-1 - \frac{27}{8}\right)^2 + \frac{127}{8}}$$
$$= \sqrt{8 \times \left(-\frac{35}{8}\right)^2 + \frac{127}{8}}$$
$$= \sqrt{169} = 13$$

| 문제 해결 **TIP**

정성주 | 서울대학교 건축학과 | 대광고등학교 졸업

난 솔직히 공간좌표에 공간도형을 그리는 게 약하거든. 그래서 점 P의 좌표를 구한 다음에 두 점 A, P 사이의 거리 공식을 이용해서 문제를 풀었어.

좌표평면 위에 타원 $\dfrac{x^2}{a^2} + \dfrac{y^2}{b^2} = 1$이 있을 때, 타원 위의 점은 매개변수 θ를 이용하여 $(a\cos\theta,\, b\sin\theta)$와 같이 나타낼 수 있잖아. 주어진 문제에서는 좌표공간에 타원이 놓여 있지만 타원이 xy평면 위에 놓여 있기 때문에 타원 위의 점 P의 좌표가 $(3\cos\theta,\, \sin\theta,\, 0)$임을 알 수 있지.

---

25 정답 ② 정답률 93%

┌─→ 직선 l 위의 점의 x좌표는 3, z좌표는 1이야.

좌표공간에서 평면 $x=3$과 평면 $z=1$의 교선을 l이라 하자. 점 P가 직선 l 위를 움직일 때, 선분 OP의 길이의 최솟값은? (단, O는 원점이다.) **[1]**

[2]
① $2\sqrt{2}$ ✓② $\sqrt{10}$ ③ $2\sqrt{3}$
④ $\sqrt{14}$ ⑤ $3\sqrt{2}$ → P$(3, b, 1)$로 놓을 수 있어.

☑ 연관 개념 check

좌표공간에서 원점 O와 점 A(a, b, c) 사이의 거리는
$$\overline{\mathrm{OA}} = \sqrt{a^2 + b^2 + c^2}$$

☑ 실전 적용 key

평면 $x=3$ 위의 점의 좌표는 $(3, \blacktriangle, \bullet)$ 꼴이고, 평면 $z=1$ 위의 점의 좌표는 $(\blacksquare, \blacktriangledown, 1)$ 꼴이다. 따라서 두 평면 $x=3$, $z=1$의 교선 위의 점의 좌표는 $(3, \bigstar, 1)$ 꼴이다.

해결 흐름

[1] 점 P가 두 평면 $x=3$, $z=1$의 교선 위에 있으니까 점 P의 좌표를 구할 수 있어.
[2] 두 점 사이의 거리 공식을 이용해서 선분 OP의 길이를 나타내 봐야겠네.

알찬 풀이

점 P의 좌표를 $(3, b, 1)$로 놓으면
$$\overline{\mathrm{OP}} = \sqrt{3^2 + b^2 + 1^2} = \sqrt{b^2 + 10}$$
이때 b는 실수이므로 선분 OP의 길이는 $b=0$일 때 최솟값 $\sqrt{10}$을 갖는다.

└→ 임의의 실수 b에 대하여 $b^2 \geq 0$이야.   └→ 이때 점 P의 좌표는 $(3, 0, 1)$이지.

기출 유형 POINT

좌표공간에서 두 점 사이의 거리

좌표공간의 두 점 사이의 거리를 구하는 문제에서 두 점의 좌표가 주어졌으면 두 점 사이의 거리 공식을 이용한다.
한편, 점의 좌표가 주어지지 않았거나 두 점 사이의 거리의 최댓값 또는 최솟값을 구할 때는 점의 좌표를 문자로 나타내고 식을 정리하여 최댓값 또는 최솟값을 갖는 조건을 생각해 본다.

---

26 정답 ② 정답률 83%

좌표공간의 세 점 A$(a, 0, b)$, B$(b, a, 0)$, C$(0, b, a)$에 대하여 $a^2 + b^2 = 4$일 때, 삼각형 ABC의 넓이의 최솟값은? **[1]**
(단, $a>0$이고 $b>0$이다.)

① $\sqrt{2}$ ✓② $\sqrt{3}$ ③ 2
④ $\sqrt{5}$ ⑤ 3 → 세 변의 길이를 구하면 삼각형 ABC가 어떤 삼각형인지 알 수 있지.

☑ 연관 개념 check

두 점 A(x_1, y_1, z_1), B(x_2, y_2, z_2) 사이의 거리는
$$\overline{\mathrm{AB}} = \sqrt{(x_2 - x_1)^2 + (y_2 - y_1)^2 + (z_2 - z_1)^2}$$

해결 흐름

[1] 삼각형 ABC의 모양을 파악해야겠네.
[2] 삼각형 ABC의 모양으로 삼각형의 넓이의 최솟값을 구해야겠다.

알찬 풀이

$$\overline{\mathrm{AB}} = \sqrt{(b-a)^2 + (a-0)^2 + (0-b)^2}$$
$$= \sqrt{(a-b)^2 + a^2 + b^2}$$
$$\overline{\mathrm{BC}} = \sqrt{(0-b)^2 + (b-a)^2 + (a-0)^2}$$
$$= \sqrt{(a-b)^2 + a^2 + b^2}$$
$$\overline{\mathrm{CA}} = \sqrt{(a-0)^2 + (0-b)^2 + (b-a)^2}$$
$$= \sqrt{(a-b)^2 + a^2 + b^2}$$
이므로 $\overline{\mathrm{AB}} = \overline{\mathrm{BC}} = \overline{\mathrm{CA}}$

즉, 삼각형 ABC는 한 변의 길이가 $\sqrt{(a-b)^2+a^2+b^2}$인 정삼각형이므로

$$\triangle ABC=\frac{\sqrt{3}}{4}\left\{\sqrt{(a-b)^2+a^2+b^2}\right\}^2$$

$$=\frac{\sqrt{3}}{4}\{2(a^2+b^2)-2ab\}$$

$$=\frac{\sqrt{3}}{4}(8-2ab)\ (\because\ a^2+b^2=4)$$

→ ab의 값이 클수록 $8-2ab$의 값은 작아지므로 삼각형 ABC의 넓이는 작아지지.

삼각형 ABC의 넓이가 최소이려면 ab의 값이 최대이어야 한다.

이때 $a>0$, $b>0$이므로 산술평균과 기하평균의 관계에 의하여

$a^2+b^2\geq2\sqrt{a^2b^2}$ (단, 등호는 $a=b$일 때 성립)

$4\geq2ab\ (\because\ a^2+b^2=4)$

$\therefore\ ab\leq2$

따라서 $ab=2$일 때, 삼각형 ABC의 넓이가 최소가 되므로 구하는 최솟값은

$$\frac{\sqrt{3}}{4}\times(8-2\times2)=\sqrt{3}$$

기출 유형 POINT

산술평균과 기하평균의 관계

$a>0$, $b>0$일 때,

$$\frac{a+b}{2}\geq\sqrt{ab}\ (\text{단, 등호는 } a=b\text{일 때 성립})$$

---

27 정답 ①   정답률 88%

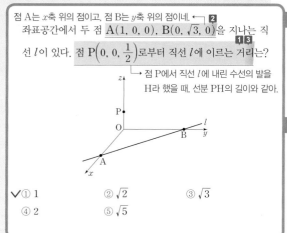

점 A는 x축 위의 점이고, 점 B는 y축 위의 점이네. ← **2**

좌표공간에서 두 점 $A(1, 0, 0)$, $B(0, \sqrt{3}, 0)$을 지나는 직선 l이 있다. 점 $P\left(0, 0, \frac{1}{2}\right)$로부터 직선 l에 이르는 거리는?

→ 점 P에서 직선 l에 내린 수선의 발을 H라 했을 때, 선분 PH의 길이와 같아.

✓① 1   ② $\sqrt{2}$ ③ $\sqrt{3}$
④ 2   ⑤ $\sqrt{5}$

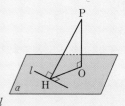
해결 흐름

1 점 P에서 직선 l에 내린 수선의 발을 H라 하고 선분 PH를 그은 후, 삼수선의 정리를 이용하면 되겠네.

2 직각삼각형 OAB의 넓이를 이용하여 선분 OH의 길이를 구해야겠네.

3 선분 OH의 길이를 이용하여 선분 PH의 길이를 구할 수 있겠다.

알찬 풀이

오른쪽 그림과 같이 점 P에서 직선 l에 내린 수선의 발을 H라 하면

$\overline{PO}\perp(xy$평면$)$, $\overline{PH}\perp l$

이므로 삼수선의 정리에 의하여

$\overline{OH}\perp l$ → 삼수선의 정리 (2)에 의하여 성립해.

직각삼각형 OAB에서

$\overline{AB}=\sqrt{\overline{OA}^2+\overline{OB}^2}=\sqrt{1^2+(\sqrt{3})^2}=2$

또, 직각삼각형 OAB의 넓이에서

$$\frac{1}{2}\times\overline{OA}\times\overline{OB}=\frac{1}{2}\times\overline{AB}\times\overline{OH}$$

→ 직각삼각형 OAB의 넓이를 밑변과 높이를 다르게 하여 두 가지 방법으로 구한 거야.

$$\frac{1}{2}\times1\times\sqrt{3}=\frac{1}{2}\times2\times\overline{OH}$$

$$\therefore\ \overline{OH}=\frac{\sqrt{3}}{2}$$

이때 직각삼각형 POH에서

$\overline{PH}=\sqrt{\overline{PO}^2+\overline{OH}^2}$ → 피타고라스 정리를 이용했어.

$$=\sqrt{\left(\frac{1}{2}\right)^2+\left(\frac{\sqrt{3}}{2}\right)^2}=1$$

따라서 점 P로부터 직선 l에 이르는 거리는 1이다.

28 정답 ③   정답률 84%

> ┌→ x좌표, y좌표가 0이겠네.
> 좌표공간의 두 점 $A(a, b, 6)$, $B(-4, -2, c)$에 대하여
> <u>선분 AB를 3 : 2로 내분하는 점이 z축 위에 있고</u>, <u>선분 AB</u>
> <u>를 3 : 2로 외분하는 점이 xy평면 위에 있을 때</u>, $a+b+c$의
> 값은?   ❶❷
> └→ z좌표가 0이겠네.
>
> ① 11   ② 12   ✓③ 13
> ④ 14   ⑤ 15

☑ **연관 개념 check**

두 점 $A(x_1, y_1, z_1)$, $B(x_2, y_2, z_2)$에 대하여 선분 AB를 내분하는 점이 좌표평면 또는 좌표축 위에 있으면 다음을 이용한다.

(1) 선분 AB를 $m : n$ $(m>0, n>0)$으로 내분하는 점이 xy평면 위에 있다.

  ➡ 내분하는 점의 z좌표가 0이므로

$$\frac{mz_2+nz_1}{m+n}=0$$

(2) 선분 AB를 $m : n$ $(m>0, n>0)$으로 내분하는 점이 x축 위에 있다.

  ➡ 내분하는 점의 y좌표, z좌표가 0이므로

$$\frac{my_2+ny_1}{m+n}=0, \ \frac{mz_2+nz_1}{m+n}=0$$

외분하는 점이 좌표평면 또는 좌표축 위에 있을 때도 위와 같은 방법을 이용한다.

해결 흐름

❶ 선분의 내분점과 외분점을 구하는 공식을 이용하면 되겠다.

❷ 좌표공간에서 z축 위에 있는 점의 x좌표와 y좌표는 모두 0이고, xy평면 위에 있는 점의 z좌표는 0임을 이용해야겠군.

알찬 풀이

선분 AB를 3 : 2로 내분하는 점이 z축 위에 있으므로

$$\frac{3\times(-4)+2\times a}{3+2}=0 \quad \text{→ 내분하는 점의 } x\text{좌표가 0이야.}$$

$-12+2a=0$

$\therefore a=6$

$$\frac{3\times(-2)+2\times b}{3+2}=0 \quad \text{→ 내분하는 점의 } y\text{좌표가 0이야.}$$

$-6+2b=0$

$\therefore b=3$

또, 선분 AB를 3 : 2로 외분하는 점이 xy평면 위에 있으므로

$$\frac{3\times c-2\times 6}{3-2}=0 \quad \text{→ 외분하는 점의 } z\text{좌표가 0이야.}$$

$3c-12=0$

$\therefore c=4$

$\therefore a+b+c=6+3+4=13$

---

29 정답 ⑤   정답률 85%

> ┌→ zx평면 위의 점의 좌표는 (▲, 0, ■) 꼴이야.
> 좌표공간의 서로 다른 두 점 $A(a, b, -5)$, $B(-8, 6, c)$에
> 대하여 <u>선분 AB의 중점이 zx평면 위에 있고</u>, <u>선분 AB를</u>
> ❶   ❷
> <u>1 : 2로 내분하는 점이 y축 위에 있을 때</u>, $a+b+c$의 값은?
> ❸   ❹
> ① -8   ② -4   ③ 0
> ④ 4   ✓⑤ 8
> └→ y축 위의 점의 좌표는 (0, ◆, 0) 꼴이야.

☑ **연관 개념 check**

두 점 $A(x_1, y_1, z_1)$, $B(x_2, y_2, z_2)$에 대하여 선분 AB를 $m : n$ $(m>0, n>0)$으로 내분하는 점의 좌표는

$$\left(\frac{mx_2+nx_1}{m+n}, \ \frac{my_2+ny_1}{m+n}, \ \frac{mz_2+nz_1}{m+n}\right)$$

수능 핵심 개념   좌표축 또는 좌표평면 위의 점

(1) x축 위의 점의 좌표: $(a, 0, 0)$
(2) y축 위의 점의 좌표: $(0, b, 0)$
(3) z축 위의 점의 좌표: $(0, 0, c)$
(4) xy평면 위의 점의 좌표: $(a, b, 0)$
(5) yz평면 위의 점의 좌표: $(0, b, c)$
(6) zx평면 위의 점의 좌표: $(a, 0, c)$

해결 흐름

❶ 선분 AB의 중점의 좌표를 구해야겠네.

❷ zx평면 위의 점의 y좌표는 0임을 이용하면 되겠네.

❸ 선분 AB를 1 : 2로 내분하는 점의 좌표를 구해야겠네.

❹ y축 위의 점의 x좌표와 z좌표는 모두 0임을 이용하면 되겠네.

알찬 풀이

두 점 $A(a, b, -5)$, $B(-8, 6, c)$에 대하여 선분 AB의 중점의 좌표는

$$\left(\frac{a-8}{2}, \ \frac{b+6}{2}, \ \frac{-5+c}{2}\right)$$

이 점이 zx평면 위에 있으므로

$$\frac{b+6}{2}=0 \quad \therefore b=-6 \quad \text{→ 좌표공간에서 } zx\text{평면 위에 있는 점은 } (y\text{좌표})=0\text{이야.}$$

또, 선분 AB를 1 : 2로 내분하는 점의 좌표는

$$\left(\frac{1\times(-8)+2\times a}{1+2}, \ \frac{1\times 6+2\times b}{1+2}, \ \frac{1\times c+2\times(-5)}{1+2}\right)$$

$$\therefore \left(\frac{2a-8}{3}, \ \frac{2b+6}{3}, \ \frac{c-10}{3}\right)$$

이 점이 y축 위에 있으므로

$$\frac{2a-8}{3}=0, \ \frac{c-10}{3}=0 \quad \therefore a=4, c=10 \quad \text{→ 좌표공간에서 } y\text{축 위에 있는 점은 } (x\text{좌표})=0, (z\text{좌표})=0\text{이야.}$$

$\therefore a+b+c=4+(-6)+10=8$

30

좌표공간의 두 점 A$(1, a, -6)$, B$(-3, 2, b)$에 대하여
선분 AB를 3 : 2로 외분하는 점이 x축 위에 있을 때, $a+b$
의 값은?　→ x축 위의 점의 좌표는 $(\blacktriangle, 0, 0)$ 꼴이야.

✓① -1　　　② -2　　　③ -3
④ -4　　　⑤ -5

☑ **연관 개념 check**

두 점 A(x_1, y_1, z_1), B(x_2, y_2, z_2)에 대하여 선분 AB를
$m : n$ $(m>0,\ n>0,\ m\neq n)$으로 외분하는 점의 좌표는
$$\left(\frac{mx_2-nx_1}{m-n},\ \frac{my_2-ny_1}{m-n},\ \frac{mz_2-nz_1}{m-n}\right)$$

해결 흐름

1 선분 AB를 3 : 2로 외분하는 점의 좌표를 구해야겠네.
2 x축 위의 점의 y좌표와 z좌표는 모두 0임을 이용하면 되겠네.

선분 AB를 3:2로
외분하는 점

알찬 풀이

두 점 A$(1, a, -6)$, B$(-3, 2, b)$에 대하여 선분 AB를 3 : 2로 외분하는 점
의 좌표는
$$\left(\frac{3\times(-3)-2\times1}{3-2},\ \frac{3\times2-2\times a}{3-2},\ \frac{3\times b-2\times(-6)}{3-2}\right)$$
$$\therefore\ (-11,\ 6-2a,\ 3b+12)$$
이 점이 x축 위에 있으므로
$$6-2a=0,\ 3b+12=0 \longrightarrow \text{좌표공간에서 } x\text{축 위에 있는 점은}$$
$$(y\text{좌표})=0,\ (z\text{좌표})=0\text{이야.}$$
따라서 $a=3$, $b=-4$이므로
$$a+b=3+(-4)=-1$$

31

좌표공간에서 두 점 A$(2, a, -2)$, B$(5, -3, b)$에 대하여
선분 AB를 2 : 1로 내분하는 점이 x축 위에 있을 때, $a+b$
의 값은?　→ x축 위의 점의 좌표는 $(\blacktriangle, 0, 0)$ 꼴이야.

① 10　　　② 9　　　③ 8
✓④ 7　　　⑤ 6

☑ **연관 개념 check**

두 점 A(x_1, y_1, z_1), B(x_2, y_2, z_2)에 대하여 선분 AB를
$m : n$ $(m>0,\ n>0)$으로 내분하는 점의 좌표는
$$\left(\frac{mx_2+nx_1}{m+n},\ \frac{my_2+ny_1}{m+n},\ \frac{mz_2+nz_1}{m+n}\right)$$

해결 흐름

1 선분 AB를 2 : 1로 내분하는 점의 좌표를 구해야겠네.
2 x축 위의 점의 y좌표와 z좌표는 모두 0임을 이용하면 되겠네.

선분 AB를 2:1로
내분하는 점

알찬 풀이

두 점 A$(2, a, -2)$, B$(5, -3, b)$에 대하여 선분 AB를 2 : 1로 내분하는 점
의 좌표는
$$\left(\frac{2\times5+1\times2}{2+1},\ \frac{2\times(-3)+1\times a}{2+1},\ \frac{2\times b+1\times(-2)}{2+1}\right)$$
$$\therefore\ \left(4,\ \frac{-6+a}{3},\ \frac{2b-2}{3}\right)$$
이 점이 x축 위에 있으므로
$$\frac{-6+a}{3}=0,\ \frac{2b-2}{3}=0 \longrightarrow \text{좌표공간에서 } x\text{축 위에 있는 점은}$$
$$(y\text{좌표})=0,\ (z\text{좌표})=0\text{이야.}$$
따라서 $a=6$, $b=1$이므로
$$a+b=6+1=7$$

기출 유형 POINT

x축 위의 내분점

선분 AB를 $m : n$ $(m>0,\ n>0)$으로 내분하는 점이 x축 위에 있으면 내분하는 점의 y좌
표, z좌표가 0이므로
$$\frac{my_2+ny_1}{m+n}=0,\ \frac{mz_2+nz_1}{m+n}=0$$
임을 이용한다.

III. 공간도형과 공간좌표

3점 집중

다음 조건을 만족시키는 점 P 전체의 집합이 나타내는 도형
의 둘레의 길이는?

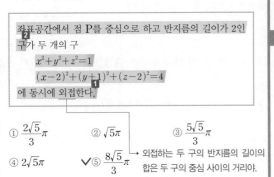

좌표공간에서 점 P를 중심으로 하고 반지름의 길이가 2인
구가 두 개의 구
$$x^2+y^2+z^2=1$$
$$(x-2)^2+(y+1)^2+(z-2)^2=4$$
에 동시에 외접한다.

① $\dfrac{2\sqrt{5}}{3}\pi$ ② $\sqrt{5}\pi$ ③ $\dfrac{5\sqrt{5}}{3}\pi$

④ $2\sqrt{5}\pi$ ✔⑤ $\dfrac{8\sqrt{5}}{3}\pi$ → 외접하는 두 구의 반지름의 길이의
합은 두 구의 중심 사이의 거리야.

☑ 연관 개념 check

중심의 좌표가 (a, b, c)이고, 반지름의 길이가 r인 구의 방
정식은
$$(x-a)^2+(y-b)^2+(z-c)^2=r^2$$

수능 핵심 개념 ┃ 두 구의 위치 관계

두 구의 반지름의 길이를 각각 r, r' $(r>r')$이라 하고,
두 구의 중심 사이의 거리를 d라 하면
(1) 두 구가 만난다. $\Longleftrightarrow r-r'\leq d\leq r+r'$
(2) 두 구가 내접한다. $\Longleftrightarrow d=r-r'$
(3) 두 구가 외접한다. $\Longleftrightarrow d=r+r'$

해결 흐름

1 두 구의 위치 관계를 알아봐야겠네.
2 점 P 전체의 집합이 나타내는 도형이 무엇인지 파악해야겠어.

알찬 풀이

두 구 $x^2+y^2+z^2=1$, $(x-2)^2+(y+1)^2+(z-2)^2=4$의 중심을 각각
$O(0, 0, 0)$, $A(2, -1, 2)$라 하면
$$\overline{OA}=\sqrt{2^2+(-1)^2+2^2}=3$$

> **좌표공간에서 두 점 사이의 거리**
> 원점 O와 점 $A(a, b, c)$ 사이의 거리는
> $\overline{OA}=\sqrt{a^2+b^2+c^2}$

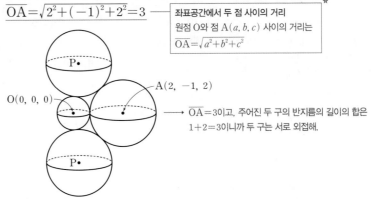

→ $\overline{OA}=3$이고, 주어진 두 구의 반지름의 길이의 합은
$1+2=3$이니까 두 구는 서로 외접해.

즉, 두 구의 중심 사이의 거리가 두 구의 반지름의 길이의 합과 같으므로 두 구는
외접한다.

→ 주어진 두 구에 동시에 외접하는
구의 중심의 자취야.

이때 점 P는 두 구에 동시에 외접하는 구의 중심이므로 점 P 전체의 집합이 나타
내는 도형은 선분 OA로부터 일정한 거리에 있는 점의 자취인 원이다.
$\overline{OP}=\overline{OA}=3$, $\overline{AP}=4$이므로 다음 그림과 같이 삼각형 OAP의 꼭짓점 P에서
직선 OA에 내린 수선의 발을 H라 하고 $\overline{OH}=t$라 하자.

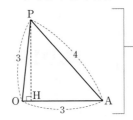

→ 중심이 P인 구는 중심이 O, A인 두 구에 동시에 외접하므로
세 구의 중심 P, O, A를 꼭짓점으로 하는 삼각형 OAP는
$\overline{OP}=\overline{OA}=3$인 이등변삼각형이야.

직각삼각형 POH에서 ←
$\overline{PH}^2=\overline{PO}^2-\overline{OH}^2=3^2-t^2$
직각삼각형 PHA에서
$\overline{PH}^2=\overline{PA}^2-\overline{AH}^2=4^2-(3-t)^2$

$$\overline{PH}^2=3^2-t^2=4^2-(3-t)^2$$
$$6t=2$$
$$\therefore t=\frac{1}{3}$$
$$\therefore \overline{PH}=\sqrt{3^2-\left(\frac{1}{3}\right)^2}=\sqrt{\frac{80}{9}}=\frac{4\sqrt{5}}{3}$$

따라서 점 P 전체의 집합이 나타내는 도형은 점 H를 중심으로 하고 반지름의 길
이가 $\dfrac{4\sqrt{5}}{3}$인 원이므로 구하는 둘레의 길이는

→ 주어진 두 구에 외접하면서 두 구의 주위를 한
바퀴 도는 구의 중심이니까 원임을 알 수 있지.

$$2\pi \times \frac{4\sqrt{5}}{3}=\frac{8\sqrt{5}}{3}\pi$$

┃ 문제 해결 **TIP**

김경민 ┃ 이화여자대학교 화학생명분자과학부 ┃ 양서고등학교 졸업

먼저 점 P가 나타내는 도형이 무엇인지 파악해야 해. 점 P를 중심으로 하는 구가 주어진 두 개의
구에 동시에 외접하도록 그려 보면 점 P가 나타내는 도형이 원이라는 것을 알 수 있어. 그럼 구하는
것이 점 P가 나타내는 원의 둘레의 길이이니까 이 원의 반지름의 길이를 알면 답을 구할 수 있지.
이 원의 반지름의 길이는 점 P와 주어진 두 구의 중심 O, A를 이은 선분 OA 사이의 거리와 같으
니까 그림을 단순화하면 쉽게 구할 수 있어. 세 점 O, A, P를 이어 삼각형을 만들고, 점 P에서
선분 OA에 수선의 발을 내려 피타고라스 정리를 이용해 봐.

33 정답 ② 정답률 82%

그림과 같이 좌표공간에서 한 변의 길이가 4인 정육면체를 한 변의 길이가 2인 8개의 정육면체로 나누었다. 이 중 그림의 **세 정육면체 A, B, C 안에 반지름의 길이가 1인 구가 각각 내접하고 있다.** **1** **3개의 구의 중심을 연결한 삼각형의 무게중심의 좌표를** **2** (p, q, r)라 할 때, $p+q+r$의 값은?

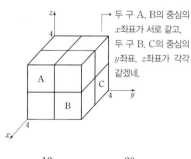

두 구 A, B의 중심의 x좌표가 서로 같고, 두 구 B, C의 중심의 y좌표, z좌표가 각각 같겠네.

① 6   ✔② $\dfrac{19}{3}$ ③ $\dfrac{20}{3}$

④ 7   ⑤ $\dfrac{22}{3}$

☑ **연관 개념 check**

세 점 $A(x_1, y_1, z_1)$, $B(x_2, y_2, z_2)$, $C(x_3, y_3, z_3)$을 꼭짓점으로 하는 삼각형의 무게중심의 좌표는

$\left(\dfrac{x_1+x_2+x_3}{3}, \dfrac{y_1+y_2+y_3}{3}, \dfrac{z_1+z_2+z_3}{3}\right)$

해결 흐름

1 세 정육면체 A, B, C에 내접하는 구의 중심을 구해야겠네.
2 3개의 구의 중심을 연결한 삼각형의 무게중심의 좌표를 구할 수 있겠다.

알찬 풀이

정육면체 A에 내접하는 구의 중심의 좌표는
$(3, 1, 3)$
정육면체 B에 내접하는 구의 중심의 좌표는
$(3, 3, 1)$
정육면체 C에 내접하는 구의 중심의 좌표는
$(1, 3, 1)$
즉, 세 점 $(3, 1, 3)$, $(3, 3, 1)$, $(1, 3, 1)$을 연결한 삼각형의 무게중심의 좌표는

$\left(\dfrac{3+3+1}{3}, \dfrac{1+3+3}{3}, \dfrac{3+1+1}{3}\right)$

$\therefore \left(\dfrac{7}{3}, \dfrac{7}{3}, \dfrac{5}{3}\right) \rightarrow$ 점 (p, q, r)와 일치해.

따라서 $p=\dfrac{7}{3}$, $q=\dfrac{7}{3}$, $r=\dfrac{5}{3}$이므로

$p+q+r=\dfrac{7}{3}+\dfrac{7}{3}+\dfrac{5}{3}=\dfrac{19}{3}$

34 정답 20 정답률 76%

그림과 같이 **반지름의 길이가 각각 9, 15, 36이고 서로 외접하는 세 개의 구가 평면 α 위에 놓여 있다.** **1** 세 구의 중심을 각각 A, B, C라 할 때, **△ABC의 무게중심으로부터 평면 α까지의 거리**를 구하시오. **2** 20

평면 α를 xy평면이라고 생각해 봐.

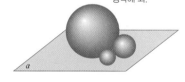

☑ **연관 개념 check**

세 점 $A(x_1, y_1, z_1)$, $B(x_2, y_2, z_2)$, $C(x_3, y_3, z_3)$을 꼭짓점으로 하는 삼각형의 무게중심의 좌표는

$\left(\dfrac{x_1+x_2+x_3}{3}, \dfrac{y_1+y_2+y_3}{3}, \dfrac{z_1+z_2+z_3}{3}\right)$

해결 흐름

1 평면 α를 xy평면이라 하고, 세 구의 중심의 좌표를 구해야겠네.
2 삼각형 ABC의 무게중심의 z좌표를 구해서 삼각형 ABC의 무게중심으로부터 평면 α까지의 거리를 구해야겠네.

알찬 풀이

평면 α를 xy평면이라 하자. → 세 구가 xy평면의 윗부분에 접한다는 거야.
세 개의 구가 평면 α 위에 놓여 있고, 세 구의 반지름의 길이가 각각 9, 15, 36이므로 세 구의 중심은 각각
$A(a_1, b_1, \boxed{9})$, $B(a_2, b_2, \boxed{15})$, $C(a_3, b_3, \boxed{36})$
이때 삼각형 ABC의 무게중심으로부터 평면 α, 즉 xy평면까지의 거리는 삼각형 ABC의 무게중심의 z좌표와 같다.
→ 세 구가 xy평면의 윗부분에 접하므로
(구의 중심의 z좌표)=(반지름의 길이)야.
따라서 구하는 거리는

$\dfrac{9+15+36}{3}=20$

기출 유형 POINT

좌표평면에 접하는 구의 방정식

구의 중심의 좌표가 (a, b, c)일 때, 좌표평면에 접하는 구의 방정식은 다음과 같다.
(1) xy평면에 접할 경우 ➡ |(구의 중심의 z좌표)|=(반지름의 길이)
       ➡ $(x-a)^2+(y-b)^2+(z-c)^2=c^2$
(2) yz평면에 접할 경우 ➡ |(구의 중심의 x좌표)|=(반지름의 길이)
       ➡ $(x-a)^2+(y-b)^2+(z-c)^2=a^2$
(3) zx평면에 접할 경우 ➡ |(구의 중심의 y좌표)|=(반지름의 길이)
       ➡ $(x-a)^2+(y-b)^2+(z-c)^2=b^2$

35

35 정답 ⑤   정답률 65%

그림은 $\overline{AC}=\overline{AE}=\overline{BE}$이고 $\angle DAC=\angle CAB=90°$인 사면체의 전개도이다.

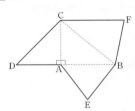

이 전개도로 사면체를 만들 때, 세 점 D, E, F가 합쳐지는 점을 P라 하자. 사면체 PABC에 대하여 **보기**에서 옳은 것만을 있는 대로 고른 것은?   → 주어진 사면체의 전개도를 접은 모양을 그려서 생각해 봐.

┌ **보기** ┐
ㄱ. $\overline{CP}=\sqrt{2}\,\overline{BP}$ → 두 직선이 평행하지도 않고, 만나지도 않아야 해.
ㄴ. 직선 AB와 직선 CP는 꼬인 위치에 있다.
ㄷ. 선분 AB의 중점을 M이라 할 때, 직선 PM과 직선 BC는 서로 수직이다.
└────────┘

① ㄱ   ② ㄷ   ③ ㄱ, ㄴ
④ ㄴ, ㄷ   ✔⑤ ㄱ, ㄴ, ㄷ

☑ **연관 개념 check**
(1) 직선 l이 평면 α와 수직이면 직선 l은 평면 α 위의 모든 직선과 수직이다.
(2) 직선 l이 평면 α 위의 평행하지 않은 두 직선과 각각 수직이면 직선 l은 평면 α와 수직이다.

해결 흐름

1 먼저 주어진 전개도로 만들어지는 사면체를 그려 봐야겠네.
2 공간에서 두 직선의 위치 관계와 직선과 평면의 위치 관계를 이용하면 되겠군.

알찬 풀이

주어진 전개도로 사면체를 만들면 오른쪽 그림과 같다.

ㄱ. 삼각형 APC는 직각이등변삼각형이므로
$\overline{CP}=\sqrt{2}\,\overline{AC}$ → $\overline{AC}=\overline{AE}$이고, 사면체를 만들면 꼭짓점 P의 위치에 점 E가 오니까 $\overline{AC}=\overline{AP}$야.
$\quad\;\;=\sqrt{2}\,\overline{BP}$ (참)

ㄴ. 직선 AB와 직선 CP는 서로 만나지도 않고 평행하지도 않으므로 꼬인 위치에 있다. (참)

> **꼬인 위치**
> 두 직선이 만나지도 않고 평행하지도 않을 때, 두 직선은 꼬인 위치에 있다고 한다.

ㄷ. 선분 AC는 평면 APB와 수직이므로
$\overline{AC}\perp\overline{PM}$
삼각형 APB는 $\overline{PA}=\overline{PB}$인 이등변삼각형이므로
$\overline{PM}\perp\overline{AB}$ → 이등변삼각형 APB의 꼭짓점 P에서 밑변 AB에 내린 수선의 발은 선분 AB를 수직이등분해.

즉, 선분 PM은 두 선분 AC, AB를 포함하는 평면 ABC와 수직이므로 평면 ABC 위의 임의의 직선과 항상 수직이다.
$\therefore \overline{PM}\perp\overline{BC}$ (참)

이상에서 ㄱ, ㄴ, ㄷ 모두 옳다.

───────────────── 문제 해결 **TIP**

박해인 | 연세대학교 치의예과 | 중앙고등학교 졸업

전개도를 접어서 입체도형을 만들고 꼭짓점을 표시할 수 있어야 해결할 수 있는 문제였어. 전개도가 나왔을 때 머릿속에 입체적으로 바로 그려지면 편하게 풀 수 있지만, 쉽사리 그려지지 않는 경우가 더 많아. 정육면체, 정사면체, 정팔면체 등 수능에서 자주 나오는 입체도형들로 연습을 많이 하다 보면 감을 익힐 수 있을 거야.

---

36 정답 ④   정답률 47%

→ 구의 중심 O는 정사면체에서 어디에 위치할지 생각해 봐.
중심이 O이고 반지름의 길이가 1인 구에 내접하는 정사면체 ABCD가 있다. 두 삼각형 BCD, ACD의 무게중심을 각각 F, G라 할 때, **보기**에서 옳은 것만을 있는 대로 고른 것은?

┌ **보기** ┐
ㄱ. 직선 AF와 직선 BG는 꼬인 위치에 있다.
ㄴ. 삼각형 ABC의 넓이는 $\dfrac{3\sqrt{3}}{4}$보다 작다.
ㄷ. $\angle AOG=\theta$일 때, $\cos\theta=\dfrac{1}{3}$이다.
└────────┘

① ㄴ   ② ㄷ   ③ ㄱ, ㄴ
✔④ ㄴ, ㄷ   ⑤ ㄱ, ㄴ, ㄷ

☑ **연관 개념 check**
두 직선이 만나지도 않고 평행하지도 않을 때, 두 직선은 꼬인 위치에 있다고 한다.

해결 흐름

1 정사면체의 한 꼭짓점에서 밑면에 내린 수선의 발은 밑면인 정삼각형의 무게중심과 일치함을 이용해야겠군.
2 정삼각형 ABC의 넓이를 구하려면 정사면체의 한 모서리의 길이를 알아야겠네.

알찬 풀이

ㄱ. 오른쪽 그림과 같이 선분 CD의 중점을 M이라 하면 삼각형 BCD의 무게중심이 점 F이므로 선분 BF의 연장선은 선분 CD와 점 M에서 만난다.
또, 삼각형 ACD의 무게중심이 점 G이므로 선분 AG의 연장선은 선분 CD와 점 M에서 만난다. 즉, 두 점 G, F가 평면 ABM 위의 점이므로 두 직선 AF, BG는 모두 평면 ABM 위에 있다.
따라서 직선 AF와 직선 BG는 꼬인 위치에 있지 않다. (거짓)
  → 두 직선 AF, BG는 점 O에서 만나.

수능 핵심 개념 **정삼각형과 정사면체**

(1) 정삼각형의 높이와 넓이

한 변의 길이가 a인 정삼각형에서

① 높이: $\frac{\sqrt{3}}{2}a$ ② 넓이: $\frac{\sqrt{3}}{4}a^2$

(2) 정사면체의 높이와 부피

한 모서리의 길이가 a인 정사면체에서

① 높이: $\frac{\sqrt{6}}{3}a$ ② 부피: $\frac{\sqrt{2}}{12}a^3$

ㄴ. 삼각형 AFM에서

$\overline{AG}:\overline{GM}=2:1$이고 $\overline{GM}=\overline{FM}$이므로

→ 두 삼각형 BCD, ACD가 합동이니까 $\overline{GM}=\overline{FM}$이 성립해.

$\overline{AM}:\overline{FM}=3:1$

또, $\triangle AFM \backsim \triangle AGO$ (AA 닮음)이므로

→ $\angle AFM=\angle AGO=90°$, $\angle A$는 공통이니까 두 삼각형 AFM과 AGO는 닮음이야.

$\overline{AM}:\overline{FM}=\overline{AO}:\overline{GO}$

이때 $\overline{AO}=1$이므로

$3:1=1:\overline{GO}$ $\therefore \overline{GO}=\frac{1}{3}$

즉, $\overline{OF}=\overline{OG}=\frac{1}{3}$이므로

$\overline{AF}=1+\frac{1}{3}=\frac{4}{3}$

선분 AF는 정사면체의 높이야.

정사면체 ABCD의 한 모서리의 길이를 x라 하면 이 정사면체의 높이는

$\overline{AF}=\frac{\sqrt{6}}{3}x$이므로

$\frac{\sqrt{6}}{3}x=\frac{4}{3}$ $\therefore x=\frac{2\sqrt{6}}{3}$

$\therefore \triangle ABC=\frac{\sqrt{3}}{4}\times\left(\frac{2\sqrt{6}}{3}\right)^2=\frac{2\sqrt{3}}{3}<\frac{3\sqrt{3}}{4}$ (참)

ㄷ. 오른쪽 그림에서 두 삼각형 AFM과 AGO는 서로 닮음이므로

→ $\angle A$는 공통, $\angle AGO=\angle AFM$이야.

$\angle AMF=\angle AOG=\theta$

$\therefore \cos\theta=\cos(\angle AMF)$

직각삼각형 AFM에서 $\cos(\angle AMF)=\frac{\overline{FM}}{\overline{AM}}$

$=\frac{\overline{FM}}{\overline{AM}}=\frac{\overline{GM}}{\overline{AM}}$ → ㄴ에서 $\overline{GM}=\overline{FM}$임을 알았어.

$=\frac{1}{3}$ (참)

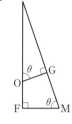

이상에서 옳은 것은 ㄴ, ㄷ이다.

다른 풀이

ㄴ. 오른쪽 그림과 같이 반지름의 길이가 1인 원에 내접하는 정삼각형의 넓이는

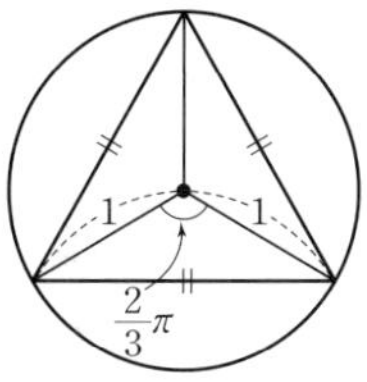

$3\times\left(\frac{1}{2}\times1\times1\times\sin\frac{2}{3}\pi\right)=3\times\frac{1}{2}\times\frac{\sqrt{3}}{2}$

$=\frac{3\sqrt{3}}{4}$

$\sin\frac{2}{3}\pi=\sin\left(\pi-\frac{\pi}{3}\right)$
$=\sin\frac{\pi}{3}$
$=\frac{\sqrt{3}}{2}$

그런데 정삼각형 ABC는 구의 중심 O를 지나면서 삼각형 ABC와 평행한 평면으로 자른 단면보다 작은 단면 안에 존재하므로 그 넓이는 $\frac{3\sqrt{3}}{4}$보다 작다.

(참)

생생 수험 Talk

수능이나 모의고사를 대비하는 데 있어서 절대 잊어서 안 되는 것은 바로 오답 노트야! 나는 내신은 항상 1등급을 유지했는데, 고3 3월 모의고사까지 수학 모의고사는 항상 2등급이었어. 그것도 항상 70점대 점수를 받아가며 아슬아슬하게 유지하고 있었지. 그런데 오답 노트를 이용해서 정확히 한 달 만에 20점을 올렸어! 일단 모의고사를 풀고 틀린 문제를 오답 노트에 간단하게 옮겨 적은 다음, □를 3개 그리고 정확히 세 번 다시 풀어 봤어. 처음에는 풀어야 하는 양이 어마어마해서 수학에 엄청난 시간을 투자하게 됐는데, 점점 틀리는 문제 수가 적어지고 특히 같은 유형의 문제를 다시 틀리는 일이 없어졌어.

고득점을 원한다면 오답 노트의 중요성을 절대 잊어서는 안 돼! 한 달 만에 올린 내 점수는 수능 때까지 계속 유지할 수 있었어!

37 정답 ④
정답률 34%

피타고라스 정리를 이용해서 구의 지름인
$\overline{AC}$의 길이를 구할 수 있어.

좌표공간에 $\overline{AB}=8$, $\overline{BC}=6$, $\angle ABC=\dfrac{\pi}{2}$인 직각삼각형 ABC와 선분 AC를 지름으로 하는 구 S가 있다. 직선 AB를 포함하고 평면 ABC에 수직인 평면이 구 S와 만나서 생기는 원을 O라 하자. 원 O 위의 점 중에서 직선 AC까지의 거리가 4인 서로 다른 두 점을 P, Q라 할 때, 선분 PQ의 길이는?
1
2

① $\sqrt{43}$ ② $\sqrt{47}$ ③ $\sqrt{51}$

✓④ $\sqrt{55}$ ⑤ $\sqrt{59}$

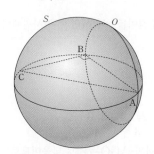

☑ 연관 개념 check
평면 α 위에 있지 않은 한 점 P와 평면 α 위의 직선 l, 직선 l 위의 점 H, 평면 α 위에 있으면서 직선 l 위에 있지 않은 점 O에 대하여 다음이 성립한다.

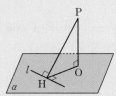

(1) $\overline{PO}\perp\alpha$, $\overline{OH}\perp l$이면 $\overline{PH}\perp l$
(2) $\overline{PO}\perp\alpha$, $\overline{PH}\perp l$이면 $\overline{OH}\perp l$
(3) $\overline{PH}\perp l$, $\overline{OH}\perp l$, $\overline{PO}\perp\overline{OH}$이면 $\overline{PO}\perp\alpha$

☑ 실전 적용 key
삼수선의 정리를 이용할 수 있도록 수선을 긋는 것이 중요하다. 수선을 그어 직각삼각형을 만든 다음 피타고라스 정리를 이용하여 필요한 선분의 길이를 구한다.

해결 흐름

1 공간도형에서 선분의 길이를 구해야 하니까 삼수선의 정리를 이용해야겠어.
2 두 점 P, Q에서 직선 AC에 내린 수선의 발까지의 거리가 모두 4임을 이용하면 되겠다.

알찬 풀이

$\overline{AB}=8$, $\overline{BC}=6$, $\angle ABC=\dfrac{\pi}{2}$이므로 $\triangle ABC$에서

$$\overline{AC}=\sqrt{\overline{AB}^2+\overline{BC}^2}=\sqrt{8^2+6^2}=10$$

$\overline{AC}$는 구 S의 지름이므로 $\overline{AC}$의 중점을 S라 하면 점 S는 구 S의 중심이고,

$$\overline{SA}=\frac{1}{2}\overline{AC}=\frac{1}{2}\times10=5$$

원 O를 포함하는 평면과 평면 ABC는 수직이므로 선분 PQ와 선분 AB가 만나는 점을 D라 하면

$$\overline{PD}\perp\overline{AB}, \quad \overline{PD}=\overline{QD}$$

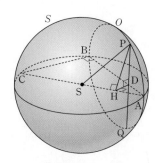

점 P에서 선분 $\overline{AC}$에 내린 수선의 발을 H라 하면

$$\overline{PS}=5, \quad \overline{PH}=4$$ → 점 P와 직선 AC 사이의 거리로 문제에 주어졌어.

이므로 직각삼각형 PSH에서

$$\overline{SH}=\sqrt{\overline{PS}^2-\overline{PH}^2}=\sqrt{5^2-4^2}=3$$

한편, $\overline{PD}\perp$(평면 ABC), $\overline{PH}\perp\overline{AC}$이므로

삼수선의 정리에 의하여
$\overline{DH}\perp\overline{AC}$ → 삼수선의 정리 (2)에 의하여 성립해.

$\triangle ABC$와 $\triangle AHD$는 닮음이므로 → $\angle ABC=\angle AHD=\dfrac{\pi}{2}$,
$\angle A$는 공통이니까
$\triangle ABC\backsim\triangle AHD$ (AA 닮음)야.

$\overline{AB}:\overline{BC}=\boxed{\overline{AH}}:\overline{HD}$에서

$8:6=\boxed{2}:\overline{HD}$ → $\overline{SA}-\overline{SH}=5-3=2$

$$\therefore \overline{HD}=\frac{3}{2}$$

직각삼각형 PHD에서

$$\overline{PD}=\sqrt{\overline{PH}^2-\overline{HD}^2}=\sqrt{4^2-\left(\frac{3}{2}\right)^2}=\frac{\sqrt{55}}{2}$$

$$\therefore \overline{PQ}=2\overline{PD}=2\times\frac{\sqrt{55}}{2}=\sqrt{55}$$

→ 구의 반지름이야.

38 정답 ⑤   정답률 36%

그림과 같이 서로 다른 두 평면 α, β의 교선 위에 $\overline{AB}=18$ 인 두 점 A, B가 있다. 선분 AB를 지름으로 하는 원 C_1이 평면 α 위에 있고, 선분 AB를 장축으로 하고 두 점 F, F'을 초점으로 하는 타원 C_2가 평면 β 위에 있다. 원 C_1 위의 한 점 P에서 평면 β에 내린 수선의 발을 H라 할 때, $\overline{HF'}<\overline{HF}$ 이고 $\angle HFF'=\dfrac{\pi}{6}$이다. 직선 HF와 타원 C_2가 만나는 점 중 점 H와 가까운 점을 Q라 하면, $\overline{FH}<\overline{FQ}$이다. 점 H를 중심으로 하고 점 Q를 지나는 평면 β 위의 원은 반지름의 길이가 4이고 직선 AB에 접한다. 두 평면 α, β가 이루는 각의 크기를 θ라 할 때, $\cos\theta$의 값은?

(단, 점 P는 평면 β 위에 있지 않다.)

→ 점 H에서 직선 AB에 내린 수선의 발을 H'이라 하면 삼수선의 정리를 이용할 수 있어.

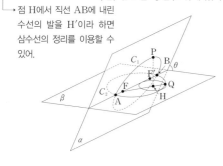

① $\dfrac{2\sqrt{66}}{33}$ ② $\dfrac{4\sqrt{69}}{69}$ ③ $\dfrac{\sqrt{2}}{3}$

④ $\dfrac{4\sqrt{3}}{15}$ ✓⑤ $\dfrac{2\sqrt{78}}{39}$

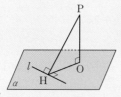

해결 흐름

■1 $\cos\theta$의 값을 구하려면 한 각의 크기가 θ인 직각삼각형을 찾아야겠네.

■2 점 H에서 직선 AB에 내린 수선의 발을 H'이라 하고, 두 선분 $\overline{HH'}$, $\overline{PH'}$의 길이를 구해야겠다.

알찬 풀이

오른쪽 그림과 같이 평면 β를 xy평면, 선분 FF'의 중점을 원점 O, 직선 AB를 x축이라 하자.

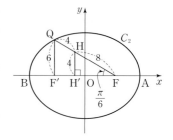

점 H를 중심으로 하고 점 Q를 지나는 평면 β 위의 원의 반지름의 길이가 4이고, 이 원이 직선 AB에 접하므로 점 H에서 x축에 내린 수선의 발을 H'이라 하면

$$\overline{HH'}=\overline{HQ}=4$$

직각삼각형 HH'F에서

$$\overline{HF}=\frac{\overline{HH'}}{\sin\dfrac{\pi}{6}}=\frac{4}{\dfrac{1}{2}}=8$$

$$\overline{H'F}=\frac{\overline{HH'}}{\tan\dfrac{\pi}{6}}=\frac{4}{\dfrac{\sqrt{3}}{3}}=4\sqrt{3}$$

> **타원의 정의** ☆★
> 타원 위의 한 점에서 두 초점까지의 거리의 합은 타원의 장축의 길이와 같다.

이때 타원 C_2의 장축의 길이가 18이므로 타원의 정의에 의하여 → $\overline{AB}=18$

$$\overline{QF}+\overline{QF'}=18$$ → $\overline{QF}=\overline{HF}+\overline{HQ}=8+4=12$

$$\therefore \overline{QF'}=18-\overline{QF}=18-12=6$$

세 점 F', H', F는 한 직선 위에 있고, 두 삼각형 QF'F와 HH'F에서

$$\overline{QF}:\overline{HF}=\overline{QF'}:\overline{HH'}=3:2$$ → $12:8=6:4=3:2$

이고 $\angle F$는 공통이므로 $\triangle QF'F\backsim\triangle HH'F$ (SAS 닮음)

$$\therefore \overline{F'F}=\frac{3}{2}\overline{H'F}$$ → 두 삼각형 QF'F와 HH'F의 닮음비가 $3:2$이기 때문이야.

$$=\frac{3}{2}\times 4\sqrt{3}=6\sqrt{3}$$

$$\overline{OH'}=\overline{H'F}-\overline{OF}$$ → $\overline{OF}=\frac{1}{2}\overline{F'F}=\frac{1}{2}\times 6\sqrt{3}=3\sqrt{3}$

$$=4\sqrt{3}-3\sqrt{3}=\sqrt{3}$$

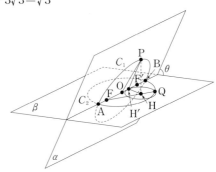

점 P는 중심이 O이고 반지름의 길이가 9인 원 C_1 위의 점이고, → $\overline{OP}=9$
$\overline{PH}\perp\beta$, $\overline{HH'}\perp\overline{AB}$이므로 삼수선의 정리에 의하여
$$\overline{PH'}\perp\overline{AB}$$ ── 삼수선의 정리 (1)에 의하여 성립해.

직각삼각형 POH'에서

$$\overline{PH'}=\sqrt{\overline{OP}^2-\overline{OH'}^2}=\sqrt{9^2-(\sqrt{3})^2}=\sqrt{78}$$ → 피타고라스 정리를 이용했어.

이때 $\angle PH'H=\theta$이므로 직각삼각형 PH'H에서

$$\cos\theta=\frac{\overline{HH'}}{\overline{PH'}}=\frac{4}{\sqrt{78}}=\frac{2\sqrt{78}}{39}$$ → $\overline{PH'}\perp\overline{AB}$, $\overline{HH'}\perp\overline{AB}$이기 때문이야.

한 변의 길이가 12인 정삼각형 BCD를 한 면으로 하는 사면체 ABCD의 꼭짓점 A에서 평면 BCD에 내린 수선의 발을 H라 할 때, 점 H는 삼각형 BCD의 내부에 놓여 있다. 삼각형 CDH의 넓이는 삼각형 BCH의 넓이의 3배, 삼각형 DBH의 넓이는 삼각형 BCH의 넓이의 2배이고 $\overline{AH}=3$이다. 선분 BD의 중점을 M, 점 A에서 선분 CM에 내린 수선의 발을 Q라 할 때, 선분 AQ의 길이는?

→ △CDH=3△BCH, 즉 △BCH : △CDH=1 : 3이야.
→ △DBH=2△BCH, 즉 △BCH : △DBH=1 : 2야.

점 M, 점 Q의 위치를 찾고 $\overline{AH}$⊥(평면 BCD), $\overline{AQ}$⊥$\overline{CM}$이므로 삼수선의 정리를 이용해.

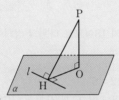

① $\sqrt{11}$ ② $2\sqrt{3}$ ✔③ $\sqrt{13}$
④ $\sqrt{14}$ ⑤ $\sqrt{15}$

☑ 연관 개념 check

평면 α 위에 있지 않은 한 점 P와 평면 α 위의 직선 l, 직선 l 위의 점 H, 평면 α 위에 있으면서 직선 l 위에 있지 않은 점 O에 대하여 다음이 성립한다.

(1) $\overline{PO}$⊥α, $\overline{OH}$⊥l이면 $\overline{PH}$⊥l
(2) $\overline{PO}$⊥α, $\overline{PH}$⊥l이면 $\overline{OH}$⊥l
(3) $\overline{PH}$⊥l, $\overline{OH}$⊥l, $\overline{PO}$⊥$\overline{OH}$이면 $\overline{PO}$⊥α

해결 흐름

1 $\overline{AH}$⊥(평면 BCD), $\overline{AQ}$⊥$\overline{CM}$이니까 삼수선의 정리를 이용하면 $\overline{HQ}$⊥$\overline{CM}$이겠구나.

알찬 풀이

$\overline{AH}$⊥(평면 BCD), $\overline{AQ}$⊥$\overline{CM}$
이므로 삼수선의 정리에 의하여
$\overline{HQ}$⊥$\overline{CM}$ → 삼수선의 정리 (2)에 의하여 성립해.

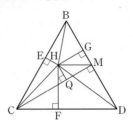

위의 그림과 같이 평면 BCD에서
△BCH : △CDH : △DBH=1 : 3 : 2
이므로 점 H에서 세 선분 BC, CD, DB에 내린 수선의 발을 각각 E, F, G라 하면
$\overline{HE}$: $\overline{HF}$: $\overline{HG}$=1 : 3 : 2 → 세 삼각형 BCH, CDH, DBH는 밑변의 길이가 모두 12이므로 넓이의 비와 높이의 비가 같아.
즉, $\overline{HE}=k$, $\overline{HF}=3k$, $\overline{HG}=2k$ ($k\neq0$인 상수)
로 놓으면 삼각형 BCD의 넓이는
$$\triangle BCD=\triangle BCH+\triangle CDH+\triangle DBH$$
$$=\frac{1}{2}\times\overline{BC}\times\overline{HE}+\frac{1}{2}\times\overline{CD}\times\overline{HF}+\frac{1}{2}\times\overline{DB}\times\overline{HG}$$
$$=\frac{1}{2}\times12\times k+\frac{1}{2}\times12\times3k+\frac{1}{2}\times12\times2k$$
$$=\frac{1}{2}\times12\times(k+3k+2k)$$
$$=36k$$
이때 삼각형 BCD는 한 변의 길이가 12인 정삼각형이므로 삼각형 BCD의 넓이는
$$\frac{\sqrt{3}}{4}\times12^2=36\sqrt{3}$$

> **정삼각형의 넓이** ☆★
> 한 변의 길이가 a인 정삼각형의 넓이 S는
> $$S=\frac{\sqrt{3}}{4}a^2$$

즉, $36k=36\sqrt{3}$이므로
$$k=\sqrt{3}$$
또, 삼각형 BCM의 넓이는
$$\triangle BCM=\triangle BCH+\triangle CMH+\triangle MBH$$
$$=\frac{1}{2}\times\overline{BC}\times\overline{HE}+\frac{1}{2}\times\overline{CM}\times\overline{HQ}+\frac{1}{2}\times\overline{MB}\times\overline{HG}$$
$$=\frac{1}{2}\times12\times\sqrt{3}+\frac{1}{2}\times6\sqrt{3}\times\overline{HQ}+\frac{1}{2}\times6\times2\sqrt{3}$$
$$=6\sqrt{3}+3\sqrt{3}\,\overline{HQ}+6\sqrt{3}$$
→ 선분 CM은 정삼각형 BCD의 높이이므로 $\overline{CM}=\frac{\sqrt{3}}{2}\times12=6\sqrt{3}$
$$=12\sqrt{3}+3\sqrt{3}\,\overline{HQ}$$

점 M이 선분 BD의 중점이니까 삼각형 BCM의 넓이는 삼각형 BCD의 넓이의 $\frac{1}{2}$이야.

이때 삼각형 BCM의 넓이는 삼각형 BCD의 넓이의 $\frac{1}{2}$이므로
$$36\sqrt{3}\times\frac{1}{2}=18\sqrt{3}$$
즉, $12\sqrt{3}+3\sqrt{3}\,\overline{HQ}=18\sqrt{3}$이므로
$$3\sqrt{3}\,\overline{HQ}=6\sqrt{3}\qquad\therefore\ \overline{HQ}=2$$
따라서 삼각형 AQH는 직각삼각형이므로

→ $\overline{AH}$⊥(평면 BCD)이니까 선분 AH는 평면 BCD 위의 선분 QH와도 수직이야.

피타고라스 정리를 이용했어.

$$\overline{AQ}=\sqrt{\overline{AH}^2+\overline{HQ}^2}$$
$$=\sqrt{3^2+2^2}=\sqrt{13}$$

그림과 같이 직선 l을 교선으로 하고 이루는 각의 크기가 $\dfrac{\pi}{4}$ 인 두 평면 α와 β가 있고, 평면 α 위의 점 A와 평면 β 위의 점 B가 있다. 두 점 A, B에서 직선 l에 내린 수선의 발을 각각 C, D라 하자. $\overline{AB}=2$, $\overline{AD}=\sqrt{3}$이고 직선 AB와 평면 β가 이루는 각의 크기가 $\dfrac{\pi}{6}$일 때, 사면체 ABCD의 부피는 $a+b\sqrt{2}$이다. $36(a+b)$의 값을 구하시오. **12**

→ 점 A에서 평면 β에 내린 수선의 발을 H라 하면 $\angle ACH=\dfrac{\pi}{4}$야.

(단, a, b는 유리수이다.)

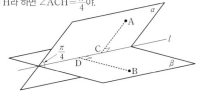

☑ 연관 개념 check

평면 α 위에 있지 않은 한 점 P와 평면 α 위의 직선 l, 직선 l 위의 점 H, 평면 α 위에 있으면서 직선 l 위에 있지 않은 점 O에 대하여 다음이 성립한다.

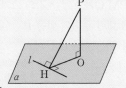

(1) $\overline{PO}\perp\alpha$, $\overline{OH}\perp l$이면 $\overline{PH}\perp l$
(2) $\overline{PO}\perp\alpha$, $\overline{PH}\perp l$이면 $\overline{OH}\perp l$
(3) $\overline{PH}\perp l$, $\overline{OH}\perp l$, $\overline{PO}\perp\overline{OH}$이면 $\overline{PO}\perp\alpha$

☑ 실전 적용 key

직선과 평면이 이루는 각의 크기가 주어지면 먼저 직선 위의 점에서 평면에 수선을 그어 본다.

수능 핵심 개념   이면각

직선 l을 공유하는 두 반평면 α와 β로 이루어진 도형을 이면각이라 한다. 이때 직선 l을 이면각의 변, 두 반평면 α와 β를 이면각의 면, $\angle AOB$의 크기를 이면각의 크기라 한다.

해결 흐름

1 사면체 ABCD의 부피를 구하려면 먼저 밑면을 정해야겠네.
2 삼각형 BCD를 밑면으로 놓고 삼각형 BCD의 넓이와 사면체의 높이를 구해야겠다.
3 점 A에서 평면 β에 수선의 발을 내려서 부피를 구하는 데 필요한 변의 길이를 구하면 되겠군.

알찬 풀이

다음 그림과 같이 점 A에서 평면 β에 내린 수선의 발을 H라 하자.

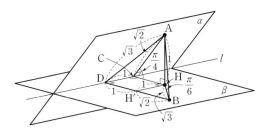

$\overline{AB}=2$이고 직선 AB와 평면 β가 이루는 각의 크기가 $\dfrac{\pi}{6}$이므로

$$\overline{AH}=\overline{AB}\sin\dfrac{\pi}{6}=2\times\dfrac{1}{2}=1$$

$$\overline{BH}=\overline{AB}\cos\dfrac{\pi}{6}=2\times\dfrac{\sqrt{3}}{2}=\sqrt{3}$$

→ 삼각형 ABH는 직각삼각형이니까 삼각비를 이용하면 돼.

$\overline{AH}\perp\beta$, $\overline{AC}\perp l$

이므로 삼수선의 정리에 의하여

$\overline{HC}\perp l$ → 삼수선의 정리 (2)에 의하여 성립해.

이때 두 평면 α, β가 이루는 각의 크기가 $\dfrac{\pi}{4}$이므로

$$\angle ACH=\dfrac{\pi}{4}$$ → $\overline{AC}\perp l$, $\overline{CH}\perp l$이므로 $\angle ACH$가 두 평면 α, β의 이면각이야.

즉, 직각삼각형 ACH에서 $\overline{CH}=\overline{AH}=1$이므로

$$\overline{AC}=\sqrt{2}\,\overline{AH}=\sqrt{2}$$ → 삼각형 ACH는 직각이등변삼각형이야.

또, 직각삼각형 ADC에서 $\overline{AD}=\sqrt{3}$이므로

$$\overline{CD}=\sqrt{\overline{AD}^2-\overline{AC}^2}$$
$$=\sqrt{3-2}=1$$

한편, 평면 β 위의 점 H에서 선분 BD에 내린 수선의 발을 H$'$이라 하면

$\overline{HH'}=\overline{CD}=1$이므로

직각삼각형 HH$'$B에서

$$\overline{BH'}=\sqrt{\overline{BH}^2-\overline{HH'}^2}$$
$$=\sqrt{3-1}=\sqrt{2}$$

$$\therefore \overline{DB}=\overline{DH'}+\overline{H'B}$$
$$=1+\sqrt{2}$$

따라서 사면체 ABCD의 부피는 → (사면체의 부피)$=\dfrac{1}{3}\times$(밑넓이)$\times$(높이)임을 이용했어.

$$\dfrac{1}{3}\times\triangle BCD\times\overline{AH}=\dfrac{1}{3}\times\left(\dfrac{1}{2}\times\overline{DB}\times\overline{CD}\right)\times\overline{AH}$$
$$=\dfrac{1}{3}\times\left\{\dfrac{1}{2}\times(1+\sqrt{2})\times1\right\}\times1$$
$$=\dfrac{1}{6}+\dfrac{1}{6}\sqrt{2}$$

이므로

$$a=\dfrac{1}{6},\ b=\dfrac{1}{6}$$

$$\therefore 36(a+b)=36\left(\dfrac{1}{6}+\dfrac{1}{6}\right)=12$$

→ 두 반원의 반지름의 길이는 4야.

그림과 같이 한 변의 길이가 8인 정사각형 ABCD에 두 선분 AB, CD를 각각 지름으로 하는 두 반원이 붙어 있는 모양의 종이가 있다. 반원의 호 AB의 삼등분점 중 점 B에 가까운 점을 P라 하고, 반원의 호 CD를 이등분하는 점을 Q라 하자. 이 종이에서 두 선분 AB와 CD를 접는 선으로 하여 두 반원을 접어 올렸을 때 두 점 P, Q에서 평면 ABCD에 내린 수선의 발을 각각 G, H라 하면 두 점 G, H는 정사각형 ABCD의 내부에 놓여 있고, $\overline{PG}=\sqrt{3}$, $\overline{QH}=2\sqrt{3}$이다. 두 평면 PCQ와 ABCD가 이루는 각의 크기가 θ일 때, $70\times\cos^2\theta$의 값을 구하시오. **40**

(단, 종이의 두께는 고려하지 않는다.)

→ 선분 AB를 지름으로 하는 반원의 중심을 O_1이라 하면 $\angle PO_1B=\dfrac{\pi}{3}$야.

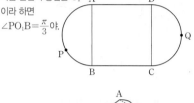

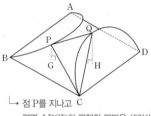

→ 점 P를 지나고 평면 ABCD와 평행한 평면을 생각해 봐.

✓ 연관 개념 check

평면 α 위에 있지 않은 한 점 P와 평면 α 위의 직선 l, 직선 l 위의 점 H, 평면 α 위에 있으면서 직선 l 위에 있지 않은 점 O에 대하여 다음이 성립한다.

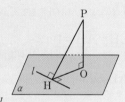

(1) $\overline{PO}\perp\alpha$, $\overline{OH}\perp l$이면 $\overline{PH}\perp l$
(2) $\overline{PO}\perp\alpha$, $\overline{PH}\perp l$이면 $\overline{OH}\perp l$
(3) $\overline{PH}\perp l$, $\overline{OH}\perp l$, $\overline{PO}\perp\overline{OH}$이면 $\overline{PO}\perp\alpha$

✓ 실전 적용 key

문제에서와 같이 두 평면 PCQ와 ABCD가 이루는 각의 크기를 구하기 어려울 때에는 이면각의 정의를 이용할 수 있도록 한 평면을 평행이동하여 각의 크기를 구하기 쉬운 평면으로 바꾸어 생각한다.

수능 핵심 개념 | 이면각

직선 l을 공유하는 두 반평면 α와 β로 이루어진 도형을 이면각이라 한다. 이때 직선 l을 이면각의 변, 두 반평면 α와 β를 이면각의 면, $\angle AOB$의 크기를 이면각의 크기라 한다.

해결 흐름

1 점 P를 지나고 평면 ABCD와 평행한 평면이 평면 PCQ와 이루는 각의 크기도 θ이겠네.
2 $\cos\theta$의 값을 구하는 데 필요한 선분의 길이를 구해야겠군.

알찬 풀이

$\overline{PG}=\sqrt{3}$, $\overline{QH}=2\sqrt{3}$이므로 오른쪽 그림과 같이 점 P를 지나고 평면 ABCD와 평행한 평면이 두 선분 QC, QH와 만나는 점을 각각 M_1, M_2라 하자. 이때

$\overline{M_2H}=\overline{PG}=\sqrt{3}$,
$\overline{QH}=2\sqrt{3}$

이므로 점 M_2는 선분 QH의 중점이고, 삼각형 QCH에서

$\overline{QM_2}=\overline{M_2H}$, $\overline{M_1M_2}/\!/\overline{CH}$

이므로 $\overline{QM_1}=\overline{M_1C}$, 즉 점 M_1은 선분 QC의 중점이다.

또, θ는 두 평면 PM_1M_2, PM_1Q가 이루는 각의 크기와 같다.

한편, 점 P에서 선분 AB에 내린 수선의 발을 P′, 선분 AB를 지름으로 하는 반원의 중심을 O_1이라 하면 직각삼각형 PO_1P'에서

$\overline{O_1P'}=\overline{O_1P}\cos\dfrac{\pi}{3}=4\times\dfrac{1}{2}=2$,

$\overline{PP'}=\overline{O_1P}\sin\dfrac{\pi}{3}=4\times\dfrac{\sqrt{3}}{2}=2\sqrt{3}$

직각삼각형 PP′G에서

$\overline{P'G}=\sqrt{\overline{PP'}^2-\overline{PG}^2}$
　　　$=\sqrt{(2\sqrt{3})^2-(\sqrt{3})^2}=3$

→ 피타고라스 정리를 이용했어.

★★ **삼각형의 두 변의 중점을 연결한 선분의 성질**
삼각형 ABC에서 $\overline{AM}=\overline{MB}$, $\overline{MN}/\!/\overline{BC}$ 이면 $\overline{AN}=\overline{NC}$

$\overline{O_1P}=\dfrac{1}{2}\overline{AB}$
　　　$=\dfrac{1}{2}\times 8=4$

또, 선분 CD를 지름으로 하는 반원의 중심을 O_2라 하면 점 Q에서 선분 CD에 내린 수선의 발은 점 O_2와 같으므로 → 점 Q가 호 CD를 이등분하기 때문에 $\overline{QO_2}\perp\overline{CD}$야.

직각삼각형 QHO_2에서

$\overline{HO_2}=\sqrt{\overline{QO_2}^2-\overline{QH}^2}$
　　　$=\sqrt{4^2-(2\sqrt{3})^2}=2$

→ $\overline{QO_2}=\dfrac{1}{2}\overline{CD}=\dfrac{1}{2}\times8=4$

이때 오른쪽 그림과 같이 점 M_1의 평면 ABCD 위로의 정사영을 M_1'이라 하면 점 M_1'은 선분 CH의 중점이므로 → $\overline{CM_1}=\overline{M_1Q}$, $\overline{M_1M_1'}/\!/\overline{QH}$이기 때문이야.

$\overline{HM_1'}=\dfrac{1}{2}\overline{CH}=\dfrac{1}{2}\times\sqrt{2^2+4^2}=\sqrt{5}$

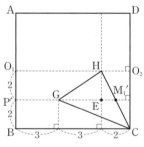

또, 점 H를 지나고 선분 BC에 수직인 직선이 선분 GM_1'과 만나는 점을 E라 하면

$\overline{GM_1'}=\overline{GE}+\overline{EM_1'}=3+1=4$

이때 $\overline{PM_2}=\overline{GH}=\sqrt{3^2+2^2}=\sqrt{13}$,

$\overline{M_1M_2}=\overline{M_1'H}=\sqrt{5}$,

$\overline{PM_1}=\overline{GM_1'}=4$이므로

→ $\overline{HM_1'}=\overline{M_1'C}$, $\overline{O_1P'}=\overline{P'B}$이니까 $\overline{EM_1'}=\dfrac{1}{2}\times2=1$이야.

직각삼각형 QPM_2에서

$\overline{PQ}=\sqrt{\overline{PM_2}^2+\overline{QM_2}^2}$
　　　$=\sqrt{(\sqrt{13})^2+(\sqrt{3})^2}=4$

직각삼각형 QM_1M_2에서

$\overline{QM_1}=\sqrt{\overline{M_1M_2}^2+\overline{QM_2}^2}$
　　　$=\sqrt{(\sqrt{5})^2+(\sqrt{3})^2}=2\sqrt{2}$

→ $\overline{QM_2}\perp$(평면 PM_1M_2) 이기 때문이야.

한편, 오른쪽 그림과 같이 점 P에서 선분 QM_1에 내린 수선의 발을 P'', $\angle PM_1Q=\alpha$라 하면

$$\cos\alpha=\dfrac{\overline{M_1P''}}{\overline{PM_1}}$$

삼각형 PM_1Q는 $\overline{PM_1}=\overline{PQ}$인 이등변삼각형이므로 ← 점 P에서 밑변에 그은 수선은 밑변을 수직이등분해.

$$=\dfrac{\dfrac{1}{2}\overline{M_1Q}}{\overline{PM_1}}=\dfrac{\sqrt{2}}{4}$$

또, 오른쪽 그림과 같이 점 Q에서 선분 PM_1에 내린 수선의 발을 Q'이라 하면
$$\overline{QQ'}\perp\overline{PM_1},\ \overline{QM_2}\perp(\text{평면 } PM_1M_2)$$
이므로 삼수선의 정리에 의하여
$$\overline{M_2Q'}\perp\overline{PM_1}\quad\rightarrow\ \text{삼수선의 정리 (2)에 의하여 성립해.}$$
이때
$$\overline{Q'M_1}=\overline{QM_1}\cos\alpha=2\sqrt{2}\times\dfrac{\sqrt{2}}{4}=1$$
이므로 직각삼각형 $QQ'M_1$에서
$$\overline{QQ'}=\sqrt{\overline{QM_1}^2-\overline{Q'M_1}^2}=\sqrt{(2\sqrt{2})^2-1^2}=\sqrt{7}$$
직각삼각형 $M_2Q'M_1$에서
$$\overline{M_2Q'}=\sqrt{\overline{M_2M_1}^2-\overline{Q'M_1}^2}=\sqrt{(\sqrt{5})^2-1^2}=2$$
따라서 $\cos\theta=\dfrac{\overline{Q'M_2}}{\overline{QQ'}}=\dfrac{2}{\sqrt{7}}=\dfrac{2\sqrt{7}}{7}$이므로
$$70\times\cos^2\theta=70\times\dfrac{4}{7}$$
$$=40$$

42 정답 8   정답률 31%

→ 종이를 접었으니까 $\triangle ABM\equiv\triangle APM$, $\triangle MCN\equiv\triangle MPN$이야.

그림과 같이 한 변의 길이가 4이고 $\angle BAD=\dfrac{\pi}{3}$인 마름모 ABCD 모양의 종이가 있다. 변 BC와 변 CD의 중점을 각각 M과 N이라 할 때, 세 선분 AM, AN, MN을 접는 선으로 하여 사면체 PAMN이 되도록 종이를 접었다. 삼각형 AMN의 평면 PAM 위로의 정사영의 넓이는 $\dfrac{q}{p}\sqrt{3}$이다. 1 2 3

$p+q$의 값을 구하시오. (단, 종이의 두께는 고려하지 않으며 P는 종이를 접었을 때 세 점 B, C, D가 합쳐지는 점이고, p와 q는 서로소인 자연수이다.) 8

→ 두 평면이 이루는 각의 크기를 θ라 하고, $\cos\theta$의 값을 구해야겠지.

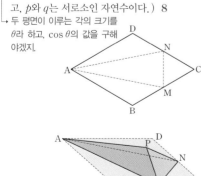

해결 흐름

1. 정사영의 넓이를 구하려면 두 평면 AMN과 PAM이 이루는 각의 크기를 θ라 하고, $\cos\theta$의 값을 구해야겠네.

2. 점 P에서 평면 AMN에 내린 수선의 발을 H라 하면 $\cos\theta=\dfrac{\overline{HQ}}{\overline{PQ}}$이니까 두 선분 PQ와 HQ의 길이를 구해야겠군.

3. 2에서 구한 $\cos\theta$의 값과 삼각형 AMN의 넓이를 이용하여 정사영의 넓이를 구할 수 있겠네.

알찬 풀이

오른쪽 그림과 같이 점 P에서 평면 AMN에 내린 수선의 발을 H, 선분 AC와 선분 MN의 교점을 E라 하면 삼각형 CNM은 한 변의 길이가 2인 정삼각형이므로
→ 사각형 ABCD가 마름모이므로 $\overline{CM}=\overline{CN}$이고, $\angle MCN=\angle BAD=\dfrac{\pi}{3}$이므로 삼각형 CNM은 정삼각형이야.

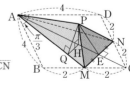

$$\overline{CE}=\dfrac{\sqrt{3}}{2}\times2=\sqrt{3}$$
$$\therefore\ \overline{PE}=\overline{CE}=\sqrt{3}$$

정삼각형 ABD의 높이는 $\dfrac{\sqrt{3}}{2}\overline{AB}=\dfrac{\sqrt{3}}{2}\times4=2\sqrt{3}$이므로
$$\overline{AC}=2\times2\sqrt{3}=4\sqrt{3}$$
이때 $\overline{HE}=k$라 하면

연관 개념 check

(1) 평면 α 위에 있지 않은 한 점 P와 평면 α 위의 직선 l, 직선 l 위의 점 H, 평면 α 위에 있으면서 직선 l 위에 있지 않은 점 O에 대하여 다음이 성립한다.

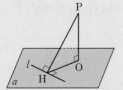

① $\overline{\text{PO}}\perp\alpha$, $\overline{\text{OH}}\perp l$이면 $\overline{\text{PH}}\perp l$

② $\overline{\text{PO}}\perp\alpha$, $\overline{\text{PH}}\perp l$이면 $\overline{\text{OH}}\perp l$

③ $\overline{\text{PH}}\perp l$, $\overline{\text{OH}}\perp l$, $\overline{\text{PO}}\perp\overline{\text{OH}}$이면 $\overline{\text{PO}}\perp\alpha$

(2) 평면 α 위에 있는 도형의 넓이를 S, 이 도형의 평면 β 위로의 정사영의 넓이를 S'이라 할 때, 두 평면 α, β가 이루는 각의 크기를 $\theta\left(0\leq\theta\leq\dfrac{\pi}{2}\right)$라 하면

$$S'=S\cos\theta$$

실전 적용 key

$\cos\theta$의 값은 다음과 같은 방법으로도 구할 수 있다.

두 평면 AMN과 PAM이 이루는 각의 크기를 θ라 하면

$$\sin\theta=\frac{\overline{\text{PH}}}{\overline{\text{PQ}}}=\frac{\dfrac{4\sqrt{6}}{9}}{\dfrac{2\sqrt{21}}{7}}=\frac{14\sqrt{14}}{63}=\frac{2\sqrt{14}}{9}$$

$$\therefore \cos\theta=\sqrt{1-\sin^2\theta}=\sqrt{1-\left(\frac{2\sqrt{14}}{9}\right)^2}$$

$$=\sqrt{\frac{25}{81}}=\frac{5}{9}$$

수능 핵심 개념 삼각형의 넓이

삼각형 ABC에서 두 변의 길이 b, c와 그 끼인각 $\angle A$의 크기를 알 때, 이 삼각형의 넓이를 S라 하면

$$S=\frac{1}{2}bc\sin A$$

$$\overline{\text{AH}}=\overline{\text{AC}}-\overline{\text{HE}}-\overline{\text{CE}}$$
$$=4\sqrt{3}-k-\sqrt{3}$$
$$=3\sqrt{3}-k$$

$\overline{\text{AP}}^2-\overline{\text{AH}}^2=\overline{\text{PE}}^2-\overline{\text{HE}}^2$에서 → 두 직각삼각형 AHP, HEP에서 선분 PH가 공통이므로 피타고라스 정리를 이용했어.

$$4^2-(3\sqrt{3}-k)^2=(\sqrt{3})^2-k^2$$
$$16-(27-6\sqrt{3}k+k^2)=3-k^2$$
$$6\sqrt{3}k=14,\ k=\frac{14}{6\sqrt{3}}=\frac{7\sqrt{3}}{9}$$

$$\therefore \overline{\text{HE}}=\frac{7\sqrt{3}}{9}$$

따라서 직각삼각형 PHE에서

$$\overline{\text{PH}}=\sqrt{\overline{\text{PE}}^2-\overline{\text{HE}}^2}$$
$$=\sqrt{(\sqrt{3})^2-\left(\frac{7\sqrt{3}}{9}\right)^2}=\frac{4\sqrt{6}}{9}$$

한편,

$$\overline{\text{AE}}=\overline{\text{AC}}-\overline{\text{CE}}=4\sqrt{3}-\sqrt{3}=3\sqrt{3},$$

$$\overline{\text{ME}}=\frac{1}{2}\overline{\text{MN}}=\frac{1}{2}\times2=1$$

이므로 직각삼각형 AME에서

$$\overline{\text{AM}}=\sqrt{\overline{\text{AE}}^2+\overline{\text{ME}}^2}$$
$$=\sqrt{(3\sqrt{3})^2+1^2}$$
$$=2\sqrt{7}$$

점 P에서 선분 AM에 내린 수선의 발을 Q라 하면 삼각형 PAM의 넓이에서

$$\frac{1}{2}\times\overline{\text{AP}}\times\overline{\text{PM}}\times\sin(\angle\text{APM})=\frac{1}{2}\times\overline{\text{AM}}\times\overline{\text{PQ}}$$

→ $\overline{\text{AP}}=\overline{\text{AB}}=4$, $\overline{\text{PM}}=\overline{\text{BM}}=2$야.

$$\frac{1}{2}\times4\times2\times\sin\frac{2}{3}\pi=\frac{1}{2}\times2\sqrt{7}\times\overline{\text{PQ}}$$

→ $\angle\text{APM}=\angle\text{ABM}=\dfrac{2}{3}\pi$야.

$$2\sqrt{3}=\sqrt{7}\,\overline{\text{PQ}}$$

$$\therefore \overline{\text{PQ}}=\frac{2\sqrt{21}}{7}$$

직각삼각형 PQH에서

$$\overline{\text{QH}}=\sqrt{\overline{\text{PQ}}^2-\overline{\text{PH}}^2}$$
$$=\sqrt{\left(\frac{2\sqrt{21}}{7}\right)^2-\left(\frac{4\sqrt{6}}{9}\right)^2}$$
$$=\frac{10\sqrt{21}}{63}$$

또, $\overline{\text{PH}}\perp$(평면 AMN), $\overline{\text{PQ}}\perp\overline{\text{AM}}$이므로 삼수선의 정리에 의하여

$\overline{\text{QH}}\perp\overline{\text{AM}}$ → 삼수선의 정리 (2)에 의하여 성립해.

따라서 두 평면 AMN과 PAM이 이루는 각의 크기를 θ라 하면

$$\cos\theta=\frac{\overline{\text{QH}}}{\overline{\text{PQ}}}=\frac{\dfrac{10\sqrt{21}}{63}}{\dfrac{2\sqrt{21}}{7}}=\frac{5}{9}$$

이때

$$\triangle\text{AMN}=\frac{1}{2}\times\overline{\text{AE}}\times\overline{\text{MN}}$$
$$=\frac{1}{2}\times3\sqrt{3}\times2=3\sqrt{3}$$

이므로 삼각형 AMN의 평면 PAM 위로의 정사영의 넓이는

$$\triangle\text{AMN}\times\cos\theta=3\sqrt{3}\times\frac{5}{9}=\frac{5}{3}\sqrt{3}$$

따라서 $p=3$, $q=5$이므로

$$p+q=3+5=8$$

43 정답률 81%

그림과 같이 $\overline{AB}=9$, $\overline{BC}=12$, $\cos(\angle ABC)=\dfrac{\sqrt{3}}{3}$인 사면체 ABCD에 대하여 점 A의 평면 BCD 위로의 정사영을 P라 하고 점 A에서 선분 BC에 내린 수선의 발을 Q라 하자.

$\cos(\angle AQP)=\dfrac{\sqrt{3}}{6}$일 때, 삼각형 BCP의 넓이는 k이다.

k^2의 값을 구하시오. **162**

$\cos(\angle ABC)=\dfrac{\sqrt{3}}{3}$을 이용하여 $\sin(\angle ABC)$의 값을 구하면 삼각형 ABC의 넓이를 구할 수 있어.

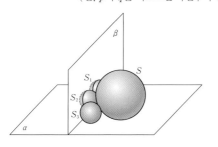

연관 개념 check

평면 α 위에 있는 도형의 넓이를 S, 이 도형의 평면 β 위로의 정사영의 넓이를 S'이라 할 때, 두 평면 α, β가 이루는 각의 크기를 $\theta\left(0\le\theta\le\dfrac{\pi}{2}\right)$라 하면

$S'=S\cos\theta$

해결 흐름

1 정사영의 넓이를 이용하면 $\triangle ABC\times\cos(\angle AQP)=\triangle BCP$이니까 삼각형 ABC의 넓이를 알아야겠네.

알찬 풀이

$\cos(\angle ABC)=\dfrac{\sqrt{3}}{3}$이므로

$\sin(\angle ABC)=\sqrt{1-\left(\dfrac{\sqrt{3}}{3}\right)^2}=\dfrac{\sqrt{6}}{3}$

$\angle ABC$는 삼각형 ABC의 한 내각이니까 $0<\angle ABC<\pi$야. 따라서 $\sin(\angle ABC)>0$이지.

$\therefore\ \triangle ABC=\dfrac{1}{2}\times\overline{AB}\times\overline{BC}\times\sin(\angle ABC)$

$\qquad\qquad=\dfrac{1}{2}\times9\times12\times\dfrac{\sqrt{6}}{3}=18\sqrt{6}$

$\overline{AP}\perp$(평면 BCD)이고 $\overline{AQ}\perp\overline{BC}$이므로 삼수선의 정리에 의하여 $\overline{PQ}\perp\overline{BC}$

점 A의 평면 BCD 위로의 정사영을 점 P라고 했으니까 $\overline{AP}\perp$(평면 BCD)야.

즉, 평면 ABC와 평면 BCD가 이루는 각이 $\angle AQP$이고, 삼각형 BCP는 삼각형 ABC의 평면 BCD 위로의 정사영이므로

$\triangle BCP=\triangle ABC\times\cos(\angle AQP)$에서

$k=18\sqrt{6}\times\dfrac{\sqrt{3}}{6}=9\sqrt{2}$ $\quad\therefore\ k^2=(9\sqrt{2})^2=162$

44 정답률 25%

그림과 같이 평면 α 위에 놓여 있는 서로 다른 네 구 S, S_1, S_2, S_3이 다음 조건을 만족시킨다.

(가) S의 반지름의 길이는 3이고, S_1, S_2, S_3의 반지름의 길이는 1이다.

(나) S_1, S_2, S_3은 모두 S에 접한다.

(다) S_1은 S_2와 접하고, S_2는 S_3과 접한다.

두 구의 중심 사이의 거리가 두 구의 반지름의 길이의 합과 같아.

S_1, S_2, S_3의 중심을 각각 O_1, O_2, O_3이라 하자. 두 점 O_1, O_2를 지나고 평면 α에 수직인 평면을 β, 두 점 O_2, O_3을 지나고 평면 α에 수직인 평면이 S_3과 만나서 생기는 단면을 D라 하자. 단면 D의 평면 β 위로의 정사영의 넓이를 $\dfrac{q}{p}\pi$라 할 때, $p+q$의 값을 구하시오. **11**

(단, p와 q는 서로소인 자연수이다.)

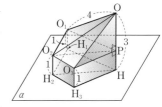

연관 개념 check

평면 α 위에 있는 도형의 넓이를 S, 이 도형의 평면 β 위로의 정사영의 넓이를 S'이라 할 때, 두 평면 α, β가 이루는 각의 크기를 $\theta\left(0\le\theta\le\dfrac{\pi}{2}\right)$라 하면

$S'=S\cos\theta$

해결 흐름

1 네 구 S, S_1, S_2, S_3의 중심을 연결하여 새로운 입체도형을 만들고 각 변의 길이를 구해 봐야겠네.

2 **1**에서 만든 도형을 세 점 O_1, O_2, O_3을 지나는 평면으로 자른 단면에서 코사인법칙을 이용하여 $\cos\theta$의 값을 구해야겠네.

알찬 풀이

오른쪽 그림과 같이 구 S의 중심을 O라 하고 네 점 O, O_1, O_2, O_3에서 평면 α에 내린 수선의 발을 각각 H, H_1, H_2, H_3이라 하면

$\overline{OH}=3$

$\overline{O_1H_1}=\overline{O_2H_2}=\overline{O_3H_3}=1$

각 구의 반지름의 길이와 같아.

이고 점 O_1에서 선분 OH에 내린 수선의 발을 P라 하면

$\overline{OH}\perp\overline{O_1P}$, $\overline{OH}\perp\overline{O_2P}$, $\overline{OH}\perp\overline{O_3P}$

또, 세 구 S_1, S_2, S_3이 모두 구 S에 접하므로

$\overline{OO_1}=\overline{OO_2}=\overline{OO_3}=3+1=4$

직각삼각형 OO_1P에서

$\overline{OP}=\overline{OH}-\overline{PH}=3-1=2$

이므로

$\overline{O_1P}=\sqrt{\overline{OO_1}^2-\overline{OP}^2}=\sqrt{4^2-2^2}=2\sqrt{3}$

같은 방법으로 $\overline{O_2P}=\overline{O_3P}=2\sqrt{3}$

이때 평면 $O_1O_2H_2H_1$은 두 점 O_1, O_2를 포함하고 평면 α에 수직이므로 평면 β와 같고 평면 $O_2H_2H_3O_3$은 단면 D를 포함한다.

그런데 두 평면 $O_1O_2H_2H_1$, $O_2H_2H_3O_3$의 교선이 직선 O_2H_2이므로 두 평면이 이루는 각의 크기를 θ라 하면 $\theta=\pi-\angle O_1O_2O_3$

오른쪽 그림의 이등변삼각형 PO_1O_2의 점 P에서 선분 O_1O_2에 내린 수선의 발을 M이라 하면

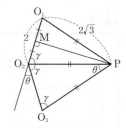

$$\overline{O_2M}=1$$

따라서 $\angle O_1O_2P=\gamma$라 하면

$$\cos\gamma=\frac{\overline{O_2M}}{\overline{O_2P}}=\frac{1}{2\sqrt{3}}=\frac{\sqrt{3}}{6}$$

$\triangle PO_1O_2\equiv\triangle PO_2O_3$ (SSS 합동)이므로

$$\angle PO_2O_3=\angle PO_3O_2=\gamma$$

따라서 삼각형 PO_2O_3에서 $\angle O_2PO_3=\pi-2\gamma$이므로

$$\theta=\pi-\angle O_1O_2O_3=\pi-2\gamma=\angle O_2PO_3$$

삼각형 PO_2O_3에서 코사인법칙에 의하여

$$\overline{O_2O_3}^2=\overline{O_2P}^2+\overline{O_3P}^2-2\times\overline{O_2P}\times\overline{O_3P}\times\cos\theta$$
$$2^2=(2\sqrt{3})^2+(2\sqrt{3})^2-2\times2\sqrt{3}\times2\sqrt{3}\times\cos\theta$$
$$\therefore\cos\theta=\frac{5}{6}$$

단면 D는 반지름의 길이가 1인 원이므로 단면 D의 넓이는 $\pi\times1^2=\pi$이고 단면 D의 평면 β 위로의 정사영의 넓이는 → 점 O_2을 포함하는 평면에 의해 S_3이 잘린 단면이기 때문이야.

$$\pi\times\cos\theta=\pi\times\frac{5}{6}=\frac{5}{6}\pi$$

따라서 $p=6$, $q=5$이므로

$$p+q=6+5=11$$

45 정답 40   정답률 37%

그림과 같이 $\overline{AB}=9$, $\overline{AD}=3$인 직사각형 ABCD 모양의 종이가 있다. 선분 AB 위의 점 E와 선분 DC 위의 점 F를 연결하는 선을 접는 선으로 하여, 점 B의 평면 AEFD 위로의 정사영이 점 D가 되도록 종이를 접었다. $\overline{AE}=3$일 때, 두 평면 AEFD와 EFCB가 이루는 각의 크기가 θ이다. $60\cos\theta$의 값을 구하시오. **40** $\overline{AB}=9$이므로 $\overline{BE}=6$이야.

$$\left(\text{단, } 0<\theta<\frac{\pi}{2}\text{이고, 종이의 두께는 고려하지 않는다.}\right)$$

두 삼각형 BEF, DEF의 넓이를 구하는 데 필요한 선분의 길이를 구해 봐.

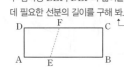
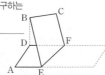

☑연관 개념 check

평면 α 위에 있는 도형의 넓이를 S, 이 도형의 평면 β 위로의 정사영의 넓이를 S'이라 할 때, 두 평면 α, β가 이루는 각의 크기를 $\theta\left(0\le\theta\le\frac{\pi}{2}\right)$라 하면

$$S'=S\cos\theta$$

해결 흐름

1 정사영의 넓이를 이용하면 $\cos\theta$의 값을 구할 수 있겠네.

2 점 B의 평면 AEFD 위로의 정사영이 점 D이므로 삼각형 BEF의 평면 AEFD 위로의 정사영이 삼각형 DEF임을 알 수 있어.

알찬 풀이

→ 주어진 조건과 길이가 같은 선분을 그림에 모두 표시해 봐.

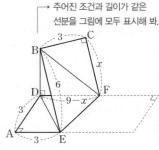

직각삼각형 AED에서

$$\overline{DE}=\sqrt{3^2+3^2}=3\sqrt{2}$$

직각삼각형 BDE에서

$$\overline{BD}=\sqrt{6^2-(3\sqrt{2})^2}=3\sqrt{2}$$

$\overline{CF}=x$라 하면 $\overline{DF}=9-x$이므로

직각삼각형 BDF에서

$$\overline{BF}=\sqrt{(3\sqrt{2})^2+(9-x)^2}$$

직각삼각형 BFC에서 $\overline{BF}=\sqrt{3^2+x^2}$

점 B에서 평면 AEFD에 내린 수선의 발이 점 D이니까 $\angle BDE=\angle BDF=90°$야.

즉, $(3\sqrt{2})^2+(9-x)^2=3^2+x^2$이므로

$$18x=90\qquad\therefore x=5$$

삼각형 BEF의 평면 AEFD 위로의 정사영이 삼각형 DEF이고

$$\triangle DEF=\frac{1}{2}\times\overline{DF}\times\overline{AD}=\frac{1}{2}\times4\times3=6$$

→ 점 F가 선분 CD 위의 어느 위치에 있더라도 삼각형 DEF의 높이는 항상 선분 AD야.

$$\triangle BEF=\frac{1}{2}\times\overline{BE}\times\overline{CB}=\frac{1}{2}\times6\times3=9$$

이므로 $\triangle BEF\times\cos\theta=\triangle DEF$에서

$$9\cos\theta=6\qquad\therefore\cos\theta=\frac{2}{3}$$

$$\therefore 60\cos\theta=60\times\frac{2}{3}=40$$

46 정답 32 정답률 24%

그림과 같이 밑면의 반지름의 길이가 7인 원기둥과 밑면의 반지름의 길이가 5이고 높이가 12인 원뿔이 평면 α 위에 놓여 있고, 원뿔의 밑면의 둘레가 원기둥의 밑면의 둘레에 내접한다. 평면 α와 만나는 원기둥의 밑면의 중심을 O, 원뿔의 꼭짓점을 A라 하자. 중심이 B이고 반지름의 길이가 4인 구 S가 다음 조건을 만족시킨다.

(가) 구 S는 원기둥과 원뿔에 모두 접한다.
(나) 두 점 A, B의 평면 α 위로의 정사영이 각각 A′, B′일 때, $\angle$A′OB′=180°이다. → 세 점 A′, O, B′이 한 직선 위에 있어.

직선 AB와 평면 α가 이루는 예각의 크기를 θ라 할 때, $\tan \theta = p$이다. $100p$의 값을 구하시오. **32**
(단, 원뿔의 밑면의 중심과 점 A′은 일치한다.)

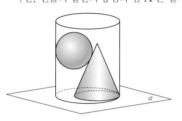

☑ **실전 적용 key**
원과 접선이 나오면 원의 중심과 접점을 잇는 보조선을 그어 보도록 한다.

해결 흐름

1 한 내각의 크기가 θ인 직각삼각형을 찾아 $\tan \theta$의 값을 구하는 데 필요한 선분의 길이를 구해야겠군.

2 주어진 입체도형을 네 점 A, A′, B, B′을 지나는 평면으로 자른 단면에서 θ를 나타내는 각을 찾아야겠다.

알찬 풀이

$\overline{AA'} \perp \alpha$, $\overline{BB'} \perp \alpha$에서 $\overline{AA'} /\!/ \overline{BB'}$이므로 평행한 두 직선 AA′, BB′을 지나는 평면으로 주어진 입체도형을 자른 단면은 오른쪽 그림과 같다. 구와 원뿔의 접점을 C라 하고, 점 B에서 선분 $\overline{AA'}$에 내린 수선의 발을 D라 하면 $\theta = \angle$ABD이다.
$\angle$BCB′=$\angle$B′A′A=90°이고,
$\angle$BB′C=$\angle$B′AA′ (엇각)
이므로
$\triangle$BB′C∽$\triangle$B′AA′ (AA 닮음)
즉, $\overline{BB'} : \overline{B'A} = \overline{BC} : \overline{B'A'}$이고 $\overline{B'A} = \sqrt{5^2+12^2} = 13$이므로

$\overline{BB'} : 13 = 4 : 5$ $\therefore \overline{BB'} = \dfrac{52}{5}$
→ 닮음인 두 도형에서 대응하는 변의 길이의 비는 같아.

따라서
$\overline{AD} = \overline{AA'} - \overline{DA'} = 12 - \dfrac{52}{5} = \dfrac{8}{5}$, $\overline{BD} = \overline{B'A'} = 5$
이므로 → 점 D가 점 B에서 선분 AA′에 내린 수선의 발이니까 $\overline{DA'} = \overline{BB'}$이야. 그러니까 $\overline{DA'} = \dfrac{52}{5}$이지.

$$p = \tan \theta = \frac{\overline{AD}}{\overline{BD}} = \frac{\dfrac{8}{5}}{5} = \frac{8}{25}$$

$$\therefore 100p = 100 \times \frac{8}{25} = 32$$

네 점 A, A′, B, B′이 한 평면 위에 나타나도록 단면도를 그린 거야.

직선 AB와 평면 α가 이루는 예각의 크기가 θ이면 단면에서 $\overline{B'A'} /\!/ \overline{BD}$이므로 $\theta = \angle$ABD임을 알 수 있어.

직각삼각형 AB′A′에서 피타고라스 정리를 이용했어.

---

47 정답 45 정답률 30%

그림과 같이 평면 α 위에 점 A가 있고 α로부터의 거리가 각각 1, 3인 두 점 B, C가 있다. 선분 AC를 1 : 2로 내분하는 점 P에 대하여 $\overline{BP}=4$이다. 삼각형 ABC의 넓이가 9일 때, 삼각형 ABC의 평면 α 위로의 정사영의 넓이를 S라 하자. S^2의 값을 구하시오. **45**
→ 두 점 B, C에서 평면 α에 수선의 발을 내릴 때, 두 점에서 각각의 수선의 발 사이의 거리가 1, 3이야.

☑ **연관 개념 check**
평면 α 위에 있는 도형의 넓이를 S, 이 도형의 평면 β 위로의 정사영의 넓이를 S′이라 할 때, 두 평면 α, β가 이루는 각의 크기를 $\theta \left(0 \le \theta \le \dfrac{\pi}{2}\right)$라 하면
$$S' = S \cos \theta$$

해결 흐름

1 삼각형 ABC의 넓이는 9이니까 정사영의 넓이를 구하려면 삼각형 ABC와 평면 α가 이루는 각의 크기에 대한 코사인 값을 알아야겠네.

2 두 점 B, P가 평면 α로부터 같은 거리에 있으니까 $\overline{PB} /\!/ \alpha$임을 알 수 있어.

3 삼각형 ABC와 평면 α가 이루는 각의 크기와 평면 α에 평행하고 선분 PB를 포함하는 평면이 삼각형 ABC와 이루는 각의 크기가 같음을 이용해서 필요한 선분의 길이를 구해야겠다.

알찬 풀이

오른쪽 그림과 같이 점 C에서 평면 α에 내린 수선의 발을 D라 하고, 점 B에서 선분 CD에 내린 수선의 발을 H라 하면
$\overline{DH}=1$, $\overline{CH}=2$
점 P가 선분 AC를 1 : 2로 내분하고 점 C와 평면 α 사이의 거리가 3이므로 점 P와 평면 α 사이의 거리는 1이다.
$\therefore \overline{PB} /\!/ \alpha$ → 문제의 조건에서 점 B와 평면 α 사이의 거리도 1로 주어졌으니까 $\overline{PB} /\!/ \alpha$임을 알 수 있어.
삼각형 ABC와 평면 α가 이루는 각의 크기를 θ, 평면 α에 평행하고 선분 PB를 포함하는 평면을 β라 하면 삼각형 PBC와 평면 β가 이루는 각의 크기도 θ이다.
→ 두 삼각형 ABC와 PBC는 한 평면에 있기 때문에 삼각형 PBC와 평면 β가 이루는 각의 크기도 θ야.

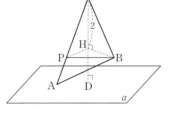

평면 α 위에 있지 않은 한 점 P와 평면 α 위의 직선 l, 직선 l 위의 점 H, 평면 α 위에 있으면서 직선 l 위에 있지 않은 점 O에 대하여 다음이 성립한다.

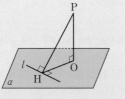

(1) $\overline{PO}\perp\alpha$, $\overline{OH}\perp l$이면 $\overline{PH}\perp l$
(2) $\overline{PO}\perp\alpha$, $\overline{PH}\perp l$이면 $\overline{OH}\perp l$
(3) $\overline{PH}\perp l$, $\overline{OH}\perp l$, $\overline{PO}\perp\overline{OH}$이면 $\overline{PO}\perp\alpha$

오른쪽 그림과 같이 점 C에서 평면 β에 내린 수선의 발은 H이고, 점 C에서 선분 PB에 내린 수선의 발을 I라 하면 삼수선의 정리에 의하여 $\overline{PB}\perp\overline{HI}$이므로 $\angle CIH=\theta$이다. 삼각형 ABC의 넓이가 9이고 점 P가 선분 AC를 $1:2$로 내분하는 점이므로

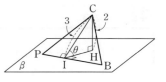

$$\triangle PBC=9\times\frac{2}{3}=6$$ → 삼각형 ABC와 삼각형 PBC는 높이가 같으니까 두 삼각형의 넓이의 비는 밑변의 길이의 비와 같아.

이때 $\triangle PBC=\frac{1}{2}\times\overline{PB}\times\overline{CI}=6$이므로

$$\frac{1}{2}\times 4\times\overline{CI}=6 \qquad \therefore \overline{CI}=3$$

따라서 직각삼각형 CIH에서 $\overline{HI}=\sqrt{3^2-2^2}=\sqrt{5}$이고, $\cos\theta=\frac{\overline{HI}}{\overline{CI}}=\frac{\sqrt{5}}{3}$이므로 삼각형 ABC의 평면 α 위로의 정사영의 넓이 S는

$$S=9\times\cos\theta=9\times\frac{\sqrt{5}}{3}=3\sqrt{5} \qquad \therefore S^2=(3\sqrt{5})^2=45$$

→ 삼각형 ABC의 넓이야.

48 정답 ⑤   정답률 47%

그림과 같이 중심 사이의 거리가 $\sqrt{3}$이고 반지름의 길이가 1인 두 원판과 평면 α가 있다. 각 원판의 중심을 지나는 직선 l은 두 원판의 면과 각각 수직이고, 평면 α와 이루는 각의 크기가 $60°$이다. 태양광선이 그림과 같이 평면 α에 수직인 방향으로 비출 때, 두 원판에 의해 평면 α에 생기는 그림자의 넓이는? (단, 원판의 두께는 무시한다.)

→ 원판의 정사영이 그림자가 돼.

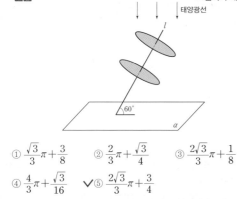

① $\frac{\sqrt{3}}{3}\pi+\frac{3}{8}$ ② $\frac{2}{3}\pi+\frac{\sqrt{3}}{4}$ ③ $\frac{2\sqrt{3}}{3}\pi+\frac{1}{8}$

④ $\frac{4}{3}\pi+\frac{\sqrt{3}}{16}$ ✓⑤ $\frac{2\sqrt{3}}{3}\pi+\frac{3}{4}$

해결 흐름

1 정사영의 넓이를 이용해서 두 원판에 의해 평면 α에 생기는 그림자의 넓이를 구해야겠네.
2 두 원판에 의해 평면 α에 생기는 그림자가 어떤 도형을 평면 α 위로 정사영시킨 것과 같은지 알아봐야겠다.

알찬 풀이

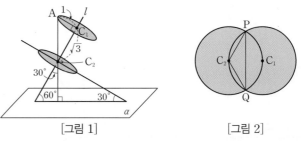

[그림 1]   [그림 2]

[그림 1]과 같이 두 원판의 중심을 각각 C_1, C_2라 하면 직각삼각형 AC_2C_1에서 $\overline{AC_1}=1$, $\overline{C_1C_2}=\sqrt{3}$이므로

→ $\overline{AC_1}:\overline{AC_2}:\overline{C_1C_2}=1:2:\sqrt{3}$

$$\angle C_1AC_2=60°, \ \angle AC_2C_1=30°$$

즉, 직선 AC_2는 태양광선과 평행하므로 두 원판에 의하여 평면 α에 생기는 그림자는 [그림 2]와 같이 서로의 중심을 지나도록 두 원판이 포개어진 상태에서 태양광선에 의해 평면 α에 생기는 그림자와 같다.

→ 두 삼각형 PC_2C_1과 QC_2C_1이 모두 정삼각형이므로 $\angle PC_2Q=\angle PC_2C_1+\angle QC_2C_1=\frac{2}{3}\pi$

두 원판이 만나는 두 점을 P, Q라 하면 $\angle PC_2Q=\frac{2}{3}\pi$이므로 두 호 PC_1Q, PC_2Q로 둘러싸인 부분의 넓이는

$$2\{(\text{부채꼴 } PC_2Q \text{의 넓이})-\triangle PC_2Q\}=2\left(\frac{1}{2}\times 1^2\times\frac{2}{3}\pi-\frac{1}{2}\times 1\times 1\times\sin\frac{2}{3}\pi\right)$$

$$=2\left(\frac{\pi}{3}-\frac{\sqrt{3}}{4}\right)$$

$$=\frac{2}{3}\pi-\frac{\sqrt{3}}{2}$$

> ☆
> **삼각형의 넓이**
> 삼각형 ABC의 넓이 S는
> $S=\frac{1}{2}bc\sin A$
> $=\frac{1}{2}ac\sin B$
> $=\frac{1}{2}ab\sin C$

이므로 어두운 부분의 넓이는 → 겹쳐진 두 원판의 넓이야.

$$2\pi-\left(\frac{2}{3}\pi-\frac{\sqrt{3}}{2}\right)=\frac{4}{3}\pi+\frac{\sqrt{3}}{2}$$

이때 원판의 면이 평면 α와 이루는 각의 크기가 $30°$이므로 구하는 그림자의 넓이는

$$\left(\frac{4}{3}\pi+\frac{\sqrt{3}}{2}\right)\times\cos 30°=\left(\frac{4}{3}\pi+\frac{\sqrt{3}}{2}\right)\times\frac{\sqrt{3}}{2}=\frac{2\sqrt{3}}{3}\pi+\frac{3}{4}$$

☑ 연관 개념 check

평면 α 위에 있는 도형의 넓이를 S, 이 도형의 평면 β 위로의 정사영의 넓이를 S'이라 할 때, 두 평면 α, β가 이루는 각의 크기를 $\theta\left(0\le\theta\le\frac{\pi}{2}\right)$라 하면

$$S'=S\cos\theta$$

☑ 오답 clear

원판의 면이 평면 α와 이루는 각의 크기를 두 원판의 중심을 지나는 직선 l과 평면 α가 이루는 각의 크기인 $60°$로 착각하지 않도록 주의해야 한다.

→ 직선 l과 평면 α가 이루는 각의 크기가 $60°$이니까 원판의 면과 평면 α가 이루는 각의 크기는 $30°$야.

49 정답 ③   정답률 46%

그림과 같이 반지름의 길이가 r인 구 모양의 공이 공중에 있다. 벽면과 지면은 서로 수직이고, 태양광선이 지면과 크기가 θ인 각을 이루면서 공을 비추고 있다. 태양광선과 평행하고 공의 중심을 지나는 직선이 벽면과 지면의 교선 l과 수직으로 만난다. 벽면에 생기는 공의 그림자 위의 점에서 교선 l까지 거리의 최댓값을 a라 하고, 지면에 생기는 공의 그림자 위의 점에서 교선 l까지 거리의 최댓값을 b라 하자. 보기에서 옳은 것만을 있는 대로 고른 것은?

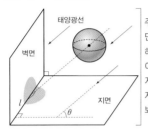

주어진 그림을 간단히 나타내기 위해 교선 l과 수직이고 공의 중심을 지나는 평면으로 자른 단면을 그려 봐.

── 보기 ──
ㄱ. 그림자와 교선 l의 공통부분의 길이는 $2r$이다.
ㄴ. $\theta=60°$이면 $a<b$이다.
ㄷ. $\dfrac{1}{a^2}+\dfrac{1}{b^2}=\dfrac{1}{r^2}$

① ㄱ   ② ㄴ   ✔③ ㄱ, ㄷ
④ ㄴ, ㄷ   ⑤ ㄱ, ㄴ, ㄷ

수능 핵심 개념 삼각함수 사이의 관계

(1) $\sin^2\theta+\cos^2\theta=1$

(2) $\tan\theta=\dfrac{\sin\theta}{\cos\theta}$

해결 흐름

1 교선 l과 태양광선이 서로 수직이므로 그림자와 교선 l이 만나는 부분의 길이를 알 수 있어.

알찬 풀이

ㄱ. 그림자와 교선 l의 공통부분은 구의 중심을 지나고 교선과 평행한 지름의 그림자의 길이와 같다.
교선과 평행한 구의 지름은 태양광선과 수직이므로 지름의 그림자의 길이는 구의 지름의 길이와 같다.
즉, 그림자와 교선 l의 공통부분의 길이는 구의 지름의 길이와 같은 $2r$이다.
                                                       (참)

ㄴ. 구의 중심을 지나고 벽면과 지면에 모두 수직인 평면으로 자른 단면은 오른쪽 그림과 같다.

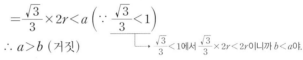

$a=\dfrac{r}{\cos\theta}$, $b=\dfrac{r}{\sin\theta}$이므로

$\theta=60°$이면 $\longrightarrow \cos\theta=\dfrac{r}{a}, \sin\theta=\dfrac{r}{b}$에서

$a=\dfrac{r}{\cos 60°}=2r$, $a=\dfrac{r}{\cos\theta}, b=\dfrac{r}{\sin\theta}$

$b=\dfrac{r}{\sin 60°}$

$=\dfrac{2\sqrt{3}}{3}r \longleftarrow$ $\dfrac{r}{\sin 60°}=\dfrac{r}{\frac{\sqrt3}{2}}=\dfrac{2}{\sqrt3}r=\dfrac{2\sqrt3}{3}r$

$=\dfrac{\sqrt3}{3}\times 2r<a\left(\because \dfrac{\sqrt3}{3}<1\right)$

$\therefore a>b$ (거짓) $\longrightarrow$ $\dfrac{\sqrt3}{3}<1$에서 $\dfrac{\sqrt3}{3}\times2r<2r$이니까 $b<a$야.

ㄷ. $a=\dfrac{r}{\cos\theta}$, $b=\dfrac{r}{\sin\theta}$이므로

$\dfrac{1}{a^2}+\dfrac{1}{b^2}=\dfrac{\cos^2\theta}{r^2}+\dfrac{\sin^2\theta}{r^2}=\dfrac{\cos^2\theta+\sin^2\theta}{r^2}=\dfrac{1}{r^2}$ (참)

이상에서 옳은 것은 ㄱ, ㄷ이다.

---

50 정답 30   정답률 29%

그림과 같이 태양광선이 지면과 $60°$의 각을 이루면서 비추고 있다. 한 변의 길이가 4인 정사각형의 중앙에 반지름의 길이가 1인 원 모양의 구멍이 뚫려 있는 판이 있다. 이 판은 지면과 수직으로 서 있고 태양광선과 $30°$의 각을 이루고 있다. 판의 밑변을 지면에 고정하고 판을 그림자 쪽으로 기울일 때 생기는 그림자의 최대 넓이를 S라 하자. S의 값을 $\dfrac{\sqrt3(a+b\pi)}{3}$라 할 때, $a+b$의 값을 구하시오. **30**

(단, a, b는 정수이고 판의 두께는 무시한다.)

→ 판이 태양광선과 이루는 각의 크기에 따라 그림자의 넓이가 달라져.

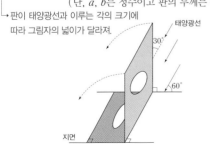

해결 흐름

1 판이 태양광선과 이루는 각의 크기가 얼마일 때 그림자의 넓이가 최대가 되는지 생각해 봐야겠네.

2 판의 넓이는 구할 수 있으니까 정사영의 넓이를 이용하면 그림자의 넓이를 구할 수 있겠다.

알찬 풀이

오른쪽 그림과 같이 태양광선이 판에 수직으로 비칠 때, 즉 지면과 판이 이루는 각의 크기가 $30°$일 때, 그림자의 넓이는 최대가 된다.

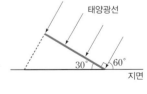

그림자의 최대 넓이는 S이고 판의 넓이를 S'이라 하면

$S'=S\cos 30°$

이때 $S'=4^2-\pi=16-\pi$이므로

$16-\pi=S\times\dfrac{\sqrt3}{2}$ $\longrightarrow$ $S'=$(한 변의 길이가 4인 정사각형의 넓이)
                        −(반지름의 길이가 1인 원의 넓이)

$\therefore S=\dfrac{2(16-\pi)}{\sqrt3}=\dfrac{\sqrt3(32-2\pi)}{3}$

따라서 $a=32$, $b=-2$이므로
$a+b=32+(-2)=30$ → 문제에서 a, b가 정수라고 했으니까 조건에 맞게 a, b의 값을 찾자.

────────────────────────────────────── 문제 해결 **TIP**

홍정우 | 서울대학교 건축학과 | 영진고등학교 졸업

이 문제와 같이 그림자의 넓이나 길이의 최댓값, 최솟값에 대한 문제가 종종 출제되고 있어.
여기서 판이 지면과 어떤 각도를 이룰 때 그림자의 넓이가 최대가 되는지를 먼저 생각해야 해. 지면에 판의 한 변을 고정시켜 움직여 보면 판이 태양광선의 방향과 수직일 때 그림자의 넓이가 최대가 되는 걸 알 수 있을 거야.
그리고 한 가지 더! 정사영의 뜻을 생각해 보자구. 평면 α 위에 있지 않은 한 점 P에서 평면 α에 내린 수선의 발 P'이 점 P의 평면 α 위로의 정사영이야. 결국 정사영은 수직으로 뚝 떨어뜨려야 한다는 거지. 그러니까 무조건 그림자가 정사영이 되는 것이 아니라 방향을 잘 살펴야 한다고. 그림자가 무조건 정사영이 되는 건 아니라는 사실에 주의해!

51 정답 27   정답률 53%

한 변의 길이가 6인 정사면체 OABC가 있다. 세 삼각형 △OAB, △OBC, △OCA에 각각 내접하는 세 원의 평면 ABC 위로의 정사영을 각각 S_1, S_2, S_3이라 하자. 그림과 같이 세 도형 S_1, S_2, S_3으로 둘러싸인 어두운 부분의 넓이를 S라 할 때, $(S+\pi)^2$의 값을 구하시오. **27**

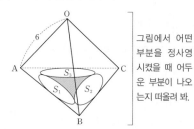

그림에서 어떤 부분을 정사영시켰을 때 어두운 부분이 나오는지 떠올려 봐.

수능 핵심 개념 | 삼각형의 넓이와 내접원의 반지름의 길이

세 변의 길이가 각각 a, b, c인 삼각형 ABC의 내접원의
반지름의 길이를 r라 하면
$$\triangle ABC=\frac{1}{2}r(a+b+c)$$

정삼각형의 넓이
한 변의 길이가 a인 정삼각형의 넓이 S는
$$S=\frac{\sqrt{3}}{4}a^2$$

해결 흐름

1 밑면의 어두운 부분이 세 삼각형 OAB, OBC, OCA에서 어떤 부분을 정사영시켜야 생기는지 알아야겠네.

2 **1**에서 정사영시켜야 하는 도형의 넓이를 구해야겠군.

3 정사영의 넓이를 이용하려면 두 평면 OAB, ABC가 이루는 각의 크기에 대한 코사인 값을 알아야겠다.

알찬 풀이

오른쪽 그림과 같이 두 평면 OAB, ABC가 이루는 각의 크기를 θ라 하고 점 O에서 삼각형 ABC에 내린 수선의 발을 H라 하면 점 H는 삼각형 ABC의 무게중심이다. → 모든 정사면체에서 성립해.

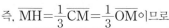

즉, $\overline{MH}=\dfrac{1}{3}\overline{CM}=\dfrac{1}{3}\overline{OM}$이므로
직각삼각형 OMH에서 → 무게중심은 중선을 $2:1$로 내분하니까 $\overline{CH}:\overline{HM}=2:1$이야.
$\cos\theta=\dfrac{\overline{MH}}{\overline{OM}}=\dfrac{1}{3}$ → $\overline{OM}=\overline{MC}$이고 $\overline{MH}=\dfrac{1}{3}\overline{MC}$이니까 $\dfrac{\overline{MH}}{\overline{OM}}=\dfrac{1}{3}$이야.

삼각형 OAB는 한 변의 길이가 6인 정삼각형이므로
$$\triangle OAB=\frac{\sqrt{3}}{4}\times 6^2=9\sqrt{3}$$

삼각형 OAB에 내접하는 원의 반지름의 길이를 r라 하면
$$\triangle OAB=\frac{1}{2}\times r\times(6+6+6)=9r$$
즉, $9r=9\sqrt{3}$이므로 $r=\sqrt{3}$

이때 오른쪽 그림에서 어두운 부분이 나타내는 도형을 P라 하면 도형 P의 넓이는

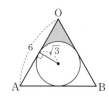

$\dfrac{1}{3}\{\triangle OAB-(\text{내접원의 넓이})\}=\dfrac{1}{3}(9\sqrt{3}-3\pi)$
$\qquad\qquad\qquad\qquad\qquad\qquad\quad =3\sqrt{3}-\pi$

같은 방법으로 두 삼각형 OBC, OCA에서 어두운 부분이 나타내는 도형을 각각 Q, R라 하면 Q, R의 넓이도 모두 $3\sqrt{3}-\pi$이다.
이때 세 도형 P, Q, R의 평면 ABC 위로의 정사영은 서로 겹치지 않고 S_1, S_2, S_3으로 둘러싸인 부분이 되므로 구하는 넓이 S는
$$S=3(3\sqrt{3}-\pi)\times\cos\theta=3(3\sqrt{3}-\pi)\times\frac{1}{3}=3\sqrt{3}-\pi$$
$$\therefore (S+\pi)^2=(3\sqrt{3})^2=27$$

52 [정답] 15 　　　　　　　　　　　　　　　 정답률 40%

반지름의 길이가 6인 반구가 평면 α 위에 놓여 있다. 반구와 평면 α가 만나서 생기는 원의 중심을 O라 하자. 그림과 같이 중심 O로부터 거리가 $2\sqrt{3}$이고 평면 α와 $45°$의 각을 이루는 평면으로 반구를 자를 때, 반구에 나타나는 단면의 평면 α 위로의 정사영의 넓이는 $\sqrt{2}(a+b\pi)$이다. $a+b$의 값을 구하시오. (단, a, b는 자연수이다.) **15**

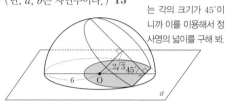

✅ 연관 개념 check

평면 α 위에 있는 도형의 넓이를 S, 이 도형의 평면 β 위로의 정사영의 넓이를 S'이라 할 때, 두 평면 α, β가 이루는 각의 크기를 $\theta\left(0\le\theta\le\dfrac{\pi}{2}\right)$라 하면

$$S'=S\cos\theta$$

해결 흐름

1️⃣ 정사영의 넓이를 구하려면 반구를 자른 단면의 넓이를 구해야겠네.

2️⃣ 반구를 자른 단면의 모양은 원의 일부구나.

3️⃣ 단면의 넓이를 구하는 데 필요한 선분의 길이를 구해야겠다.

알찬 풀이

단면과 정사영이 이루는 각의 크기가 $45°$이니까 이를 이용해서 정사영의 넓이를 구해 봐.

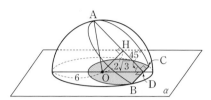

위의 그림의 직각삼각형 OAH에서

$$\overline{AH}=\sqrt{6^2-(2\sqrt{3})^2}=2\sqrt{6}$$

→ $\angle OHD=90°$, $\angle ODH=\angle HOD=45°$ 이므로 $\overline{HD}=\overline{HO}$인 직각이등변삼각형이야.

삼각형 HOD는 직각이등변삼각형이므로

$$\overline{HD}=\overline{HO}=2\sqrt{3}$$

→ 구를 자른 단면이 항상 원이니까 반구를 자른 단면은 원의 일부야.

반구를 자른 단면은 오른쪽 그림의 어두운 부분과 같이 점 H를 중심으로 하고 반지름의 길이가 $2\sqrt{6}$인 원의 일부이다.

직각삼각형 CHD에서

$$\overline{CD}=\sqrt{(2\sqrt{6})^2-(2\sqrt{3})^2}=2\sqrt{3}$$

이므로 $\angle CHD=45°$

즉, 반구를 자른 단면의 넓이가

반지름의 길이가 $2\sqrt{6}$, 중심각의 크기가 $270°$인 부채꼴 CHB의 넓이야. ←

$$\pi\times(2\sqrt{6})^2\times\frac{270}{360}+\frac{1}{2}\times2\sqrt{6}\times2\sqrt{6}=18\pi+12$$

→ 이웃하는 두 변의 길이가 $2\sqrt{6}$인 직각이등변삼각형 CHB의 넓이야.

이므로 이 단면의 평면 α 위로의 정사영의 넓이는

$$(18\pi+12)\times\cos45°=(18\pi+12)\times\frac{\sqrt{2}}{2}$$
$$=\sqrt{2}(6+9\pi)$$

따라서 $a=6$, $b=9$이므로

$$a+b=6+9=15$$

---

53 [정답] 34 　　　　　　　　　　　　　　　 정답률 21%

서로 수직인 두 평면 α, β의 교선을 l이라 하자. 반지름의 길이가 6인 원판이 두 평면 α, β와 각각 한 점에서 만나고 교선 l에 평행하게 놓여 있다. 태양광선이 평면 α와 $30°$의 각을 이루면서 원판의 면에 수직으로 비출 때, 그림과 같이 평면 β에 나타나는 원판의 그림자의 넓이를 S라 하자. S의 값을 $a+b\sqrt{3}\pi$라 할 때, $a+b$의 값을 구하시오. **34** (단, a, b는 자연수이고 원판의 두께는 무시한다.)

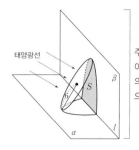

주어진 조건을 이용하여 문제의 그림을 평면으로 나타내 봐.

해결 흐름

1️⃣ 정사영의 넓이를 이용해서 그림자의 넓이 S를 구해야겠네.

2️⃣ 평면 β 위의 그림자는 원판에서 어떤 부분을 정사영시켜야 생기는지 알아봐야겠군.

3️⃣ 주어진 그림을 평면 위의 그림으로 단순화시켜 봐야겠다.

알찬 풀이

원판이 두 평면 α, β와 만나는 점을 각각 A, B라 할 때, 선분 AB를 포함하고 직선 l에 수직인 평면으로 자른 단면은 오른쪽 그림과 같다.

이때 이 평면과 직선 l의 교점을 C라 하자.

점 C에서 선분 AB에 내린 수선의 발을 H라 하면 선분 AB와 수직인 태양광선이 평면 α와 이루는 각의 크기가 $30°$이므로

$$\angle ACH=30°$$

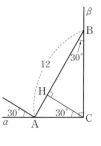

☑ 연관 개념 check

평면 α 위에 있는 도형의 넓이를 S, 이 도형의 평면 β 위로의 정사영의 넓이를 S'이라 할 때, 두 평면 α, β가 이루는 각의 크기를 $\theta\left(0\leq\theta\leq\dfrac{\pi}{2}\right)$라 하면

$S'=S\cos\theta$

☑ 오답 clear

태양광선이 지면에 수직으로 비출 때 생기는 그림자의 넓이는 정사영을 이용하여 구하지만 태양광선이 물체에 수직으로 비출 때, 즉 지면에 비스듬히 비출 때 생기는 그림자의 넓이는 정사영을 역방향으로 생각해야 한다. 따라서 어떤 물체에 빛을 비출 때 생기는 그림자의 넓이는 먼저 태양광선에 수직인 평면을 찾도록 한다.

직각삼각형 ACB에서 $\angle$BAC$=60°$이고 $\overline{AB}=2\times6=12$이므로
$\overline{AC}=12\times\cos60°=6$ → 원의 지름이야.
또, 같은 방법으로 직각삼각형 ACH에서
$\overline{AH}=3$ → $\overline{AH}=6\times\cos60°=3$이야.
선분 AB 위의 점 H의 그림자는 직선 l 위에 있으므로 원판에서 평면 β에 그림자를 만드는 부분은 오른쪽 그림에서 어두운 부분, 즉 점 H를 지나고 직선 l에 평행한 선분 PQ의 윗부분이다.
직각삼각형 OPH에서 $\overline{OP}=6$, $\overline{OH}=6-3=3$이므로
$\cos(\angle POH)=\dfrac{1}{2}$ ∴ $\angle POH=60°$
위의 그림에서 어두운 부분의 넓이를 $\boxed{S'}$이라 하면 → 그림자의 정사영이야.
$S'=\pi\times6^2\times\dfrac{240}{360}+\dfrac{1}{2}\times6\times6\times\sin120°$
$\quad=24\pi+9\sqrt{3}$ → =(부채꼴 OPBQ의 넓이)+(삼각형 OPQ의 넓이)
이때 $S\cos30°=S'$이므로
$S\times\dfrac{\sqrt{3}}{2}=24\pi+9\sqrt{3}$
∴ $S=\dfrac{2(24\pi+9\sqrt{3})}{\sqrt{3}}=18+16\sqrt{3}\pi$
따라서 $a=18$, $b=16$이므로
$a+b=18+16=34$

54 정답 ⑤ 정답률 83%

→ 점 $(a, 0, 0)$은 x축 위의 점이고
점 $(0, 6, 0)$은 y축 위의 점이네. **1**

좌표공간에 두 점 $(a, 0, 0)$과 $(0, 6, 0)$을 지나는 직선 l이 있다. 점 $(0, 0, 4)$와 직선 l 사이의 거리가 5일 때, a^2의 값은? **3**
→ 점 $(0, 0, 4)$에서 직선 l에 내린 **12**
수선의 발까지의 거리야.

① 8   ② 9   ③ 10
④ 11   ✔⑤ 12

☑ 연관 개념 check

평면 α 위에 있지 않은 한 점 P와 평면 α 위의 직선 l, 직선 l 위의 점 H, 평면 α 위에 있으면서 직선 l 위에 있지 않은 점 O에 대하여 다음이 성립한다.

(1) $\overline{PO}\perp\alpha$, $\overline{OH}\perp l$이면 $\overline{PH}\perp l$
(2) $\overline{PO}\perp\alpha$, $\overline{PH}\perp l$이면 $\overline{OH}\perp l$
(3) $\overline{PH}\perp l$, $\overline{OH}\perp l$, $\overline{PO}\perp\overline{OH}$이면 $\overline{PO}\perp\alpha$

☑ 실전 적용 key

점과 직선 사이의 거리는 점에서 직선에 내린 수선의 발까지의 거리와 같다. 따라서 점과 직선 사이의 거리 문제를 풀 때는 먼저 점에서 직선에 수선을 그어 보도록 한다.

해결 흐름

1 주어진 세 점 $(a, 0, 0)$, $(0, 6, 0)$, $(0, 0, 4)$를 차례대로 A, B, C라 하고, 좌표평면 위에 나타내 봐야겠네.

2 점 C에서 직선 AB에 내린 수선의 발을 H라 하면 $\overline{CH}=5$이니까 삼수선의 정리를 이용하여 선분 OH의 길이를 구할 수 있겠네.

3 직각삼각형 OAB의 넓이를 이용하여 a^2의 값을 구할 수 있겠네.

알찬 풀이

→ a가 양수인지 음수인지 주어지지 않았으니까
a가 양수라고 생각하고 풀어 보자.

세 점 $(a, 0, 0)$, $(0, 6, 0)$, $(0, 0, 4)$를 차례대로 A, B, C라 하면
$\overline{OA}=a$, $\overline{OB}=6$, $\overline{AB}=\sqrt{a^2+36}$
오른쪽 그림과 같이 점 C에서 직선 AB에 내린 수선의 발을 H라 하면 $\overline{OC}=4$, $\overline{CH}=5$이므로 직각삼각형 COH에서 → 피타고라스 정리를 이용했어.
$\overline{OH}=\sqrt{\overline{CH}^2-\overline{OC}^2}=\sqrt{5^2-4^2}=3$
이때 $\overline{OC}\perp(xy$평면$)$, $\overline{CH}\perp\overline{AB}$이므로 삼수선의 정리에 의하여
$\overline{OH}\perp\overline{AB}$ → 삼수선의 정리 (2)에 의하여 성립해.
따라서 직각삼각형 OAB의 넓이에서
$\dfrac{1}{2}\times\overline{OA}\times\overline{OB}=\dfrac{1}{2}\times\overline{AB}\times\overline{OH}$ → 직각삼각형 OAB의 넓이를 밑변과 높이를 다르게 하여 두 가지 방법으로 구했어.

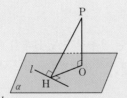

$$\frac{1}{2} \times a \times 6 = \frac{1}{2} \times \sqrt{a^2+36} \times 3$$

$$2a = \sqrt{a^2+36}, \quad 4a^2 = a^2+36$$

$$\therefore a^2 = 12$$

55 정답 ⑤   정답률 72%

┌─ 반지름의 길이가 $\sqrt{3}$인 원이야.

좌표공간에서 y축을 포함하는 평면 α에 대하여 xy평면 위의 **[2]** 원 $C_1 : (x-10)^2+y^2=3$의 평면 α 위로의 정사영의 넓이 와 yz평면 위의 원 $C_2 : y^2+(z-10)^2=1$의 평면 α 위로의 **[1]** 정사영의 넓이가 S로 같을 때, S의 값은?

└─ 반지름의 길이가 1인 원이야.

① $\dfrac{\sqrt{10}}{6}\pi$　　② $\dfrac{\sqrt{10}}{5}\pi$　　③ $\dfrac{7\sqrt{10}}{30}\pi$

④ $\dfrac{4\sqrt{10}}{15}\pi$　✓⑤ $\dfrac{3\sqrt{10}}{10}\pi$

☑ 연관 개념 check

평면 α 위에 있는 도형의 넓이를 S, 이 도형의 평면 β 위로의 정사영의 넓이를 S'이라 할 때, 두 평면 α, β가 이루는 각의 크기를 $\theta\left(0 \le \theta \le \dfrac{\pi}{2}\right)$라 하면

$$S' = S\cos\theta$$

☑ 실전 적용 key

한 예각의 삼각비 중에서 하나의 값을 알면 이를 만족시키는 직각 삼각형을 그려서 나머지 삼각비의 값도 구할 수 있다.

해결 흐름

[1] 두 원 C_1, C_2를 각각 평면 α 위로 정사영한 넓이를 모두 구해서 두 넓이가 같음을 이용하면 되겠네.

[2] 평면 α가 xy평면과 이루는 예각의 크기를 θ라 하면 평면 α가 yz평면과 이루는 각의 크기를 θ에 대한 식으로 나타낼 수 있구나.

알찬 풀이

　　　　　　　　　　┌─ $0 < \theta < \dfrac{\pi}{2}$

평면 α가 xy평면과 이루는 예각의 크기를 θ라 하면 xy평면과 yz평면은 서로 수직이므로 평면 α와 yz평면이 이루는 예각의 크기는 $90° - \theta$가 된다.

원 C_1의 넓이는　┌─ $C_1 : (x-10)^2+y^2=3$이니까

　　　　　　　　　　　원 C_1은 중심의 좌표가 $(10, 0, 0)$

$\pi \times (\sqrt{3})^2 = 3\pi$　이고 반지름의 길이가 $\sqrt{3}$이야.

이므로 원 C_1의 평면 α 위로의 정사영의 넓이 S는

$$S = 3\pi \cos\theta \qquad\qquad \cdots\cdots \ ㉠$$

또, 원 C_2의 넓이는

　　　　　　　┌─ $C_2 : y^2+(z-10)^2=1$이니까 원 C_2는 중심의

$\pi \times 1^2 = \pi$　　좌표가 $(0, 0, 10)$이고 반지름의 길이가 1이야.

이므로 원 C_2의 평면 α 위로의 정사영의 넓이 S는

$$S = \pi \cos(90° - \theta) = \pi \sin\theta \qquad\qquad \cdots\cdots \ ㉡$$

㉠, ㉡이 서로 같으므로

$$3\pi \cos\theta = \pi \sin\theta$$

$$\frac{\sin\theta}{\cos\theta} = \frac{3\pi}{\pi} = 3$$

$$\therefore \tan\theta = 3$$

이때 θ는 예각이고 $\tan\theta = 3$이므로 오른쪽 그림과 같이 밑변의 길이가 1, 높이가 3인 직각삼각형을 생각할 수 있다.

$$\therefore \cos\theta = \frac{1}{\sqrt{10}} = \frac{\sqrt{10}}{10}$$

따라서 구하는 정사영의 넓이 S는

$$3\pi \times \frac{\sqrt{10}}{10} = \frac{3\sqrt{10}}{10}\pi$$

생생 수험 Talk

수능 시험 당일에는 모든 교시마다 온 힘을 다해서 문제를 풀기 때문에 쉬는 시간에 공부를 하면 오히려 더 역효과가 날 수 있어. 그 다음 교시에서 써야 할 힘을 비축할 시간에 못 쉬는 거잖아. 나는 쉬는 시간에는 명상을 했고 초콜릿을 먹으면서 당을 보충했어. 점심시간에는 밥을 든든히 먹고, 밥을 먹은 후 낮잠을 자는 것도 추천해. 남은 시험을 치를 수 있는 힘을 주거든.

┌─ 구 S의 중심의 좌표는 $(0, 0, 0)$, 반지름의 길이는 10이야.

좌표공간에 두 점 $A(a, 0, 0)$, $B(0, 10\sqrt{2}, 0)$과

구 S: $x^2+y^2+z^2=100$이 있다. $\angle APO=\dfrac{\pi}{2}$인 구 S 위의

모든 점 P가 나타내는 도형을 C_1, $\angle BQO=\dfrac{\pi}{2}$인 구 S 위

의 모든 점 Q가 나타내는 도형을 C_2라 하자. C_1과 C_2가 서
　　　　　　　　　　　　　　　❶
로 다른 두 점 N_1, N_2에서 만나고 $\cos(\angle N_1ON_2)=\dfrac{3}{5}$일
　　　　　　　　　　　　　　　　❷
때, a의 값은? (단, $a>10\sqrt{2}$이고, O는 원점이다.)

✓ ① $\dfrac{10}{3}\sqrt{30}$　　　② $\dfrac{15}{4}\sqrt{30}$　　　③ $\dfrac{25}{6}\sqrt{30}$

④ $\dfrac{55}{12}\sqrt{30}$　　　⑤ $5\sqrt{30}$

┌─ 먼저 문제에서 주어진 점과 도형을 그림에 표시해 봐.

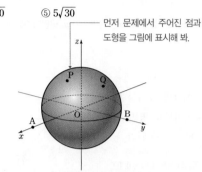

☑ **연관 개념 check**

중심의 좌표가 (a, b, c)이고, 반지름의 길이가 r인 구의 방정식은

$(x-a)^2+(y-b)^2+(z-c)^2=r^2$

❶ $\angle APO=\dfrac{\pi}{2}$인 구 S 위의 모든 점 P가 나타내는 도형 C_1과 $\angle BQO=\dfrac{\pi}{2}$인 구 S 위의 모든 점 Q가 나타내는 도형 C_2가 무엇인지 알아야겠네.

❷ ❶에서 구한 두 도형 C_1, C_2의 성질을 이용하여 a의 값을 구하는 데 필요한 선분의 길이를 구해야겠다.

오른쪽 그림과 같이 점 P에서 x축에 내린 수선의 발을 P′이라 하면 $\angle APO=\dfrac{\pi}{2}$인 구 S 위의 모든 점 P가 나타내는 도형 C_1은 중심이 P′이고 반지름의 길이가 $\overline{PP'}$인 원이다.

또, 점 Q에서 y축에 내린 수선의 발을 Q′이라 하면 $\angle BQO=\dfrac{\pi}{2}$인 구 S 위의 모든 점 Q가 나타내는 도형 C_2는 중심이 Q′이고 반지름의 길이가 $\overline{QQ'}$인 원이다.

└─ 반원에 대한 원주각의 크기는 $\dfrac{\pi}{2}$이기 때문이야.

$\overline{ON_1}=\overline{ON_2}=10$이고 $\cos(\angle N_1ON_2)=\dfrac{3}{5}$이므로 삼각형 ON_1N_2에서 코사인
　└─ 구의 반지름의 길이야.
법칙에 의하여

$\overline{N_1N_2}^2=\overline{ON_1}^2+\overline{ON_2}^2-2\times\overline{ON_1}\times\overline{ON_2}\times\cos(\angle N_1ON_2)$

$\qquad\quad =10^2+10^2-2\times10^2\times\dfrac{3}{5}=80$

$\therefore \overline{N_1N_2}=4\sqrt{5}$

또, 직각삼각형 OQB에서 $\overline{OB}=10\sqrt{2}$, $\overline{OQ}=10$이므로
　　　　　　　　　　　　　　　　└─ 구의 반지름의 길이야.
$\overline{BQ}=\sqrt{(10\sqrt{2})^2-10^2}=10$

즉, $\angle QOQ'=\angle QBO=\dfrac{\pi}{4}$이므로　→ 삼각형 OQB는 $\overline{OQ}=\overline{BQ}=10$인
　　　　　　　　　　　　　　　　　　　직각이등변삼각형이기 때문이야.
$\overline{OQ'}=\overline{OQ}\times\sin\dfrac{\pi}{4}=10\times\dfrac{\sqrt{2}}{2}=5\sqrt{2}$

이때 $\overline{OQ'}$은 점 P′에서 현 N_1N_2까지의 거리와 같으므로 선분 N_1N_2와 xy평면
이 만나는 점을 R라 하면

두 점 N_1, N_2는 xy평면에 대하여 →
대칭이므로 점 R는 $\overline{N_1N_2}$의 중점이야.

$\overline{N_1R}=2\sqrt{5}$

직각삼각형 OQ′Q에서
$\overline{QQ'}=\overline{OQ'}=5\sqrt{2}$

따라서 직각삼각형 N_1RQ'에서
$\overline{RQ'}=\sqrt{(5\sqrt{2})^2-(2\sqrt{5})^2}$
$\qquad =\sqrt{30}$

N_1은 도형 C_2 위의 점이므로 ←
$\overline{N_1Q'}=\overline{QQ'}=5\sqrt{2}$

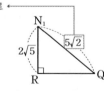

$\triangle PAO$와 $\triangle P'PO$에서
$\angle APO=\angle PP'O=\dfrac{\pi}{2}$,
$\angle O$는 공통이므로
$\triangle PAO\backsim\triangle P'PO$ (AA 닮음)이야.

$\triangle PAO\backsim\triangle P'PO$이므로
$\overline{OA}:\overline{OP}=\overline{OP}:\overline{OP'}$
$\overline{OA}:10=10:\sqrt{30}$　→ $\overline{OP'}=\overline{RQ'}=\sqrt{30}$
$\sqrt{30}\,\overline{OA}=100$
$\therefore \overline{OA}=\dfrac{10}{3}\sqrt{30}$
$\therefore a=\dfrac{10}{3}\sqrt{30}$

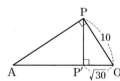

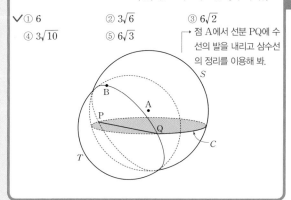

→ 원점을 O라 하면 $\overline{OA}=1$이야.

좌표공간에 중심이 $A(0, 0, 1)$이고 반지름의 길이가 4인 구 S가 있다. 구 S가 xy평면과 만나서 생기는 원을 C라 하고, 점 A에서 선분 PQ까지의 거리가 2가 되도록 원 C 위에 두 점 P, Q를 잡는다. 구 S가 선분 PQ를 지름으로 하는 구 T **1** 와 만나서 생기는 원 위에서 점 B가 움직일 때, 삼각형 BPQ 의 xy평면 위로의 정사영의 넓이의 최댓값은? **2 3**

(단, 점 B의 z좌표는 양수이다.)

✓① 6　　　　② $3\sqrt{6}$　　　③ $6\sqrt{2}$
④ $3\sqrt{10}$　　　⑤ $6\sqrt{3}$

→ 점 A에서 선분 PQ에 수선의 발을 내리고 삼수선의 정리를 이용해 봐.

해결 흐름

1 삼수선의 정리와 주어진 조건을 이용하여 선분 PQ의 길이를 구해야겠네.
2 삼각형 BPQ를 포함하는 평면과 xy평면이 이루는 각의 크기를 구하면 삼각형 BPQ의 xy평면 위로의 정사영의 넓이가 최대가 되는 조건을 구할 수 있겠군.
3 **2**에서 구한 조건을 이용하여 삼각형 BPQ의 xy평면 위로의 정사영의 넓이의 최댓값을 구해 봐야겠다.

알찬 풀이

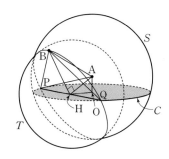

위의 그림과 같이 좌표공간에서 원점을 O라 하고 점 A에서 선분 PQ에 내린 수선의 발을 H라 하면

$\overline{AO}\perp(xy$평면$)$, $\overline{AH}\perp\overline{PQ}$

이므로 삼수선의 정리에 의하여

$\overline{OH}\perp\overline{PQ}$ → 삼수선의 정리 ②에 의하여 성립해.

이때 점 A에서 선분 PQ까지의 거리가 2이므로 $\overline{AH}=2$이고 $\overline{AO}=1$이므로 직각삼각형 AHO에서

$\overline{OH}=\sqrt{\overline{AH}^2-\overline{AO}^2}=\sqrt{2^2-1^2}=\sqrt{3}$ → $\overline{AO}\perp(xy$평면$)$이기 때문이야.

또, $\overline{AP}=4$이므로 직각삼각형 APO에서

→ 구 S의 반지름의 길이가 4야.

$\overline{OP}=\sqrt{\overline{AP}^2-\overline{AO}^2}=\sqrt{4^2-1^2}=\sqrt{15}$

직각삼각형 OPH에서

$\overline{PH}=\sqrt{\overline{OP}^2-\overline{OH}^2}=\sqrt{(\sqrt{15})^2-(\sqrt{3})^2}$
$\quad\quad=\sqrt{12}=2\sqrt{3}$

$\therefore \overline{PQ}=2\overline{PH}=4\sqrt{3}$

한편, 구 S와 구 T가 만나서 생기는 원을 C_1이라 하면 원 C_1은 중심이 H이고 반지름의 길이가 $\overline{PH}=2\sqrt{3}$이다.

이때 원 C_1을 포함하는 평면을 α라 하면

$\overline{AH}\perp\alpha$ → $\overline{AH}\perp\overline{PQ}$이고 선분 PQ는 원 C_1, 즉 평면 α 위에 있으므로 $\overline{AH}\perp\alpha$야.

직각삼각형 AHO에서 $\angle AHO=\theta$라 하면

$\cos\theta=\dfrac{\overline{OH}}{\overline{AH}}=\dfrac{\sqrt{3}}{2}$

이므로 $\theta=\dfrac{\pi}{6}$

평면 α와 xy평면이 이루는 예각의 크기는

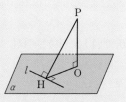

$\dfrac{\pi}{2}-\theta=\dfrac{\pi}{2}-\dfrac{\pi}{6}=\dfrac{\pi}{3}$로 일정하므로 삼각형 BPQ

의 넓이가 최대일 때, 삼각형 BPQ의 xy평면 위로의 정사영의 넓이가 최대가 된다.
점 B에서 선분 PQ에 내린 수선의 발을 I라 하면

$\overline{BI}\leq\overline{BH}=2\sqrt{3}$ → $\overline{BH}$는 원 C_1의 반지름이므로 $\overline{BH}=\overline{PH}=2\sqrt{3}$이야.

삼각형 BPQ의 넓이의 최댓값을 S라 하면

$S=\dfrac{1}{2}\times\overline{PQ}\times\overline{BH}=\dfrac{1}{2}\times4\sqrt{3}\times2\sqrt{3}=12$

따라서 삼각형 BPQ의 xy평면 위로의 정사영의 넓이의 최댓값은

$S\cos\dfrac{\pi}{3}=12\times\dfrac{1}{2}=6$

☑ 연관 개념 check

(1) 평면 α 위에 있지 않은 한 점 P와 평면 α 위의 직선 l, 직선 l 위의 점 H, 평면 α 위에 있으면서 직선 l 위에 있지 않은 점 O에 대하여 다음 이 성립한다.

① $\overline{PO}\perp\alpha$, $\overline{OH}\perp l$이면 $\overline{PH}\perp l$
② $\overline{PO}\perp\alpha$, $\overline{PH}\perp l$이면 $\overline{OH}\perp l$
③ $\overline{PH}\perp l$, $\overline{OH}\perp l$, $\overline{PO}\perp\overline{OH}$이면 $\overline{PO}\perp\alpha$

(2) 평면 α 위에 있는 도형의 넓이를 S, 이 도형의 평면 β 위로의 정사영의 넓이를 S'이라 할 때, 두 평면 α, β가 이루는 각의 크기를 $\theta\left(0\leq\theta\leq\dfrac{\pi}{2}\right)$라 하면

$S'=S\cos\theta$

☑ 실전 적용 key

삼수선의 정리를 이용할 수 있도록 수선을 긋는 것이 중요하다. 수선을 그어 직각삼각형을 만든 다음 피타고라스 정리를 이용하여 필요한 선분의 길이를 구한다.

조성욱 | 연세대학교 치의예과 | 서라벌고등학교 졸업

이 문제는 두 평면이 이루는 각의 크기를 구할 때 주의해야 해. 알찬 풀이 에서 ∠AHO＝θ라 하면 삼각형 BPQ를 포함하는 평면 α와 xy평면이 이루는 각의 크기는 예각의 크기로 구해야 하므로 $\frac{\pi}{2}-\theta$야. 두 평면이 이루는 각의 크기를 구하는 것이 어렵다면 두 평면의 단면을 직선으로 그린 후 생각해 보면 쉽게 구할 수 있을 거야.

---

58 정답 9

> → 점 A를 지나는 직선이 구에 접한다는 거네.
>
> 좌표공간에서 점 A$(0, 0, 1)$을 지나는 직선이 중심이 C$(3, 4, 5)$이고 반지름의 길이가 1인 구와 한 점 P에서만 만난다. 세 점 A, C, P를 지나는 원의 xy평면 위로의 정사영의 넓이의 최댓값은 $\frac{q}{p}\sqrt{41}\pi$이다. $p+q$의 값을 구하시오. **9**
> **①**
> **②**
> **③**
> (단, p와 q는 서로소인 자연수이다.)

☑ 연관 개념 check

평면 α 위에 있는 도형의 넓이를 S, 이 도형의 평면 β 위로의 정사영의 넓이를 S'이라 할 때, 두 평면 α, β가 이루는 각의 크기를 $\theta \left(0 \le \theta \le \frac{\pi}{2}\right)$라 하면

$$S'=S\cos\theta$$

> ☆
> **좌표공간에서 두 점 사이의 거리**
> 두 점 A(x_1, y_1, z_1), B(x_2, y_2, z_2) 사이의 거리는
> $\overline{AB}=\sqrt{(x_2-x_1)^2+(y_2-y_1)^2+(z_2-z_1)^2}$

xy평면 위의 점은 z좌표가 0이야. ←

해결 흐름

① 점 A를 지나는 직선이 구와 한 점에서만 만난다는 건 접한다는 것이므로 점 P는 접점이겠네.

② **①**을 이용해서 세 점 A, C, P를 지나는 원의 넓이를 구할 수 있겠네.

③ 원을 포함하는 평면과 xy평면이 이루는 각의 크기의 최솟값을 구하면 정사영의 넓이의 최댓값을 구할 수 있겠다.

알찬 풀이

오른쪽 그림과 같이 점 A$(0, 0, 1)$을 지나는 직선이 중심이 C$(3, 4, 5)$이고 반지름의 길이가 1인 구와 한 점 P에서만 만나므로

∠APC＝90°

즉, 삼각형 PAC는 ∠APC＝90°인 직각삼각형이므로 세 점 A, C, P를 지나는 원을 C라 하면 원 C는 선분 AC를 지름으로 하는 원이고

$\overline{AC}=\sqrt{(3-0)^2+(4-0)^2+(5-1)^2}=\sqrt{41}$

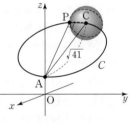

> → 반원에 대한 원주각의 크기는 90°이기 때문이야.

이므로 원 C의 넓이는

$$\pi \times \left(\frac{1}{2}\overline{AC}\right)^2 = \pi \times \left(\frac{1}{2} \times \sqrt{41}\right)^2 = \frac{41}{4}\pi$$

평면 PAC와 xy평면이 이루는 각의 크기가 직선 AC와 xy평면이 이루는 각의 크기와 서로 같을 때, 원 C의 xy평면 위로의 정사영의 넓이가 최대가 된다.

오른쪽 그림과 같이 직선 AC와 xy평면이 이루는 각의 크기를 θ라 하자.

점 A의 xy평면 위로의 정사영은 원점 O$(0, 0, 0)$이고 점 C의 xy평면 위로의 정사영을 C'이라 하면

C'$(3, 4, 0)$이므로

$\overline{OC'}=\sqrt{3^2+4^2}=5$

이때 $\overline{AC}\cos\theta=\overline{OC'}$에서

$\sqrt{41}\cos\theta=5$

$\therefore \cos\theta=\dfrac{5\sqrt{41}}{41}$

따라서 구하는 정사영의 넓이의 최댓값은

$$\frac{41}{4}\pi \times \cos\theta = \frac{41}{4}\pi \times \frac{5\sqrt{41}}{41} = \frac{5}{4}\sqrt{41}\pi$$

따라서 $p=4$, $q=5$이므로

$p+q=4+5=9$

59 정답 ④ 　　　　　　　　　　　　　　　정답률 74%

> ┌→ 구 S의 중심의 좌표는 $(0, 0, 1)$, 반지름의 길이는 1이야.
> 좌표공간에 <u>구 $S : x^2+y^2+(z-1)^2=1$과 xy평면 위의 원</u>
> $C : x^2+y^2=4$가 있다. 구 S와 점 P에서 접하고 원 C 위의
> <u>두 점 Q, R를 포함하는 평면이 xy평면과 이루는 예각의</u>
> 　　　　　　　　　└→ 원 C의 중심을 O라고 하면 $\overline{OQ}=\overline{OR}=2$야.
> <u>크기가 $\dfrac{\pi}{3}$이다.</u> 점 P의 z좌표가 1보다 클 때, <u>선분 QR의 길</u>
> 　　　　　　　　 **1**
> <u>이는?</u>
> **2**
> ① 1　　　　　② $\sqrt{2}$　　　　　③ $\sqrt{3}$
> ✓④ 2　　　　　⑤ $\sqrt{5}$

해결 흐름

1 주어진 조건을 그림으로 나타내 봐야겠네.

2 **1**의 그림을 단순화해서 선분 QR의 길이를 구하는 데 필요한 선분의 길이를 구해야지.

알찬 풀이

[그림 1]에서 구 S의 중심을 S, 원 C의 중심을 O, 선분 QR의 중점을 M이라 하면 세 점 S, P, M을 포함하는 평면으로 [그림 1]을 자른 단면은 [그림 2]와 같다.

평면을 직선으로, 직선을 점으로 단순화했어. ←┐

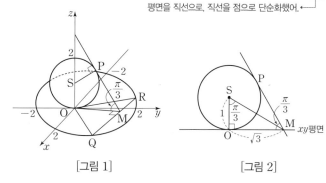

[그림 1]　　　　　　　　　　[그림 2]

이때 [그림 2]에서

$$\angle OSM = \frac{\pi}{2} - \frac{1}{2}\angle OMP = \frac{\pi}{2} - \frac{1}{2} \times \frac{\pi}{3} = \frac{\pi}{3}$$

$\tan\dfrac{\pi}{3}=\sqrt{3}$이므로 두 점 O와 M 사이의 거리는 $\sqrt{3}$이다.
　　　　　　　　　　　┌→ 원 C의 중심 O와 직선 QR 사이의 거리와 같아.
따라서 오른쪽 그림에서 $\overline{OQ}=2$, $\overline{OM}=\sqrt{3}$이므로

직각삼각형 OQM에서

$$\overline{QM}=\sqrt{\overline{OQ}^2-\overline{OM}^2} \quad \rightarrow \text{피타고라스 정리를 이용했어.}$$
$$=\sqrt{2^2-(\sqrt{3})^2}=1$$
$$\therefore \overline{QR}=2\overline{QM}=2\times 1=2$$
　　　└→ $\overline{QM}=\overline{RM}$이기 때문이야.

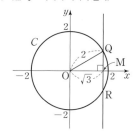

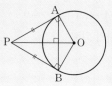
　　　　　　　　　　　　　　　　　　　　　　　　　　　　　| 문제 해결 **TIP**

강준호 | 서울대학교 조선해양공학과 | 양서고등학교 졸업

구와 평면의 위치 관계에 대한 문제는 직접 그림을 그려 이해할 수 있어야 해. 또, 그림을 단순화할 줄 알아야 하지. 위의 문제에서도 공간을 평면으로 잘라 그림을 그려 보니 복잡해 보였던 문제가 간단해졌지? 하지만 이렇게 그림을 단순화하는 것이 처음부터 쉽지는 않을 거야. 많은 문제를 풀어 보며 연습해 보자!

---

60 정답 ② 　　　　　　　　　　　　　　　정답률 74%

> 좌표공간에서 중심의 x좌표, y좌표, z좌표가 모두 양수인 구
> S가 x축과 y축에 각각 접하고 z축과 서로 다른 두 점에서 만
> 　　　　　　　　　　　　　　　　　　 **2**
> 난다. <u>구 S가 xy평면과 만나서 생기는 원의 넓이가 64π이고</u>
> <u>z축과 만나는 두 점 사이의 거리가 8일 때, 구 S의 반지름의</u>
> <u>길이는?</u>
> **1**
> ① 11　　　　✓② 12　　　　③ 13
> ④ 14　　　　⑤ 15　　（구의 중심에서 x축까지의 거리）←
> 　　　　　　　　　　　　 ＝（구의 중심에서 y축까지의 거리）
> 　　　　　　　　　　　　 ＝（구의 반지름의 길이）

해결 흐름

1 구 S의 반지름의 길이를 구하려면 구 S의 반지름의 길이를 r, 중심의 좌표를 (a, b, c)로 놓고 주어진 조건을 만족시키는 구의 방정식을 구해 봐야겠네.

2 **1**에서 구한 구의 방정식에 $z=0$을 대입하면 구 S가 xy평면과 만나서 생기는 원의 방정식을 얻을 수 있겠다.

알찬 풀이

구 S의 반지름의 길이를 r, 중심을 C(a, b, c)라 하면 중심의 x좌표, y좌표, z좌표가 모두 양수이므로

중심의 좌표가 (a, b, c)이고, 반지름의 길이가 r인 구의 방정식은
$$(x-a)^2+(y-b)^2+(z-c)^2=r^2$$

구와 좌표평면의 교선

구 $(x-a)^2+(y-b)^2+(z-c)^2=r^2$과
(1) xy평면의 교선의 방정식을 구하려면 ➡ $z=0$을 대입
(2) yz평면의 교선의 방정식을 구하려면 ➡ $x=0$을 대입
(3) zx평면의 교선의 방정식을 구하려면 ➡ $y=0$을 대입

구와 좌표축의 교점 ☆★

구 $(x-a)^2+(y-b)^2+(z-c)^2=r^2$과
① x축의 교점을 구하려면 ➡ $y=0$, $z=0$을 대입
② y축의 교점을 구하려면 ➡ $x=0$, $z=0$을 대입
③ z축의 교점을 구하려면 ➡ $x=0$, $y=0$을 대입

두 점의 좌표는 $(0, 0, c+\sqrt{c^2-64})$, $(0, 0, c-\sqrt{c^2-64})$야.

$a>0$, $b>0$, $c>0$
구 S가 x축, y축과 접하는 점을 각각 A, B라 하면
A$(a, 0, 0)$, B$(0, b, 0)$이고 ↳ $\overline{AC}\perp(x$축$)$, $\overline{BC}\perp(y$축$)$이야.
$r=\overline{AC}=\overline{BC}$이므로
$$r=\sqrt{b^2+c^2}=\sqrt{a^2+c^2}$$ ← 구의 중심에서 구의 접선까지의 거리는 구의 반지름의 길이와 같아.
즉, $r^2=b^2+c^2=a^2+c^2$
$\therefore a=b$ $(\because a>0, b>0)$
구 S의 방정식은
$$(x-a)^2+(y-a)^2+(z-c)^2=a^2+c^2 \qquad \cdots\cdots \text{㉠}$$
구 S가 xy평면과 만나서 생기는 원의 방정식을 구하기 위해
㉠에 $z=0$을 대입하면
$(x-a)^2+(y-a)^2=a^2$ → $(x-a)^2+(y-a)^2+(z-c)^2=a^2+c^2$에 $z=0$을 대입하면
$(x-a)^2+(y-a)^2+c^2=a^2+c^2$,
즉 $(x-a)^2+(y-a)^2=a^2$이야.
이 원의 넓이가 64π이므로
$\pi\times a^2=64\pi$
$\therefore a=8$ $(\because a>0)$
$a=8$을 ㉠에 대입하면 구 S의 방정식은
$$(x-8)^2+(y-8)^2+(z-c)^2=64+c^2 \qquad \cdots\cdots \text{㉡}$$
구 S가 z축과 만나는 점을 구하기 위해
㉡에 $x=0$, $y=0$을 대입하면
$64+64+(z-c)^2=64+c^2$
$(z-c)^2=c^2-64$
$\therefore z=c\pm\sqrt{c^2-64}$
구 S가 z축과 만나는 두 점 사이의 거리가 8이므로
$$(c+\sqrt{c^2-64})-(c-\sqrt{c^2-64})=8$$
$\sqrt{c^2-64}=4$, $c^2-64=16$
$\therefore c^2=80$
따라서 구 S의 반지름의 길이는
$$\sqrt{a^2+c^2}=\sqrt{64+80}=\sqrt{144}=12$$

---

61 정답 **13** 정답률 42%

좌표공간에서 구
$$S : (x-1)^2+(y-1)^2+(z-1)^2=4$$
위를 움직이는 점 P가 있다. 점 P에서 구 S에 접하는 평면이
구 $x^2+y^2+z^2=16$과 만나서 생기는 도형의 넓이의 최댓값
은 $(a+b\sqrt{3})\pi$이다. $a+b$의 값을 구하시오. **13**
↳ 이 도형은 원이야.
(단, a, b는 자연수이다.)

중심의 좌표가 (a, b, c)이고, 반지름의 길이가 r인 구의 방정식은
$$(x-a)^2+(y-b)^2+(z-c)^2=r^2$$

해결 흐름

1 먼저 점 P에서 구 S에 접하는 평면이 구 $x^2+y^2+z^2=16$과 만나서 생기는 도형이 무엇인지 알아야겠네.
2 1에서 구한 도형의 넓이가 최대가 되도록 하는 점 P의 위치를 찾아야겠군.
3 주어진 두 구의 중심과 반지름의 길이를 이용해서 두 구의 위치 관계를 파악해야겠네.

알찬 풀이

구 S의 중심을 A라 하면 A$(1, 1, 1)$이고, 구 $x^2+y^2+z^2=16$을 S'이라 하면
구 S'의 중심은 원점 O이므로 두 구의 중심 사이의 거리는
$$\overline{OA}=\sqrt{1^2+1^2+1^2}=\sqrt{3}$$
두 구의 반지름의 길이의 차는
$4-2=2$

좌표공간에서 두 점 사이의 거리 ☆★
원점 O와 점 A(a, b, c) 사이의 거리는
$$\overline{OA}=\sqrt{a^2+b^2+c^2}$$

두 구 S, S'의 반지름의 길이를 각각 r, r' $(r>r')$, 중심 사이의 거리를 d라 할 때,

(1) $d>r+r'$
⟺ 구 S의 외부에 구 S'이 있다.

(2) $d=r+r'$
⟺ 두 구 S, S'이 외접한다.

(3) $r-r'<d<r+r'$
⟺ 두 구 S, S'이 만나서 원이 생긴다.

(4) $d=r-r'$
⟺ 구 S에 구 S'이 내접한다.

(5) $0 \leq d < r-r'$
⟺ 구 S의 내부에 구 S'이 있다.

즉, 두 구의 중심 사이의 거리가 두 구의 반지름의 길이의 차보다 작으므로 구 S는 구 S'의 내부에 존재한다. → $\sqrt{3}<2$이므로 구 S'이 구 S를 포함해.

오른쪽 그림과 같이 구 S 위를 움직이는 점 P에서 구 S에 접하는 평면이 구 S'과 만나서 생기는 도형은 원이고, 평면과 점 O 사이의 거리가 가장 가까울 때 원의 넓이는 최대가 된다. → 원의 반지름의 길이가 최대가 되는 경우야.

즉, 세 점 A, O, P가 한 직선 위에 있을 때, 원의 넓이가 최대가 된다.

원의 넓이가 최대일 때의 원의 중심을 H라 하면
$$\overline{OH}=\overline{HA}-\overline{OA}$$
$$=2-\sqrt{3}$$

이때 원 위의 한 점을 B라 하면 직각삼각형 BHO에서
$$\overline{BH}^2+\overline{OH}^2=\overline{BO}^2$$이므로
$$\overline{BH}^2+(2-\sqrt{3})^2=4^2$$
$$\therefore \overline{BH}^2=9+4\sqrt{3}$$

따라서 구하는 도형, 즉 원의 넓이의 최댓값은 $(9+4\sqrt{3})\pi$이므로
$a=9$, $b=4$ → 원의 반지름이 선분 BH이니까 원의 넓이는 $\pi \times \overline{BH}^2=(9+4\sqrt{3})\pi$야.
$$\therefore a+b=9+4=13$$

---

62 정답 11 | 정답률 56%

점 A는 구 $x^2+y^2+(z-2)^2=1$ 위에 있어.

좌표공간에서 xy평면 위의 원 $x^2+y^2=1$을 C라 하고, 원 C 위의 점 P와 점 $A(0, 0, 3)$을 잇는 선분이 구 $x^2+y^2+(z-2)^2=1$과 만나는 점을 Q라 하자. 점 P가 원 C 위를 한 바퀴 돌 때, 점 Q가 나타내는 도형 전체의 길이는 $\dfrac{b}{a}\pi$이다. $a+b$의 값을 구하시오. **11**
(단, 점 Q는 점 A가 아니고, a, b는 서로소인 자연수이다.)

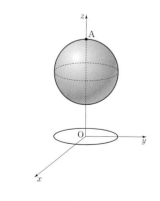

☑ 연관 개념 check

중심의 좌표가 (a, b, c)이고, 반지름의 길이가 r인 구의 방정식은
$$(x-a)^2+(y-b)^2+(z-c)^2=r^2$$

해결 흐름

1️⃣ 점 P가 원 C 위를 한 바퀴 돌 때 점 Q가 나타내는 도형은 원이겠구나.

2️⃣ 구하는 도형 전체의 길이는 원의 둘레의 길이와 같으므로 주어진 도형을 yz평면으로 자른 단면에서 반지름의 길이를 구해야겠다.

알찬 풀이 → 점 P는 원 C 위를 움직이는 점이니까 점 P를 한 점으로 잡고 생각해 봐.

점 P가 점 $(0, 1, 0)$의 위치에 있을 때, 주어진 도형을 yz평면으로 자른 단면은 오른쪽 그림과 같다.

점 Q에서 z축에 내린 수선의 발을 R라 하면 점 Q가 나타내는 도형은 선분 RQ를 반지름으로 하는 원이다.

$\overline{RQ}=r$라 하면 두 삼각형 AOP와 ARQ는 닮음이므로
$$\overline{AO}:\overline{AR}=\overline{OP}:\overline{RQ}$$에서 → $\angle AOP=\angle ARQ=90°$이고, $\angle A$는 공통이니까 $\triangle AOP \backsim \triangle ARQ$ (AA 닮음)
$$3:\overline{AR}=1:r$$
$$\therefore \overline{AR}=3r$$

구의 중심을 G라 하면
$$\overline{GR}=\overline{AR}-\overline{AG}=3r-1$$ → 구의 반지름의 길이야.

이므로 직각삼각형 GRQ에서
$$(3r-1)^2+r^2=1^2$$ → $\overline{GR}^2+\overline{RQ}^2=\overline{GQ}^2$
$$10r^2-6r=0$$
$$2r(5r-3)=0$$
$$\therefore r=\frac{3}{5}\ (\because r>0)$$

구의 중심이 z축 위에 있고, 원 C의 중심도 z축 위에 있으므로 z축을 포함하는 평면 중 하나인 yz평면으로 주어진 도형을 잘라 그 단면을 이용하였다.

따라서 점 Q가 나타내는 도형의 길이는

$$2\pi \times \frac{3}{5} = \frac{6}{5}\pi$$

→ 원의 둘레의 길이이니까 $2\pi \times$ (원의 반지름의 길이)겠네.

이므로

$a=5$, $b=6$

$\therefore a+b=5+6=11$

63 [정답] 84 　　　　　　정답률 24%

두 구 $x^2+y^2+z^2=81$, $x^2+(y-5)^2+z^2=56$을 각각 S_1, S_2라 하자. 두 구 S_1, S_2가 만나서 생기는 원 위의 한 점을 **P**라 하고, 점 P의 xy평면 위로의 정사영을 **P′**이라 하자. 구 S_1과 y축이 만나는 점을 각각 Q, R라 할 때, **사면체 PQP′R의 부피의 최댓값**을 구하시오. 84 → 두 점 Q, R의 x좌표와 z좌표는 모두 0이야.

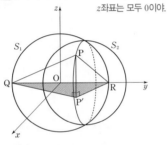

(1) 좌표공간에서 점 $P(a, b, c)$의
　① xy평면 위로의 정사영: $(a, b, 0)$
　② yz평면 위로의 정사영: $(0, b, c)$
　③ zx평면 위로의 정사영: $(a, 0, c)$
(2) 구 $(x-a)^2+(y-b)^2+(z-c)^2=r^2$과
　① x축의 교점을 구하려면 ➡ $y=0$, $z=0$을 대입
　② y축의 교점을 구하려면 ➡ $x=0$, $z=0$을 대입
　③ z축의 교점을 구하려면 ➡ $x=0$, $y=0$을 대입

[수능 핵심 개념] 산술평균과 기하평균의 관계

$a>0$, $b>0$일 때,

$$\frac{a+b}{2} \geq \sqrt{ab} \text{ (단, 등호는 } a=b \text{일 때 성립)}$$

[해결 흐름]

1 점 P의 위치에 따라 사면체 PQP′R의 부피가 달라지니까 부피가 최대가 되도록 하는 점 P의 위치를 알아내겠네.

2 점 P의 좌표를 (a, b, c)라 하면 사면체 PQP′R의 높이는 $|c|$이고, 점 P′의 좌표는 $(a, b, 0)$이구나.

3 점 P가 두 구 위의 점임을 이용해서 a, b, c에 대한 식을 구해야겠다.

[알찬 풀이]

$x^2+y^2+z^2=81$ 　　　　　……㉠

$x^2+(y-5)^2+z^2=56$ 　　　　……㉡

㉠−㉡을 하면

$10y-25=25$

$\therefore y=5$ → 원의 방정식은 $x^2+z^2=56$, $y=5$야.

즉, 두 구가 만나서 생기는 원은 평면 $y=5$ 위에 있다.

이때 두 구 S_1, S_2가 만나서 생기는 원 위의 한 점이 P이므로 $P(a, 5, c)$라 하자.

점 P가 구 S_1 위의 점이므로

$a^2+5^2+c^2=81$

$\therefore a^2+c^2=56$

점 $P(a, 5, c)$의 xy평면 위로의 정사영은

$P'(a, 5, 0)$ → xy평면 위의 점의 z좌표는 0이야.

구 S_1과 y축이 만나는 점은 $y^2=81$에서 $y=\pm9$이므로

$Q(0, -9, 0)$, $R(0, 9, 0)$ → 구 S_1의 방정식에 $x=0$, $z=0$을 대입하면 두 점 Q, R의 좌표를 구할 수 있어.

$\therefore \triangle QP'R = \frac{1}{2} \times \overline{QR} \times |a|$

　　　　　$= 9|a|$

사면체 PQP′R의 높이는 $|c|$이므로 이 사면체의 부피를 V라 하면

$$V = \frac{1}{3} \times 9|a| \times |c|$$

→ (사면체의 부피)$=\frac{1}{3} \times$ (밑넓이) $\times$ (높이)

　$= 3|ac|$

이때 $a^2>0$, $c^2>0$이므로 산술평균과 기하평균의 관계에 의하여

$a^2+c^2 \geq 2\sqrt{a^2c^2}$ (단, 등호는 $a^2=c^2$일 때 성립)

$56 \geq 2|ac|$

$\therefore |ac| \leq 28$

따라서 $V=3|ac| \leq 3 \times 28 = 84$이므로 구하는 사면체의 부피의 최댓값은 84이다.

64   정답률 17%

┌→ 직선 l은 두 직선 m, n을 포함한 평면과 평행해.

같은 평면 위에 있지 않고 서로 평행한 세 직선 l, m, n이 있다. 직선 l 위의 두 점 A, B, 직선 m 위의 점 C, 직선 n 위의 점 D가 다음 조건을 만족시킨다.

> (가) $\overline{AB}=2\sqrt{2}$, $\overline{CD}=3$
> (나) $\overline{AC}\perp l$, $\overline{AC}=5$
> (다) $\overline{BD}\perp l$, $\overline{BD}=4\sqrt{2}$

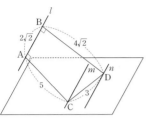

두 직선 m, n을 포함하는 평면과 세 점 A, C, D를 포함하는 평면이 이루는 각의 크기를 θ라 할 때, $15\tan^2\theta$의 값을 구하시오. $\left(단, 0<\theta<\dfrac{\pi}{2}\right)$ 30 [1] [2]

☑ 연관 개념 check

평면 α 위에 있는 도형의 넓이를 S, 이 도형의 평면 β 위로의 정사영의 넓이를 S'이라 할 때, 두 평면 α, β가 이루는 각의 크기를 $\theta\left(0\leq\theta\leq\dfrac{\pi}{2}\right)$라 하면

$$S'=S\cos\theta$$

수능 핵심 개념 삼각함수 사이의 관계

(1) $\sin^2\theta+\cos^2\theta=1$

(2) $\tan\theta=\dfrac{\sin\theta}{\cos\theta}$

$\overline{AE}\perp\alpha$이니까 선분 AC의 평면 α 위로의 정사영은 선분 EC이고, 선분 AD의 평면 α 위로의 정사영은 선분 ED이니까 삼각형 ACD의 평면 α 위로의 정사영은 삼각형 ECD야.

해결 흐름

[1] 두 평면이 이루는 각의 크기에 대한 문제구나.

[2] 삼각형 ACD를 두 직선 m, n을 포함하는 평면 위로 정사영한 넓이를 이용하면 $\cos\theta$의 값을 구할 수 있겠네.

알찬 풀이

두 직선 m, n을 포함하는 평면을 α라 하면 $l/\!/m$, $l/\!/n$이므로 $l/\!/\alpha$이다.

오른쪽 그림과 같이 직선 l 위의 두 점 A, B에서 평면 α에 내린 수선의 발을 각각 E, F라 하고, 선분 FD와 직선 m의 교점을 G라 하면 $\overline{AB}/\!/\overline{EF}/\!/\overline{CG}$이고,

$\overline{EF}=\overline{CG}=\overline{AB}=2\sqrt{2}$이므로

직각삼각형 CDG에서

$$\overline{GD}=\sqrt{3^2-(2\sqrt{2})^2}=1$$

또, 직각삼각형 ADB에서

$$\overline{AD}=\sqrt{(4\sqrt{2})^2+(2\sqrt{2})^2}=2\sqrt{10}$$

삼각형 ACD의 점 C에서 선분 AD에 내린 수선의 발을 H라 하자.

$\overline{HD}=x$라 하면 $\overline{AH}=2\sqrt{10}-x$

$\overline{AC}^2-\overline{AH}^2=\overline{CD}^2-\overline{DH}^2$에서 → 두 직각삼각형 CAH와 CDH에서 $\overline{CH}^2$의 값이 같음을 이용했어.

$$5^2-(2\sqrt{10}-x)^2=3^2-x^2$$

$$4\sqrt{10}x=24 \qquad \therefore x=\frac{3\sqrt{10}}{5}$$

이때 $\overline{CH}=\sqrt{3^2-\left(\dfrac{3\sqrt{10}}{5}\right)^2}=\dfrac{3\sqrt{15}}{5}$이므로

└→ 직각삼각형 CDH에서 피타고라스 정리를 이용했어. 직각삼각형 CAH를 이용할 수도 있어.

$$\triangle ACD=\frac{1}{2}\times\overline{AD}\times\overline{CH}$$

$$=\frac{1}{2}\times2\sqrt{10}\times\frac{3\sqrt{15}}{5}=3\sqrt{6}$$

$\overline{EC}=a$, $\overline{AE}=\overline{BF}=b$라 하면 $\overline{FD}=a+1$이므로

직각삼각형 AEC에서

$$a^2+b^2=5^2 \qquad\qquad \cdots\cdots ㉠$$

직각삼각형 BFD에서

$$(a+1)^2+b^2=(4\sqrt{2})^2 \qquad\qquad \cdots\cdots ㉡$$

㉡-㉠을 하면

$$2a+1=7 \qquad \therefore a=3$$

삼각형 ACD의 평면 α 위로의 정사영은 삼각형 ECD이므로

$$\triangle ACD\times\cos\theta=\triangle ECD$$

이때

$$\triangle ECD=\frac{1}{2}\times\overline{EC}\times\overline{CG}$$

$$=\frac{1}{2}\times3\times2\sqrt{2}=3\sqrt{2}$$

이므로

$$3\sqrt{6}\times\cos\theta=3\sqrt{2} \qquad \therefore \cos\theta=\frac{1}{\sqrt{3}}$$

이때 θ는 예각이고 $\cos\theta=\dfrac{1}{\sqrt{3}}$이므로 오른쪽 그림과 같이 빗변의 길이가 $\sqrt{3}$, 밑변의 길이가 1인 직각삼각형을 생각할 수 있다.

따라서 $\tan\theta=\sqrt{2}$이므로

$$15\tan^2\theta=15\times(\sqrt{2})^2=30$$

좌표공간에 정사면체 ABCD가 있다. 정삼각형 BCD의 외심을 중심으로 하고 점 B를 지나는 구를 S라 하자.
구 S와 선분 AB가 만나는 점 중 B가 아닌 점을 P,
구 S와 선분 AC가 만나는 점 중 C가 아닌 점을 Q,
구 S와 선분 AD가 만나는 점 중 D가 아닌 점을 R라 하고,
점 P에서 구 S에 접하는 평면을 α라 하자.
구 S의 반지름의 길이가 6일 때, 삼각형 PQR의 평면 α 위로의 정사영의 넓이는 k이다. k^2의 값을 구하시오. **24**
1 3

↳ 정사면체의 꼭짓점 A에서 밑면 BCD에 내린 수선의 발은 구의 중심, 즉 정삼각형 BCD의 외심과 같아.

→ 먼저 문제에서 주어진 점을 도형에 표시해 봐.

☑ **연관 개념 check**

평면 α 위에 있는 도형의 넓이를 S, 이 도형의 평면 β 위로의 정사영의 넓이를 S'이라 할 때, 두 평면 α, β가 이루는 각의 크기를 $\theta\left(0\le\theta\le\dfrac{\pi}{2}\right)$라 하면

$$S'=S\cos\theta$$

☑ **실전 적용 key**

다음과 같은 방법으로 $\cos\theta_2$의 값을 직접 구할 수도 있다.

직각삼각형 ABO에서

$$\cos\theta_1=\frac{\overline{\text{BO}}}{\overline{\text{AB}}}=\frac{6}{6\sqrt{3}}=\frac{1}{\sqrt{3}}$$

점 P에서 선분 BO에 내린 수선의 발을 P′이라 하면 직각삼각형 PBP′에서

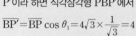

$$\overline{\text{BP}'}=\overline{\text{BP}}\cos\theta_1=4\sqrt{3}\times\frac{1}{\sqrt{3}}=4$$

$$\overline{\text{PP}'}=\sqrt{\overline{\text{BP}}^2-\overline{\text{BP}'}^2}=\sqrt{(4\sqrt{3})^2-4^2}=4\sqrt{2}$$

이때 점 P에서 선분 AO에 내린 수선의 발을 Q라 하면
$$\overline{\text{QO}}=\overline{\text{PP}'}=4\sqrt{2}$$
따라서 직각삼각형 POQ에서
$$\cos\theta_2=\frac{\overline{\text{QO}}}{\overline{\text{OP}}}=\frac{4\sqrt{2}}{6}=\frac{2\sqrt{2}}{3}$$

정삼각형의 넓이 ☆★

한 변의 길이가 a인 정삼각형의 넓이 S는
$$S=\frac{\sqrt{3}}{4}a^2$$

해결 흐름

1 정사영의 넓이를 구하려면 삼각형 PQR와 평면 α가 이루는 각의 크기에 대한 코사인 값을 구해야겠네.

2 정삼각형의 외심의 성질을 이용하여 필요한 선분의 길이를 구해 봐야겠다.

3 2에서 구한 선분의 길이를 이용하면 삼각형 PQR의 넓이와 코사인 값을 구할 수 있겠다.

알찬 풀이

오른쪽 그림과 같이 구 S의 중심을 O라 하고, 점 B에서 선분 CD에 내린 수선의 발을 M이라 하자.

점 O는 정삼각형 BCD의 외심이고, $\overline{\text{BO}}=6$이므로

$$\overline{\text{OM}}=3 \quad\text{→ 정삼각형의 외심은 높이를 2 : 1로 내분해.}$$

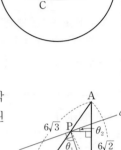

$$\overline{\text{BM}}=\overline{\text{BO}}+\overline{\text{OM}}=6+3=9\text{이므로}\quad\text{→ 구 S의 반지름의 길이가 6이기 때문이야.}$$

$$\overline{\text{BC}}=\frac{2}{\sqrt{3}}\overline{\text{BM}}=\frac{2}{\sqrt{3}}\times9=6\sqrt{3}\quad\text{→ }\overline{\text{BM}}=\frac{\sqrt{3}}{2}\overline{\text{BC}}\text{이기 때문이야.}$$

즉, 정사면체 ABCD의 한 모서리의 길이는 $6\sqrt{3}$이다.

직각삼각형 ABO에서 → 피타고라스 정리를 이용했어.
$$\overline{\text{AO}}=\sqrt{\overline{\text{AB}}^2-\overline{\text{BO}}^2}=\sqrt{(6\sqrt{3})^2-6^2}=\sqrt{72}=6\sqrt{2}$$

이때 $\overline{\text{PO}}=\overline{\text{BO}}=6$이므로 삼각형 OPB는 이등변삼각형이고, 오른쪽 그림과 같이 점 O에서 선분 AB에 내린 수선의 발을 H라 하면 점 H는 선분 BP의 중점이다.

$\triangle\text{ABO}\backsim\triangle\text{OBH}$ (AA 닮음)이므로

$$\overline{\text{BO}}:\overline{\text{BH}}=\overline{\text{AB}}:\overline{\text{OB}}$$

→ $\angle\text{AOB}=\angle\text{OHB}=90°$, $\angle$B는 공통이니까 $\triangle\text{ABO}\backsim\triangle\text{OBH}$ (AA 닮음)

$$6:\overline{\text{BH}}=6\sqrt{3}:6$$
$$6\sqrt{3}\,\overline{\text{BH}}=36$$
$$\therefore\overline{\text{BH}}=2\sqrt{3}\quad\text{→ }\overline{\text{BP}}=2\overline{\text{BH}}=2\times2\sqrt{3}=4\sqrt{3}$$
$$\therefore\overline{\text{AP}}=\overline{\text{AB}}-\overline{\text{BP}}=6\sqrt{3}-4\sqrt{3}=2\sqrt{3}$$

따라서 삼각형 PQR는 한 변의 길이가 $2\sqrt{3}$인 정삼각형이므로

$$\triangle\text{PQR}=\frac{\sqrt{3}}{4}\times(2\sqrt{3})^2=3\sqrt{3}$$

→ 사면체 APQR는 한 모서리의 길이가 $2\sqrt{3}$인 정사면체야.

한편, 이등변삼각형 OPB에서 $\angle\text{OBP}=\angle\text{OPB}=\theta_1$, 평면 α와 평면 PQR가 이루는 각의 크기를 θ_2라 하면

$$\angle\text{BOP}=\pi-2\theta_1,\ \angle\text{POA}=\theta_2\text{이므로}$$

→ 선분 OP는 평면 α에 수직이기 때문이야.

$$\angle\text{POA}=\frac{\pi}{2}-\angle\text{BOP}\text{에서}$$

$$\theta_2=\frac{\pi}{2}-(\pi-2\theta_1)=-\frac{\pi}{2}+2\theta_1$$

코사인법칙 ☆★

삼각형 ABC에서
$a^2=b^2+c^2-2bc\cos A$
$b^2=a^2+c^2-2ac\cos B$
$c^2=a^2+b^2-2ab\cos C$

삼각형 OPB에서 코사인법칙에 의하여

$$(4\sqrt{3})^2=6^2+6^2-2\times6\times6\times\cos(\pi-2\theta_1)$$
$$-72\cos2\theta_1=24$$

→ $\cos(\pi-2\theta_1)=-\cos2\theta_1$이야.

$$\therefore\cos2\theta_1=-\frac{1}{3}$$

$$\therefore\cos\theta_2=\cos\left(-\frac{\pi}{2}+2\theta_1\right)=\cos\left(\frac{\pi}{2}-2\theta_1\right)$$

→ $\cos(-\theta)=\cos\theta$, $\cos\left(\frac{\pi}{2}-\theta\right)=\sin\theta$, $\sin\theta=\sqrt{1-\cos^2\theta}$ 임을 이용했어.

$$=\sin2\theta_1=\sqrt{1-\cos^2 2\theta_1}\ \left(\because\frac{\pi}{2}<2\theta_1<\pi\right)$$

$$=\sqrt{1-\left(-\frac{1}{3}\right)^2}=\frac{2\sqrt{2}}{3}$$

따라서 삼각형 PQR의 평면 α 위로의 정사영의 넓이 k는

$$k=\triangle\text{PQR}\times\cos\theta_2=3\sqrt{3}\times\frac{2\sqrt{2}}{3}=2\sqrt{6}$$

$$\therefore k^2=(2\sqrt{6})^2=24$$

좌표공간에 두 개의 구

→ 구 S_1의 중심의 좌표는 $(0, 0, 2)$, 반지름의 길이는 2이고, 구 S_2의 중심의 좌표는 $(0, 0, -7)$, 반지름의 길이는 7이야.

$$S_1 : x^2+y^2+(z-2)^2=4,$$
$$S_2 : x^2+y^2+(z+7)^2=49 \text{ 의}$$

가 있다. 점 $A(\sqrt{5}, 0, 0)$을 지나고 zx평면에 수직이며, 구 S_1과 z좌표가 양수인 한 점에서 접하는 평면을 α라 하자. 구 S_2가 평면 α와 만나서 생기는 원을 C라 할 때, 원 **2** C 위의 점 중 z좌표가 최소인 점을 B라 하고 구 S_2와 점 B에서 접하는 평면을 β라 하자.

3
원 C의 평면 β 위로의 정사영의 넓이가 **1** $\dfrac{q}{p}\pi$일 때, $p+q$의 값을 구하시오. (단, p와 q는 서로소인 자연수이다.) **127**

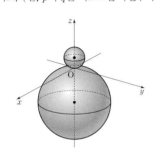

☑ **연관 개념 check**

평면 α 위에 있는 도형의 넓이를 S, 이 도형의 평면 β 위로의 정사영의 넓이를 S'이라 할 때, 두 평면 α, β가 이루는 각의 크기를 $\theta\left(0\le\theta\le\dfrac{\pi}{2}\right)$라 하면

$$S'=S\cos\theta$$

☑ **실전 적용 key**

평면 α와 zx평면의 교선 l과 구 S_2의 중심 사이의 거리를 이용하여 원 C의 반지름의 길이를 구할 수도 있다.

점 $A(\sqrt{5}, 0, 0)$은 zx평면에서 점 $(\sqrt{5}, 0)$과 같고, 교선 l의 기울기를 m이라 하면 직선 l의 방정식은

$$z=m(x-\sqrt{5}) \qquad \therefore mx-z-\sqrt{5}m=0$$

이때 점 $O_1(0, 2)$와 직선 l 사이의 거리는 2이므로

$$\frac{|-2-\sqrt{5}m|}{\sqrt{m^2+(-1)^2}}=2, \; |-2-\sqrt{5}m|=2\sqrt{m^2+1}$$

양변을 제곱하여 정리하면 $m^2+4\sqrt{5}m=0$

$$m(m+4\sqrt{5})=0 \qquad \therefore m=-4\sqrt{5}\;(\because m\neq0)$$

따라서 직선 l의 방정식은 $4\sqrt{5}x+z-20=0$이므로 점 $O_2(0, -7)$과 직선 l 사이의 거리는

$$\frac{|-7-20|}{\sqrt{(4\sqrt{5})^2+1^2}}=\frac{27}{9}=3 \qquad \therefore \overline{O_2H_2}=3$$

구 S_2와 평면 α가 만나서 생기는 원 C의 중심은 점 H_2이고 원 C의 반지름의 길이는 $\overline{BH_2}$이므로 직각삼각형 O_2BH_2에서

$$\overline{BH_2}=\sqrt{\overline{BO_2}^2-\overline{O_2H_2}^2}=\sqrt{7^2-3^2}=2\sqrt{10}$$

1 원 C의 평면 β 위로의 정사영의 넓이를 구하려면 원 C의 넓이, 원 C와 평면 β가 이루는 각의 크기에 대한 코사인 값을 구해야겠다.

2 주어진 도형을 zx평면으로 자른 그림으로 나타내면 두 구 S_1, S_2와 평면 α를 원과 직선으로 단순화할 수 있겠어.

3 **2**에서 원 C의 넓이와 코사인 값을 구하는 데 필요한 선분의 길이를 구할 수 있겠네.

주어진 도형을 zx평면으로 자른 단면은 오른쪽 그림과 같다.

평면 α와 zx평면의 교선을 l, 두 구 S_1, S_2의 중심을 각각 O_1, O_2라 하고, 두 점 O_1, O_2에서 직선 l에 내린 수선의 발을 각각 H_1, H_2, 직선 l과 z축이 만나는 점을 T라 하자.

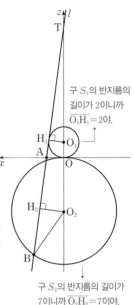

→ 구 S_1의 반지름의 길이가 2이니까 $\overline{O_1H_1}=2$야.

→ 구 S_2의 반지름의 길이가 7이니까 $\overline{O_2H_2}=7$이야.

$\overline{O_1T}=k\,(k>0)$라 하면 직각삼각형 O_1TH_1에서

→ 피타고라스 정리를 이용했어.

$$\overline{TH_1}=\sqrt{\overline{O_1T}^2-\overline{O_1H_1}^2}=\sqrt{k^2-2^2}=\sqrt{k^2-4}$$

$\triangle O_1TH_1 \backsim \triangle ATO$ (AA 닮음)이므로

$$\overline{TH_1}:\overline{TO}=\overline{H_1O_1}:\overline{OA}$$

→ $\angle TH_1O_1=\angle TOA=90°$, $\angle T$는 공통이니까 두 삼각형 O_1TH_1과 ATO는 닮음이야.

$$\sqrt{k^2-4}:(k+2)=2:\sqrt{5}$$
$$\sqrt{5}\sqrt{k^2-4}=2(k+2)$$

양변을 제곱하여 정리하면

$$k^2-16k-36=0$$
$$(k+2)(k-18)=0$$
$$\therefore k=18\;(\because k>0)$$

또, $\overline{O_2T}=\overline{O_2O}+\overline{OO_1}+\overline{O_1T}=7+2+18=27$이고,

$\triangle O_1TH_1 \backsim \triangle O_2TH_2$ (AA 닮음)이므로

$$\overline{O_1T}:\overline{O_2T}=\overline{O_1H_1}:\overline{O_2H_2}$$

→ $\angle TH_1O_1=\angle TH_2O_2=90°$, $\angle T$는 공통이니까 두 삼각형 O_1TH_1과 O_2TH_2는 닮음이야.

$$18:27=2:\overline{O_2H_2}$$
$$18\overline{O_2H_2}=54 \qquad \therefore \overline{O_2H_2}=3$$

이때 구 S_2가 평면 α와 만나서 생기는 원 C의 중심은 점 H_2이고 원 C의 반지름의 길이는 $\overline{BH_2}$이므로 직각삼각형 O_2BH_2에서

$$\overline{BH_2}=\sqrt{\overline{BO_2}^2-\overline{O_2H_2}^2}=\sqrt{7^2-3^2}=2\sqrt{10}$$

따라서 원 C의 넓이는

→ 피타고라스 정리를 이용했어.

$$\pi\times(2\sqrt{10})^2=40\pi$$

한편, 두 평면 α, β가 이루는 각의 크기를 θ라 하면 $\beta\perp\overline{BO_2}$이므로

→ 원의 중심과 접선의 접점을 지나는 직선은 그 접선과 수직이야.

$$\angle O_2BH_2=\frac{\pi}{2}-\theta$$
$$\therefore \angle BO_2H_2=\theta$$

직각삼각형 O_2BH_2에서

→ 직각삼각형 O_2BH_2에서 $\angle O_2BH_2+\angle BO_2H_2=\dfrac{\pi}{2}$ 이기 때문이야.

$$\cos\theta=\frac{\overline{O_2H_2}}{\overline{BO_2}}=\frac{3}{7}$$

따라서 원 C의 평면 β 위로의 정사영의 넓이는

$$40\pi\times\cos\theta=40\pi\times\frac{3}{7}=\frac{120}{7}\pi$$

즉, $p=7$, $q=120$이므로

$$p+q=7+120=127$$

67 정답 23

정답률 8%

좌표공간에 중심이 $C(2, \sqrt{5}, 5)$이고 점 $P(0, 0, 1)$을 지나는 구 ← 중심의 z좌표가 반지름의 길이와 같으니까 xy평면에 접해.

$$S: (x-2)^2 + (y-\sqrt{5})^2 + (z-5)^2 = 25$$

가 있다. 구 S가 평면 OPC와 만나서 생기는 원 위를 움직이는 점 Q, 구 S 위를 움직이는 점 R에 대하여 **두 점 Q, R의 xy평면 위로의 정사영을 각각 Q_1, R_1이라 하자.** **삼각형 OQ_1R_1의 넓이가 최대가 되도록 하는 두 점 Q, R에** 대하여 **삼각형 OQ_1R_1의 평면 PQR 위로의 정사영의 넓이**는 $\dfrac{q}{p}\sqrt{6}$이다. $p+q$의 값을 구하시오. **23**

(단, O는 원점이고 세 점 O, Q_1, R_1은 한 직선 위에 있지 않으며, p와 q는 서로소인 자연수이다.)

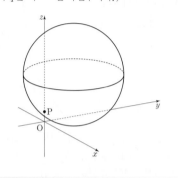

✔ 연관 개념 check

평면 α 위에 있는 도형의 넓이를 S, 이 도형의 평면 β 위로의 정사영의 넓이를 S'이라 할 때, 두 평면 α, β가 이루는 각의 크기를 $\theta\left(0\le\theta\le\dfrac{\pi}{2}\right)$라 하면

$S' = S\cos\theta$

✔ 실전 적용 key

문제에서와 같이 삼각형 OQ_1R_1과 평면 PQR가 이루는 각의 크기를 구하기 어려울 때에는 이면각의 정의를 이용할 수 있도록 한 평면을 평행이동하여 각의 크기를 구하기 쉬운 평면으로 바꾸어 생각한다.

수능 핵심 개념 ▸ 삼수선의 정리

평면 α 위에 있지 않은 한 점 P와 평면 α 위의 직선 l, 직선 l 위의 점 H, 평면 α 위에 있으면서 직선 l 위에 있지 않은 점 O에 대하여 다음이 성립한다.

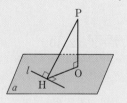

(1) $\overline{PO}\perp\alpha$, $\overline{OH}\perp l$이면 $\overline{PH}\perp l$
(2) $\overline{PO}\perp\alpha$, $\overline{PH}\perp l$이면 $\overline{OH}\perp l$
(3) $\overline{PH}\perp l$, $\overline{OH}\perp l$, $\overline{PO}\perp\overline{OH}$이면 $\overline{PO}\perp\alpha$

해결 흐름

1 xy평면에서 삼각형 OQ_1R_1의 밑변의 길이와 높이가 최대가 되도록 하는 두 점 Q_1, R_1의 위치를 찾아야겠네.

2 삼각형 OQ_1R_1과 평면 PQR가 이루는 각의 크기에 대한 코사인 값을 구해 봐야겠다.

알찬 풀이

점 C에서 xy평면에 내린 수선의 발을 C'이라 하면 평면 OPC는 점 C'을 지나므로 점 Q_1은 직선 OC' 위에 있다.

또, 구 S의 xy평면 위로의 정사영은 중심이 $(2, \sqrt{5})$이고 반지름의 길이가 5인 원이므로 점 R_1은 이 원의 내부 또는 그 둘레에 있다.

따라서 삼각형 OQ_1R_1의 넓이가 최대가 되려면 선분 OQ_1의 길이가 최대이어야 하고, 점 R_1에서 직선 OQ_1까지의 거리가 최대이어야 하므로 두 점 Q_1, R_1의 위치는 오른쪽 그림과 같다. → 밑변이 OQ_1인 삼각형 OQ_1R_1의 높이야.

즉, $\overline{C'Q_1}=\overline{C'R_1}=5$, → 원의 반지름의 길이야.

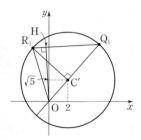

$\overline{OC'}=\sqrt{(2-0)^2+(\sqrt{5}-0)^2}=\sqrt{9}=3$이므로

직각삼각형 $Q_1C'R_1$에서

$\overline{Q_1R_1}=\sqrt{5^2+5^2}=\sqrt{50}=5\sqrt{2}$

이때 점 O에서 선분 Q_1R_1에 내린 수선의 발을 H라 하면 삼각형 OQ_1R_1의 넓이에서

$\dfrac{1}{2}\times\overline{OQ_1}\times\overline{C'R_1}=\dfrac{1}{2}\times\overline{Q_1R_1}\times\overline{OH}$ → 삼각형 OQ_1R_1의 넓이를 밑변과 높이를 다르게 하여 두 가지 방법으로 구했어.

$\dfrac{1}{2}\times 8\times 5=\dfrac{1}{2}\times 5\sqrt{2}\times\overline{OH}$ → $\overline{OC'}+\overline{C'Q_1}=3+5=8$

$\therefore \overline{OH}=4\sqrt{2}$

한편, $\overline{QR}=\overline{Q_1R_1}$, $\overline{QR}\parallel\overline{Q_1R_1}$이므로 오른쪽 그림과 같이 삼각형 OQ_1R_1을 점 Q_1이 점 Q, 점 R_1이 점 R가 되도록 평행이동하자.

이때 점 O'은 점 O가 평행이동된 점이고, 삼각형 OQ_1R_1과 평면 PQR가 이루는 각의 크기는 삼각형 $O'QR$와 삼각형 PQR가 이루는 각의 크기와 같다.

점 O'에서 선분 RQ에 내린 수선의 발을 H'이라 하면

$\overline{PO'}\perp$(평면 $O'RQ$), $\overline{O'H'}\perp\overline{RQ}$

이므로 삼수선의 정리에 의하여

$\overline{RQ}\perp\overline{PH'}$ → 삼수선의 정리 (1)에 의하여 성립해.

직각삼각형 $H'O'P$에서

$\overline{PH'}=\sqrt{\overline{O'P}^2+\overline{O'H'}^2}=\sqrt{4^2+(4\sqrt{2})^2}$ → $\overline{O'H'}=\overline{OH}$이기 때문이야.
$=\sqrt{48}=4\sqrt{3}$ → $\overline{OO'}-\overline{OP}=5-1=4$

이때 삼각형 $O'QR$와 삼각형 PQR가 이루는 각의 크기를 θ라 하면

$\cos\theta=\dfrac{\overline{O'H'}}{\overline{PH'}}=\dfrac{4\sqrt{2}}{4\sqrt{3}}=\dfrac{\sqrt{6}}{3}$

따라서 삼각형 OQ_1R_1의 평면 PQR 위로의 정사영의 넓이는

$20\times\cos\theta=20\times\dfrac{\sqrt{6}}{3}=\dfrac{20}{3}\sqrt{6}$ ← 삼각형 OQ_1R_1의 넓이야.

따라서 $p=3$, $q=20$이므로 $p+q=3+20=23$

Part
2

해설편

---

23 수능 유형 › 포물선의 정의와 그래프   정답률 91%   정답 ①

포물선 $y^2=-12(x-1)$은 포물선 $y^2=-12x$를 x축의 방향으로 1만큼 평행이동한 것이다.

이때 포물선 $y^2=-12x$의 준선의 방정식은 $x=3$이므로

포물선 $y^2=-12(x-1)$의 준선의 방정식은 $x=4$이다.

$\therefore k=4$

---

24 수능 유형 › 벡터의 크기와 연산   정답률 67%   정답 ④

$2\overrightarrow{AB}+p\overrightarrow{BC}=q\overrightarrow{CA}$에서

$\overrightarrow{BC}=\overrightarrow{AC}-\overrightarrow{AB}$, $\overrightarrow{CA}=-\overrightarrow{AC}$이므로

$2\overrightarrow{AB}+p(\overrightarrow{AC}-\overrightarrow{AB})=-q\overrightarrow{AC}$

$\therefore (2-p)\overrightarrow{AB}+(p+q)\overrightarrow{AC}=\vec{0}$

이때 서로 다른 세 점 A, B, C가 한 직선 위에 있지 않으므로 두 벡터 $\overrightarrow{AB}$와 $\overrightarrow{AC}$는 서로 평행하지 않다.

따라서 $2-p=0$, $p+q=0$이므로

$p=2$, $q=-2$

$\therefore p-q=2-(-2)=4$

---

25 수능 유형 › 평면벡터의 내적   정답률 66%   정답 ②

$\overrightarrow{AC}=\overrightarrow{AB}+\overrightarrow{BC}$이고 정사각형 ABCD에서 $\overrightarrow{CD}=-\overrightarrow{AB}$이므로

$\overrightarrow{AC}+3k\overrightarrow{CD}=(\overrightarrow{AB}+\overrightarrow{BC})+3k(-\overrightarrow{AB})$

$\qquad\qquad\quad =(1-3k)\overrightarrow{AB}+\overrightarrow{BC}$

$\therefore (\overrightarrow{AB}+k\overrightarrow{BC})\cdot(\overrightarrow{AC}+3k\overrightarrow{CD})$

$\quad =(\overrightarrow{AB}+k\overrightarrow{BC})\cdot\{(1-3k)\overrightarrow{AB}+\overrightarrow{BC}\}$

$\quad =(1-3k)|\overrightarrow{AB}|^2+\overrightarrow{AB}\cdot\overrightarrow{BC}$

$\qquad +(k-3k^2)\overrightarrow{BC}\cdot\overrightarrow{AB}+k|\overrightarrow{BC}|^2$

이때 $|\overrightarrow{AB}|=|\overrightarrow{BC}|=1$, $\overrightarrow{AB}\cdot\overrightarrow{BC}=\overrightarrow{BC}\cdot\overrightarrow{AB}=0$이므로

$(\overrightarrow{AB}+k\overrightarrow{BC})\cdot(\overrightarrow{AC}+3k\overrightarrow{CD})=(1-3k)+k$

$\qquad\qquad\qquad\qquad\qquad\qquad =1-2k$

따라서 $1-2k=0$이므로

$k=\dfrac{1}{2}$

---

26 수능 유형 › 타원의 정의와 그래프   정답률 70%   정답 ④

$\overline{F'P}=\overline{F'F}=12-(-4)=16$

타원 C의 장축의 길이가 24이므로 타원의 정의에 의하여

$\overline{PF}+\overline{PF'}=24$

$\overline{PF}+16=24$

$\therefore \overline{PF}=8$

타원 $\dfrac{x^2}{a^2}+\dfrac{y^2}{b^2}=1$의 한 초점이

F'$(-4, 0)$이므로 다른 한 초점을 R라 하면 R$(4, 0)$이고 $\overline{F'R}=8$이다.

또, 점 Q는 선분 F'P의 중점이므로

$\overline{F'Q}=\dfrac{1}{2}\overline{F'P}$

$\qquad =\dfrac{1}{2}\times16=8$

$\triangle QF'R \sim \triangle PF'F$이고 닮음비가

$\overline{F'R}:\overline{F'F}=8:16=1:2$

이므로 $\overline{QR}:\overline{PF}=1:2$

$\overline{QR}:8=1:2$

$\therefore \overline{QR}=4$

$\therefore \overline{F'Q}+\overline{QR}=8+4=12$

따라서 타원 $\dfrac{x^2}{a^2}+\dfrac{y^2}{b^2}=1$의 장축의 길이가 12이므로

$2a=12$

$\therefore a=6$

또, $a^2-b^2=4^2$이므로

$36-b^2=16$

$\therefore b^2=20$

$\therefore \overline{PF}+a^2+b^2=8+36+20=64$

---

27 수능 유형 › 포물선의 정의와 그래프   정답률 57%   정답 ③

포물선 $(y-2)^2=8(x+2)$는 포물선 $y^2=8x$를 x축의 방향으로 -2만큼, y축의 방향으로 2만큼 평행이동한 것이다.

포물선 $y^2=8x$의 초점의 좌표는 $(2, 0)$, 준선의 방정식은 $x=-2$이므로 포물선 $(y-2)^2=8(x+2)$의 초점의 좌표는 A$(0, 2)$, 준선의 방정식은 $x=-4$이다.

오른쪽 그림과 같이 점 P에서 준선 $x=-4$에 내린 수선의 발을 H, 준선이 x축과 만나는 점을 B라 하면

$\overline{OP}+\overline{PA}=\overline{OP}+\overline{PH}$

$\qquad\qquad\quad \geq\overline{OB}$

즉, $\overline{OP}+\overline{PA}$의 값이 최소가 되도록 하는 점 P_0은 포물선 $(y-2)^2=8(x+2)$와 x축이 만나는 점이다.

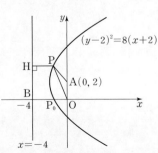

$\overline{OQ}+\overline{QA}=\overline{OP_0}+\overline{P_0A}$에서
$\overline{OP_0}+\overline{P_0A}=\overline{OP_0}+\overline{P_0B}=\overline{OB}=4$이므로
$\overline{OQ}+\overline{QA}=4$

타원의 정의에 의하여 점 Q는 두 점 O, A를 초점으로 하고 장축의 길이가 4인 타원 위의 점이다.

이 타원의 중심의 좌표가 $(0,\,1)$이므로 점 Q의 y좌표의 최댓값은 3, 최솟값은 -1이다.

따라서 $M=3$, $m=-1$이므로
$M^2+m^2=3^2+(-1)^2=10$

☑ 실전 적용 key

주어진 포물선을 좌표평면 위에 그리고 포물선의 성질을 이용하여 $\overline{OP}+\overline{PA}$의 값이 최소가 되도록 하는 점 P를 찾는다.

---

28 수능 유형 › 평면벡터의 성분과 내적   정답률 47%   정답 ⑤

점 X의 좌표를 $(x,\,y)$라 하자.

조건 ㈎에서
$(\overrightarrow{OX}-\overrightarrow{OD})\cdot\overrightarrow{OC}=0$ 또는 $|\overrightarrow{OX}-\overrightarrow{OC}|-3=0$
$\overrightarrow{DX}\cdot\overrightarrow{OC}=0$ 또는 $|\overrightarrow{CX}|-3=0$
$\therefore \overrightarrow{DX}\perp\overrightarrow{OC}$ 또는 $|\overrightarrow{CX}|=3$

따라서 점 X는 점 $D(8,\,6)$을 지나고 벡터 $\overrightarrow{OC}=(4,\,4)$에 수직인 직선 위의 점이거나 점 $C(4,\,4)$를 중심으로 하고 반지름의 길이가 3인 원 위의 점이다.

즉, 점 X는 직선 $y=-x+14$ 위의 점이거나
원 $(x-4)^2+(y-4)^2=9$ 위의 점이다.

또, 조건 ㈏에서 벡터 $\overrightarrow{OX}-\overrightarrow{OP}$, 즉 $\overrightarrow{PX}$와 $\overrightarrow{OC}$가 서로 평행하려면 두 직선 PX, OC가 서로 평행하고 이를 만족시키는 점 P는 선분 AB 위에 존재한다.

(i) 점 X가 직선 $y=-x+14$ 위에 있는 경우

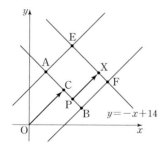

점 A를 지나고 직선 OC와 평행한 직선이 직선 $y=-x+14$와 만나는 점을 E, 점 B를 지나고 직선 OC와 평행한 직선이 직선 $y=-x+14$와 만나는 점을 F라 하면 점 X가 선분 EF 위에 있을 때, 두 직선 PX, OC가 서로 평행하고 선분 AB 위에 점 P가 존재한다.

따라서 점 X의 y좌표가 최대일 때는 점 X가 점 $E(5,\,9)$와 일치할 때이고, 점 X의 y좌표가 최소일 때는 점 X가 점 $F(9,\,5)$와 일치할 때이다.

(ii) 점 X가 원 $(x-4)^2+(y-4)^2=9$ 위에 있는 경우

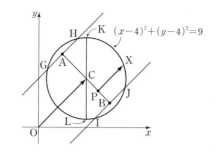

원 $(x-4)^2+(y-4)^2=9$가 점 A를 지나고 직선 OC와 평행한 직선과 만나는 두 점을 G, H라 하고,

원 $(x-4)^2+(y-4)^2=9$가 점 B를 지나고 직선 OC와 평행한 직선과 만나는 두 점을 I, J라 하면 점 X가 호 JH 또는 호 GI 위에 있을 때, 두 직선 PX, OC가 서로 평행하고 선분 AB 위에 점 P가 존재한다.

따라서 원 $(x-4)^2+(y-4)^2=9$ 위의 점 중에서 y좌표가 가장 큰 점을 K, y좌표가 가장 작은 점을 L이라 하면 점 X의 y좌표가 최대일 때는 점 X가 점 $K(4,\,7)$과 일치할 때이고, 점 X의 y좌표가 최소일 때는 점 X가 점 $L(4,\,1)$과 일치할 때이다.

(i), (ii)에서 두 점 Q, R는 각각 네 점 $E(5,\,9)$, $F(9,\,5)$, $K(4,\,7)$, $L(4,\,1)$ 중에서 y좌표가 최대인 점과 최소인 점이므로 $Q(5,\,9)$, $R(4,\,1)$

$\therefore \overrightarrow{OQ}\cdot\overrightarrow{OR}=(5,\,9)\cdot(4,\,1)$
$=5\times4+9\times1=29$

☑ 실전 적용 key

$|\overrightarrow{CX}|=3$에서 점 X의 좌표를 $(x,\,y)$로 놓고 주어진 벡터를 성분으로 나타내어 도형의 방정식을 구할 수도 있다.
$\overrightarrow{CX}=\overrightarrow{OX}-\overrightarrow{OC}=(x,\,y)-(4,\,4)=(x-4,\,y-4)$이고 $|\overrightarrow{CX}|=3$이므로
$\sqrt{(x-4)^2+(y-4)^2}=3$
$\therefore (x-4)^2+(y-4)^2=9$

---

29 수능 유형 › 쌍곡선의 정의와 그래프   정답률 36%   정답 80

쌍곡선 $C_1:x^2-\dfrac{y^2}{24}=1$의 주축의 길이는 2,

쌍곡선 $C_2:\dfrac{x^2}{4}-\dfrac{y^2}{21}=1$의 주축의 길이는 4,

두 쌍곡선 C_1, C_2의 초점은 모두 $F(5,\,0)$, $F'(-5,\,0)$이다.
$\therefore \overline{FF'}=10$

점 P는 쌍곡선 C_1 위에 있는 제2사분면 위의 점이므로
$\overline{PF}-\overline{PF'}=2$ $\therefore \overline{PF}=\overline{PF'}+2$

점 Q는 쌍곡선 C_2 위에 있는 제2사분면 위의 점이므로
$\overline{QF}-\overline{QF'}=4$ $\therefore \overline{QF}=\overline{QF'}+4$

$\overline{PQ}+\overline{QF}$, $2\overline{PF'}$, $\overline{PF}+\overline{PF'}$이 이 순서대로 등차수열을 이루므로
$2\times2\overline{PF'}=(\overline{PQ}+\overline{QF})+(\overline{PF}+\overline{PF'})$
$=\overline{PQ}+(\overline{QF'}+4)+(\overline{PF'}+2)+\overline{PF'}$
$=\overline{PF'}+4+\overline{PF'}+2+\overline{PF'}$
$=3\overline{PF'}+6$

$$\therefore \overline{PF'}=6$$

이때 $\overline{FF'}=10$, $\overline{PF}=8$이고, $\overline{PF'}=6$이므로 삼각형 PF'F는

$\angle FPF'=\dfrac{\pi}{2}$인 직각삼각형이다.

직각삼각형 PF'F에서 $\tan(\angle PF'F)=\dfrac{\overline{PF}}{\overline{PF'}}=\dfrac{8}{6}=\dfrac{4}{3}$이므로

$$m=\dfrac{4}{3}$$

$$\therefore 60m=60\times\dfrac{4}{3}=80$$

---

30 수능 유형 › 벡터의 크기와 연산 　　정답률 25%　정답 13

$\overrightarrow{OQ}=\overrightarrow{PQ'}$이 되도록 점 Q'을 잡으면 점 Q'은 타원 $2x^2+y^2=3$의 중심이 점 P가 되도록 평행이동시킨 타원 위의 점이다. 이때

$$\overrightarrow{OX}=\overrightarrow{OP}+\overrightarrow{OQ}$$
$$=\overrightarrow{OP}+\overrightarrow{PQ'}$$
$$=\overrightarrow{OQ'}$$

다음 그림에서 점 Q'은 타원 $2x^2+y^2=3$에 접하고 직선 $2x+y=0$에 평행한 두 접선 사이의 영역(경계선 포함) 위의 점이다.

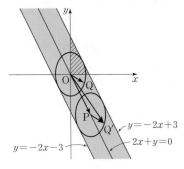

타원 $2x^2+y^2=3$에 접하고 직선 $2x+y=0$에 평행한 접선의 방정식은

$$y=-2x\pm\sqrt{\dfrac{3}{2}\times(-2)^2+3}$$

$$\therefore y=-2x\pm3$$

이때 점 X는 x좌표와 y좌표가 모두 0 이상인 점이므로 점 X가 나타내는 영역은 직선 $y=-2x+3$과 x축 및 y축으로 둘러싸인 부분(경계선 포함)이다.

직선 $y=-2x+3$이 x축과 만나는 점의 좌표는 $\left(\dfrac{3}{2},\ 0\right)$, y축과 만나는 점의 좌표는 $(0,\ 3)$이므로 구하는 영역의 넓이는

$$\dfrac{1}{2}\times\dfrac{3}{2}\times3=\dfrac{9}{4}$$

따라서 $p=4$, $q=9$이므로

$$p+q=4+9=13$$

☑ **실전 적용 key**
벡터의 덧셈을 이용하기 위하여 한 벡터의 시점을 주어진 다른 벡터의 종점과 일치하도록 평행이동한 후 좌표평면 위에 벡터를 나타내어 구하려고 하는 점의 자취를 파악한다.

제2회

5지선다형

23 ④　　24 ①　　25 ⑤　　26 ②　　27 ③　　28 ①

단답형

29 17　　30 27

---

23 수능 유형 › 좌표공간에서 두 점 사이의 거리　　정답률 89%　정답 ④

점 $A(8,\ 6,\ 2)$를 xy평면에 대하여 대칭이동한 점 B의 좌표는

$$B(8,\ 6,\ -2)$$

$$\therefore \overline{AB}=\sqrt{(8-8)^2+(6-6)^2+(-2-2)^2}=\sqrt{16}=4$$

---

24 수능 유형 › 쌍곡선의 접선의 방정식　　정답률 90%　정답 ①

쌍곡선 $\dfrac{x^2}{7}-\dfrac{y^2}{6}=1$ 위의 점 $(7,\ 6)$에서의 접선의 방정식은

$$\dfrac{7x}{7}-\dfrac{6y}{6}=1$$

$$\therefore x-y=1$$

위의 식에 $y=0$을 대입하면 $x=1$

따라서 구하는 x절편은 1이다.

☑ **실전 적용 key**
쌍곡선 $\dfrac{x^2}{a^2}-\dfrac{y^2}{b^2}=1$ 위의 점 $(x_1,\ y_1)$에서의 접선의 방정식은 $\dfrac{x^2}{a^2}-\dfrac{y^2}{b^2}=1$에 x^2 대신 x_1x, y^2 대신 y_1y를 대입한 것이다.

---

25 수능 유형 › 평면벡터가 그리는 도형　　정답률 91%　정답 ⑤

$A(4,\ 3)$이므로

$$|\overrightarrow{OA}|=\sqrt{4^2+3^2}=5$$

이때 $|\overrightarrow{OP}|=|\overrightarrow{OA}|$이므로

$$|\overrightarrow{OP}|=5$$

즉, 점 P가 나타내는 도형은 원점을 중심으로 하고 반지름의 길이가 5인 원이다. 따라서 구하는 도형의 길이는

$$2\pi\times5=10\pi$$

다른 풀이

점 P의 좌표를 $(x,\ y)$라 하면 $|\overrightarrow{OP}|=|\overrightarrow{OA}|$에서

$$\sqrt{x^2+y^2}=\sqrt{4^2+3^2}\qquad \therefore x^2+y^2=25$$

즉, 점 P가 나타내는 도형은 원점을 중심으로 하고 반지름의 길이가 5인 원이다. 따라서 구하는 도형의 길이는

$$2\pi\times5=10\pi$$

☑ **실전 적용 key**
주어진 식에서 점 P가 나타내는 도형이 원임을 바로 파악하기 어려우면 **다른 풀이**와 같이 점 P의 좌표를 $(x,\ y)$로 놓고 주어진 벡터를 성분으로 나타내어 도형의 방정식을 구할 수도 있다.

26 수능 유형 › 좌표공간에서 두 점 사이의 거리

정답률 75%
정답 ②

점 H를 원점으로 하고, 반직선 HE를 x축의 양의 방향, 반직선 HG 를 y축의 양의 방향, 반직선 HD를 z축의 양의 방향으로 하는 좌표공 간에 직육면체 ABCD-EFGH를 놓으면 다음 그림과 같다.

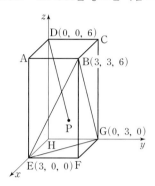

따라서 삼각형 BEG의 무게중심 P의 좌표는

$$\left(\frac{3+3+0}{3}, \frac{3+0+3}{3}, \frac{6+0+0}{3}\right) \quad \therefore \mathrm{P}(2, 2, 2)$$

$$\therefore \overline{\mathrm{DP}} = \sqrt{(2-0)^2 + (2-0)^2 + (2-6)^2} = \sqrt{24} = 2\sqrt{6}$$

다른 풀이

오른쪽 그림과 같이 선분 EG의 중점을 M 이라 하면 점 P가 삼각형 BEG의 무게중심 이므로

$$\overline{\mathrm{BP}} : \overline{\mathrm{PM}} = 2 : 1$$

점 P에서 두 선분 HF, BD에 내린 수선의 발을 각각 I, J라 하면 △PMI∽△BMF (AA 닮음)이고 닮음비가

$$\overline{\mathrm{BM}} : \overline{\mathrm{PM}} = 3 : 1$$이므로

$$\overline{\mathrm{PI}} = \frac{1}{3}\overline{\mathrm{BF}} = \frac{1}{3} \times 6 = 2 \quad \therefore \overline{\mathrm{JP}} = \overline{\mathrm{IJ}} - \overline{\mathrm{PI}} = 6 - 2 = 4$$

또, $\overline{\mathrm{FM}} = \frac{1}{2}\overline{\mathrm{HF}} = \frac{1}{2} \times \sqrt{3^2 + 3^2} = \frac{3\sqrt{2}}{2}$이므로

$$\overline{\mathrm{IM}} = \frac{1}{3}\overline{\mathrm{FM}} = \frac{1}{3} \times \frac{3\sqrt{2}}{2} = \frac{\sqrt{2}}{2}$$

$$\therefore \overline{\mathrm{DJ}} = \overline{\mathrm{HI}} = \overline{\mathrm{HM}} + \overline{\mathrm{IM}} = \frac{3\sqrt{2}}{2} + \frac{\sqrt{2}}{2} = 2\sqrt{2}$$

따라서 직각삼각형 DPJ에서

$$\overline{\mathrm{DP}} = \sqrt{\overline{\mathrm{JP}}^2 + \overline{\mathrm{DJ}}^2} = \sqrt{4^2 + (2\sqrt{2})^2} = \sqrt{24} = 2\sqrt{6}$$

27 수능 유형 › 포물선의 정의와 그래프

정답률 89%
정답 ③

포물선 $y^2 = 4px$의 초점 F의 좌표는 $(p, 0)$이고, 준선의 방정식은 $x = -p$이다.

오른쪽 그림과 같이 포물선 위의 세 점 $\mathrm{P_1}, \mathrm{P_2}, \mathrm{P_3}$에서 준선 $x = -p$에 내린 수선의 발을 각각 $\mathrm{H_1}, \mathrm{H_2}, \mathrm{H_3}$이 라 하면 세 점 $\mathrm{P_1}, \mathrm{P_2}, \mathrm{P_3}$의 x좌표가

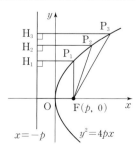

각각 $p, 2p, 3p$이므로 포물선의 정의에 의하여

$$\overline{\mathrm{FP_1}} = \overline{\mathrm{H_1P_1}} = p + p = 2p$$
$$\overline{\mathrm{FP_2}} = \overline{\mathrm{H_2P_2}} = 2p + p = 3p$$
$$\overline{\mathrm{FP_3}} = \overline{\mathrm{H_3P_3}} = 3p + p = 4p$$

이때 $\overline{\mathrm{FP_1}} + \overline{\mathrm{FP_2}} + \overline{\mathrm{FP_3}} = 27$이므로

$$2p + 3p + 4p = 27$$
$$9p = 27 \quad \therefore p = 3$$

28 수능 유형 › 공간좌표 – 구의 방정식

정답률 43%
정답 ①

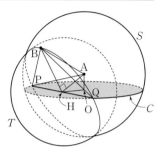

오른쪽 그림과 같이 좌표공간에 서 원점을 O라 하고 점 A에서 선분 PQ에 내린 수선의 발을 H 라 하면

$$\overline{\mathrm{AO}} \perp (xy평면), \quad \overline{\mathrm{AH}} \perp \overline{\mathrm{PQ}}$$

이므로 삼수선의 정리에 의하여

$$\overline{\mathrm{OH}} \perp \overline{\mathrm{PQ}}$$

이때 점 A에서 선분 PQ까지의 거리가 2이므로 $\overline{\mathrm{AH}} = 2$이고 $\overline{\mathrm{AO}} = 1$이므로 직각삼각형 AHO에서

$$\overline{\mathrm{OH}} = \sqrt{\overline{\mathrm{AH}}^2 - \overline{\mathrm{AO}}^2} = \sqrt{2^2 - 1^2} = \sqrt{3}$$

또, $\overline{\mathrm{AP}} = 4$이므로 직각삼각형 APO에서

$$\overline{\mathrm{OP}} = \sqrt{\overline{\mathrm{AP}}^2 - \overline{\mathrm{AO}}^2} = \sqrt{4^2 - 1^2} = \sqrt{15}$$

직각삼각형 OPH에서

$$\overline{\mathrm{PH}} = \sqrt{\overline{\mathrm{OP}}^2 - \overline{\mathrm{OH}}^2} = \sqrt{(\sqrt{15})^2 - (\sqrt{3})^2} = \sqrt{12} = 2\sqrt{3}$$

$$\therefore \overline{\mathrm{PQ}} = 2\overline{\mathrm{PH}} = 4\sqrt{3}$$

한편, 구 S와 구 T가 만나서 생기는 원을 C_1이라 하면 원 C_1은 중 심이 H이고 반지름의 길이가 $\overline{\mathrm{PH}} = 2\sqrt{3}$이다.

이때 원 C_1을 포함하는 평면을 α라 하면

$$\overline{\mathrm{AH}} \perp \alpha$$

직각삼각형 AHO에서

∠AHO=θ라 하면

$$\cos \theta = \frac{\overline{\mathrm{OH}}}{\overline{\mathrm{AH}}} = \frac{\sqrt{3}}{2}$$

이므로 $\theta = \frac{\pi}{6}$

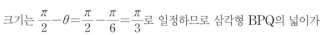

평면 α와 xy평면이 이루는 예각의

크기는 $\frac{\pi}{2} - \theta = \frac{\pi}{2} - \frac{\pi}{6} = \frac{\pi}{3}$로 일정하므로 삼각형 BPQ의 넓이가 최대일 때, 삼각형 BPQ의 xy평면 위로의 정사영의 넓이가 최대가 된다.

점 B에서 선분 PQ에 내린 수선의 발을 I라 하면

$$\overline{\mathrm{BI}} \leq \overline{\mathrm{BH}} = 2\sqrt{3}$$

삼각형 BPQ의 넓이의 최댓값을 S라 하면

$$S = \frac{1}{2} \times \overline{\mathrm{PQ}} \times \overline{\mathrm{BH}} = \frac{1}{2} \times 4\sqrt{3} \times 2\sqrt{3} = 12$$

따라서 삼각형 BPQ의 xy평면 위로의 정사영의 넓이의 최댓값은

$$S\cos\frac{\pi}{3} = 12 \times \frac{1}{2} = 6$$

삼수선의 정리를 이용할 수 있도록 수선을 긋는 것이 중요하다. 수선을 그어 직각삼각형을 만든 다음 피타고라스 정리를 이용하여 필요한 선분의 길이를 구한다.

---

29 수능 유형 › 이차곡선 – 타원   정답률 19%   정답 17

타원 $\dfrac{x^2}{9}+\dfrac{y^2}{5}=1$의 한 초점이 $\mathrm{F}(c,\,0)$ $(c>0)$이므로

$c=\sqrt{9-5}=2$

타원 $\dfrac{x^2}{9}+\dfrac{y^2}{5}=1$의 다른 한 초점을 F'이라 하면 $\mathrm{F}'(-2,\,0)$

점 P가 타원 $\dfrac{x^2}{9}+\dfrac{y^2}{5}=1$ 위의 점이므로 타원의 정의에 의하여

$\overline{\mathrm{PF}}+\overline{\mathrm{PF}'}=2\times3=6$

이때 $\overline{\mathrm{PQ}}-\overline{\mathrm{PF}}$의 최솟값이 6이므로

$\overline{\mathrm{PQ}}-\overline{\mathrm{PF}}\geq6$

$\overline{\mathrm{PQ}}-(6-\overline{\mathrm{PF}'})\geq6$

$\therefore\ \overline{\mathrm{PQ}}+\overline{\mathrm{PF}'}\geq12$

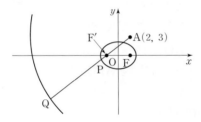

한편, 원의 중심을 A라 하면 $\mathrm{A}(2,\,3)$이므로 $\overline{\mathrm{PQ}}+\overline{\mathrm{PF}'}$의 값이 최소이려면 위의 그림과 같이 네 점 A, F', P, Q가 한 직선 위에 있어야 한다.

$\mathrm{F}'(-2,\,0)$이므로 $\overline{\mathrm{AF}'}=\sqrt{(-2-2)^2+(0-3)^2}=5$

따라서 $\overline{\mathrm{PQ}}+\overline{\mathrm{PF}'}$의 값이 최소일 때 원의 반지름의 길이 r의 값은

$r=\overline{\mathrm{AF}'}+\overline{\mathrm{F'P}}+\overline{\mathrm{PQ}}=5+12=17$

---

30 수능 유형 › 벡터의 성분과 내적   정답률 22%   정답 27

조건 (가)에서 $9|\overrightarrow{\mathrm{PQ}}|\overrightarrow{\mathrm{PQ}}=4|\overrightarrow{\mathrm{AB}}|\overrightarrow{\mathrm{AB}}$이므로

$9|\overrightarrow{\mathrm{PQ}}|^2\times\dfrac{\overrightarrow{\mathrm{PQ}}}{|\overrightarrow{\mathrm{PQ}}|}=4|\overrightarrow{\mathrm{AB}}|^2\times\dfrac{\overrightarrow{\mathrm{AB}}}{|\overrightarrow{\mathrm{AB}}|}$

두 벡터 $\overrightarrow{\mathrm{AB}}$와 $\overrightarrow{\mathrm{PQ}}$의 방향이 같으므로 $\dfrac{\overrightarrow{\mathrm{PQ}}}{|\overrightarrow{\mathrm{PQ}}|}=\dfrac{\overrightarrow{\mathrm{AB}}}{|\overrightarrow{\mathrm{AB}}|}$

즉, $9|\overrightarrow{\mathrm{PQ}}|^2=4|\overrightarrow{\mathrm{AB}}|^2$이므로 $|\overrightarrow{\mathrm{PQ}}|^2=\dfrac{4}{9}|\overrightarrow{\mathrm{AB}}|^2$

$\therefore\ |\overrightarrow{\mathrm{PQ}}|=\dfrac{2}{3}|\overrightarrow{\mathrm{AB}}|$

조건 (나)에서 $\overrightarrow{\mathrm{AC}}\cdot\overrightarrow{\mathrm{AQ}}<0$이므로

$\dfrac{\pi}{2}<\angle\mathrm{CAQ}<\pi$

따라서 직각삼각형 ABC와 두 점 P, Q의 위치는 다음 그림과 같다.

조건 (다)에서

$\overrightarrow{\mathrm{PQ}}\cdot\overrightarrow{\mathrm{CB}}=|\overrightarrow{\mathrm{PQ}}|\,|\overrightarrow{\mathrm{CB}}|\cos(\angle\mathrm{ABC})$

$\qquad\quad\ =|\overrightarrow{\mathrm{PQ}}|\,|\overrightarrow{\mathrm{CB}}|\cos\dfrac{\pi}{4}$

$\qquad\quad\ =\dfrac{2}{3}|\overrightarrow{\mathrm{AB}}|\times\sqrt{2}\,|\overrightarrow{\mathrm{AB}}|\times\dfrac{\sqrt{2}}{2}$

$\qquad\quad\ =\dfrac{2}{3}|\overrightarrow{\mathrm{AB}}|^2=24$

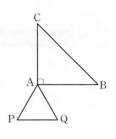

이므로 $|\overrightarrow{\mathrm{AB}}|^2=24\times\dfrac{3}{2}=36$

$\therefore\ |\overrightarrow{\mathrm{AB}}|=6,\ |\overrightarrow{\mathrm{PQ}}|=4$

이때 삼각형 APQ가 정삼각형이므로

$|\overrightarrow{\mathrm{AP}}|=|\overrightarrow{\mathrm{AQ}}|=|\overrightarrow{\mathrm{PQ}}|=4,\ \angle\mathrm{BAQ}=\dfrac{\pi}{3}$

오른쪽 그림과 같이 선분 AB의 중점을 M, 점 M에서 선분 AQ에 내린 수선의 발을 H라 하면 선분 AQ 위의 점 X에 대하여

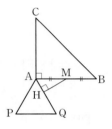

$|\overrightarrow{\mathrm{XA}}+\overrightarrow{\mathrm{XB}}|=|2\overrightarrow{\mathrm{XM}}|$

$\qquad\qquad\quad\ \geq2|\overrightarrow{\mathrm{HM}}|$

$\qquad\qquad\quad\ =2|\overrightarrow{\mathrm{AM}}|\times\sin(\angle\mathrm{MAH})$

$\qquad\qquad\quad\ =2|\overrightarrow{\mathrm{AM}}|\times\sin\dfrac{\pi}{3}$

$\qquad\qquad\quad\ =2\times3\times\dfrac{\sqrt{3}}{2}$

$\qquad\qquad\quad\ =3\sqrt{3}$

따라서 $m=3\sqrt{3}$이므로

$m^2=27$

다른 풀이

직각삼각형 ABC를 좌표평면 위에 놓고 주어진 벡터를 성분으로 나타내어 $|\overrightarrow{\mathrm{XA}}+\overrightarrow{\mathrm{XB}}|$의 최솟값을 구할 수 있다.

오른쪽 그림과 같이 점 A가 원점 O에 오도록 직각삼각형 ABC를 좌표평면 위에 놓으면

$\overline{\mathrm{AB}}=\overline{\mathrm{AC}}=6,\ \overline{\mathrm{PQ}}=4$

이므로 원점 O에 대하여

$\overrightarrow{\mathrm{OA}}=(0,\,0),\ \overrightarrow{\mathrm{OB}}=(6,\,0),$

$\overrightarrow{\mathrm{OC}}=(0,\,6),$

$\overrightarrow{\mathrm{OP}}=(-2,\,-2\sqrt{3}),$

$\overrightarrow{\mathrm{OQ}}=(2,\,-2\sqrt{3})$

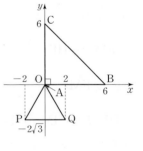

한편, 점 X는 선분 AQ 위의 점이므로

$\overrightarrow{\mathrm{OX}}=(t,\,-\sqrt{3}t)$ (단, $0\leq t\leq2$)라 하면

$\overrightarrow{\mathrm{XA}}+\overrightarrow{\mathrm{XB}}=(\overrightarrow{\mathrm{OA}}-\overrightarrow{\mathrm{OX}})+(\overrightarrow{\mathrm{OB}}-\overrightarrow{\mathrm{OX}})$

$\qquad\qquad\ =(-t,\,\sqrt{3}t)+(6-t,\,\sqrt{3}t)$

$\qquad\qquad\ =(6-2t,\,2\sqrt{3}t)$

$\therefore\ |\overrightarrow{\mathrm{XA}}+\overrightarrow{\mathrm{XB}}|=\sqrt{(6-2t)^2+(2\sqrt{3}t)^2}$

$\qquad\qquad\qquad\ =\sqrt{16t^2-24t+36}$

$\qquad\qquad\qquad\ =\sqrt{16\left(t-\dfrac{3}{4}\right)^2+27}$

즉, $|\overrightarrow{\mathrm{XA}}+\overrightarrow{\mathrm{XB}}|$의 최솟값은 $t=\dfrac{3}{4}$일 때, $\sqrt{27}=3\sqrt{3}$이다.

따라서 $m=3\sqrt{3}$이므로

$m^2=27$

제3회

5지선다형

| 23 ④ | 24 ③ | 25 ② | 26 ⑤ | 27 ③ | 28 ⑤ |

단답형

| 29 11 | 30 147 |

---

23 수능 유형 › 좌표공간에서 두 점 사이의 거리   정답률 92%   정답 ④

두 점 $A(a, -2, 6)$, $B(9, 2, b)$에 대하여 선분 AB의 중점의 좌표는

$$\left(\frac{a+9}{2}, \frac{-2+2}{2}, \frac{6+b}{2}\right)$$

$$\therefore \left(\frac{a+9}{2}, 0, \frac{6+b}{2}\right)$$

이 점이 점 $(4, 0, 7)$과 일치하므로

$$\frac{a+9}{2}=4, \frac{6+b}{2}=7$$

$$a+9=8, 6+b=14$$

따라서 $a=-1$, $b=8$이므로

$$a+b=-1+8=7$$

---

24 수능 유형 › 타원의 접선의 방정식   정답률 87%   정답 ③

점 $(\sqrt{3}, -2)$는 타원 $\dfrac{x^2}{a^2}+\dfrac{y^2}{6}=1$ 위의 점이므로

$$\frac{(\sqrt{3})^2}{a^2}+\frac{(-2)^2}{6}=1, \frac{3}{a^2}=\frac{1}{3}$$

$$\therefore a^2=9$$

타원 $\dfrac{x^2}{9}+\dfrac{y^2}{6}=1$ 위의 점 $(\sqrt{3}, -2)$에서의 접선의 방정식은

$$\frac{\sqrt{3}x}{9}+\frac{-2y}{6}=1 \quad \therefore y=\frac{\sqrt{3}}{3}x-3$$

따라서 구하는 접선의 기울기는 $\dfrac{\sqrt{3}}{3}$이다.

☑ 실전 적용 key

타원 $\dfrac{x^2}{a^2}+\dfrac{y^2}{b^2}=1$ 위의 점 (x_1, y_1)에서의 접선의 방정식은 $\dfrac{x^2}{a^2}+\dfrac{y^2}{b^2}=1$에 x^2 대신 $x_1 x$, y^2 대신 $y_1 y$를 대입한 것이다.

---

25 수능 유형 › 평면벡터의 내적   정답률 82%   정답 ②

$|2\vec{a}-\vec{b}|=\sqrt{17}$의 양변을 제곱하면

$$4|\vec{a}|^2-4\vec{a}\cdot\vec{b}+|\vec{b}|^2=17$$

$$4\times(\sqrt{11})^2-4\vec{a}\cdot\vec{b}+3^2=17$$

$$4\vec{a}\cdot\vec{b}=36$$

$$\therefore \vec{a}\cdot\vec{b}=9$$

$$|\vec{a}-\vec{b}|^2=|\vec{a}|^2-2\vec{a}\cdot\vec{b}+|\vec{b}|^2$$
$$=(\sqrt{11})^2-2\times9+3^2=2$$

이때 $|\vec{a}-\vec{b}|\geq0$이므로

$$|\vec{a}-\vec{b}|=\sqrt{2}$$

☑ 실전 적용 key

평면벡터의 내적을 이용하여 벡터의 크기를 구하거나 반대로 평면벡터의 크기를 이용하여 내적을 구할 때에는

$\vec{a}\cdot\vec{a}=|\vec{a}|^2$, $k\vec{a}\cdot\vec{b}=k\vec{b}\cdot\vec{a}$ (단, k는 실수)

임을 이용하여 주어진 식을 변형하면 문제를 해결할 수 있다. 즉,

$$|k\vec{a}+l\vec{b}|^2=(k\vec{a}+l\vec{b})\cdot(k\vec{a}+l\vec{b})$$
$$=k^2|\vec{a}|^2+2kl\vec{a}\cdot\vec{b}+l^2|\vec{b}|^2 \text{ (단, } k, l \text{은 실수)}$$

임을 이용한다.

---

26 수능 유형 › 정사영   정답률 73%   정답 ⑤

두 점 A, B는 평면 α 위에 있지 않고 $\overline{AB}=\overline{A'B'}$이므로 직선 AB는 평면 α와 평행하고, 평면 AA'B'B와 평면 α는 서로 수직이다.
또, 선분 AB의 중점 M의 평면 α 위로의 정사영 M'은 선분 A'B'의 중점이다.

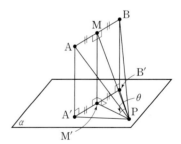

$\overline{PM'}\perp\overline{A'B'}$, $\overline{PM'}=6$이므로

$$\triangle A'B'P=\frac{1}{2}\times\overline{A'B'}\times\overline{PM'}$$
$$=\frac{1}{2}\times6\times6=18$$

평면 A'B'P와 평면 ABP가 이루는 각의 크기를 θ라 하면 삼각형 A'B'P의 평면 ABP 위로의 정사영의 넓이가 $\dfrac{9}{2}$이므로

$$\triangle A'B'P\times\cos\theta=\frac{9}{2} \text{에서}$$

$$18\times\cos\theta=\frac{9}{2}$$

$$\therefore \cos\theta=\frac{1}{4}$$

직각삼각형 MM'P에서 $\angle MPM'=\theta$이므로

$$\cos\theta=\frac{\overline{PM'}}{\overline{PM}}$$

$$\therefore \overline{PM}=\frac{\overline{PM'}}{\cos\theta}=\frac{6}{\frac{1}{4}}=24$$

삼각형 A'B'P의 평면 ABP 위로의 정사영이 삼각형 ABP라고 착각하지 않도록 주의한다.

27 수능 유형 › 포물선의 정의와 그래프 　　　정답 ③

포물선 $y^2=8x$의 초점 F의 좌표는 $(2, 0)$이고, 준선의 방정식은 $x=-2$이다.

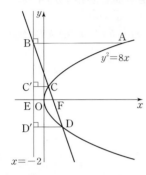

위의 그림과 같이 준선이 x축과 만나는 점을 E라 하고, 두 점 C, D에서 준선에 내린 수선의 발을 각각 C', D'이라 하면 포물선의 정의에 의하여

$\overline{CF}=\overline{CC'}$, $\overline{DF}=\overline{DD'}$

두 삼각형 BC'C와 BD'D는 닮음이고 $\overline{BC}=\overline{CD}$이므로

$\overline{CC'} : \overline{DD'}=\overline{BC} : \overline{BD}=\overline{BC} : 2\overline{BC}=1 : 2$

$\therefore \overline{CC'}=\frac{1}{2}\overline{DD'}$

$\overline{CC'}=k$ $(k>0)$라 하면 $\overline{DD'}=2k$이고

$\overline{BC}=\overline{CD}=\overline{CF}+\overline{DF}=\overline{CC'}+\overline{DD'}=k+2k=3k$

$\overline{BF}=\overline{BC}+\overline{CF}=\overline{BC}+\overline{CC'}=3k+k=4k$

두 삼각형 BC'C와 BEF는 닮음이므로

$\overline{BC} : \overline{BF}=\overline{CC'} : \overline{FE}$

이때 $\overline{EF}=4$이므로

$3k : 4k=k : 4$

$4k^2=12k$

$4k(k-3)=0$

$\therefore k=3$ $(\because k>0)$

삼각형 BD'D에서 $\overline{BD}=6k=18$, $\overline{DD'}=2k=6$이므로

$\overline{BD'}=\sqrt{18^2-6^2}=12\sqrt{2}$

삼각형 BEF에서 $\overline{BF}=4k=12$, $\overline{EF}=4$이므로

$\overline{BE}=\sqrt{12^2-4^2}=8\sqrt{2}$

$\therefore B(-2, 8\sqrt{2})$

점 A는 포물선 $y^2=8x$ 위의 점이므로

$(8\sqrt{2})^2=8x$ $\therefore x=16$

$\therefore A(16, 8\sqrt{2})$

$\therefore \overline{AB}=|16-(-2)|=18$

따라서 삼각형 ABD의 넓이는

$\frac{1}{2}\times\overline{AB}\times\overline{BD'}=\frac{1}{2}\times18\times12\sqrt{2}=108\sqrt{2}$

28 수능 유형 › 삼수선의 정리 　　　정답 ⑤

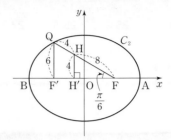

위의 그림과 같이 평면 β를 xy평면, 선분 FF'의 중점을 원점 O, 직선 AB를 x축이라 하자.

점 H를 중심으로 하고 점 Q를 지나는 평면 β 위의 원의 반지름의 길이가 4이고, 이 원이 직선 AB에 접하므로 점 H에서 x축에 내린 수선의 발을 H'이라 하면

$\overline{HH'}=\overline{HQ}=4$

직각삼각형 HH'F에서

$\overline{HF}=\dfrac{\overline{HH'}}{\sin\dfrac{\pi}{6}}=\dfrac{4}{\dfrac{1}{2}}=8$, $\overline{H'F}=\dfrac{\overline{HH'}}{\tan\dfrac{\pi}{6}}=\dfrac{4}{\dfrac{\sqrt{3}}{3}}=4\sqrt{3}$

이때 타원 C_2의 장축의 길이가 18이므로 타원의 정의에 의하여

$\overline{QF}+\overline{QF'}=18$

$\therefore \overline{QF'}=18-\overline{QF}=18-12=6$

세 점 F', H', F는 한 직선 위에 있고, 두 삼각형 QF'F와 HH'F에서

$\overline{QF} : \overline{HF}=\overline{QF'} : \overline{HH'}=3 : 2$

이고 ∠F는 공통이므로

$\triangle QF'F \backsim \triangle HH'F$ (SAS 닮음)

$\therefore \overline{F'F}=\dfrac{3}{2}\overline{H'F}=\dfrac{3}{2}\times4\sqrt{3}=6\sqrt{3}$

$\overline{OH'}=\overline{H'F}-\overline{OF}=4\sqrt{3}-3\sqrt{3}=\sqrt{3}$

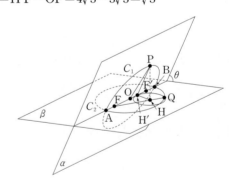

점 P는 중심이 O이고 반지름의 길이가 9인 원 C_1 위의 점이고, $\overline{PH}\perp\beta$, $\overline{HH'}\perp\overline{AB}$이므로 삼수선의 정리에 의하여

$\overline{PH'}\perp\overline{AB}$

직각삼각형 POH'에서

$\overline{PH'}=\sqrt{\overline{OP}^2-\overline{OH'}^2}=\sqrt{9^2-(\sqrt{3})^2}=\sqrt{78}$

이때 ∠PH'H$=\theta$이므로 직각삼각형 PH'H에서

$\cos\theta=\dfrac{\overline{HH'}}{\overline{PH'}}=\dfrac{4}{\sqrt{78}}=\dfrac{2\sqrt{78}}{39}$

두 평면이 이루는 각의 크기를 구하기 위해 두 평면의 교선인 직선 AB와 수직으로 만나는 두 평면 위에 선분을 그어 본다.

29 수능 유형 › 쌍곡선의 정의와 그래프

정답률 28%　　정답 11

두 점 P, Q는 모두 쌍곡선 위의 점이므로 쌍곡선의 정의에 의하여

$|\overline{PF}-\overline{PF'}|=\overline{PF'}-\overline{PF}=6$ ······ ㉠

$|\overline{QF}-\overline{QF'}|=\overline{QF}-\overline{QF'}=6$ ······ ㉡

조건 (다)에서 삼각형 PQF의 둘레의 길이가 28이므로

$\overline{PF}+\overline{PQ}+\overline{QF}=\overline{PF}+\overline{PQ}+\overline{QF'}+6$ ($\because$ ㉡)

$\qquad\qquad\qquad\quad =\overline{PF}+\overline{PF'}+6$

$\qquad\qquad\qquad\quad =28$

$\therefore \overline{PF}+\overline{PF'}=22$ ······ ㉢

조건 (나)에서 삼각형 PF'F가 이등변삼각형이고 ㉠에서 $\overline{PF'}\neq\overline{PF}$

이므로

$\overline{PF'}=\overline{FF'}$ 또는 $\overline{PF}=\overline{FF'}$

(ⅰ) $\overline{PF'}=\overline{FF'}$일 때,

$\overline{PF'}=\overline{FF'}=2c$이므로 ㉠에서

$\overline{PF}=\overline{PF'}-6=2c-6$

㉢에서 $\overline{PF}+\overline{PF'}=22$이므로

$(2c-6)+2c=22$

$4c=28$

$\therefore c=7$

(ⅱ) $\overline{PF}=\overline{FF'}$일 때,

$\overline{PF}=\overline{FF'}=2c$이므로 ㉠에서

$\overline{PF'}=\overline{PF}+6=2c+6$

㉢에서 $\overline{PF}+\overline{PF'}=22$이므로

$2c+(2c+6)=22$

$4c=16$

$\therefore c=4$

(ⅰ), (ⅱ)에서 구하는 모든 c의 값의 합은

$7+4=11$

30 수능 유형 › 벡터의 크기와 연산

정답률 20%　　정답 147

조건 (가)에서 점 P는 점 D를 중심으로 하고 반지름의 길이가 1인 원 위의 점이고, 점 Q는 점 E를 중심으로 하고 반지름의 길이가 1인 원 위의 점이고, 점 R는 점 F를 중심으로 하고 반지름의 길이가 1인 원 위의 점이다.

조건 (나)에서

$\overrightarrow{AX}=\overrightarrow{PB}+\overrightarrow{QC}+\overrightarrow{RA}$

$\qquad =(\overrightarrow{DB}-\overrightarrow{DP})+(\overrightarrow{EC}-\overrightarrow{EQ})+(\overrightarrow{FA}-\overrightarrow{FR})$

$\qquad =\overrightarrow{DB}+\overrightarrow{EC}+\overrightarrow{FA}-(\overrightarrow{DP}+\overrightarrow{EQ}+\overrightarrow{FR})$

그런데 $\overrightarrow{DB}+\overrightarrow{EC}+\overrightarrow{FA}=\vec{0}$이므로

$\overrightarrow{AX}=-(\overrightarrow{DP}+\overrightarrow{EQ}+\overrightarrow{FR})$

$|\overrightarrow{AX}|$의 값이 최대이려면 세 벡터 $\overrightarrow{DP}$, $\overrightarrow{EQ}$, $\overrightarrow{FR}$의 방향이 모두 같아야 하고, 이때 삼각형 PQR의 넓이는 삼각형 DEF의 넓이와 같다.

삼각형 DBE에서 코사인법칙에 의하여

$\overline{DE}^2=\overline{DB}^2+\overline{BE}^2-2\times\overline{DB}\times\overline{BE}\times\cos\dfrac{\pi}{3}$

$\qquad =3^2+1^2-2\times3\times1\times\dfrac{1}{2}$

$\qquad =7$

$\therefore \overline{DE}=\sqrt{7}$ ($\because \overline{DE}>0$)

따라서 삼각형 DEF는 한 변의 길이가 $\sqrt{7}$인 정삼각형이므로

$S=\dfrac{\sqrt{3}}{4}\times(\sqrt{7})^2=\dfrac{7\sqrt{3}}{4}$

$\therefore 16S^2=16\times\left(\dfrac{7\sqrt{3}}{4}\right)^2=147$

☑ 실전 적용 key

오른쪽 그림과 같이 정삼각형 ABC에서 선분 EC를 2 : 1 로 내분하는 점을 G라 하면

$\overrightarrow{DB}+\overrightarrow{EC}+\overrightarrow{FA}=\overrightarrow{DB}+\overrightarrow{BG}+\overrightarrow{FA}$

$\qquad\qquad\qquad\quad =\overrightarrow{DG}+\overrightarrow{FA}$

$\qquad\qquad\qquad\quad =\vec{0}$

임을 알 수 있다.

---

23 수능 유형 › 벡터의 크기와 연산   정답률 92%   정답 ④

$\vec{a}+3(\vec{a}-\vec{b})=k\vec{a}-3\vec{b}$ 에서

$\vec{a}+3\vec{a}-3\vec{b}=k\vec{a}-3\vec{b}$

$4\vec{a}=k\vec{a}$

$\therefore k=4$

---

24 수능 유형 › 타원의 접선의 방정식   정답률 86%   정답 ②

점 $(3, \sqrt{5})$가 타원 $\dfrac{x^2}{18}+\dfrac{y^2}{b^2}=1$ 위의 점이므로

$\dfrac{3^2}{18}+\dfrac{(\sqrt{5})^2}{b^2}=1$, $\dfrac{5}{b^2}=\dfrac{1}{2}$

$\therefore b^2=10$

타원 $\dfrac{x^2}{18}+\dfrac{y^2}{10}=1$ 위의 점 $(3, \sqrt{5})$에서의 접선의 방정식은

$\dfrac{3x}{18}+\dfrac{\sqrt{5}y}{10}=1$

위의 식에 $x=0$을 대입하면

$\dfrac{\sqrt{5}y}{10}=1$에서 $y=2\sqrt{5}$

따라서 구하는 y절편은 $2\sqrt{5}$이다.

☑ 실전 적용 key

타원 $\dfrac{x^2}{a^2}+\dfrac{y^2}{b^2}=1$ 위의 점 (x_1, y_1)에서의 접선의 방정식은

$\dfrac{x^2}{a^2}+\dfrac{y^2}{b^2}=1$에 x^2 대신 x_1x, y^2 대신 y_1y를 대입한 것이다.

---

25 수능 유형 › 평면벡터가 그리는 도형   정답률 89%   정답 ④

$\vec{p}=(x, y)$라 하면

$\vec{p}-\vec{a}=(x, y)-(-3, 3)=(x+3, y-3)$

$|\vec{p}-\vec{a}|=|\vec{b}|$이므로

$\sqrt{(x+3)^2+(y-3)^2}=\sqrt{1^2+(-1)^2}$

$\therefore (x+3)^2+(y-3)^2=2$

세 벡터 $\vec{p}, \vec{a}, \vec{b}$의 종점을 각각 P, A, B
라 하면 오른쪽 그림과 같이 점 P는 점
A를 중심으로 하고 반지름의 길이가
$\sqrt{2}$인 원 위의 점이다.

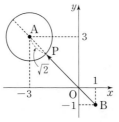

이때

$|\vec{p}-\vec{b}|=|\overrightarrow{OP}-\overrightarrow{OB}|=|\overrightarrow{BP}|=\overline{BP}$

이므로 $|\vec{p}-\vec{b}|$의 최솟값은

$\overline{AB}-(원의 반지름의 길이)=4\sqrt{2}-\sqrt{2}=3\sqrt{2}$

---

26 수능 유형 › 쌍곡선의 정의와 그래프   정답률 82%   정답 ③

쌍곡선 $\dfrac{x^2}{a^2}-\dfrac{y^2}{a^2}=1$ $(a>0, b>0)$의 점근선의 방정식은

$y=\pm\dfrac{b}{a}x$이므로

$\dfrac{b}{a}=1$

$\therefore a=b$

쌍곡선 $\dfrac{x^2}{a^2}-\dfrac{y^2}{a^2}=1$ $(a>0)$의 한 초점이 $F(c, 0)$ $(c>0)$이므로

$c=\sqrt{a^2+a^2}=\sqrt{2}a$

즉, 두 점 P, Q의 x좌표가 모두 $\sqrt{2}a$이므로 $\dfrac{x^2}{a^2}-\dfrac{y^2}{a^2}=1$에

$x=\sqrt{2}a$를 대입하면

$\dfrac{(\sqrt{2}a)^2}{a^2}-\dfrac{y^2}{a^2}=1$, $\dfrac{y^2}{a^2}=1$

$\therefore y=a$ 또는 $y=-a$

이때 $\overline{PQ}=8$이므로 $|a-(-a)|=8$

즉, $2a=8$에서 $a=4$

$\therefore a^2+b^2+c^2=a^2+a^2+(\sqrt{2}a)^2=4a^2$

$\qquad\qquad\qquad =4\times 4^2=64$

---

27 수능 유형 › 이차곡선의 활용   정답률 71%   정답 ②

오른쪽 그림과 같이 직사
각형 ABCD를 두 직선
PR, QS가 각각 x축, y
축 위에 오도록 좌표평면
위에 놓고, 점 R의 좌표를
$(a, 0)$ $(a>0)$, 점 S의
좌표를 $(0, b)$ $(b>0)$,
초점 F의 좌표를 $(p, 0)$
$(p>0)$이라 하면 타원의
방정식은

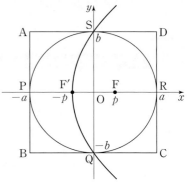

$\dfrac{x^2}{a^2}+\dfrac{y^2}{b^2}=1$

포물선의 정의에 의하여 $\overline{PF'}=\overline{FF'}$이므로

$-p-(-a)=p-(-p)$

$\therefore a=3p$

포물선의 방정식은 꼭짓점이 원점이고 초점이 $(2p, 0)$인 포물선
$y^2=8px$를 x축의 방향으로 $-p$만큼 평행이동한 식이므로
$$y^2=8p(x+p)$$
이 포물선이 점 $S(0, b)$를 지나므로
$$b^2=8p^2$$
$$\therefore b=2\sqrt{2}p$$
한편, 직사각형 ABCD의 넓이가 $32\sqrt{2}$이므로
$2a \times 2b = 6p \times 4\sqrt{2}p = 32\sqrt{2}$에서
$$24\sqrt{2}p^2 = 32\sqrt{2}, \ p^2 = \frac{4}{3}$$
$$\therefore p = \frac{2}{3}\sqrt{3}$$
$$\therefore \overline{FF'} = 2p = \frac{4}{3}\sqrt{3}$$

다른 풀이

오른쪽 그림과 같이 직사각형
ABCD를 두 직선 PR, QS
가 각각 x축, y축 위에 오도
록 좌표평면 위에 놓고, 점 R
의 좌표를 $(a, 0)$ $(a>0)$,
점 S의 좌표를
$(0, b)$ $(b>0)$라 하면 타원
의 방정식은

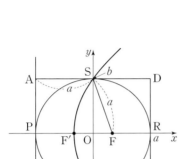

$$\frac{x^2}{a^2}+\frac{y^2}{b^2}=1$$
포물선의 정의에 의하여
$$\overline{SF}=\overline{SA}=a$$
이므로 직각삼각형 SFO에서
$$\overline{OF}=\sqrt{a^2-b^2}$$
이때 포물선의 정의에 의하여 $\overline{PF'}=\overline{F'F}$이므로
$\overline{FP}=2\overline{FF'}=2 \times 2\overline{OF}=4\overline{OF}$에서
$$\overline{OP}=\overline{FP}-\overline{OF}=4\overline{OF}-\overline{OF}=3\overline{OF}$$
즉, $\overline{OP}=a$, $\overline{OF}=\sqrt{a^2-b^2}$이므로
$$a=3\sqrt{a^2-b^2}, \ a^2=9(a^2-b^2)$$
$$9b^2=8a^2$$
$$\therefore b=\frac{2\sqrt{2}}{3}a$$
한편, 직사각형 ABCD의 넓이가 $32\sqrt{2}$이므로
$$2a \times 2b = 2a \times \frac{4\sqrt{2}}{3}a = \frac{8\sqrt{2}}{3}a^2 = 32\sqrt{2}$$
$$a^2=12$$
$$\therefore a=2\sqrt{3}$$
$$\therefore \overline{FF'} = 2\overline{OF} = 2 \times \frac{1}{3}a = 2 \times \frac{2\sqrt{3}}{3}$$
$$= \frac{4}{3}\sqrt{3}$$

☑ 실전 적용 key

주어진 조건을 이용하여 두 직선 PR, QS의 교점이 원점이 되도록 직사각형 ABCD
를 좌표평면 위에 놓으면, 타원의 방정식과 포물선의 방정식을 구할 수 있다.

$|\overrightarrow{OP}|=1$이므로 점 P는 원점 O를 중심으로 하고, 반지름의 길이
가 1인 원 위의 점이다.
$|\overrightarrow{BQ}|=3$이므로 점 Q는 점 B를 중심으로 하고, 반지름의 길이가
3인 원 위의 점이다.
선분 AP의 중점을 M이라 하면
$\overrightarrow{AP} \cdot (\overrightarrow{QA}+\overrightarrow{QP})=0$에서 $\overrightarrow{AP} \cdot 2\overrightarrow{QM}=0$
즉, 두 벡터 $\overrightarrow{AP}$와 $\overrightarrow{QM}$은 서로 수직이다.

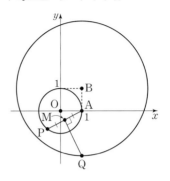

따라서 $\triangle QMP \equiv \triangle QMA$이므
로 삼각형 APQ는 $\overline{PQ}=\overline{AQ}$인
이등변삼각형이다.
따라서 $|\overrightarrow{PQ}|$의 값이 최소가 되
는 경우는 $\overline{AQ}$가 최소인 경우와
같다. $\overline{AQ}$가 최소이려면 점 Q의
x좌표는 1이어야 하고, 두 점 B,
Q 사이의 거리가 3이므로 $Q(1, -2)$이어야 한다.

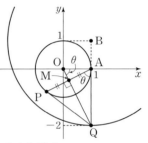

$$\therefore \overrightarrow{BQ}=\overrightarrow{OQ}-\overrightarrow{OB}=(1, -2)-(1, 1)=(0, -3)$$
직각삼각형 OAQ에서
$$\overline{AQ}=\overline{BQ}-\overline{BA}=3-1=2, \ \overline{OA}=1$$
이므로
$$\overline{OQ}=\sqrt{\overline{AQ}^2+\overline{OA}^2}=\sqrt{2^2+1^2}=\sqrt{5}$$
또, $\overline{OQ} \times \overline{AM}=\overline{OA} \times \overline{AQ}$이므로
$$\sqrt{5} \times \overline{AM}=1 \times 2$$
$$\therefore \overline{AM}=\frac{2}{\sqrt{5}}$$
$\angle QAM=\theta$라 하면 $\angle OAM=\frac{\pi}{2}-\theta$이므로
$$\angle AOQ=\frac{\pi}{2}-\angle OAM$$
$$=\frac{\pi}{2}-\left(\frac{\pi}{2}-\theta\right)=\theta$$
$$\therefore \cos\theta=\frac{\overline{OA}}{\overline{OQ}}=\frac{1}{\sqrt{5}}$$
$$\therefore \overrightarrow{AP} \cdot \overrightarrow{BQ}=|\overrightarrow{AP}||\overrightarrow{BQ}|\cos\theta$$
$$=2\overline{AM} \times |\overrightarrow{BQ}|\cos\theta$$
$$=2 \times \frac{2}{\sqrt{5}} \times 3 \times \frac{1}{\sqrt{5}}$$
$$=\frac{12}{5}$$

$|y^2-1|=\dfrac{x^2}{a^2}$에서

$|y|\leq 1$일 때, $\dfrac{x^2}{a^2}+y^2=1$

$|y|>1$일 때, $\dfrac{x^2}{a^2}-y^2=-1$

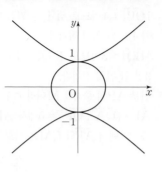

이때 곡선 위의 점 중 y좌표의 절댓값이 1보다 작거나 같은 모든 점 P에 대하여

$\overline{PC}+\overline{PD}=\sqrt{5}$이므로 타원 $\dfrac{x^2}{a^2}+y^2=1$의 두 초점은 C$(c, 0)$, D$(-c, 0)$이고, 장축의 길이는 $\sqrt{5}$이다.

따라서 $2a=\sqrt{5}$에서 $a=\dfrac{\sqrt{5}}{2}$

또, $c^2=a^2-1=\dfrac{5}{4}-1=\dfrac{1}{4}$에서 $c=\dfrac{1}{2}$

$\therefore$ A$\left(0, \dfrac{3}{2}\right)$, B$\left(0, -\dfrac{3}{2}\right)$, C$\left(\dfrac{1}{2}, 0\right)$, D$\left(-\dfrac{1}{2}, 0\right)$

따라서 $|y|\leq 1$일 때 $\dfrac{4x^2}{5}+y^2=1$이고,

$|y|>1$일 때 $\dfrac{4x^2}{5}-y^2=-1$이다.

이때 $\sqrt{\left(\dfrac{5}{4}\right)^2+1^2}=\dfrac{3}{2}$이므로 쌍곡선 $\dfrac{4x^2}{5}-y^2=-1$의 두 초점은 A$\left(0, \dfrac{3}{2}\right)$, B$\left(0, -\dfrac{3}{2}\right)$이다.

점 Q가 타원 $\dfrac{4x^2}{5}+y^2=1$ 위의 점이라 하자.

$\overline{AQ}$가 최대일 때는 오른쪽 그림과 같으므로

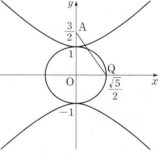

$\overline{AQ}\leq\sqrt{\left(\dfrac{\sqrt{5}}{2}\right)^2+\left(\dfrac{3}{2}\right)^2}$

$\qquad =\sqrt{\dfrac{7}{2}}$

따라서 $\overline{AQ}=10$이려면 점 Q는 오른쪽 그림과 같이 쌍곡선 $\dfrac{4x^2}{5}-y^2=-1$ 위의 점이어야 한다.

주축의 길이가 2이므로

$\overline{BQ}-\overline{AQ}=\overline{BQ}-10=2$

$\therefore \overline{BQ}=12$

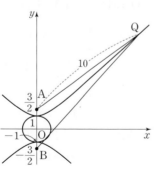

따라서 삼각형 ABQ의 둘레의 길이는

$\overline{AB}+\overline{BQ}+\overline{QA}=3+12+10=25$

주어진 쌍곡선의 방정식을 $\dfrac{x^2}{a^2}-\dfrac{y^2}{b^2}=1$ $(a>0, b>0)$이라 하자.

$2a=6$에서 $a=3$

$b^2=5^2-3^2=16$

따라서 주어진 쌍곡선의 방정식은 $\dfrac{x^2}{9}-\dfrac{y^2}{16}=1$이고, 점근선의 방정식은 $y=\pm\dfrac{4}{3}x$이다.

쌍곡선 위의 점 P에 대하여 $\overline{PF}=p$ $(p>0)$로 놓으면 $\overline{PF}<\overline{PF'}$이고, 쌍곡선의 주축의 길이가 6이므로 쌍곡선의 정의에 의하여

$\overline{PF'}-\overline{PF}=6$

$\overline{PF'}=\overline{PF}+6=p+6$ ……㉠

한편, $|\overrightarrow{FP}|=\overline{PF}=p$이므로

$(|\overrightarrow{FP}|+1)\overrightarrow{F'Q}=5\overrightarrow{QP}$에서

$(p+1)\overrightarrow{F'Q}=5\overrightarrow{QP}$

이때 $\overrightarrow{QP}=\overrightarrow{F'P}-\overrightarrow{F'Q}$이므로

$(p+1)\overrightarrow{F'Q}=5(\overrightarrow{F'P}-\overrightarrow{F'Q})$

$\therefore (p+6)\overrightarrow{F'Q}=5\overrightarrow{F'P}$

$p+6>0$이므로 두 벡터 $\overrightarrow{F'Q}$와 $\overrightarrow{F'P}$의 방향이 같고 ㉠에 의하여 $|\overrightarrow{F'P}|=p+6$이므로

$|\overrightarrow{F'Q}|=5$

따라서 점 Q는 중심이 점 F$'(-5, 0)$이고 반지름의 길이가 5인 원 $(x+5)^2+y^2=25$ 위의 점이다.

그런데 두 벡터 $\overrightarrow{F'Q}$와 $\overrightarrow{F'P}$의 방향이 같으므로 점 Q의 자취는 다음 그림과 같다.

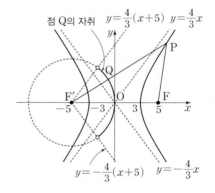

한편,

$\overline{AF'}=\sqrt{\{-5-(-9)\}^2+\{0-(-3)\}^2}=5$

이므로 점 A$(-9, -3)$은 원 $(x+5)^2+y^2=25$ 위의 점이다.

직선 AF$'$의 기울기가 $\dfrac{0-(-3)}{-5-(-9)}=\dfrac{3}{4}$으로 $\dfrac{4}{3}$보다 작으므로 $\overrightarrow{AQ}$가 원 $(x+5)^2+y^2=25$의 지름일 때 $|\overrightarrow{AQ}|$의 값이 최대이다.

따라서 구하는 최댓값은 10이다.

$$\left(\frac{1\times(-8)+2\times a}{1+2},\ \frac{1\times 6+2\times b}{1+2},\ \frac{1\times c+2\times(-5)}{1+2}\right)$$

$$\therefore \left(\frac{2a-8}{3},\ \frac{2b+6}{3},\ \frac{c-10}{3}\right)$$

이 점이 y축 위에 있으므로

$$\frac{2a-8}{3}=0,\ \frac{c-10}{3}=0$$

$$\therefore a=4,\ c=10$$

$$\therefore a+b+c=4+(-6)+10=8$$

---

23 수능 유형 › 벡터의 크기와 연산 정답 ③

정답률 96%

$\vec{a}=(4,0),\ \vec{b}=(1,3)$이므로

$2\vec{a}+\vec{b}=2(4,0)+(1,3)$

$\qquad =(8,0)+(1,3)$

$\qquad =(9,3)$

$\qquad =(9,k)$

$\therefore k=3$

---

26 수능 유형 › 포물선의 접선의 방정식 정답 ③

정답률 66%

포물선 $y^2=4x$ 위의 점 $(n^2,2n)$에서의 접선의 방정식은

$2ny=2(x+n^2)$

$\therefore x-ny+n^2=0$

이 직선이 주어진 원과 만나려면 이 직선과 점 $(1,0)$ 사이의 거리가 6 이하이어야 한다.

즉, $\dfrac{|1+n^2|}{\sqrt{1+n^2}}\leq 6$

$\sqrt{1+n^2}\leq 6$

$\therefore n^2\leq 35$

따라서 자연수 n은 1, 2, 3, 4, 5의 5개이다.

---

24 수능 유형 › 타원의 정의와 그래프 정답 ④

정답률 90%

타원 $\dfrac{x^2}{4^2}+\dfrac{y^2}{b^2}=1$의 두 초점의 좌표는

$(\sqrt{4^2-b^2},0),\ (-\sqrt{4^2-b^2},0)$

이때 두 초점 사이의 거리가 6이므로

$\sqrt{4^2-b^2}-(-\sqrt{4^2-b^2})=2\sqrt{4^2-b^2}=6$

$\sqrt{4^2-b^2}=3,\ 4^2-b^2=9$

$\therefore b^2=4^2-9=7$

다른 풀이

타원 $\dfrac{x^2}{4^2}+\dfrac{y^2}{b^2}=1$의 중심은 원점이고 $0<b<4$이므로 두 초점은 x축 위에 있다. 이때 두 초점 사이의 거리가 6이므로 두 초점의 좌표는

$(3,0),\ (-3,0)$

따라서 $4^2-b^2=3^2$이므로

$b^2=4^2-3^2=7$

---

27 수능 유형 › 정사영 정답 ④

정답률 63%

다음 그림과 같이 평면 BFGC를 평면 B′F′G′C′으로 평행이동하자.

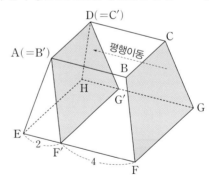

다음 그림과 같이 점 A에서 평면 EFGH에 내린 수선의 발을 P, 점 P에서 두 변 EH, F′G′에 내린 수선의 발을 각각 Q, R라 하자.

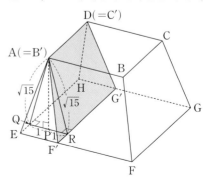

---

25 수능 유형 › 좌표공간에서 선분의 내분점과 외분점 정답 ⑤

정답률 85%

두 점 $A(a,b,-5)$, $B(-8,6,c)$에 대하여 선분 AB의 중점의 좌표는

$$\left(\frac{a-8}{2},\ \frac{b+6}{2},\ \frac{-5+c}{2}\right)$$

이 점이 zx평면 위에 있으므로

$$\frac{b+6}{2}=0$$

$$\therefore b=-6$$

또, 선분 AB를 1 : 2로 내분하는 점의 좌표는

$\overline{AP} \perp$ (평면 EFGH), $\overline{PQ} \perp \overline{EH}$이므로 삼수선의 정리에 의하여
$\overline{AQ} \perp \overline{EH}$

이때 $\overline{EH} /\!/ \overline{AD}$이므로 $\overline{AQ} \perp \overline{AD}$

마찬가지로 $\overline{AP} \perp$ (평면 EFGH), $\overline{PR} \perp \overline{F'G'}$이므로 삼수선의 정리에 의하여
$\overline{AR} \perp \overline{F'G'}$

이때 $\overline{F'G'} /\!/ \overline{AD}$이므로 $\overline{AR} \perp \overline{AD}$

따라서 두 직선 AQ, AR는 각각 $\overline{AD}$에 수직이므로 이면각의 정의에 의하여 두 평면 AEHD와 B'F'G'C'이 이루는 각의 크기는 $\angle QAR$와 같다.

사각뿔대의 높이가 $\sqrt{14}$이므로
$\overline{AP} = \sqrt{14}$

이때 $\overline{PQ} = 1$이므로 삼각형 APQ에서 피타고라스 정리에 의하여
$\overline{AQ} = \sqrt{1^2 + (\sqrt{14})^2} = \sqrt{15}$

또, $\overline{PR} = 1$이므로 삼각형 APR에서 피타고라스 정리에 의하여
$\overline{AR} = \sqrt{1^2 + (\sqrt{14})^2} = \sqrt{15}$

삼각형 AQR에서 코사인법칙에 의하여
$$\cos(\angle QAR) = \frac{\overline{AQ}^2 + \overline{AR}^2 - \overline{QR}^2}{2 \times \overline{AQ} \times \overline{AR}}$$
$$= \frac{(\sqrt{15})^2 + (\sqrt{15})^2 - 2^2}{2 \times \sqrt{15} \times \sqrt{15}}$$
$$= \frac{13}{15}$$

한편, 사다리꼴 AEHD의 넓이는
$$\frac{1}{2} \times (\overline{AD} + \overline{EH}) \times \overline{AQ} = \frac{1}{2} \times (4+6) \times \sqrt{15} = 5\sqrt{15}$$

따라서 사각형 AEHD의 평면 BFGC 위로의 정사영의 넓이는
$$5\sqrt{15} \times \cos(\angle QAR) = 5\sqrt{15} \times \frac{13}{15} = \frac{13}{3}\sqrt{15}$$

☑ 실전 적용 key ────────────

문제에서와 같이 두 평면이 이루는 각의 크기를 구할 때, 두 평면의 교선이 보이지 않으면 교선이 생기도록 한 평면을 평행이동하여 두 평면이 이루는 각의 크기를 구한다.

---

28 수능 유형 › 공간좌표 – 구의 방정식   정답률 48%   정답 ①

오른쪽 그림과 같이 점 P에서 x축에 내린 수선의 발을 P' 이라 하면 $\angle APO = \frac{\pi}{2}$인 구 S 위의 모든 점 P가 나타내는 도형 C_1은 중심이 P'이고 반지름의 길이가 $\overline{PP'}$인 원이다.

또, 점 Q에서 y축에 내린 수선의 발을 Q'이라 하면 $\angle BQO = \frac{\pi}{2}$인 구 S 위의 모든 점 Q가 나타내는 도형 C_2는 중심이 Q'이고 반지름의 길이가 $\overline{QQ'}$인 원이다.

$\overline{ON_1} = \overline{ON_2} = 10$이고 $\cos(\angle N_1ON_2) = \frac{3}{5}$이므로 삼각형 ON_1N_2에서 코사인법칙에 의하여
$$\overline{N_1N_2}^2 = \overline{ON_1}^2 + \overline{ON_2}^2 - 2 \times \overline{ON_1} \times \overline{ON_2} \times \cos(\angle N_1ON_2)$$
$$= 10^2 + 10^2 - 2 \times 10^2 \times \frac{3}{5}$$
$$= 80$$
$$\therefore \overline{N_1N_2} = 4\sqrt{5}$$

또, 직각삼각형 OQB에서 $\overline{OB} = 10\sqrt{2}$, $\overline{OQ} = 10$이므로
$$\overline{BQ} = \sqrt{(10\sqrt{2})^2 - 10^2} = 10$$

즉, $\angle QOQ' = \angle QBO = \frac{\pi}{4}$이므로
$$\overline{OQ'} = \overline{OQ} \times \sin\frac{\pi}{4} = 10 \times \frac{\sqrt{2}}{2} = 5\sqrt{2}$$

이때 $\overline{OQ'}$은 점 P'에서 현 N_1N_2까지의 거리와 같으므로 선분 N_1N_2와 xy평면이 만나는 점을 R라 하면
$$\overline{N_1R} = 2\sqrt{5}$$

직각삼각형 OQ'Q에서
$$\overline{QQ'} = \overline{OQ'} = 5\sqrt{2}$$

따라서 직각삼각형 N_1RQ'에서
$$\overline{RQ'} = \sqrt{(5\sqrt{2})^2 - (2\sqrt{5})^2}$$
$$= \sqrt{30}$$

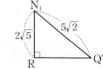

$\triangle PAO \backsim \triangle P'PO$이므로
$$\overline{OA} : \overline{OP} = \overline{OP} : \overline{OP'}$$
$$\overline{OA} : 10 = 10 : \sqrt{30}$$
$$\therefore \overline{OA} = \frac{10}{3}\sqrt{30}$$
$$\therefore a = \frac{10}{3}\sqrt{30}$$

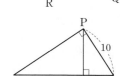

---

29 수능 유형 › 이차곡선 – 쌍곡선   정답률 60%   정답 63

$\overline{PH} : \overline{HF} = 3 : 2\sqrt{2}$이므로
$\overline{PH} = 3k$, $\overline{HF} = 2\sqrt{2}k$ $(k > 0)$
라 하자.

점 P는 포물선 위의 점이므로 포물선의 정의에 의하여
$\overline{PF} = \overline{PH} = 3k$

$\angle HPF = \theta$라 하면 삼각형 HPF에서 코사인법칙에 의하여

$$\cos\theta = \frac{\overline{PH}^2 + \overline{PF}^2 - \overline{HF}^2}{2 \times \overline{PH} \times \overline{PF}}$$
$$= \frac{9k^2 + 9k^2 - 8k^2}{2 \times 3k \times 3k} = \frac{5}{9}$$ ······ ㉠

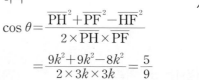

점 P에서 x축에 내린 수선의 발을 H′이라 하면 $\overline{\mathrm{HP}} /\!/ \overline{\mathrm{FH'}}$이므로
$\angle\mathrm{PFH'}=\angle\mathrm{HPF}=\theta$
$\overline{\mathrm{FH'}}=\overline{\mathrm{OH'}}-\overline{\mathrm{OF}}=3k-4$
직각삼각형 PFH′에서
$$\cos\theta=\frac{\overline{\mathrm{FH'}}}{\overline{\mathrm{PF}}}=\frac{3k-4}{3k} \qquad \cdots\cdots \text{ⓛ}$$

㉠, ⓛ에서 $\dfrac{5}{9}=\dfrac{3k-4}{3k}$이므로

$k=3$
$\therefore \overline{\mathrm{PF}}=3k=9$
$\overline{\mathrm{PH}}=\overline{\mathrm{PF}}=9$이므로 $\overline{\mathrm{FH'}}=9-4=5$
직각삼각형 PFH′에서
$\overline{\mathrm{PH'}}=\sqrt{\overline{\mathrm{PF}}^2-\overline{\mathrm{FH'}}^2}=\sqrt{9^2-5^2}=\sqrt{56}$
이때 $\overline{\mathrm{F'H'}}=\overline{\mathrm{FF'}}+\overline{\mathrm{FH'}}=8+5=13$
직각삼각형 PF′H′에서
$\overline{\mathrm{PF'}}=\sqrt{\overline{\mathrm{F'H'}}^2+\overline{\mathrm{PH'}}^2}=\sqrt{13^2+(\sqrt{56})^2}=15$
점 P는 쌍곡선 위의 점이므로 쌍곡선의 정의에 의하여
$\overline{\mathrm{PF'}}-\overline{\mathrm{PF}}=15-9=2a$
$\therefore a=3$
쌍곡선 $\dfrac{x^2}{a^2}-\dfrac{y^2}{b^2}=1$의 한 초점이 F(4, 0)이므로
$b^2=16-9=7$
$\therefore a^2\times b^2=3^2\times 7=63$

---

30 수능 유형 › 평면벡터의 성분과 내적
정답률 14%   정답 54

$$\begin{aligned}|\overrightarrow{\mathrm{PQ}}+\overrightarrow{\mathrm{OE}}|&=|\overrightarrow{\mathrm{OQ}}-\overrightarrow{\mathrm{OP}}+\overrightarrow{\mathrm{OE}}|\\&=|(\overrightarrow{\mathrm{OQ}}+\overrightarrow{\mathrm{OE}})-\overrightarrow{\mathrm{OP}}|\end{aligned}$$

이때 네 점 B, C, D, Q를 x축의 방향으로 -4만큼, y축의 방향으로 2만큼 평행이동한 점을 각각 B′, C′, D′, Q′이라 하면 다음 그림과 같이 점 Q′은 삼각형 C′D′B′의 변 위를 움직인다.

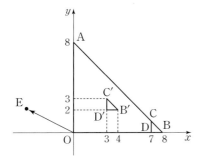

즉,
$$\overrightarrow{\mathrm{OQ}}+\overrightarrow{\mathrm{OE}}=\overrightarrow{\mathrm{OQ}}+(-4,\,2)=\overrightarrow{\mathrm{OQ'}}$$
이므로
$$\begin{aligned}|\overrightarrow{\mathrm{PQ}}+\overrightarrow{\mathrm{OE}}|&=|\overrightarrow{\mathrm{OQ'}}-\overrightarrow{\mathrm{OP}}|\\&=|\overrightarrow{\mathrm{PQ'}}|\end{aligned}$$
이때 점 C′(3, 3)이 직선 $y=x$ 위의 점이므로
점 Q′의 자취인 삼각형 C′D′B′은 직선 $y=x$의 아래쪽에 있다. 또,
점 P의 자취인 삼각형 AOB는 직선 $y=x$에 대하여 대칭이다.

따라서 다음 그림과 같이 $|\overrightarrow{\mathrm{PQ'}}|$의 최댓값은 점 A(0, 8)과 점 B′(4, 2) 사이의 거리와 같다.

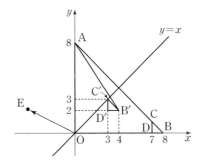

즉, $|\overrightarrow{\mathrm{PQ'}}|$의 최댓값은
$$\overline{\mathrm{AB'}}=\sqrt{(4-0)^2+(2-8)^2}=2\sqrt{13}$$
한편, $\overline{\mathrm{AB}}$와 $\overline{\mathrm{C'B'}}$이 평행하므로 다음 그림과 같이 $|\overrightarrow{\mathrm{PQ'}}|$의 최솟값은 점 C′(3, 3)과 점 (4, 4) 사이의 거리와 같다.

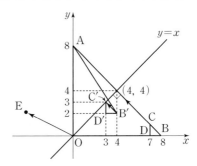

즉, $|\overrightarrow{\mathrm{PQ'}}|$의 최솟값은
$$\sqrt{(4-3)^2+(4-3)^2}=\sqrt{2}$$
따라서 $|\overrightarrow{\mathrm{PQ}}+\overrightarrow{\mathrm{OE}}|^2$의 최댓값은 $(2\sqrt{13})^2=52$, 최솟값은 $(\sqrt{2})^2=2$이므로
$M=52,\ m=2$
$\therefore M+m=52+2=54$

☑ 실전 적용 key
벡터의 덧셈을 이용하기 위하여 한 벡터의 시점을 주어진 다른 벡터의 종점과 일치하도록 평행이동한 후 좌표평면 위에 벡터를 나타내도록 한다.

23 수능 유형 › 벡터의 크기와 연산   정답률 94%   정답 ③

$$\vec{a}+3\vec{b}=(k,\ 3)+3(1,\ 2)$$
$$=(k,\ 3)+(3,\ 6)$$
$$=(k+3,\ 9)$$
$$=(6,\ 9)$$

이므로

$$k+3=6 \qquad \therefore\ k=3$$

24 수능 유형 › 포물선의 정의와 그래프   정답률 88%   정답 ④

꼭짓점의 좌표가 $(1,\ 0)$이고, 준선이 $x=-1$이므로 초점의 좌표는 $(3,\ 0)$이다.

이때 포물선 위의 점 $(3,\ a)$에서 포물선의 초점까지의 거리와 준선까지의 거리가 같으므로

$$\sqrt{0^2+a^2}=|3-(-1)|,\ a^2=16$$
$$\therefore\ a=4\ (\because\ a>0)$$

다른 풀이

주어진 포물선을 x축의 방향으로 -1만큼 평행이동하면 꼭짓점의 좌표가 $(0,\ 0)$, 준선의 방정식이 $x=-2$이다.

즉, 주어진 포물선은 포물선 $y^2=4\times 2x=8x$를 x축의 방향으로 1만큼 이동한 것이므로 포물선의 방정식은

$$y^2=8(x-1)$$

이 포물선이 점 $(3,\ a)$를 지나므로

$$a^2=8\times(3-1),\ a^2=16 \qquad \therefore\ a=4\ (\because\ a>0)$$

25 수능 유형 › 좌표공간에서 선분의 내분점과 외분점   정답률 84%   정답 ③

선분 AB를 $3:2$로 내분하는 점이 z축 위에 있으므로

$$\frac{3\times(-4)+2\times a}{3+2}=0$$
$$-12+2a=0$$
$$\therefore\ a=6$$
$$\frac{3\times(-2)+2\times b}{3+2}=0$$
$$-6+2b=0$$
$$\therefore\ b=3$$

또, 선분 AB를 $3:2$로 외분하는 점이 xy평면 위에 있으므로

$$\frac{3\times c-2\times 6}{3-2}=0$$
$$3c-12=0$$
$$\therefore\ c=4$$
$$\therefore\ a+b+c=6+3+4=13$$

26 수능 유형 › 타원의 접선의 방정식   정답률 63%   정답 ①

직선 $x=\dfrac{1}{n}$이 타원 C_1, C_2와 만나는 점이 각각 P, Q이므로

$$P\left(\frac{1}{n},\ y_1\right),\ Q\left(\frac{1}{n},\ y_2\right)\ (y_1>0,\ y_2>0)$$라 하자.

타원 C_1 위의 점 $P\left(\dfrac{1}{n},\ y_1\right)$에서의 접선의 방정식은

$$\frac{\frac{1}{n}x}{2}+y_1y=1 \qquad \therefore\ \frac{x}{2n}+y_1y=1$$

위의 식에 $y=0$을 대입하면

$$\frac{x}{2n}=1 \qquad \therefore\ x=2n$$

즉, $\alpha=2n$

또, 타원 C_2 위의 점 $Q\left(\dfrac{1}{n},\ y_2\right)$에서의 접선의 방정식은

$$2\times\frac{1}{n}x+\frac{y_2y}{2}=1 \qquad \therefore\ \frac{2x}{n}+\frac{y_2y}{2}=1$$

위의 식에 $y=0$을 대입하면

$$\frac{2x}{n}=1 \qquad \therefore\ x=\frac{1}{2}n$$

즉, $\beta=\dfrac{1}{2}n$

이때 $6\leq\alpha-\beta\leq 15$이므로

$$6\leq 2n-\frac{1}{2}n\leq 15,\ 6\leq\frac{3}{2}n\leq 15$$
$$\therefore\ 4\leq n\leq 10$$

따라서 구하는 자연수 n은 $4,\ 5,\ 6,\ \cdots,\ 10$의 7개이다.

27 수능 유형 › 정사영   정답률 49%   정답 ①

직선 BC가 평면 AMD와 수직이므로 $\overline{BC}\perp\overline{AM}$이고 선분 BC의 중점이 M이므로 $\triangle ABC$는 $\overline{AB}=\overline{AC}=6$인 이등변삼각형이다.

$\overline{BM}=\overline{CM}=2\sqrt{5}$이므로 $\triangle ABM$에서

$$\overline{AM}=\sqrt{\overline{AB}^2-\overline{BM}^2}=\sqrt{6^2-(2\sqrt{5})^2}=4$$

따라서 삼각형 AMD는 한 변의 길이가 4인 정삼각형이다.

점 A에서 평면 BCD에 내린 수선의 발을 H라 하면 삼각형 AMD가 정삼각형이므로 직선 AH는 선분 DM을 수직이등분한다.

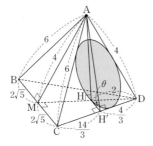

이때 점 H에서 변 CD에 내린 수선의 발을 H′이라 하면 삼수선의 정리에 의하여

$$\overline{AH'}\perp\overline{CD}$$

따라서 평면 ACD와 평면 BCD가 이루는 각의 크기를 θ라 하면

$$\theta=\angle AH'H$$

한편, $\overline{BC}\perp\overline{DM}$이므로 삼각형 DMC에서

$$\overline{CD}=\sqrt{\overline{DM}^2+\overline{CM}^2}=\sqrt{4^2+(2\sqrt5)^2}=6$$

$$\overline{DH}=\frac12\overline{DM}=2$$

이때 $\triangle DMC \backsim \triangle DH'H$ (AA 닮음)이고, 닮음비는 $\overline{DC}:\overline{DH}=6:2=3:1$이므로

$$\overline{DH'}=\frac13\overline{DM}=\frac43,\quad \overline{HH'}=\frac13\overline{CM}=\frac{2\sqrt5}{3}$$

따라서 $\triangle AH'D$에서

$$\overline{AH'}=\sqrt{\overline{AD}^2-\overline{DH'}^2}=\sqrt{4^2-\left(\frac43\right)^2}=\frac{8\sqrt2}{3}$$

이므로

$$\cos\theta=\cos(\angle AH'H)=\frac{\overline{HH'}}{\overline{AH'}}=\frac{\frac{2\sqrt5}{3}}{\frac{8\sqrt2}{3}}=\frac{\sqrt{10}}{8}$$

삼각형 ACD에 내접하는 원의 반지름의 길이를 r라 하면

$$\frac12\times\overline{CD}\times\overline{AH'}=\frac12 r(\overline{AC}+\overline{CD}+\overline{AD})$$

$$\frac12\times6\times\frac{8\sqrt2}{3}=\frac12 r(6+6+4),\ 8\sqrt2=8r\quad\therefore r=\sqrt2$$

따라서 삼각형 ACD에 내접하는 원의 평면 BCD 위로의 정사영의 넓이는

$$\pi\times(\sqrt2)^2\times\cos\theta=2\pi\times\frac{\sqrt{10}}{8}=\frac{\sqrt{10}}{4}\pi$$

28 수능 유형 › 삼수선의 정리   정답률 34%   정답 ④

$\overline{AB}=8,\ \overline{BC}=6,\ \angle ABC=\dfrac{\pi}{2}$이므로 $\triangle ABC$에서

$$\overline{AC}=\sqrt{\overline{AB}^2+\overline{BC}^2}=\sqrt{8^2+6^2}=10$$

$\overline{AC}$는 구 S의 지름이므로 $\overline{AC}$의 중점을 S라 하면 점 S는 구 S의 중심이고,

$$\overline{SA}=\frac12\overline{AC}=\frac12\times10=5$$

원 O를 포함하는 평면과 평면 ABC는 수직이므로 선분 PQ와 선분 AB가 만나는 점을 D라 하면

$$\overline{PD}\perp\overline{AB},\ \overline{PD}=\overline{QD}$$

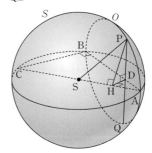

점 P에서 선분 $\overline{AC}$에 내린 수선의 발을 H라 하면

$$\overline{PS}=5,\ \overline{PH}=4$$

이므로 직각삼각형 PSH에서

$$\overline{SH}=\sqrt{\overline{PS}^2-\overline{PH}^2}=\sqrt{5^2-4^2}=3$$

한편, $\overline{PD}\perp$(평면 ABC), $\overline{PH}\perp\overline{AC}$이므로 삼수선의 정리에 의하여

$$\overline{DH}\perp\overline{AC}$$

$\triangle ABC$와 $\triangle AHD$는 닮음이므로

$\overline{AB}:\overline{BC}=\overline{AH}:\overline{HD}$에서 $8:6=2:\overline{HD}$

$$\therefore \overline{HD}=\frac32$$

직각삼각형 PHD에서

$$\overline{PD}=\sqrt{\overline{PH}^2-\overline{HD}^2}=\sqrt{4^2-\left(\frac32\right)^2}=\frac{\sqrt{55}}{2}$$

$$\therefore \overline{PQ}=2\overline{PD}=2\times\frac{\sqrt{55}}{2}=\sqrt{55}$$

☑ 실전 적용 key ─────

삼수선의 정리를 이용할 수 있도록 수선을 긋는 것이 중요하다. 수선을 그어 직각삼각형을 만든 다음 피타고라스 정리를 이용하여 필요한 선분의 길이를 구한다.

29 수능 유형 › 쌍곡선의 정의와 그래프   정답률 49%   정답 107

쌍곡선 $x^2-\dfrac{y^2}{35}=1$의 두 초점의 좌표는 F(6, 0), F′(−6, 0)이므로 $\overline{FF'}=12$

또, 쌍곡선 $x^2-\dfrac{y^2}{35}=1$의 주축의 길이는 2이므로 쌍곡선의 정의에 의하여

$$\overline{PF'}-\overline{PF}=2$$

$\overline{PQ}=\overline{PF}=k\ (k>0)$라 하면

$$\overline{PF'}=\overline{PF}+2=k+2$$

$$\overline{QF'}=\overline{PQ}+\overline{PF'}=k+(k+2)=2(k+1)$$

$\triangle QF'F$와 $\triangle FF'P$가 서로 닮음이므로

$\overline{QF'}:\overline{FF'}=\overline{FF'}:\overline{PF'}$에서

$$2(k+1):12=12:(k+2)$$

$$2(k+1)(k+2)=144$$

$$k^2+3k-70=0$$

$(k+10)(k-7)=0$

$\therefore k=7\ (\because k>0)$

또, $\overline{QF'}:\overline{FF'}=\overline{QF}:\overline{FP}$에서

$16:12=\overline{QF}:7$

$\therefore \overline{QF}=\dfrac{28}{3}$

점 P에서 $\overline{QF}$에 내린 수선의 발을 H라 하면 점 H는 $\overline{QF}$의 중점이다.

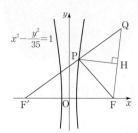

$\therefore \overline{FH}=\dfrac{1}{2}\overline{QF}=\dfrac{1}{2}\times\dfrac{28}{3}=\dfrac{14}{3}$

직각삼각형 PFH에서

$\overline{PH}=\sqrt{\overline{PF}^2-\overline{FH}^2}$

$\qquad =\sqrt{7^2-\left(\dfrac{14}{3}\right)^2}=\dfrac{7\sqrt{5}}{3}$

$\therefore \triangle PFQ=\dfrac{1}{2}\times\overline{QF}\times\overline{PH}$

$\qquad =\dfrac{1}{2}\times\dfrac{28}{3}\times\dfrac{7\sqrt{5}}{3}=\dfrac{98\sqrt{5}}{9}$

따라서 $p=9$, $q=98$이므로

$p+q=9+98=107$

---

30 수능 유형 › 직선과 원의 방정식 정답률 8% 정답 316

오른쪽 그림과 같이 선분 $\overline{BC}$가 x축 위에 놓이고, $\overline{BC}$의 중점이 원점 O에 오도록 정사각형 ABCD를 좌표평면 위에 놓으면 A$(-2,4)$, B$(-2,0)$, C$(2,0)$, D$(2,4)$

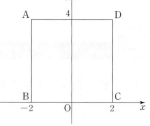

이때

$\overrightarrow{XB}+\overrightarrow{XC}=(\overrightarrow{OB}-\overrightarrow{OX})+(\overrightarrow{OC}-\overrightarrow{OX})$

$\qquad\qquad =-2\overrightarrow{OX}$

$\overrightarrow{XB}-\overrightarrow{XC}=\overrightarrow{CB}$

이므로 $|\overrightarrow{XB}+\overrightarrow{XC}|=|\overrightarrow{XB}-\overrightarrow{XC}|$에서

$|-2\overrightarrow{OX}|=|\overrightarrow{CB}|$, $2|\overrightarrow{OX}|=4$

$\therefore |\overrightarrow{OX}|=2$

따라서 점 X가 나타내는 도형 S는 원점 O를 중심으로 하고 반지름의 길이가 2인 원이다.

$4\overrightarrow{PQ}=\overrightarrow{PB}+2\overrightarrow{PD}$에서

$4(\overrightarrow{OQ}-\overrightarrow{OP})=(\overrightarrow{OB}-\overrightarrow{OP})+2(\overrightarrow{OD}-\overrightarrow{OP})$

$4\overrightarrow{OQ}=\overrightarrow{OB}+2\overrightarrow{OD}+\overrightarrow{OP}$

$\therefore \overrightarrow{OQ}=\dfrac{1}{4}\overrightarrow{OB}+\dfrac{1}{2}\overrightarrow{OD}+\dfrac{1}{4}\overrightarrow{OP}$

$\qquad =\dfrac{1}{4}(-2,0)+\dfrac{1}{2}(2,4)+\dfrac{1}{4}\overrightarrow{OP}$

$\qquad =\left(\dfrac{1}{2},2\right)+\dfrac{1}{4}\overrightarrow{OP}$

따라서 점 Q가 나타내는 도형은 점 P가 나타내는 도형, 즉 도형 S를 $\dfrac{1}{4}$ 배로 축소한 뒤 x축의 방향으로 $\dfrac{1}{2}$ 만큼, y축의 방향으로 2만큼 평행이동한 원이다.

이 원의 중심을 R라 하면 점 Q가 나타내는 도형은 점 $R\left(\dfrac{1}{2},2\right)$를 중심으로 하고 반지름의 길이가 $\dfrac{1}{4}\times 2=\dfrac{1}{2}$ 인 원이다.

이때

$\overrightarrow{AC}\cdot\overrightarrow{AQ}=\overrightarrow{AC}\cdot(\overrightarrow{AR}+\overrightarrow{RQ})$

$\qquad\qquad =\overrightarrow{AC}\cdot\overrightarrow{AR}+\overrightarrow{AC}\cdot\overrightarrow{RQ}$

$\qquad\qquad =(4,-4)\cdot\left(\dfrac{5}{2},-2\right)+\overrightarrow{AC}\cdot\overrightarrow{RQ}$

$\qquad\qquad =18+\overrightarrow{AC}\cdot\overrightarrow{RQ}$

따라서 $\overrightarrow{AC}\cdot\overrightarrow{AQ}$의 값은 두 벡터 $\overrightarrow{AC}$, $\overrightarrow{RQ}$가 같은 방향일 때 최대이고, 반대 방향일 때 최소이므로

$M=18+\overrightarrow{AC}\cdot\overrightarrow{RQ}=18+|\overrightarrow{AC}||\overrightarrow{RQ}|$

$\quad =18+4\sqrt{2}\times\dfrac{1}{2}$

$\quad =18+2\sqrt{2}$

$m=18+\overrightarrow{AC}\cdot\overrightarrow{RQ}=18-|\overrightarrow{AC}||\overrightarrow{RQ}|$

$\quad =18-4\sqrt{2}\times\dfrac{1}{2}$

$\quad =18-2\sqrt{2}$

$\therefore M\times m=(18+2\sqrt{2})(18-2\sqrt{2})$

$\qquad\qquad =324-8=316$

Memo

Memo

수능의 답을 찾는 **우수 문항 기출 모의고사**

N New Navigator Number 1 **기출** **수능기출 모의고사**

● 최신 5개년 우수 기출 문항 반영!

● 신수능의 경향과 특징을 꿰뚫는 문항 분석!

● 신수능에 최적화된 체제로 문항 구성!
(모의고사 22회 수록, 공통과목 22문항, 선택과목 8문항)

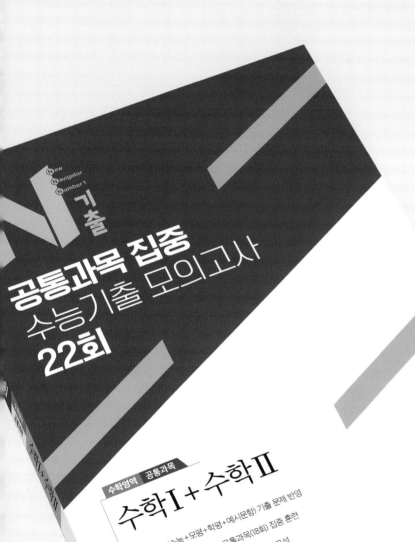

N New Navigator Number 1 **기출**

공통과목 집중
수능기출 모의고사
22회

수학영역 공통과목
수학Ⅰ + 수학Ⅱ

● 최신 5개년(수능+모평+학평+예시문항) 기출 문제 반영

● Part 1 과목별(4회)+Part 2 공통과목(회별 22문항) 구성

● 수능 체제에 맞춰 공통과목(회별 22문항) 구성

Mirae**N**에듀

신수능 출제 경향을
100% 반영한 모의고사로
등급 상승! 실전 완성!

수학영역 공통과목 수학Ⅰ + 수학Ⅱ,
선택과목 확률과 통계,
선택과목 미적분

구성보기

공통과목 수학Ⅰ + 수학Ⅱ

고등 도서 안내

문학 입문서

손쉬운

작품 이해에서 문제 해결까지
손쉬운 비법을 담은 문학 입문서

현대 문학, 고전 문학

비주얼 개념서

룩 LOOK

이미지 연상으로 필수 개념을 쉽게 익히는
비주얼 개념서

국어　문법
영어　분석독해

수학 개념 기본서

수학중심

개념과 유형을 한 번에 잡는 강력한
개념 기본서

수학Ⅰ, 수학Ⅱ, 확률과 통계, 미적분, 기하

수학 문제 기본서

유형중심

체계적인 유형별 학습으로 실전에서 강력한
문제 기본서

수학Ⅰ, 수학Ⅱ, 확률과 통계, 미적분

사회·과학 필수 기본서

개념 학습과 유형 학습으로 내신과 수능을 잡는
필수 기본서

[2022 개정]
사회　통합사회1, 통합사회2*, 한국사1, 한국사2*
과학　통합과학1, 통합과학2, 물리학*, 화학*, 생명과학*,
　　　지구과학*

*2025년 상반기 출간 예정

[2015 개정]
사회　한국지리, 사회·문화, 생활과 윤리, 윤리와 사상
과학　물리학Ⅰ, 화학Ⅰ, 생명과학Ⅰ, 지구과학Ⅰ

기출 분석 문제집

완벽한 기출 문제 분석으로 시험에 대비하는 1등급 문제집

[2022 개정]
수학　공통수학1, 공통수학2, 대수, 확률과 통계*, 미적분Ⅰ*
사회　통합사회1, 통합사회2*, 한국사1, 한국사2*,
　　　세계시민과 지리, 사회와 문화, 세계사, 현대사회와 윤리
과학　통합과학1, 통합과학2

*2025년 상반기 출간 예정

[2015 개정]
국어　문학, 독서
수학　수학Ⅰ, 수학Ⅱ, 확률과 통계, 미적분, 기하
사회　한국지리, 세계지리, 생활과 윤리, 윤리와 사상,
　　　사회·문화, 정치와 법, 경제, 세계사, 동아시아사
과학　물리학Ⅰ, 화학Ⅰ, 생명과학Ⅰ, 지구과학Ⅰ,
　　　물리학Ⅱ, 화학Ⅱ, 생명과학Ⅱ, 지구과학Ⅱ

실력 상승 문제집

파사쥬

대표 유형과 실전 문제로 내신과 수능을
동시에 대비하는 실력 상승 실전서

국어	국어, 문학, 독서
영어	기본영어, 유형구문, 유형독해, 20회 듣기모의고사, 25회 듣기 기본 모의고사
수학	수학Ⅰ, 수학Ⅱ, 확률과 통계, 미적분

수능 완성 문제집

수능 주도권

핵심 전략으로 수능의 기선을 제압하는
수능 완성 실전서

국어영역	문학, 독서, 언어와 매체, 화법과 작문
영어영역	독해편, 듣기편
수학영역	수학Ⅰ, 수학Ⅱ, 확률과 통계, 미적분

수능 기출 문제집

N기출

수능N 기출이 답이다!

국어영역	공통과목_문학, 공통과목_독서, 선택과목_화법과 작문, 선택과목_언어와 매체
영어영역	고난도 독해 LEVEL 1, 고난도 독해 LEVEL 2, 고난도 독해 LEVEL 3
수학영역	공통과목_수학Ⅰ+수학Ⅱ 3점 집중, 공통과목_수학Ⅰ+수학Ⅱ 4점 집중, 선택과목_확률과 통계 3점/4점 집중, 선택과목_미적분 3점/4점 집중, 선택과목_기하 3점/4점 집중

N기출 모의고사

수능의 답을 찾는 우수 문항 기출 모의고사

수학영역	공통과목_수학Ⅰ+수학Ⅱ, 선택과목_확률과 통계, 선택과목_미적분

미래엔 교과서 연계 도서

미래엔 교과서 자습서

교과서 예습 복습과 학교 시험 대비까지
한 권으로 완성하는 자율학습서

[2022 개정]

국어	공통국어1, 공통국어2*
영어	공통영어1, 공통영어2
수학	공통수학1, 공통수학2, 기본수학1, 기본수학2
사회	통합사회1, 통합사회2*, 한국사1, 한국사2*
과학	통합과학1, 통합과학2
제2외국어	중국어, 일본어
한문	한문

*2025년 상반기 출간 예정

[2015 개정]

국어	문학, 독서, 언어와 매체, 화법과 작문, 실용 국어
수학	수학Ⅰ, 수학Ⅱ, 확률과 통계, 미적분, 기하
한문	한문Ⅰ

미래엔 교과서 평가 문제집

학교 시험에서 자신 있게
1등급의 문을 여는 실전 유형서

[2022 개정]

국어	공통국어1, 공통국어2*
사회	통합사회1, 통합사회2*, 한국사1, 한국사2*
과학	통합과학1, 통합과학2

*2025년 상반기 출간 예정

[2015 개정]

국어	문학, 독서, 언어와 매체

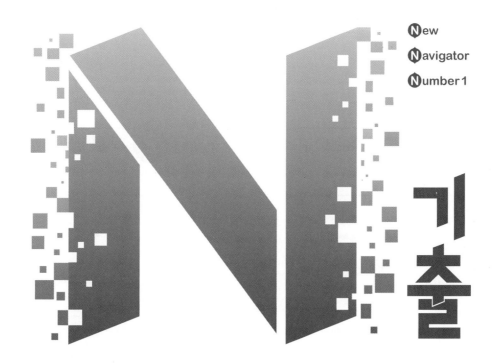

New
Navigator
Number 1

수학영역 / 선택과목

기하

3점 / 4점 집중

Mirae N 에듀

구성과 특징

Part 1

3점, 4점 배점별 기출로 수능 유형 정복!
1등급을 향해 실력을 탄탄하게 키운다!

1 수능 기출 분석 & 출제 예상

기출을 분석하고 출제 방향을 예상하라

: 최근 5개년 수능 기출 문제를 분석하여 대단원별로 기출의 출제 경향을 정리하고, 기출 학습 방법을 꼼꼼히 제시하였습니다.

2 핵심 개념 & 빈출 유형 분석

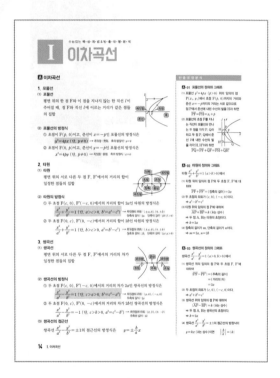

수능에 자주 출제되었던 핵심 개념을 익히자

: 최근 5개년 수능 출제 핵심 개념을 대단원별로 일목요연하게 정리하였습니다.

: 수능에서 기출이 어떻게 출제되는지를 개념별, 유형별로 분석하여 자주 출제되는 유형명과 유형을 공략하기 위한 해결 방법을 제시하였습니다.

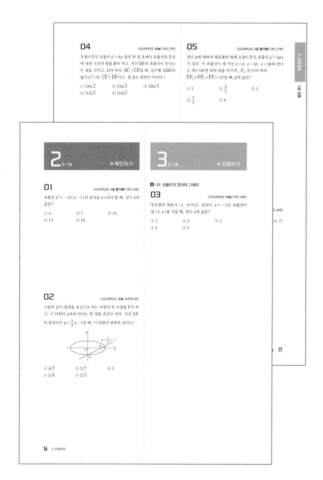

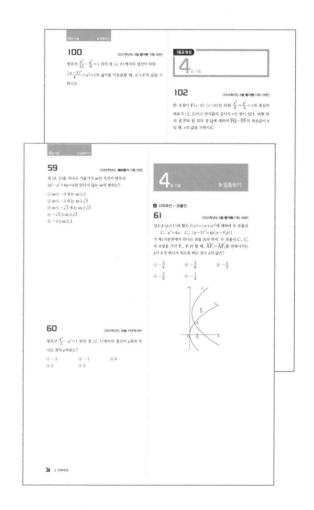

Part
1
+
Part
2
+
해설편

Part 1과 **Part 2**로 수능·평가원 기출 **완전 정복**

3 2점 기출 확인하기/3점 기출 집중하기

4 4점 기출 집중하기

2점 문제로 기본을, 3점 문제로 실력을 키우자

2점 기출로 개념을 이해하고 있는지 확인하고, 3점 기출을 집중적으로 풀어 수능에 대한 감각을 익히고, 수학 실력을 키울 수 있습니다.

4점 기출을 집중 학습하여 실력을 완성하자

4점 기출을 집중적으로 풀어 수학 실력을 완성하고, 정답률이 낮은 4점 기출로 고난도 기출을 완벽하게 학습할 수 있습니다.

Part 2

2024, 2025학년도 수능, 평가원 기출 문제를 시험지로 풀고 실전 감각을 키운다!

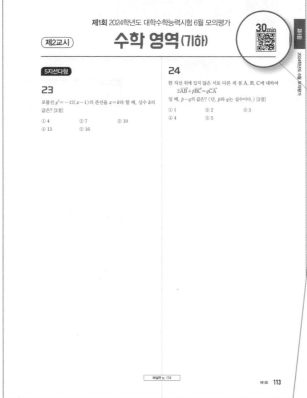

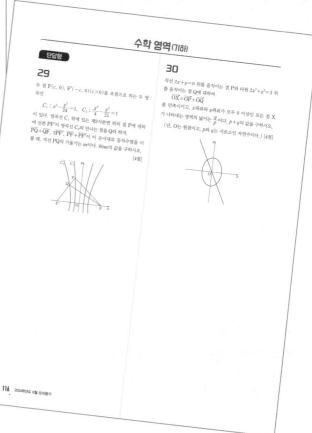

QR코드 타이머 제공

바로 실행되는 30분 타이머에 맞춰
시간 안배 연습을 할 수 있습니다.

23번~30번에 해당하는 문제를 시험지 형태로 구성

: Part 2에서는 2024, 2025학년도 6월 모평, 9월 모평, 수능 기출 문제를 학습 진도에 맞춰 풀어볼 수 있습니다.

: 실제 시험지에서 기하에 해당하는 문제 5지선다형 23번~28번, 단답형 29번, 30번을 시험지 형태로 구성하였습니다.

해결의 흐름, 상세한 해설, 1등급 선배들의 비법까지
문제 해결 전략을 집중적으로 익힌다!

해설편

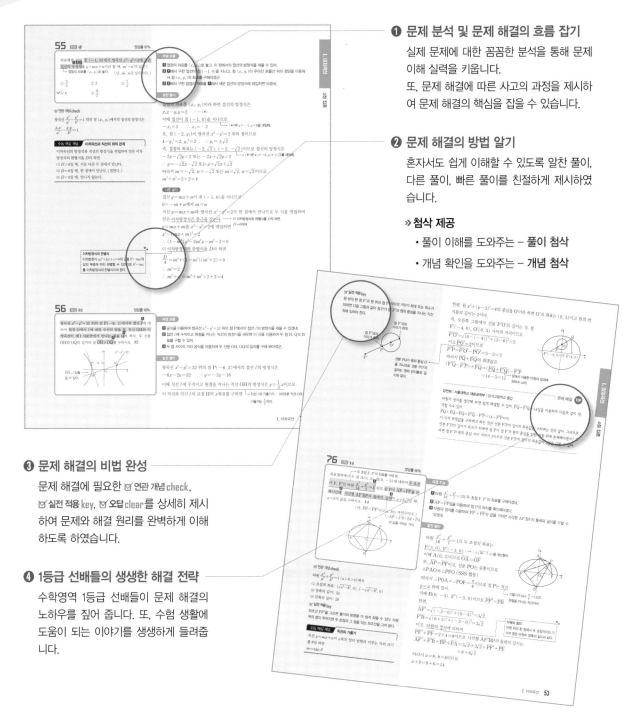

❶ 문제 분석 및 문제 해결의 흐름 잡기

실제 문제에 대한 꼼꼼한 분석을 통해 문제
이해 실력을 키웁니다.
또, 문제 해결에 따른 사고의 과정을 제시하
여 문제 해결의 핵심을 잡을 수 있습니다.

❷ 문제 해결의 방법 알기

혼자서도 쉽게 이해할 수 있도록 알찬 풀이,
다른 풀이, 빠른 풀이를 친절하게 제시하였
습니다.

» 첨삭 제공

- 풀이 이해를 도와주는 – **풀이 첨삭**
- 개념 확인을 도와주는 – **개념 첨삭**

❸ 문제 해결의 비법 완성

문제 해결에 필요한 ☑ 연관 개념 check,
☑ 실전 적용 key, ☑ 오답 clear를 상세히 제시
하여 문제와 해결 원리를 완벽하게 이해
하도록 하였습니다.

❹ 1등급 선배들의 생생한 해결 전략

수학영역 1등급 선배들이 문제 해결의
노하우를 짚어 줍니다. 또, 수험 생활에
도움이 되는 이야기를 생생하게 들려줍
니다.

Contents

이 책의 차례

학습 계획표

276문제 **19**일 **완성**

학습 계획표를 활용하여 학습 계획을 세워 보세요.

처음 학습한 날짜를 쓰고 2번 복습한 후 복습 체크의 □에 ✔를 표시하세요.

I 이차곡선

계획	쪽수	문제수	처음 학습한 날짜	복습한 날짜 & 복습 체크	
1일차	14~20	15	월 일	월 일 □	월 일 □
2일차	21~25	14	월 일	월 일 □	월 일 □
3일차	26~30	13	월 일	월 일 □	월 일 □
4일차	31~35	16	월 일	월 일 □	월 일 □
5일차	36~40	14	월 일	월 일 □	월 일 □
6일차	41~47	17	월 일	월 일 □	월 일 □
7일차	48~53	15	월 일	월 일 □	월 일 □

II 평면벡터

계획	쪽수	문제수	처음 학습한 날짜	복습한 날짜 & 복습 체크	
8일차	58~63	14	월 일	월 일 □	월 일 □
9일차	64~69	16	월 일	월 일 □	월 일 □
10일차	70~74	13	월 일	월 일 □	월 일 □
11일차	75~81	14	월 일	월 일 □	월 일 □

III 공간도형과 공간좌표

계획	쪽수	문제수	처음 학습한 날짜	복습한 날짜 & 복습 체크	
12일차	86~91	13	월 일	월 일 □	월 일 □
13일차	92~96	15	월 일	월 일 □	월 일 □
14일차	97~102	15	월 일	월 일 □	월 일 □
15일차	103~108	14	월 일	월 일 □	월 일 □
16일차	109~112	10	월 일	월 일 □	월 일 □

계획	쪽수	문제수	처음 학습한 날		복습 체크	
			날짜	소요 시간		
17일차	113~120	16	월 일	분 / 60분	□	□
18일차	121~128	16	월 일	분 / 60분	□	□
19일차	129~136	16	월 일	분 / 60분	□	□

N기출이 제안하는
수능 필승 전략

수능 고득점을 위해서는 수능 대비 전략을 세운 후, N기출로 수능 대비를 하면 수능 1등급을 탄탄하게 다질 수 있습니다. 지금부터 차근차근 실천해 보세요!

 전략 ① 최신 경향을 파악한 후 기본기를 단단히 하자.

- 최신 수능 경향과 출제 예상을 파악한 후, 수능잡는 핵심 개념을 통해 수능에 꼭 필요한 지식을 습득하세요.
- 개념과 원리를 정확하게 이해한 후 이를 적용할 수 있는 다양한 문제를 풀어 개념을 더욱 명확히 정리하세요.

 전략 ② 고빈출 유형과 부족한 유형을 파악하여 실전에서 실수하지 말자.

- 다년간의 수능, 평가원 기출 문제를 꼼꼼히 분석하여 체계적으로 구성한 Part 1의 유형별 문제를 풀어 부족한 유형을 확인하세요.
- 빈출도가 높은 유형과 실력이 부족한 유형은 반복 학습하여 실전에서 실수하지 않도록 연습하세요.

 전략 ③ 어려운 문제도 스스로 푸는 연습을 통해 문제 해결 능력을 높이자.

- 여러 가지 개념을 복합적으로 사용하거나 종합적인 사고 과정을 요구하는 변별력 있는 문제는 풀이를 보지 않고 끝까지 풀어 보는 연습을 통해 문제 해결 능력을 높이세요.
- 해설편에서 자세한 해설과 첨삭, 해결 흐름, 실전 적용 key, 오답 clear, 1등급 선배들의 문제 해결 TIP을 꼼꼼히 읽어 어떤 문제든 완벽하게 자신의 것으로 만드세요.

 전략 ④ 학습 계획표와 오답 노트를 만들자.

- N기출에서 제공하는 학습 계획표와 오답 노트 PDF를 활용하세요.
- 학습 계획표에 학습 현황을 기록하고 틀린 문제는 다시는 틀리지 않도록 취약한 부분을 철저히 분석하세요.
- 맞힌 문제도 완벽하게 이해하지 못했다면 연관 개념부터 풀이법까지 다시 정리하고 여러 번 확인하세요.

최신 수능, 평가원 기출
기하 3점/4점

*Part 1에서는 최신 수능, 평가원 기출 문제를 꼼꼼히 분석하여 단원별, 배점별, 유형별로 제공합니다.

평생 살 것처럼 꿈을 꾸어라.
그리고 내일 죽을 것처럼 오늘을
살아라.

– 제임스 딘 –

이차곡선

5개년 수능 분석을 통해 2026 수능을 예측하고 전략적으로 공략한다!

최근 5개년 단원별 출제 경향을 개념별로 분석하여 수능 출제 빈도가 높은 핵심 개념과 출제 의도를 파악하고 그에 따른 대표 기출 유형을 정리하였습니다. 이를 바탕으로 개념별 출제가 예상되는 유형을 예측하고, 그 공략법을 유형별로 구분하여 상세히 제시하였습니다.

1 5개년 기출 분석

기하 과목의 경우, 2021학년도 수능에서는 출제 과목이 아니었고, 2022학년도 신수능에서 수능 선택과목으로 지정됨에 따라 2020학년도~2025학년도 기출 분석 자료를 탑재하였습니다.

5개년 기출 데이터

● 6월 모평 출제
● 9월 모평 출제
● 수능 출제

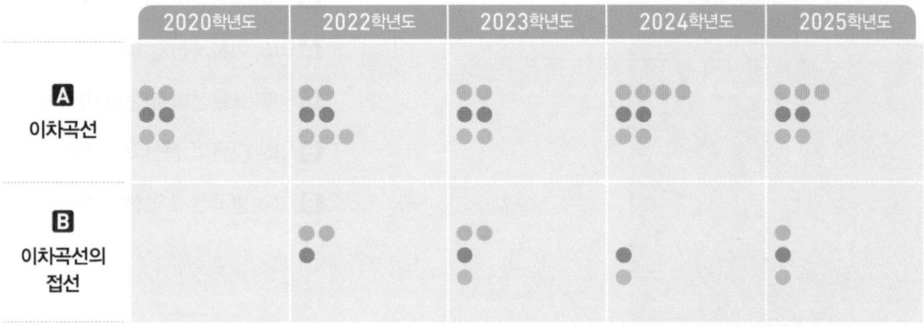

	2020학년도	2022학년도	2023학년도	2024학년도	2025학년도
A 이차곡선	●● ●●	●● ●●	●● ●●	●●●● ●●	●●● ●●
B 이차곡선의 접선		●● ●	●● ●	● ●	● ●

위의 ● ● ●의 개수는 6월 모평, 9월 모평, 수능 출제 문항 수입니다.

A 이차곡선 이차곡선 문제는 매년 2~3문제씩 출제된다. 포물선의 초점, 준선에 대한 문제와 포물선의 정의, 즉 포물선 위의 점에서 초점과 준선에 이르는 거리가 같음을 이용하여 선분의 길이, 여러 가지 도형의 둘레의 길이 또는 넓이를 구하는 문제가 출제된다.

또, 타원의 초점, 장축과 단축의 길이에 대한 문제와 타원의 정의, 즉 타원 위의 점에서 두 초점까지의 거리의 합이 일정함을 이용하여 선분의 길이의 합, 곱, 여러 가지 도형의 둘레의 길이 또는 넓이를 구하는 문제가 골고루 출제된다.

쌍곡선도 마찬가지로 쌍곡선의 초점, 점근선의 방정식에 대한 문제와 쌍곡선의 정의인 쌍곡선 위의 점에서 두 초점까지의 거리의 차가 일정함을 이용하여 선분의 길이, 여러 가지 도형의 둘레의 길이 또는 넓이를 구하는 문제가 자주 출제된다.

B 이차곡선의 접선 이차곡선의 접선 관련 문제는 이전까지는 자주 출제되지 않은 편이었으나, 2015 개정 교육과정 기하 과목에서 공간벡터 단원 전체가 삭제되고, 단원별로 출제되는 문항 수가 비슷해짐에 따라 출제 빈도가 높아지고 있다. 또한, 이번 교육과정에서는 접선의 방정식을 공식을 통해 바로 구할 수 있으므로 접선의 방정식 자체를 구하는 문제보다는 이를 활용하여 x절편 또는 y절편을 찾거나 다른 도형과의 교점의 좌표를 구해 도형의 성질을 이용하는 문제가 출제 가능하다.

예상 문제	공략법
❶ 이차곡선의 정의와 성질을 이용하는 문제	이차곡선의 초점, 준선, 꼭짓점, 장축의 길이, 단축의 길이, 주축의 길이 등 정의와 성질을 다양하게 활용할 수 있도록 충분히 연습해 둔다.
❷ 이차곡선의 성질이 조건으로 주어진 문제	이차곡선 위의 점의 좌표, 초점의 좌표, 준선의 방정식, 꼭짓점의 좌표 등 문제에 주어진 조건과 이차곡선의 정의를 이용하여 선분의 길이의 합·차·곱, 삼각형이나 사각형의 둘레의 길이 또는 넓이를 구하는 연습을 다양한 기출 문제를 통해 미리 연습해 둔다.
❸ 이차곡선의 접선의 방정식을 구하는 문제	이차곡선의 접선을 구하는 공식을 암기해 두었다가 이용하는 것이 편리하다. 접선을 이용하여 다른 조건을 만족시키는 값을 구할 때는 접선의 방정식을 구하는 방법을 이용해야 하는 경우도 있으므로 어떤 단계로 구하는지 익혀 두도록 한다.
❹ 이차곡선의 성질과 다양한 조건을 응용한 문제	이차곡선의 초점, 준선, 꼭짓점, 장축의 길이, 단축의 길이, 주축의 길이에 대한 값이 방정식의 해이거나 직선의 기울기, 두 직선이 서로 수직인 조건 등 다양한 조건들이 주어지므로 기출 문제를 많이 풀어서 문제 접근법을 익혀 두어야 한다.
❺ 두 이차곡선 사이의 위치 관계를 이용하는 문제	포물선과 타원, 쌍곡선과 타원 등 두 이차곡선의 정의를 동시에 사용하는 문제에서는 초점, 준선, 장축, 단축, 점근선의 정의뿐만 아니라 이와 관련된 성질도 잘 이해하고 있어야 문제 해결에 필요한 식을 세울 수 있으므로 다양한 문제를 통해 연습해 둔다.
❻ 이차곡선과 도형의 여러 가지 성질을 이용하는 문제	이차곡선과 다른 도형이 결합된 고난도 문제는 다양한 방법으로 출제될 수 있다. 특히, 이차곡선 위의 점을 한 꼭짓점으로 하는 삼각형 또는 사각형의 성질을 이용하는 문제는 자주 출제되므로 삼각형 또는 사각형의 여러 가지 성질, 원의 성질, 삼각형의 닮음 조건, 피타고라스 정리 등을 익혀 두도록 한다.

3점: ❶, ❷, ❸
4점: ❹, ❺, ❻

I 이차곡선

A 이차곡선

1. 포물선

(1) 포물선

평면 위의 한 점 F와 이 점을 지나지 않는 한 직선 l이 주어질 때, 점 F와 직선 l에 이르는 거리가 같은 점들의 집합

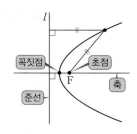

(2) 포물선의 방정식

① 초점이 $F(p, 0)$이고, 준선이 $x=-p$인 포물선의 방정식은

$y^2=4px$ (단, $p\neq0$) → 꼭짓점 : 원점, 축의 방정식 : $y=0$

② 초점이 $F(0, p)$이고, 준선이 $y=-p$인 포물선의 방정식은

$x^2=4py$ (단, $p\neq0$) → 꼭짓점 : 원점, 축의 방정식 : $x=0$

2. 타원

(1) 타원

평면 위의 서로 다른 두 점 F, F'에서의 거리의 합이 일정한 점들의 집합

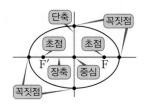

(2) 타원의 방정식

① 두 초점 $F(c, 0)$, $F'(-c, 0)$에서의 거리의 합이 $2a$인 타원의 방정식은

$$\frac{x^2}{a^2}+\frac{y^2}{b^2}=1 \text{ (단, } a>c>0, b^2=a^2-c^2)$$
→ 꼭짓점의 좌표 : $(\pm a, 0), (0, \pm b)$
장축의 길이 : $2a$, 단축의 길이 : $2b (b>0)$

② 두 초점 $F(0, c)$, $F'(0, -c)$에서의 거리의 합이 $2b$인 타원의 방정식은

$$\frac{x^2}{a^2}+\frac{y^2}{b^2}=1 \text{ (단, } b>c>0, a^2=b^2-c^2)$$
→ 꼭짓점의 좌표 : $(\pm a, 0), (0, \pm b)$
장축의 길이 : $2b$, 단축의 길이 : $2a (a>0)$

3. 쌍곡선

(1) 쌍곡선

평면 위의 서로 다른 두 점 F, F'에서의 거리의 차가 일정한 점들의 집합

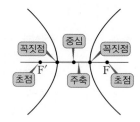

(2) 쌍곡선의 방정식

① 두 초점 $F(c, 0)$, $F'(-c, 0)$에서의 거리의 차가 $2a$인 쌍곡선의 방정식은

$$\frac{x^2}{a^2}-\frac{y^2}{b^2}=1 \text{ (단, } c>a>0, b^2=c^2-a^2)$$
→ 꼭짓점의 좌표 : $(a, 0), (-a, 0)$
주축의 길이 : $2a$

② 두 초점 $F(0, c)$, $F'(0, -c)$에서의 거리의 차가 $2b$인 쌍곡선의 방정식은

$$\frac{x^2}{a^2}-\frac{y^2}{b^2}=-1 \text{ (단, } c>b>0, a^2=c^2-b^2)$$
→ 꼭짓점의 좌표 : $(0, b), (0, -b)$
주축의 길이 : $2b$

(3) 쌍곡선의 점근선

쌍곡선 $\frac{x^2}{a^2}-\frac{y^2}{b^2}=\pm1$의 점근선의 방정식은 $\quad y=\pm\dfrac{b}{a}x$

A-01 포물선의 정의와 그래프

(1) 포물선 $y^2=4px$ $(p>0)$ 위의 임의의 점 $P(x_1, y_1)$에서 초점 $F(p, 0)$까지의 거리와 준선 $x=-p$까지의 거리는 서로 같으므로 점 P에서 준선에 내린 수선의 발을 H라 하면

$$\overline{PF}=\overline{PH}=x_1+p$$

(2) 포물선의 초점 F를 지나는 직선이 포물선과 만나는 두 점을 각각 P, Q라 하고 두 점 P, Q에서 준선 l에 내린 수선의 발을 각각 H, H'이라 하면

$$\overline{PQ}=\overline{PF}+\overline{QF}=\overline{PH}+\overline{QH'}$$

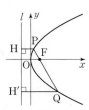

A-02 타원의 정의와 그래프

타원 $\dfrac{x^2}{a^2}+\dfrac{y^2}{b^2}=1$ $(a>b>0)$에서

(1) 타원 위의 임의의 점 P와 두 초점 F, F'에 대하여

$$\overline{PF}+\overline{PF'}=(\text{장축의 길이})=2a$$

(2) 두 초점의 좌표가 $(c, 0), (-c, 0)$이다.

➡ $a^2-b^2=c^2$

(3) 타원 위의 임의의 점 P에 대하여

$$\overline{AP}+\overline{BP}=k \text{ (}k\text{는 상수)}$$

➡ 두 점 A, B는 타원의 초점이다.

➡ $k=2a$

(4) 장축의 길이가 m, 단축의 길이가 n이다.

➡ $m=2a, n=2b$

A-03 쌍곡선의 정의와 그래프

쌍곡선 $\dfrac{x^2}{a^2}-\dfrac{y^2}{b^2}=1$ $(a>0, b>0)$에서

(1) 쌍곡선 위의 임의의 점 P와 두 초점 F, F'에 대하여

$$|\overline{PF}-\overline{PF'}|=(\text{주축의 길이})$$
$$=(\text{거리의 차})$$
$$=2a$$

(2) 두 초점의 좌표가 $(c, 0), (-c, 0)$이다.

➡ $a^2+b^2=c^2$

(3) 쌍곡선 위의 임의의 점 P에 대하여

$$|\overline{AP}-\overline{BP}|=k \text{ (}k\text{는 상수)}$$

➡ 두 점 A, B는 쌍곡선의 초점이다.

➡ $k=2a$

(4) 쌍곡선 $\dfrac{x^2}{a^2}-\dfrac{y^2}{b^2}=\pm1$의 점근선의 방정식이

$y=kx$ (k는 상수)이면 $\quad \left|\dfrac{b}{a}\right|=|k|$

B 이차곡선의 접선

1. 이차곡선과 직선의 위치 관계

이차곡선의 방정식에 직선의 방정식을 대입하여 얻은 이차방정식의 판별식을 D라 하면, D의 값의 부호에 따라 이차곡선과 직선의 위치 관계는 다음과 같다.

① $D>0$이면 서로 다른 두 점에서 만난다.

② $D=0$이면 한 점에서 만난다. (접한다.)

③ $D<0$이면 만나지 않는다.

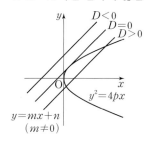 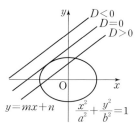 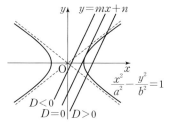

2. 포물선의 접선의 방정식

(1) 포물선 $y^2=4px$에 접하고 기울기가 $m\ (m\neq0)$인 직선의 방정식은

$$y=mx+\frac{p}{m}$$

(2) 포물선 $y^2=4px$ 위의 점 $\mathrm{P}(x_1,\ y_1)$에서의 접선의 방정식은

$$y_1y=2p(x+x_1)$$

참고 이차곡선 밖의 한 점 $(p,\ q)$에서 곡선에 그은 접선의 방정식은 다음과 같은 순서로 구한다.

① 접점의 좌표를 $(x_1,\ y_1)$로 놓고 접선의 방정식을 세운다.

② ①의 접선이 점 $(p,\ q)$를 지나고, 점 $(x_1,\ y_1)$이 곡선 위의 점임을 이용하여 $x_1,\ y_1$의 값을 구한다.

③ ②에서 구한 $x_1,\ y_1$의 값을 ①에 대입하여 접선의 방정식을 구한다.

3. 타원의 접선의 방정식

(1) 타원 $\dfrac{x^2}{a^2}+\dfrac{y^2}{b^2}=1$에 접하고 기울기가 m인 직선의 방정식은

$$y=mx\pm\sqrt{a^2m^2+b^2}$$

(2) 타원 $\dfrac{x^2}{a^2}+\dfrac{y^2}{b^2}=1$ 위의 점 $\mathrm{P}(x_1,\ y_1)$에서의 접선의 방정식은

$$\frac{x_1x}{a^2}+\frac{y_1y}{b^2}=1$$

4. 쌍곡선의 접선의 방정식

(1) 쌍곡선 $\dfrac{x^2}{a^2}-\dfrac{y^2}{b^2}=1$에 접하고 기울기가 m인 직선의 방정식은

$$y=mx\pm\sqrt{a^2m^2-b^2}\ \ (\text{단},\ a^2m^2-b^2>0)$$

(2) 쌍곡선 $\dfrac{x^2}{a^2}-\dfrac{y^2}{b^2}=1$ 위의 점 $\mathrm{P}(x_1,\ y_1)$에서의 접선의 방정식은

$$\frac{x_1x}{a^2}-\frac{y_1y}{b^2}=1$$

A-04 이차곡선의 활용

각 이차곡선의 정의, 성질 등을 이용한다.

B-05 포물선의 접선의 방정식

포물선 $y^2=4px$ 위의 점 $(x_1,\ y_1)$에서의 접선의 방정식은

$$y_1y=2p(x+x_1)$$

즉, 포물선의 방정식 $y^2=4px$에 y^2 대신 y_1y, x 대신 $\dfrac{1}{2}(x+x_1)$을 대입한다.

B-06 타원의 접선의 방정식

타원 $\dfrac{x^2}{a^2}+\dfrac{y^2}{b^2}=1$ 위의 점 $(x_1,\ y_1)$에서의 접선의 방정식은

$$\frac{x_1x}{a^2}+\frac{y_1y}{b^2}=1$$

즉, 타원의 방정식 $\dfrac{x^2}{a^2}+\dfrac{y^2}{b^2}=1$에 x^2 대신 x_1x, y^2 대신 y_1y를 대입한다.

B-07 쌍곡선의 접선의 방정식

쌍곡선 $\dfrac{x^2}{a^2}-\dfrac{y^2}{b^2}=1$ 위의 점 $(x_1,\ y_1)$에서의 접선의 방정식은

$$\frac{x_1x}{a^2}-\frac{y_1y}{b^2}=1$$

즉, 쌍곡선의 방정식 $\dfrac{x^2}{a^2}-\dfrac{y^2}{b^2}=1$에 x^2 대신 x_1x, y^2 대신 y_1y를 대입한다.

01

[2024학년도 6월 **평가원**(기하) 23번]

포물선 $y^2=-12(x-1)$의 준선을 $x=k$라 할 때, 상수 k의 값은?

① 4   ② 7   ③ 10

④ 13   ⑤ 16

02

[2003학년도 **수능** 자연계 5번]

그림과 같이 원점을 중심으로 하는 타원의 한 초점을 F라 하고, 이 타원이 y축과 만나는 한 점을 A라고 하자. 직선 AF의 방정식이 $y=\dfrac{1}{2}x-1$일 때, 이 타원의 장축의 길이는?

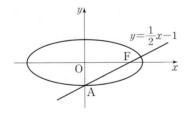

① $4\sqrt{2}$ ② $2\sqrt{7}$ ③ 5

④ $2\sqrt{6}$ ⑤ $2\sqrt{5}$

A-01 포물선의 정의와 그래프

03

[2025학년도 **수능**(기하) 24번]

꼭짓점의 좌표가 $(1,\ 0)$이고, 준선이 $x=-1$인 포물선이 점 $(3,\ a)$를 지날 때, 양수 a의 값은?

① 1   ② 2   ③ 3

④ 4   ⑤ 5

04

[2024학년도 **수능**(기하) 27번]

초점이 F인 포물선 $y^2=8x$ 위의 한 점 A에서 포물선의 준선에 내린 수선의 발을 B라 하고, 직선 BF와 포물선이 만나는 두 점을 각각 C, D라 하자. $\overline{BC}=\overline{CD}$일 때, 삼각형 ABD의 넓이는? (단, $\overline{CF}<\overline{DF}$이고, 점 A는 원점이 아니다.)

① $100\sqrt{2}$ ② $104\sqrt{2}$ ③ $108\sqrt{2}$
④ $112\sqrt{2}$ ⑤ $116\sqrt{2}$

05

[2024학년도 9월 **평가원**(기하) 27번]

양수 p에 대하여 좌표평면 위에 초점이 F인 포물선 $y^2=4px$가 있다. 이 포물선이 세 직선 $x=p$, $x=2p$, $x=3p$와 만나는 제1사분면 위의 점을 각각 P_1, P_2, P_3이라 하자. $\overline{FP_1}+\overline{FP_2}+\overline{FP_3}=27$일 때, p의 값은?

① 2 ② $\dfrac{5}{2}$ ③ 3
④ $\dfrac{7}{2}$ ⑤ 4

06

[2023학년도 **수능**(기하) 24번]

초점이 $F\left(\dfrac{1}{3},\,0\right)$이고 준선이 $x=-\dfrac{1}{3}$인 포물선이 점 $(a,\,2)$를 지날 때, a의 값은?

① 1 ② 2 ③ 3
④ 4 ⑤ 5

해설편 p. 2

07

[2022학년도 9월 평가원(기하) 26번]

초점이 F인 포물선 $y^2=4px$ 위의 한 점 A에서 포물선의 준선에 내린 수선의 발을 B라 하고, 선분 BF와 포물선이 만나는 점을 C라 하자. $\overline{AB}=\overline{BF}$이고 $\overline{BC}+3\overline{CF}=6$일 때, 양수 p의 값은?

① $\dfrac{7}{8}$ ② $\dfrac{8}{9}$ ③ $\dfrac{9}{10}$

④ $\dfrac{10}{11}$ ⑤ $\dfrac{11}{12}$

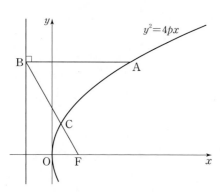

08

[2020학년도 6월 평가원 가형 8번]

포물선 $y^2-4y-ax+4=0$의 초점의 좌표가 $(3, b)$일 때, $a+b$의 값은? (단, a, b는 양수이다.)

① 13   ② 14   ③ 15

④ 16   ⑤ 17

09

[2019학년도 수능 가형 6번]

초점이 F인 포물선 $y^2=12x$ 위의 점 P에 대하여 $\overline{PF}=9$일 때, 점 P의 x좌표는?

① 6   ② $\dfrac{13}{2}$ ③ 7

④ $\dfrac{15}{2}$ ⑤ 8

10

[2019학년도 9월 평가원 가형 5번]

초점이 F인 포물선 $y^2=8x$ 위의 점 $P(a, b)$에 대하여 $\overline{PF}=4$일 때, $a+b$의 값은? (단, $b>0$)

① 3   ② 4   ③ 5

④ 6   ⑤ 7

11

[2017학년도 9월 **평가원** 가형 25번]

좌표평면에서 초점이 F인 포물선 $x^2=4y$ 위의 점 A가 $\overline{\text{AF}}=10$을 만족시킨다. 점 B$(0,\ -1)$에 대하여 $\overline{\text{AB}}=a$일 때, a^2의 값을 구하시오.

A-02 타원의 정의와 그래프

12

[2025학년도 9월 **평가원**(기하) 24번]

타원 $\dfrac{x^2}{4^2}+\dfrac{y^2}{b^2}=1$의 두 초점 사이의 거리가 6일 때, b^2의 값은? (단, $0<b<4$)

① 4   ② 5   ③ 6

④ 7   ⑤ 8

13

[2024학년도 6월 **평가원**(기하) 26번]

두 초점이 F$(12,\ 0)$, F$'(-4,\ 0)$이고, 장축의 길이가 24인 타원 C가 있다. $\overline{\text{F}'\text{F}}=\overline{\text{F}'\text{P}}$인 타원 C 위의 점 P에 대하여 선분 F$'$P의 중점을 Q라 하자. 한 초점이 F$'$인 타원 $\dfrac{x^2}{a^2}+\dfrac{y^2}{b^2}=1$이 점 Q를 지날 때, $\overline{\text{PF}}+a^2+b^2$의 값은?

(단, a와 b는 양수이다.)

① 46   ② 52   ③ 58

④ 64   ⑤ 70

해설편 p. 5

14

[2023학년도 9월 평가원(기하) 25번]

타원 $\dfrac{x^2}{a^2}+\dfrac{y^2}{5}=1$의 두 초점을 F, F′이라 하자. 점 F를 지나고 x축에 수직인 직선 위의 점 A가 $\overline{AF'}=5$, $\overline{AF}=3$을 만족시킨다. 선분 AF′과 타원이 만나는 점을 P라 할 때, 삼각형 PF′F의 둘레의 길이는? (단, a는 $a>\sqrt{5}$인 상수이다.)

① 8　　　　② $\dfrac{17}{2}$　　　　③ 9

④ $\dfrac{19}{2}$　　　　⑤ 10

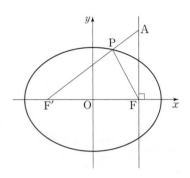

15

[2022학년도 수능(기하) 26번]

두 초점이 F, F′인 타원 $\dfrac{x^2}{64}+\dfrac{y^2}{16}=1$ 위의 점 중 제1사분면에 있는 점 A가 있다. 두 직선 AF, AF′에 동시에 접하고 중심이 y축 위에 있는 원 중 중심의 y좌표가 음수인 것을 C라 하자. 원 C의 중심을 B라 할 때 사각형 AFBF′의 넓이가 72이다. 원 C의 반지름의 길이는?

① $\dfrac{17}{2}$　　　　② 9　　　　③ $\dfrac{19}{2}$

④ 10　　　　⑤ $\dfrac{21}{2}$

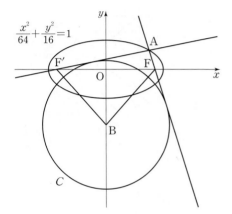

16

[2020학년도 **수능** 가형 13번]

그림과 같이 두 점 $F(0, c)$, $F'(0, -c)$를 초점으로 하는 타원 $\dfrac{x^2}{a^2}+\dfrac{y^2}{25}=1$이 x축과 만나는 점 중에서 x좌표가 양수인 점을 A라 하자. 직선 $y=c$가 직선 AF'과 만나는 점을 B, 직선 $y=c$가 타원과 만나는 점 중 x좌표가 양수인 점을 P라 하자. 삼각형 BPF'의 둘레의 길이와 삼각형 BFA의 둘레의 길이의 차가 4일 때, 삼각형 AFF'의 넓이는?

(단, $0<a<5$, $c>0$)

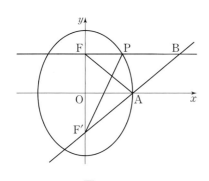

① $5\sqrt{6}$ ② $\dfrac{9\sqrt{6}}{2}$ ③ $4\sqrt{6}$

④ $\dfrac{7\sqrt{6}}{2}$ ⑤ $3\sqrt{6}$

17

[2018학년도 **수능** 가형 8번]

타원 $\dfrac{(x-2)^2}{a}+\dfrac{(y-2)^2}{4}=1$의 두 초점의 좌표가 $(6, b)$, $(-2, b)$일 때, ab의 값은? (단, a는 양수이다.)

① 40   ② 42   ③ 44

④ 46   ⑤ 48

18

[2016학년도 6월 **평가원** B형 12번]

그림과 같이 두 점 $F(c, 0)$, $F'(-c, 0)$ $(c>0)$을 초점으로 하고 장축의 길이가 4인 타원이 있다. 점 F를 중심으로 하고 반지름의 길이가 c인 원이 타원과 점 P에서 만난다. 점 P에서 원에 접하는 직선이 점 F'을 지날 때, c의 값은?

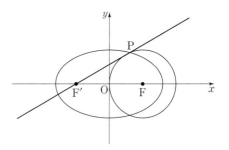

① $\sqrt{2}$ ② $\sqrt{10}-\sqrt{3}$ ③ $\sqrt{6}-1$

④ $2\sqrt{3}-2$ ⑤ $\sqrt{14}-\sqrt{5}$

해설편 p. 10

19

[2014학년도 9월 **평가원** B형 9번]

타원 $\dfrac{x^2}{a^2}+\dfrac{y^2}{b^2}=1$의 한 초점을 $F(c,\ 0)\ (c>0)$, 이 타원이 x축과 만나는 점 중에서 x좌표가 음수인 점을 A, y축과 만나는 점 중에서 y좌표가 양수인 점을 B라 하자.

$\angle AFB=\dfrac{\pi}{3}$이고 삼각형 AFB의 넓이는 $6\sqrt{3}$일 때, a^2+b^2의 값은? (단, a, b는 상수이다.)

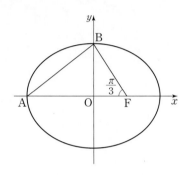

① 22　　② 24　　③ 26

④ 28　　⑤ 30

20

[2012학년도 **수능** 가형 11번]

한 변의 길이가 10인 마름모 ABCD에 대하여 대각선 BD를 장축으로 하고, 대각선 AC를 단축으로 하는 타원의 두 초점 사이의 거리가 $10\sqrt{2}$이다. 마름모 ABCD의 넓이는?

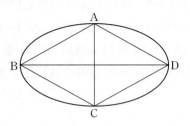

① $55\sqrt{3}$　　② $65\sqrt{2}$　　③ $50\sqrt{3}$

④ $45\sqrt{3}$　　⑤ $45\sqrt{2}$

21

[2012학년도 9월 **평가원** 가형 13번]

두 초점이 F, F′이고, 장축의 길이가 10, 단축의 길이가 6인 타원이 있다. 중심이 F이고 점 F′을 지나는 원과 이 타원의 두 교점 중 한 점을 P라 하자. 삼각형 PFF′의 넓이는?

① $2\sqrt{10}$　　② $3\sqrt{5}$　　③ $3\sqrt{6}$

④ $3\sqrt{7}$　　⑤ $\sqrt{70}$

A-03 쌍곡선의 정의와 그래프

22

[2025학년도 6월 **평가원**(기하) 26번]

쌍곡선 $\dfrac{x^2}{a^2} - \dfrac{y^2}{b^2} = 1$의 한 초점 $F(c, 0)$ $(c > 0)$을 지나고 y축에 평행한 직선이 쌍곡선과 만나는 두 점을 각각 P, Q라 하자. 쌍곡선의 한 점근선의 방정식이 $y = x$이고 $\overline{PQ} = 8$일 때, $a^2 + b^2 + c^2$의 값은? (단, a와 b는 양수이다.)

① 56 　　　　② 60 　　　　③ 64

④ 68 　　　　⑤ 72

23

[2023학년도 6월 **평가원**(기하) 24번]

쌍곡선 $\dfrac{x^2}{a^2} - \dfrac{y^2}{b^2} = 1$의 주축의 길이가 6이고 한 점근선의 방정식이 $y = 2x$일 때, 두 초점 사이의 거리는?
(단, a와 b는 양수이다.)

① $4\sqrt{5}$ 　　　　② $6\sqrt{5}$ 　　　　③ $8\sqrt{5}$

④ $10\sqrt{5}$ 　　　　⑤ $12\sqrt{5}$

24

[2022학년도 **수능**(기하) 24번]

한 초점의 좌표가 $(3\sqrt{2}, 0)$인 쌍곡선 $\dfrac{x^2}{a^2} - \dfrac{y^2}{6} = 1$의 주축의 길이는? (단, a는 양수이다.)

① $3\sqrt{3}$ 　　　　② $\dfrac{7\sqrt{3}}{2}$ 　　　　③ $4\sqrt{3}$

④ $\dfrac{9\sqrt{3}}{2}$ 　　　　⑤ $5\sqrt{3}$

해설편 p. 13

25

[2022학년도 **예시문항**(기하) 27번]

그림과 같이 두 점 $F(c, 0)$, $F'(-c, 0)$ $(c>0)$을 초점으로 하는 쌍곡선 $\dfrac{x^2}{4}-\dfrac{y^2}{b^2}=1$이 있다. 점 F를 지나고 x축에 수직인 직선이 쌍곡선과 제1사분면에서 만나는 점을 P라 하고, 직선 PF 위에 $\overline{QP}:\overline{PF}=5:3$이 되도록 점 Q를 잡는다. 직선 $F'Q$가 y축과 만나는 점을 R라 할 때, $\overline{QP}=\overline{QR}$이다. b^2의 값은?

(단, b는 상수이고, 점 Q는 제1사분면 위의 점이다.)

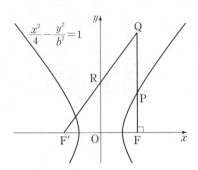

① $\dfrac{1}{2}+2\sqrt{5}$ ② $1+2\sqrt{5}$ ③ $\dfrac{3}{2}+2\sqrt{5}$

④ $2+2\sqrt{5}$ ⑤ $\dfrac{5}{2}+2\sqrt{5}$

26

[2020학년도 6월 **평가원** 가형 13번]

그림과 같이 두 초점이 $F(c, 0)$, $F'(-c, 0)$ $(c>0)$이고 주축의 길이가 2인 쌍곡선이 있다. 점 F를 지나고 x축에 수직인 직선이 쌍곡선과 제1사분면에서 만나는 점을 A, 점 F'을 지나고 x축에 수직인 직선이 쌍곡선과 제2사분면에서 만나는 점을 B라 하자. 사각형 $ABF'F$가 정사각형일 때, 정사각형 $ABF'F$의 대각선의 길이는?

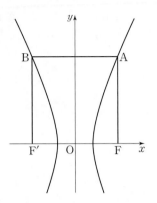

① $3+2\sqrt{2}$ ② $5+\sqrt{2}$ ③ $4+2\sqrt{2}$

④ $6+\sqrt{2}$ ⑤ $5+2\sqrt{2}$

27

[2019학년도 6월 **평가원** 가형 5번]

쌍곡선 $\dfrac{x^2}{a^2} - \dfrac{y^2}{36} = 1$의 두 초점 사이의 거리가 $6\sqrt{6}$일 때, a^2의 값은? (단, a는 상수이다.)

① 14   ② 16   ③ 18

④ 20   ⑤ 22

28

[2018학년도 9월 **평가원** 가형 9번]

다음 조건을 만족시키는 쌍곡선의 주축의 길이는?

> ㈎ 두 초점의 좌표는 $(5, 0)$, $(-5, 0)$이다.
> ㈏ 두 점근선이 서로 수직이다.

① $2\sqrt{2}$ ② $3\sqrt{2}$ ③ $4\sqrt{2}$

④ $5\sqrt{2}$ ⑤ $6\sqrt{2}$

29

[2014학년도 6월 **평가원** B형 12번]

그림과 같이 쌍곡선 $\dfrac{4x^2}{9} - \dfrac{y^2}{40} = 1$의 두 초점은 F, F′이고, 점 F를 중심으로 하는 원 C는 쌍곡선과 한 점에서 만난다. 제 2 사분면에 있는 쌍곡선 위의 점 P에서 원 C에 접선을 그었을 때 접점을 Q라 하자. $\overline{PQ} = 12$일 때, 선분 PF′의 길이는?

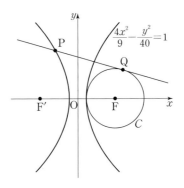

① 10   ② $\dfrac{21}{2}$ ③ 11

④ $\dfrac{23}{2}$ ⑤ 12

해설편 p. 17

30

[2018학년도 6월 **평가원** 가형 10번]

주축의 길이가 4인 쌍곡선 $\dfrac{x^2}{a^2}-\dfrac{y^2}{b^2}=1$의 점근선의 방정식이 $y=\pm\dfrac{5}{2}x$일 때, a^2+b^2의 값은? (단, a와 b는 상수이다.)

① 21   ② 23   ③ 25

④ 27   ⑤ 29

31

[2012학년도 6월 **평가원** 가형 13번]

원 $(x-4)^2+y^2=r^2$과 쌍곡선 $x^2-2y^2=1$이 서로 다른 세 점에서 만나기 위한 양수 r의 최댓값은?

① 4   ② 5   ③ 6

④ 7   ⑤ 8

A-04 이차곡선의 활용

32

[2025학년도 6월 **평가원**(기하) 27번]

그림과 같이 직사각형 ABCD의 네 변의 중점 P, Q, R, S를 꼭짓점으로 하는 타원의 두 초점을 F, F′이라 하자. 점 F를 초점, 직선 AB를 준선으로 하는 포물선이 세 점 F′, Q, S를 지난다. 직사각형 ABCD의 넓이가 $32\sqrt{2}$일 때, 선분 FF′의 길이는?

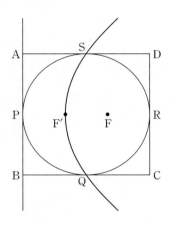

① $\dfrac{7}{6}\sqrt{3}$ ② $\dfrac{4}{3}\sqrt{3}$ ③ $\dfrac{3}{2}\sqrt{3}$

④ $\dfrac{5}{3}\sqrt{3}$ ⑤ $\dfrac{11}{6}\sqrt{3}$

33

[2024학년도 6월 평가원(기하) 27번]

포물선 $(y-2)^2=8(x+2)$ 위의 점 P와 점 A$(0, 2)$에 대하여 $\overline{\text{OP}}+\overline{\text{PA}}$의 값이 최소가 되도록 하는 점 P를 P_0이라 하자. $\overline{\text{OQ}}+\overline{\text{QA}}=\overline{\text{OP}_0}+\overline{\text{P}_0\text{A}}$를 만족시키는 점 Q에 대하여 점 Q의 y좌표의 최댓값과 최솟값을 각각 M, m이라 할 때, M^2+m^2의 값은? (단, O는 원점이다.)

① 8   ② 9   ③ 10

④ 11   ⑤ 12

34

[2015학년도 9월 평가원 B형 25번]

1보다 큰 실수 a에 대하여 타원 $x^2+\dfrac{y^2}{a^2}=1$의 두 초점과 쌍곡선 $x^2-y^2=1$의 두 초점을 꼭짓점으로 하는 사각형의 넓이가 12일 때, a^2의 값을 구하시오.

35

[2013학년도 6월 평가원 가형 5번]

쌍곡선 $\dfrac{x^2}{a^2}-\dfrac{y^2}{9}=1$의 두 꼭짓점은 타원 $\dfrac{x^2}{13}+\dfrac{y^2}{b^2}=1$의 두 초점이다. a^2+b^2의 값은?

① 10   ② 11   ③ 12

④ 13   ⑤ 14

해설편 p. 20

36

[2011학년도 9월 **평가원** 가형 20번]

좌표평면에서 두 점 A(5, 0), B(−5, 0)에 대하여 장축이 선분 AB인 타원의 두 초점을 F, F′이라 하자. 초점이 F이고 꼭짓점이 원점인 포물선이 타원과 만나는 두 점을 각각 P, Q라 하자. $\overline{PQ}=2\sqrt{10}$일 때, 두 선분 PF와 PF′의 길이의 곱 $\overline{PF}\times\overline{PF'}$의 값은 $\dfrac{q}{p}$이다. $p+q$의 값을 구하시오.

(단, p와 q는 서로소인 자연수이다.)

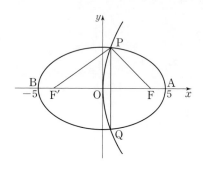

B-05 포물선의 접선의 방정식

37

[2025학년도 9월 **평가원**(기하) 26번]

좌표평면에서 점 (1, 0)을 중심으로 하고 반지름의 길이가 6인 원을 C라 하자. 포물선 $y^2=4x$ 위의 점 $(n^2, 2n)$에서의 접선이 원 C와 만나도록 하는 자연수 n의 개수는?

① 1   ② 3   ③ 5

④ 7   ⑤ 9

38

[2016학년도 **수능** B형 9번]

포물선 $y^2=4x$ 위의 점 $A(4, 4)$에서의 접선을 l이라 하자. 직선 l과 포물선의 준선이 만나는 점을 B, 직선 l과 x축이 만나는 점을 C, 포물선의 준선과 x축이 만나는 점을 D라 하자. 삼각형 BCD의 넓이는?

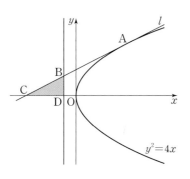

① $\dfrac{7}{4}$ ② 2 ③ $\dfrac{9}{4}$

④ $\dfrac{5}{2}$ ⑤ $\dfrac{11}{4}$

39

[2016학년도 9월 **평가원** B형 12번]

그림과 같이 초점이 F인 포물선 $y^2=4x$ 위의 한 점 P에서의 접선이 x축과 만나는 점의 x좌표가 -2이다. $\cos(\angle PFO)$의 값은? (단, O는 원점이다.)

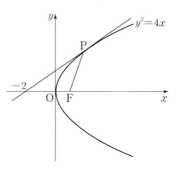

① $-\dfrac{5}{12}$ ② $-\dfrac{1}{3}$ ③ $-\dfrac{1}{4}$

④ $-\dfrac{1}{6}$ ⑤ $-\dfrac{1}{12}$

해설편 p. 24

40

[2016학년도 6월 **평가원** B형 24번]

포물선 $y^2=20x$에 접하고 기울기가 $\dfrac{1}{2}$인 직선의 y절편을 구하시오.

41

[2015학년도 9월 **평가원** B형 11번]

자연수 n에 대하여 직선 $y=nx+(n+1)$이 꼭짓점의 좌표가 $(0,\,0)$이고 초점이 $(a_n,\,0)$인 포물선에 접할 때, $\displaystyle\sum_{n=1}^{5}a_n$의 값은?

① 70　　　　② 72　　　　③ 74

④ 76　　　　⑤ 78

42

[2014학년도 **수능** B형 8번]

좌표평면에서 포물선 $y^2=8x$에 접하는 두 직선 l_1, l_2의 기울기가 각각 m_1, m_2이다. m_1, m_2가 방정식 $2x^2-3x+1=0$의 서로 다른 두 근일 때, l_1과 l_2의 교점의 x좌표는?

① 1　　　　② 2　　　　③ 3

④ 4　　　　⑤ 5

B-06 타원의 접선의 방정식

43

자연수 n $(n \geq 2)$에 대하여 직선 $x = \dfrac{1}{n}$이 두 타원

$$C_1 : \dfrac{x^2}{2} + y^2 = 1, \quad C_2 : 2x^2 + \dfrac{y^2}{2} = 1$$

과 만나는 제1사분면 위의 점을 각각 P, Q라 하자. 타원 C_1 위의 점 P에서의 접선의 x절편을 α, 타원 C_2 위의 점 Q에서의 접선의 x절편을 β라 할 때, $6 \leq \alpha - \beta \leq 15$가 되도록 하는 모든 n의 개수는?

① 7   ② 9   ③ 11

④ 13   ⑤ 15

44

타원 $\dfrac{x^2}{18} + \dfrac{y^2}{b^2} = 1$ 위의 점 $(3, \sqrt{5})$에서의 접선의 y절편은? (단, b는 양수이다.)

① $\dfrac{3}{2}\sqrt{5}$ ② $2\sqrt{5}$ ③ $\dfrac{5}{2}\sqrt{5}$

④ $3\sqrt{5}$ ⑤ $\dfrac{7}{2}\sqrt{5}$

45

타원 $\dfrac{x^2}{a^2} + \dfrac{y^2}{6} = 1$ 위의 점 $(\sqrt{3}, -2)$에서의 접선의 기울기는? (단, a는 양수이다.)

① $\sqrt{3}$ ② $\dfrac{\sqrt{3}}{2}$ ③ $\dfrac{\sqrt{3}}{3}$

④ $\dfrac{\sqrt{3}}{4}$ ⑤ $\dfrac{\sqrt{3}}{5}$

해설편 p. 26

46

타원 $\dfrac{x^2}{a^2}+\dfrac{y^2}{b^2}=1$ 위의 점 $(2, 1)$에서의 접선의 기울기가

$-\dfrac{1}{2}$일 때, 이 타원의 두 초점 사이의 거리는?

(단, a, b는 양수이다.)

① $2\sqrt{3}$ ② 4 ③ $2\sqrt{5}$

④ $2\sqrt{6}$ ⑤ $2\sqrt{7}$

47

좌표평면에서 타원 $\dfrac{x^2}{3}+y^2=1$과 직선 $y=x-1$이 만나는 두 점을 A, C라 하자. 선분 AC가 사각형 ABCD의 대각선이 되도록 타원 위에 두 점 B, D를 잡을 때, 사각형 ABCD의 넓이의 최댓값은?

① 2 ② $\dfrac{9}{4}$ ③ $\dfrac{5}{2}$

④ $\dfrac{11}{4}$ ⑤ 3

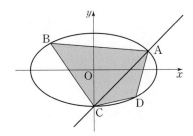

48

타원 $\dfrac{x^2}{8}+\dfrac{y^2}{4}=1$ 위의 점 $(2,\sqrt{2})$에서의 접선의 x절편은?

① 3   ② $\dfrac{13}{4}$ ③ $\dfrac{7}{2}$

④ $\dfrac{15}{4}$ ⑤ 4

B-07 쌍곡선의 접선의 방정식

50

쌍곡선 $\dfrac{x^2}{7}-\dfrac{y^2}{6}=1$ 위의 점 $(7,6)$에서의 접선의 x절편은?

① 1   ② 2   ③ 3

④ 4   ⑤ 5

49

좌표평면에서 타원 $x^2+3y^2=19$와 직선 l은 제1사분면 위의 한 점에서 접하고, 원점과 직선 l 사이의 거리는 $\dfrac{19}{5}$이다. 직선 l의 기울기는?

① $-\dfrac{2}{3}$ ② $-\dfrac{5}{6}$ ③ -1

④ $-\dfrac{7}{6}$ ⑤ $-\dfrac{4}{3}$

51

쌍곡선 $\dfrac{x^2}{a^2}-y^2=1$ 위의 점 $(2a,\sqrt{3})$에서의 접선이 직선 $y=-\sqrt{3}x+1$과 수직일 때, 상수 a의 값은?

① 1   ② 2   ③ 3

④ 4   ⑤ 5

52

[2022학년도 6월 **평가원**(기하) 27번]

그림과 같이 쌍곡선 $\dfrac{x^2}{a^2}-\dfrac{y^2}{b^2}=1$ 위의 점 $P(4,\ k)\ (k>0)$ 에서의 접선이 x축과 만나는 점을 Q, y축과 만나는 점을 R 라 하자. 점 $S(4,\ 0)$에 대하여 삼각형 QOR의 넓이를 A_1, 삼각형 PRS의 넓이를 A_2라 하자. $A_1:A_2=9:4$일 때, 이 쌍곡선의 주축의 길이는?

(단, O는 원점이고, a와 b는 상수이다.)

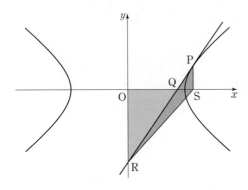

① $2\sqrt{10}$ ② $2\sqrt{11}$ ③ $4\sqrt{3}$
④ $2\sqrt{13}$ ⑤ $2\sqrt{14}$

53

[2015학년도 6월 **평가원** B형 12번]

쌍곡선 $\dfrac{x^2}{8}-y^2=1$ 위의 점 $A(4,\ 1)$에서의 접선이 x축과 만나는 점을 B라 하자. 이 쌍곡선의 두 초점 중 x좌표가 양수인 점을 F라 할 때, 삼각형 FAB의 넓이는?

① $\dfrac{5}{12}$ ② $\dfrac{1}{2}$ ③ $\dfrac{7}{12}$
④ $\dfrac{2}{3}$ ⑤ $\dfrac{3}{4}$

54

[2013학년도 **수능** 가형 6번]

쌍곡선 $x^2-4y^2=a$ 위의 점 $(b,\ 1)$에서의 접선이 쌍곡선의 한 점근선과 수직이다. $a+b$의 값은? (단, a, b는 양수이다.)

① 68   ② 77   ③ 86
④ 95   ⑤ 104

55

[2011학년도 9월 **평가원** 가형 4번]

좌표평면 위의 점 $(-1, 0)$에서 쌍곡선 $x^2-y^2=2$에 그은 접선의 방정식을 $y=mx+n$이라 할 때, m^2+n^2의 값은?

(단, m, n은 상수이다.)

① $\dfrac{5}{2}$　　　　② 3　　　　③ $\dfrac{7}{2}$

④ 4　　　　⑤ $\dfrac{9}{2}$

56

[2009학년도 9월 **평가원** 가형 20번]

쌍곡선 $x^2-y^2=32$ 위의 점 $P(-6, 2)$에서의 접선 l에 대하여 원점 O에서 l에 내린 수선의 발을 H, 직선 OH와 이 쌍곡선이 제1사분면에서 만나는 점을 Q라 하자. 두 선분 OH와 OQ의 길이의 곱 $\overline{OH}\times\overline{OQ}$를 구하시오.

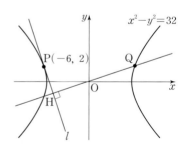

57

[2008학년도 9월 **평가원** 가형 9번]

쌍곡선 $x^2-y^2=1$에 대한 옳은 설명을 **보기**에서 모두 고른 것은?

┌ **보기** ┐

ㄱ. 점근선의 방정식은 $y=x$, $y=-x$이다.

ㄴ. 쌍곡선 위의 점에서 그은 접선 중 점근선과 평행한 접선이 존재한다.

ㄷ. 포물선 $y^2=4px\,(p\neq0)$는 쌍곡선과 항상 두 점에서 만난다.

① ㄱ　　　　② ㄴ　　　　③ ㄱ, ㄷ

④ ㄴ, ㄷ　　　　⑤ ㄱ, ㄴ, ㄷ

58

[2006학년도 9월 **평가원** 가형 5번]

직선 $y=3x+5$가 쌍곡선 $\dfrac{x^2}{a}-\dfrac{y^2}{2}=1$에 접할 때, 쌍곡선의 두 초점 사이의 거리는?

① $\sqrt{7}$　　　　② $2\sqrt{3}$　　　　③ 4

④ $2\sqrt{5}$　　　　⑤ $4\sqrt{3}$

59

[2005학년도 **예비평가** 가형 10번]

점 $(0, 3)$을 지나고 기울기가 m인 직선이 쌍곡선 $3x^2-y^2+6y=0$과 만나지 않는 m의 범위는?

① $m\leq -3$ 또는 $m\geq 3$
② $m\leq -3$ 또는 $m\geq \sqrt{3}$
③ $m\leq -\sqrt{3}$ 또는 $m\geq \sqrt{3}$
④ $-\sqrt{3}\leq m\leq \sqrt{3}$
⑤ $-3\leq m\leq 3$

60

[2001학년도 **수능** 자연계 6번]

쌍곡선 $\dfrac{x^2}{2}-y^2=1$ 위의 점 $(2, 1)$에서의 접선이 y축과 만나는 점의 y좌표는?

① -2 ② -1 ③ 0
④ 2 ⑤ 3

A 이차곡선 – 포물선

61

[2023학년도 9월 **평가원**(기하) 28번]

실수 p $(p\geq 1)$과 함수 $f(x)=(x+a)^2$에 대하여 두 포물선

$$C_1: y^2=4x, \quad C_2: (y-3)^2=4p\{x-f(p)\}$$

가 제1사분면에서 만나는 점을 A라 하자. 두 포물선 C_1, C_2의 초점을 각각 F_1, F_2라 할 때, $\overline{AF_1}=\overline{AF_2}$를 만족시키는 p가 오직 하나가 되도록 하는 상수 a의 값은?

① $-\dfrac{3}{4}$ ② $-\dfrac{5}{8}$ ③ $-\dfrac{1}{2}$

④ $-\dfrac{3}{8}$ ⑤ $-\dfrac{1}{4}$

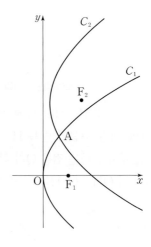

초점이 F인 포물선 $y^2=8x$ 위의 점 중 제1사분면에 있는 점 P를 지나고 x축과 평행한 직선이 포물선 $y^2=8x$의 준선과 만나는 점을 F′이라 하자. 점 F′을 초점, 점 P를 꼭짓점으로 하는 포물선이 포물선 $y^2=8x$와 만나는 점 중 P가 아닌 점을 Q라 하자. 사각형 PF′QF의 둘레의 길이가 12일 때, 삼각형 PF′Q의 넓이는 $\dfrac{q}{p}\sqrt{2}$이다. $p+q$의 값을 구하시오.

(단, 점 P의 x좌표는 2보다 작고, p와 q는 서로소인 자연수이다.)

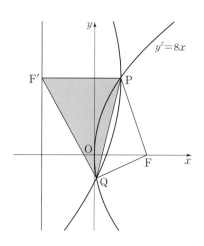

두 양수 a, p에 대하여 포물선 $(y-a)^2=4px$의 초점을 F_1이라 하고, 포물선 $y^2=-4x$의 초점을 F_2라 하자.

선분 F_1F_2가 두 포물선과 만나는 점을 각각 P, Q라 할 때, $\overline{F_1F_2}=3$, $\overline{PQ}=1$이다. a^2+p^2의 값은?

① 6
② $\dfrac{25}{4}$
③ $\dfrac{13}{2}$
④ $\dfrac{27}{4}$
⑤ 7

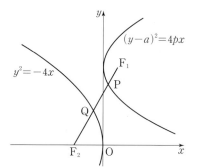

64
[2022학년도 6월 평가원(기하) 29번]

포물선 $y^2=8x$와 직선 $y=2x-4$가 만나는 점 중 제1사분면 위에 있는 점을 A라 하자. 양수 a에 대하여 포물선 $(y-2a)^2=8(x-a)$가 점 A를 지날 때, 직선 $y=2x-4$와 포물선 $(y-2a)^2=8(x-a)$가 만나는 점 중 A가 아닌 점을 B라 하자. 두 점 A, B에서 직선 $x=-2$에 내린 수선의 발을 각각 C, D라 할 때, $\overline{AC}+\overline{BD}-\overline{AB}=k$이다. k^2의 값을 구하시오.

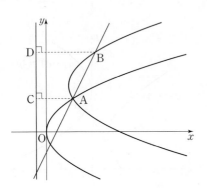

65
[2022학년도 예시문항(기하) 29번]

그림과 같이 꼭짓점이 원점 O이고 초점이 $F(p, 0)$ $(p>0)$인 포물선이 있다. 포물선 위의 점 P, x축 위의 점 Q, 직선 $x=p$ 위의 점 R에 대하여 삼각형 PQR는 정삼각형이고 직선 PR는 x축과 평행하다. 직선 PQ가 점 $S(-p, \sqrt{21})$을 지날 때, $\overline{QF}=\dfrac{a+b\sqrt{7}}{6}$이다. $a+b$의 값을 구하시오.

(단, a와 b는 정수이고, 점 P는 제1사분면 위의 점이다.)

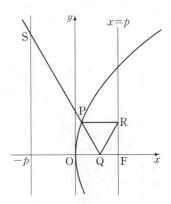

66
[2020학년도 9월 평가원 가형 27번]

초점이 F인 포물선 $y^2=4x$ 위에 서로 다른 두 점 A, B가 있다. 두 점 A, B의 x좌표는 1보다 큰 자연수이고 삼각형 AFB의 무게중심의 x좌표가 6일 때, $\overline{AF}\times\overline{BF}$의 최댓값을 구하시오.

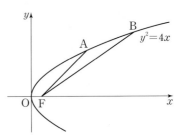

67

[2014학년도 **예비시행** B형 27번]

포물선 $y^2=4px\,(p>0)$의 초점을 F, 포물선의 준선이 x축
과 만나는 점을 A라 하자. 포물선 위의 점 B에 대하여
$\overline{AB}=7$이고 $\overline{BF}=5$가 되도록 하는 p의 값이 a 또는 b일 때,
a^2+b^2의 값을 구하시오. (단, $a\neq b$)

68

[2015학년도 6월 **평가원** B형 28번]

좌표평면에서 포물선 $C_1 : x^2=4y$의 초점을 F_1, 포물선
$C_2 : y^2=8x$의 초점을 F_2라 하자. 점 P는 다음 조건을 만족
시킨다.

> (가) 중심이 C_1 위에 있고 점 F_1을 지나는 원과 중심이 C_2 위
> 에 있고 점 F_2를 지나는 원의 교점이다.
> (나) 제3사분면에 있는 점이다.

원점 O에 대하여 $\overline{OP}^2$의 최댓값을 구하시오.

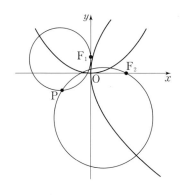

69

[2013학년도 **수능** 가형 18번]

자연수 n에 대하여 포물선 $y^2=\dfrac{x}{n}$의 초점 F를 지나는 직선
이 포물선과 만나는 두 점을 각각 P, Q라 하자. $\overline{PF}=1$이고
$\overline{FQ}=a_n$이라 할 때, $\displaystyle\sum_{n=1}^{10}\dfrac{1}{a_n}$의 값은?

① 210 ② 205 ③ 200
④ 195 ⑤ 190

70

[2013학년도 9월 **평가원** 가형 26번]

그림과 같이 좌표평면에서 꼭짓점이 원점 O이고 초점이 F인
포물선과 점 F를 지나고 기울기가 1인 직선이 만나는 두 점
을 각각 A, B라 하자. 선분 AF를 대각선으로 하는 정사각
형의 한 변의 길이가 2일 때, 선분 AB의 길이는 $a+b\sqrt{2}$이
다. a^2+b^2의 값을 구하시오. (단, a, b는 정수이다.)

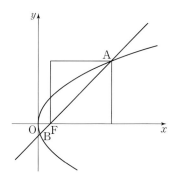

해설편 p. 42

71

[2013학년도 6월 **평가원** 가형 20번]

포물선 $y^2=4x$의 초점을 F, 준선이 x축과 만나는 점을 P, 점 P를 지나고 기울기가 양수인 직선 l이 포물선과 만나는 두 점을 각각 A, B라 하자. $\overline{FA} : \overline{FB}=1 : 2$일 때, 직선 l의 기울기는?

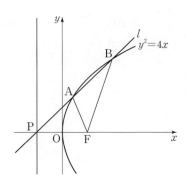

① $\dfrac{2\sqrt{6}}{7}$ ② $\dfrac{\sqrt{5}}{3}$ ③ $\dfrac{4}{5}$

④ $\dfrac{\sqrt{3}}{2}$ ⑤ $\dfrac{2\sqrt{2}}{3}$

72

[2012학년도 6월 **평가원** 가형 29번]

그림과 같이 한 변의 길이가 $2\sqrt{3}$인 정삼각형 OAB의 무게중심 G가 x축 위에 있다. 꼭짓점이 O이고 초점이 G인 포물선과 직선 GB가 제1사분면에서 만나는 점을 P라 할 때, 선분 GP의 길이를 구하시오. (단, O는 원점이다.)

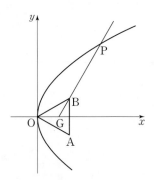

73

그림과 같이 좌표평면에서 x축 위의 두 점 A, B에 대하여 꼭짓점이 A인 포물선 p_1과 꼭짓점이 B인 포물선 p_2가 다음 조건을 만족시킨다. 이때 삼각형 ABC의 넓이는?

(가) p_1의 초점은 B이고, p_2의 초점은 원점 O이다.

(나) p_1과 p_2는 y축 위의 두 점 C, D에서 만난다.

(다) $\overline{AB} = 2$

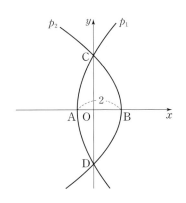

① $4(\sqrt{2}-1)$ ② $3(\sqrt{3}-1)$ ③ $2(\sqrt{5}-1)$
④ $\sqrt{3}+1$ ⑤ $\sqrt{5}+1$

A 이차곡선 – 타원

74

두 초점이 F, F′이고 장축의 길이가 $2a$인 타원이 있다. 이 타원의 한 꼭짓점을 중심으로 하고 반지름의 길이가 1인 원이 이 타원의 서로 다른 두 꼭짓점과 한 초점을 지날 때, 상수 a의 값은?

① $\dfrac{\sqrt{2}}{2}$ ② $\dfrac{\sqrt{6}-1}{2}$ ③ $\sqrt{3}-1$
④ $2\sqrt{2}-2$ ⑤ $\dfrac{\sqrt{3}}{2}$

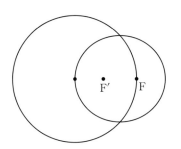

75

[2019학년도 **수능** 가형 28번]

두 초점이 F, F′인 타원 $\dfrac{x^2}{49}+\dfrac{y^2}{33}=1$이 있다.

원 $x^2+(y-3)^2=4$ 위의 점 P에 대하여 직선 F′P가 이 타원과 만나는 점 중 y좌표가 양수인 점을 Q라 하자. $\overline{PQ}+\overline{FQ}$의 최댓값을 구하시오.

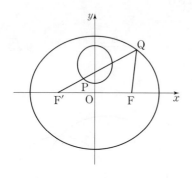

76

[2019학년도 9월 **평가원** 가형 27번]

좌표평면에서 두 점 A$(0, 3)$, B$(0, -3)$에 대하여 두 초점이 F, F′인 타원 $\dfrac{x^2}{16}+\dfrac{y^2}{7}=1$ 위의 점 P가 $\overline{AP}=\overline{PF}$를 만족시킨다. 사각형 AF′BP의 둘레의 길이가 $a+b\sqrt{2}$일 때, $a+b$의 값을 구하시오.

（단, $\overline{PF}<\overline{PF'}$이고 a, b는 자연수이다.）

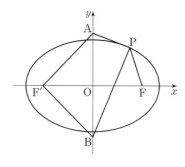

77

[2018학년도 9월 **평가원** 가형 27번]

좌표평면에서 초점이 A$(a, 0)$ $(a>0)$이고 꼭짓점이 원점인 포물선과 두 초점이 F$(c, 0)$, F′$(-c, 0)$ $(c>a)$인 타원의 교점 중 제1사분면 위의 점을 P라 하자.

$$\overline{AF}=2, \quad \overline{PA}=\overline{PF}, \quad \overline{FF'}=\overline{PF'}$$

일 때, 타원의 장축의 길이는 $p+q\sqrt{7}$이다. p^2+q^2의 값을 구하시오. （단, p, q는 유리수이다.）

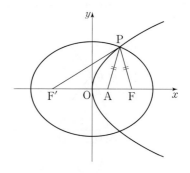

78

[2017학년도 9월 **평가원** 가형 27번]

그림과 같이 타원 $\dfrac{x^2}{36}+\dfrac{y^2}{27}=1$의 두 초점은 F, F′이고,

제1사분면에 있는 두 점 P, Q는 다음 조건을 만족시킨다.

> (가) $\overline{PF}=2$
> (나) 점 Q는 직선 PF′과 타원의 교점이다.

삼각형 PFQ의 둘레의 길이와 삼각형 PF′F의 둘레의 길이의 합을 구하시오.

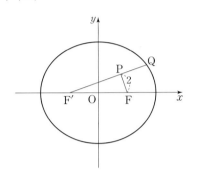

79

[2017학년도 6월 **평가원** 가형 26번]

타원 $4x^2+9y^2-18y-27=0$의 한 초점의 좌표가 $(p,\ q)$일 때, p^2+q^2의 값을 구하시오.

80

[2016학년도 **수능** B형 26번]

그림과 같이 두 초점이 F$(c,\ 0)$, F′$(-c,\ 0)$인 타원 $\dfrac{x^2}{a^2}+\dfrac{y^2}{b^2}=1$이 있다. 타원 위에 있고 제2사분면에 있는 점 P에 대하여 선분 PF′의 중점을 Q, 선분 PF를 $1:3$으로 내분하는 점을 R라 하자. $\angle PQR=\dfrac{\pi}{2}$, $\overline{QR}=\sqrt{5}$, $\overline{RF}=9$ 일 때, a^2+b^2의 값을 구하시오. (단, a, b, c는 양수이다.)

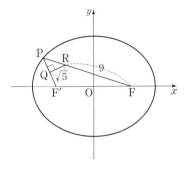

81

[2015학년도 **수능** B형 27번]

타원 $\dfrac{x^2}{9}+\dfrac{y^2}{4}=1$의 두 초점 중 x좌표가 양수인 점을 F, 음수인 점을 F′이라 하자. 이 타원 위의 점 P를 $\angle FPF'=\dfrac{\pi}{2}$가 되도록 제1사분면에서 잡고, 선분 FP의 연장선 위에 y좌표가 양수인 점 Q를 $\overline{FQ}=6$이 되도록 잡는다. 삼각형 QF′F의 넓이를 구하시오.

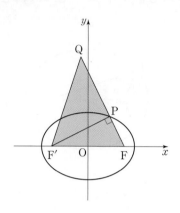

82

[2015학년도 6월 **평가원** B형 17번]

그림과 같이 두 초점 F, F′이 x축 위에 있는 타원 $\dfrac{x^2}{49}+\dfrac{y^2}{a}=1$ 위의 점 P가 $\overline{FP}=9$를 만족시킨다. 점 F에서 선분 PF′에 내린 수선의 발 H에 대하여 $\overline{FH}=6\sqrt{2}$일 때, 상수 a의 값은?

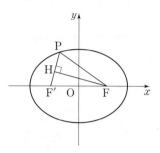

① 29 　　② 30 　　③ 31

④ 32 　　⑤ 33

83

[2014학년도 **수능** B형 27번]

그림과 같이 y축 위의 점 A$(0,\,a)$와 두 점 F, F′을 초점으로 하는 타원 $\dfrac{x^2}{25}+\dfrac{y^2}{9}=1$ 위를 움직이는 점 P가 있다. $\overline{AP}-\overline{FP}$의 최솟값이 1일 때, a^2의 값을 구하시오.

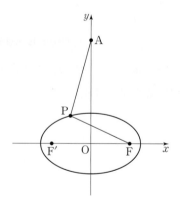

84

두 점 $F(5, 0)$, $F'(-5, 0)$을 초점으로 하는 타원 위의 서로 다른 두 점 P, Q에 대하여 원점 O에서 선분 PF와 선분 QF'에 내린 수선의 발을 각각 H와 I라 하자. 점 H와 점 I가 각각 선분 PF와 선분 QF'의 중점이고, $\overline{OH} \times \overline{OI} = 10$일 때, 이 타원의 장축의 길이를 l이라 하자. l^2의 값을 구하시오.

(단, $\overline{OH} \neq \overline{OI}$)

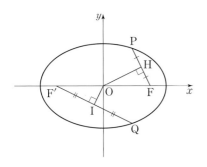

A 이차곡선 – 쌍곡선

85

두 초점이 $F(c, 0)$, $F'(-c, 0)$ $(c > 0)$인 쌍곡선 $x^2 - \dfrac{y^2}{35} = 1$이 있다. 이 쌍곡선 위에 있는 제1사분면 위의 점 P에 대하여 직선 PF' 위에 $\overline{PQ} = \overline{PF}$인 점 Q를 잡자. 삼각형 QF'F와 삼각형 FF'P가 서로 닮음일 때, 삼각형 PFQ의 넓이는 $\dfrac{q}{p}\sqrt{5}$이다. $p+q$의 값을 구하시오.

(단, $\overline{PF'} < \overline{QF'}$이고, p와 q는 서로소인 자연수이다.)

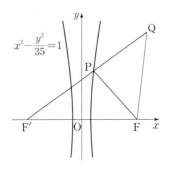

해설편 p. 57

86

[2025학년도 9월 **평가원**(기하) 29번]

그림과 같이 두 점 $F(4, 0)$, $F'(-4, 0)$을 초점으로 하는 쌍곡선 $C: \dfrac{x^2}{a^2} - \dfrac{y^2}{b^2} = 1$이 있다. 점 F를 초점으로 하고 y축을 준선으로 하는 포물선이 쌍곡선 C와 만나는 점 중 제1사분면 위의 점을 P라 하자. 점 P에서 y축에 내린 수선의 발을 H라 할 때, $\overline{PH} : \overline{HF} = 3 : 2\sqrt{2}$이다. $a^2 \times b^2$의 값을 구하시오.

(단, $a > b > 0$)

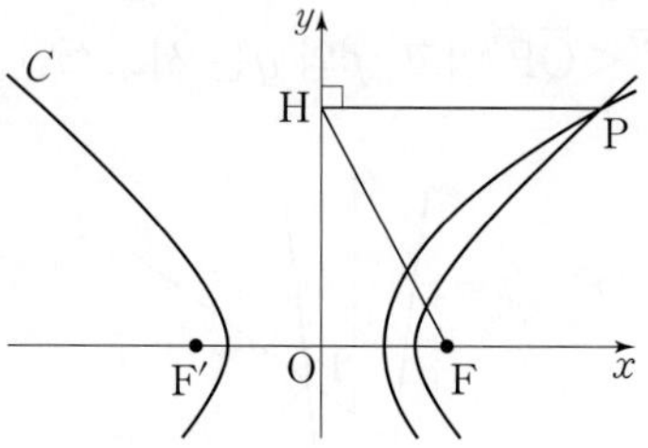

87

[2025학년도 6월 **평가원**(기하) 29번]

좌표평면에 곡선 $|y^2 - 1| = \dfrac{x^2}{a^2}$과 네 점 $A(0, c+1)$, $B(0, -c-1)$, $C(c, 0)$, $D(-c, 0)$이 있다. 곡선 위의 점 중 y좌표의 절댓값이 1보다 작거나 같은 모든 점 P에 대하여 $\overline{PC} + \overline{PD} = \sqrt{5}$이다. 곡선 위의 점 Q가 제1사분면에 있고 $\overline{AQ} = 10$일 때, 삼각형 ABQ의 둘레의 길이를 구하시오.

(단, a와 c는 양수이다.)

88

[2024학년도 **수능**(기하) 29번]

양수 c에 대하여 두 점 $F(c, 0)$, $F'(-c, 0)$을 초점으로 하고, 주축의 길이가 6인 쌍곡선이 있다. 이 쌍곡선 위에 다음 조건을 만족시키는 서로 다른 두 점 P, Q가 존재하도록 하는 모든 c의 값의 합을 구하시오.

(가) 점 P는 제1사분면 위에 있고,
　　점 Q는 직선 PF' 위에 있다.
(나) 삼각형 $PF'F$는 이등변삼각형이다.
(다) 삼각형 PQF의 둘레의 길이는 28이다.

89

[2024학년도 6월 **평가원**(기하) 29번]

두 점 $F(c, 0)$, $F'(-c, 0)(c>0)$을 초점으로 하는 두 쌍곡선

$$C_1 : x^2 - \frac{y^2}{24} = 1, \quad C_2 : \frac{x^2}{4} - \frac{y^2}{21} = 1$$

이 있다. 쌍곡선 C_1 위에 있는 제2사분면 위의 점 P에 대하여 선분 PF'이 쌍곡선 C_2와 만나는 점을 Q라 하자.
$\overline{PQ} + \overline{QF}$, $2\overline{PF'}$, $\overline{PF} + \overline{PF'}$이 이 순서대로 등차수열을 이룰 때, 직선 PQ의 기울기는 m이다. $60m$의 값을 구하시오.

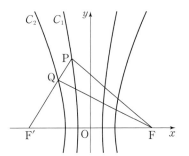

해설편 p. 61

90

[2023학년도 수능(기하) 28번]

두 초점이 $F(c, 0)$, $F'(-c, 0)$ $(c>0)$인 쌍곡선 C와 y축 위의 점 A가 있다. 쌍곡선 C가 선분 AF와 만나는 점을 P, 선분 AF'과 만나는 점을 P'이라 하자.

직선 AF는 쌍곡선 C의 한 점근선과 평행하고
$$\overline{AP} : \overline{PP'} = 5 : 6, \quad \overline{PF} = 1$$
일 때, 쌍곡선 C의 주축의 길이는?

① $\dfrac{13}{6}$ ② $\dfrac{9}{4}$ ③ $\dfrac{7}{3}$

④ $\dfrac{29}{12}$ ⑤ $\dfrac{5}{2}$

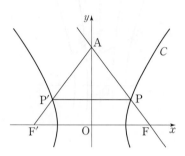

91

[2020학년도 수능 가형 17번]

평면에 한 변의 길이가 10인 정삼각형 ABC가 있다. $\overline{PB} - \overline{PC} = 2$를 만족시키는 점 P에 대하여 선분 PA의 길이가 최소일 때, 삼각형 PBC의 넓이는?

① $20\sqrt{3}$ ② $21\sqrt{3}$ ③ $22\sqrt{3}$

④ $23\sqrt{3}$ ⑤ $24\sqrt{3}$

92

[2018학년도 수능 가형 27번]

그림과 같이 두 초점이 F, F'인 쌍곡선 $\dfrac{x^2}{8} - \dfrac{y^2}{17} = 1$ 위의 점 P에 대하여 직선 FP와 직선 $F'P$에 동시에 접하고 중심이 y축 위에 있는 원 C가 있다. 직선 $F'P$와 원 C의 접점 Q에 대하여 $\overline{F'Q} = 5\sqrt{2}$일 때, $\overline{FP}^2 + \overline{F'P}^2$의 값을 구하시오.

(단, $\overline{F'P} < \overline{FP}$)

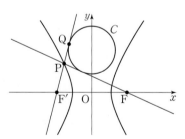

93

[2023학년도 6월 **평가원**(기하) 28번]

좌표평면에서 직선 $y=2x-3$ 위를 움직이는 점 P가 있다. 두 점 $A(c, 0)$, $B(-c, 0)$ $(c>0)$에 대하여 $\overline{PB}-\overline{PA}$의 값이 최대가 되도록 하는 점 P의 좌표가 $(3, 3)$일 때, 상수 c의 값은?

① $\dfrac{3\sqrt{6}}{2}$ ② $\dfrac{3\sqrt{7}}{2}$ ③ $3\sqrt{2}$

④ $\dfrac{9}{2}$ ⑤ $\dfrac{3\sqrt{10}}{2}$

94

[2022학년도 9월 **평가원**(기하) 28번]

그림과 같이 두 점 $F(c, 0)$, $F'(-c, 0)$ $(c>0)$을 초점으로 하는 타원 $\dfrac{x^2}{16}+\dfrac{y^2}{12}=1$ 위의 점 $P(2, 3)$에서 타원에 접하는 직선을 l이라 하자. 점 F를 지나고 l과 평행한 직선이 타원과 만나는 점 중 제2사분면 위에 있는 점을 Q라 하자. 두 직선 $F'Q$와 l이 만나는 점을 R, l과 x축이 만나는 점을 S라 할 때, 삼각형 SRF'의 둘레의 길이는?

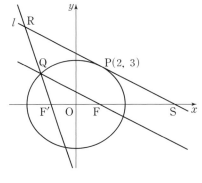

① 30 ② 31 ③ 32
④ 33 ⑤ 34

해설편 p. 65

95

[2017학년도 **수능** 가형 19번]

두 양수 k, p에 대하여 점 $A(-k, 0)$에서 포물선 $y^2 = 4px$에 그은 두 접선이 y축과 만나는 두 점을 각각 F, F', 포물선과 만나는 두 점을 각각 P, Q라 할 때, $\angle PAQ = \dfrac{\pi}{3}$이다.
두 점 F, F'을 초점으로 하고 두 점 P, Q를 지나는 타원의 장축의 길이가 $4\sqrt{3} + 12$일 때, $k + p$의 값은?

① 8   ② 10   ③ 12

④ 14   ⑤ 16

96

[2014학년도 9월 **평가원** B형 26번]

그림과 같이 두 초점이 $F(3, 0)$, $F'(-3, 0)$인 쌍곡선 $\dfrac{x^2}{a^2} - \dfrac{y^2}{b^2} = 1$ 위의 점 $P(4, k)$에서의 접선과 x축과의 교점이 선분 $F'F$를 $2 : 1$로 내분할 때, k^2의 값을 구하시오.

(단, a, b는 상수이다.)

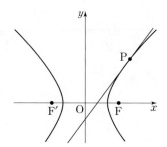

97

직선 $y=2$ 위의 점 P에서 타원 $x^2+\dfrac{y^2}{2}=1$에 그은 두 접선의 기울기의 곱이 $\dfrac{1}{3}$이다. 점 P의 x좌표를 k라 할 때, k^2의 값은?

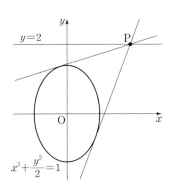

① 6   ② 7   ③ 8

④ 9   ⑤ 10

98

좌표평면에서 포물선 $y^2=16x$ 위의 점 A에 대하여 점 B는 다음 조건을 만족시킨다.

> (가) 점 A가 원점이면 점 B도 원점이다.
> (나) 점 A가 원점이 아니면 점 B는 점 A, 원점 그리고 점 A 에서의 접선이 y축과 만나는 점을 세 꼭짓점으로 하는 삼각형의 무게중심이다.

점 A가 포물선 $y^2=16x$ 위를 움직일 때 점 B가 나타내는 곡선을 C라 하자. 점 $(3,\ 0)$을 지나는 직선이 곡선 C와 두 점 P, Q에서 만나고 $\overline{\mathrm{PQ}}=20$일 때, 두 점 P, Q의 x좌표의 값의 합을 구하시오.

99

포물선 $y^2=nx$의 초점과 포물선 위의 점 $(n,\ n)$에서의 접선 사이의 거리를 d라 하자. $d^2\ge40$을 만족시키는 자연수 n의 최솟값을 구하시오.

해설편 p. 68

100

[2012학년도 9월 **평가원** 가형 26번]

쌍곡선 $\dfrac{x^2}{12}-\dfrac{y^2}{8}=1$ 위의 점 $(a,\ b)$에서의 접선이 타원

$\dfrac{(x-2)^2}{4}+y^2=1$의 넓이를 이등분할 때, a^2+b^2의 값을 구

하시오.

101

[2012학년도 6월 **평가원** 가형 28번]

점 $(0,\ 2)$에서 타원 $\dfrac{x^2}{8}+\dfrac{y^2}{2}=1$에 그은 두 접선의 접점을

각각 P, Q라 하고, 타원의 두 초점 중 하나를 F라 할 때, 삼

각형 PFQ의 둘레의 길이는 $a\sqrt{2}+b$이다. a^2+b^2의 값을 구

하시오. (단, $a,\ b$는 유리수이다.)

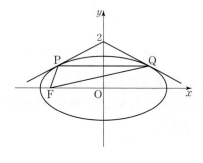

1등급 완성

4점 기출

102

[2024학년도 9월 **평가원**(기하) 29번]

한 초점이 $\mathrm{F}(c,\ 0)$ $(c>0)$인 타원 $\dfrac{x^2}{9}+\dfrac{y^2}{5}=1$과 중심의

좌표가 $(2,\ 3)$이고 반지름의 길이가 r인 원이 있다. 타원 위

의 점 P와 원 위의 점 Q에 대하여 $\overline{\mathrm{PQ}}-\overline{\mathrm{PF}}$의 최솟값이 6

일 때, r의 값을 구하시오.

103

[2020학년도 9월 평가원 가형 21번]

좌표평면에서 두 점 $A(-2, 0)$, $B(2, 0)$에 대하여 다음 조건을 만족시키는 직사각형의 넓이의 최댓값은?

> 직사각형 위를 움직이는 점 P에 대하여 $\overline{PA}+\overline{PB}$의 값은 점 P의 좌표가 $(0, 6)$일 때 최대이고 $\left(\dfrac{5}{2}, \dfrac{3}{2}\right)$일 때 최소이다.

① $\dfrac{200}{19}$ ② $\dfrac{210}{19}$ ③ $\dfrac{220}{19}$

④ $\dfrac{230}{19}$ ⑤ $\dfrac{240}{19}$

104

[2019학년도 6월 평가원 가형 19번]

0이 아닌 실수 p에 대하여 좌표평면 위의 두 포물선 $x^2=2y$ 와 $\left(y+\dfrac{1}{2}\right)^2=4px$에 동시에 접하는 직선의 개수를 $f(p)$라 하자. $\lim\limits_{p \to k+} f(p) > f(k)$를 만족시키는 실수 k의 값은?

① $-\dfrac{\sqrt{3}}{3}$ ② $-\dfrac{2\sqrt{3}}{9}$ ③ $-\dfrac{\sqrt{3}}{9}$

④ $\dfrac{2\sqrt{3}}{9}$ ⑤ $\dfrac{\sqrt{3}}{3}$

해설편 p. 72

반복

100번 반복하는 것보다 101번 반복하는 것이 낫다.

- 탈무드

성공은 하루하루 반복해서 쏟는 작은 노력들의 총합이다.

- 호버트 클리어

반복해서 할 때 그것은 나의 것이 된다. 우수함은 행위가 아니라 습관이다.

- 윌 듀란트

석공은 큰 돌을 깨기 위해 똑같은 자리를 백 번 정도 두드립니다. 그러나 돌은 갈라질 기미가 보이지 않습니다. 그런데 석공이 백한 번째 망치로 내리치는 순간, 돌은 갑자기 두 조각으로 갈라집니다. 마지막 한 번 더 두드렸던 반복의 힘이 결과를 만든 것입니다. 백 번보다 백한 번 반복해 봅시다.

평면벡터

5개년 수능 분석을 통해 2026 수능을 예측하고 전략적으로 공략한다!

최근 5개년 단원별 출제 경향을 개념별로 분석하여 수능 출제 빈도가 높은 핵심 개념과 출제 의도를 파악하고 그에 따른 대표 기출 유형을 정리하였습니다. 이를 바탕으로 개념별 출제가 예상되는 유형을 예측하고, 그 공략법을 유형별로 구분하여 상세히 제시하였습니다.

1 5개년 기출 분석

기하 과목의 경우, 2021학년도 수능에서는 출제 과목이 아니었고, 2022학년도 신수능에서 수능 선택과목으로 지정됨에 따라 2020학년도~2025학년도 기출 분석 자료를 탑재하였습니다.

	2020학년도	2022학년도	2023학년도	2024학년도	2025학년도
C 벡터의 크기와 연산	●	●	●●	●● ●	●
D 평면벡터의 성분과 내적	●● ●●	●●● ●	● ●●	●● ●	●● ●●
E 직선과 원의 방정식	●	● ●	●	●	●

5개년 기출 데이터

● 6월 모평 출제
● 9월 모평 출제
● 수능 출제

위의 ● ● ●의 개수는 6월 모평, 9월 모평, 수능 출제 문항 수입니다.

C 벡터의 크기와 연산 벡터의 크기의 정의, 벡터의 덧셈과 뺄셈, 벡터의 실수배, 벡터의 평행 등 기본 개념을 정확히 알고 있어야 문제에 적용이 가능하다. 특히, 도형에서 벡터의 덧셈과 뺄셈, 벡터의 실수배 등을 이용하는 문제가 출제된다.

D 평면벡터의 성분과 내적 벡터의 연산과 내적의 성질을 이용하는 문제, 성분이 주어진 벡터의 내적을 계산하는 문제, 성분이 주어진 벡터의 평행 또는 수직 조건을 주고 미지수의 값을 구하는 문제가 자주 출제된다. 또, 점의 위치벡터를 구할 때는 선분의 내분점과 외분점, 각의 이등분선의 성질, 삼각형의 무게중심 등의 내용을 알고 있어야 문제를 해결할 수 있다.

E 직선과 원의 방정식 한 점과 방향벡터가 주어진 직선의 방정식, 두 점을 지나는 직선의 방정식, 한 점과 법선벡터가 주어진 직선의 방정식, 벡터를 이용한 원의 방정식은 자주 출제되지는 않지만, 앞에서 배운 벡터의 기본적인 성질을 모두 알고 있어야 해결할 수 있다. 또, 두 직선이 이루는 각의 크기를 구하는 문제와 두 직선이 이루는 각의 크기를 이용하여 두 직선이 평행 또는 수직이 되도록 하는 미지수의 값을 구하는 문제가 출제된다.

예상 문제	공략법
❶ 평면벡터의 연산에 대한 문제	성분이 주어진 평면벡터의 합, 차, 실수배는 벡터의 x성분은 x성분끼리, y성분은 y성분끼리 계산한다. 이때 점의 좌표로 주어지면 각 벡터의 성분을 구하여 또 다른 벡터의 성분이나 크기를 구해야 하므로 계산 실수 없이 빠르게 문제를 해결할 수 있도록 많은 연습을 해 둔다.
❷ 평면벡터의 내적에 대한 문제	두 평면벡터의 내적은 벡터의 성분을 이용하거나, 두 벡터의 시점을 일치시킨 후 벡터의 크기와 두 벡터가 이루는 각의 크기를 이용하여 구할 수 있다. 주어진 조건에 맞게 적절하게 변형하여 내적을 구하는 연습을 하도록 한다.
❸ 두 직선이 이루는 각의 크기를 구하는 문제	좌표평면에서 직선은 그 직선의 방향벡터와 평행하므로 두 직선이 이루는 각의 크기는 두 직선의 방향벡터가 이루는 각의 크기를 이용하여 구할 수 있다. 두 직선의 방향벡터를 각각 구하고 벡터의 내적을 구하여 공식에 대입하면 두 직선이 이루는 각의 크기를 구할 수 있다. 다양한 문제를 통해 연습해 두도록 한다.
❹ 도형에서의 평면벡터의 내적을 구하는 문제	도형에서 평면벡터의 내적을 구하려면 먼저 평면도형의 한 점을 원점으로 하여 평면도형을 좌표평면 위에 나타내어 각 점의 좌표를 구한다. 즉, 각 벡터의 성분을 구하여 두 벡터의 내적을 구한다. 또, 두 벡터의 시점을 일치시킨 후, 벡터의 크기와 두 벡터가 이루는 각의 크기를 이용하여 구할 수도 있다.
❺ 두 평면벡터의 내적의 최댓값과 최솟값을 구하는 문제	평면벡터는 벡터를 덧셈 또는 뺄셈으로 표현하여 계산하는 경우가 많으므로 벡터를 다양하게 표현하는 연습을 충분히 해야 한다. 또, 평면벡터를 적당히 이동하여 두 평면벡터의 위치 관계를 파악한 후, 두 평면벡터의 내적의 최댓값 또는 최솟값을 구할 수 있어야 한다.

3점 (❶~❸)
4점 (❹~❺)

수능잡는 핵·심·개·념 & 빈·출·유·형·분·석

II 평면벡터

C 벡터의 크기와 연산

1. 벡터의 덧셈과 뺄셈
두 벡터 $\vec{a}$, $\vec{b}$에 대하여
(1) $\vec{a}=\overrightarrow{AB}$, $\vec{b}=\overrightarrow{BC}$일 때, $\boxed{\vec{a}+\vec{b}=\overrightarrow{AB}+\overrightarrow{BC}=\overrightarrow{AC}}$
(2) $\vec{a}=\overrightarrow{AB}$, $\vec{b}=\overrightarrow{AC}$일 때, $\boxed{\vec{a}-\vec{b}=\overrightarrow{AB}-\overrightarrow{AC}=\overrightarrow{CB}}$

2. 벡터의 실수배
실수 k와 벡터 $\vec{a}$에 대하여
(1) $\vec{a}\neq\vec{0}$일 때,
  (i) $k>0$이면 $k\vec{a}$는 $\vec{a}$와 방향이 같고 크기는 $k|\vec{a}|$인 벡터이다.
  (ii) $k<0$이면 $k\vec{a}$는 $\vec{a}$와 방향이 반대이고 크기는 $|k||\vec{a}|$인 벡터이다.
  (iii) $k=0$이면 $k\vec{a}=\vec{0}$이다.
(2) $\vec{a}=\vec{0}$일 때, $k\vec{a}=\vec{0}$이다.

3. 두 벡터가 서로 평행할 조건
영벡터가 아닌 두 벡터 $\vec{a}$, $\vec{b}$에 대하여
$$\boxed{\vec{a}/\!/\vec{b} \iff \vec{b}=k\vec{a}\ (\text{단, }k\text{는 }0\text{이 아닌 실수})}$$

D 평면벡터의 성분과 내적

1. 위치벡터
세 점 A, B, C의 위치벡터를 각각 $\vec{a}$, $\vec{b}$, $\vec{c}$라 할 때,
(1) 선분 AB를 $m:n$ ($m>0$, $n>0$)으로 내분하는 점 P의 위치벡터 $\vec{p}$는
$$\vec{p}=\frac{m\vec{b}+n\vec{a}}{m+n}$$
참고 선분 AB의 중점 M의 위치벡터 $\vec{m}$은 $\vec{m}=\dfrac{\vec{a}+\vec{b}}{2}$
(2) 선분 AB를 $m:n$ ($m>0$, $n>0$)으로 외분하는 점 Q의 위치벡터 $\vec{q}$는
$$\vec{q}=\frac{m\vec{b}-n\vec{a}}{m-n}\ (\text{단, }m\neq n)$$
(3) 삼각형 ABC의 무게중심 G의 위치벡터 $\vec{g}$는 $\vec{g}=\dfrac{\vec{a}+\vec{b}+\vec{c}}{3}$

2. 평면벡터의 성분과 크기
(1) 두 평면벡터 $\vec{a}=(a_1, a_2)$, $\vec{b}=(b_1, b_2)$에 대하여
  ① $\vec{a}=\vec{b} \iff a_1=b_1, a_2=b_2$ ← 두 평면벡터가 서로 같을 조건
  ② $\boxed{|\vec{a}|=\sqrt{a_1{}^2+a_2{}^2}}$ ← 평면벡터의 크기
  ③ $\vec{a}\pm\vec{b}=(a_1\pm b_1, a_2\pm b_2)$ (복부호 동순)
  ④ $k\vec{a}=(ka_1, ka_2)$ (단, k는 실수)

C-01 벡터의 크기와 연산
(1) 벡터는 크기와 방향만으로 정해지므로 한 벡터를 평행이동시킨 것은 모두 같은 벡터이다. 따라서 시점이 서로 다른 두 벡터를 연산할 때는 한 벡터를 적당히 평행이동시켜 시점을 일치시킨 후 연산한다.
(2) 벡터의 크기는 시점과 종점을 양 끝 점으로 하는 선분의 길이와 같으므로 피타고라스 정리, 두 점 사이의 거리 공식 등을 이용하여 구한다.
(3) 서로 다른 세 점 A, B, C에 대하여
$$\overrightarrow{AC}=k\overrightarrow{AB}$$
를 만족시키는 0이 아닌 실수 k가 존재하면 세 점 A, B, C는 한 직선 위에 있다.

D-02 평면벡터가 그리는 도형
$\overrightarrow{OP}=m\overrightarrow{OA}+n\overrightarrow{OB}$를 만족시키는 점 P가 나타내는 도형의 길이 또는 넓이는 그림을 그려서 해결한다. 이때 m, n의 값의 범위에 따라 점 P가 나타내는 도형은 다음과 같다.
① $m\geq 0$, $n\geq 0$, $m+n=1$이면
  ➡ 선분 AB
② $m>0$, $n>0$, $m+n\leq 1$이면
  ➡ 삼각형 OAB의 내부와 그 둘레
③ $0\leq m\leq 1$, $0\leq n\leq 1$이면
  ➡ 두 선분 OA, OB를 이웃하는 두 변으로 하는 평행사변형의 내부와 그 둘레

D-03 평면벡터의 내적
(1) 시점이 같지 않은 두 벡터의 내적은 한 벡터를 적당히 평행이동시켜 시점을 일치시킨 후 구한다.
(2) 다음 그림과 같이 점 B에서 직선 OA에 내린 수선의 발을 H라 하면 $|\vec{b}|\cos\theta=\overline{OH}$이므로
$$\vec{a}\cdot\vec{b}=|\vec{a}||\vec{b}|\cos\theta=\overline{OA}\times\overline{OH}$$

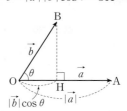

즉, 벡터의 내적은 선분의 길이의 곱으로 계산된다.
(3) 두 벡터가 이루는 각의 크기는 내적의 정의나 성질을 이용하여 구한다.

(2) 두 점 A(a_1, a_2), B(b_1, b_2)에 대하여
  ① $\overrightarrow{AB} = (b_1 - a_1, \, b_2 - a_2)$
  ② $|\overrightarrow{AB}| = \sqrt{(b_1 - a_1)^2 + (b_2 - a_2)^2}$

3. 평면벡터의 내적

(1) 두 평면벡터 $\vec{a} = (a_1, a_2)$, $\vec{b} = (b_1, b_2)$에 대하여
  ① $\vec{a} \cdot \vec{b} = a_1 b_1 + a_2 b_2$
  ② $\vec{a} \cdot \vec{a} = |\vec{a}|^2$

(2) 영벡터가 아닌 두 평면벡터 $\vec{a} = (a_1, a_2)$와 $\vec{b} = (b_1, b_2)$가 이루는 각의 크기를 θ라 할 때,
  ① $0° \leq \theta \leq 90°$이면 $\quad \vec{a} \cdot \vec{b} = |\vec{a}||\vec{b}| \cos \theta$
  ② $90° < \theta \leq 180°$이면 $\quad \vec{a} \cdot \vec{b} = -|\vec{a}||\vec{b}| \cos(180° - \theta)$
  ③ $\cos \theta = \dfrac{\vec{a} \cdot \vec{b}}{|\vec{a}||\vec{b}|} = \dfrac{a_1 b_1 + a_2 b_2}{\sqrt{a_1^2 + a_2^2}\sqrt{b_1^2 + b_2^2}}$

  참고 수학 I의 삼각함수를 배우면 $90° < \theta \leq 180°$일 때 $\cos \theta < 0$이며, $\cos \theta = -\cos(180° - \theta)$임을 알 수 있다. 따라서 영벡터가 아닌 두 평면벡터 $\vec{a}, \vec{b}$가 이루는 각의 크기를 θ라 하면 $0° \leq \theta \leq 180°$, 즉 $0 \leq \theta \leq \pi$일 때 $\vec{a} \cdot \vec{b} = |\vec{a}||\vec{b}| \cos \theta$이다.

(3) 영벡터가 아닌 두 평면벡터 $\vec{a}, \vec{b}$에 대하여
  ① $\vec{a} \perp \vec{b} \iff \vec{a} \cdot \vec{b} = 0 \qquad$ ← 수직 조건
  ② $\vec{a} \parallel \vec{b} \iff \vec{a} \cdot \vec{b} = \pm |\vec{a}||\vec{b}| \qquad$ ← 평행 조건

  참고 영벡터가 아닌 두 평면벡터 $\vec{a} = (a_1, a_2)$, $\vec{b} = (b_1, b_2)$에 대하여
  ① $\vec{a} \perp \vec{b} \iff a_1 b_1 + a_2 b_2 = 0$
  ② $\vec{a} \parallel \vec{b} \iff a_1 = k b_1, \, a_2 = k b_2$ (단, k는 0이 아닌 실수)

E 직선과 원의 방정식

1. 평면벡터를 이용한 직선의 방정식

(1) 점 (x_1, y_1)을 지나고 방향벡터가 $\vec{u} = (u_1, u_2)$인 직선의 방정식은
$$\frac{x - x_1}{u_1} = \frac{y - y_1}{u_2} \quad (\text{단, } u_1 u_2 \neq 0)$$

(2) 점 (x_1, y_1)을 지나고 법선벡터가 $\vec{n} = (a, b)$인 직선의 방정식은
$$a(x - x_1) + b(y - y_1) = 0$$

(3) 두 직선 l, m의 방향벡터가 각각 $\vec{u} = (u_1, u_2)$, $\vec{v} = (v_1, v_2)$일 때, 두 직선 l, m이 이루는 각의 크기를 $\theta \, (0° \leq \theta \leq 90°)$라 하면
$$\cos \theta = \frac{|\vec{u} \cdot \vec{v}|}{|\vec{u}||\vec{v}|} = \frac{|u_1 v_1 + u_2 v_2|}{\sqrt{u_1^2 + u_2^2}\sqrt{v_1^2 + v_2^2}}$$

2. 평면벡터를 이용한 원의 방정식

점 A를 중심으로 하고 반지름의 길이가 r인 원 위의 임의의 점 P에 대하여 두 점 A, P의 위치벡터를 각각 $\vec{a}, \vec{p}$라 할 때, 이 원의 방정식은
$$|\vec{p} - \vec{a}| = r \quad \text{또는} \quad (\vec{p} - \vec{a}) \cdot (\vec{p} - \vec{a}) = r^2$$

D-04 성분으로 주어진 평면벡터의 내적

(1) 한 직선 위에 있지 않은 서로 다른 세 점 A, B, C의 좌표가 주어졌을 때, 두 벡터 $\overrightarrow{AB}$, $\overrightarrow{AC}$가 이루는 각의 크기를 구할 때는 두 벡터 $\overrightarrow{AB}$, $\overrightarrow{AC}$를 성분으로 나타내고 벡터의 내적을 이용한다.

(2) 도형에서 벡터의 내적을 구할 때는 주어진 도형을 좌표평면 위에 놓고 벡터를 성분으로 나타낸 후, 내적을 계산한다.

(3) 벡터의 내적의 최댓값 또는 최솟값을 구할 때
  ① 벡터의 크기는 일정하고 방향만 변하면
    ➡ 두 벡터의 시점을 일치시킨 후 두 벡터가 이루는 각의 크기가 최대 또는 최소일 때를 찾는다.
  ② 벡터의 크기와 방향이 모두 변하면
    ➡ 벡터의 내적의 정의를 식으로 나타내어 식의 값이 최대 또는 최소일 때를 구하거나, 주어진 그림을 좌표평면 위에 놓고 벡터의 성분으로 계산한다.

D-05 평면벡터의 수직과 평행

영벡터가 아닌 두 벡터 $\vec{a}, \vec{b}$가 이루는 각의 크기를 θ라 할 때,

(1) 두 벡터 $\vec{a}, \vec{b}$가 서로 수직이면 $\theta = 90°$이다. 따라서 $\cos \theta = 0$이므로 두 벡터의 내적은 0이다.

(2) 두 벡터 $\vec{a}, \vec{b}$가 서로 평행하면 두 벡터의 방향이 같을 때는 $\theta = 0°$, 두 벡터의 방향이 반대일 때는 $\theta = 180°$이다. 따라서 두 벡터가 서로 평행할 때는 두 벡터의 내적($\vec{a} \cdot \vec{b} = \pm |\vec{a}||\vec{b}|$) 또는 벡터의 실수배 ($\vec{a} = k\vec{b}, \, k \neq 0$)를 이용한다.

E-06 평면벡터를 이용한 직선의 방정식

두 직선의 위치 관계는 두 직선의 방향벡터 또는 법선벡터 사이의 위치 관계를 이해하여 해결한다.

(1) 서로 평행한 두 직선
  ➡ 방향벡터가 서로 같다.

(2) 두 직선 l, m이 서로 수직
  ➡ (직선 l의 방향벡터) = (직선 m의 법선벡터)

01

[2025학년도 6월 **평가원**(기하) 23번]

두 벡터 $\vec{a}$와 $\vec{b}$에 대하여

$$\vec{a}+3(\vec{a}-\vec{b})=k\vec{a}-3\vec{b}$$

이다. 실수 k의 값은? (단, $\vec{a}\neq\vec{0}$, $\vec{b}\neq\vec{0}$)

① 1   ② 2   ③ 3

④ 4   ⑤ 5

02

[2023학년도 6월 **평가원**(기하) 23번]

서로 평행하지 않은 두 벡터 $\vec{a}$, $\vec{b}$에 대하여 두 벡터

$$\vec{a}+2\vec{b}, \quad 3\vec{a}+k\vec{b}$$

가 서로 평행하도록 하는 실수 k의 값은? (단, $\vec{a}\neq\vec{0}$, $\vec{b}\neq\vec{0}$)

① 2   ② 4   ③ 6

④ 8   ⑤ 10

03

[2025학년도 **수능**(기하) 23번]

두 벡터 $\vec{a}=(k, 3)$, $\vec{b}=(1, 2)$에 대하여 $\vec{a}+3\vec{b}=(6, 9)$일 때, k의 값은?

① 1   ② 2   ③ 3

④ 4   ⑤ 5

04

[2025학년도 9월 **평가원**(기하) 23번]

두 벡터 $\vec{a}=(4, 0)$, $\vec{b}=(1, 3)$에 대하여 $2\vec{a}+\vec{b}=(9, k)$일 때, k의 값은?

① 1   ② 2   ③ 3

④ 4   ⑤ 5

05

[2020학년도 **수능** 가형 1번]

두 벡터 $\vec{a}=(3, 1)$, $\vec{b}=(-2, 4)$에 대하여 벡터 $\vec{a}+\dfrac{1}{2}\vec{b}$의 모든 성분의 합은?

① 1   ② 2   ③ 3

④ 4   ⑤ 5

06

[2022학년도 6월 **평가원**(기하) 23번]

두 벡터 $\vec{a}=(k+3, 3k-1)$과 $\vec{b}=(1, 1)$이 서로 평행할 때, 실수 k의 값은?

① 1   ② 2   ③ 3

④ 4   ⑤ 5

C-01 벡터의 크기와 연산

07

[2024학년도 6월 **평가원**(기하) 24번]

한 직선 위에 있지 않은 서로 다른 세 점 A, B, C에 대하여

$$2\overrightarrow{AB}+p\overrightarrow{BC}=q\overrightarrow{CA}$$

일 때, $p-q$의 값은? (단, p와 q는 실수이다.)

① 1   ② 2   ③ 3

④ 4   ⑤ 5

08

[2022학년도 6월 **평가원**(기하) 26번]

그림과 같이 한 변의 길이가 1인 정육각형 ABCDEF에서 $|\overrightarrow{AE}+\overrightarrow{BC}|$의 값은?

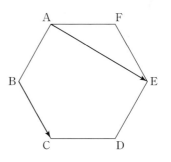

① $\sqrt{6}$ ② $\sqrt{7}$ ③ $2\sqrt{2}$

④ 3   ⑤ $\sqrt{10}$

해설편 p. 78

09

[2012학년도 **수능** 가형 8번]

삼각형 ABC에서
$$\overline{AB}=2, \quad \angle B=90°, \quad \angle C=30°$$
이다. 점 P가 $\overrightarrow{PB}+\overrightarrow{PC}=\vec{0}$를 만족시킬 때, $|\overrightarrow{PA}|^2$의 값은?

① 5 　　　　　② 6 　　　　　③ 7

④ 8 　　　　　⑤ 9

10

[2007학년도 **수능** 가형 20번]

타원 $\dfrac{x^2}{4}+y^2=1$의 두 초점을 F, F′이라 하자. 이 타원 위의
점 P가 $|\overrightarrow{OP}+\overrightarrow{OF}|=1$을 만족시킬 때, 선분 PF의 길이는
k이다. $5k$의 값을 구하시오. (단, O는 원점이다.)

11

[2010학년도 9월 **평가원** 가형 20번]

다음 그림은 밑면이 정팔각형인 팔각기둥이다.

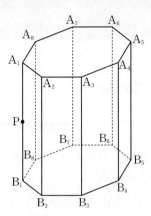

$\overline{A_1A_3}=3\sqrt{2}$이고, 점 P가 모서리 A_1B_1의 중점일 때, 벡터
$\displaystyle\sum_{i=1}^{8}(\overrightarrow{PA_i}+\overrightarrow{PB_i})$의 크기를 구하시오.

12

[2025학년도 6월 **평가원**(기하) 25번]

좌표평면에서 두 벡터 $\vec{a}=(-3, 3)$, $\vec{b}=(1, -1)$에 대하여 벡터 $\vec{p}$가

$$|\vec{p}-\vec{a}|=|\vec{b}|$$

를 만족시킬 때, $|\vec{p}-\vec{b}|$의 최솟값은?

① $\dfrac{3}{2}\sqrt{2}$ ② $2\sqrt{2}$ ③ $\dfrac{5}{2}\sqrt{2}$

④ $3\sqrt{2}$ ⑤ $\dfrac{7}{2}\sqrt{2}$

13

[2024학년도 9월 **평가원**(기하) 25번]

좌표평면 위의 점 $A(4, 3)$에 대하여

$$|\overrightarrow{OP}|=|\overrightarrow{OA}|$$

를 만족시키는 점 P가 나타내는 도형의 길이는?

(단, O는 원점이다.)

① 2π ② 4π ③ 6π

④ 8π ⑤ 10π

14

[2022학년도 6월 **평가원**(기하) 25번]

좌표평면 위의 두 점 $A(1, 2)$, $B(-3, 5)$에 대하여

$$|\overrightarrow{OP}-\overrightarrow{OA}|=|\overrightarrow{AB}|$$

를 만족시키는 점 P가 나타내는 도형의 길이는?

(단, O는 원점이다.)

① 10π ② 12π ③ 14π

④ 16π ⑤ 18π

해설편 p. 81

15

[2004학년도 6월 평가원 자연계 6번]

그림과 같이 한 평면 위에서 서로 평행한 세 직선 l_1, l_2, l_3가 평행한 두 직선 m_1, m_2와 A, B, C, X, O, Y에서 만나고 있다. $\overrightarrow{OA}=\vec{a}$, $\overrightarrow{OB}=\vec{b}$, $\overrightarrow{OC}=\vec{c}$라고 할 때, $\overrightarrow{AP}=(\vec{c}-\vec{b}-\vec{a})t$ (t는 실수)를 만족시키는 점 P가 나타내는 도형은?

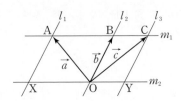

① 직선 AY ② 직선 AO ③ 직선 AX

④ 직선 AB ⑤ 직선 CX

D-03 평면벡터의 내적

16

[2024학년도 수능(기하) 25번]

두 벡터 $\vec{a}$, $\vec{b}$에 대하여

$$|\vec{a}|=\sqrt{11}, \quad |\vec{b}|=3, \quad |2\vec{a}-\vec{b}|=\sqrt{17}$$

일 때, $|\vec{a}-\vec{b}|$의 값은?

① $\dfrac{\sqrt{2}}{2}$ ② $\sqrt{2}$ ③ $\dfrac{3\sqrt{2}}{2}$

④ $2\sqrt{2}$ ⑤ $\dfrac{5\sqrt{2}}{2}$

17

[2024학년도 6월 **평가원**(기하) 25번]

그림과 같이 한 변의 길이가 1인 정사각형 ABCD에서
$$(\overrightarrow{AB}+k\overrightarrow{BC}) \cdot (\overrightarrow{AC}+3k\overrightarrow{CD})=0$$
일 때, 실수 k의 값은?

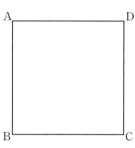

① 1
② $\dfrac{1}{2}$
③ $\dfrac{1}{3}$

④ $\dfrac{1}{4}$
⑤ $\dfrac{1}{5}$

18

[2023학년도 9월 **평가원**(기하) 26번]

좌표평면 위의 점 A(3, 0)에 대하여
$$(\overrightarrow{OP}-\overrightarrow{OA}) \cdot (\overrightarrow{OP}-\overrightarrow{OA})=5$$
를 만족시키는 점 P가 나타내는 도형과 직선 $y=\dfrac{1}{2}x+k$가
오직 한 점에서 만날 때, 양수 k의 값은? (단, O는 원점이다.)

① $\dfrac{3}{5}$
② $\dfrac{4}{5}$
③ 1

④ $\dfrac{6}{5}$
⑤ $\dfrac{7}{5}$

19

[2023학년도 6월 **평가원**(기하) 27번]

$\overline{AD}=2$, $\overline{AB}=\overline{CD}=\sqrt{2}$, $\angle ABC=\angle BCD=45°$인 사다리꼴 ABCD가 있다. 두 대각선 AC와 BD의 교점을 E, 점 A에서 선분 BC에 내린 수선의 발을 H, 선분 AH와 선분 BD의 교점을 F라 할 때, $\overrightarrow{AF} \cdot \overrightarrow{CE}$의 값은?

① $-\dfrac{1}{9}$
② $-\dfrac{2}{9}$
③ $-\dfrac{1}{3}$

④ $-\dfrac{4}{9}$
⑤ $-\dfrac{5}{9}$

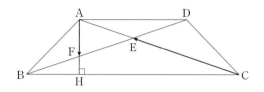

20

[2014학년도 9월 **평가원** B형 11번]

한 변의 길이가 3인 정삼각형 ABC에서 변 AB를 2 : 1로 내분하는 점을 D라 하고, 변 AC를 3 : 1과 1 : 3으로 내분하는 점을 각각 E, F라 할 때, $|\overrightarrow{BF}+\overrightarrow{DE}|^2$의 값은?

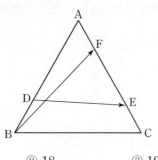

① 17   ② 18   ③ 19

④ 20   ⑤ 21

21

[2009학년도 9월 **평가원** 가형 7번]

평면 위의 두 점 O_1, O_2 사이의 거리가 1일 때, O_1, O_2를 각각 중심으로 하고 반지름의 길이가 1인 두 원의 교점을 A, B라 하자. 호 AO_2B 위의 점 P와 호 AO_1B 위의 점 Q에 대하여 두 벡터 $\overrightarrow{O_1P}$, $\overrightarrow{O_2Q}$의 내적 $\overrightarrow{O_1P} \cdot \overrightarrow{O_2Q}$의 최댓값을 M, 최솟값을 m이라 할 때, $M+m$의 값은?

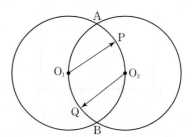

① -1 ② $-\dfrac{1}{2}$ ③ 0

④ $\dfrac{1}{4}$ ⑤ 1

22

[2005학년도 **예비평가** 가형 14번]

다음은 $\angle A = \dfrac{\pi}{2}$ 인 직각삼각형 ABC에서 변 BC의 삼등분점을 각각 D와 E라고 할 때, $\overline{AD}^2 + \overline{AE}^2 + \overline{DE}^2 = \dfrac{2}{3}\overline{BC}^2$이 성립함을 벡터를 이용하여 증명한 것이다.

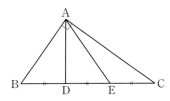

〈증명〉
$\overrightarrow{AB} = \vec{a}$, $\overrightarrow{AC} = \vec{b}$로 놓으면 $\overrightarrow{BC} = \vec{b} - \vec{a}$이고 다음이 성립한다.

$$\overrightarrow{AD} = \boxed{\qquad (가) \qquad}$$
$$\overrightarrow{AE} = \boxed{\qquad (나) \qquad}$$
$$\overrightarrow{DE} = \frac{1}{3}\overrightarrow{BC} = \frac{1}{3}(\vec{b} - \vec{a})$$

그러므로 다음을 얻는다.

$$|\overrightarrow{AD}|^2 = \boxed{\qquad (다) \qquad}$$
$$|\overrightarrow{AE}|^2 = \boxed{\qquad (라) \qquad}$$
$$|\overrightarrow{DE}|^2 = \frac{1}{9}(|\vec{a}|^2 - 2\vec{a}\cdot\vec{b} + |\vec{b}|^2)$$
$$|\overrightarrow{AD}|^2 + |\overrightarrow{AE}|^2 + |\overrightarrow{DE}|^2 = \frac{2}{3}(|\vec{a}|^2 + |\vec{b}|^2 + \vec{a}\cdot\vec{b})$$
$$|\overrightarrow{BC}|^2 = |\vec{b}|^2 + |\vec{a}|^2 - 2\vec{a}\cdot\vec{b}$$

이때 $\vec{a} \perp \vec{b}$이므로 $\vec{a}\cdot\vec{b} = 0$이고 다음이 성립한다.

$$|\overrightarrow{AD}|^2 + |\overrightarrow{AE}|^2 + |\overrightarrow{DE}|^2 = \frac{2}{3}|\overrightarrow{BC}|^2$$

따라서 $\overline{AD}^2 + \overline{AE}^2 + \overline{DE}^2 = \dfrac{2}{3}\overline{BC}^2$이다.

위의 증명에서 (가)와 (라)에 알맞은 것은?

	(가)	(라)
①	$\dfrac{2}{3}\vec{a} + \dfrac{1}{3}\vec{b}$	$\dfrac{1}{9}(|\vec{a}|^2 + 4\vec{a}\cdot\vec{b} + 4|\vec{b}|^2)$
②	$\dfrac{2}{3}\vec{a} + \dfrac{1}{3}\vec{b}$	$\dfrac{1}{9}(4|\vec{a}|^2 + 4\vec{a}\cdot\vec{b} + |\vec{b}|^2)$
③	$\dfrac{2}{3}\vec{a} + \dfrac{1}{3}\vec{b}$	$\dfrac{1}{9}(|\vec{a}|^2 + 2\vec{a}\cdot\vec{b} + |\vec{b}|^2)$
④	$\dfrac{1}{3}\vec{a} + \dfrac{2}{3}\vec{b}$	$\dfrac{1}{9}(|\vec{a}|^2 + 4\vec{a}\cdot\vec{b} + 4|\vec{b}|^2)$
⑤	$\dfrac{1}{3}\vec{a} + \dfrac{2}{3}\vec{b}$	$\dfrac{1}{9}(4|\vec{a}|^2 + 4\vec{a}\cdot\vec{b} + |\vec{b}|^2)$

D-04 성분으로 주어진 평면벡터의 내적

23

[2023학년도 **수능**(기하) 26번]

좌표평면에서 세 벡터
$$\vec{a} = (2, 4), \quad \vec{b} = (2, 8), \quad \vec{c} = (1, 0)$$
에 대하여 두 벡터 $\vec{p}$, $\vec{q}$가
$$(\vec{p} - \vec{a})\cdot(\vec{p} - \vec{b}) = 0, \quad \vec{q} = \frac{1}{2}\vec{a} + t\vec{c} \ (t\text{는 실수})$$
를 만족시킬 때, $|\vec{p} - \vec{q}|$의 최솟값은?

① $\dfrac{3}{2}$　　　② 2　　　③ $\dfrac{5}{2}$

④ 3　　　⑤ $\dfrac{7}{2}$

해설편 p. 88

24

[2022학년도 9월 평가원(기하) 25번]

좌표평면에서 세 벡터
$$\vec{a}=(3,\,0),\quad \vec{b}=(1,\,2),\quad \vec{c}=(4,\,2)$$
에 대하여 두 벡터 $\vec{p},\,\vec{q}$ 가
$$\vec{p}\cdot\vec{a}=\vec{a}\cdot\vec{b},\quad |\vec{q}-\vec{c}|=1$$
을 만족시킬 때, $|\vec{p}-\vec{q}|$ 의 최솟값은?

① 1   ② 2   ③ 3

④ 4   ⑤ 5

25

[2022학년도 예시문항(기하) 24번]

좌표평면에서 점 $A(4,\,6)$ 과 원 C 위의 임의의 점 P에 대하여
$$|\overrightarrow{OP}|^2-\overrightarrow{OA}\cdot\overrightarrow{OP}=3$$
일 때, 원 C 의 반지름의 길이는? (단, O는 원점이다.)

① 1   ② 2   ③ 3

④ 4   ⑤ 5

26

[2017학년도 6월 평가원 가형 23번]

두 벡터 $\vec{a}=(4,\,1),\,\vec{b}=(-2,\,k)$ 에 대하여 $\vec{a}\cdot\vec{b}=0$ 을 만족시키는 실수 k 의 값을 구하시오.

27

[2016학년도 9월 **평가원** B형 6번]

좌표평면 위의 네 점 $O(0, 0)$, $A(4, 2)$, $B(0, 2)$, $C(2, 0)$ 에 대하여 $\overrightarrow{OA} \cdot \overrightarrow{BC}$의 값은?

① -4 ② -2 ③ 0

④ 2 ⑤ 4

D-05 평면벡터의 수직과 평행

29

[2018학년도 6월 **평가원** 가형 11번]

두 벡터 $\vec{a}=(3, 1)$, $\vec{b}=(4, -2)$가 있다. 벡터 $\vec{v}$에 대하여 두 벡터 $\vec{a}$와 $\vec{v}+\vec{b}$가 서로 평행할 때, $|\vec{v}|^2$의 최솟값은?

① 6 ② 7 ③ 8

④ 9 ⑤ 10

28

[2014학년도 **예비시행** B형 23번]

좌표평면 위의 두 점 $A(1, a)$, $B(a, 2)$에 대하여 $\overrightarrow{OB} \cdot \overrightarrow{AB}=14$일 때, 양수 a의 값을 구하시오.

(단, O는 원점이다.)

30

[2017학년도 9월 **평가원** 가형 8번]

두 벡터 $\vec{a}$, $\vec{b}$에 대하여 $|\vec{a}|=1$, $|\vec{b}|=3$이고, 두 벡터 $6\vec{a}+\vec{b}$와 $\vec{a}-\vec{b}$가 서로 수직일 때, $\vec{a} \cdot \vec{b}$의 값은?

① $-\dfrac{3}{10}$ ② $-\dfrac{3}{5}$ ③ $-\dfrac{9}{10}$

④ $-\dfrac{6}{5}$ ⑤ $-\dfrac{3}{2}$

해설편 p. 90

31

[2015학년도 9월 **평가원** B형 5번]

서로 평행하지 않은 두 벡터 $\vec{a}$, $\vec{b}$에 대하여 $|\vec{a}|=2$이고 $\vec{a} \cdot \vec{b}=2$일 때, 두 벡터 $\vec{a}$와 $\vec{a}-t\vec{b}$가 서로 수직이 되도록 하는 실수 t의 값은?

① 1   ② 2   ③ 3

④ 4   ⑤ 5

33

[2022학년도 **수능**(기하) 25번]

좌표평면에서 두 직선

$$\frac{x+1}{2}=y-3, \quad x-2=\frac{y-5}{3}$$

가 이루는 예각의 크기를 θ라 할 때, $\cos\theta$의 값은?

① $\dfrac{1}{2}$ ② $\dfrac{\sqrt{5}}{4}$ ③ $\dfrac{\sqrt{6}}{4}$

④ $\dfrac{\sqrt{7}}{4}$ ⑤ $\dfrac{\sqrt{2}}{2}$

E-06 평면벡터를 이용한 직선의 방정식

32

[2023학년도 6월 **평가원**(기하) 25번]

좌표평면에서 두 직선

$$\frac{x-3}{4}=\frac{y-5}{3}, \quad x-1=\frac{2-y}{3}$$

가 이루는 예각의 크기를 θ라 할 때, $\cos\theta$의 값은?

① $\dfrac{\sqrt{11}}{11}$ ② $\dfrac{\sqrt{10}}{10}$ ③ $\dfrac{1}{3}$

④ $\dfrac{\sqrt{2}}{4}$ ⑤ $\dfrac{\sqrt{7}}{7}$

34

[2018학년도 **수능** 가형 25번]

좌표평면 위의 점 $(4, 1)$을 지나고 벡터 $\vec{n}=(1, 2)$에 수직인 직선이 x축, y축과 만나는 점의 좌표를 각각 $(a, 0)$, $(0, b)$라 하자. $a+b$의 값을 구하시오.

35

[2018학년도 6월 **평가원** 가형 25번]

좌표평면 위의 점 $(6, 3)$을 지나고 벡터 $\vec{u}=(2, 3)$에 평행한 직선이 x축과 만나는 점을 A, y축과 만나는 점을 B라 할 때, $\overline{\text{AB}}^2$의 값을 구하시오.

36

[2017학년도 6월 **평가원** 가형 12번]

좌표평면에서 두 직선

$$\frac{x+1}{4}=\frac{y-1}{3}, \quad \frac{x+2}{-1}=\frac{y+1}{3}$$

이 이루는 예각의 크기를 θ라 할 때, $\cos\theta$의 값은?

① $\dfrac{\sqrt{6}}{10}$ ② $\dfrac{\sqrt{7}}{10}$ ③ $\dfrac{\sqrt{2}}{5}$

④ $\dfrac{3}{10}$ ⑤ $\dfrac{\sqrt{10}}{10}$

C 벡터의 크기와 연산

37

[2024학년도 **수능**(기하) 30번]

좌표평면에 한 변의 길이가 4인 정삼각형 ABC가 있다. 선분 AB를 $1:3$으로 내분하는 점을 D, 선분 BC를 $1:3$으로 내분하는 점을 E, 선분 CA를 $1:3$으로 내분하는 점을 F라 하자. 네 점 P, Q, R, X가 다음 조건을 만족시킨다.

(가) $|\overrightarrow{\text{DP}}|=|\overrightarrow{\text{EQ}}|=|\overrightarrow{\text{FR}}|=1$
(나) $\overrightarrow{\text{AX}}=\overrightarrow{\text{PB}}+\overrightarrow{\text{QC}}+\overrightarrow{\text{RA}}$

$|\overrightarrow{\text{AX}}|$의 값이 최대일 때, 삼각형 PQR의 넓이를 S라 하자. $16S^2$의 값을 구하시오.

해설편 p. 94

38

[2024학년도 6월 평가원(기하) 30번]

직선 $2x+y=0$ 위를 움직이는 점 P와 타원 $2x^2+y^2=3$ 위를 움직이는 점 Q에 대하여

$$\overrightarrow{\mathrm{OX}}=\overrightarrow{\mathrm{OP}}+\overrightarrow{\mathrm{OQ}}$$

를 만족시키고, x좌표와 y좌표가 모두 0 이상인 모든 점 X가 나타내는 영역의 넓이는 $\dfrac{q}{p}$이다. $p+q$의 값을 구하시오.

(단, O는 원점이고, p와 q는 서로소인 자연수이다.)

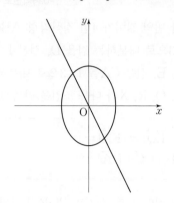

39

[2020학년도 9월 평가원 가형 19번]

좌표평면 위에 두 점 $\mathrm{A}(1,\ 0)$, $\mathrm{B}(0,\ 1)$이 있다. 중심각의 크기가 $\dfrac{\pi}{2}$인 부채꼴 OAB의 호 AB 위를 움직이는 점 X와 함수 $y=(x-2)^2+1\ (2\le x\le 3)$의 그래프 위를 움직이는 점 Y에 대하여

$$\overrightarrow{\mathrm{OP}}=\overrightarrow{\mathrm{OY}}-\overrightarrow{\mathrm{OX}}$$

를 만족시키는 점 P가 나타내는 영역을 R라 하자. 점 O로부터 영역 R에 있는 점까지의 거리의 최댓값을 M, 최솟값을 m이라 할 때, M^2+m^2의 값은? (단, O는 원점이다.)

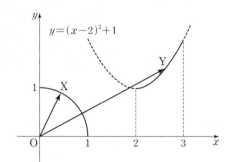

① $16-2\sqrt{5}$ ② $16-\sqrt{5}$ ③ 16
④ $16+\sqrt{5}$ ⑤ $16+2\sqrt{5}$

40

[2017학년도 9월 **평가원** 가형 16번]

직사각형 ABCD의 내부의 점 P가

$$\overrightarrow{PA}+\overrightarrow{PB}+\overrightarrow{PC}+\overrightarrow{PD}=\overrightarrow{CA}$$

를 만족시킨다. **보기**에서 옳은 것만을 있는 대로 고른 것은?

보기

ㄱ. $\overrightarrow{PB}+\overrightarrow{PD}=2\overrightarrow{CP}$

ㄴ. $\overrightarrow{AP}=\frac{3}{4}\overrightarrow{AC}$

ㄷ. 삼각형 ADP의 넓이가 3이면 직사각형 ABCD의 넓이는 8이다.

① ㄱ ② ㄷ ③ ㄱ, ㄴ
④ ㄴ, ㄷ ⑤ ㄱ, ㄴ, ㄷ

D 평면벡터의 성분과 내적

41

[2025학년도 6월 **평가원**(기하) 28번]

좌표평면에서 두 점 A(1, 0), B(1, 1)에 대하여 두 점 P, Q가

$$|\overrightarrow{OP}|=1,\quad |\overrightarrow{BQ}|=3,\quad \overrightarrow{AP}\cdot(\overrightarrow{QA}+\overrightarrow{QP})=0$$

을 만족시킨다. $|\overrightarrow{PQ}|$의 값이 최소가 되도록 하는 두 점 P, Q에 대하여 $\overrightarrow{AP}\cdot\overrightarrow{BQ}$의 값은?

(단, O는 원점이고, $|\overrightarrow{AP}|>0$이다.)

① $\frac{6}{5}$ ② $\frac{9}{5}$ ③ $\frac{12}{5}$
④ 3 ⑤ $\frac{18}{5}$

해설편 p. 97

42

좌표평면에서 $\overline{AB}=\overline{AC}$이고 $\angle BAC=\dfrac{\pi}{2}$인 직각삼각형 ABC에 대하여 두 점 P, Q가 다음 조건을 만족시킨다.

(가) 삼각형 APQ는 정삼각형이고,
　　$9|\overrightarrow{PQ}|\overrightarrow{PQ}=4|\overrightarrow{AB}|\overrightarrow{AB}$이다.

(나) $\overrightarrow{AC}\cdot\overrightarrow{AQ}<0$

(다) $\overrightarrow{PQ}\cdot\overrightarrow{CB}=24$

선분 AQ 위의 점 X에 대하여 $|\overrightarrow{XA}+\overrightarrow{XB}|$의 최솟값을 m이라 할 때, m^2의 값을 구하시오.

43

좌표평면의 네 점 A(2, 6), B(6, 2), C(4, 4), D(8, 6)에 대하여 다음 조건을 만족시키는 모든 점 X의 집합을 S라 하자.

(가) $\{(\overrightarrow{OX}-\overrightarrow{OD})\cdot\overrightarrow{OC}\}\times\{|\overrightarrow{OX}-\overrightarrow{OC}|-3\}=0$

(나) 두 벡터 $\overrightarrow{OX}-\overrightarrow{OP}$와 $\overrightarrow{OC}$가 서로 평행하도록 하는 선분 AB 위의 점 P가 존재한다.

집합 S에 속하는 점 중에서 y좌표가 최대인 점을 Q, y좌표가 최소인 점을 R이라 할 때, $\overrightarrow{OQ}\cdot\overrightarrow{OR}$의 값은?

(단, O는 원점이다.)

① 25　　　　② 26　　　　③ 27

④ 28　　　　⑤ 29

44

평면 α 위에 $\overline{AB}=\overline{CD}=\overline{AD}=2$, $\angle ABC=\angle BCD=\dfrac{\pi}{3}$

인 사다리꼴 ABCD가 있다. 다음 조건을 만족시키는 평면 α 위의 두 점 P, Q에 대하여 $\overrightarrow{CP}\cdot\overrightarrow{DQ}$의 값을 구하시오.

(가) $\overrightarrow{AC}=2(\overrightarrow{AD}+\overrightarrow{BP})$

(나) $\overrightarrow{AC}\cdot\overrightarrow{PQ}=6$

(다) $2\times\angle BQA=\angle PBQ<\dfrac{\pi}{2}$

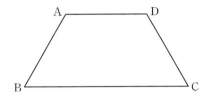

45

좌표평면에서 반원의 호 $x^2+y^2=4$ $(x\geq 0)$ 위의 한 점 P$(a,\,b)$에 대하여
$$\overrightarrow{OP}\cdot\overrightarrow{OQ}=2$$
를 만족시키는 반원의 호 $(x+5)^2+y^2=16$ $(y\geq 0)$ 위의 점 Q가 하나뿐일 때, $a+b$의 값은? (단, O는 원점이다.)

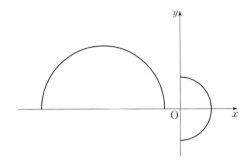

① $\dfrac{12}{5}$ 　　② $\dfrac{5}{2}$ 　　③ $\dfrac{13}{5}$

④ $\dfrac{27}{10}$ 　　⑤ $\dfrac{14}{5}$

해설편 p. 100

46

[2020학년도 **수능** 가형 19번]

한 원 위에 있는 서로 다른 네 점 A, B, C, D가 다음 조건을 만족시킬 때, $|\overrightarrow{AD}|^2$의 값은?

(가) $|\overrightarrow{AB}|=8$, $\overrightarrow{AC} \cdot \overrightarrow{BC}=0$
(나) $\overrightarrow{AD}=\dfrac{1}{2}\overrightarrow{AB}-2\overrightarrow{BC}$

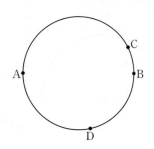

① 32 ② 34 ③ 36
④ 38 ⑤ 40

47

[2020학년도 6월 **평가원** 가형 18번]

좌표평면 위에 두 점 A(3, 0), B(0, 3)과 직선 $x=1$ 위의 점 P(1, a)가 있다. 점 Q가 중심각의 크기가 $\dfrac{\pi}{2}$인 부채꼴 OAB의 호 AB 위를 움직일 때 $|\overrightarrow{OP}+\overrightarrow{OQ}|$의 최댓값을 $f(a)$라 하자. $f(a)=5$가 되도록 하는 모든 실수 a의 값의 곱은? (단, O는 원점이다.)

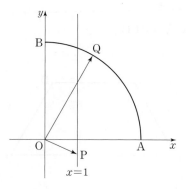

① $-5\sqrt{3}$ ② $-4\sqrt{3}$ ③ $-3\sqrt{3}$
④ $-2\sqrt{3}$ ⑤ $-\sqrt{3}$

48

좌표평면에서 원점 O가 중심이고 반지름의 길이가 1인 원 위의 세 점 A_1, A_2, A_3에 대하여

$$|\overrightarrow{OX}| \leq 1 \text{이고 } \overrightarrow{OX} \cdot \overrightarrow{OA_k} \geq 0 \ (k=1, 2, 3)$$

을 만족시키는 모든 점 X의 집합이 나타내는 도형을 D라 하자. **보기**에서 옳은 것만을 있는 대로 고른 것은?

보기

ㄱ. $\overrightarrow{OA_1} = \overrightarrow{OA_2} = \overrightarrow{OA_3}$이면 D의 넓이는 $\dfrac{\pi}{2}$이다.

ㄴ. $\overrightarrow{OA_2} = -\overrightarrow{OA_1}$이고 $\overrightarrow{OA_3} = \overrightarrow{OA_1}$이면 D는 길이가 2인 선분이다.

ㄷ. $\overrightarrow{OA_1} \cdot \overrightarrow{OA_2} = 0$인 경우에, D의 넓이가 $\dfrac{\pi}{4}$이면 점 A_3은 D에 포함되어 있다.

---

① ㄱ 　　　　② ㄷ 　　　　③ ㄱ, ㄴ

④ ㄴ, ㄷ 　　　⑤ ㄱ, ㄴ, ㄷ

E 직선과 원의 방정식

49

두 초점이 $F(5, 0)$, $F'(-5, 0)$이고, 주축의 길이가 6인 쌍곡선이 있다. 쌍곡선 위의 $\overline{PF} < \overline{PF'}$인 점 P에 대하여 점 Q가

$$(|\overrightarrow{FP}| + 1)\overrightarrow{F'Q} = 5\overrightarrow{QP}$$

를 만족시킨다. 점 $A(-9, -3)$에 대하여 $|\overrightarrow{AQ}|$의 최댓값을 구하시오.

50

[2020학년도 6월 **평가원** 가형 26번]

좌표평면에서 $|\overrightarrow{\mathrm{OP}}|=10$을 만족시키는 점 P가 나타내는 도형 위의 점 $\mathrm{A}(a, b)$에서의 접선을 l, 원점을 지나고 방향벡터가 $(1, 1)$인 직선을 m이라 하고, 두 직선 l, m이 이루는 예각의 크기를 θ라 하자. $\cos\theta=\dfrac{\sqrt{2}}{10}$일 때, 두 수 a, b의 곱 ab의 값을 구하시오. (단, O는 원점이고, $a>b>0$이다.)

51

[2019학년도 9월 **평가원** 가형 16번]

좌표평면 위의 두 점 $\mathrm{A}(6, 0)$, $\mathrm{B}(8, 6)$에 대하여 점 P가
$$|\overrightarrow{\mathrm{PA}}+\overrightarrow{\mathrm{PB}}|=\sqrt{10}$$
을 만족시킨다. $\overrightarrow{\mathrm{OB}}\cdot\overrightarrow{\mathrm{OP}}$의 값이 최대가 되도록 하는 점 P를 Q라 하고, 선분 AB의 중점을 M이라 할 때, $\overrightarrow{\mathrm{OA}}\cdot\overrightarrow{\mathrm{MQ}}$의 값은? (단, O는 원점이다.)

① $\dfrac{6\sqrt{10}}{5}$ ② $\dfrac{9\sqrt{10}}{5}$ ③ $\dfrac{12\sqrt{10}}{5}$

④ $3\sqrt{10}$ ⑤ $\dfrac{18\sqrt{10}}{5}$

52

[2025학년도 **수능**(기하) 30번]

좌표평면에 한 변의 길이가 4인 정사각형 ABCD가 있다.

$$|\overrightarrow{XB}+\overrightarrow{XC}|=|\overrightarrow{XB}-\overrightarrow{XC}|$$

를 만족시키는 점 X가 나타내는 도형을 S라 하자.

도형 S 위의 점 P에 대하여

$$4\overrightarrow{PQ}=\overrightarrow{PB}+2\overrightarrow{PD}$$

를 만족시키는 점을 Q라 할 때, $\overrightarrow{AC}\cdot\overrightarrow{AQ}$의 최댓값과 최솟값을 각각 M, m이라 하자. $M\times m$의 값을 구하시오.

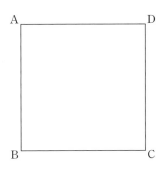

53

[2025학년도 9월 **평가원**(기하) 30번]

좌표평면 위에 다섯 점

$$A(0, 8), B(8, 0), C(7, 1), D(7, 0), E(-4, 2)$$

가 있다. 삼각형 AOB의 변 위를 움직이는 점 P와 삼각형 CDB의 변 위를 움직이는 점 Q에 대하여 $|\overrightarrow{PQ}+\overrightarrow{OE}|^2$의 최댓값을 M, 최솟값을 m이라 할 때, $M+m$의 값을 구하시오. (단, O는 원점이다.)

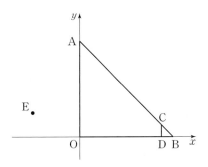

해설편 p. 109

54

[2023학년도 9월 평가원(기하) 30번]

좌표평면 위에 두 점 A$(-2, 2)$, B$(2, 2)$가 있다.

$$(|\overrightarrow{AX}|-2)(|\overrightarrow{BX}|-2)=0, \quad |\overrightarrow{OX}|\geq 2$$

를 만족시키는 점 X가 나타내는 도형 위를 움직이는 두 점 P, Q가 다음 조건을 만족시킨다.

(가) $\vec{u}=(1, 0)$에 대하여 $(\overrightarrow{OP}\cdot\vec{u})(\overrightarrow{OQ}\cdot\vec{u})\geq 0$이다.

(나) $|\overrightarrow{PQ}|=2$

$\overrightarrow{OY}=\overrightarrow{OP}+\overrightarrow{OQ}$를 만족시키는 점 Y의 집합이 나타내는 도형의 길이가 $\dfrac{q}{p}\sqrt{3}\pi$일 때, $p+q$의 값을 구하시오.

(단, O는 원점이고, p와 q는 서로소인 자연수이다.)

55

[2023학년도 6월 평가원(기하) 30번]

좌표평면에서 한 변의 길이가 4인 정육각형 ABCDEF의 변 위를 움직이는 점 P가 있고, 점 C를 중심으로 하고 반지름의 길이가 1인 원 위를 움직이는 점 Q가 있다.

두 점 P, Q와 실수 k에 대하여 점 X가 다음 조건을 만족시킬 때, $|\overrightarrow{CX}|$의 값이 최소가 되도록 하는 k의 값을 α, $|\overrightarrow{CX}|$의 값이 최대가 되도록 하는 k의 값을 β라 하자.

(가) $\overrightarrow{CX}=\dfrac{1}{2}\overrightarrow{CP}+\overrightarrow{CQ}$

(나) $\overrightarrow{XA}+\overrightarrow{XC}+2\overrightarrow{XD}=k\overrightarrow{CD}$

$\alpha^2+\beta^2$의 값을 구하시오.

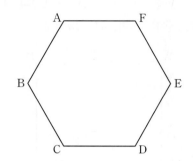

56

[2022학년도 **수능**(기하) 29번]

좌표평면에서 $\overline{OA}=\sqrt{2}$, $\overline{OB}=2\sqrt{2}$이고

$\cos(\angle AOB)=\dfrac{1}{4}$인 평행사변형 OACB에 대하여 점 P가

다음 조건을 만족시킨다.

> (가) $\overrightarrow{OP}=s\overrightarrow{OA}+t\overrightarrow{OB}$ $(0\le s\le 1,\ 0\le t\le 1)$
> (나) $\overrightarrow{OP}\cdot\overrightarrow{OB}+\overrightarrow{BP}\cdot\overrightarrow{BC}=2$

점 O를 중심으로 하고 점 A를 지나는 원 위를 움직이는 점
X에 대하여 $|3\overrightarrow{OP}-\overrightarrow{OX}|$의 최댓값과 최솟값을 각각 M,
m이라 하자. $M\times m=a\sqrt{6}+b$일 때, a^2+b^2의 값을 구하
시오. (단, a와 b는 유리수이다.)

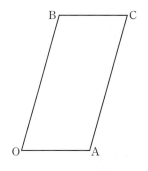

57

[2022학년도 **6월 평가원**(기하) 30번]

좌표평면 위의 네 점 $A(2, 0)$, $B(0, 2)$, $C(-2, 0)$,
$D(0, -2)$를 꼭짓점으로 하는 정사각형 ABCD의 네 변
위의 두 점 P, Q가 다음 조건을 만족시킨다.

> (가) $(\overrightarrow{PQ}\cdot\overrightarrow{AB})(\overrightarrow{PQ}\cdot\overrightarrow{AD})=0$
> (나) $\overrightarrow{OA}\cdot\overrightarrow{OP}\ge -2$이고 $\overrightarrow{OB}\cdot\overrightarrow{OP}\ge 0$이다.
> (다) $\overrightarrow{OA}\cdot\overrightarrow{OQ}\ge -2$이고 $\overrightarrow{OB}\cdot\overrightarrow{OQ}\le 0$이다.

점 $R(4, 4)$에 대하여 $\overrightarrow{RP}\cdot\overrightarrow{RQ}$의 최댓값을 M, 최솟값을
m이라 할 때, $M+m$의 값을 구하시오.

(단, O는 원점이다.)

해설편 p. 113

승리

戰勝不復(전승불복)

應形無窮(응형무궁)

– 손자병법

전쟁에서는 같은 전략으로 또 승리하기는 어려우니, 무한히 변화하는 형세에 잘 적응해야 한다는 의미입니다.

손자는 응형무궁할 수 있는 방법으로 '물'을 예로 들었습니다. 물 흐르듯 유연하게 사방의 모든 지형지물을 품고 안으며 대응할 수 있어야 어떤 전쟁에서든 이길 수 있다는 것입니다. 사방의 모든 지형지물을 품고 안으며 대응할 수 있는 진정한 실력자가 됩시다.

공간도형과 공간좌표

5개년 수능 분석을 통해 2026 수능을 예측하고 전략적으로 공략한다!

최근 5개년 단원별 출제 경향을 개념별로 분석하여 수능 출제 빈도가 높은 핵심 개념과 출제 의도를 파악하고 그에 따른 대표 기출 유형을 정리하였습니다. 이를 바탕으로 개념별 출제가 예상되는 유형을 예측하고, 그 공략법을 유형별로 구분하여 상세히 제시하였습니다.

1 5개년 기출 분석

기하 과목의 경우, 2021학년도 수능에서는 출제 과목이 아니었고, 2022학년도 신수능에서 수능 선택과목으로 지정됨에 따라 2020학년도~2025학년도 기출 분석 자료를 탑재하였습니다.

	2020학년도	2022학년도	2023학년도	2024학년도	2025학년도
F 공간도형		●●	●	●	●
G 정사영	●● ●●	●	● ●	●	●
H 공간좌표	●● ●●	●● ●●	●	●●●	●●

5개년 기출 데이터

● 6월 모평 출제
● 9월 모평 출제
● 수능 출제

위의 ● ● ●의 개수는 6월 모평, 9월 모평, 수능 출제 문항 수입니다.

F 공간도형 공간에서의 직선과 평면의 위치 관계, 공간에서 직선의 평행, 수직 관계, 꼬인 위치에 있는 두 직선이 이루는 각의 크기는 단독 문제로는 출제되지 않지만, 공간에서의 여러 가지 성질을 이용할 때 기본이 되는 내용이므로 알고 있어야 한다. 또, 삼수선의 정리, 이면각에 대한 문제는 주어진 도형에서 보조선을 그어 삼수선의 정리, 이면각의 성질을 이용하여 선분의 길이 또는 각의 크기를 구하는 문제가 출제된다.

G 정사영 정사영 문제는 매년 1문제씩 출제되고 있다. 정사영의 길이 또는 정사영의 넓이를 구하려면 먼저 평면 밖의 선분 또는 도형의 평면 위로의 정사영의 길이 또는 넓이를 구하고 두 평면이 이루는 각의 크기를 이용하여 평면 위의 선분의 길이 또는 도형의 넓이를 구할 수 있어야 한다.

H 공간좌표 좌표공간에서 두 점 사이의 거리, 선분의 내분점, 외분점, 삼각형의 무게중심의 좌표 등을 구하는 2점 또는 3점 문제가 출제되므로 공식을 정확히 외워 두고 이용할 수 있어야 한다. 또, 구의 방정식에 대한 문제는 구와 좌표평면의 교선의 방정식, 구 밖의 한 점에서 구에 그은 선분의 길이 등의 내용을 그림으로 그려서 해결하는 문제가 출제된다.

2 출제 예상 및 전략

	예상 문제	공략법
3점	**➊** 점과 직선 사이의 거리에 대한 문제	정사영과 삼수선의 정리를 이용하므로 그 개념과 공식을 명확히 알아야 한다. 정사영은 어떤 평면에서 어떤 평면으로의 정사영인지를 구별하고, 삼수선의 정리는 기본 모양을 이해하여 수직 관계를 모두 파악해 두도록 한다.
	➋ 공간좌표에 대한 문제	평면좌표에서 z축을 추가하면 공간좌표가 되므로 고등 수학의 도형의 방정식 중 평면좌표와 연계하여 내용을 정리하고, 좌표공간에서 선분의 내분점, 외분점, 삼각형의 무게중심의 좌표를 구하는 연습을 충분히 해 둔다.
	➌ 구의 방정식에 대한 문제	구의 방정식도 고등 수학의 도형의 방정식 중 원의 방정식과 연계하여 내용을 정리하고, 구의 방정식의 표준형, 좌표평면 또는 좌표축에 접하는 구의 방정식, 구와 좌표평면의 교선의 방정식, 구 밖의 한 점에서 구에 그은 선분의 길이를 구하는 연습을 충분히 해 둔다.
4점	**➍** 이면각의 크기를 구하는 문제	이면각의 크기를 구할 때는 공간에서 직각삼각형을 찾아 삼수선의 정리를 이용하는 것이 가장 쉬운 방법이라고 할 수 있다. 이때 삼수선의 정리는 외우기보다는 이해하는 것이 선행되어야 한다. 따라서 기출 문제를 통해 삼수선의 정리를 문제에 적용하는 연습을 충분히 해 둔다.
	➎ 정사영의 길이 또는 넓이를 구하는 문제	정사영은 그림이 주어진 경우, 정사영한 도형을 추측할 수 있다면 문제를 조금 더 쉽게 풀 수 있으므로 다양한 문제를 풀어 보면서 공간 지각 능력을 키우는 것이 좋다. 또, 정사영이라는 용어가 주어지지 않았지만 정사영을 이용해서 풀어야 하는 문제도 출제될 수 있으므로 주어진 조건에 알맞은 개념을 적용하고 활용할 수 있는 연습을 하도록 한다.
	➏ 좌표공간에서 직선 또는 평면과 구의 위치 관계를 이용하는 복잡한 문제	구와 평면이 만나서 생기는 도형의 길이나 정사영의 넓이를 구하는 문제, 움직이는 점과 구가 만나서 생기는 도형의 길이나 넓이를 구하는 문제 등 여러 가지 도형의 성질을 복합적으로 이용하는 문제가 출제되므로 다양한 문제를 통해 미리 연습해 두도록 한다.

III 공간도형과 공간좌표

F 공간도형

1. 위치 관계

(1) 공간에서 두 직선이 이루는 각

두 직선 l과 m이 꼬인 위치에 있을 때, 직선 m 위의 한 점 O를 지나고 직선 l과 평행한 직선 l'과 직선 m이 이루는 각을 두 직선 l과 직선 m이 이루는 각이라 한다.

참고 두 직선 l과 m이 이루는 각은 크기가 크지 않은 쪽의 각으로 생각한다.

(2) 공간에서 직선과 평면의 수직 관계

공간에서 직선 l이 평면 α 위의 모든 직선과 수직일 때, 직선 l과 평면 α는 서로 수직이라 하며, 기호로 $l \perp \alpha$와 같이 나타낸다. 이때 직선 l을 평면 α의 수선이라 하며, 직선 l과 평면 α가 만나는 점 O를 수선의 발이라 한다.

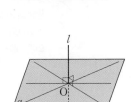

2. 삼수선의 정리

(1) 삼수선의 정리

평면 α 위에 있지 않은 한 점 P와 평면 α 위의 직선 l, 직선 l 위의 한 점 H, 평면 α 위에 있으면서 직선 l 위에 있지 않은 점 O에 대하여 다음이 성립한다.

① $\overline{PO} \perp \alpha$, $\overline{OH} \perp l$이면　$\overline{PH} \perp l$
② $\overline{PO} \perp \alpha$, $\overline{PH} \perp l$이면　$\overline{OH} \perp l$
③ $\overline{PH} \perp l$, $\overline{OH} \perp l$, $\overline{PO} \perp \overline{OH}$이면　$\overline{PO} \perp \alpha$

참고 $\overline{PO} \perp \alpha$이면 $\overline{PO}$는 평면 α 위의 모든 직선과 수직이다.

(2) 이면각

직선 l을 공유하는 두 반평면 α, β로 이루어진 도형을 **이면각**이라 한다. 이때 직선 l을 **이면각의 변**, 두 반평면 α, β를 각각 **이면각의 면**, $\angle AOB$의 크기를 **이면각의 크기**라 한다.

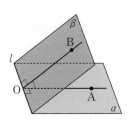

G 정사영

1. 정사영의 길이

선분 AB의 평면 α 위로의 정사영을 선분 A'B', 직선 AB와 평면 α가 이루는 각의 크기를 $\theta \left(0 \le \theta \le \dfrac{\pi}{2} \right)$라 하면

$$\overline{A'B'} = \overline{AB} \cos \theta$$

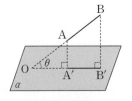

2. 정사영의 넓이

평면 α 위에 있는 도형의 넓이를 S, 이 도형의 평면 β 위로의 정사영의 넓이를 S'이라 할 때, 두 평면 α, β가 이루는 각의 크기를 $\theta \left(0 \le \theta \le \dfrac{\pi}{2} \right)$라 하면

$$S' = S \cos \theta$$

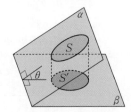

F-01 공간에서의 위치 관계

(1) 꼬인 위치에 있는 두 직선 l_1, l_2는 한 평면 위에 존재하지 않는다. 따라서 두 직선의 꼬인 위치를 판단하기 위해서는 직선 l_1 위의 서로 다른 두 점 A, B, 직선 l_2 위의 서로 다른 두 점 C, D에 대하여 평면 ABC 위에 점 D가 존재하는지 확인하면 된다.

(2) 두 직선이 이루는 각을 정의하기 위해서는 교점이 필요하다. 따라서 두 직선이 꼬인 위치에 있을 때, 두 직선이 이루는 각의 크기는 두 직선을 평행이동하여 한 점에서 만나게 한 후 구한다.

(3) 직선과 평면의 위치 관계의 참, 거짓을 판별할 때는 직육면체를 이용할 수 있다. 이때 직육면체의 모서리는 직선, 면은 평면으로 생각하여 주어진 위치 관계를 확인한다.

F-02 삼수선의 정리

(1) 공간에서 수직 조건이 두 개 이상 주어지고 길이, 넓이를 구할 때에는 삼수선의 정리를 이용하여 수직인 두 선분을 찾고, 직각삼각형에서 피타고라스 정리를 이용하여 선분의 길이를 구하면 된다.

(2) 두 평면이 이루는 각의 크기는 두 평면의 교선 위의 한 점에서 교선과 수직으로 각 평면에 그은 두 직선이 이루는 각의 크기를 이용하여 구한다. 이때 두 평면의 교선이 보이지 않으면 교선이 생기도록 한 평면을 평행이동한다.

G-03 정사영

(1) 정사영은 지면에 수직인 태양광선이 지면 밖의 물체를 비추었을 때 생기는 그림자의 모습과 같으며 정사영의 길이, 넓이는 원래 물체의 길이, 넓이의 $\cos \theta$배이다.
(단, θ는 물체와 지면이 이루는 각의 크기이다.)

(2) 두 평면이 이루는 각의 크기는 정사영을 이용하여 구하면 편리하다.

H 공간좌표

1. 공간좌표

좌표공간의 점 P에 대응하는 세 실수의 순서쌍 (a, b, c)
를 점 P의 공간좌표 또는 좌표라 하고 기호로 $\mathbf{P}(a, b, c)$
와 같이 나타낸다.

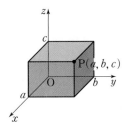

참고 좌표축 또는 좌표평면 위의 점의 좌표

좌표축 위의 점	좌표평면 위의 점
x축 위의 점 ➡ $(a, 0, 0)$	xy평면 위의 점 ➡ $(a, b, 0)$
y축 위의 점 ➡ $(0, b, 0)$	yz평면 위의 점 ➡ $(0, b, c)$
z축 위의 점 ➡ $(0, 0, c)$	zx평면 위의 점 ➡ $(a, 0, c)$

2. 대칭이동한 점의 좌표

좌표공간의 점 $P(a, b, c)$를

(1) x축, y축, z축에 대하여 대칭이동한 점을 각각 A, B, C라 하면

$$A(a, -b, -c), \quad B(-a, b, -c), \quad C(-a, -b, c)$$

(2) xy평면, yz평면, zx평면에 대하여 대칭이동한 점을 각각 A, B, C라 하면

$$A(a, b, -c), \quad B(-a, b, c), \quad C(a, -b, c)$$

(3) 원점에 대하여 대칭이동한 점을 A라 하면

$$A(-a, -b, -c)$$

3. 두 점 사이의 거리

좌표공간의 두 점 $A(x_1, y_1, z_1)$, $B(x_2, y_2, z_2)$ 사이의 거리는

$$\overline{AB} = \sqrt{(x_2-x_1)^2 + (y_2-y_1)^2 + (z_2-z_1)^2}$$

참고 원점 $O(0, 0, 0)$과 점 $A(x_1, y_1, z_1)$ 사이의 거리는 $\overline{OA} = \sqrt{x_1^2 + y_1^2 + z_1^2}$

4. 선분의 내분점과 외분점

좌표공간의 세 점 $A(x_1, y_1, z_1)$, $B(x_2, y_2, z_2)$, $C(x_3, y_3, z_3)$에 대하여

(1) 선분 AB를 $m : n$ $(m>0, n>0)$으로 내분하는 점 P의 좌표는

$$P\left(\frac{mx_2+nx_1}{m+n}, \frac{my_2+ny_1}{m+n}, \frac{mz_2+nz_1}{m+n}\right)$$

참고 선분 AB의 중점 M의 좌표는 $M\left(\frac{x_1+x_2}{2}, \frac{y_1+y_2}{2}, \frac{z_1+z_2}{2}\right)$

(2) 선분 AB를 $m : n$ $(m>0, n>0)$으로 외분하는 점 Q의 좌표는

$$Q\left(\frac{mx_2-nx_1}{m-n}, \frac{my_2-ny_1}{m-n}, \frac{mz_2-nz_1}{m-n}\right) \text{ (단, } m \neq n)$$

(3) 삼각형 ABC의 무게중심 G의 좌표는

$$G\left(\frac{x_1+x_2+x_3}{3}, \frac{y_1+y_2+y_3}{3}, \frac{z_1+z_2+z_3}{3}\right)$$

5. 구의 방정식

(1) 구의 방정식의 표준형

중심이 $C(a, b, c)$이고 반지름의 길이가 r인 구의 방정식은

$$(x-a)^2 + (y-b)^2 + (z-c)^2 = r^2$$

(2) 구의 방정식의 일반형

x, y, z에 대한 이차방정식

$$x^2 + y^2 + z^2 + Ax + By + Cz + D = 0 \ (A^2 + B^2 + C^2 - 4D > 0)$$

은 중심의 좌표가 $\left(-\frac{A}{2}, -\frac{B}{2}, -\frac{C}{2}\right)$, 반지름의 길이가

$$\frac{\sqrt{A^2 + B^2 + C^2 - 4D}}{2}$$ 인 구를 나타낸다.

H-04 좌표공간에서 두 점 사이의 거리

좌표공간의 두 점 사이의 거리를 구하는 문제에서
두 점의 좌표가 주어졌으면 두 점 사이의 거리 공
식을 이용한다.

한편, 점의 좌표가 주어지지 않았거나 두 점 사이
의 거리의 최댓값 또는 최솟값을 구할 때는 점의
좌표를 문자로 나타내고 식을 정리하여 최댓값 또
는 최솟값을 갖는 조건을 생각해 본다.

H-05 좌표공간에서 선분의 내분점과 외분점

두 점 $A(x_1, y_1, z_1)$, $B(x_2, y_2, z_2)$에 대하여 선
분 AB를 내분하는 점이 좌표평면 또는 좌표축 위
에 있으면 다음을 이용한다.

(1) 선분 AB를 $m : n$ $(m>0, n>0)$으로 내분
하는 점이 xy평면 위에 있다.

➡ 내분하는 점의 z좌표가 0이므로

$$\frac{mz_2+nz_1}{m+n} = 0$$

(2) 선분 AB를 $m : n$ $(m>0, n>0)$으로 내분
하는 점이 x축 위에 있다.

➡ 내분하는 점의 y좌표, z좌표가 0이므로

$$\frac{my_2+ny_1}{m+n} = 0, \frac{mz_2+nz_1}{m+n} = 0$$

외분하는 점이 좌표평면 또는 좌표축 위에 있을 때
도 위와 같은 방법을 이용한다.

H-06 구의 방정식

(1) 구의 중심의 좌표가 (a, b, c)일 때, 좌표축에
접하는 구의 방정식은 다음과 같다.

① x축에 접하는 구의 방정식은
$$(x-a)^2 + (y-b)^2 + (z-c)^2 = b^2 + c^2$$

② y축에 접하는 구의 방정식은
$$(x-a)^2 + (y-b)^2 + (z-c)^2 = a^2 + c^2$$

③ z축에 접하는 구의 방정식은
$$(x-a)^2 + (y-b)^2 + (z-c)^2 = a^2 + b^2$$

(2) 구와 좌표축의 교점의 좌표는 구의 방정식에 다
음을 대입하여 구한다.

① x축과 만나면 ➡ $y=0, z=0$ 대입

② y축과 만나면 ➡ $x=0, z=0$ 대입

③ z축과 만나면 ➡ $x=0, y=0$ 대입

(3) 구와 좌표평면의 교선은 원이고, 교선의 방정식
은 구의 방정식에 다음을 대입하여 구한다.

① xy평면과 만나면 ➡ $z=0$ 대입

② yz평면과 만나면 ➡ $x=0$ 대입

③ zx평면과 만나면 ➡ $y=0$ 대입

01

[2024학년도 9월 평가원(기하) 23번]

좌표공간의 점 $A(8, 6, 2)$를 xy평면에 대하여 대칭이동한 점을 B라 할 때, 선분 AB의 길이는?

① 1   ② 2   ③ 3

④ 4   ⑤ 5

02

[2023학년도 수능(기하) 23번]

좌표공간의 점 $A(2, 2, -1)$을 x축에 대하여 대칭이동한 점을 B라 하자. 점 $C(-2, 1, 1)$에 대하여 선분 BC의 길이는?

① 1   ② 2   ③ 3

④ 4   ⑤ 5

03

[2022학년도 수능(기하) 23번]

좌표공간의 점 $A(2, 1, 3)$을 xy평면에 대하여 대칭이동한 점을 P라 하고, 점 A를 yz평면에 대하여 대칭이동한 점을 Q라 할 때, 선분 PQ의 길이는?

① $5\sqrt{2}$ ② $2\sqrt{13}$ ③ $3\sqrt{6}$

④ $2\sqrt{14}$ ⑤ $2\sqrt{15}$

04

[2020학년도 수능 가형 3번]

좌표공간의 두 점 $A(2, 0, 1)$, $B(3, 2, 0)$에서 같은 거리에 있는 y축 위의 점의 좌표가 $(0, a, 0)$일 때, a의 값은?

① 1   ② 2   ③ 3

④ 4   ⑤ 5

05

[2024학년도 수능(기하) 23번]

좌표공간의 두 점 $A(a, -2, 6)$, $B(9, 2, b)$에 대하여 선분 AB의 중점의 좌표가 $(4, 0, 7)$일 때, $a+b$의 값은?

① 1   ② 3   ③ 5

④ 7   ⑤ 9

06

[2023학년도 9월 평가원(기하) 23번]

좌표공간의 두 점 $A(a, 1, -1)$, $B(-5, b, 3)$에 대하여 선분 AB의 중점의 좌표가 $(8, 3, 1)$일 때, $a+b$의 값은?

① 20   ② 22   ③ 24

④ 26   ⑤ 28

점 기출   **» 집중하기**

F-01 공간에서의 위치 관계

07

[2005학년도 9월 **평가원** 가형 9번]

사면체 ABCD의 면 ABC, ACD의 무게중심을 각각 P, Q 라고 하자. **보기**에서 두 직선이 꼬인 위치에 있는 것만을 있 는 대로 고른 것은?

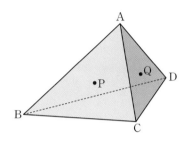

┌ **보기** ├─────────────────────────
ㄱ. 직선 CD와 직선 BQ
ㄴ. 직선 AD와 직선 BC
ㄷ. 직선 PQ와 직선 BD
└──────────────────────────────

① ㄴ   ② ㄷ   ③ ㄱ, ㄴ
④ ㄱ, ㄷ   ⑤ ㄱ, ㄴ, ㄷ

F-02 삼수선의 정리

08

[2023학년도 **수능**(기하) 27번]

좌표공간에 직선 AB를 포함하는 평면 α가 있다. 평면 α 위 에 있지 않은 점 C에 대하여 직선 AB와 직선 AC가 이루는 예각의 크기를 θ_1이라 할 때 $\sin\theta_1 = \frac{4}{5}$이고, 직선 AC와 평 면 α가 이루는 예각의 크기는 $\frac{\pi}{2}-\theta_1$이다. 평면 ABC와 평 면 α가 이루는 예각의 크기를 θ_2라 할 때, $\cos\theta_2$의 값은?

① $\dfrac{\sqrt{7}}{4}$ ② $\dfrac{\sqrt{7}}{5}$ ③ $\dfrac{\sqrt{7}}{6}$

④ $\dfrac{\sqrt{7}}{7}$ ⑤ $\dfrac{\sqrt{7}}{8}$

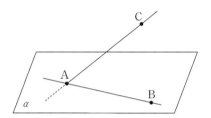

해설편 p. 122

09

[2023학년도 9월 **평가원**(기하) 27번]

그림과 같이 밑면의 반지름의 길이가 4, 높이가 3인 원기둥이 있다. 선분 AB는 이 원기둥의 한 밑면의 지름이고 C, D는 다른 밑면의 둘레 위의 서로 다른 두 점이다. 네 점 A, B, C, D가 다음 조건을 만족시킬 때, 선분 CD의 길이는?

(가) 삼각형 ABC의 넓이는 16이다.
(나) 두 직선 AB, CD는 서로 평행하다.

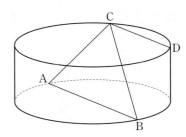

① 5　　　　② $\dfrac{11}{2}$　　　　③ 6

④ $\dfrac{13}{2}$　　　　⑤ 7

10

[2022학년도 **수능**(기하) 27번]

그림과 같이 한 모서리의 길이가 4인 정육면체 ABCD−EFGH가 있다. 선분 AD의 중점을 M이라 할 때, 삼각형 MEG의 넓이는?

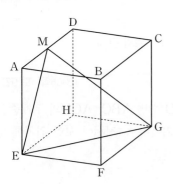

① $\dfrac{21}{2}$　　　　② 11　　　　③ $\dfrac{23}{2}$

④ 12　　　　⑤ $\dfrac{25}{2}$

11

[2022학년도 9월 **평가원**(기하) 27번]

그림과 같이 $\overline{AD}=3$, $\overline{DB}=2$, $\overline{DC}=2\sqrt{3}$이고 $\angle ADB=\angle ADC=\angle BDC=\dfrac{\pi}{2}$인 사면체 ABCD가 있다. 선분 BC 위를 움직이는 점 P에 대하여 $\overline{AP}+\overline{DP}$의 최솟값은?

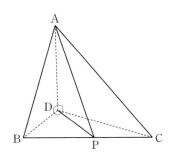

① $3\sqrt{3}$ ② $\dfrac{10\sqrt{3}}{3}$ ③ $\dfrac{11\sqrt{3}}{3}$

④ $4\sqrt{3}$ ⑤ $\dfrac{13\sqrt{3}}{3}$

12

[2022학년도 **예시문항**(기하) 25번]

좌표공간에서 수직으로 만나는 두 평면 α, β의 교선을 l이라 하자. 평면 α 위의 직선 m과 평면 β 위의 직선 n은 각각 직선 l과 평행하다. 직선 m 위의 $\overline{AP}=4$인 두 점 A, P에 대하여 점 P에서 직선 l에 내린 수선의 발을 Q, 점 Q에서 직선 n에 내린 수선의 발을 B라 하자.

$\overline{PQ}=3$, $\overline{QB}=4$이고, 점 B가 아닌 직선 n 위의 점 C에 대하여 $\overline{AB}=\overline{AC}$일 때, 삼각형 ABC의 넓이는?

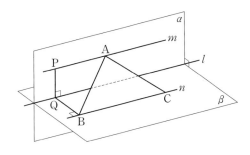

① 18 ② 20 ③ 22

④ 24 ⑤ 26

13

[2019학년도 9월 **평가원** 가형 12번]

그림과 같이 평면 α 위에 넓이가 24인 삼각형 ABC가 있다. 평면 α 위에 있지 않은 점 P에서 평면 α에 내린 수선의 발을 H, 직선 AB에 내린 수선의 발을 Q라 하자. 점 H가 삼각형 ABC의 무게중심이고, $\overline{PH}=4$, $\overline{AB}=8$일 때, 선분 PQ의 길이는?

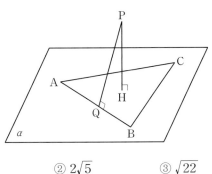

① $3\sqrt{2}$ ② $2\sqrt{5}$ ③ $\sqrt{22}$

④ $2\sqrt{6}$ ⑤ $\sqrt{26}$

해설편 p. 126

14

[2018학년도 9월 **평가원** 가형 25번]

$\overline{AB}=8$, $\angle ACB=90°$인 삼각형 ABC에 대하여 점 C를 지나고 평면 ABC에 수직인 직선 위에 $\overline{CD}=4$인 점 D가 있다. 삼각형 ABD의 넓이가 20일 때, 삼각형 ABC의 넓이를 구하시오.

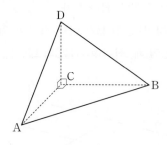

15

[2015학년도 **수능** B형 12번]

평면 α 위에 있는 서로 다른 두 점 A, B를 지나는 직선을 l이라 하고, 평면 α 위에 있지 않은 점 P에서 평면 α에 내린 수선의 발을 H라 하자. $\overline{AB}=\overline{PA}=\overline{PB}=6$, $\overline{PH}=4$일 때, 점 H와 직선 l 사이의 거리는?

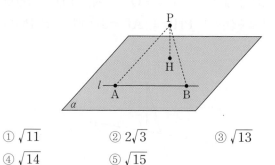

① $\sqrt{11}$　　　② $2\sqrt{3}$　　　③ $\sqrt{13}$
④ $\sqrt{14}$　　　⑤ $\sqrt{15}$

16

[2010학년도 **수능** 가형 5번]

평면 α 위에 $\angle A=90°$이고 $\overline{BC}=6$인 직각이등변삼각형 ABC가 있다. 평면 α 밖의 한 점 P에서 이 평면까지의 거리가 4이고, 점 P에서 평면 α에 내린 수선의 발이 점 A일 때, 점 P에서 직선 BC까지의 거리는?

① $3\sqrt{2}$　　　② 5　　　③ $3\sqrt{3}$
④ $4\sqrt{2}$　　　⑤ 6

17

[2010학년도 9월 **평가원** 가형 5번]

사면체 ABCD에서 모서리 CD의 길이는 10, 면 ACD의 넓이는 40이고, 면 BCD와 면 ACD가 이루는 각의 크기는 30°이다. 점 A에서 평면 BCD에 내린 수선의 발을 H라 할 때, 선분 AH의 길이는?

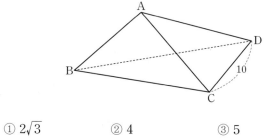

① $2\sqrt{3}$　　　② 4　　　③ 5
④ $3\sqrt{3}$　　　⑤ $4\sqrt{3}$

18

[2007학년도 **수능** 가형 6번]

정육면체 ABCD−EFGH에서 평면 AFG와 평면 AGH 가 이루는 각의 크기를 θ라 할 때, $\cos^2\theta$의 값은?

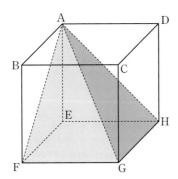

① $\dfrac{1}{6}$ ② $\dfrac{1}{5}$ ③ $\dfrac{1}{4}$

④ $\dfrac{1}{3}$ ⑤ $\dfrac{1}{2}$

G-03 정사영

19

[2025학년도 **수능**(기하) 27번]

그림과 같이 $\overline{AB}=6$, $\overline{BC}=4\sqrt{5}$인 사면체 ABCD에 대하여 선분 BC의 중점을 M이라 하자. 삼각형 AMD가 정삼각형이고 직선 BC는 평면 AMD와 수직일 때, 삼각형 ACD에 내접하는 원의 평면 BCD 위로의 정사영의 넓이는?

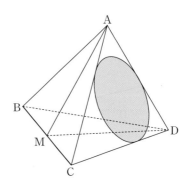

① $\dfrac{\sqrt{10}}{4}\pi$ ② $\dfrac{\sqrt{10}}{6}\pi$ ③ $\dfrac{\sqrt{10}}{8}\pi$

④ $\dfrac{\sqrt{10}}{10}\pi$ ⑤ $\dfrac{\sqrt{10}}{12}\pi$

20

[2025학년도 9월 평가원(기하) 27번]

그림과 같이 한 변의 길이가 각각 4, 6인 두 정사각형 ABCD, EFGH를 밑면으로 하고
$$\overline{AE}=\overline{BF}=\overline{CG}=\overline{DH}$$
인 사각뿔대 ABCD-EFGH가 있다. 사각뿔대 ABCD-EFGH의 높이가 $\sqrt{14}$일 때, 사각형 AEHD의 평면 BFGC 위로의 정사영의 넓이는?

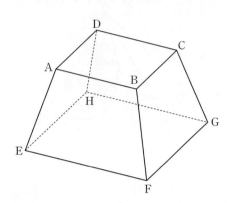

① $\dfrac{10}{3}\sqrt{15}$ ② $\dfrac{11}{3}\sqrt{15}$ ③ $4\sqrt{15}$

④ $\dfrac{13}{3}\sqrt{15}$ ⑤ $\dfrac{14}{3}\sqrt{15}$

21

[2024학년도 수능(기하) 26번]

좌표공간에 평면 α가 있다. 평면 α 위에 있지 않은 서로 다른 두 점 A, B의 평면 α 위로의 정사영을 각각 A′, B′이라 할 때,
$$\overline{AB}=\overline{A'B'}=6$$
이다. 선분 AB의 중점 M의 평면 α 위로의 정사영을 M′이라 할 때,
$$\overline{PM'}\perp\overline{A'B'}, \quad \overline{PM'}=6$$
이 되도록 평면 α 위에 점 P를 잡는다.

삼각형 A′B′P의 평면 ABP 위로의 정사영의 넓이가 $\dfrac{9}{2}$일 때, 선분 PM의 길이는?

① 12   ② 15   ③ 18
④ 21   ⑤ 24

22

[2024학년도 9월 **평가원**(기하) 26번]

그림과 같이 $\overline{AB}=3$, $\overline{AD}=3$, $\overline{AE}=6$인 직육면체 ABCD-EFGH가 있다. 삼각형 BEG의 무게중심을 P라 할 때, 선분 DP의 길이는?

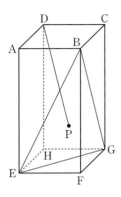

① $2\sqrt{5}$　　② $2\sqrt{6}$　　③ $2\sqrt{7}$

④ $4\sqrt{2}$　　⑤ 6

23

[2016학년도 9월 **평가원** B형 4번]

좌표공간의 점 $P(2, 2, 3)$을 yz평면에 대하여 대칭이동한 점을 Q라 하자. 두 점 P와 Q 사이의 거리는?

① 1　　　　② 2　　　　③ 3

④ 4　　　　⑤ 5

24

[2012학년도 **수능** 가형 24번]

좌표공간에 점 $A(9, 0, 5)$가 있고, xy평면 위에 타원 $\dfrac{x^2}{9}+y^2=1$이 있다. 타원 위의 점 P에 대하여 $\overline{AP}$의 최댓값을 구하시오.

해설편 p. 134

25

[2008학년도 **수능** 가형 7번]

좌표공간에서 평면 $x=3$과 평면 $z=1$의 교선을 l이라 하자. 점 P가 직선 l 위를 움직일 때, 선분 OP의 길이의 최솟값은? (단, O는 원점이다.)

① $2\sqrt{2}$ ② $\sqrt{10}$ ③ $2\sqrt{3}$

④ $\sqrt{14}$ ⑤ $3\sqrt{2}$

26

[2007학년도 9월 **평가원** 가형 5번]

좌표공간의 세 점 $A(a,\ 0,\ b)$, $B(b,\ a,\ 0)$, $C(0,\ b,\ a)$에 대하여 $a^2+b^2=4$일 때, 삼각형 ABC의 넓이의 최솟값은?

(단, $a>0$이고 $b>0$이다.)

① $\sqrt{2}$ ② $\sqrt{3}$ ③ 2

④ $\sqrt{5}$ ⑤ 3

27

[2006학년도 9월 **평가원** 가형 8번]

좌표공간에서 두 점 $A(1,\ 0,\ 0)$, $B(0,\ \sqrt{3},\ 0)$을 지나는 직선 l이 있다. 점 $P\left(0,\ 0,\ \dfrac{1}{2}\right)$로부터 직선 l에 이르는 거리는?

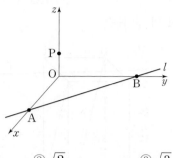

① 1 ② $\sqrt{2}$ ③ $\sqrt{3}$

④ 2 ⑤ $\sqrt{5}$

H-05 좌표공간에서 선분의 내분점과 외분점

28

[2025학년도 **수능**(기하) 25번]

좌표공간의 두 점 $A(a,\ b,\ 6)$, $B(-4,\ -2,\ c)$에 대하여 선분 AB를 $3:2$로 내분하는 점이 z축 위에 있고, 선분 AB를 $3:2$로 외분하는 점이 xy평면 위에 있을 때, $a+b+c$의 값은?

① 11 ② 12 ③ 13

④ 14 ⑤ 15

29

좌표공간의 서로 다른 두 점 $A(a, b, -5)$, $B(-8, 6, c)$에 대하여 선분 AB의 중점이 zx평면 위에 있고, 선분 AB를 $1:2$로 내분하는 점이 y축 위에 있을 때, $a+b+c$의 값은?

① -8 　　② -4 　　③ 0

④ 4 　　⑤ 8

30

좌표공간의 두 점 $A(1, a, -6)$, $B(-3, 2, b)$에 대하여 선분 AB를 $3:2$로 외분하는 점이 x축 위에 있을 때, $a+b$의 값은?

① -1 　　② -2 　　③ -3

④ -4 　　⑤ -5

31

좌표공간에서 두 점 $A(2, a, -2)$, $B(5, -3, b)$에 대하여 선분 AB를 $2:1$로 내분하는 점이 x축 위에 있을 때, $a+b$의 값은?

① 10 　　② 9 　　③ 8

④ 7 　　⑤ 6

H-06 구의 방정식

32

다음 조건을 만족시키는 점 P 전체의 집합이 나타내는 도형의 둘레의 길이는?

좌표공간에서 점 P를 중심으로 하고 반지름의 길이가 2인 구가 두 개의 구
$$x^2+y^2+z^2=1$$
$$(x-2)^2+(y+1)^2+(z-2)^2=4$$
에 동시에 외접한다.

① $\dfrac{2\sqrt{5}}{3}\pi$ 　　② $\sqrt{5}\pi$ 　　③ $\dfrac{5\sqrt{5}}{3}\pi$

④ $2\sqrt{5}\pi$ 　　⑤ $\dfrac{8\sqrt{5}}{3}\pi$

해설편 p. 138

33

[2008학년도 9월 **평가원** 가형 8번]

그림과 같이 좌표공간에서 한 변의 길이가 4인 정육면체를 한 변의 길이가 2인 8개의 정육면체로 나누었다. 이 중 그림의 세 정육면체 A, B, C 안에 반지름의 길이가 1인 구가 각각 내접하고 있다. 3개의 구의 중심을 연결한 삼각형의 무게중심의 좌표를 (p, q, r)라 할 때, $p+q+r$의 값은?

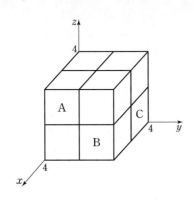

① 6

② $\dfrac{19}{3}$

③ $\dfrac{20}{3}$

④ 7

⑤ $\dfrac{22}{3}$

34

[2005학년도 **예비평가** 가형 23번]

그림과 같이 반지름의 길이가 각각 9, 15, 36이고 서로 외접하는 세 개의 구가 평면 α 위에 놓여 있다. 세 구의 중심을 각각 A, B, C라 할 때, △ABC의 무게중심으로부터 평면 α까지의 거리를 구하시오.

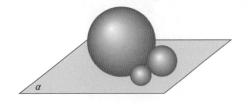

F 공간도형 – 공간에서의 위치 관계

35

[2012학년도 9월 **평가원** 가형 15번]

그림은 $\overline{AC}=\overline{AE}=\overline{BE}$이고 $\angle DAC=\angle CAB=90°$인 사면체의 전개도이다.

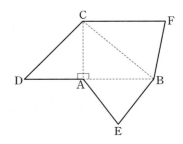

이 전개도로 사면체를 만들 때, 세 점 D, E, F가 합쳐지는 점을 P라 하자. 사면체 PABC에 대하여 **보기**에서 옳은 것만을 있는 대로 고른 것은?

┤ **보기** ├
ㄱ. $\overline{CP}=\sqrt{2}\,\overline{BP}$
ㄴ. 직선 AB와 직선 CP는 꼬인 위치에 있다.
ㄷ. 선분 AB의 중점을 M이라 할 때, 직선 PM과 직선 BC는 서로 수직이다.

① ㄱ　　　　② ㄷ　　　　③ ㄱ, ㄴ
④ ㄴ, ㄷ　　　⑤ ㄱ, ㄴ, ㄷ

36

[2009학년도 9월 평가원 가형 12번]

중심이 O이고 반지름의 길이가 1인 구에 내접하는 정사면체 ABCD가 있다. 두 삼각형 BCD, ACD의 무게중심을 각각 F, G라 할 때, **보기**에서 옳은 것만을 있는 대로 고른 것은?

┤**보기**├
ㄱ. 직선 AF와 직선 BG는 꼬인 위치에 있다.
ㄴ. 삼각형 ABC의 넓이는 $\dfrac{3\sqrt{3}}{4}$보다 작다.
ㄷ. ∠AOG=θ일 때, $\cos\theta=\dfrac{1}{3}$이다.

① ㄴ   ② ㄷ   ③ ㄱ, ㄴ
④ ㄴ, ㄷ   ⑤ ㄱ, ㄴ, ㄷ

해설편 p. 143

F 공간도형 – 삼수선의 정리

37

[2025학년도 **수능**(기하) 28번]

좌표공간에 $\overline{AB}=8$, $\overline{BC}=6$, $\angle ABC=\dfrac{\pi}{2}$인 직각삼각형 ABC와 선분 AC를 지름으로 하는 구 S가 있다. 직선 AB를 포함하고 평면 ABC에 수직인 평면이 구 S와 만나서 생기는 원을 O라 하자. 원 O 위의 점 중에서 직선 AC까지의 거리가 4인 서로 다른 두 점을 P, Q라 할 때, 선분 PQ의 길이는?

① $\sqrt{43}$ ② $\sqrt{47}$ ③ $\sqrt{51}$
④ $\sqrt{55}$ ⑤ $\sqrt{59}$

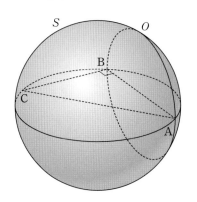

38

[2024학년도 수능(기하) 28번]

그림과 같이 서로 다른 두 평면 α, β의 교선 위에 $\overline{AB}=18$인 두 점 A, B가 있다. 선분 AB를 지름으로 하는 원 C_1이 평면 α 위에 있고, 선분 AB를 장축으로 하고 두 점 F, F'을 초점으로 하는 타원 C_2가 평면 β 위에 있다. 원 C_1 위의 한 점 P에서 평면 β에 내린 수선의 발을 H라 할 때, $\overline{HF'}<\overline{HF}$이고 $\angle HFF'=\dfrac{\pi}{6}$이다. 직선 HF와 타원 C_2가 만나는 점 중 점 H와 가까운 점을 Q라 하면, $\overline{FH}<\overline{FQ}$이다. 점 H를 중심으로 하고 점 Q를 지나는 평면 β 위의 원은 반지름의 길이가 4이고 직선 AB에 접한다. 두 평면 α, β가 이루는 각의 크기를 θ라 할 때, $\cos\theta$의 값은?

(단, 점 P는 평면 β 위에 있지 않다.)

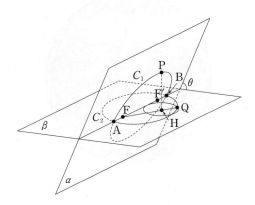

① $\dfrac{2\sqrt{66}}{33}$　　② $\dfrac{4\sqrt{69}}{69}$　　③ $\dfrac{\sqrt{2}}{3}$

④ $\dfrac{4\sqrt{3}}{15}$　　⑤ $\dfrac{2\sqrt{78}}{39}$

39

[2019학년도 수능 가형 19번]

한 변의 길이가 12인 정삼각형 BCD를 한 면으로 하는 사면체 ABCD의 꼭짓점 A에서 평면 BCD에 내린 수선의 발을 H라 할 때, 점 H는 삼각형 BCD의 내부에 놓여 있다. 삼각형 CDH의 넓이는 삼각형 BCH의 넓이의 3배, 삼각형 DBH의 넓이는 삼각형 BCH의 넓이의 2배이고 $\overline{AH}=3$이다. 선분 BD의 중점을 M, 점 A에서 선분 CM에 내린 수선의 발을 Q라 할 때, 선분 AQ의 길이는?

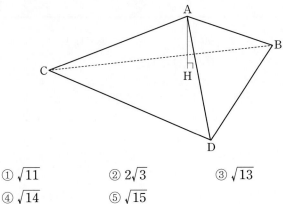

① $\sqrt{11}$　　② $2\sqrt{3}$　　③ $\sqrt{13}$

④ $\sqrt{14}$　　⑤ $\sqrt{15}$

40

[2017학년도 9월 **평가원** 가형 29번]

그림과 같이 직선 l을 교선으로 하고 이루는 각의 크기가 $\dfrac{\pi}{4}$인 두 평면 α와 β가 있고, 평면 α 위의 점 A와 평면 β 위의 점 B가 있다. 두 점 A, B에서 직선 l에 내린 수선의 발을 각각 C, D라 하자. $\overline{AB}=2$, $\overline{AD}=\sqrt{3}$이고 직선 AB와 평면 β가 이루는 각의 크기가 $\dfrac{\pi}{6}$일 때, 사면체 ABCD의 부피는 $a+b\sqrt{2}$이다. $36(a+b)$의 값을 구하시오.

(단, a, b는 유리수이다.)

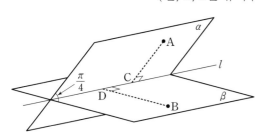

⑤ 정사영

41

[2022학년도 9월 **평가원**(기하) 29번]

그림과 같이 한 변의 길이가 8인 정사각형 ABCD에 두 선분 AB, CD를 각각 지름으로 하는 두 반원이 붙어 있는 모양의 종이가 있다. 반원의 호 AB의 삼등분점 중 점 B에 가까운 점을 P라 하고, 반원의 호 CD를 이등분하는 점을 Q라 하자. 이 종이에서 두 선분 AB와 CD를 접는 선으로 하여 두 반원을 접어 올렸을 때 두 점 P, Q에서 평면 ABCD에 내린 수선의 발을 각각 G, H라 하면 두 점 G, H는 정사각형 ABCD의 내부에 놓여 있고, $\overline{PG}=\sqrt{3}$, $\overline{QH}=2\sqrt{3}$이다. 두 평면 PCQ와 ABCD가 이루는 각의 크기가 θ일 때, $70\times\cos^2\theta$의 값을 구하시오.

(단, 종이의 두께는 고려하지 않는다.)

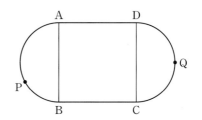

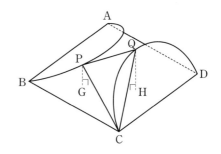

해설편 p. 147

42

[2020학년도 수능 가형 27번]

그림과 같이 한 변의 길이가 4이고 $\angle BAD = \dfrac{\pi}{3}$ 인 마름모 ABCD 모양의 종이가 있다. 변 BC와 변 CD의 중점을 각각 M과 N이라 할 때, 세 선분 AM, AN, MN을 접는 선으로 하여 사면체 PAMN이 되도록 종이를 접었다. 삼각형 AMN의 평면 PAM 위로의 정사영의 넓이는 $\dfrac{q}{p}\sqrt{3}$ 이다. $p+q$ 의 값을 구하시오. (단, 종이의 두께는 고려하지 않으며 P는 종이를 접었을 때 세 점 B, C, D가 합쳐지는 점이고, p 와 q 는 서로소인 자연수이다.)

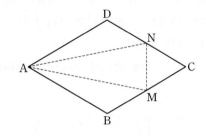

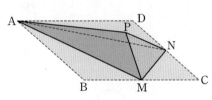

43

[2016학년도 9월 평가원 B형 26번]

그림과 같이 $\overline{AB} = 9$, $\overline{BC} = 12$, $\cos(\angle ABC) = \dfrac{\sqrt{3}}{3}$ 인 사면체 ABCD에 대하여 점 A의 평면 BCD 위로의 정사영을 P라 하고 점 A에서 선분 BC에 내린 수선의 발을 Q라 하자. $\cos(\angle AQP) = \dfrac{\sqrt{3}}{6}$ 일 때, 삼각형 BCP의 넓이는 k 이다. k^2 의 값을 구하시오.

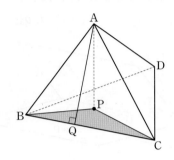

44

[2015학년도 9월 평가원 B형 29번]

그림과 같이 평면 α 위에 놓여 있는 서로 다른 네 구 S, S_1, S_2, S_3이 다음 조건을 만족시킨다.

> (가) S의 반지름의 길이는 3이고, S_1, S_2, S_3의 반지름의 길이는 1이다.
> (나) S_1, S_2, S_3은 모두 S에 접한다.
> (다) S_1은 S_2와 접하고, S_2는 S_3과 접한다.

S_1, S_2, S_3의 중심을 각각 O_1, O_2, O_3이라 하자. 두 점 O_1, O_2를 지나고 평면 α에 수직인 평면을 β, 두 점 O_2, O_3을 지나고 평면 α에 수직인 평면이 S_3과 만나서 생기는 단면을 D라 하자. 단면 D의 평면 β 위로의 정사영의 넓이를 $\dfrac{q}{p}\pi$라 할 때, $p+q$의 값을 구하시오.

(단, p와 q는 서로소인 자연수이다.)

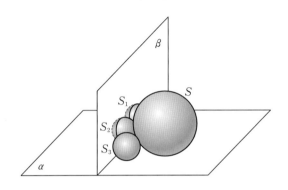

45

[2013학년도 수능 가형 28번]

그림과 같이 $\overline{AB}=9$, $\overline{AD}=3$인 직사각형 ABCD 모양의 종이가 있다. 선분 AB 위의 점 E와 선분 DC 위의 점 F를 연결하는 선을 접는 선으로 하여, 점 B의 평면 AEFD 위로의 정사영이 점 D가 되도록 종이를 접었다. $\overline{AE}=3$일 때, 두 평면 AEFD와 EFCB가 이루는 각의 크기가 θ이다. $60\cos\theta$의 값을 구하시오.

$$\left(\text{단, } 0<\theta<\frac{\pi}{2}\text{이고, 종이의 두께는 고려하지 않는다.}\right)$$

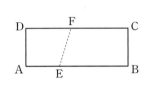
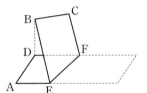

해설편 p. 151

46

[2012학년도 **수능** 가형 29번]

그림과 같이 밑면의 반지름의 길이가 7인 원기둥과 밑면의 반지름의 길이가 5이고 높이가 12인 원뿔이 평면 α 위에 놓여 있고, 원뿔의 밑면의 둘레가 원기둥의 밑면의 둘레에 내접한다. 평면 α와 만나는 원기둥의 밑면의 중심을 O, 원뿔의 꼭짓점을 A라 하자. 중심이 B이고 반지름의 길이가 4인 구 S가 다음 조건을 만족시킨다.

> (가) 구 S는 원기둥과 원뿔에 모두 접한다.
> (나) 두 점 A, B의 평면 α 위로의 정사영이 각각 A′, B′일 때, $\angle A'OB' = 180°$이다.

직선 AB와 평면 α가 이루는 예각의 크기를 θ라 할 때, $\tan\theta = p$이다. $100p$의 값을 구하시오.

(단, 원뿔의 밑면의 중심과 점 A′은 일치한다.)

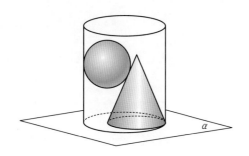

47

[2012학년도 9월 **평가원** 가형 29번]

그림과 같이 평면 α 위에 점 A가 있고 α로부터의 거리가 각각 1, 3인 두 점 B, C가 있다. 선분 AC를 1 : 2로 내분하는 점 P에 대하여 $\overline{BP} = 4$이다. 삼각형 ABC의 넓이가 9일 때, 삼각형 ABC의 평면 α 위로의 정사영의 넓이를 S라 하자. S^2의 값을 구하시오.

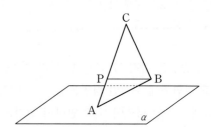

48

[2011학년도 **수능** 가형 11번]

그림과 같이 중심 사이의 거리가 $\sqrt{3}$이고 반지름의 길이가 1인 두 원판과 평면 α가 있다. 각 원판의 중심을 지나는 직선 l은 두 원판의 면과 각각 수직이고, 평면 α와 이루는 각의 크기가 $60°$이다. 태양광선이 그림과 같이 평면 α에 수직인 방향으로 비출 때, 두 원판에 의해 평면 α에 생기는 그림자의 넓이는? (단, 원판의 두께는 무시한다.)

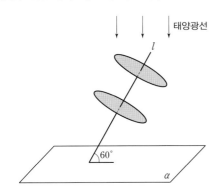

① $\dfrac{\sqrt{3}}{3}\pi + \dfrac{3}{8}$ ② $\dfrac{2}{3}\pi + \dfrac{\sqrt{3}}{4}$ ③ $\dfrac{2\sqrt{3}}{3}\pi + \dfrac{1}{8}$

④ $\dfrac{4}{3}\pi + \dfrac{\sqrt{3}}{16}$ ⑤ $\dfrac{2\sqrt{3}}{3}\pi + \dfrac{3}{4}$

49

[2010학년도 9월 **평가원** 가형 15번]

그림과 같이 반지름의 길이가 r인 구 모양의 공이 공중에 있다. 벽면과 지면은 서로 수직이고, 태양광선이 지면과 크기가 θ인 각을 이루면서 공을 비추고 있다. 태양광선과 평행하고 공의 중심을 지나는 직선이 벽면과 지면의 교선 l과 수직으로 만난다. 벽면에 생기는 공의 그림자 위의 점에서 교선 l까지 거리의 최댓값을 a라 하고, 지면에 생기는 공의 그림자 위의 점에서 교선 l까지 거리의 최댓값을 b라 하자. **보기**에서 옳은 것만을 있는 대로 고른 것은?

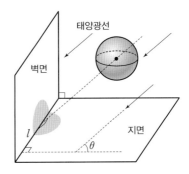

┌ **보기** ├─────────────────────────
ㄱ. 그림자와 교선 l의 공통부분의 길이는 $2r$이다.
ㄴ. $\theta = 60°$이면 $a < b$이다.
ㄷ. $\dfrac{1}{a^2} + \dfrac{1}{b^2} = \dfrac{1}{r^2}$
└──────────────────────────────

① ㄱ   ② ㄴ   ③ ㄱ, ㄷ
④ ㄴ, ㄷ   ⑤ ㄱ, ㄴ, ㄷ

해설편 p. 155

50

[2009학년도 9월 평가원 가형 25번]

그림과 같이 태양광선이 지면과 60°의 각을 이루면서 비추고
있다. 한 변의 길이가 4인 정사각형의 중앙에 반지름의 길이
가 1인 원 모양의 구멍이 뚫려 있는 판이 있다. 이 판은 지면
과 수직으로 서 있고 태양광선과 30°의 각을 이루고 있다. 판
의 밑변을 지면에 고정하고 판을 그림자 쪽으로 기울일 때
생기는 그림자의 최대 넓이를 S라 하자. S의 값을
$\dfrac{\sqrt{3}(a+b\pi)}{3}$라 할 때, $a+b$의 값을 구하시오.

(단, a, b는 정수이고 판의 두께는 무시한다.)

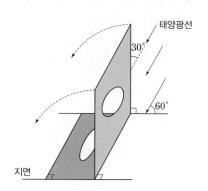

51

[2008학년도 수능 가형 24번]

한 변의 길이가 6인 정사면체 OABC가 있다. 세 삼각형
△OAB, △OBC, △OCA에 각각 내접하는 세 원의 평면
ABC 위로의 정사영을 각각 S_1, S_2, S_3이라 하자. 그림과
같이 세 도형 S_1, S_2, S_3으로 둘러싸인 어두운 부분의 넓이
를 S라 할 때, $(S+\pi)^2$의 값을 구하시오.

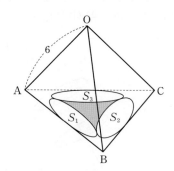

52

[2008학년도 9월 **평가원** 가형 24번]

반지름의 길이가 6인 반구가 평면 α 위에 놓여 있다. 반구와 평면 α가 만나서 생기는 원의 중심을 O라 하자. 그림과 같이 중심 O로부터 거리가 $2\sqrt{3}$이고 평면 α와 45°의 각을 이루는 평면으로 반구를 자를 때, 반구에 나타나는 단면의 평면 α 위로의 정사영의 넓이는 $\sqrt{2}(a+b\pi)$이다. $a+b$의 값을 구하시오. (단, a, b는 자연수이다.)

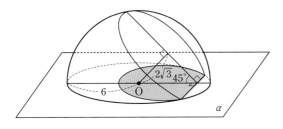

53

[2007학년도 9월 **평가원** 가형 25번]

서로 수직인 두 평면 α, β의 교선을 l이라 하자. 반지름의 길이가 6인 원판이 두 평면 α, β와 각각 한 점에서 만나고 교선 l에 평행하게 놓여 있다. 태양광선이 평면 α와 30°의 각을 이루면서 원판의 면에 수직으로 비출 때, 그림과 같이 평면 β에 나타나는 원판의 그림자의 넓이를 S라 하자. S의 값을 $a+b\sqrt{3}\pi$라 할 때, $a+b$의 값을 구하시오.

(단, a, b는 자연수이고 원판의 두께는 무시한다.)

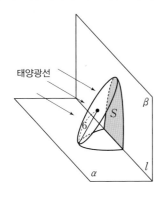

태양광선

H 공간좌표

54

[2015학년도 9월 **평가원** B형 15번]

좌표공간에 두 점 $(a, 0, 0)$과 $(0, 6, 0)$을 지나는 직선 l이 있다. 점 $(0, 0, 4)$와 직선 l 사이의 거리가 5일 때, a^2의 값은?

① 8   ② 9   ③ 10

④ 11   ⑤ 12

55

[2014학년도 9월 **평가원** B형 19번]

좌표공간에서 y축을 포함하는 평면 α에 대하여 xy평면 위의 원 $C_1 : (x-10)^2+y^2=3$의 평면 α 위로의 정사영의 넓이와 yz평면 위의 원 $C_2 : y^2+(z-10)^2=1$의 평면 α 위로의 정사영의 넓이가 S로 같을 때, S의 값은?

① $\dfrac{\sqrt{10}}{6}\pi$ ② $\dfrac{\sqrt{10}}{5}\pi$ ③ $\dfrac{7\sqrt{10}}{30}\pi$

④ $\dfrac{4\sqrt{10}}{15}\pi$ ⑤ $\dfrac{3\sqrt{10}}{10}\pi$

해설편 p. 157

H 공간좌표 - 구의 방정식

56

[2025학년도 9월 **평가원**(기하) 28번]

좌표공간에 두 점 $A(a, 0, 0)$, $B(0, 10\sqrt{2}, 0)$과 구 $S: x^2+y^2+z^2=100$이 있다. $\angle APO=\dfrac{\pi}{2}$인 구 S 위의 모든 점 P가 나타내는 도형을 C_1, $\angle BQO=\dfrac{\pi}{2}$인 구 S 위의 모든 점 Q가 나타내는 도형을 C_2라 하자. C_1과 C_2가 서로 다른 두 점 N_1, N_2에서 만나고 $\cos(\angle N_1ON_2)=\dfrac{3}{5}$일 때, a의 값은? (단, $a>10\sqrt{2}$이고, O는 원점이다.)

① $\dfrac{10}{3}\sqrt{30}$　　② $\dfrac{15}{4}\sqrt{30}$　　③ $\dfrac{25}{6}\sqrt{30}$

④ $\dfrac{55}{12}\sqrt{30}$　　⑤ $5\sqrt{30}$

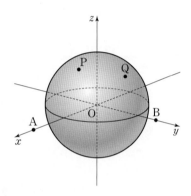

57

[2024학년도 9월 **평가원**(기하) 28번]

좌표공간에 중심이 $A(0, 0, 1)$이고 반지름의 길이가 4인 구 S가 있다. 구 S가 xy평면과 만나서 생기는 원을 C라 하고, 점 A에서 선분 PQ까지의 거리가 2가 되도록 원 C 위에 두 점 P, Q를 잡는다. 구 S가 선분 PQ를 지름으로 하는 구 T와 만나서 생기는 원 위에서 점 B가 움직일 때, 삼각형 BPQ의 xy평면 위로의 정사영의 넓이의 최댓값은?

(단, 점 B의 z좌표는 양수이다.)

① 6　　② $3\sqrt{6}$　　③ $6\sqrt{2}$

④ $3\sqrt{10}$　　⑤ $6\sqrt{3}$

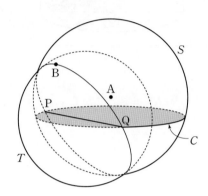

58

좌표공간에서 점 $A(0, 0, 1)$을 지나는 직선이 중심이 $C(3, 4, 5)$이고 반지름의 길이가 1인 구와 한 점 P에서만 만난다. 세 점 A, C, P를 지나는 원의 xy평면 위로의 정사영의 넓이의 최댓값은 $\frac{q}{p}\sqrt{41}\pi$이다. $p+q$의 값을 구하시오.

(단, p와 q는 서로소인 자연수이다.)

59

좌표공간에 구 $S : x^2+y^2+(z-1)^2=1$과 xy평면 위의 원 $C : x^2+y^2=4$가 있다. 구 S와 점 P에서 접하고 원 C 위의 두 점 Q, R를 포함하는 평면이 xy평면과 이루는 예각의 크기가 $\frac{\pi}{3}$이다. 점 P의 z좌표가 1보다 클 때, 선분 QR의 길이는?

① 1   ② $\sqrt{2}$ ③ $\sqrt{3}$
④ 2   ⑤ $\sqrt{5}$

60

좌표공간에서 중심의 x좌표, y좌표, z좌표가 모두 양수인 구 S가 x축과 y축에 각각 접하고 z축과 서로 다른 두 점에서 만난다. 구 S가 xy평면과 만나서 생기는 원의 넓이가 64π이고 z축과 만나는 두 점 사이의 거리가 8일 때, 구 S의 반지름의 길이는?

① 11   ② 12   ③ 13
④ 14   ⑤ 15

61

좌표공간에서 구
$$S : (x-1)^2+(y-1)^2+(z-1)^2=4$$
위를 움직이는 점 P가 있다. 점 P에서 구 S에 접하는 평면이 구 $x^2+y^2+z^2=16$과 만나서 생기는 도형의 넓이의 최댓값은 $(a+b\sqrt{3})\pi$이다. $a+b$의 값을 구하시오.

(단, a, b는 자연수이다.)

해설편 p. 162

62

[2008학년도 9월 **평가원** 가형 23번]

좌표공간에서 xy평면 위의 원 $x^2+y^2=1$을 C라 하고, 원 C 위의 점 P와 점 A$(0, 0, 3)$을 잇는 선분이 구 $x^2+y^2+(z-2)^2=1$과 만나는 점을 Q라 하자. 점 P가 원 C 위를 한 바퀴 돌 때, 점 Q가 나타내는 도형 전체의 길이는 $\dfrac{b}{a}\pi$이다. $a+b$의 값을 구하시오.

(단, 점 Q는 점 A가 아니고, a, b는 서로소인 자연수이다.)

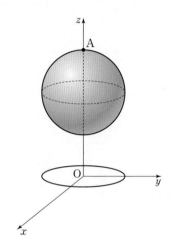

63

[2006학년도 **수능** 가형 21번]

두 구 $x^2+y^2+z^2=81$, $x^2+(y-5)^2+z^2=56$을 각각 S_1, S_2라 하자. 두 구 S_1, S_2가 만나서 생기는 원 위의 한 점을 P라 하고, 점 P의 xy평면 위로의 정사영을 P′이라 하자. 구 S_1과 y축이 만나는 점을 각각 Q, R라 할 때, 사면체 PQP′R의 부피의 최댓값을 구하시오.

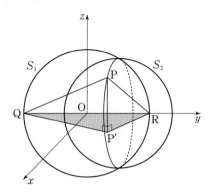

64

[2011학년도 9월 **평가원** 가형 25번]

같은 평면 위에 있지 않고 서로 평행한 세 직선 l, m, n이 있다. 직선 l 위의 두 점 A, B, 직선 m 위의 점 C, 직선 n 위의 점 D가 다음 조건을 만족시킨다.

> (가) $\overline{AB}=2\sqrt{2}$, $\overline{CD}=3$
> (나) $\overline{AC}\perp l$, $\overline{AC}=5$
> (다) $\overline{BD}\perp l$, $\overline{BD}=4\sqrt{2}$

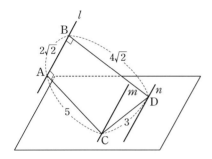

두 직선 m, n을 포함하는 평면과 세 점 A, C, D를 포함하는 평면이 이루는 각의 크기를 θ라 할 때, $15\tan^2\theta$의 값을 구하시오. $\left(\text{단, } 0<\theta<\dfrac{\pi}{2}\right)$

65

[2023학년도 **수능**(기하) 30번]

좌표공간에 정사면체 ABCD가 있다. 정삼각형 BCD의 외심을 중심으로 하고 점 B를 지나는 구를 S라 하자.

구 S와 선분 AB가 만나는 점 중 B가 아닌 점을 P,
구 S와 선분 AC가 만나는 점 중 C가 아닌 점을 Q,
구 S와 선분 AD가 만나는 점 중 D가 아닌 점을 R라 하고,
점 P에서 구 S에 접하는 평면을 α라 하자.
구 S의 반지름의 길이가 6일 때, 삼각형 PQR의 평면 α 위로의 정사영의 넓이는 k이다. k^2의 값을 구하시오.

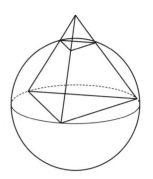

66

[2023학년도 9월 평가원(기하) 29번]

좌표공간에 두 개의 구

$$S_1: x^2+y^2+(z-2)^2=4,$$
$$S_2: x^2+y^2+(z+7)^2=49$$

가 있다. 점 $A(\sqrt{5},\ 0,\ 0)$을 지나고 zx평면에 수직이며, 구 S_1과 z좌표가 양수인 한 점에서 접하는 평면을 α라 하자. 구 S_2가 평면 α와 만나서 생기는 원을 C라 할 때, 원 C 위의 점 중 z좌표가 최소인 점을 B라 하고 구 S_2와 점 B에서 접하는 평면을 β라 하자.

원 C의 평면 β 위로의 정사영의 넓이가 $\dfrac{q}{p}\pi$일 때, $p+q$의 값을 구하시오. (단, p와 q는 서로소인 자연수이다.)

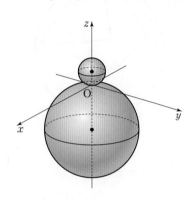

67

[2022학년도 수능(기하) 30번]

좌표공간에 중심이 $C(2,\ \sqrt{5},\ 5)$이고 점 $P(0,\ 0,\ 1)$을 지나는 구

$$S: (x-2)^2+(y-\sqrt{5})^2+(z-5)^2=25$$

가 있다. 구 S가 평면 OPC와 만나서 생기는 원 위를 움직이는 점 Q, 구 S 위를 움직이는 점 R에 대하여 두 점 Q, R의 xy평면 위로의 정사영을 각각 Q_1, R_1이라 하자.

삼각형 OQ_1R_1의 넓이가 최대가 되도록 하는 두 점 Q, R에 대하여 삼각형 OQ_1R_1의 평면 PQR 위로의 정사영의 넓이는 $\dfrac{q}{p}\sqrt{6}$이다. $p+q$의 값을 구하시오.

(단, O는 원점이고 세 점 O, Q_1, R_1은 한 직선 위에 있지 않으며, p와 q는 서로소인 자연수이다.)

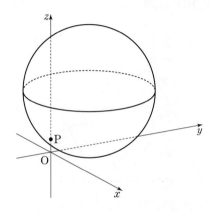

해설편 p. 171

진정으로 웃으려면 고통을 참아야
한다.
나아가 고통을 즐길 줄 알아야
한다.

– 찰리 채플린 –

수학 영역(기하)

5지선다형

23

포물선 $y^2 = -12(x-1)$의 준선을 $x=k$라 할 때, 상수 k의 값은? [2점]

① 4   ② 7   ③ 10

④ 13   ⑤ 16

24

한 직선 위에 있지 않은 서로 다른 세 점 A, B, C에 대하여

$$2\overrightarrow{AB} + p\overrightarrow{BC} = q\overrightarrow{CA}$$

일 때, $p-q$의 값은? (단, p와 q는 실수이다.) [3점]

① 1   ② 2   ③ 3

④ 4   ⑤ 5

해설편 p. 174

25

그림과 같이 한 변의 길이가 1인 정사각형 ABCD에서
$$(\overrightarrow{AB}+k\overrightarrow{BC})\cdot(\overrightarrow{AC}+3k\overrightarrow{CD})=0$$
일 때, 실수 k의 값은? [3점]

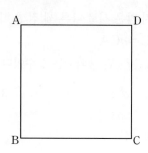

① 1

② $\dfrac{1}{2}$

③ $\dfrac{1}{3}$

④ $\dfrac{1}{4}$

⑤ $\dfrac{1}{5}$

26

두 초점이 F$(12, 0)$, F$'(-4, 0)$이고, 장축의 길이가 24인 타원 C가 있다. $\overline{F'F}=\overline{F'P}$인 타원 C 위의 점 P에 대하여 선분 F$'$P의 중점을 Q라 하자. 한 초점이 F$'$인 타원 $\dfrac{x^2}{a^2}+\dfrac{y^2}{b^2}=1$이 점 Q를 지날 때, $\overline{PF}+a^2+b^2$의 값은?

(단, a와 b는 양수이다.) [3점]

① 46

② 52

③ 58

④ 64

⑤ 70

27

포물선 $(y-2)^2=8(x+2)$ 위의 점 P와 점 A$(0, 2)$에 대하여 $\overline{\mathrm{OP}}+\overline{\mathrm{PA}}$의 값이 최소가 되도록 하는 점 P를 P_0이라 하자. $\overline{\mathrm{OQ}}+\overline{\mathrm{QA}}=\overline{\mathrm{OP}_0}+\overline{\mathrm{P}_0\mathrm{A}}$를 만족시키는 점 Q에 대하여 점 Q의 y좌표의 최댓값과 최솟값을 각각 M, m이라 할 때, M^2+m^2의 값은? (단, O는 원점이다.) [3점]

① 8   ② 9   ③ 10
④ 11   ⑤ 12

28

좌표평면의 네 점 A$(2, 6)$, B$(6, 2)$, C$(4, 4)$, D$(8, 6)$에 대하여 다음 조건을 만족시키는 모든 점 X의 집합을 S라 하자.

(가) $\{(\overrightarrow{\mathrm{OX}}-\overrightarrow{\mathrm{OD}}) \cdot \overrightarrow{\mathrm{OC}}\} \times \{|\overrightarrow{\mathrm{OX}}-\overrightarrow{\mathrm{OC}}|-3\}=0$
(나) 두 벡터 $\overrightarrow{\mathrm{OX}}-\overrightarrow{\mathrm{OP}}$와 $\overrightarrow{\mathrm{OC}}$가 서로 평행하도록 하는 선분 AB 위의 점 P가 존재한다.

집합 S에 속하는 점 중에서 y좌표가 최대인 점을 Q, y좌표가 최소인 점을 R이라 할 때, $\overrightarrow{\mathrm{OQ}} \cdot \overrightarrow{\mathrm{OR}}$의 값은?

(단, O는 원점이다.) [4점]

① 25   ② 26   ③ 27
④ 28   ⑤ 29

해설편 p. 174

29

두 점 $F(c, 0)$, $F'(-c, 0)(c>0)$을 초점으로 하는 두 쌍곡선

$$C_1 : x^2 - \frac{y^2}{24} = 1, \quad C_2 : \frac{x^2}{4} - \frac{y^2}{21} = 1$$

이 있다. 쌍곡선 C_1 위에 있는 제2사분면 위의 점 P에 대하여 선분 PF'이 쌍곡선 C_2와 만나는 점을 Q라 하자. $\overline{PQ} + \overline{QF}$, $2\overline{PF'}$, $\overline{PF} + \overline{PF'}$이 이 순서대로 등차수열을 이룰 때, 직선 PQ의 기울기는 m이다. $60m$의 값을 구하시오.

[4점]

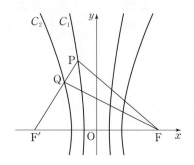

30

직선 $2x+y=0$ 위를 움직이는 점 P와 타원 $2x^2+y^2=3$ 위를 움직이는 점 Q에 대하여

$$\overrightarrow{OX} = \overrightarrow{OP} + \overrightarrow{OQ}$$

를 만족시키고, x좌표와 y좌표가 모두 0 이상인 모든 점 X가 나타내는 영역의 넓이는 $\frac{q}{p}$이다. $p+q$의 값을 구하시오.

(단, O는 원점이고, p와 q는 서로소인 자연수이다.) [4점]

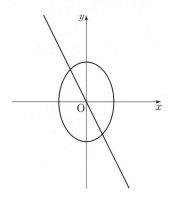

5지선다형

23

좌표공간의 점 A(8, 6, 2)를 xy평면에 대하여 대칭이동한 점을 B라 할 때, 선분 AB의 길이는? [2점]

① 1   ② 2   ③ 3

④ 4   ⑤ 5

24

쌍곡선 $\dfrac{x^2}{7} - \dfrac{y^2}{6} = 1$ 위의 점 (7, 6)에서의 접선의 x절편은? [3점]

① 1   ② 2   ③ 3

④ 4   ⑤ 5

해설편 p. 175

25

좌표평면 위의 점 A(4, 3)에 대하여

$$|\overrightarrow{OP}| = |\overrightarrow{OA}|$$

를 만족시키는 점 P가 나타내는 도형의 길이는?

(단, O는 원점이다.) [3점]

① 2π ② 4π ③ 6π

④ 8π ⑤ 10π

26

그림과 같이 $\overline{AB}=3$, $\overline{AD}=3$, $\overline{AE}=6$인 직육면체 ABCD−EFGH가 있다. 삼각형 BEG의 무게중심을 P라 할 때, 선분 DP의 길이는? [3점]

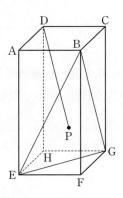

① $2\sqrt{5}$ ② $2\sqrt{6}$ ③ $2\sqrt{7}$

④ $4\sqrt{2}$ ⑤ 6

27

양수 p에 대하여 좌표평면 위에 초점이 F인 포물선 $y^2=4px$ 가 있다. 이 포물선이 세 직선 $x=p$, $x=2p$, $x=3p$와 만나는 제1사분면 위의 점을 각각 P_1, P_2, P_3이라 하자. $\overline{FP_1}+\overline{FP_2}+\overline{FP_3}=27$일 때, p의 값은? [3점]

① 2 　② $\dfrac{5}{2}$　 ③ 3

④ $\dfrac{7}{2}$ 　⑤ 4

28

좌표공간에 중심이 A$(0, 0, 1)$이고 반지름의 길이가 4인 구 S가 있다. 구 S가 xy평면과 만나서 생기는 원을 C라 하고, 점 A에서 선분 PQ까지의 거리가 2가 되도록 원 C 위에 두 점 P, Q를 잡는다. 구 S가 선분 PQ를 지름으로 하는 구 T 와 만나서 생기는 원 위에서 점 B가 움직일 때, 삼각형 BPQ 의 xy평면 위로의 정사영의 넓이의 최댓값은?

(단, 점 B의 z좌표는 양수이다.) [4점]

① 6 　② $3\sqrt{6}$　 ③ $6\sqrt{2}$

④ $3\sqrt{10}$ 　⑤ $6\sqrt{3}$

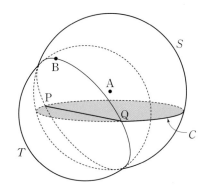

해설편 p. 176

수학 영역(기하)

단답형

29

한 초점이 $F(c, 0)$ $(c>0)$인 타원 $\dfrac{x^2}{9}+\dfrac{y^2}{5}=1$과 중심의 좌표가 $(2, 3)$이고 반지름의 길이가 r인 원이 있다. 타원 위의 점 P와 원 위의 점 Q에 대하여 $\overline{PQ}-\overline{PF}$의 최솟값이 6일 때, r의 값을 구하시오. [4점]

30

좌표평면에서 $\overline{AB}=\overline{AC}$이고 $\angle BAC=\dfrac{\pi}{2}$인 직각삼각형 ABC에 대하여 두 점 P, Q가 다음 조건을 만족시킨다.

(가) 삼각형 APQ는 정삼각형이고,
  $9|\overrightarrow{PQ}|\overrightarrow{PQ}=4|\overrightarrow{AB}|\overrightarrow{AB}$이다.
(나) $\overrightarrow{AC}\cdot\overrightarrow{AQ}<0$
(다) $\overrightarrow{PQ}\cdot\overrightarrow{CB}=24$

선분 AQ 위의 점 X에 대하여 $|\overrightarrow{XA}+\overrightarrow{XB}|$의 최솟값을 m이라 할 때, m^2의 값을 구하시오. [4점]

5지선다형

23

좌표공간의 두 점 $A(a, -2, 6)$, $B(9, 2, b)$에 대하여 선분 AB의 중점의 좌표가 $(4, 0, 7)$일 때, $a+b$의 값은? [2점]

① 1   ② 3   ③ 5

④ 7   ⑤ 9

24

타원 $\dfrac{x^2}{a^2}+\dfrac{y^2}{6}=1$ 위의 점 $(\sqrt{3}, -2)$에서의 접선의 기울기는? (단, a는 양수이다.) [3점]

① $\sqrt{3}$ ② $\dfrac{\sqrt{3}}{2}$ ③ $\dfrac{\sqrt{3}}{3}$

④ $\dfrac{\sqrt{3}}{4}$ ⑤ $\dfrac{\sqrt{3}}{5}$

해설편 p. 178

25

두 벡터 $\vec{a}$, $\vec{b}$에 대하여
$$|\vec{a}|=\sqrt{11}, \quad |\vec{b}|=3, \quad |2\vec{a}-\vec{b}|=\sqrt{17}$$
일 때, $|\vec{a}-\vec{b}|$의 값은? [3점]

① $\dfrac{\sqrt{2}}{2}$ 　　② $\sqrt{2}$ 　　③ $\dfrac{3\sqrt{2}}{2}$

④ $2\sqrt{2}$ 　　⑤ $\dfrac{5\sqrt{2}}{2}$

26

좌표공간에 평면 α가 있다. 평면 α 위에 있지 않은 서로 다른 두 점 A, B의 평면 α 위로의 정사영을 각각 A′, B′이라 할 때,
$$\overline{AB}=\overline{A'B'}=6$$
이다. 선분 AB의 중점 M의 평면 α 위로의 정사영을 M′이라 할 때,
$$\overline{PM'}\perp\overline{A'B'}, \quad \overline{PM'}=6$$
이 되도록 평면 α 위에 점 P를 잡는다.

삼각형 A′B′P의 평면 ABP 위로의 정사영의 넓이가 $\dfrac{9}{2}$일 때, 선분 PM의 길이는? [3점]

① 12 　　② 15 　　③ 18

④ 21 　　⑤ 24

27

초점이 F인 포물선 $y^2=8x$ 위의 한 점 A에서 포물선의 준선에 내린 수선의 발을 B라 하고, 직선 BF와 포물선이 만나는 두 점을 각각 C, D라 하자. $\overline{BC}=\overline{CD}$일 때, 삼각형 ABD의 넓이는? (단, $\overline{CF}<\overline{DF}$이고, 점 A는 원점이 아니다.) [3점]

① $100\sqrt{2}$ ② $104\sqrt{2}$ ③ $108\sqrt{2}$

④ $112\sqrt{2}$ ⑤ $116\sqrt{2}$

28

그림과 같이 서로 다른 두 평면 α, β의 교선 위에 $\overline{AB}=18$인 두 점 A, B가 있다. 선분 AB를 지름으로 하는 원 C_1이 평면 α 위에 있고, 선분 AB를 장축으로 하고 두 점 F, F'을 초점으로 하는 타원 C_2가 평면 β 위에 있다. 원 C_1 위의 한 점 P에서 평면 β에 내린 수선의 발을 H라 할 때, $\overline{HF'}<\overline{HF}$이고 $\angle HFF'=\dfrac{\pi}{6}$이다. 직선 HF와 타원 C_2가 만나는 점 중 점 H와 가까운 점을 Q라 하면, $\overline{FH}<\overline{FQ}$이다. 점 H를 중심으로 하고 점 Q를 지나는 평면 β 위의 원은 반지름의 길이가 4이고 직선 AB에 접한다. 두 평면 α, β가 이루는 각의 크기를 θ라 할 때, $\cos\theta$의 값은?

(단, 점 P는 평면 β 위에 있지 않다.) [4점]

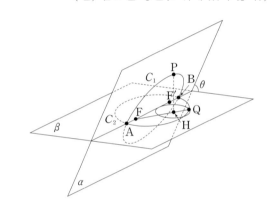

① $\dfrac{2\sqrt{66}}{33}$ ② $\dfrac{4\sqrt{69}}{69}$ ③ $\dfrac{\sqrt{2}}{3}$

④ $\dfrac{4\sqrt{3}}{15}$ ⑤ $\dfrac{2\sqrt{78}}{39}$

단답형

29

양수 c에 대하여 두 점 $F(c, 0)$, $F'(-c, 0)$을 초점으로 하고, 주축의 길이가 6인 쌍곡선이 있다. 이 쌍곡선 위에 다음 조건을 만족시키는 서로 다른 두 점 P, Q가 존재하도록 하는 모든 c의 값의 합을 구하시오. [4점]

(가) 점 P는 제1사분면 위에 있고,
   점 Q는 직선 PF' 위에 있다.
(나) 삼각형 $PF'F$는 이등변삼각형이다.
(다) 삼각형 PQF의 둘레의 길이는 28이다.

30

좌표평면에 한 변의 길이가 4인 정삼각형 ABC가 있다. 선분 AB를 $1:3$으로 내분하는 점을 D, 선분 BC를 $1:3$으로 내분하는 점을 E, 선분 CA를 $1:3$으로 내분하는 점을 F라 하자. 네 점 P, Q, R, X가 다음 조건을 만족시킨다.

(가) $|\overrightarrow{DP}| = |\overrightarrow{EQ}| = |\overrightarrow{FR}| = 1$
(나) $\overrightarrow{AX} = \overrightarrow{PB} + \overrightarrow{QC} + \overrightarrow{RA}$

$|\overrightarrow{AX}|$의 값이 최대일 때, 삼각형 PQR의 넓이를 S라 하자. $16S^2$의 값을 구하시오. [4점]

제2교시

수학 영역(기하)

30min

5지선다형

23

두 벡터 $\vec{a}$와 $\vec{b}$에 대하여

$$\vec{a}+3(\vec{a}-\vec{b})=k\vec{a}-3\vec{b}$$

이다. 실수 k의 값은? (단, $\vec{a}\neq\vec{0}$, $\vec{b}\neq\vec{0}$) [2점]

① 1   ② 2   ③ 3

④ 4   ⑤ 5

24

타원 $\dfrac{x^2}{18}+\dfrac{y^2}{b^2}=1$ 위의 점 $(3,\ \sqrt{5})$에서의 접선의 y절편은? (단, b는 양수이다.) [3점]

① $\dfrac{3}{2}\sqrt{5}$ ② $2\sqrt{5}$ ③ $\dfrac{5}{2}\sqrt{5}$

④ $3\sqrt{5}$ ⑤ $\dfrac{7}{2}\sqrt{5}$

해설편 p. 181

25

좌표평면에서 두 벡터 $\vec{a}=(-3, 3)$, $\vec{b}=(1, -1)$에 대하여 벡터 $\vec{p}$가
$$|\vec{p}-\vec{a}|=|\vec{b}|$$
를 만족시킬 때, $|\vec{p}-\vec{b}|$의 최솟값은? [3점]

① $\dfrac{3}{2}\sqrt{2}$　　　② $2\sqrt{2}$　　　③ $\dfrac{5}{2}\sqrt{2}$

④ $3\sqrt{2}$　　　⑤ $\dfrac{7}{2}\sqrt{2}$

26

쌍곡선 $\dfrac{x^2}{a^2}-\dfrac{y^2}{b^2}=1$의 한 초점 $F(c, 0)$ $(c>0)$을 지나고 y축에 평행한 직선이 쌍곡선과 만나는 두 점을 각각 P, Q라 하자. 쌍곡선의 한 점근선의 방정식이 $y=x$이고 $\overline{PQ}=8$일 때, $a^2+b^2+c^2$의 값은? (단, a와 b는 양수이다.) [3점]

① 56　　　② 60　　　③ 64

④ 68　　　⑤ 72

27

그림과 같이 직사각형 ABCD의 네 변의 중점 P, Q, R, S를 꼭짓점으로 하는 타원의 두 초점을 F, F′이라 하자. 점 F를 초점, 직선 AB를 준선으로 하는 포물선이 세 점 F′, Q, S를 지난다. 직사각형 ABCD의 넓이가 $32\sqrt{2}$일 때, 선분 FF′의 길이는? [3점]

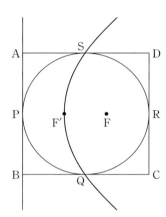

① $\dfrac{7}{6}\sqrt{3}$　　　② $\dfrac{4}{3}\sqrt{3}$　　　③ $\dfrac{3}{2}\sqrt{3}$

④ $\dfrac{5}{3}\sqrt{3}$　　　⑤ $\dfrac{11}{6}\sqrt{3}$

28

좌표평면에서 두 점 A(1, 0), B(1, 1)에 대하여 두 점 P, Q가

$$|\overrightarrow{OP}|=1,\quad |\overrightarrow{BQ}|=3,\quad \overrightarrow{AP}\cdot(\overrightarrow{QA}+\overrightarrow{QP})=0$$

을 만족시킨다. $|\overrightarrow{PQ}|$의 값이 최소가 되도록 하는 두 점 P, Q에 대하여 $\overrightarrow{AP}\cdot\overrightarrow{BQ}$의 값은?

(단, O는 원점이고, $|\overrightarrow{AP}|>0$이다.) [4점]

① $\dfrac{6}{5}$　　　② $\dfrac{9}{5}$　　　③ $\dfrac{12}{5}$

④ 3　　　⑤ $\dfrac{18}{5}$

해설편 p. 182

수학 영역(기하)

단답형

29

좌표평면에 곡선 $|y^2-1|=\dfrac{x^2}{a^2}$ 과 네 점 A$(0, c+1)$,
B$(0, -c-1)$, C$(c, 0)$, D$(-c, 0)$이 있다. 곡선 위의 점
중 y좌표의 절댓값이 1보다 작거나 같은 모든 점 P에 대하여
$\overline{PC}+\overline{PD}=\sqrt{5}$이다. 곡선 위의 점 Q가 제1사분면에 있고
$\overline{AQ}=10$일 때, 삼각형 ABQ의 둘레의 길이를 구하시오.

(단, a와 c는 양수이다.) [4점]

30

두 초점이 F$(5, 0)$, F$'(-5, 0)$이고, 주축의 길이가 6인 쌍곡
선이 있다. 쌍곡선 위의 $\overline{PF}<\overline{PF'}$인 점 P에 대하여 점 Q가

$$(|\overrightarrow{FP}|+1)\overrightarrow{F'Q}=5\overrightarrow{QP}$$

를 만족시킨다. 점 A$(-9, -3)$에 대하여 $|\overrightarrow{AQ}|$의 최댓값
을 구하시오. [4점]

5지선다형

23

두 벡터 $\vec{a}=(4,\ 0)$, $\vec{b}=(1,\ 3)$에 대하여 $2\vec{a}+\vec{b}=(9,\ k)$
일 때, k의 값은? [2점]

① 1   ② 2   ③ 3

④ 4   ⑤ 5

24

타원 $\dfrac{x^2}{4^2}+\dfrac{y^2}{b^2}=1$의 두 초점 사이의 거리가 6일 때, b^2의 값

은? (단, $0<b<4$) [3점]

① 4   ② 5   ③ 6

④ 7   ⑤ 8

25

좌표공간의 서로 다른 두 점 $A(a, b, -5)$, $B(-8, 6, c)$에 대하여 선분 AB의 중점이 zx평면 위에 있고, 선분 AB를 $1:2$로 내분하는 점이 y축 위에 있을 때, $a+b+c$의 값은?

[3점]

① -8 ② -4 ③ 0

④ 4 ⑤ 8

26

좌표평면에서 점 $(1, 0)$을 중심으로 하고 반지름의 길이가 6인 원을 C라 하자. 포물선 $y^2 = 4x$ 위의 점 $(n^2, 2n)$에서의 접선이 원 C와 만나도록 하는 자연수 n의 개수는? [3점]

① 1 ② 3 ③ 5

④ 7 ⑤ 9

27

그림과 같이 한 변의 길이가 각각 4, 6인 두 정사각형 ABCD, EFGH를 밑면으로 하고
$$\overline{AE}=\overline{BF}=\overline{CG}=\overline{DH}$$
인 사각뿔대 ABCD–EFGH가 있다. 사각뿔대 ABCD–EFGH의 높이가 $\sqrt{14}$일 때, 사각형 AEHD의 평면 BFGC 위로의 정사영의 넓이는? [3점]

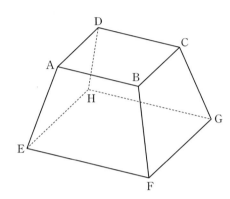

① $\dfrac{10}{3}\sqrt{15}$ ② $\dfrac{11}{3}\sqrt{15}$ ③ $4\sqrt{15}$

④ $\dfrac{13}{3}\sqrt{15}$ ⑤ $\dfrac{14}{3}\sqrt{15}$

28

좌표공간에 두 점 $A(a, 0, 0)$, $B(0, 10\sqrt{2}, 0)$과 구 $S: x^2+y^2+z^2=100$이 있다. $\angle APO=\dfrac{\pi}{2}$인 구 S 위의 모든 점 P가 나타내는 도형을 C_1, $\angle BQO=\dfrac{\pi}{2}$인 구 S 위의 모든 점 Q가 나타내는 도형을 C_2라 하자. C_1과 C_2가 서로 다른 두 점 N_1, N_2에서 만나고 $\cos(\angle N_1ON_2)=\dfrac{3}{5}$일 때, a의 값은? (단, $a>10\sqrt{2}$이고, O는 원점이다.) [4점]

① $\dfrac{10}{3}\sqrt{30}$ ② $\dfrac{15}{4}\sqrt{30}$ ③ $\dfrac{25}{6}\sqrt{30}$

④ $\dfrac{55}{12}\sqrt{30}$ ⑤ $5\sqrt{30}$

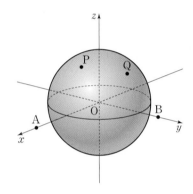

제5회

2025학년도 9월 모의평가

수학 영역(기하)

단답형

29

그림과 같이 두 점 $F(4, 0)$, $F'(-4, 0)$을 초점으로 하는 쌍곡선 $C: \dfrac{x^2}{a^2} - \dfrac{y^2}{b^2} = 1$이 있다. 점 F를 초점으로 하고 y축을 준선으로 하는 포물선이 쌍곡선 C와 만나는 점 중 제1사분면 위의 점을 P라 하자. 점 P에서 y축에 내린 수선의 발을 H라 할 때, $\overline{PH} : \overline{HF} = 3 : 2\sqrt{2}$이다. $a^2 \times b^2$의 값을 구하시오.

(단, $a > b > 0$) [4점]

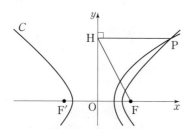

30

좌표평면 위에 다섯 점

$A(0, 8)$, $B(8, 0)$, $C(7, 1)$, $D(7, 0)$, $E(-4, 2)$

가 있다. 삼각형 AOB의 변 위를 움직이는 점 P와 삼각형 CDB의 변 위를 움직이는 점 Q에 대하여 $|\overrightarrow{PQ} + \overrightarrow{OE}|^2$의 최댓값을 M, 최솟값을 m이라 할 때, $M + m$의 값을 구하시오. (단, O는 원점이다.) [4점]

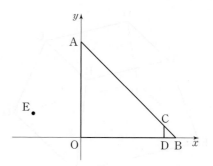

수학 영역(기하)

5지선다형

23

두 벡터 $\vec{a}=(k, 3)$, $\vec{b}=(1, 2)$에 대하여 $\vec{a}+3\vec{b}=(6, 9)$
일 때, k의 값은? [2점]

① 1   ② 2   ③ 3

④ 4   ⑤ 5

24

꼭짓점의 좌표가 $(1, 0)$이고, 준선이 $x=-1$인 포물선이
점 $(3, a)$를 지날 때, 양수 a의 값은? [3점]

① 1   ② 2   ③ 3

④ 4   ⑤ 5

25

좌표공간의 두 점 $A(a, b, 6)$, $B(-4, -2, c)$에 대하여 선분 AB를 $3 : 2$로 내분하는 점이 z축 위에 있고, 선분 AB를 $3 : 2$로 외분하는 점이 xy평면 위에 있을 때, $a+b+c$의 값은? [3점]

① 11   ② 12   ③ 13

④ 14   ⑤ 15

26

자연수 n $(n \geq 2)$에 대하여 직선 $x = \dfrac{1}{n}$이 두 타원

$$C_1 : \frac{x^2}{2} + y^2 = 1, \quad C_2 : 2x^2 + \frac{y^2}{2} = 1$$

과 만나는 제1사분면 위의 점을 각각 P, Q라 하자. 타원 C_1 위의 점 P에서의 접선의 x절편을 α, 타원 C_2 위의 점 Q에서의 접선의 x절편을 β라 할 때, $6 \leq \alpha - \beta \leq 15$가 되도록 하는 모든 n의 개수는? [3점]

① 7   ② 9   ③ 11

④ 13   ⑤ 15

27

그림과 같이 $\overline{AB}=6$, $\overline{BC}=4\sqrt{5}$인 사면체 ABCD에 대하여 선분 BC의 중점을 M이라 하자. 삼각형 AMD가 정삼각형이고 직선 BC는 평면 AMD와 수직일 때, 삼각형 ACD에 내접하는 원의 평면 BCD 위로의 정사영의 넓이는? [3점]

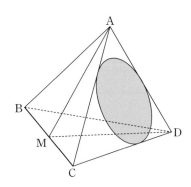

① $\dfrac{\sqrt{10}}{4}\pi$ ② $\dfrac{\sqrt{10}}{6}\pi$ ③ $\dfrac{\sqrt{10}}{8}\pi$

④ $\dfrac{\sqrt{10}}{10}\pi$ ⑤ $\dfrac{\sqrt{10}}{12}\pi$

28

좌표공간에 $\overline{AB}=8$, $\overline{BC}=6$, $\angle ABC=\dfrac{\pi}{2}$인 직각삼각형 ABC와 선분 AC를 지름으로 하는 구 S가 있다. 직선 AB를 포함하고 평면 ABC에 수직인 평면이 구 S와 만나서 생기는 원을 O라 하자. 원 O 위의 점 중에서 직선 AC까지의 거리가 4인 서로 다른 두 점을 P, Q라 할 때, 선분 PQ의 길이는? [4점]

① $\sqrt{43}$ ② $\sqrt{47}$ ③ $\sqrt{51}$
④ $\sqrt{55}$ ⑤ $\sqrt{59}$

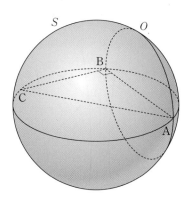

해설편 p. 188

단답형

29

두 초점이 F$(c, 0)$, F$'(-c, 0)$ $(c>0)$인 쌍곡선 $x^2-\dfrac{y^2}{35}=1$이 있다. 이 쌍곡선 위에 있는 제1사분면 위의 점 P에 대하여 직선 PF$'$ 위에 $\overline{PQ}=\overline{PF}$인 점 Q를 잡자. 삼각형 QF$'$F와 삼각형 FF$'$P가 서로 닮음일 때, 삼각형 PFQ의 넓이는 $\dfrac{q}{p}\sqrt{5}$이다. $p+q$의 값을 구하시오.

(단, $\overline{PF'}<\overline{QF'}$이고, p와 q는 서로소인 자연수이다.) [4점]

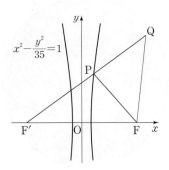

30

좌표평면에 한 변의 길이가 4인 정사각형 ABCD가 있다.
$$|\overrightarrow{XB}+\overrightarrow{XC}|=|\overrightarrow{XB}-\overrightarrow{XC}|$$
를 만족시키는 점 X가 나타내는 도형을 S라 하자.
도형 S 위의 점 P에 대하여
$$4\overrightarrow{PQ}=\overrightarrow{PB}+2\overrightarrow{PD}$$
를 만족시키는 점을 Q라 할 때, $\overrightarrow{AC}\cdot\overrightarrow{AQ}$의 최댓값과 최솟값을 각각 M, m이라 하자. $M\times m$의 값을 구하시오. [4점]

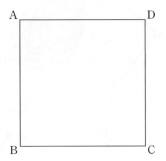

해설편 p. 189

New
Navigator
Number 1

기출

수능기출 문제집

SPEED
CHECK
빠른 정답 확인하기

|수학영역| 선택과목
기하 3점/4점 집중

수능을 앞둔 후배들을 위한
세심하고 배려 깊은 조언과 충고를
아낌없이 전해 준 N기출 대학생 기획단

- **강연수** (서강대 영미어문학과)
- **강연희** (서울대 재료공학부)
- **강유나** (고려대 생명공학과)
- **강준호** (서울대 조선해양공학과)
- **고진섭** (서강대 미국문화학과)
- **김건희** (서울대 화학생명공학부)
- **김경민** (이화여대 화학생명분자과학부)
- **김규리** (연세대 영어영문학과)
- **김나영** (서강대 영미어문학과)
- **김도진** (중앙대 의예과)
- **김성은** (고려대 생명공학과)
- **김승호** (서울대 미학과)
- **김철민** (서울대 전기정보공학부)
- **김혁진** (서울대 재료공학과)
- **김형락** (고려대 생명공학과)

- **김홍현** (서울대 전기정보공학과)
- **문영록** (고려대 생명공학과)
- **박경민** (고려대 생명공학과)
- **박선아** (중앙대 공공인재학부)
- **박지수** (중앙대 경제학과)
- **박하연** (연세대 치의예과)
- **박해인** (연세대 치의예과)
- **배지민** (서울대 건축학과)
- **송민권** (고려대 생명공학과)
- **송유진** (서강대 미국문화학과)
- **엄정환** (서강대 미국문화학과)
- **유재석** (서울대 우주항공공학부)
- **육승준** (서강대 영미어문학과)
- **윤지원** (서강대 영미어문학과)
- **이민정** (서강대 영미어문학과)

- **이보림** (고려대 생명공학과)
- **이성민** (연세대 불어불문학과)
- **이시현** (서울대 미학과)
- **이주현** (고려대 생명공학과)
- **이진욱** (서울대 미학과)
- **인준영** (서울대 국어교육과)
- **임진서** (서울대 미학과)
- **정성주** (서울대 건축학과)
- **정세빈** (서울대 인문계열)
- **조성욱** (연세대 치의예과)
- **조현수** (성균관대 영상학과)
- **최윤서** (고려대 생명공학과)
- **한석훈** (서강대 미국문화학과)
- **홍정우** (서울대 건축학과)